常见内源代谢物液相色谱-四极杆-飞行时间质谱图集

张艳伟　刘潇威　贺泽英　等著

U0161146

Mass Spectra Collection of Common Endogenous Metabolites on Liquid Chromatography-Quadrupole Time-of-Flight Mass Spectrometry

化学工业出版社

· 北京 ·

内 容 简 介

本书总结了 346 种常见的内源代谢物，包含糖类、脂类、氨基酸、核苷等初级代谢物，以及黄酮类、多酚类和含氮化合物等次生代谢物，在 UPLC-QTOF 固定的色谱和质谱条件下，分别使用正源和负源模式采集的色谱图（含保留时间）、一级高分辨质谱图、同位素丰度图和常用碰撞能（35±15）V 条件下的二级高分辨全扫质谱图。

本书展示的图谱可大大提高内源代谢物的定性准确度，减少假阳性或假阴性的现象，确保相关领域的研究稳步进行，可供医学、生命科学、环境科学等领域从事代谢组学研究的研究人员、分析人员作为工具书使用。

图书在版编目（CIP）数据

常见内源代谢物液相色谱-四极杆-飞行时间质谱图集/张艳伟等著．—北京：化学工业出版社，2022.12

ISBN 978-7-122-42539-3

Ⅰ.①常…　Ⅱ.①张…　Ⅲ.①内源-代谢物-色谱-质谱-图集　Ⅳ.①Q591.1-64

中国版本图书馆 CIP 数据核字（2022）第 219525 号

责任编辑：刘　婧　刘兴春　　装帧设计：刘丽华

责任校对：赵懿桐

出版发行：化学工业出版社（北京市东城区青年湖南街 13 号　邮政编码 100011）

印　　装：北京天宇星印刷厂

787mm×1092mm　1/16　印张 22¾　字数 506 千字　2023 年 2 月北京第 1 版第 1 次印刷

购书咨询：010-64518888　　售后服务：010-64518899

网　　址：http://www.cip.com.cn

凡购买本书，如有缺损质量问题，本社销售中心负责调换。

定　　价：158.00 元

版权所有　违者必究

前言

代谢组学是一个探究内源性代谢物的定性和定量分析的有效工具，主要应用于医学、生命科学、环境科学等多种不同的领域，同时用于多种生物标志物的筛查和定性。其实际应用价值如下：对于癌症等疾病的早期筛查具有重要的指示性作用；能够区分和筛查不同品种的作物，对转基因育种具有引导性作用；能够区分食品、农产品和保健品等的真假；还能够识别不同污染物对人体健康、生态毒性的损伤差异。所以生物标志物的精准识别是非常重要的环节，然而标准物质的缺乏导致该工作很难顺利进行。近几年很多科学家又对这些生物标志物差异的机制研究产生了浓厚的兴趣。这对代谢物定性工作又提出了新的挑战。

生物体内的代谢物种类繁多，有上百万种甚至更多，相互间干扰严重，很容易导致分析结果出现假阳性或假阴性的现象，又增加了内源代谢物的识别难度。作者团队针对该难题开展了大量的研究工作，与 SCIEX 公司合作共同研发了大量内源代谢物的质谱谱图。通过长达 7 年的研究，购置和积累大量标准物质，对生物体内代谢物进行了精准识别和筛选，发现常用于分析的化合物种类共性很强，共总结出了 346 种常见的内源代谢物，可用于相关领域的研究工作。

本书共选择 346 种常见的内源代谢物，包含糖类、脂类、氨基酸、核苷等初级代谢物，以及黄酮类、多酚类和含氮化合物等次生代谢物。在 UPLC-QTOF 固定的色谱和质谱条件下，分别使用正源和负源模式采集这些内源代谢物的色谱图（含保留时间）、一级高分辨质谱图、同位素丰度图和常用碰撞能（35±15）V 条件下的二级高分辨全扫质谱图。这些信息的综合提供可以大大提高内源代谢物的定性准确度，减少假阳性或假阴性的现象，保证相关领域的研究稳步进行。

本书涉及大量的谱图采集、信息整理和化学物质信息收集等工作，撰写人员包括张艳伟、刘潇威、贺泽英、张越、刘冰洁、张景然、王璐、彭祎、耿岳、王济世、史晓萌等。

由于本书涉及内源代谢物种类较多，参考文献较少，同时限于作者的水平和经验，本书的谱图难免会有疏漏之处，恳请同行和广大读者批评指正。

2022 年 1 月

著者

目录

4-Acetamidobutanoic Acid
4-乙酰氨基丁酸

CAS 号	3025-96-5	源极性	正离子模式
分子式	$C_6H_{11}NO_3$	加合方式	$[M+H]^+$
分子量	145. 0739	保留时间	3. 03min

提取离子流色谱图

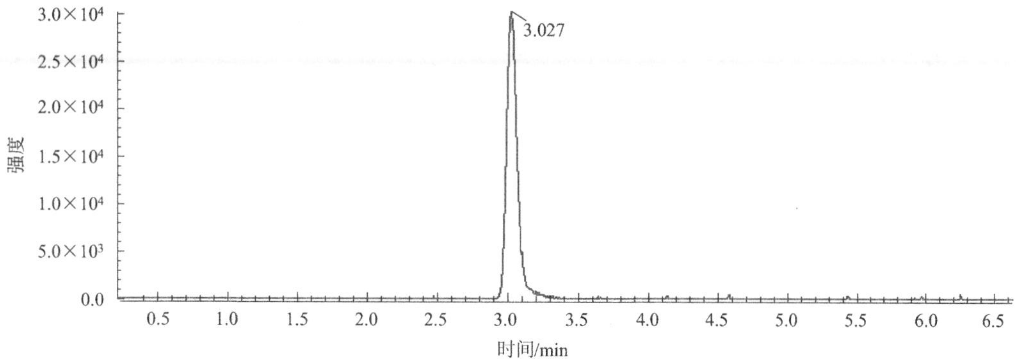

一级质谱图

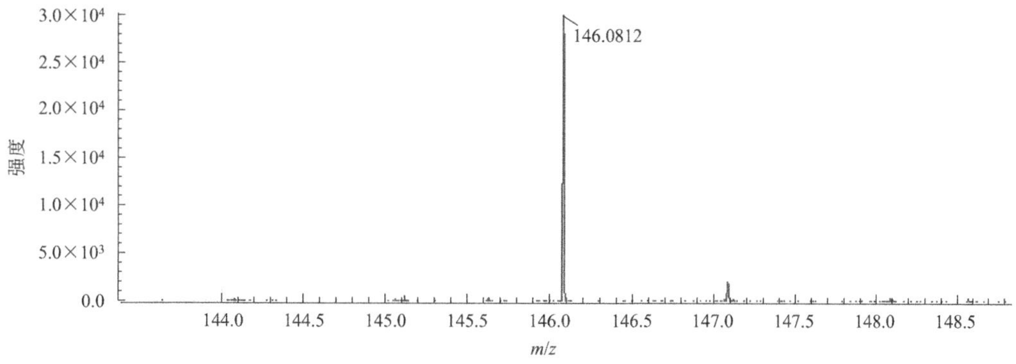

二级全扫质谱图 CE：（35± 15）V

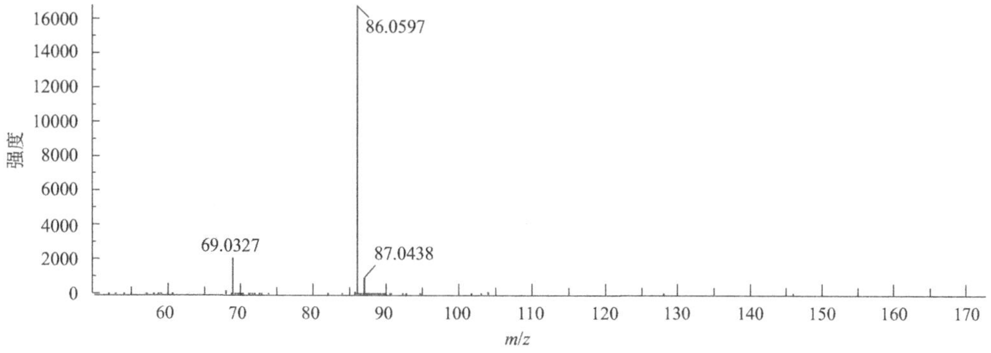

Acetylcholine
乙酰胆碱

CAS 号	60-31-1（盐酸盐） 51-84-3（母体）	源极性	正离子模式
分子式	$C_7H_{16}NO_2$	加合方式	$[M]^+$
分子量	146. 1176	保留时间	1. 22min

提取离子流色谱图

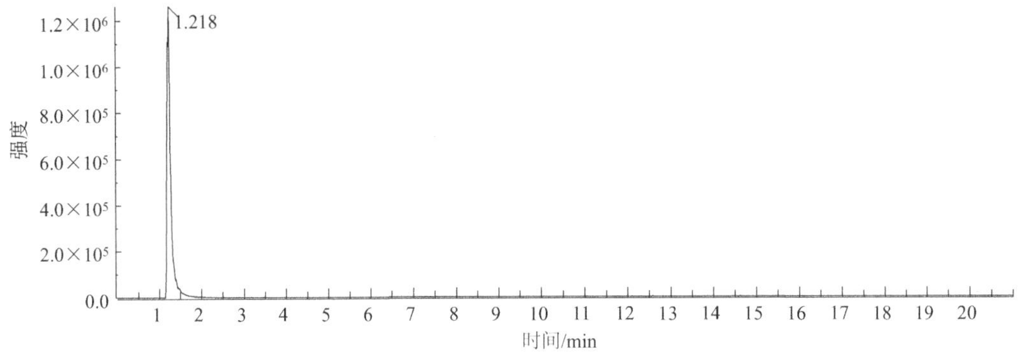

一级质谱图

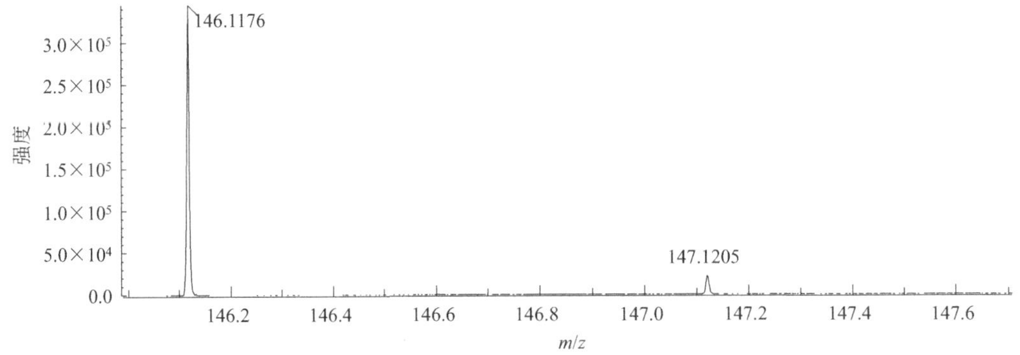

二级全扫质谱图 CE：（35± 15）V

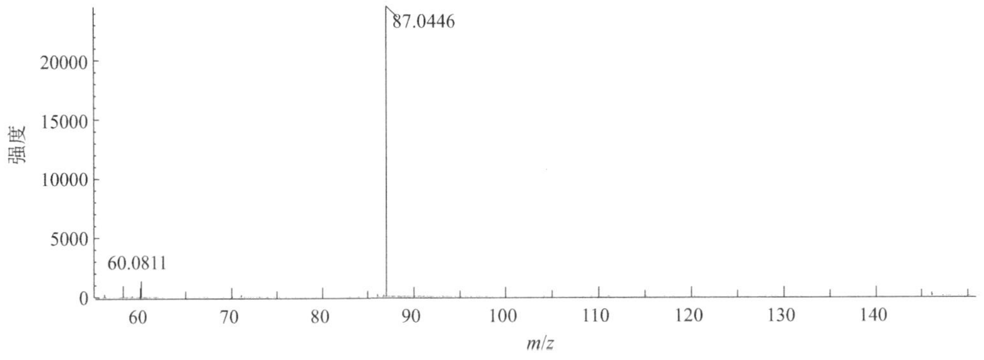

Adenine
腺嘌呤

CAS 号	73-24-5	源极性	正离子模式
分子式	$C_5H_5N_5$	加合方式	$[M+H]^+$
分子量	135. 0540	保留时间	1. 52min

提取离子流色谱图

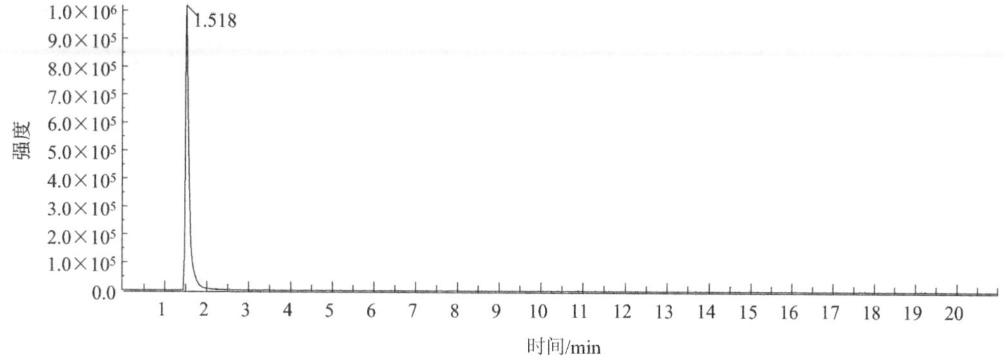

一级质谱图

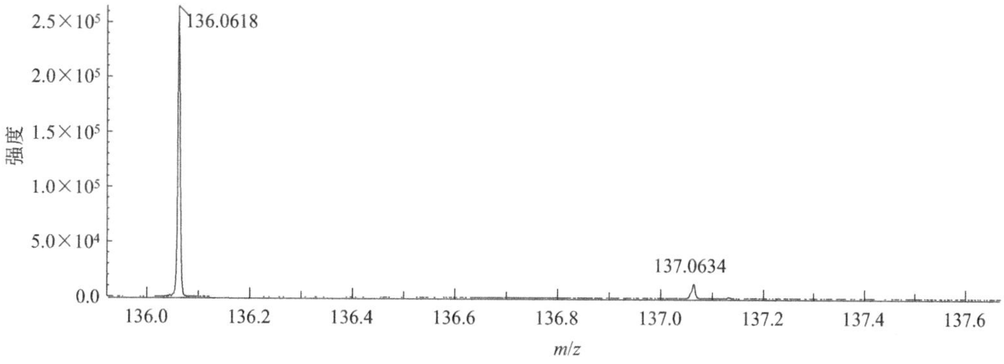

二级全扫质谱图 CE：（35±15）V

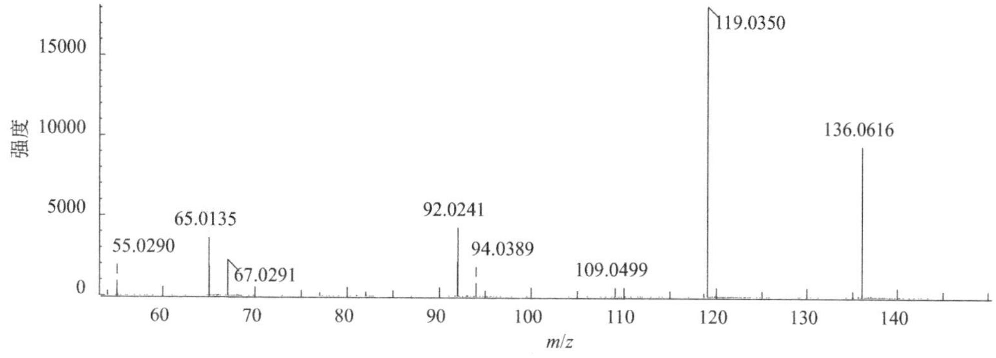

Adenosine
腺苷

CAS 号	58-61-7	源极性	正离子模式
分子式	$C_{10}H_{13}N_5O_4$	加合方式	$[M+H]^+$
分子量	267. 0962	保留时间	3. 96min

提取离子流色谱图

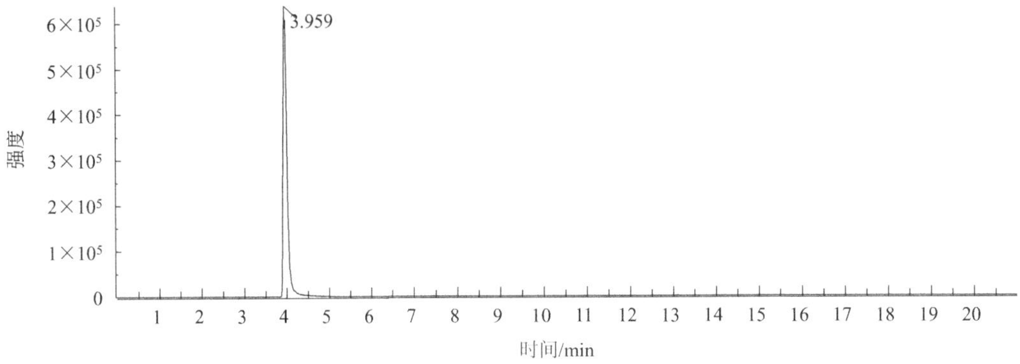

一级质谱图

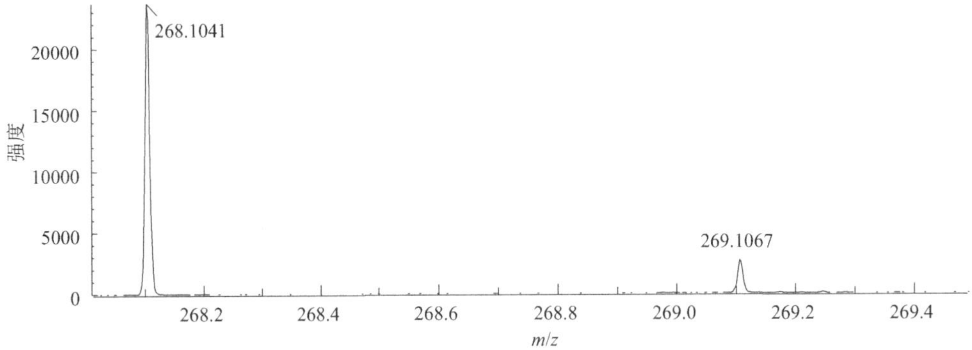

二级全扫质谱图 CE：（35± 15）V

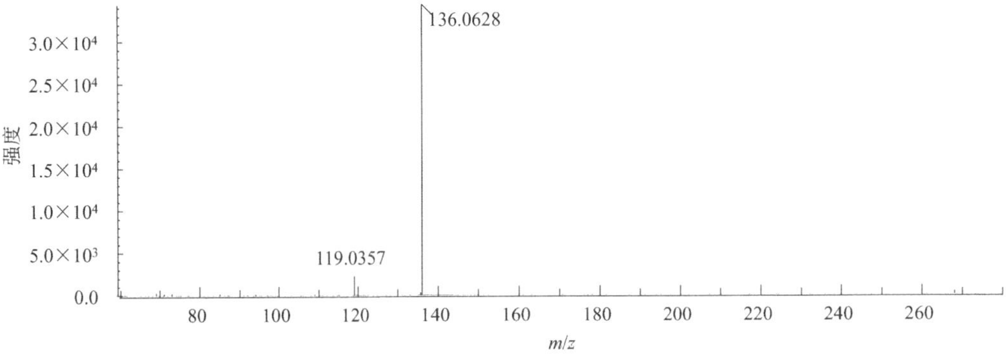

Adenosine 2′, 3′-Cyclic Monophosphate
2′,3′-环磷酸腺苷

CAS 号	37063-35-7（钠盐） 634-01-5（母体）	源极性	正离子模式
分子式	$C_{10}H_{12}N_5O_6P$	加合方式	$[M+H]^+$
分子量	329.0520	保留时间	2.47min

提取离子流色谱图

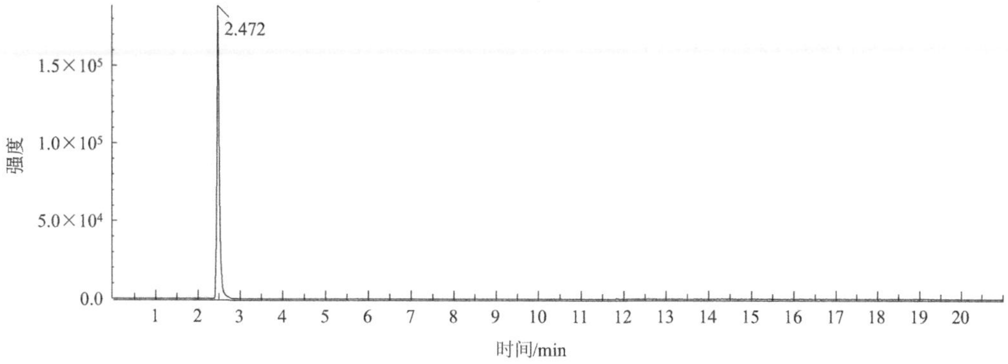

一级质谱图

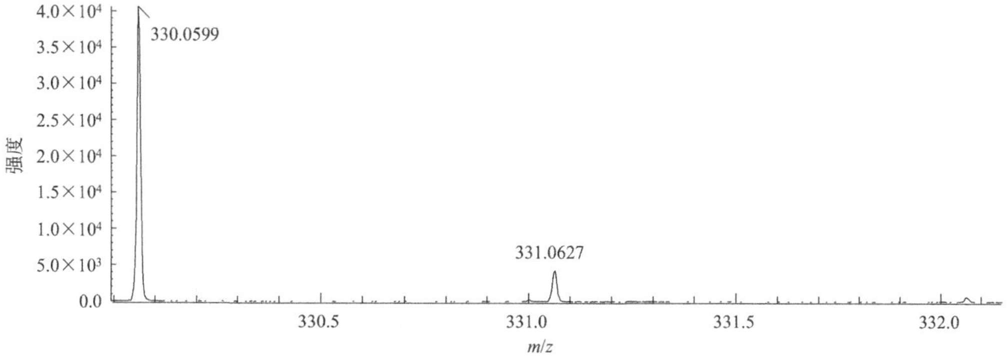

二级全扫质谱图 CE：（35±15）V

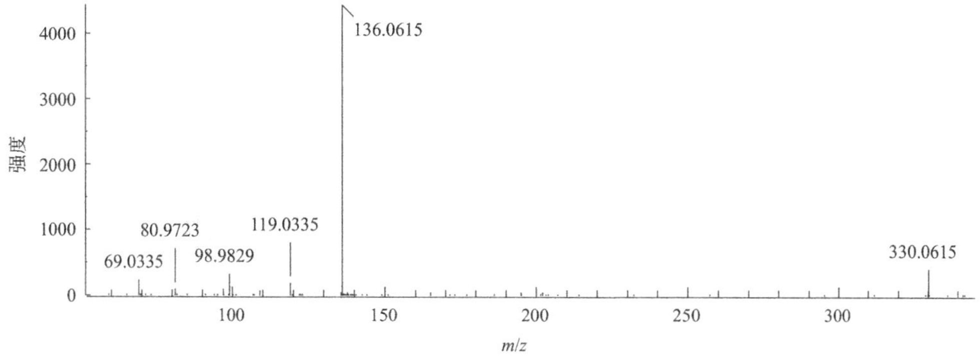

Adenosine 3′, 5′-Diphosphate

3′, 5′-二磷酸腺苷

CAS 号	75431-54-8（二钠盐） 1053-73-2（母体）	源极性	负离子模式
分子式	$C_{10}H_{15}N_5O_{10}P_2$	加合方式	$[M-H]^-$
分子量	427.0289	保留时间	1.04min

提取离子流色谱图

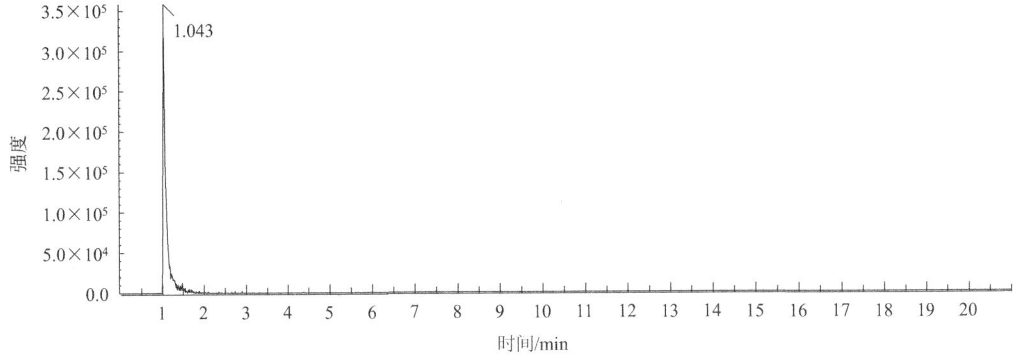

一级质谱图

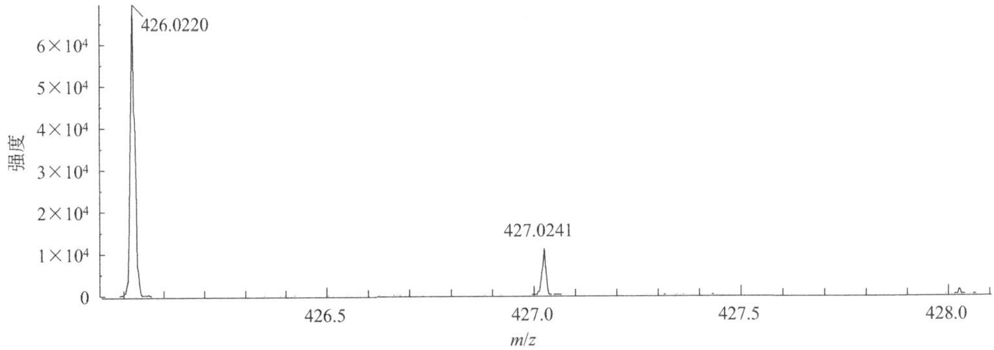

二级全扫质谱图 CE：（−35±15）V

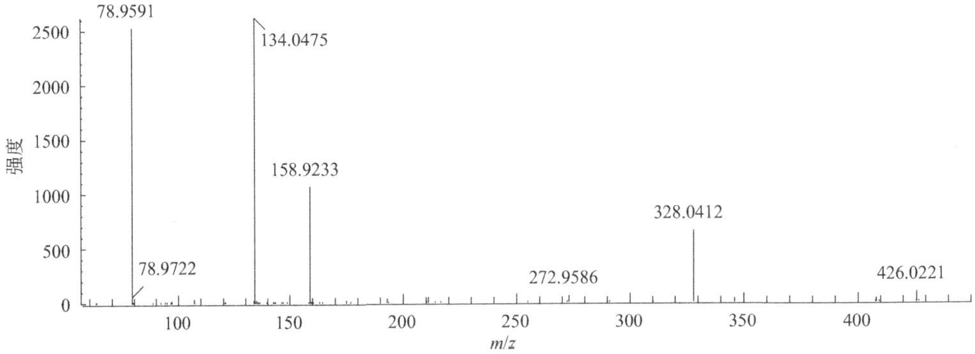

Adenosine 5′-Diphosphate
5′-二磷酸腺苷

CAS 号	20398-34-9（二钠盐） 58-64-0（母体）	源极性	负离子模式
分子式	$C_{10}H_{15}N_5O_{10}P_2$	加合方式	$[M-H]^-$
分子量	427. 0289	保留时间	1. 07min

提取离子流色谱图

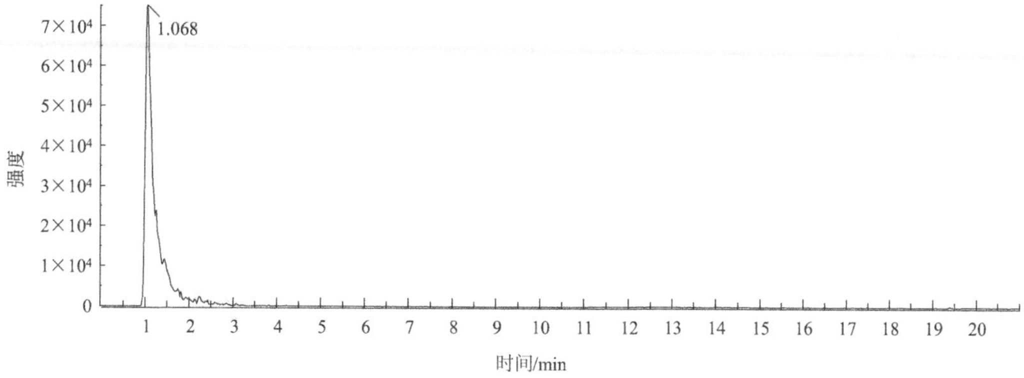

一级质谱图

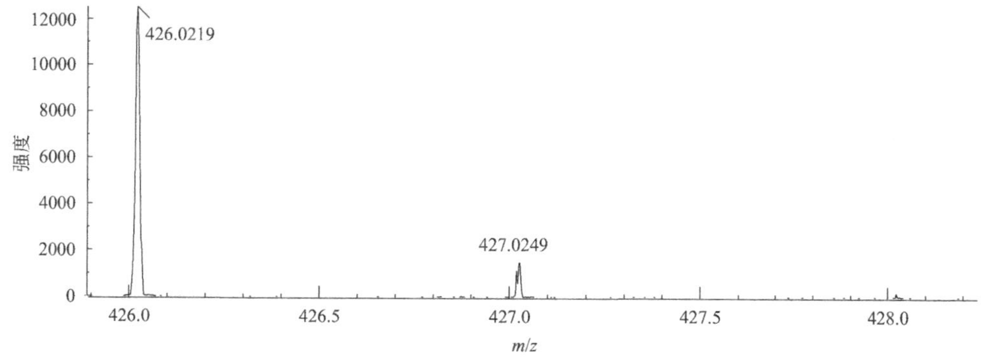

二级全扫质谱图 CE：(−35±15) V

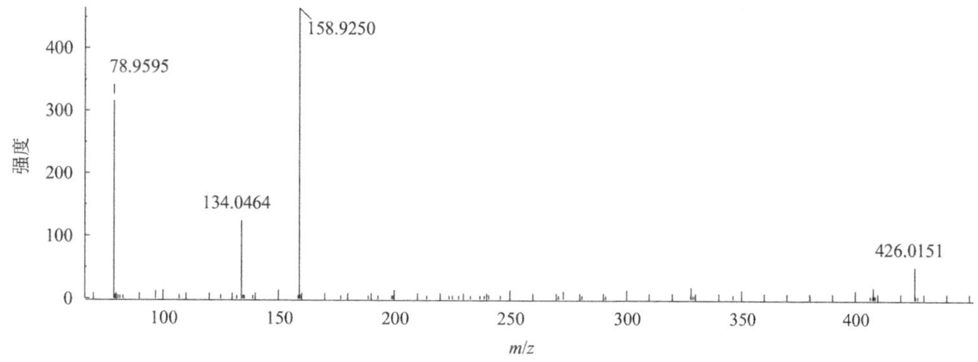

Adenosine 5′-Diphosphoglucose
5′-二磷酸葡萄糖腺苷

CAS 号	102129-65-7（二钠盐） 2140-58-1（母体）	源极性	负离子模式
分子式	$C_{16}H_{25}N_5O_{15}P_2$	加合方式	$[M-H]^-$
分子量	589.0817	保留时间	1.04min

提取离子流色谱图

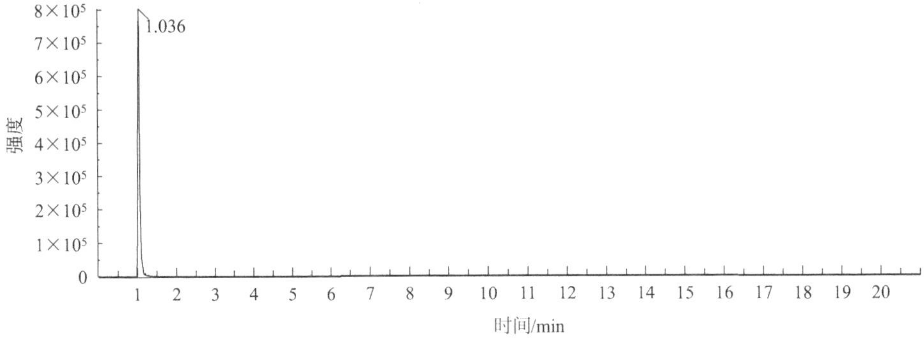

一级质谱图

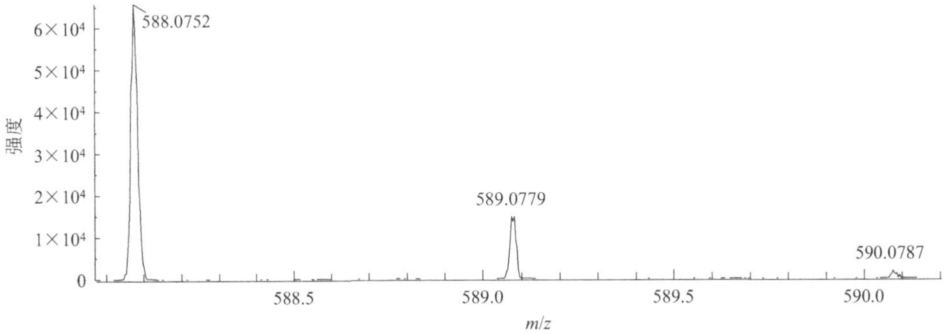

二级全扫质谱图 CE：（−35±15）V

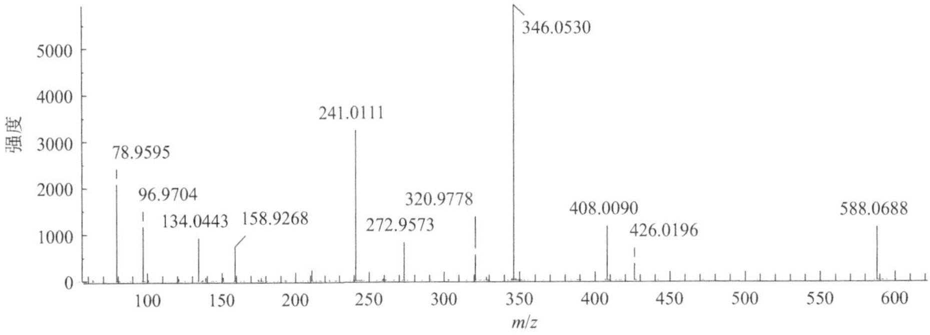

Adenosine 5′-Diphosphoribose
腺苷 5′-二磷酸核糖

CAS 号	68414-18-6（钠盐） 150422-36-9（母体）	源极性	负离子模式
分子式	$C_{15}H_{23}N_5O_{14}P_2$	加合方式	$[M-H]^-$
分子量	559.0711	保留时间	1.02min

提取离子流色谱图

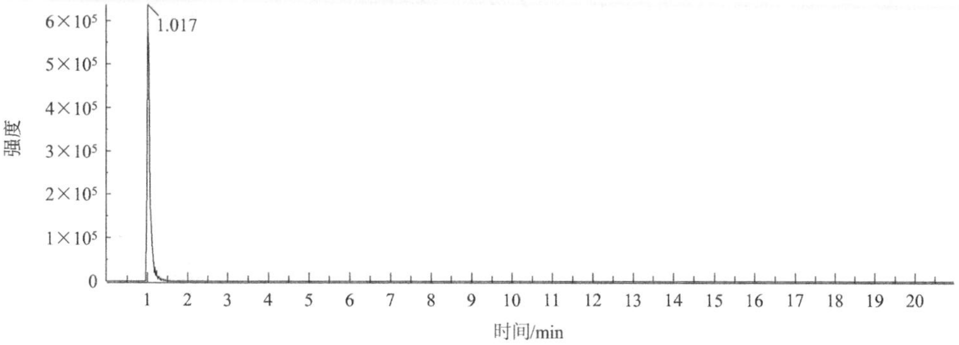

一级质谱图

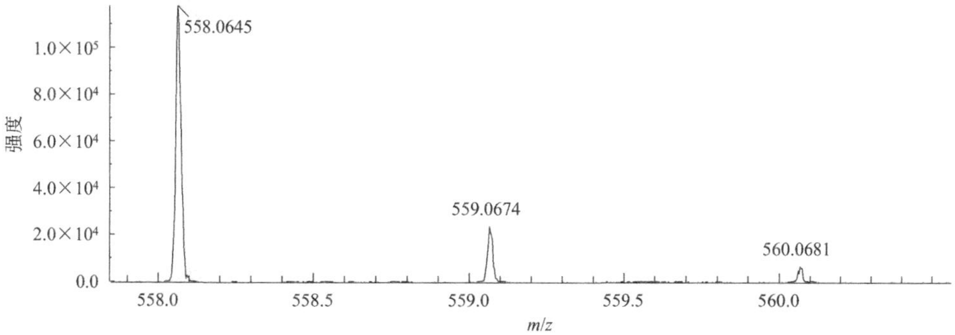

二级全扫质谱图 CE：（-35±15）V

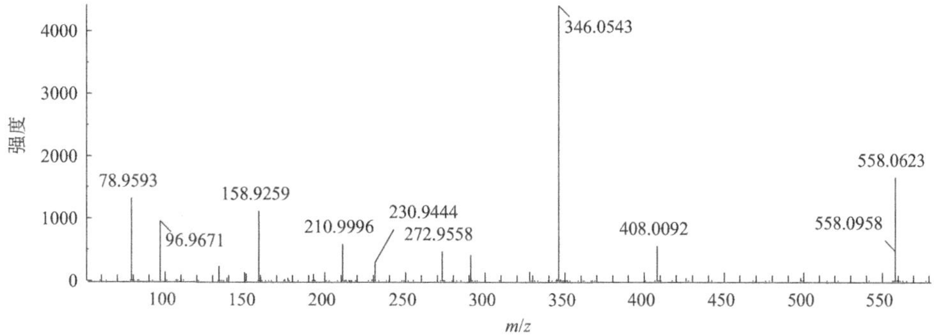

Adenosine 5′-Triphosphate
5′-三磷酸腺苷

CAS 号	34369-07-8（二钠盐结合水） 56-65-5（母体）	源极性	负离子模式
分子式	$C_{10}H_{16}N_5O_{13}P_3$	加合方式	$[M-H]^-$
分子量	506.9952	保留时间	0.82min

提取离子流色谱图

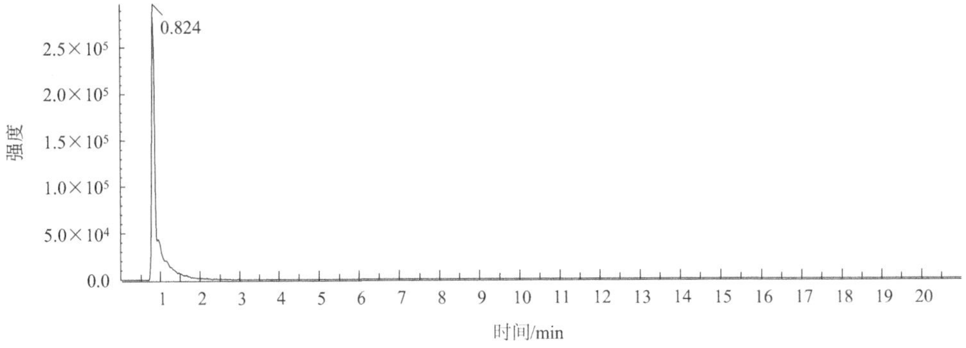

一级质谱图

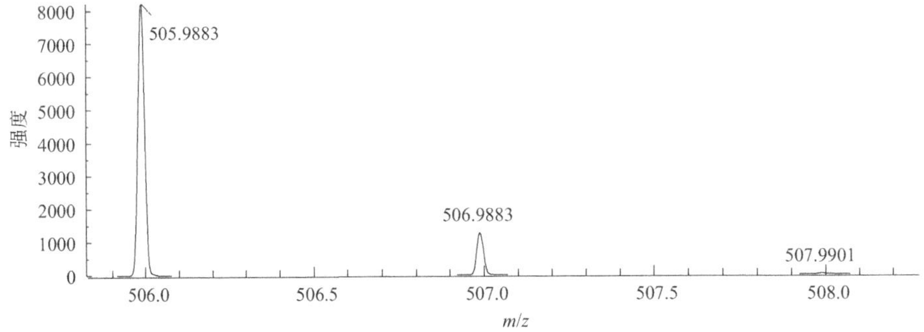

二级全扫质谱图 CE：（−35±15）V

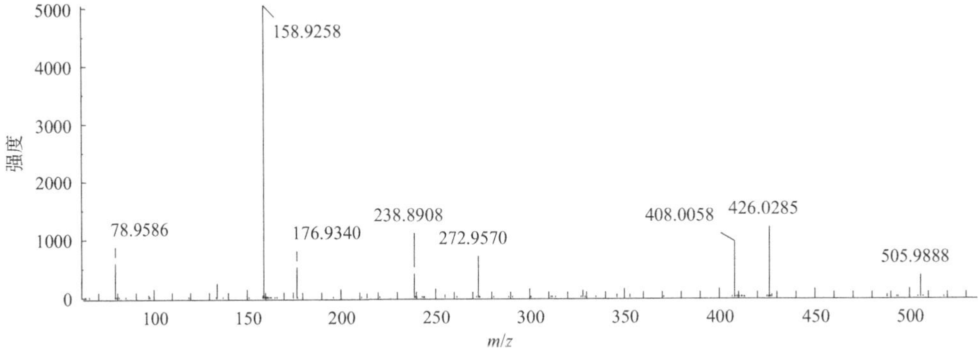

Adipic Acid
己二酸

CAS 号	124-04-9	源极性	负离子模式
分子式	$C_6H_{10}O_4$	加合方式	$[M-H]^-$
分子量	146. 0574	保留时间	5. 28min

提取离子流色谱图

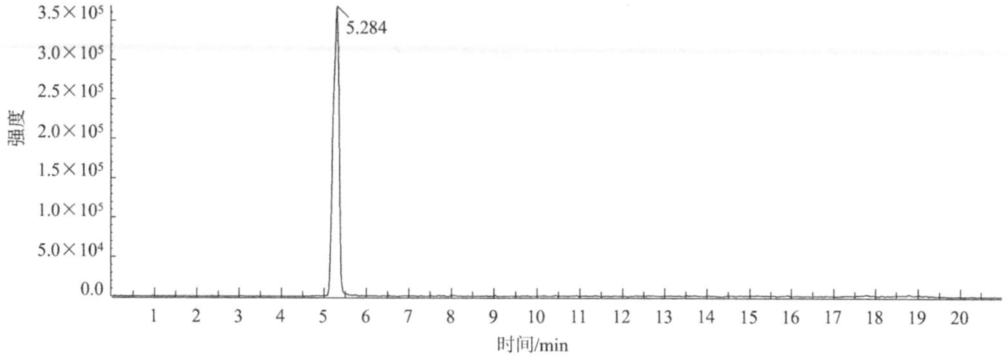

一级质谱图

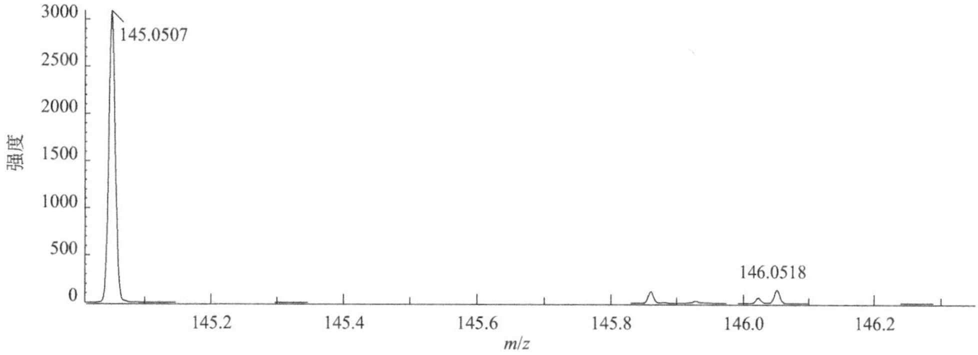

二级全扫质谱图 CE：（−35±15）V

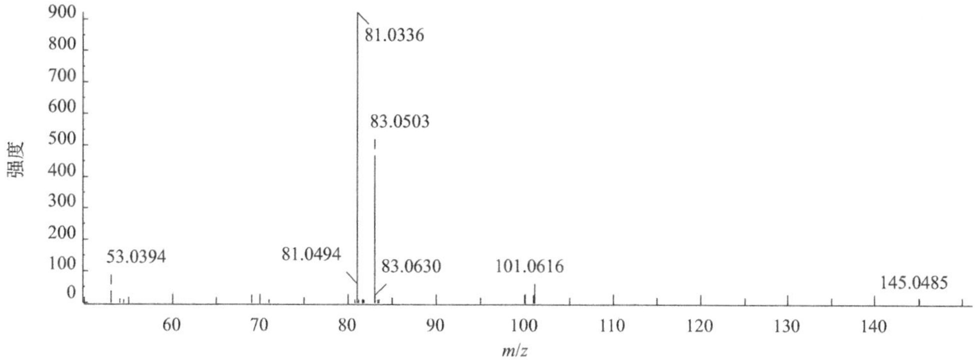

Allantoin
尿囊素

CAS 号	97-59-6	源极性	负离子模式
分子式	$C_4H_6N_4O_3$	加合方式	$[M-H]^-$
分子量	158. 0434	保留时间	0. 94min

提取离子流色谱图

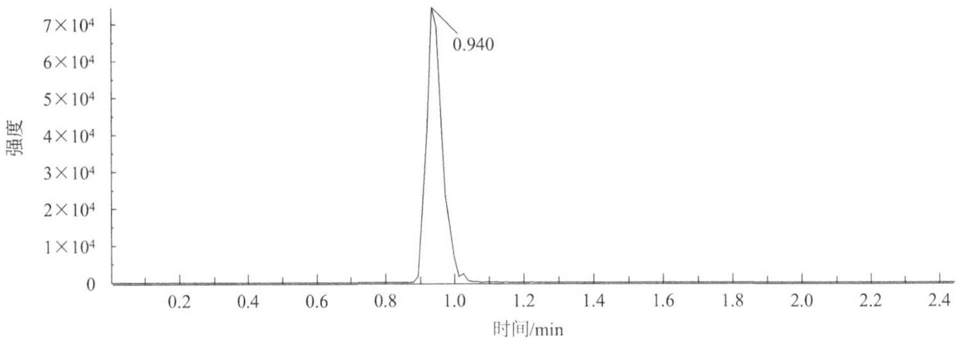

一级质谱图

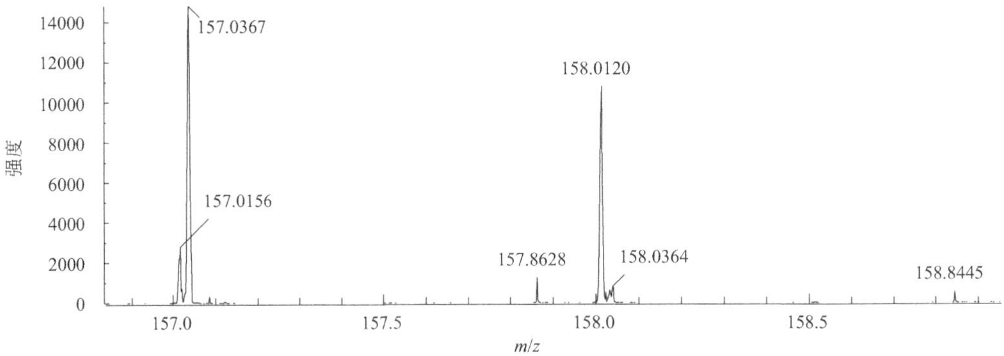

二级全扫质谱图 CE：（-35±15）V

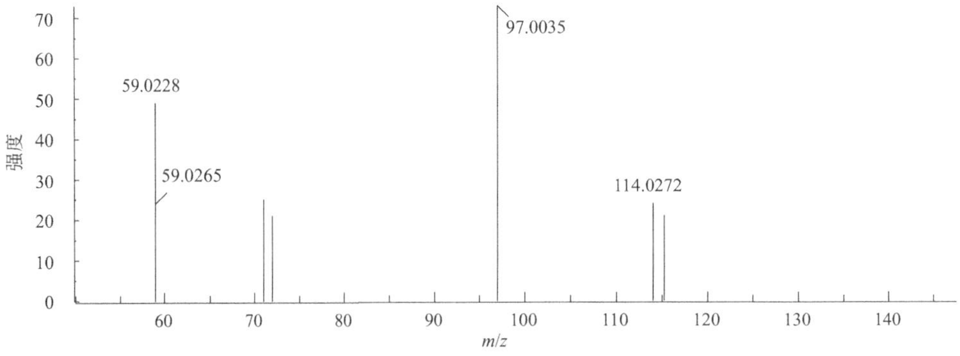

Allose
阿洛糖

CAS 号	2595-97-3	源极性	正离子模式
分子式	$C_6H_{12}O_6$	加合方式	$[M+NH_4]^+$
分子量	180. 0628	保留时间	3. 97min

提取离子流色谱图

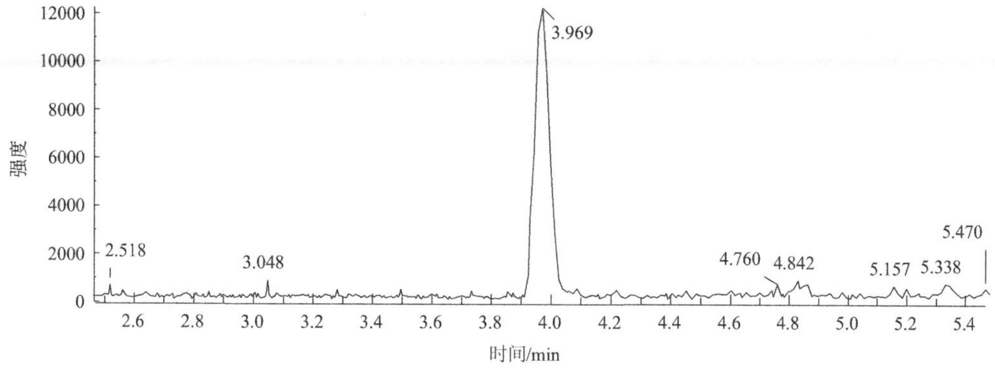

一级质谱图

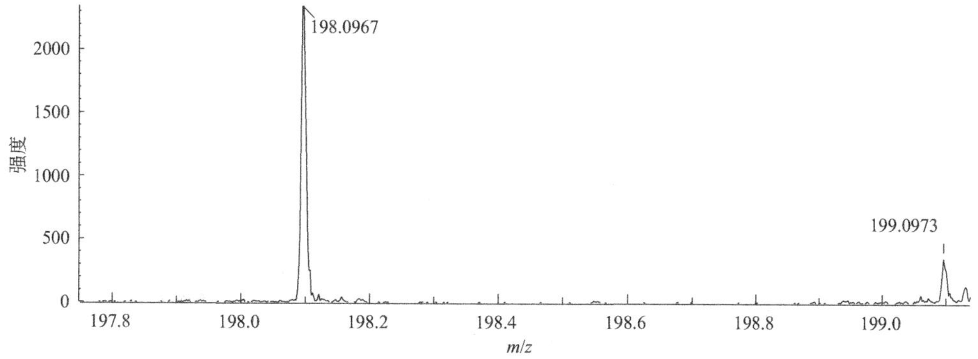

二级全扫质谱图 CE：（35± 15）V

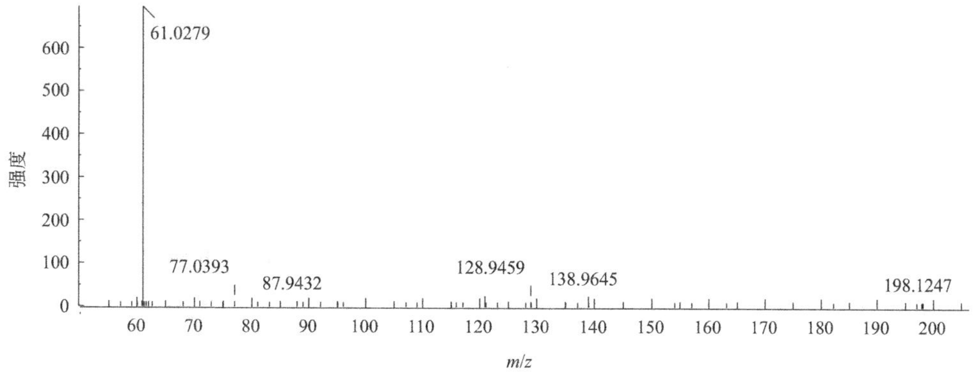

α-Aminoadipic Acid
2-氨基己二酸

CAS 号	542-32-5	源极性	负离子模式
分子式	$C_6H_{11}NO_4$	加合方式	$[M-H]^-$
分子量	161.0683	保留时间	0.98min

提取离子流色谱图

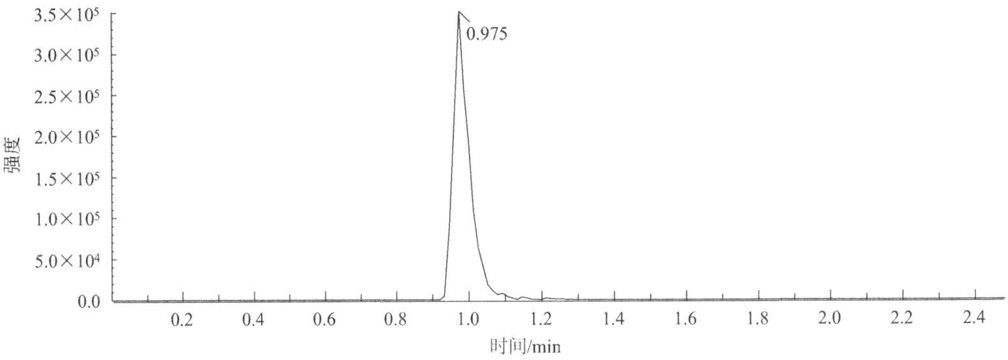

一级质谱图

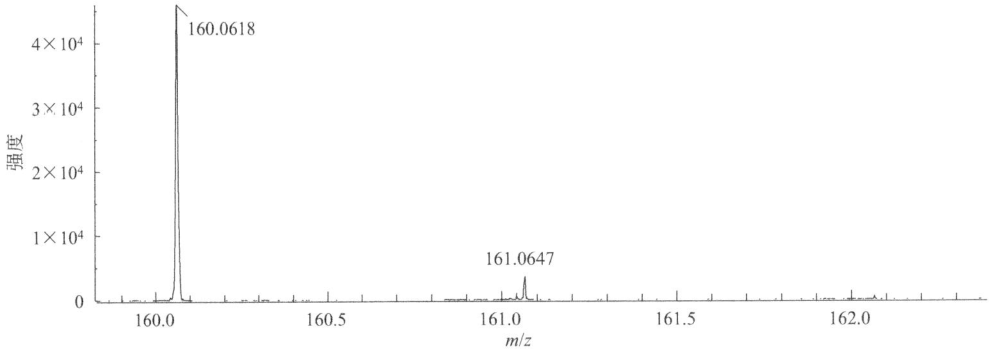

二级全扫质谱图 CE：(−35±15) V

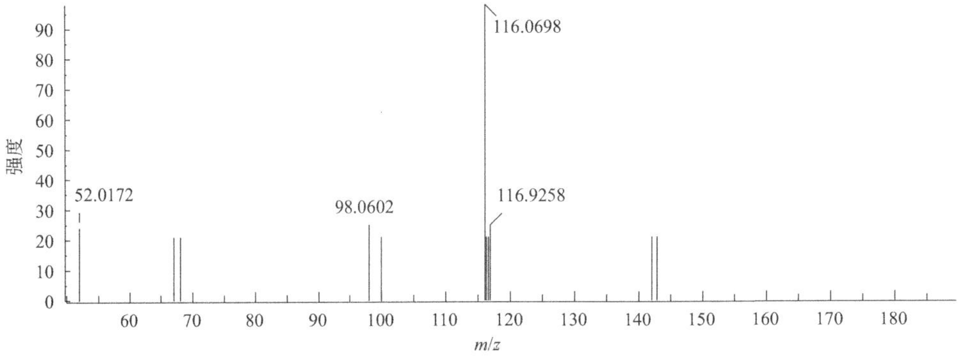

4-Aminobutyric Acid
4-氨基丁酸

CAS 号	56-12-2	源极性	正离子模式
分子式	$C_4H_9NO_2$	加合方式	$[M+H]^+$
分子量	103. 0633	保留时间	0. 94min

提取离子流色谱图

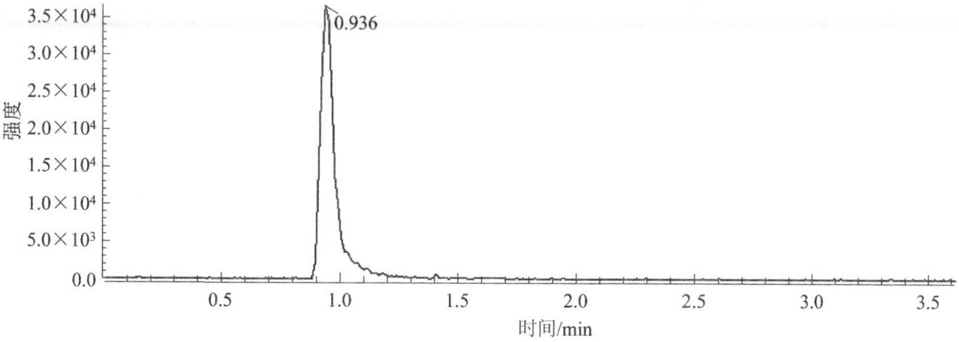

一级质谱图

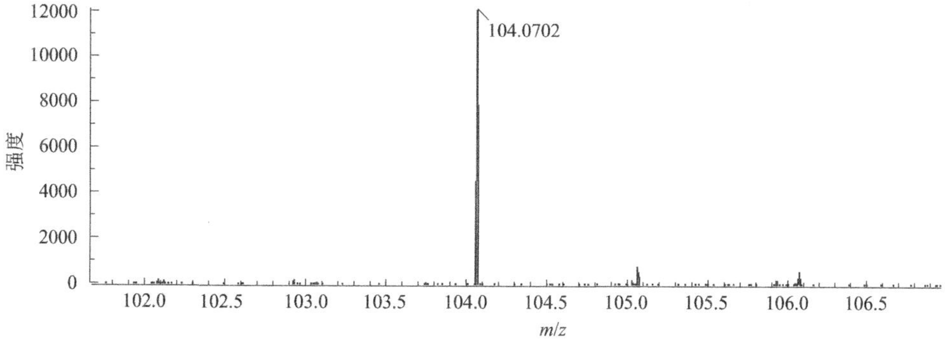

二级全扫质谱图 CE：（35±15）V

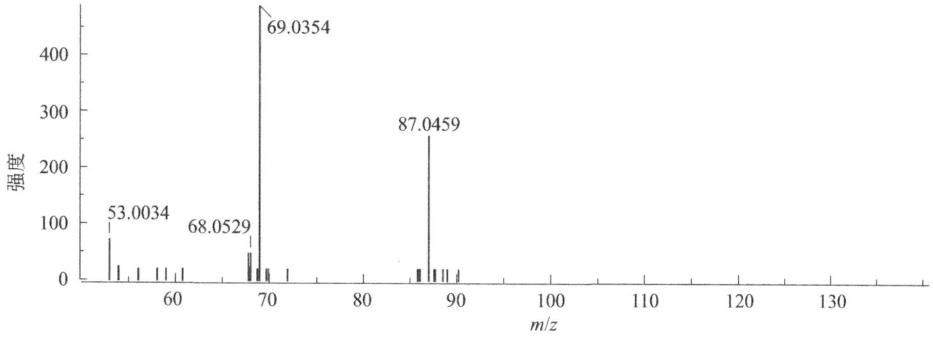

1-Aminocyclopropane-1-Carboxylic Acid
1-氨基环丙烷羧酸

CAS 号	22059-21-8	源极性	正离子模式
分子式	$C_4H_7NO_2$	加合方式	$[M+H]^+$
分子量	101.0471	保留时间	0.95min

提取离子流色谱图

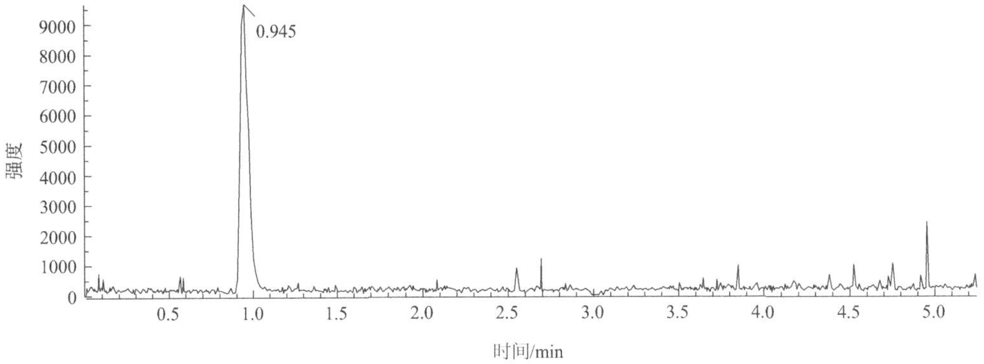

一级质谱图

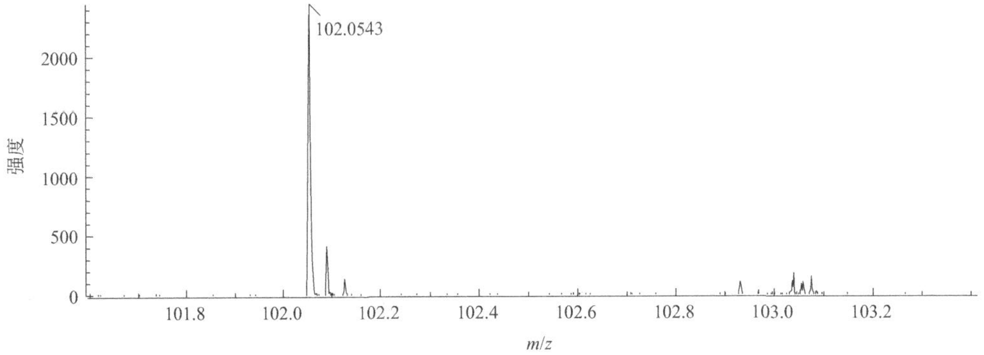

二级全扫质谱图 CE：（35± 15）V

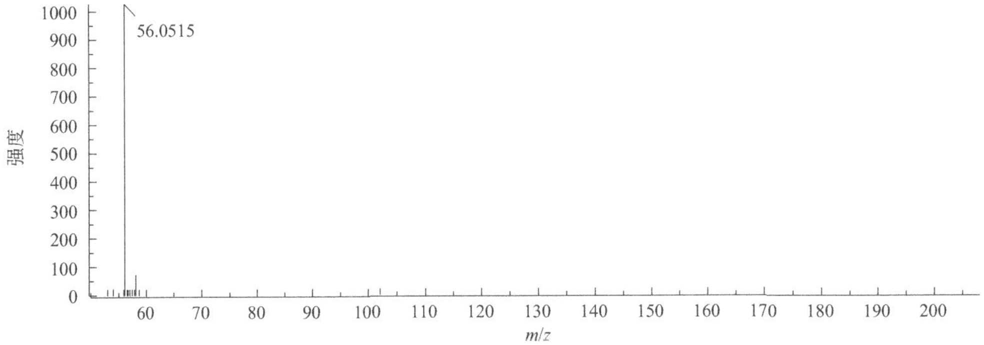

2-Aminoethyl Dihydrogen Phosphate
乙醇胺磷酸酯

CAS 号	1071-23-4	源极性	负离子模式
分子式	$C_2H_8NO_4P$	加合方式	$[M-H]^-$
分子量	141.0186	保留时间	0.84min

提取离子流色谱图

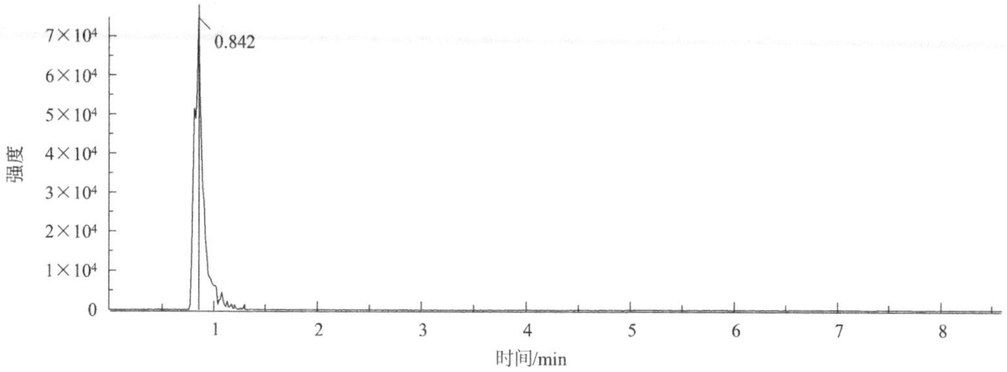

一级质谱图

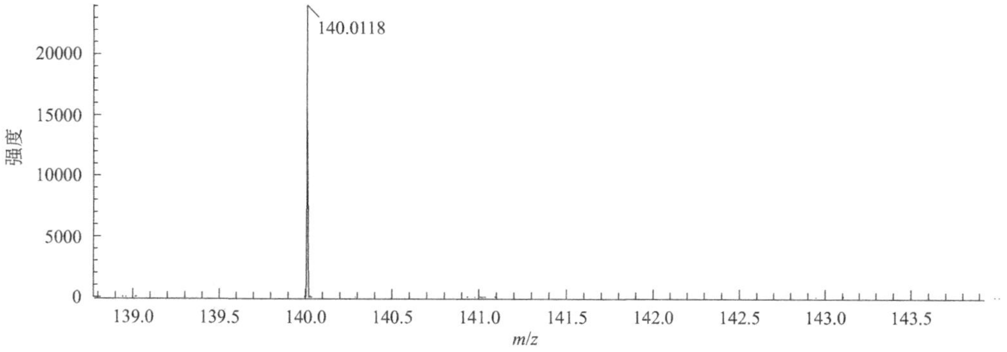

二级全扫质谱图 CE：(−35±15) V

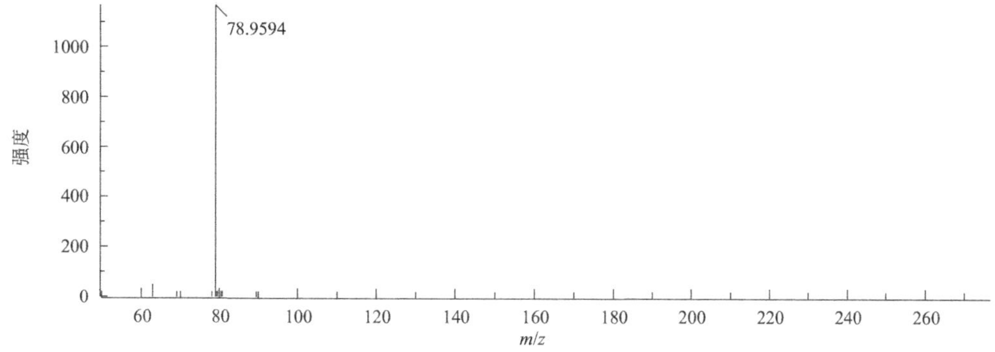

(2-Aminoethyl) Phosphonic Acid
2-氨基乙基膦酸

CAS 号	2041-14-7	源极性	负离子模式
分子式	$C_2H_8NO_3P$	加合方式	$[M-H]^-$
分子量	125. 0236	保留时间	0. 84min

提取离子流色谱图

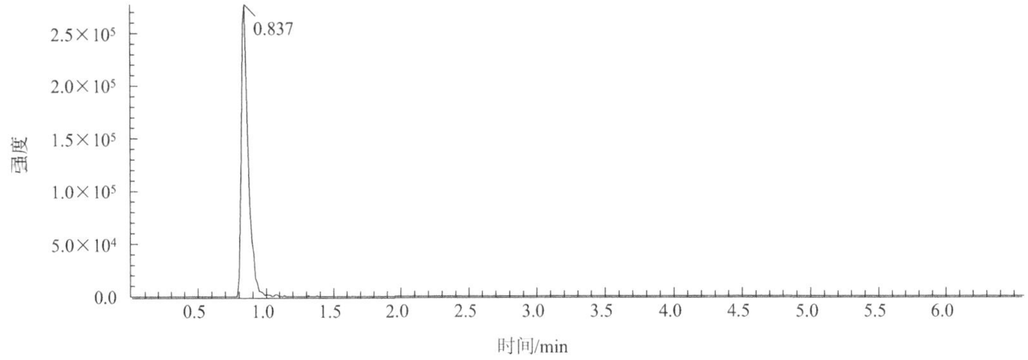

一级质谱图

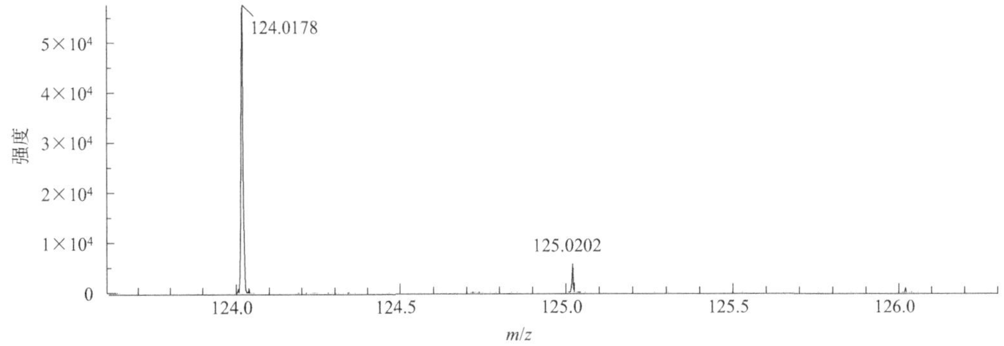

二级全扫质谱图 CE：(−35±15) V

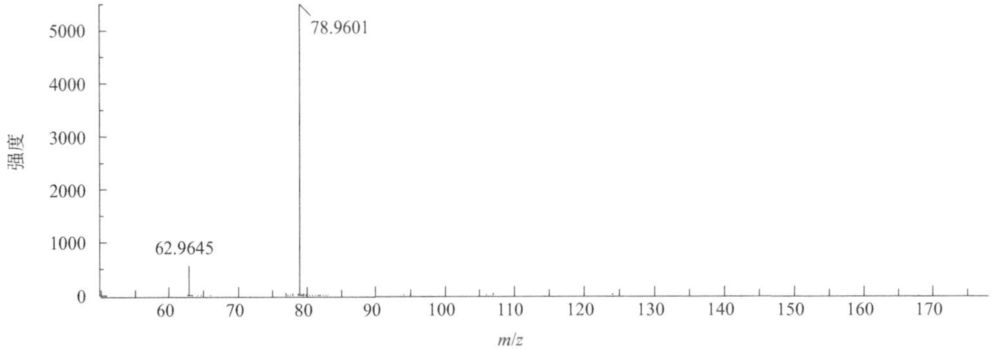

3-Amino-4-Hydroxybenzoic Acid
3-氨基-4-羟基苯甲酸

CAS 号	1571-72-8	源极性	负离子模式
分子式	$C_7H_7NO_3$	加合方式	$[M-H]^-$
分子量	153.0420	保留时间	2.06min

提取离子流色谱图

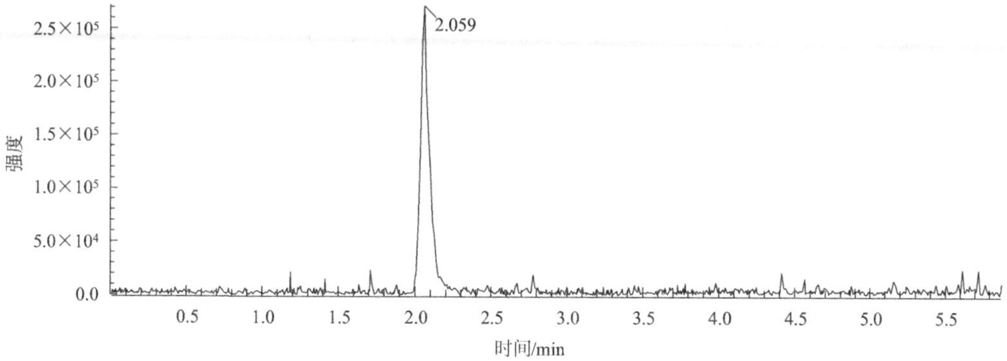

一级质谱图

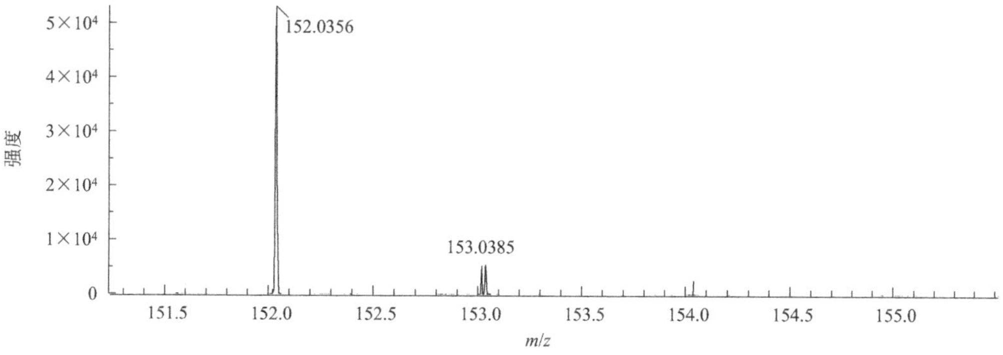

二级全扫质谱图 CE：（−35±15）V

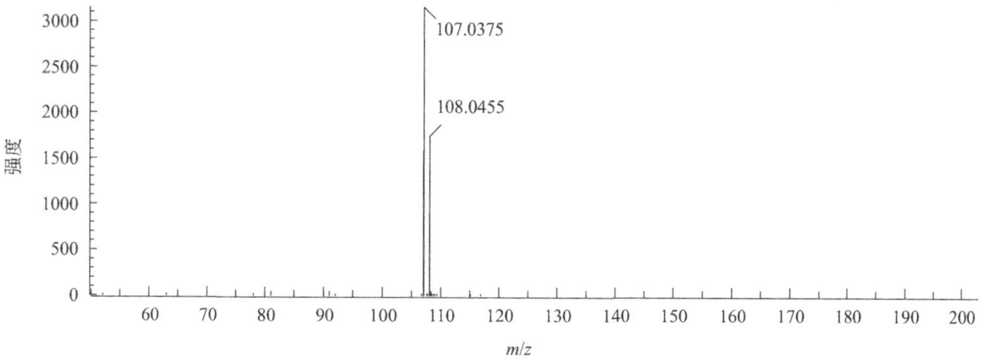

3-Amino-5-Hydroxybenzoic Acid
3-氨基-5-羟基苯甲酸

CAS 号	76045-71-1	源极性	正离子模式
分子式	$C_7H_7NO_3$	加合方式	$[M+H]^+$
分子量	153. 0420	保留时间	1. 99min

提取离子流色谱图

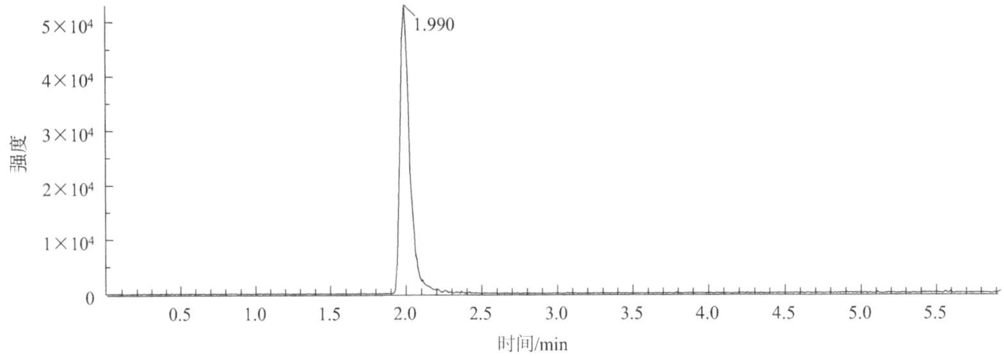

一级质谱图

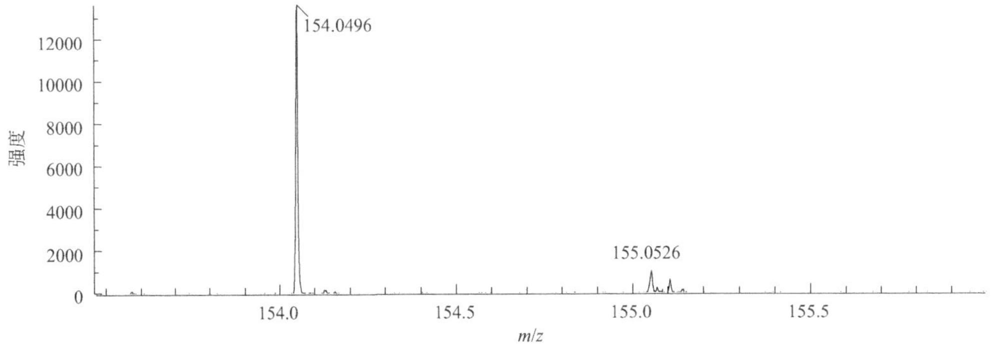

二级全扫质谱图 CE：（35± 15）V

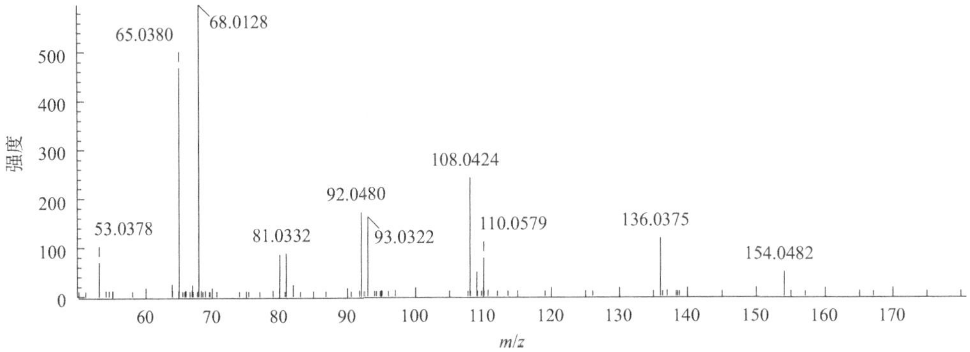

2-Aminoisobutyric Acid
2-甲基丙氨酸

CAS 号	62-57-7	源极性	正离子模式
分子式	$C_4H_9NO_2$	加合方式	$[M+H]^-$
分子量	103. 0628	保留时间	0. 96min

提取离子流色谱图

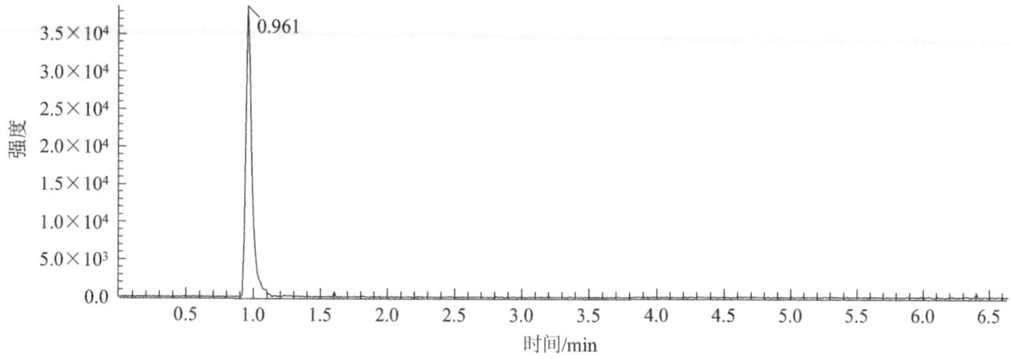

一级质谱图

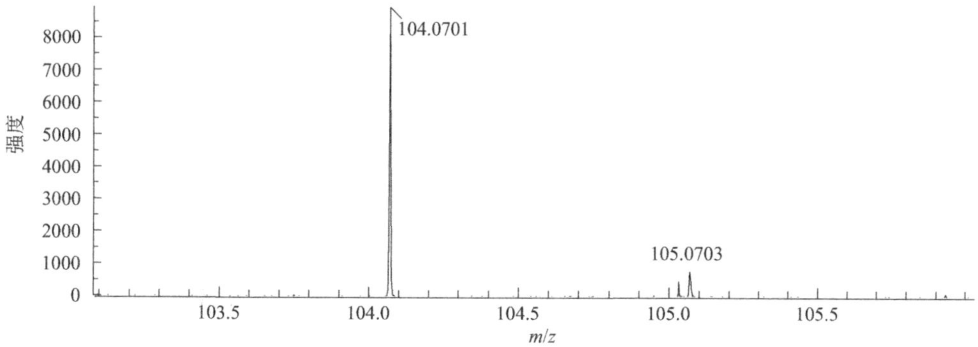

二级全扫质谱图 CE：（35±15）V

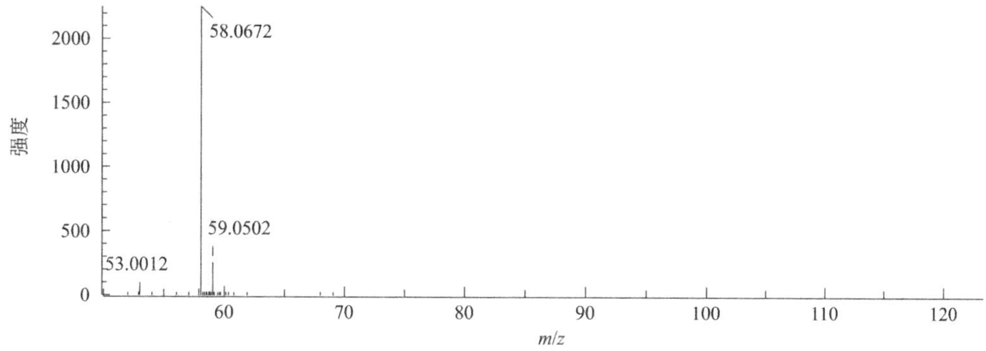

2-Aminophenol
2-氨基苯酚

CAS 号	95-55-6	源极性	正离子模式
分子式	C_6H_7NO	加合方式	$[M+H]^+$
分子量	109. 0522	保留时间	2. 00min

提取离子流色谱图

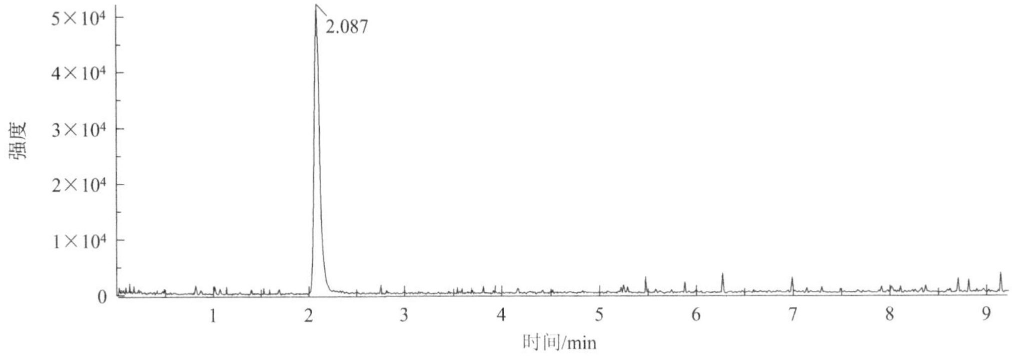

一级质谱图

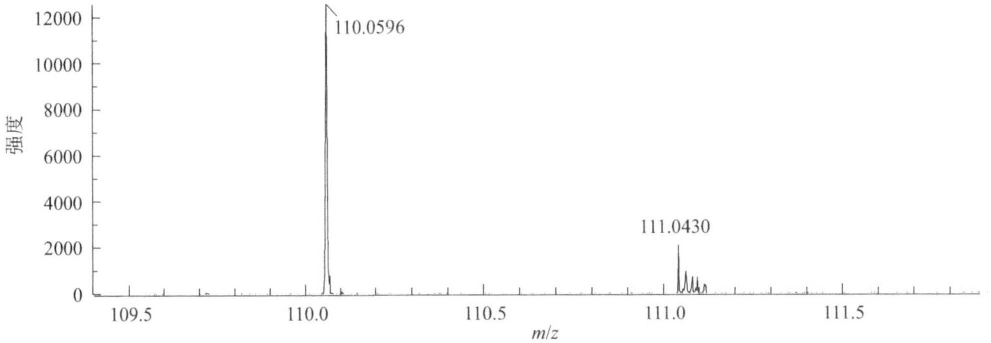

二级全扫质谱图 CE：（35± 15）V

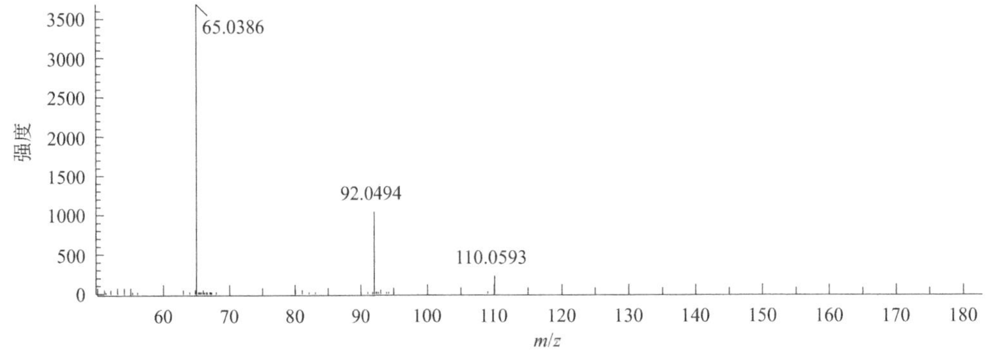

Aniline-2-Sulfonic Acid
2-氨基苯磺酸

CAS 号	88-21-1	源极性	负离子模式
分子式	$C_6H_7NO_3S$	加合方式	$[M-H]^-$
分子量	173. 0147	保留时间	2. 08min

提取离子流色谱图

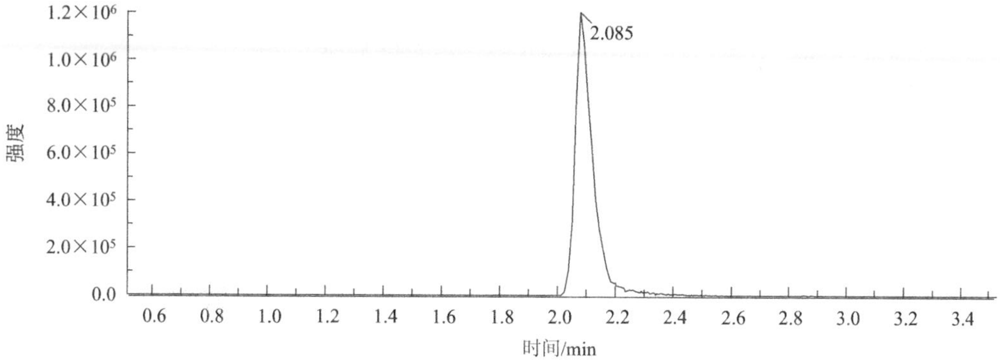

一级质谱图

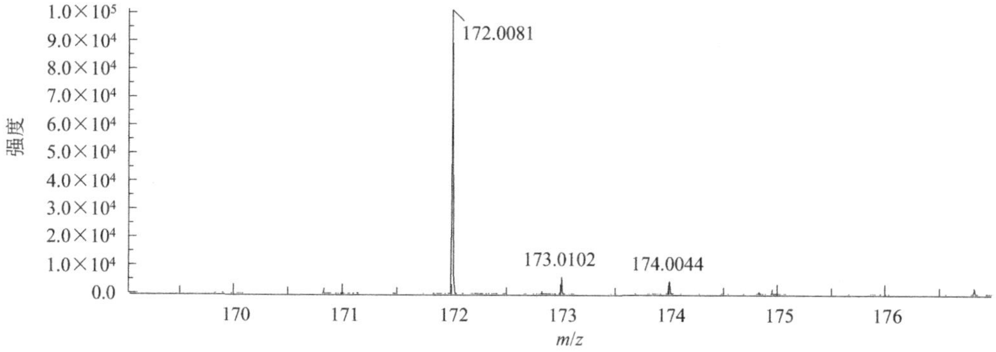

二级全扫质谱图 CE：（−35± 15）V

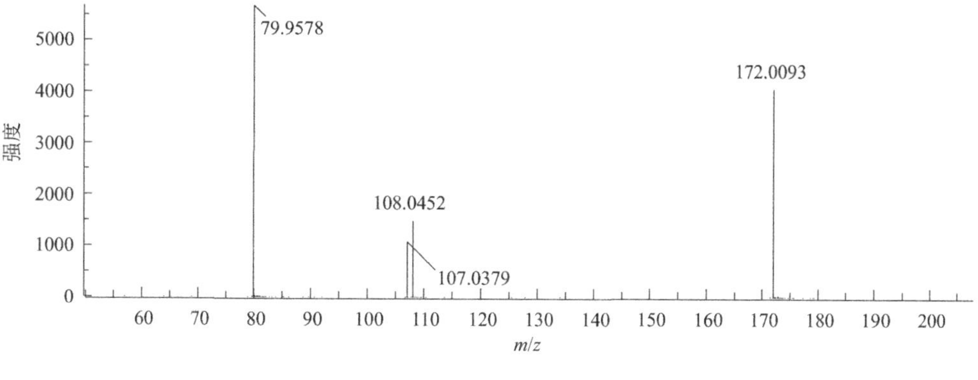

Arachidic Acid
二十酸

CAS 号	506-30-9	源极性	负离子模式
分子式	$C_{20}H_{40}O_2$	加合方式	$[M-H]^-$
分子量	312. 3028	保留时间	16. 54min

提取离子流色谱图

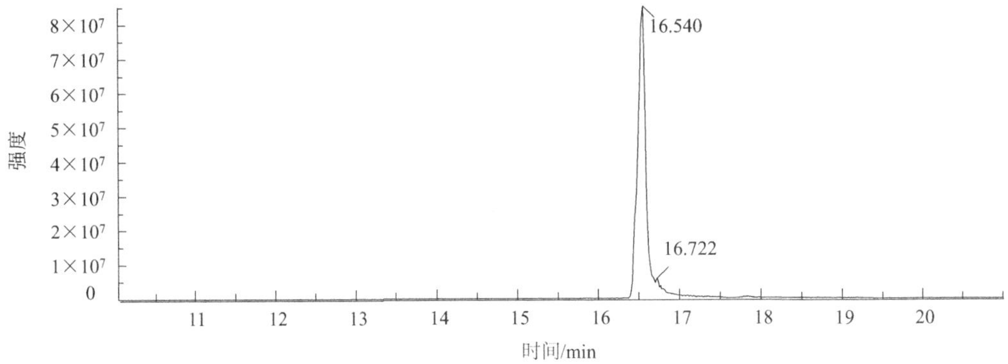

一级质谱图

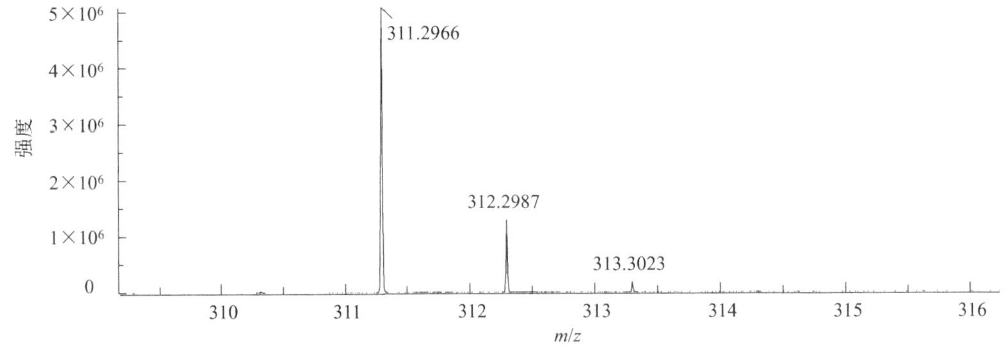

二级全扫质谱图 CE：（−35± 15）V

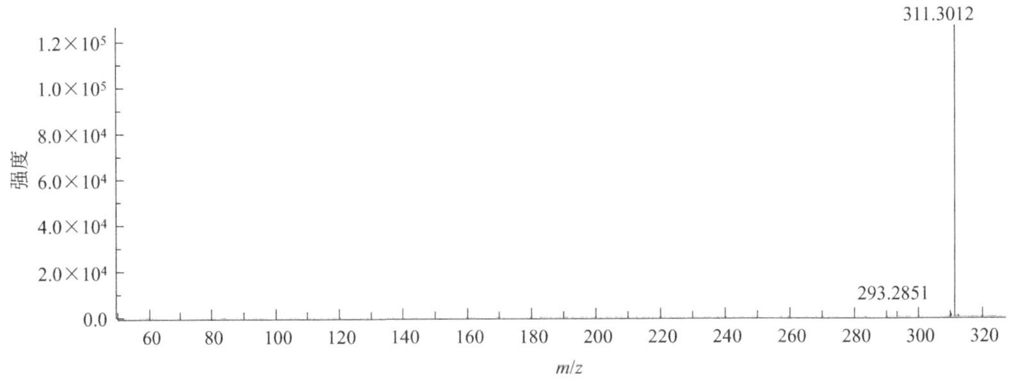

Azelaic Acid
壬二酸

CAS 号	123-99-9	源极性	正离子模式
分子式	$C_9H_{16}O_4$	加合方式	$[M+H]^+$
分子量	188. 1049	保留时间	9. 15min

提取离子流色谱图

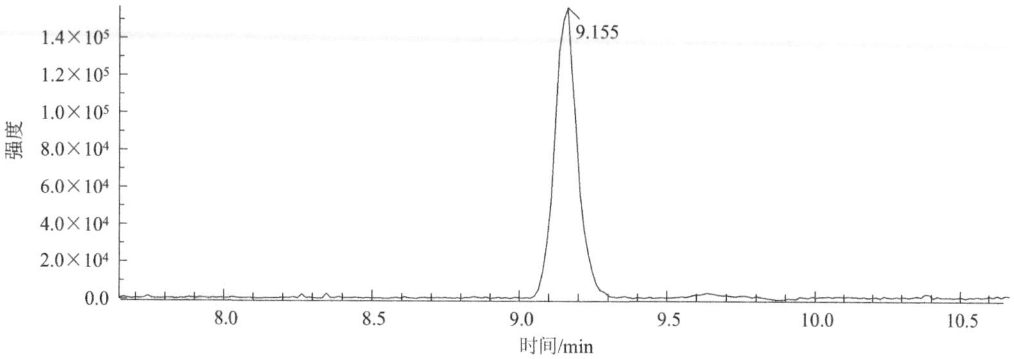

一级质谱图

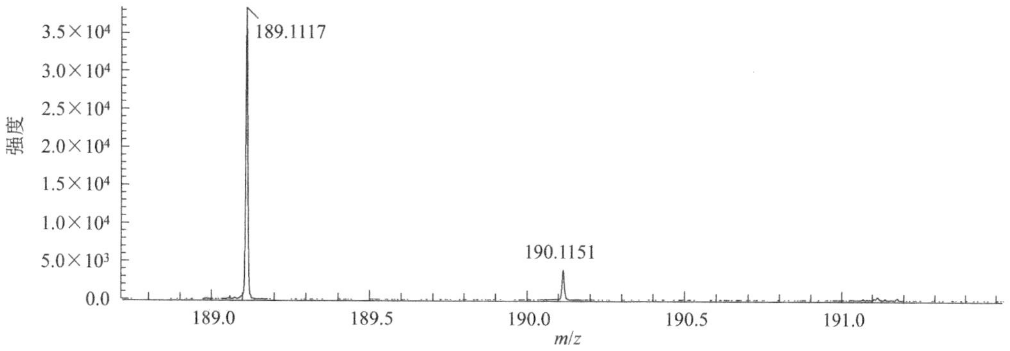

二级全扫质谱图 CE：（35±15）V

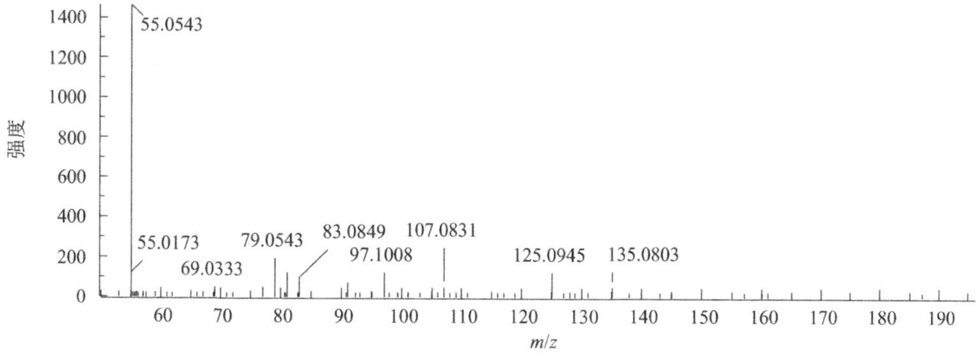

Benzoic Acid
苯甲酸

CAS 号	532-32-1（钠盐） 65-85-0（母体）	源极性	正离子模式
分子式	$C_7H_6O_2$	加合方式	$[M+H]^+$
分子量	122. 0368	保留时间	6. 80min

提取离子流色谱图

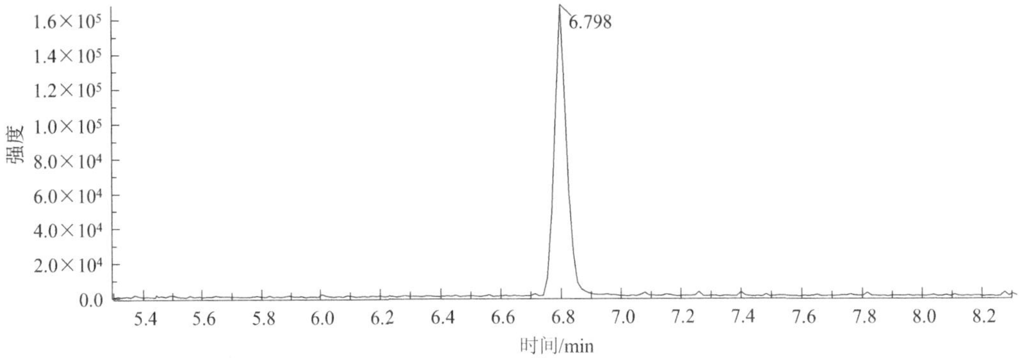

一级质谱图

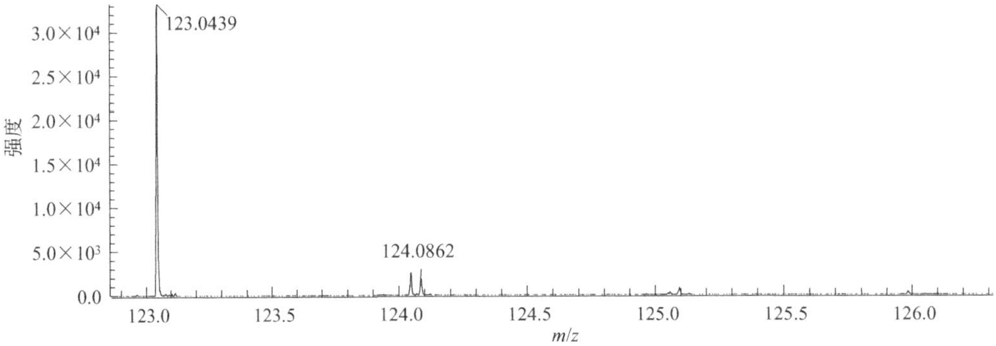

二级全扫质谱图 CE：（35±15）V

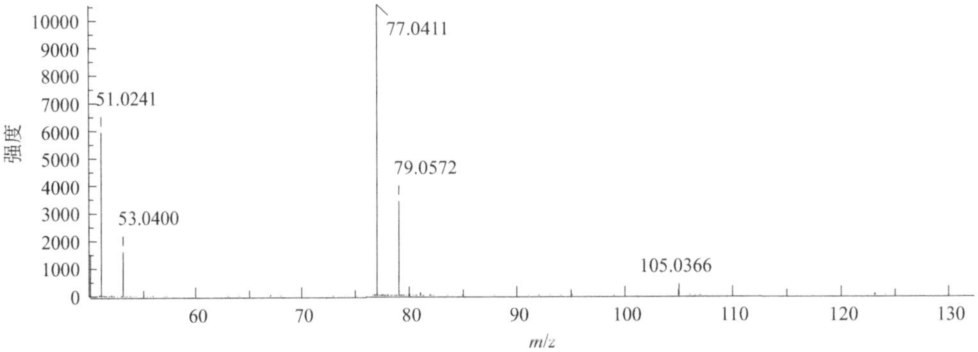

Betaine
甜菜碱

CAS 号	107-43-7	源极性	正离子模式
分子式	$C_5H_{11}NO_2$	加合方式	$[M+H]^+$
分子量	117. 079	保留时间	0. 91min

提取离子流色谱图

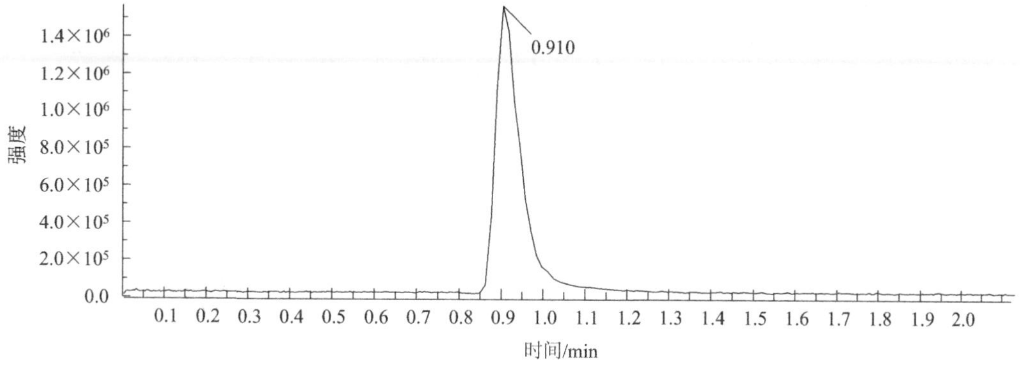

一级质谱图

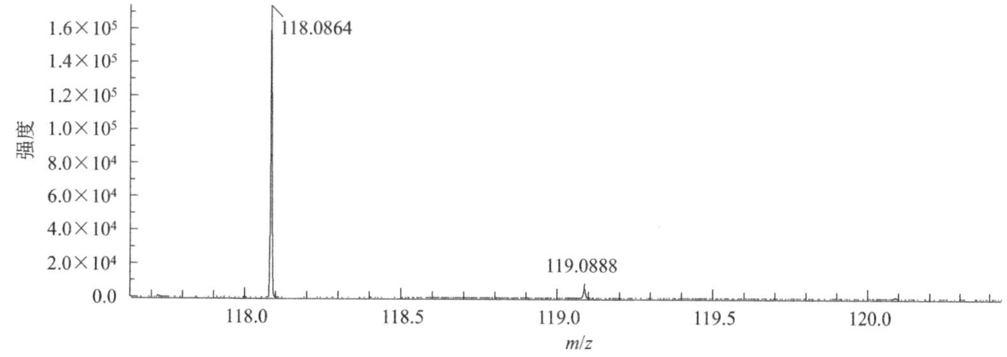

二级全扫质谱图 CE:（35±15）V

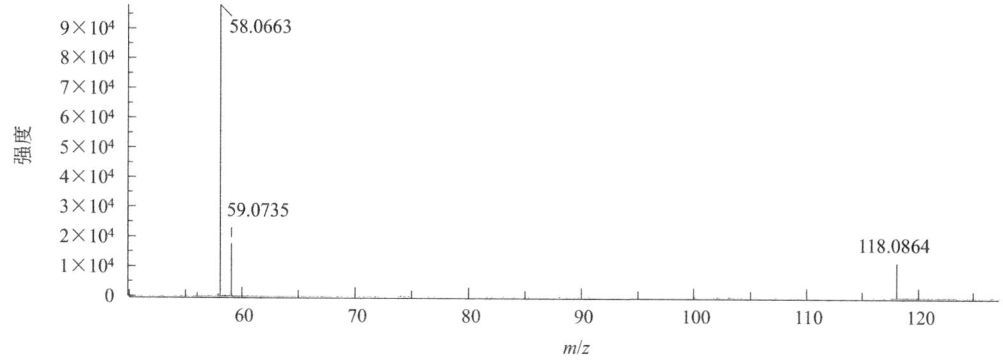

Biliverdin
胆绿素

CAS 号	55482-27-4	源极性	正离子模式
分子式	$C_{33}H_{34}N_4O_6$	加合方式	$[M+H]^+$
分子量	582. 2478	保留时间	12. 68min

提取离子流色谱图

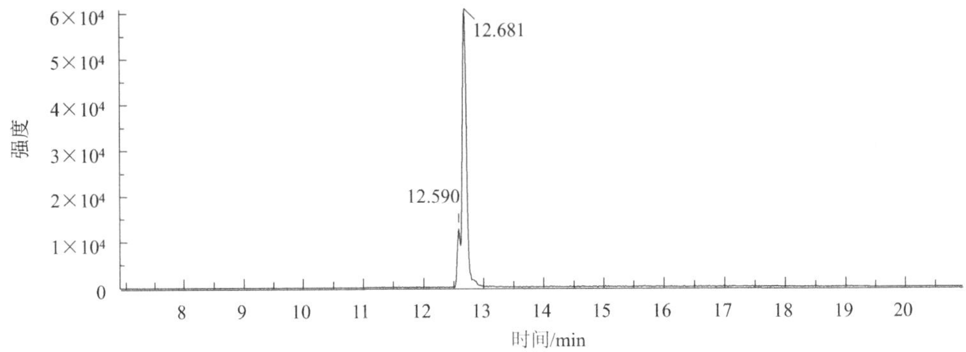

一级质谱图

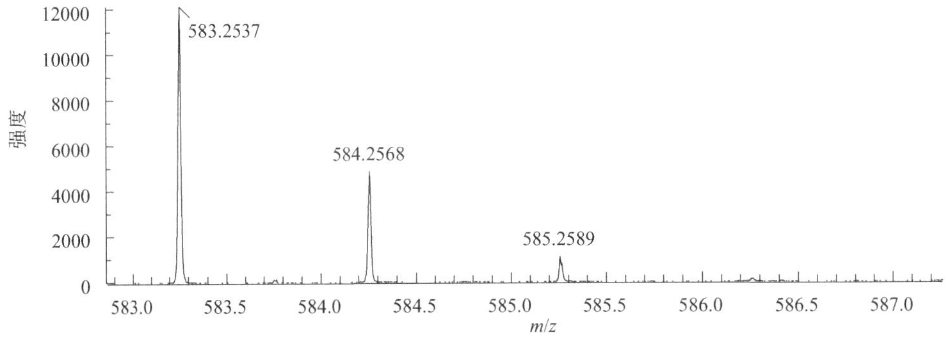

二级全扫质谱图 CE：（35 ± 15）V

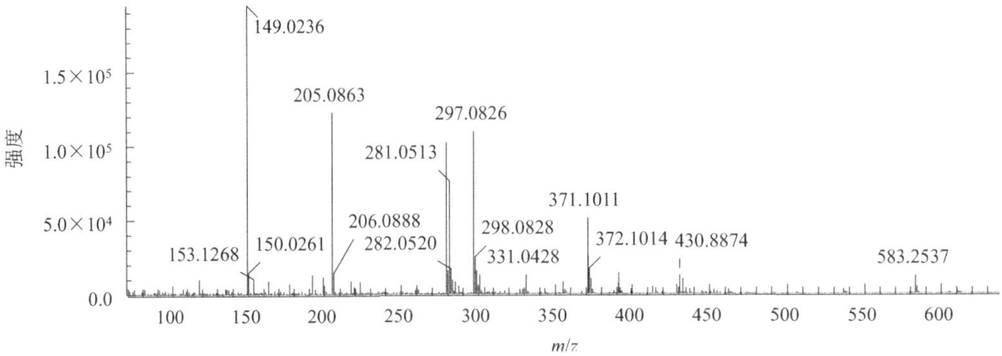

Biotin
生物素（维生素 H）

CAS 号	58-85-5	源极性	负离子模式
分子式	$C_{10}H_{16}N_2O_3S$	加合方式	$[M-H]^-$
分子量	244. 0882	保留时间	6. 81min

提取离子流色谱图

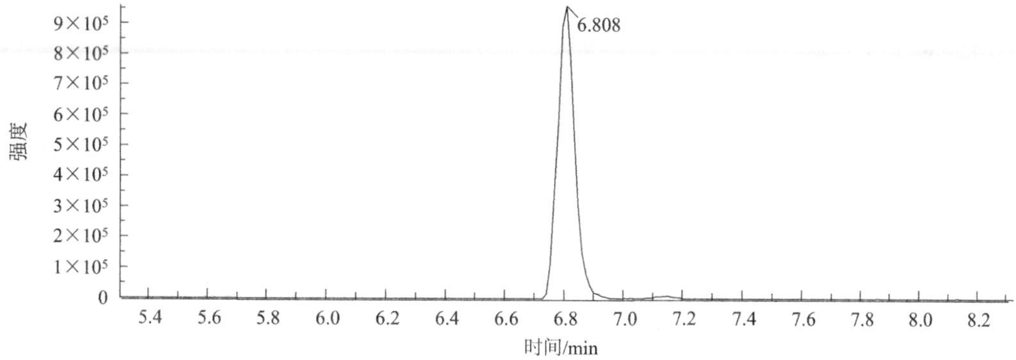

一级质谱图

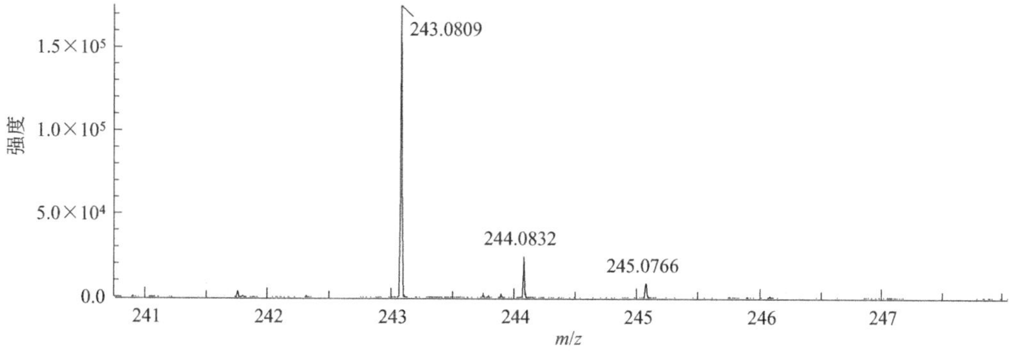

二级全扫质谱图 CE：（-35±15）V

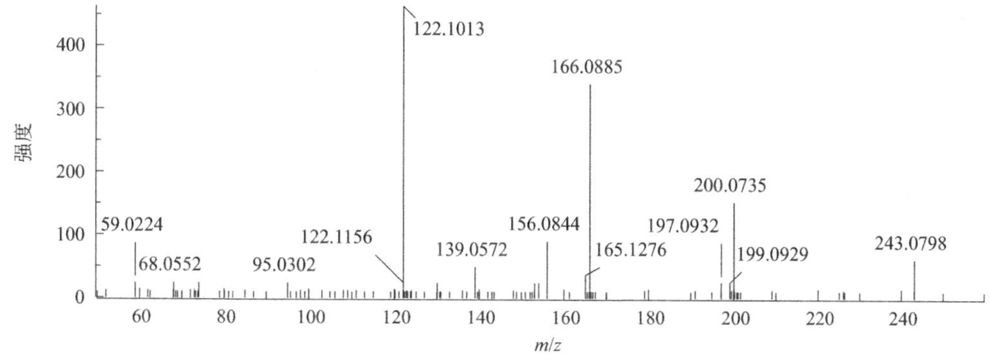

Bis（2-Ethylhexyl） Phthalate

邻苯二甲酸二（2-乙基己）酯

CAS 号	117-81-7	源极性	正离子模式
分子式	$C_{24}H_{38}O_4$	加合方式	$[M+H]^+$
分子量	390. 277	保留时间	16. 19min

提取离子流色谱图

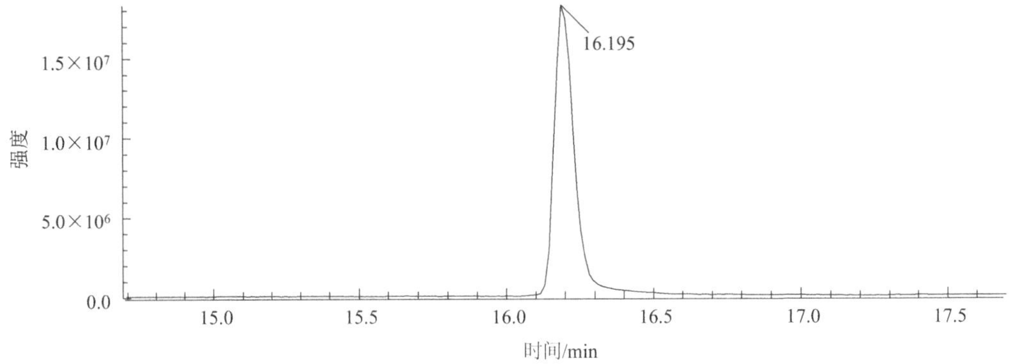

一级质谱图

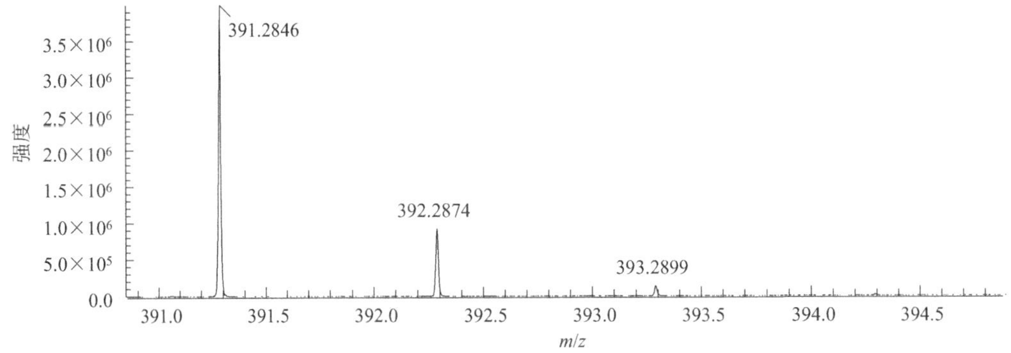

二级全扫质谱图 CE：（35±15）V

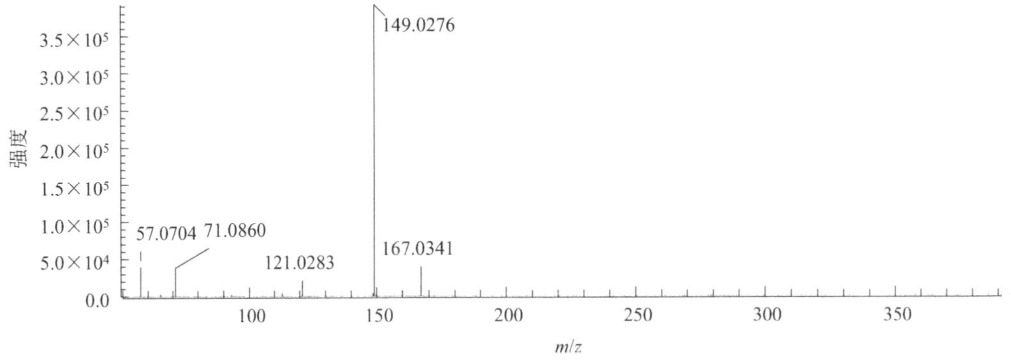

Cadaverine
尸胺

CAS 号	1476-39-7（二盐酸盐） 462-94-2（母体）	源极性	正离子模式
分子式	$C_5H_{14}N_2$	加合方式	$[M+H]^+$
分子量	102. 1157	保留时间	0. 74min

提取离子流色谱图

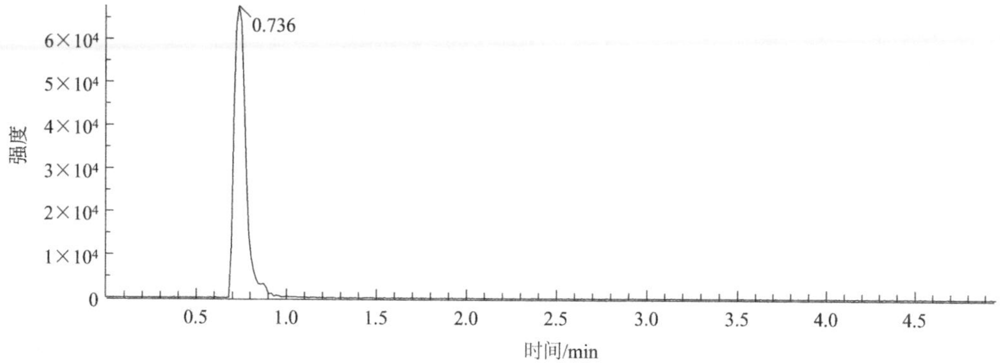

一级质谱图

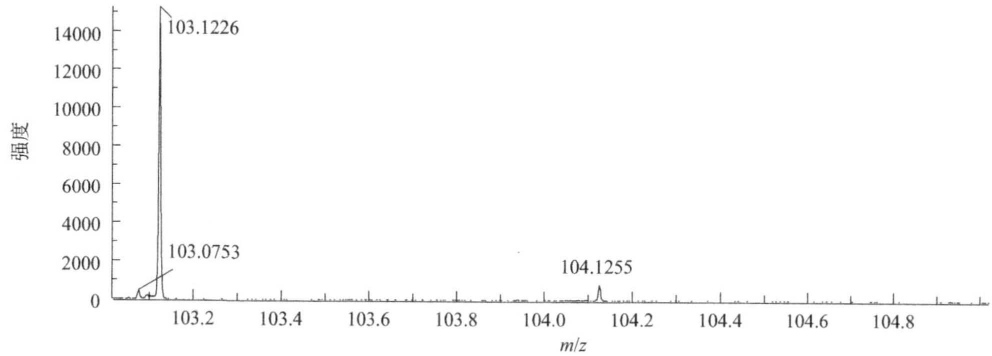

二级全扫质谱图 CE：（35±15）V

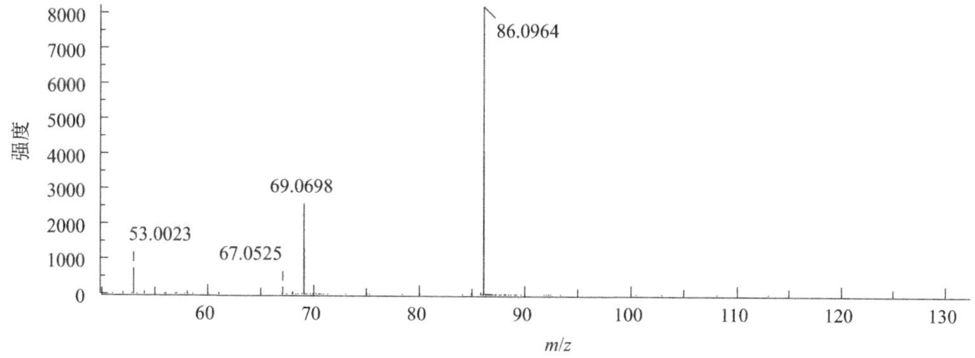

Caffeic Acid
咖啡酸

CAS 号	331-39-5	源极性	负离子模式
分子式	$C_9H_8O_4$	加合方式	$[M-H]^-$
分子量	180.0423	保留时间	6.59min

提取离子流色谱图

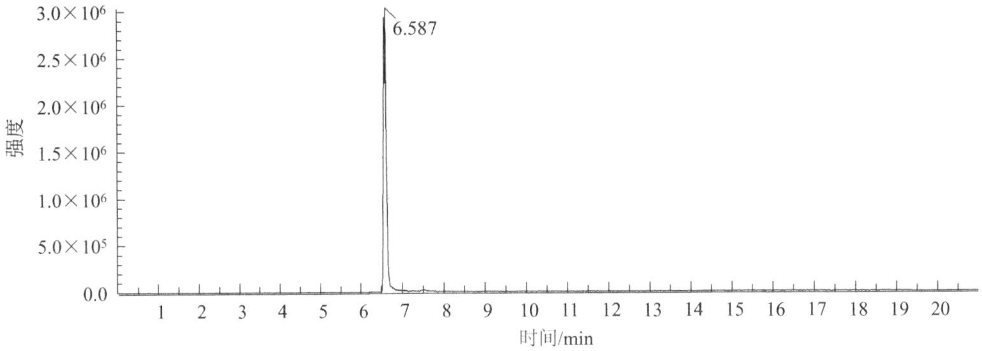

一级质谱图

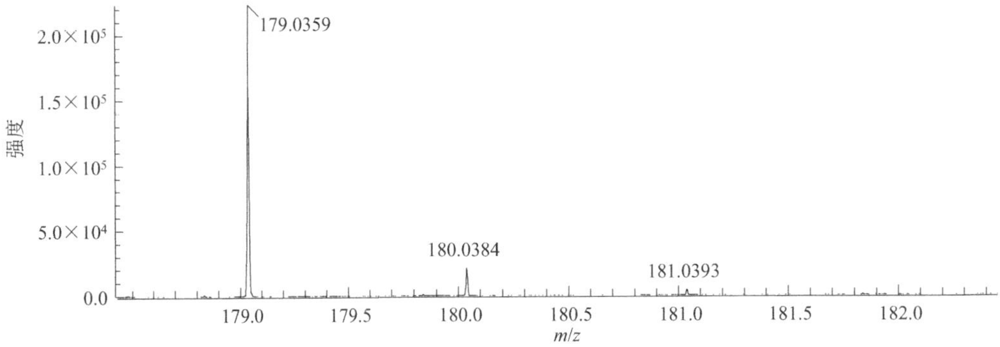

二级全扫质谱图 CE:(−35±15)V

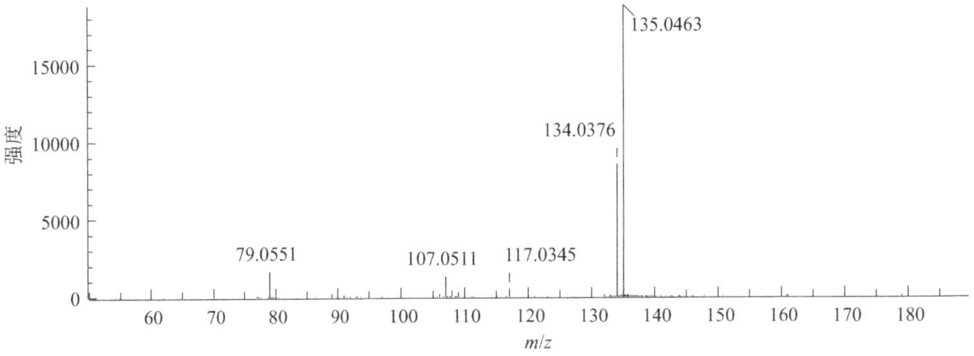

Carnosine
肌肽

CAS 号	305-84-0	源极性	负离子模式
分子式	$C_9H_{14}N_4O_3$	加合方式	$[M-H]^-$
分子量	226. 1066	保留时间	0. 83min

提取离子流色谱图

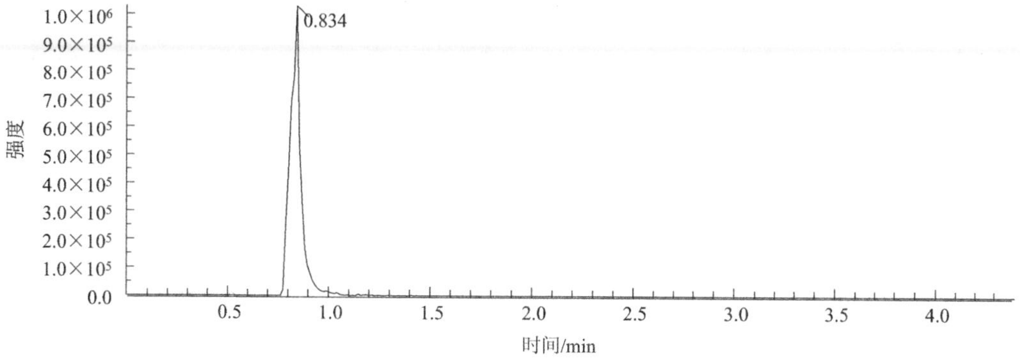

一级质谱图

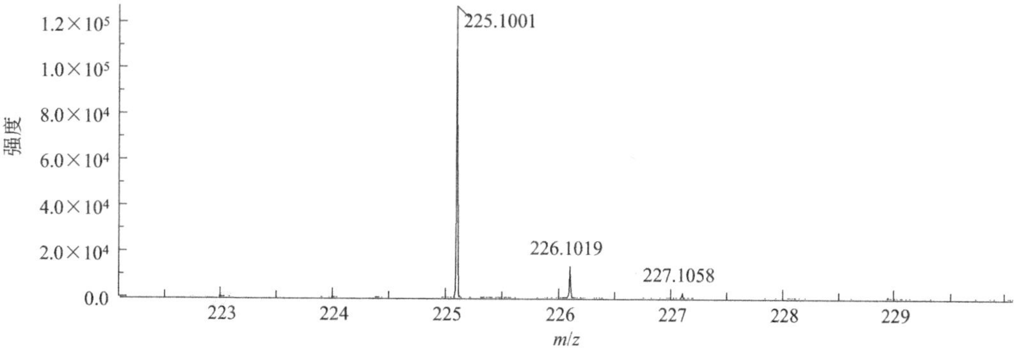

二级全扫质谱图 CE：（−35± 15）V

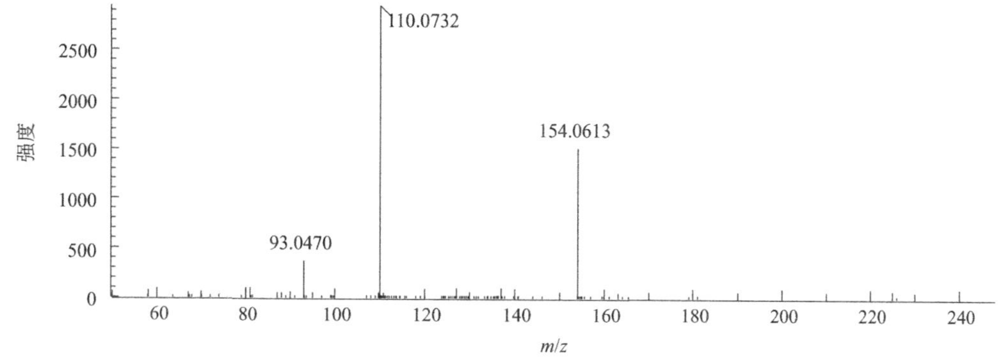

Catechol
儿茶酚

CAS 号	120-80-9	源极性	负离子模式
分子式	$C_6H_6O_2$	加合方式	$[M-H]^-$
分子量	110.0368	保留时间	4.67min

提取离子流色谱图

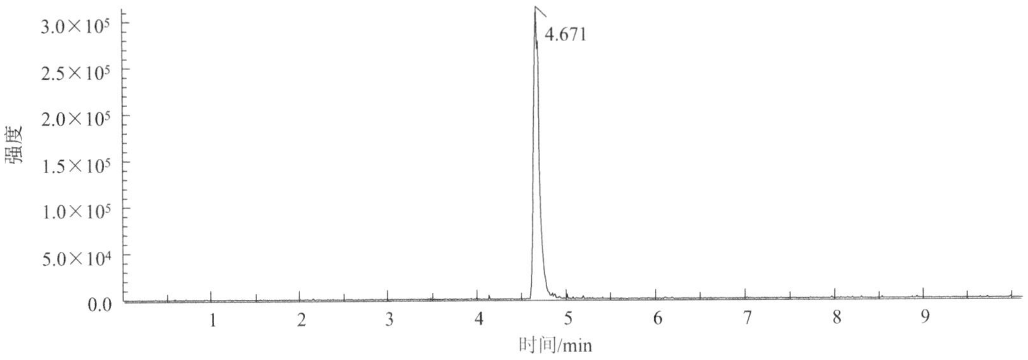

一级质谱图

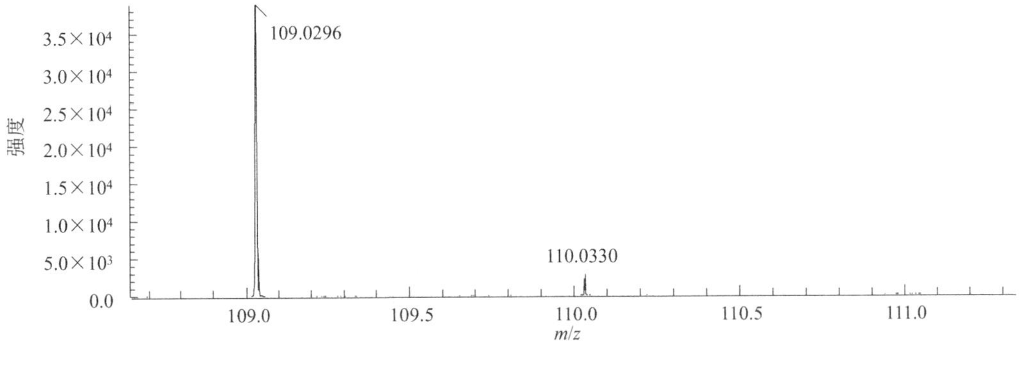

二级全扫质谱图 CE：(−35±15) V

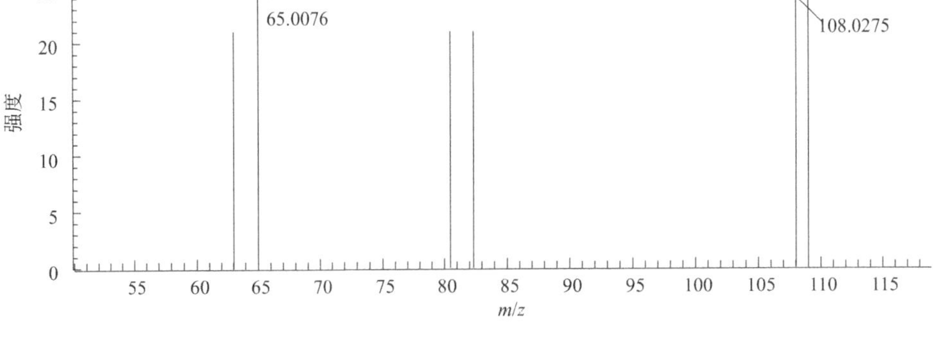

Cholic Acid
胆酸

CAS 号	81-25-4	源极性	负离子模式
分子式	$C_{24}H_{40}O_5$	加合方式	$[M-H]^-$
分子量	408. 2876	保留时间	13. 10min

提取离子流色谱图

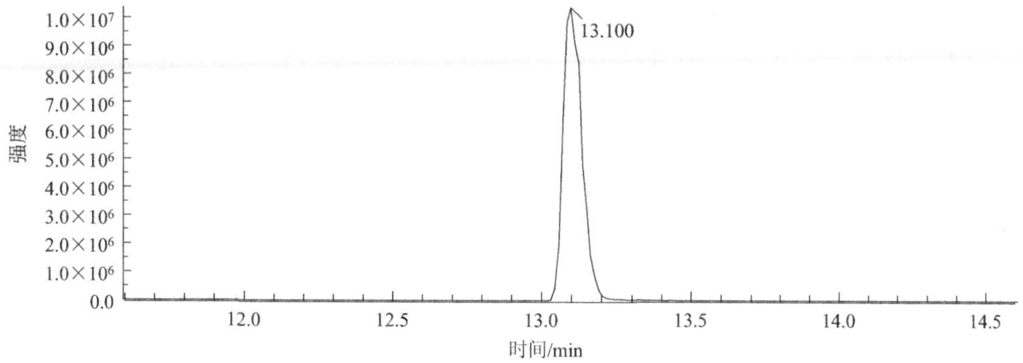

一级质谱图

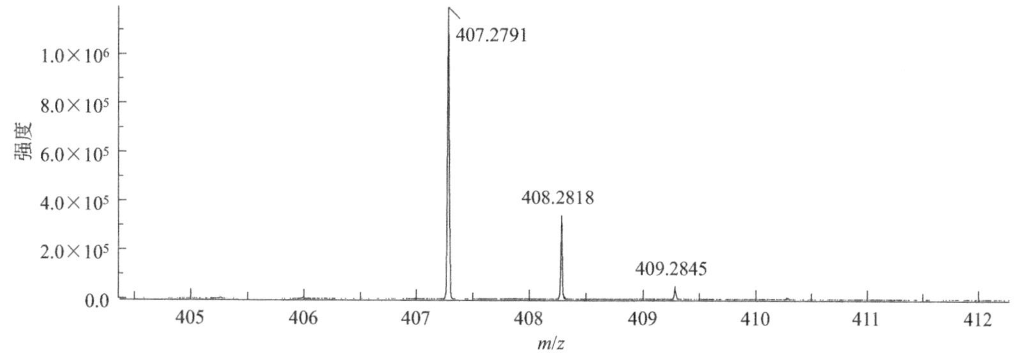

二级全扫质谱图 CE：（−35±15）V

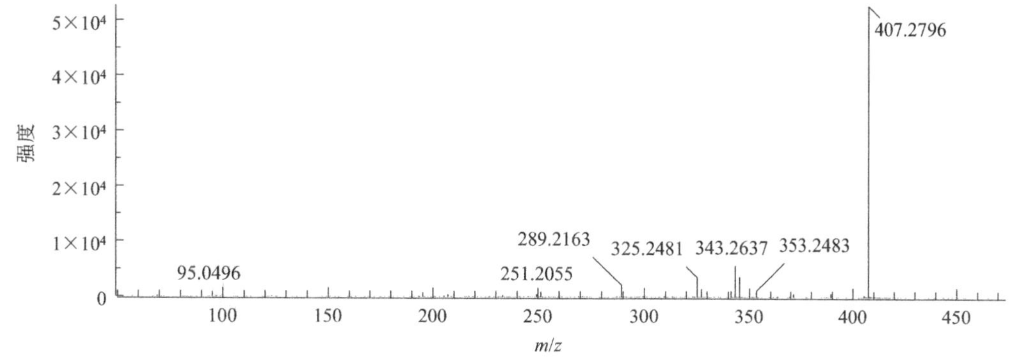

Choline
胆碱

CAS 号	123-41-4（氢氧根） 62-49-7（母体）	源极性	正离子模式
分子式	$C_5H_{14}NO$	加合方式	$[M]^+$
分子量	104. 1075	保留时间	0. 89min

提取离子流色谱图

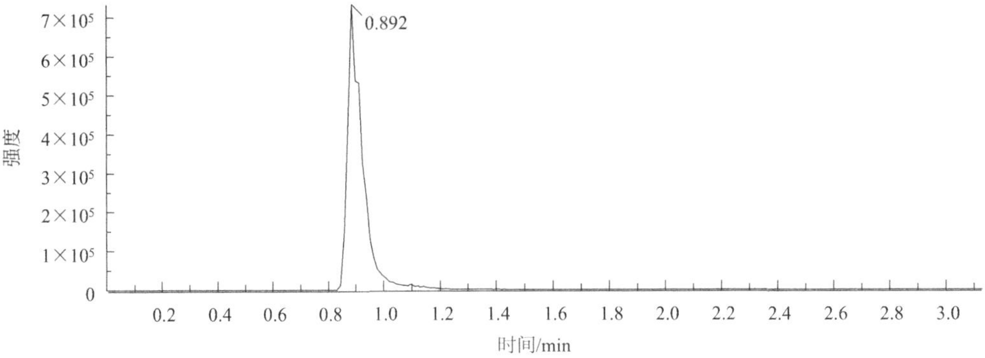

一级质谱图

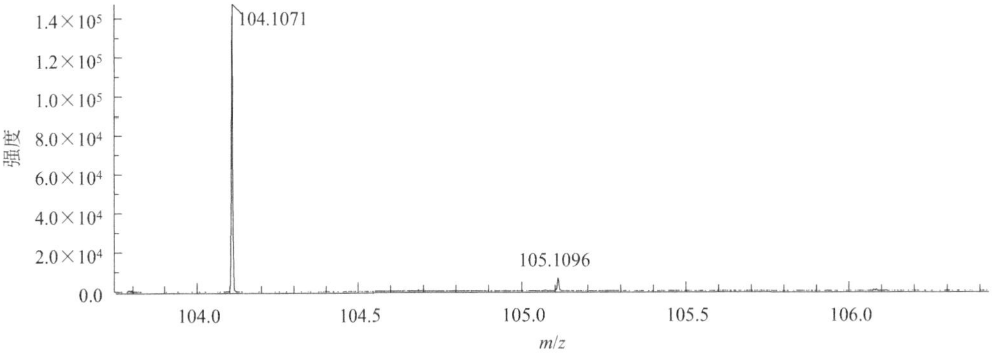

二级全扫质谱图 CE：（35±15）V

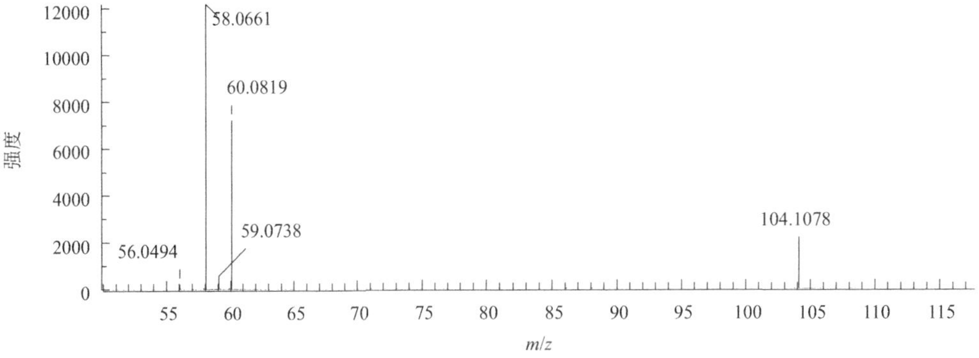

Cis-4-Hydroxy-D-Proline
顺式-4-羟基-D-脯氨酸

CAS 号	2584-71-6	源极性	负离子模式
分子式	$C_5H_9NO_3$	加合方式	$[M-H]^-$
分子量	131. 0582	保留时间	0. 87min

提取离子流色谱图

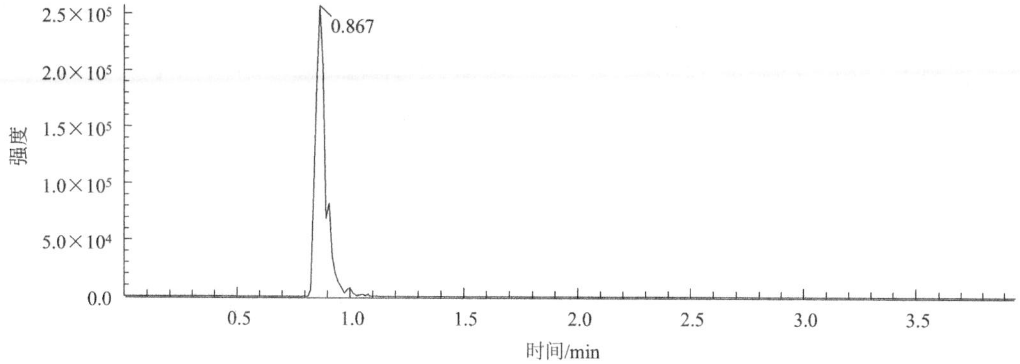

一级质谱图

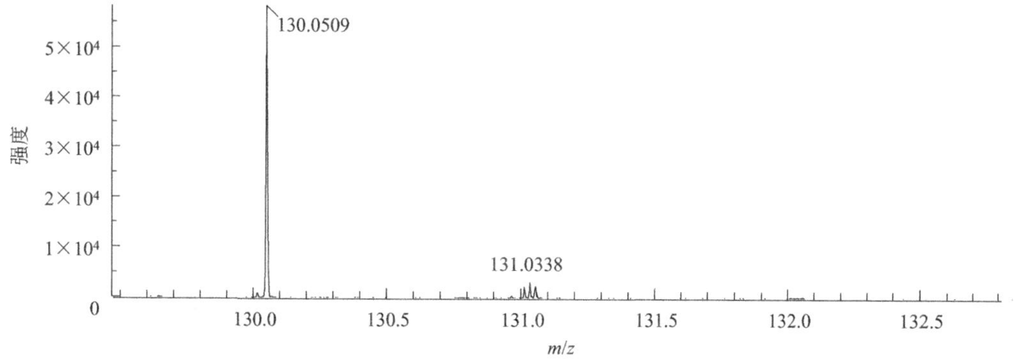

二级全扫质谱图 CE：（−35±15）V

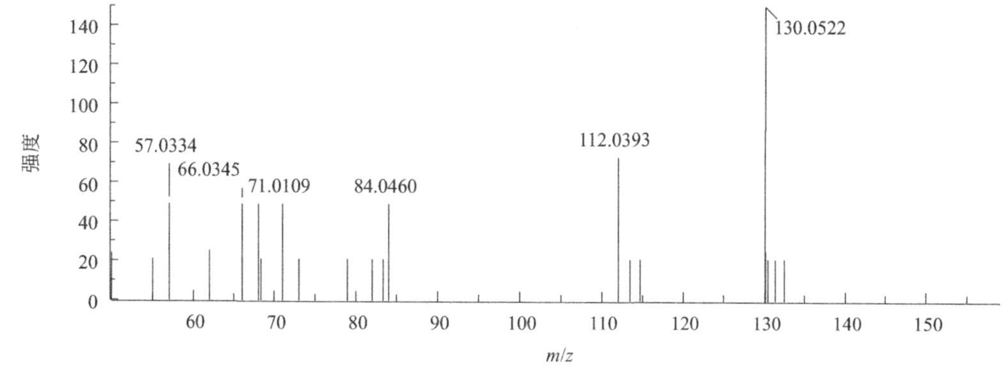

Citraconic Acid
柠康酸

CAS 号	498-23-7	源极性	负离子模式
分子式	$C_5H_6O_4$	加合方式	$[M-H]^-$
分子量	130.0261	保留时间	0.79min

提取离子流色谱图

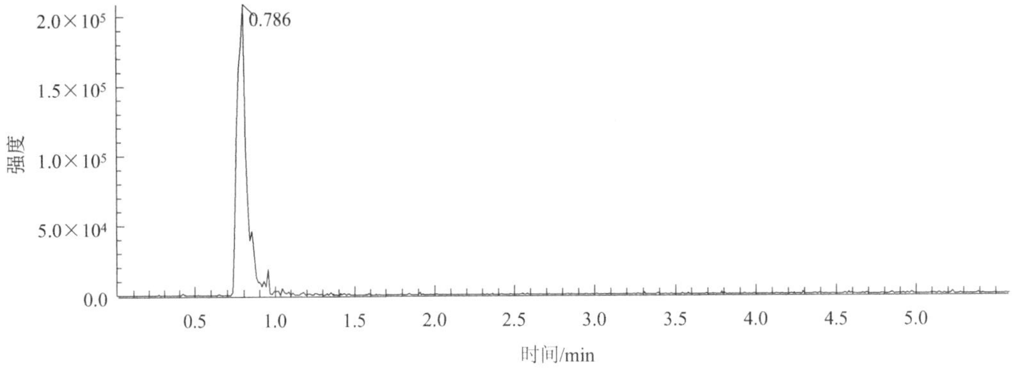

一级质谱图

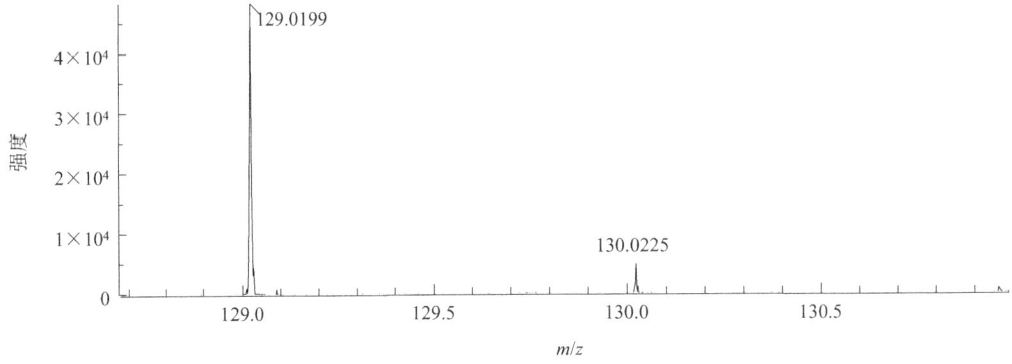

二级全扫质谱图 CE:（−35±15）V

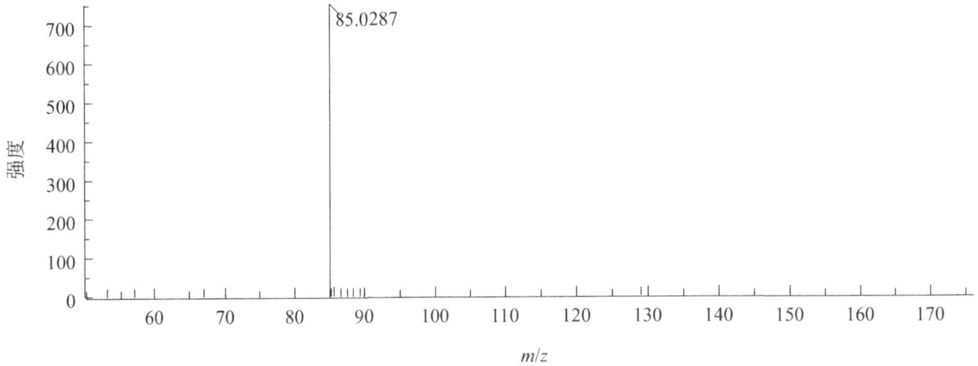

Citramalic Acid
柠苹酸

CAS 号	1030365-02-6（二钾盐） 6236-10-8（母体）	源极性	负离子模式
分子式	$C_5H_8O_5$	加合方式	$[M-H]^-$
分子量	148. 0372	保留时间	0. 76min

提取离子流色谱图

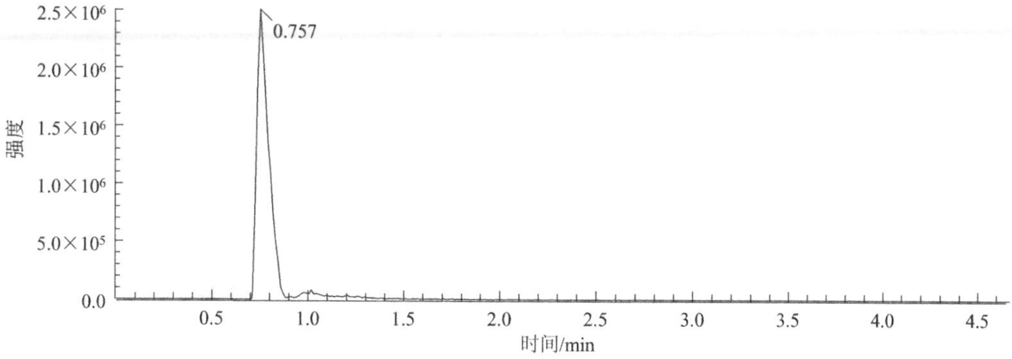

一级质谱图

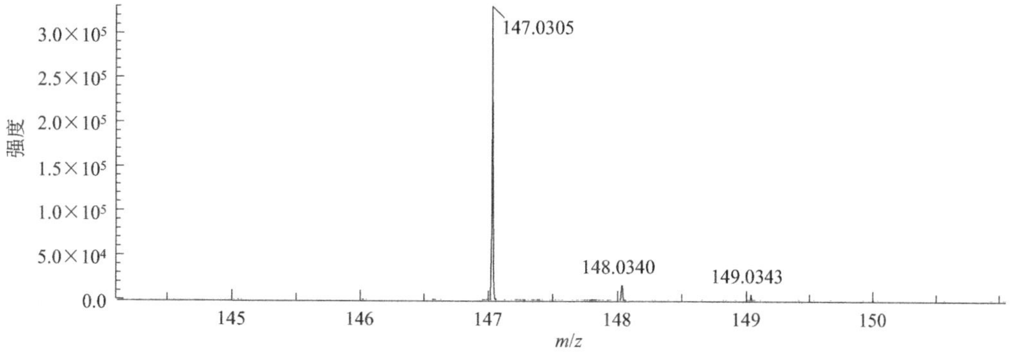

二级全扫质谱图 CE：（−35±15）V

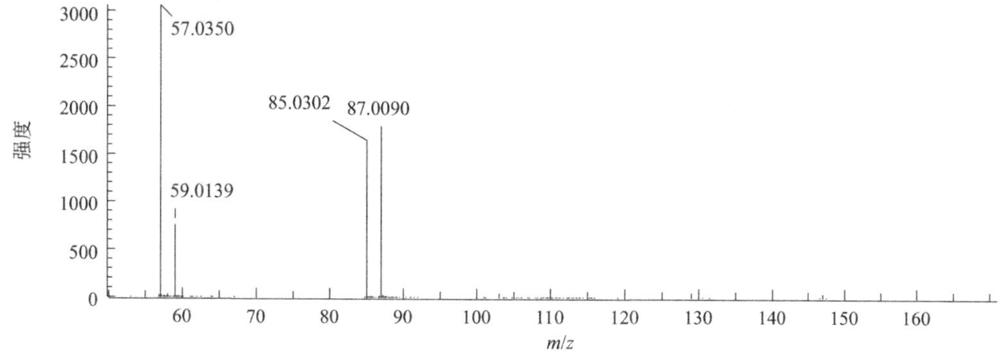

Citric Acid
柠檬酸

CAS 号	77-92-9	源极性	负离子模式
分子式	$C_6H_8O_7$	加合方式	$[M-H]^-$
分子量	192. 027	保留时间	1. 35min

提取离子流色谱图

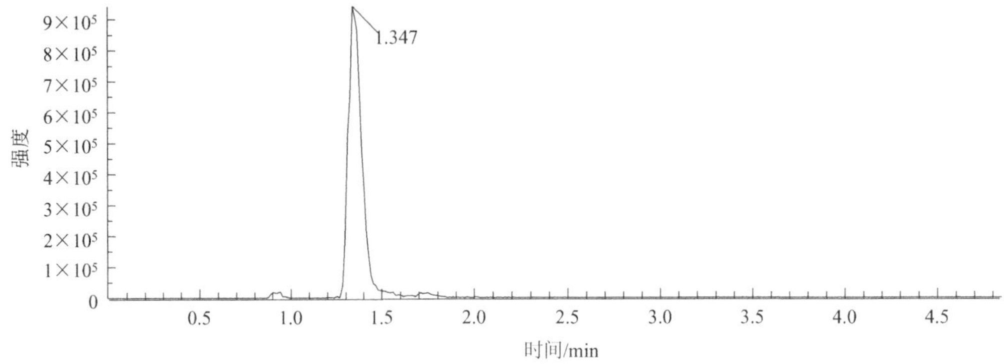

一级质谱图

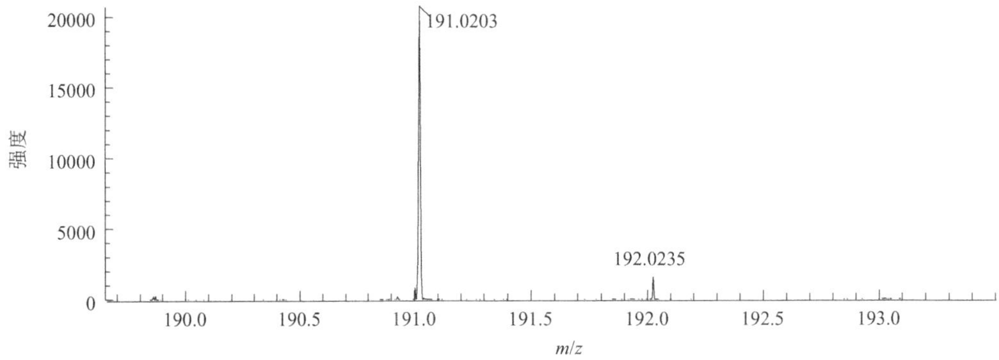

二级全扫质谱图 CE：（−35±15）V

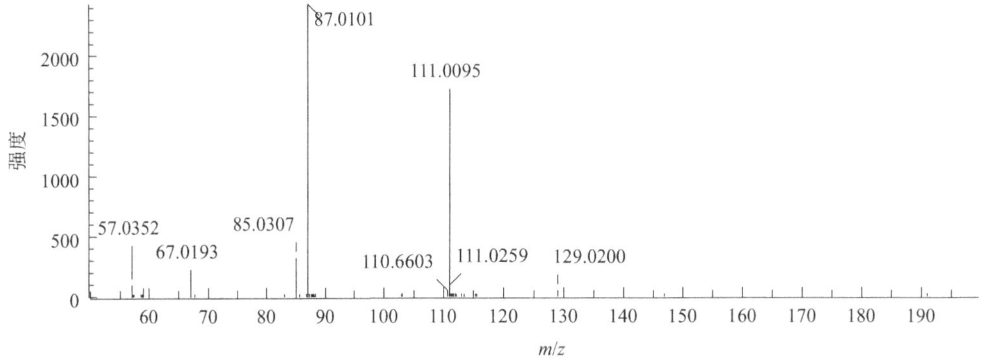

Citrulline
L-瓜氨酸

CAS 号	372-75-8	源极性	负离子模式
分子式	$C_6H_{13}N_3O_3$	加合方式	$[M-H]^-$
分子量	175. 0951	保留时间	0. 90min

提取离子流色谱图

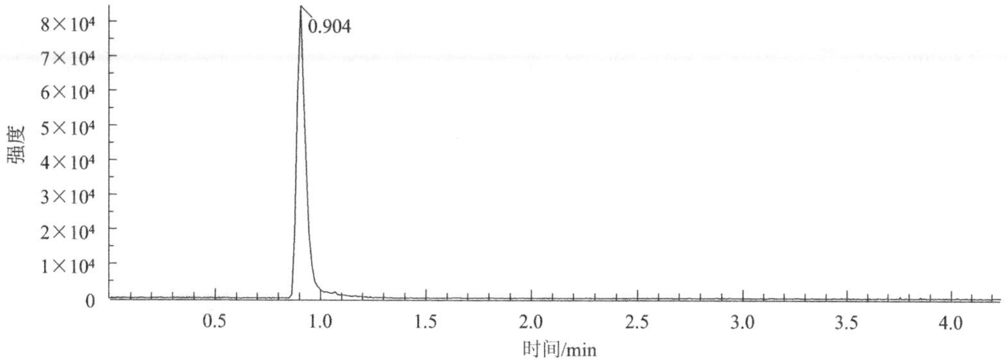

一级质谱图

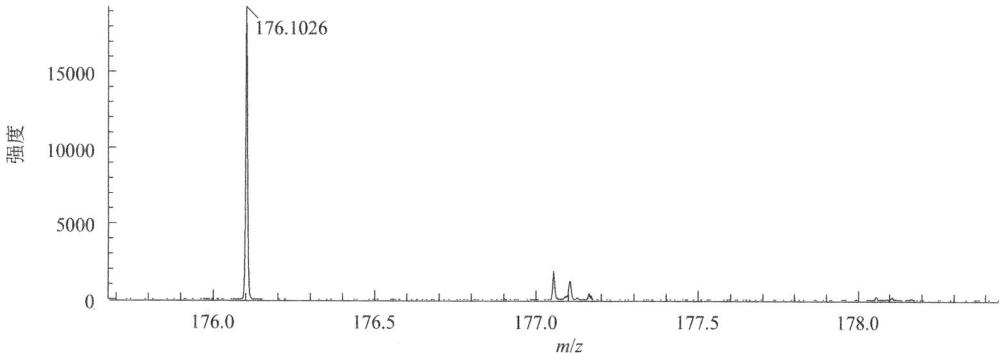

二级全扫质谱图 CE：（−35±15）V

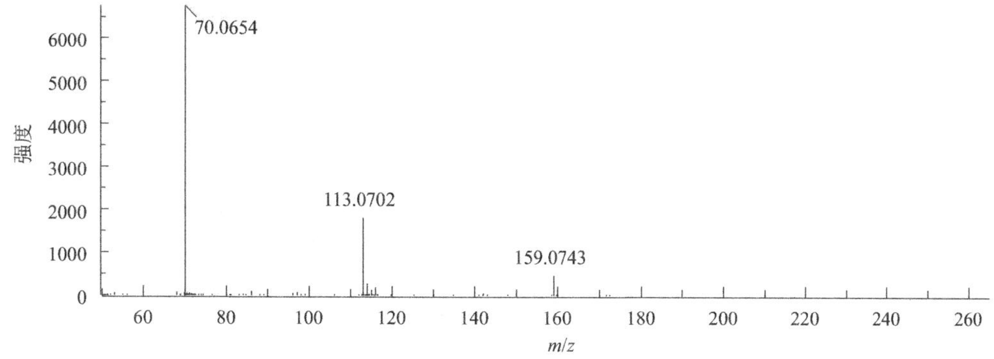

5′-CMP
5′-胞苷酸

CAS 号	63-37-6	源极性	负离子模式
分子式	$C_9H_{14}N_3O_8P$	加合方式	$[M-H]^-$
分子量	323.0513	保留时间	0.90min

提取离子流色谱图

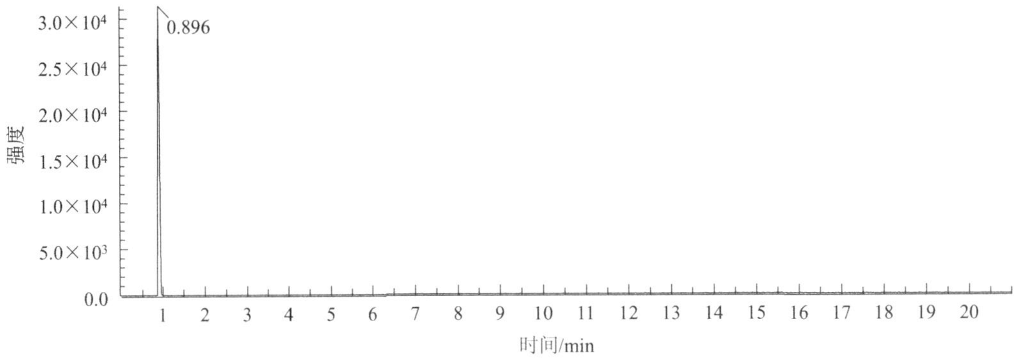

一级质谱图

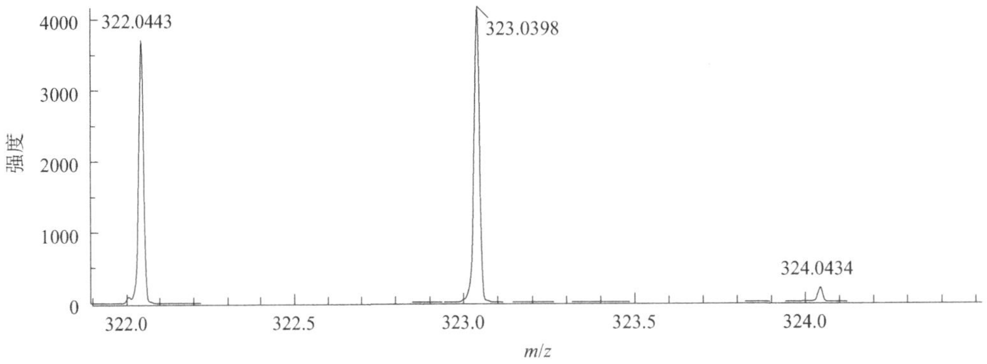

二级全扫质谱图 CE：（−35±15）V

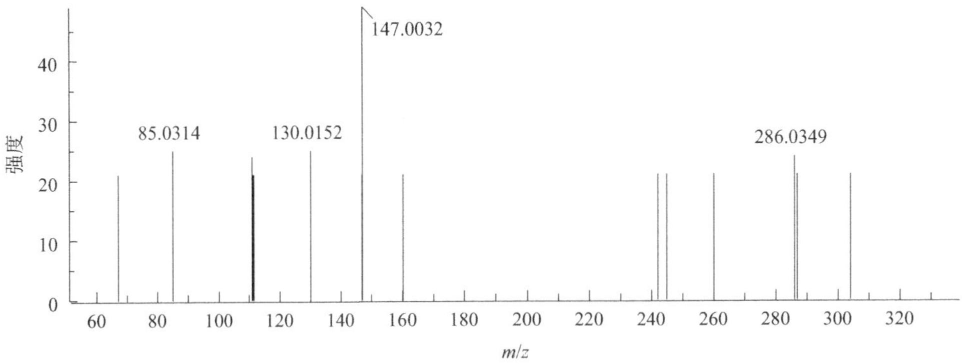

Coenzyme A
辅酶 A

CAS 号	85-61-0	源极性	负离子模式
分子式	$C_{21}H_{36}N_7O_{16}P_3S$	加合方式	$[M-H]^-$
分子量	767. 1147	保留时间	2. 25min

提取离子流色谱图

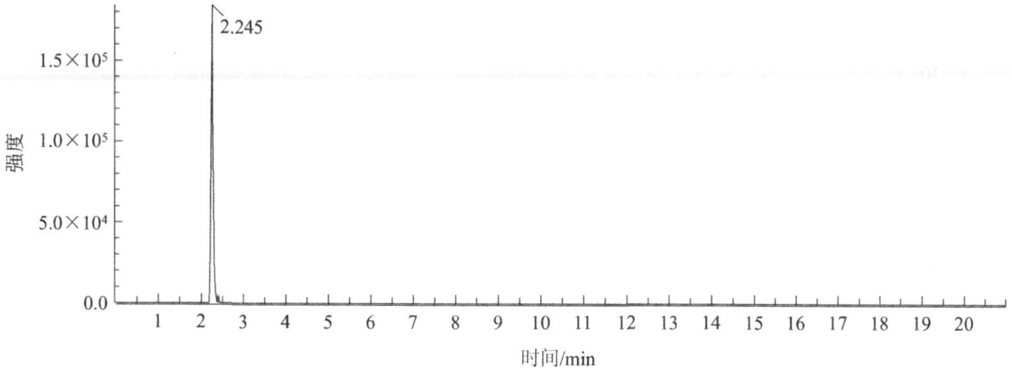

一级质谱图

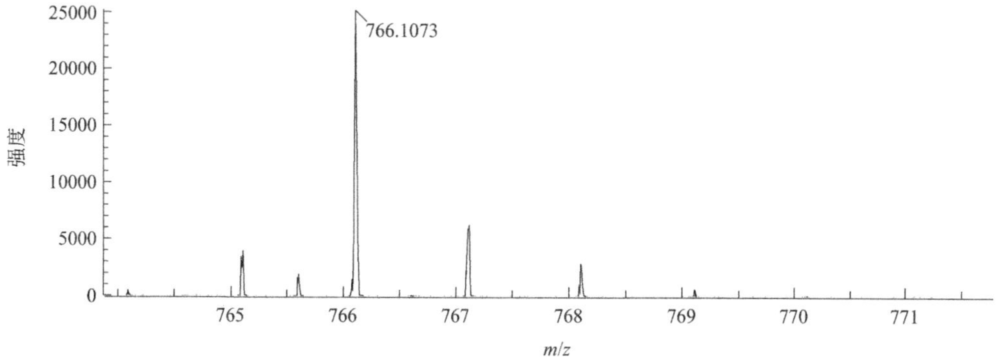

二级全扫质谱图 CE：（-35±15）V

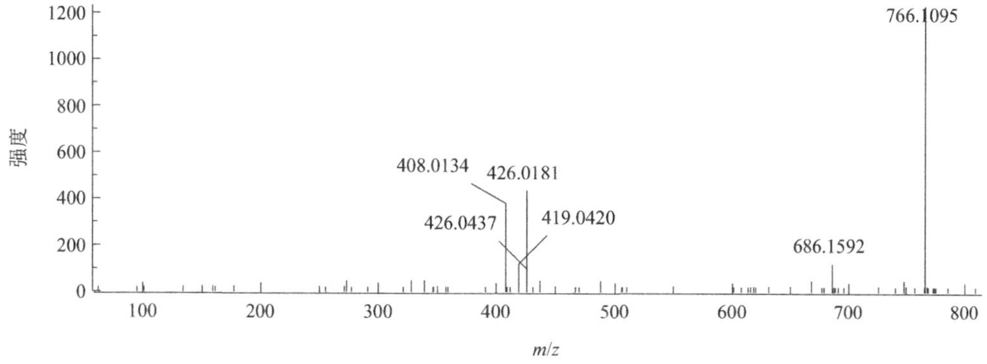

Cortisol
皮质醇

CAS 号	50-23-7	源极性	正离子模式
分子式	$C_{21}H_{30}O_5$	加合方式	$[M+H]^+$
分子量	362. 2088	保留时间	10. 48min

提取离子流色谱图

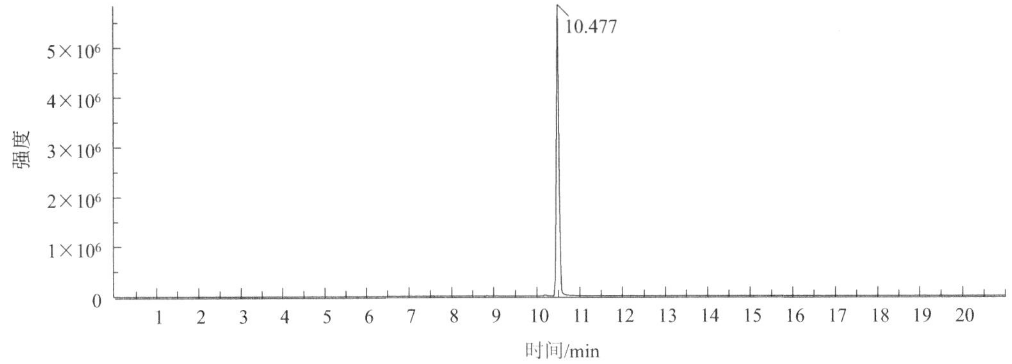

一级质谱图

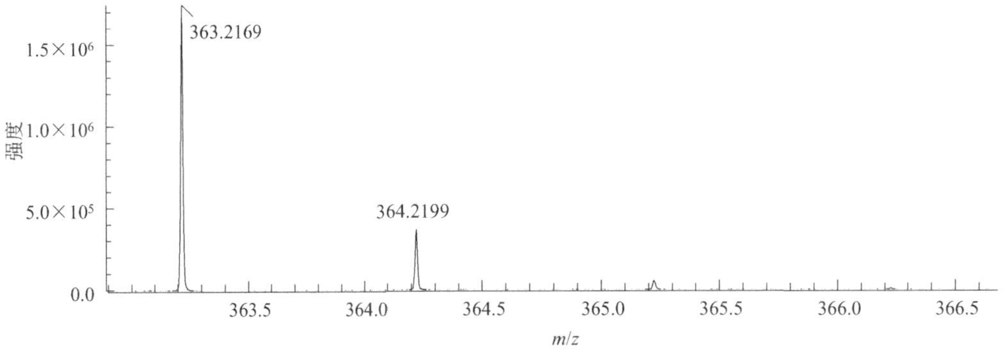

二级全扫质谱图 CE：（35 ± 15）V

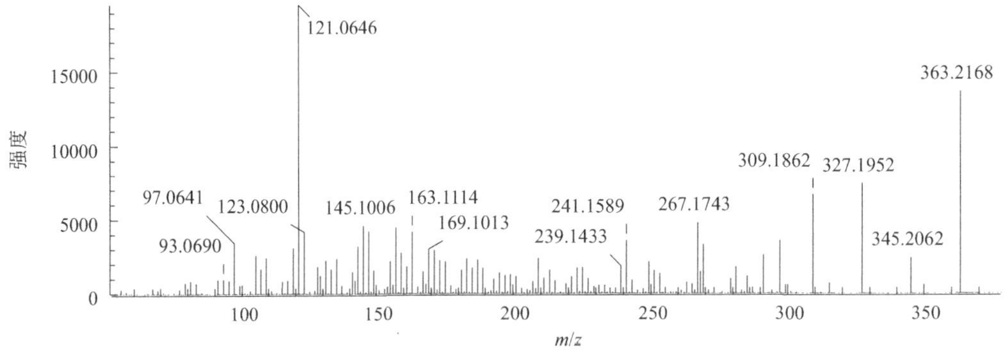

Cortisol 21-Acetate
醋酸皮质醇

CAS 号	50-03-3	源极性	正离子模式
分子式	$C_{23}H_{32}O_6$	加合方式	$[M+H]^+$
分子量	404.2193	保留时间	11.23min

提取离子流色谱图

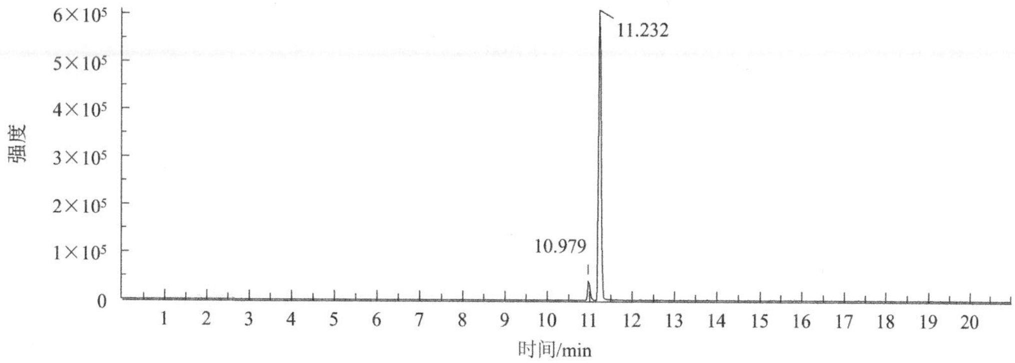

一级质谱图

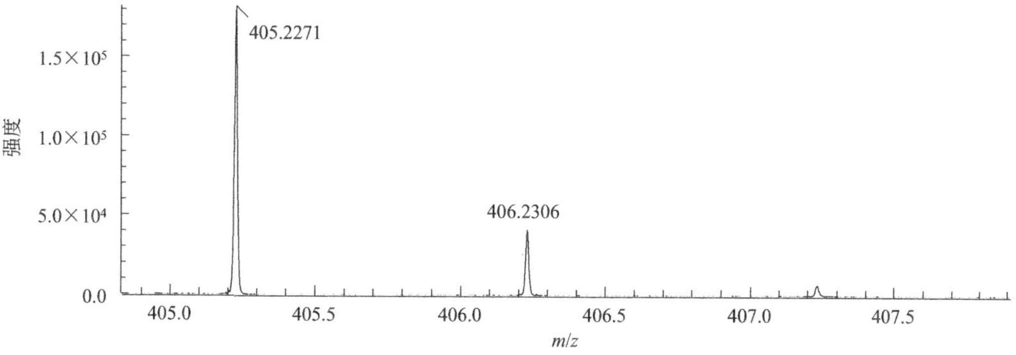

二级全扫质谱图 CE：（35±15）V

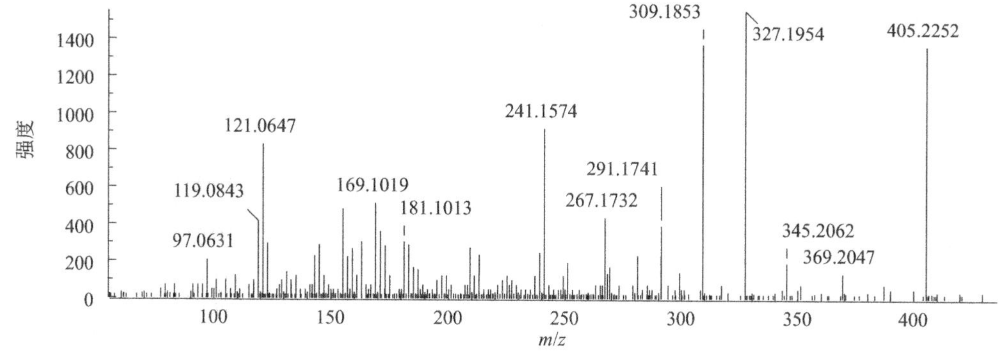

4-Coumaric Acid
4-羟基肉桂酸

CAS 号	4501-31-9	源极性	正离子模式
分子式	$C_9H_8O_3$	加合方式	$[M+H]^+$
分子量	164.0473	保留时间	7.38min

提取离子流色谱图

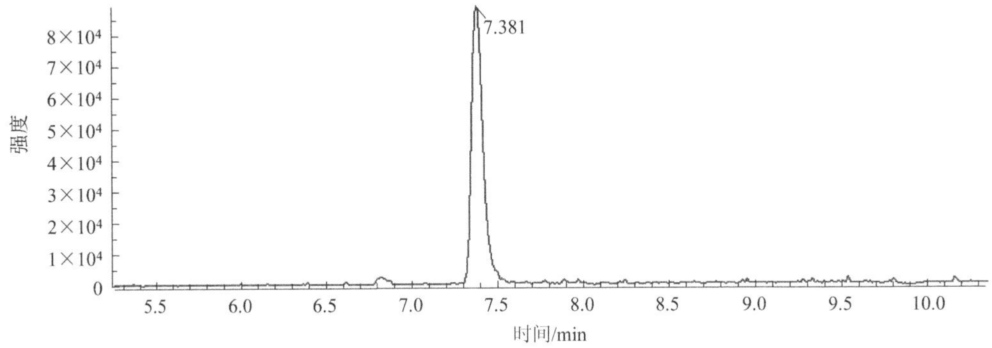

一级质谱图

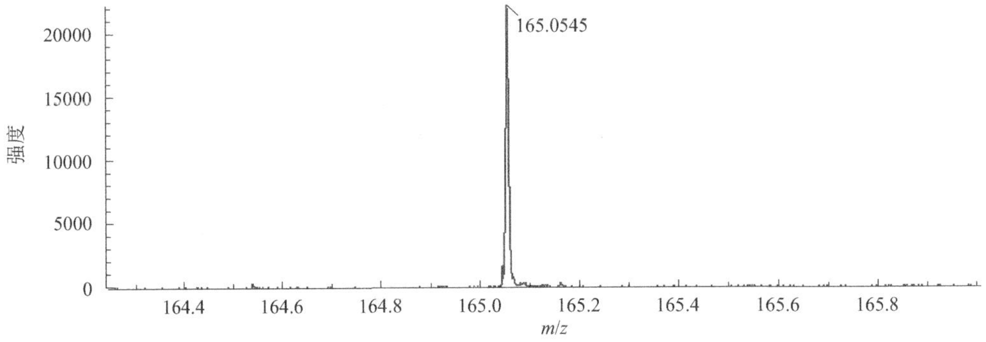

二级全扫质谱图 CE：（35±15）V

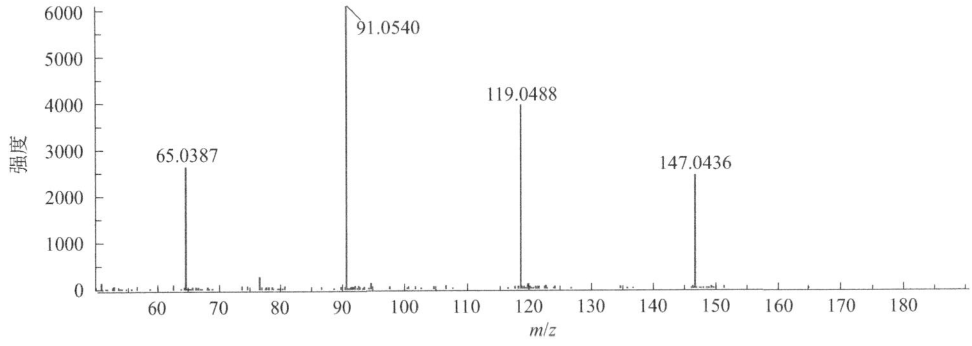

Creatine
肌酸

CAS 号	57-00-1	源极性	正离子模式
分子式	$C_4H_9N_3O_2$	加合方式	$[M+H]^+$
分子量	131. 0689	保留时间	0. 98min

提取离子流色谱图

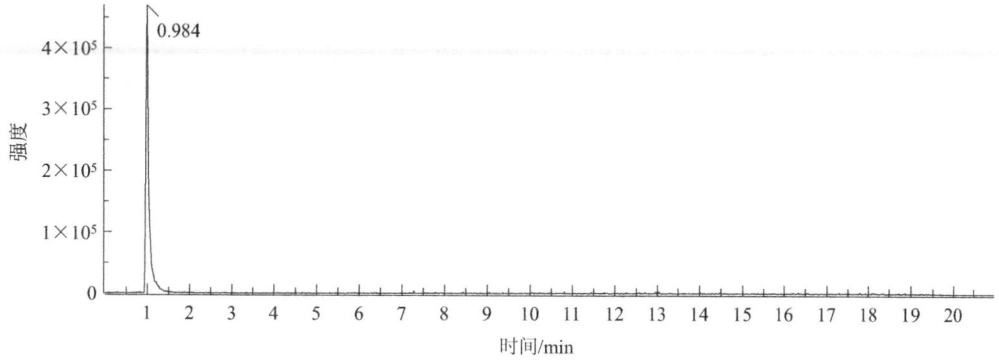

一级质谱图

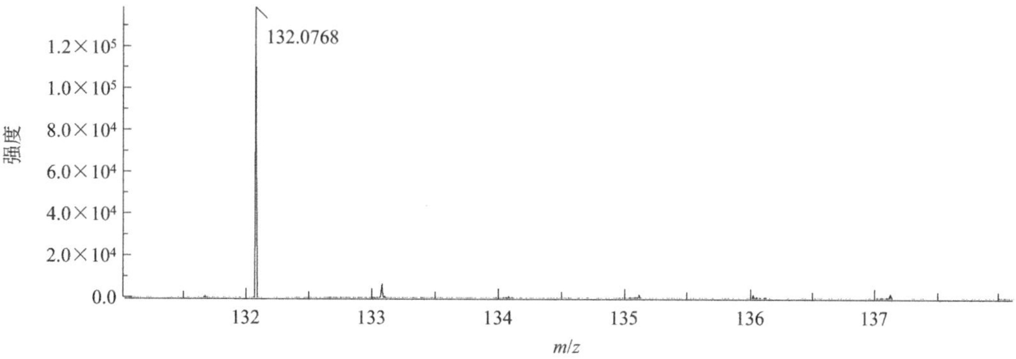

二级全扫质谱图 CE：（35±15）V

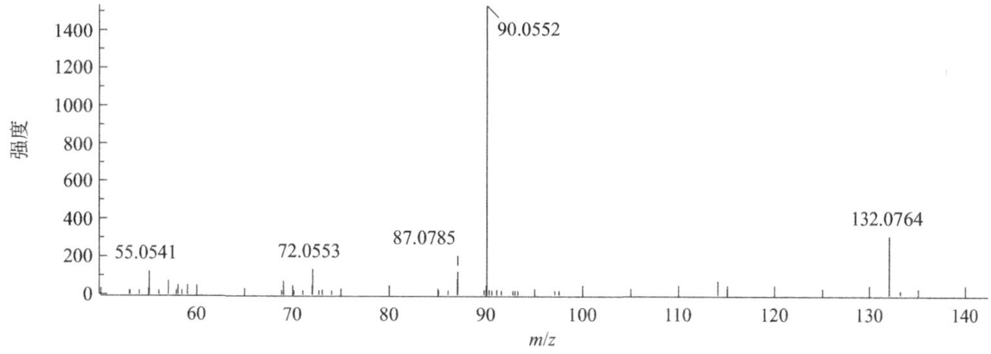

3′,5′-Cyclic Amp
腺苷环磷酸酯

CAS 号	60-92-4	源极性	负离子模式
分子式	$C_{10}H_{12}N_5O_6P$	加合方式	$[M-H]^-$
分子量	329.0520	保留时间	4.01min

提取离子流色谱图

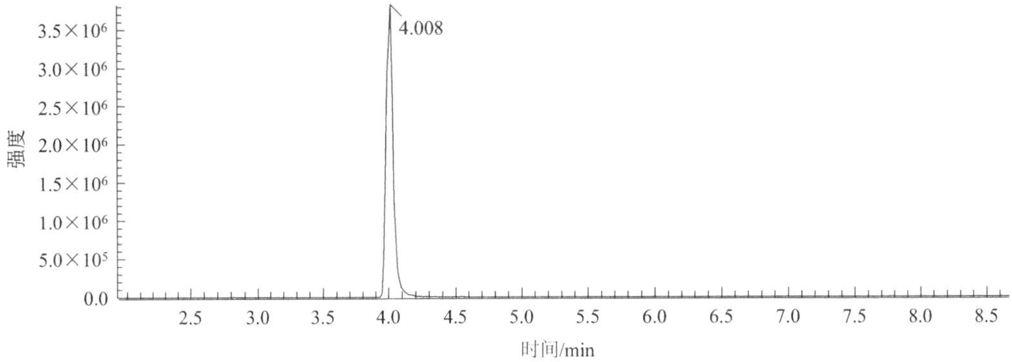

一级质谱图

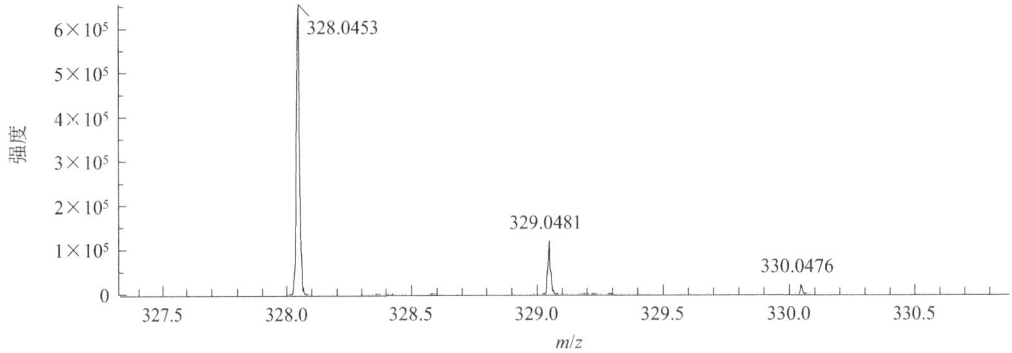

二级全扫质谱图 CE：（−35±15）V

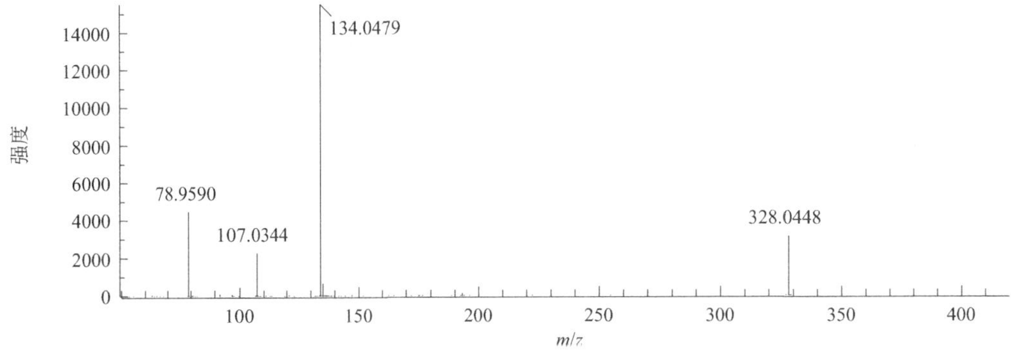

Cytidine
胞苷

CAS 号	65-46-3	源极性	负离子模式
分子式	$C_9H_{13}N_3O_5$	加合方式	$[M-H]^-$
分子量	243. 0850	保留时间	1. 35min

提取离子流色谱图

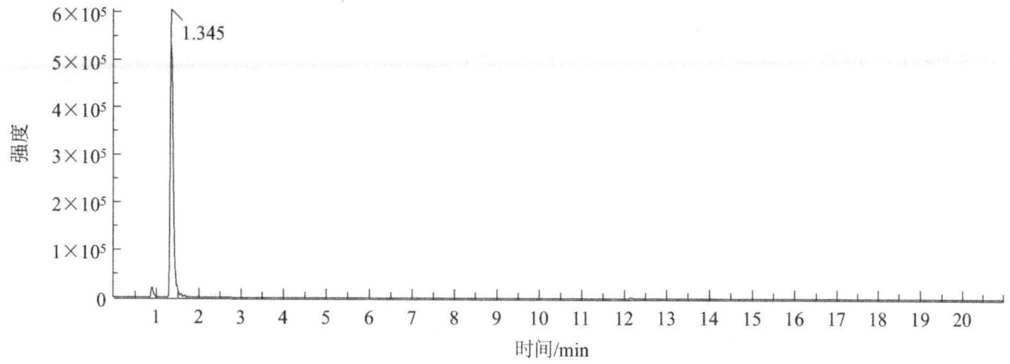

一级质谱图

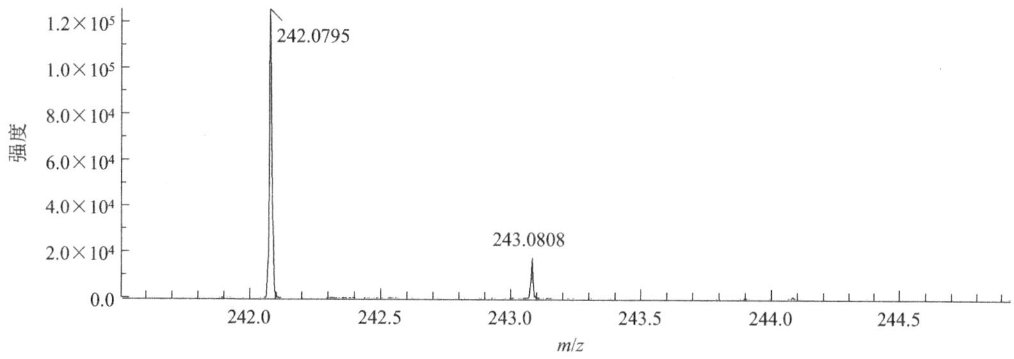

二级全扫质谱图 CE：(−35±15) V

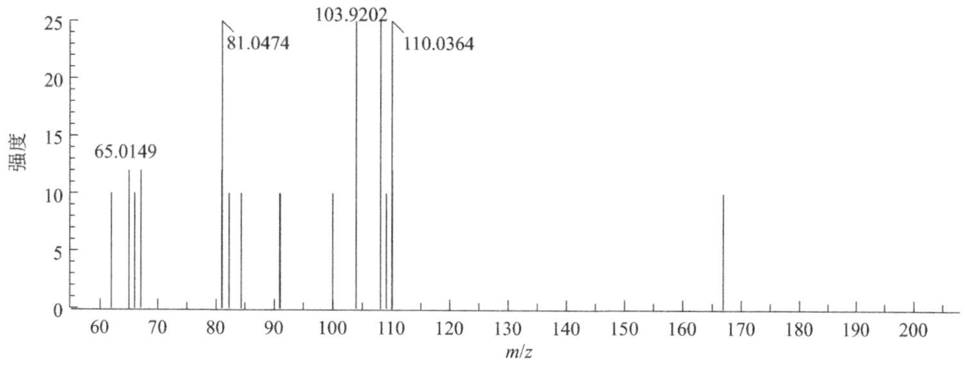

Cytidine 2′,3′-Cyclic Monophosphate
胞苷 2′,3′-环一磷酸

CAS 号	15718-51-1（钠盐） 633-90-9（母体）	源极性	负离子模式
分子式	$C_9H_{12}N_3O_7P$	加合方式	$[M-H]^-$
分子量	305.0407	保留时间	1.04min

提取离子流色谱图

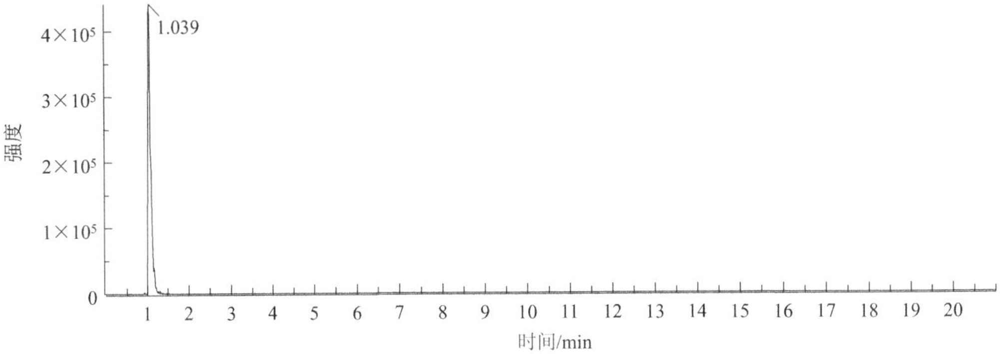

一级质谱图

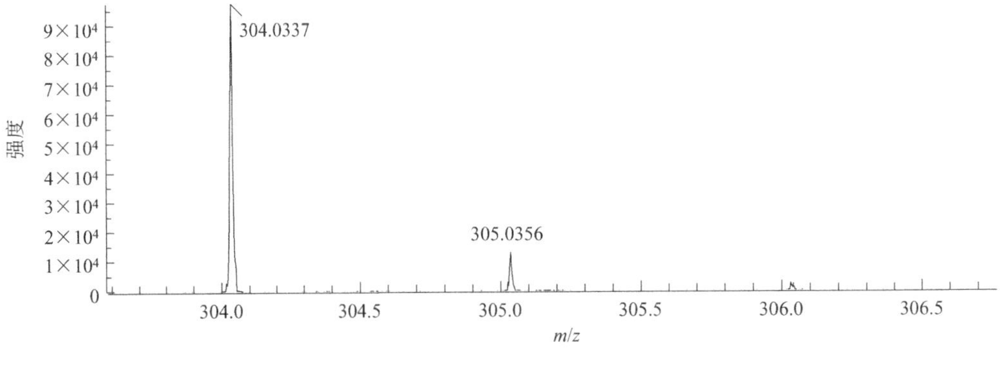

二级全扫质谱图 CE：（-35±15）V

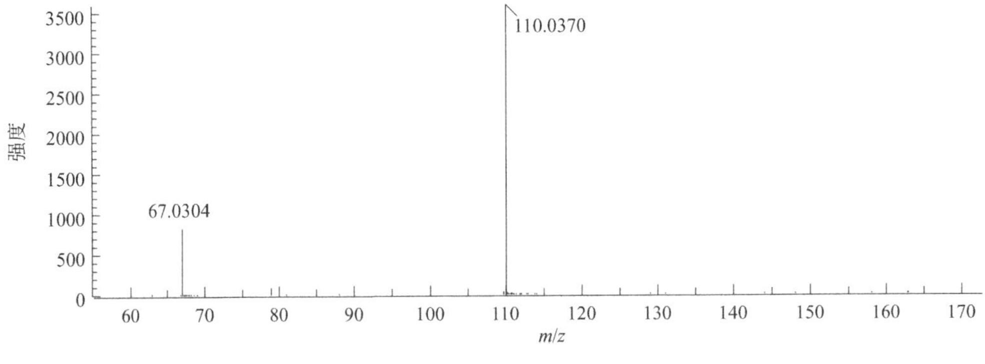

Cytidine 5′-Diphosphate
胞苷-5′-二磷酸

CAS 号	63-38-7	源极性	负离子模式
分子式	$C_9H_{15}N_3O_{11}P_2$	加合方式	$[M-H]^-$
分子量	403.0176	保留时间	0.91min

提取离子流色谱图

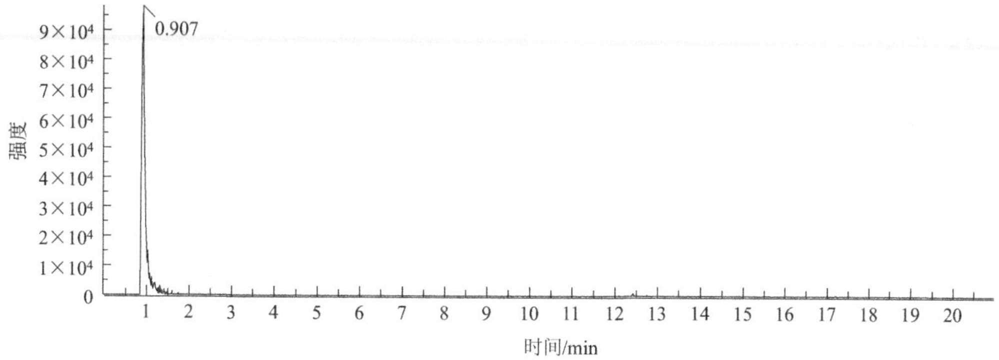

一级质谱图

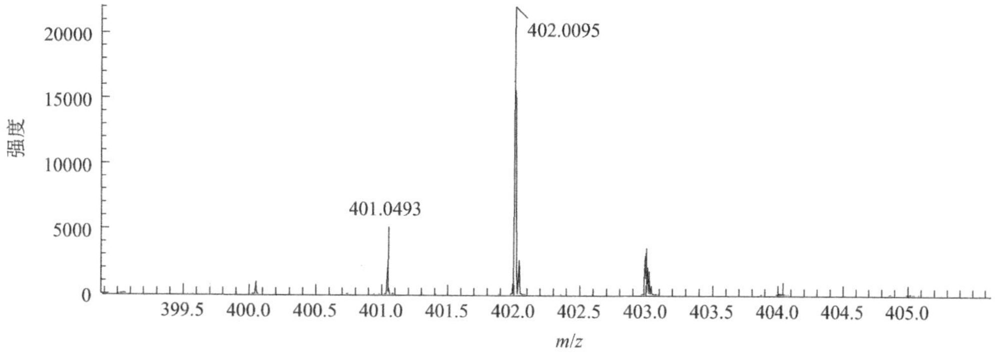

二级全扫质谱图 CE：(−35±15) V

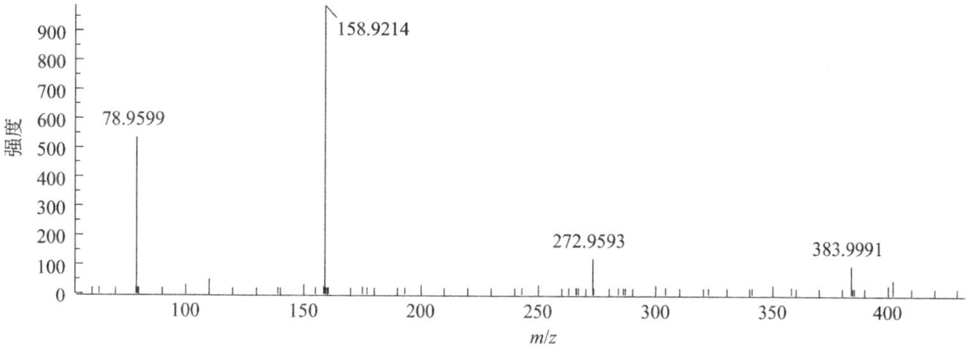

Cytidine 5′-Diphosphocholine

胞磷胆碱

CAS 号	987-78-0	源极性	负离子模式
分子式	$C_{14}H_{26}N_4O_{11}P_2$	加合方式	$[M-H]^-$
分子量	488.1068	保留时间	0.94min

提取离子流色谱图

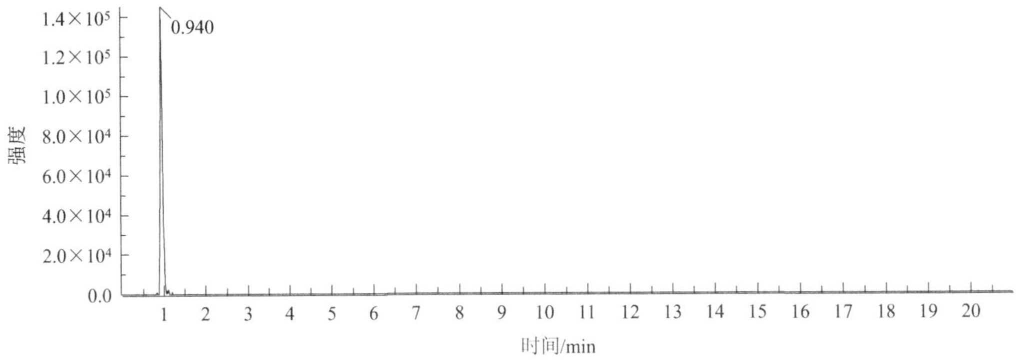

一级质谱图

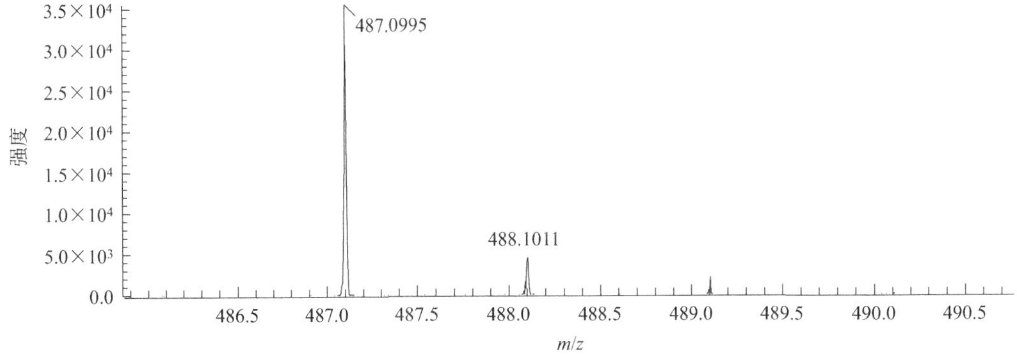

二级全扫质谱图 CE：（-35±15）V

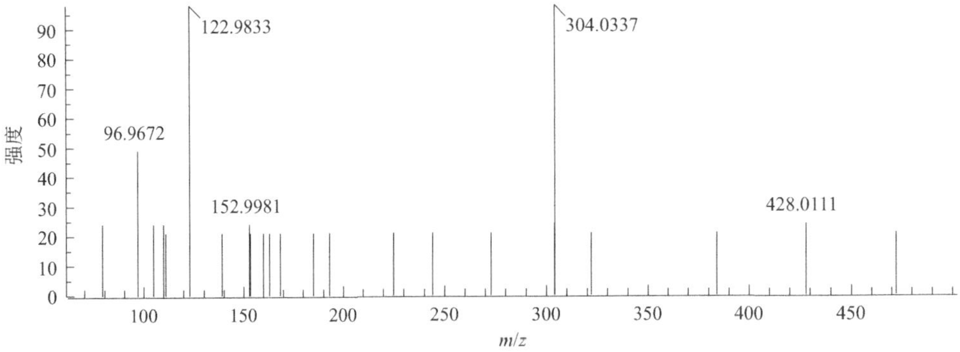

Cytidine 5′-Triphosphate
5′-三磷酸胞苷

CAS 号	65-47-4	源极性	负离子模式
分子式	$C_9H_{16}N_3O_{14}P_3$	加合方式	$[M-H]^-$
分子量	482.9840	保留时间	0.72min

提取离子流色谱图

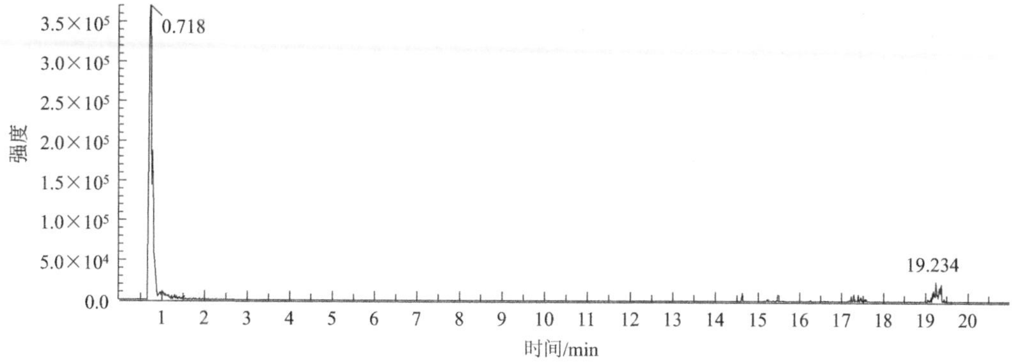

一级质谱图

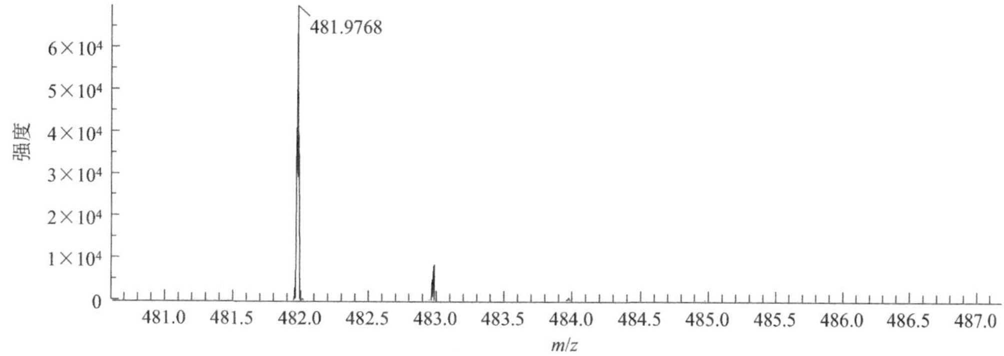

二级全扫质谱图 CE：（−35 ± 15）V

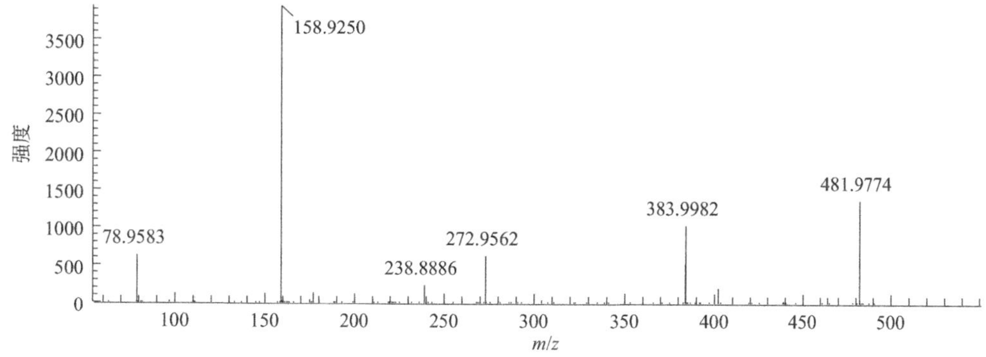

Cytosine
胞嘧啶

CAS 号	71-30-7	源极性	正离子模式
分子式	$C_4H_5N_3O$	加合方式	$[M+H]^+$
分子量	111. 0427	保留时间	0. 98min

提取离子流色谱图

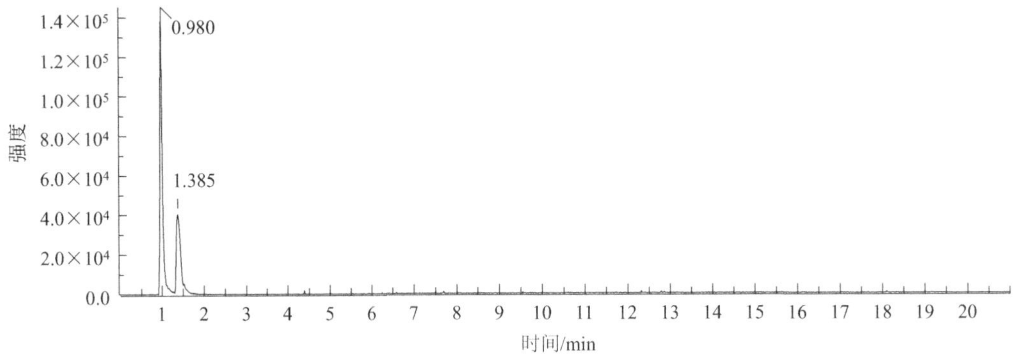

一级质谱图

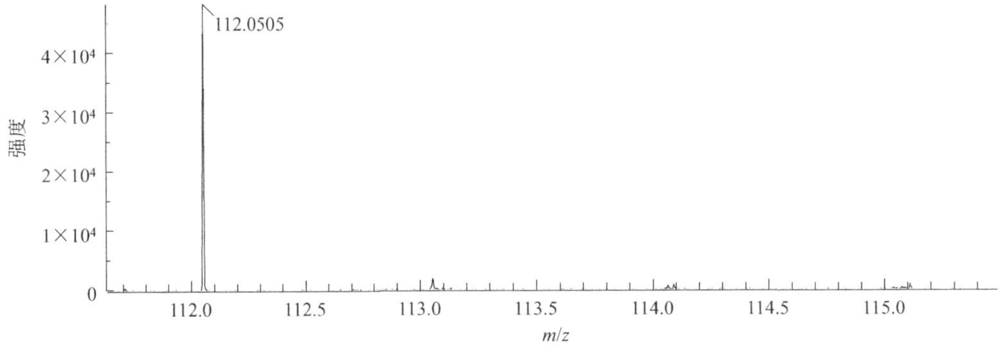

二级全扫质谱图 CE：（35±15）V

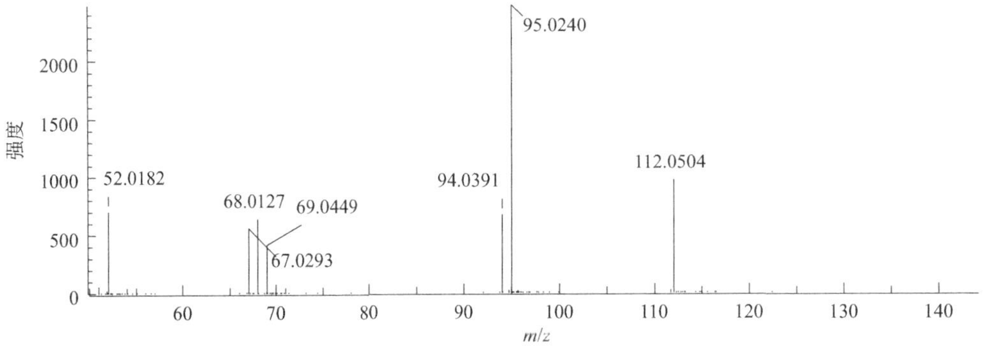

dAMP
2′-脱氧腺苷-5′-单磷酸

CAS 号	653-63-4	源极性	负离子模式
分子式	$C_{10}H_{14}N_5O_6P$	加合方式	$[M-H]^-$
分子量	331.0676	保留时间	1.99min

提取离子流色谱图

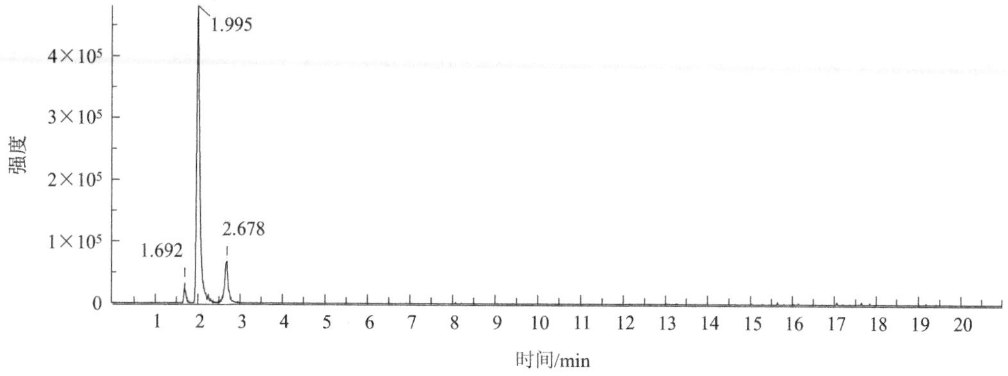

一级质谱图

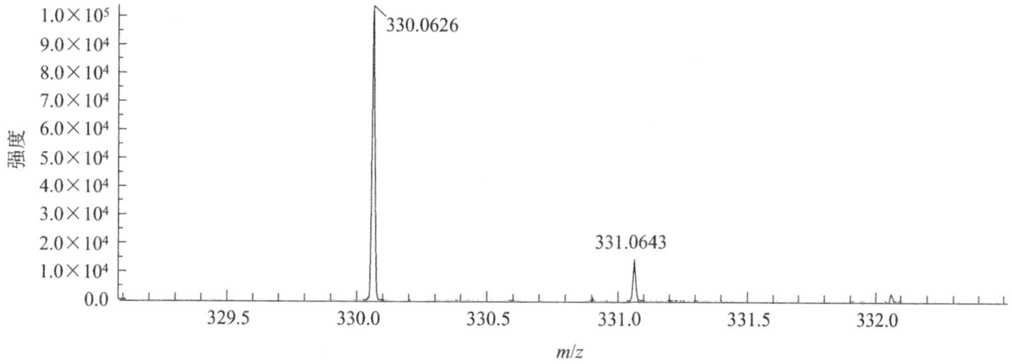

二级全扫质谱图 CE：（−35±15）V

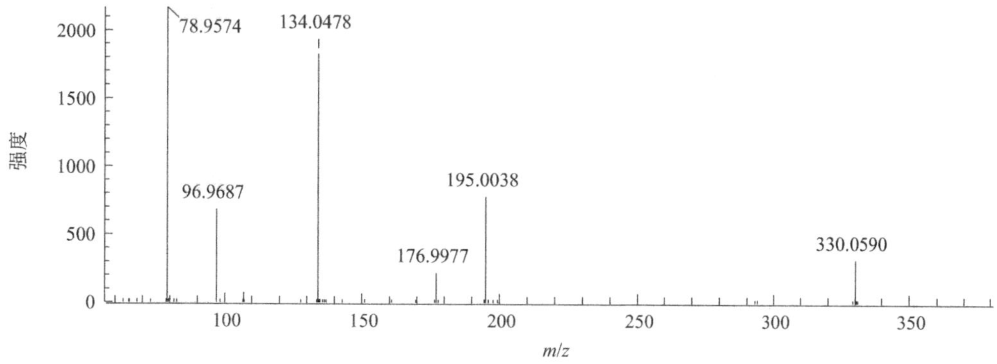

3-Dehydroshikimate Acid
3-脱氢莽草酸

CAS 号	2922-42-1	源极性	负离子模式
分子式	$C_7H_8O_5$	加合方式	$[M-H]^-$
分子量	172.0366	保留时间	0.86min

提取离子流色谱图

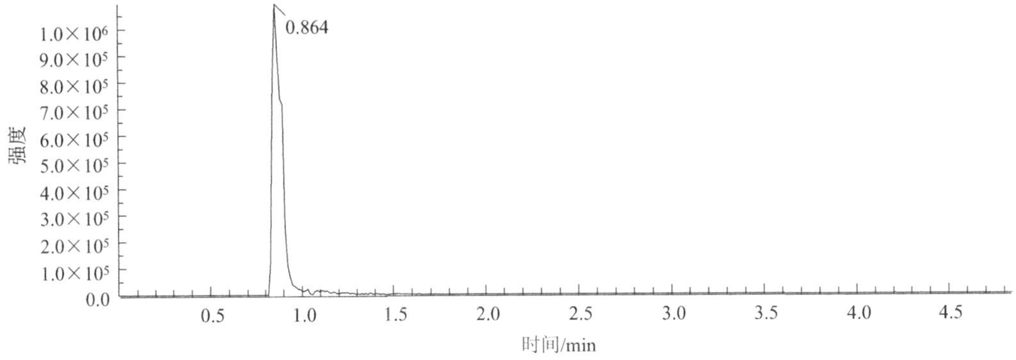

一级质谱图

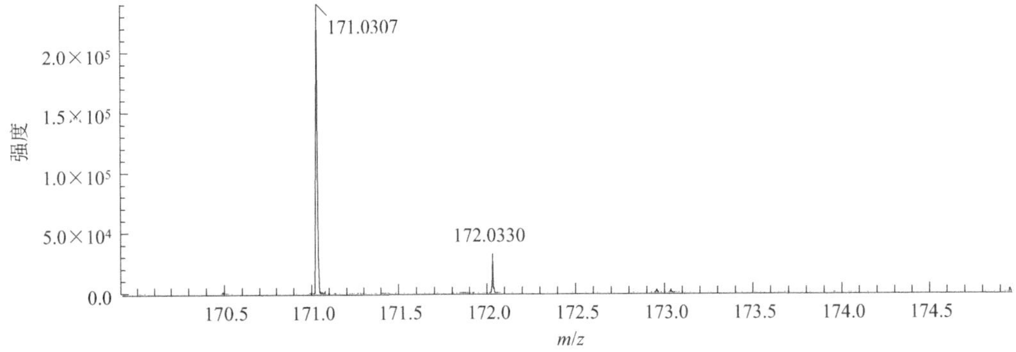

二级全扫质谱图 CE：（−35±15）V

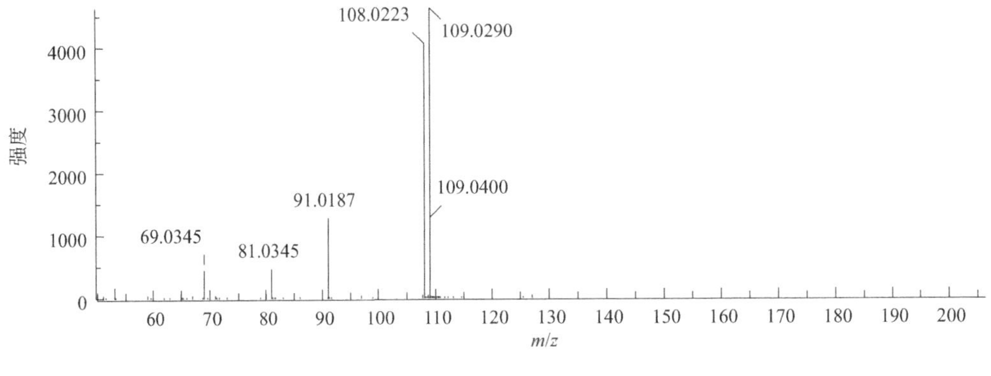

2′-Deoxyadenosine
2′-脱氧腺苷

CAS 号	16373-93-6（水合物） 958-09-8（母体）	源极性	正离子模式
分子式	$C_{10}H_{13}N_5O_3$	加合方式	$[M+H]^+$
分子量	251. 1013	保留时间	4. 31min

提取离子流色谱图

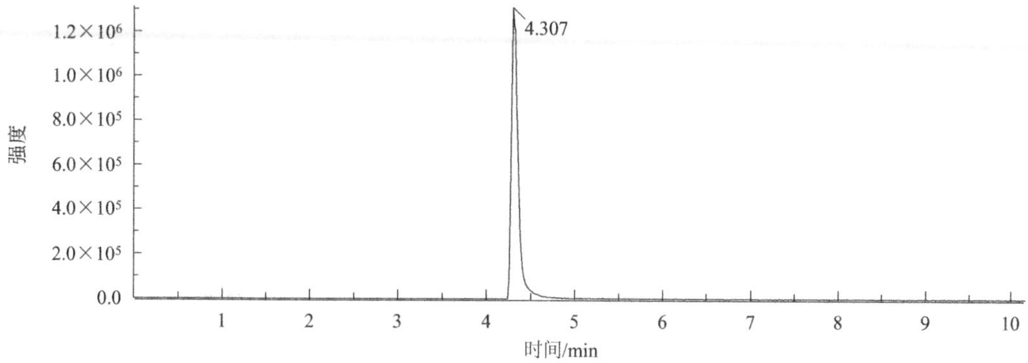

一级质谱图

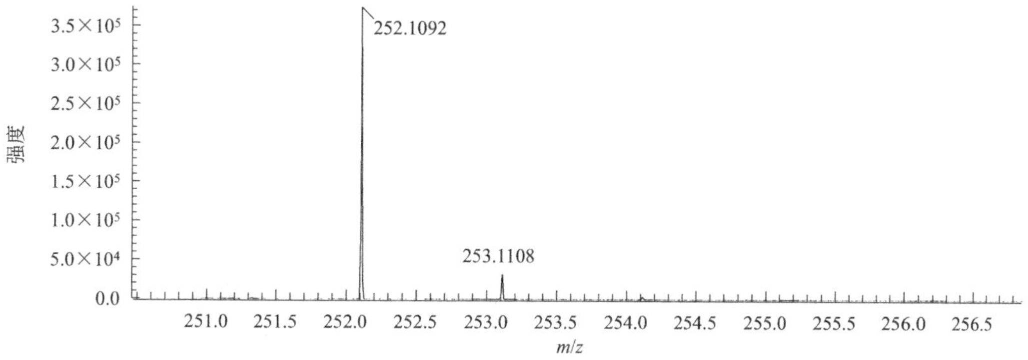

二级全扫质谱图 CE：（35±15）V

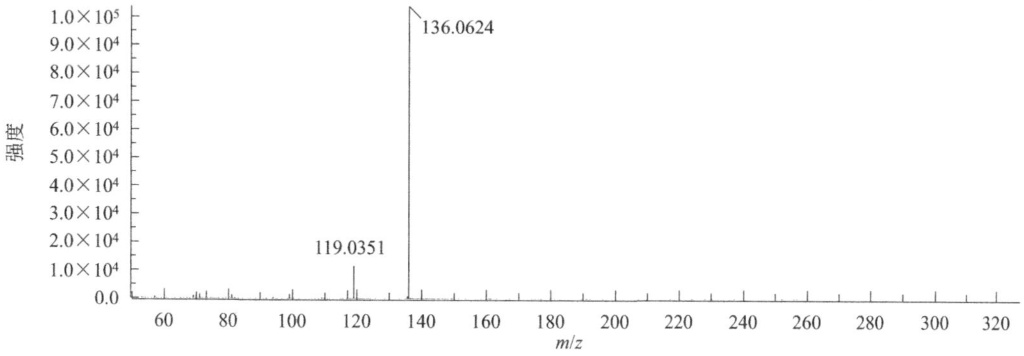

Deoxycarnitine
海葵碱

CAS 号	407-64-7	源极性	正离子模式
分子式	$C_7H_{15}NO_2$	加合方式	$[M+H]^+$
分子量	145. 1097	保留时间	1. 00min

提取离子流色谱图

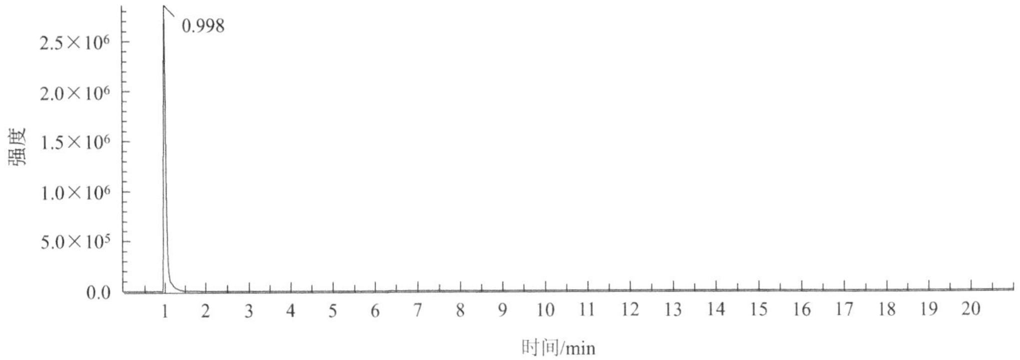

一级质谱图

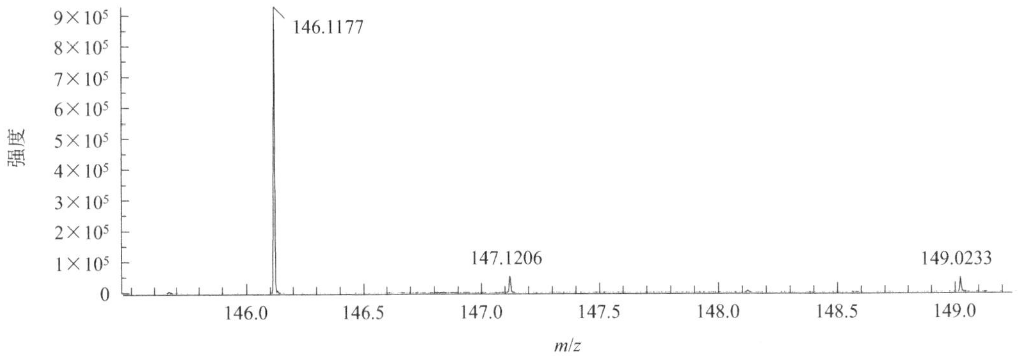

二级全扫质谱图 CE：(35±15) V

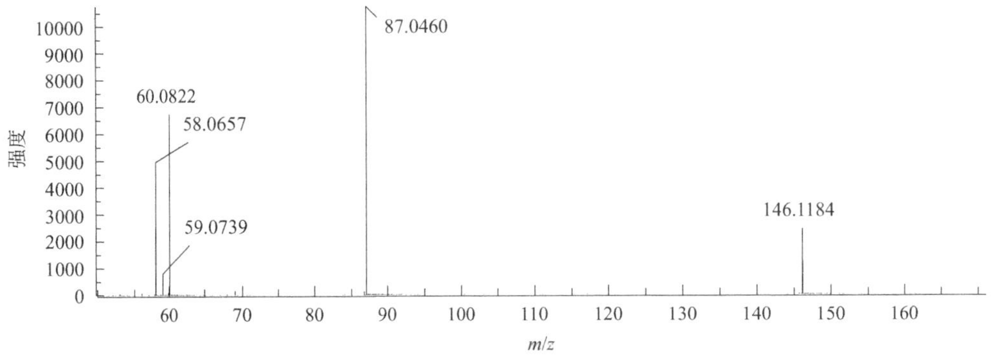

Deoxycholic Acid
去氧胆酸

CAS 号	83-44-3	源极性	负离子模式
分子式	$C_{24}H_{40}O_4$	加合方式	$[M-H]^-$
分子量	392. 2921	保留时间	13. 96min

提取离子流色谱图

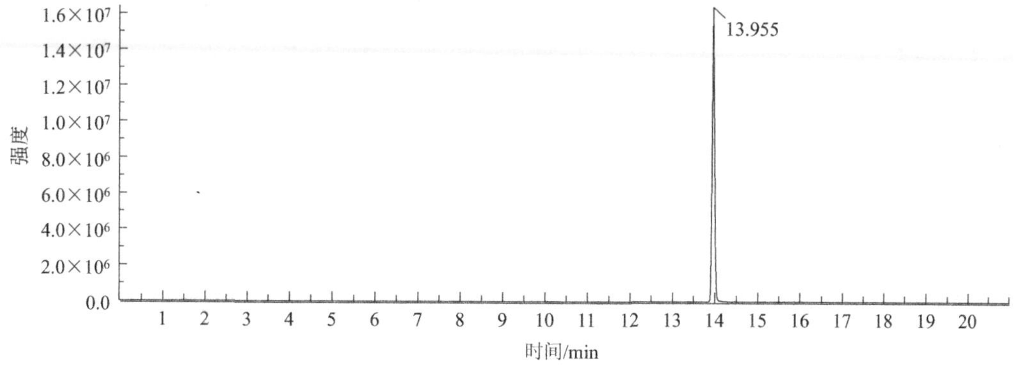

一级质谱图

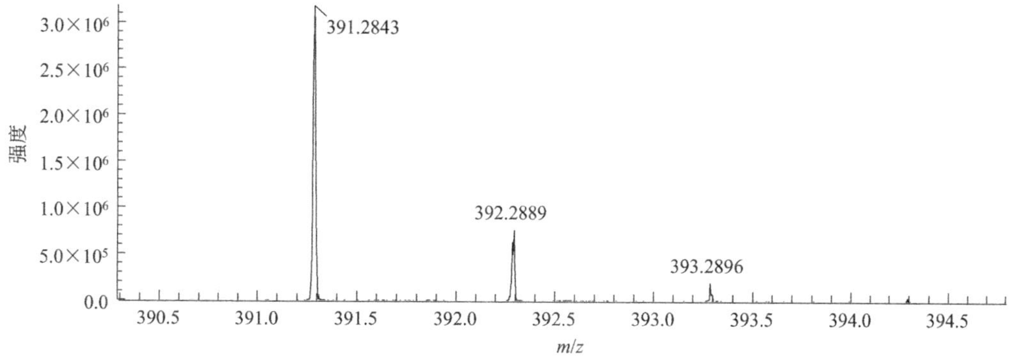

二级全扫质谱图 CE：（−35 ± 15）V

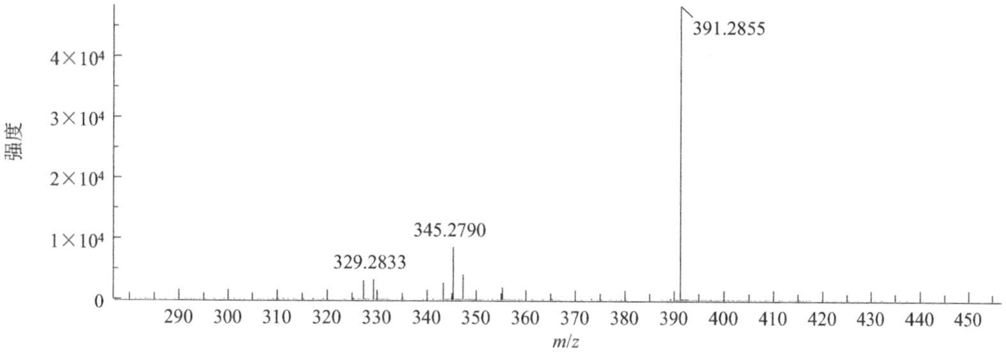

Deoxycorticosterone Acetate
醋酸去氧皮质酮

CAS 号	56-47-3	源极性	正离子模式
分子式	$C_{23}H_{32}O_4$	加合方式	$[M+H]^+$
分子量	372.2295	保留时间	12.57min

提取离子流色谱图

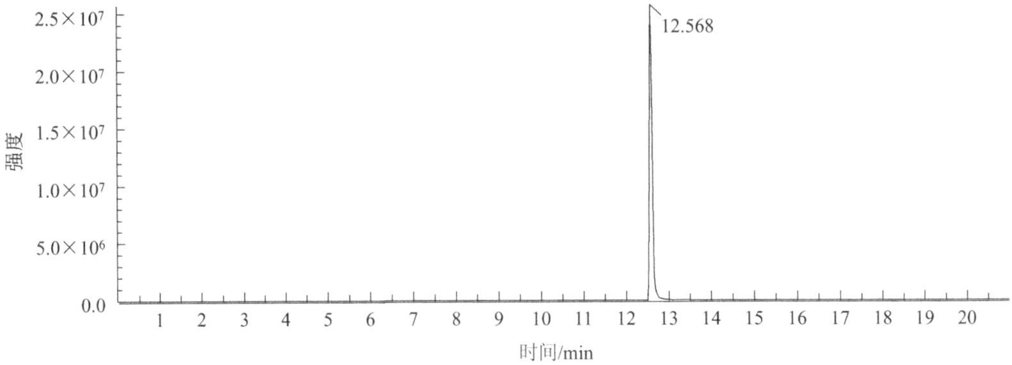

一级质谱图

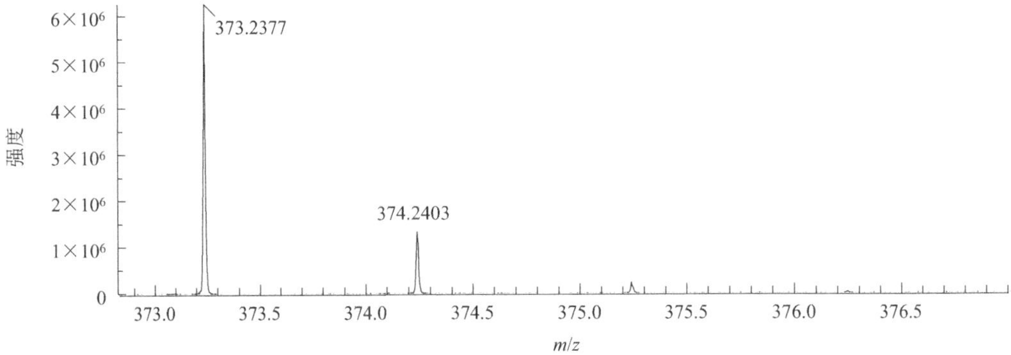

二级全扫质谱图 CE：（35±15）V

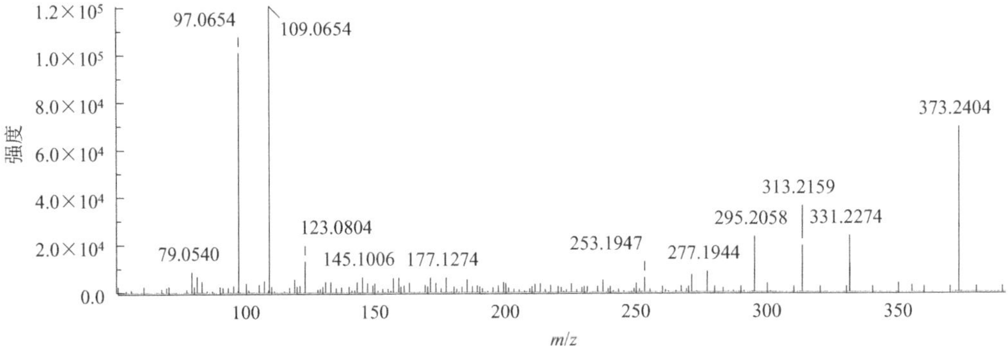

Deoxycytidine
2′-脱氧胞嘧啶核苷

CAS 号	951-77-9	源极性	正离子模式
分子式	$C_9H_{13}N_3O_4$	加合方式	$[M+H]^+$
分子量	227.0901	保留时间	1.62min

提取离子流色谱图

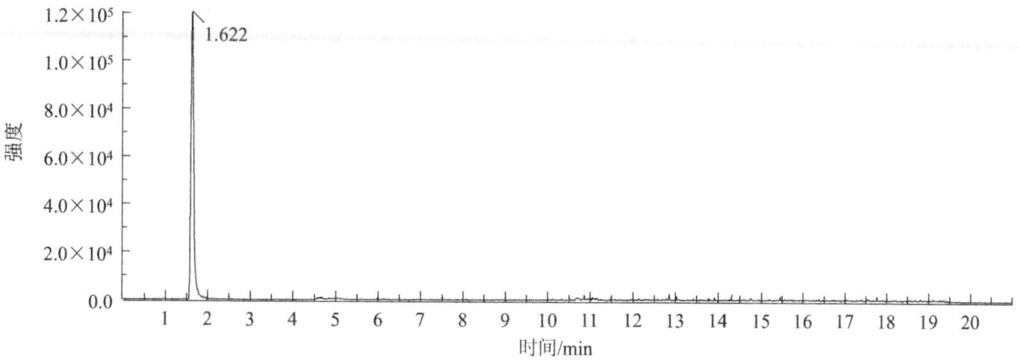

一级质谱图

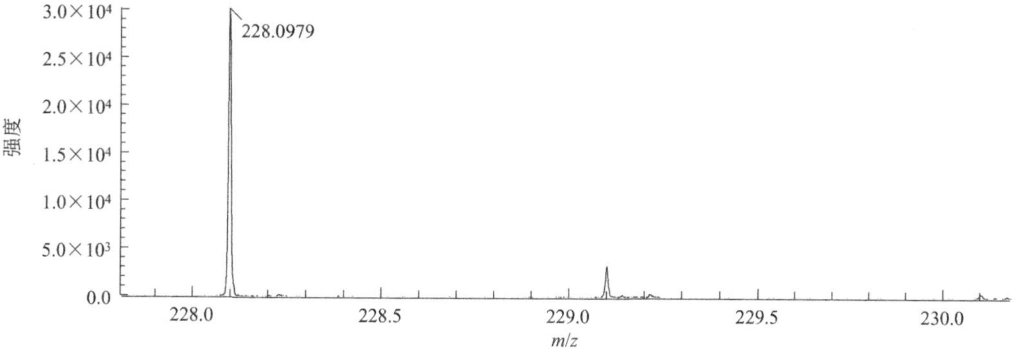

二级全扫质谱图 CE：（35±15）V

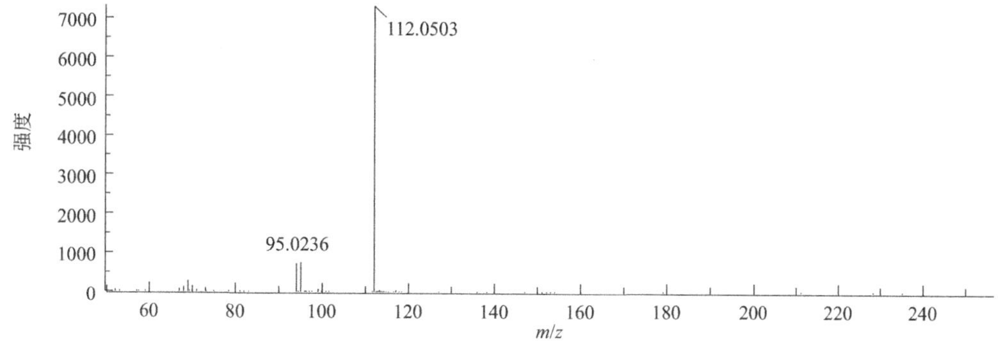

2′-Deoxycytidine 5′-Monophosphate

2′-脱氧胞苷-5′-单磷酸

CAS 号	1032-65-1	源极性	负离子模式
分子式	$C_9H_{14}N_3O_7P$	加合方式	$[M-H]^-$
分子量	307.0564	保留时间	0.90min

提取离子流色谱图

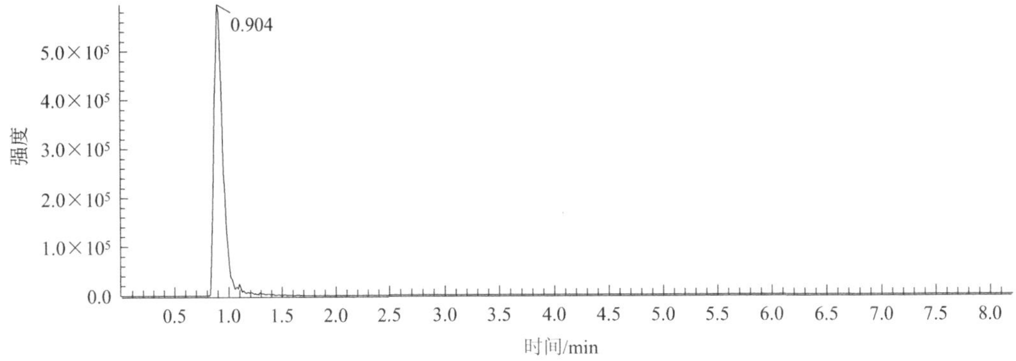

一级质谱图

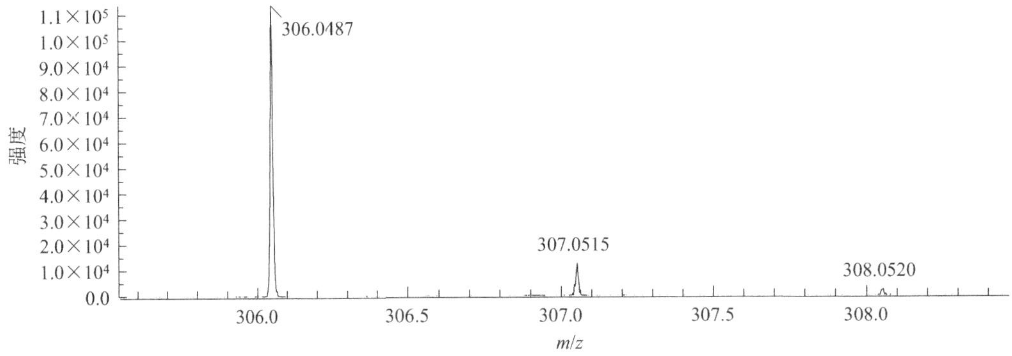

二级全扫质谱图 CE：（−35±15）V

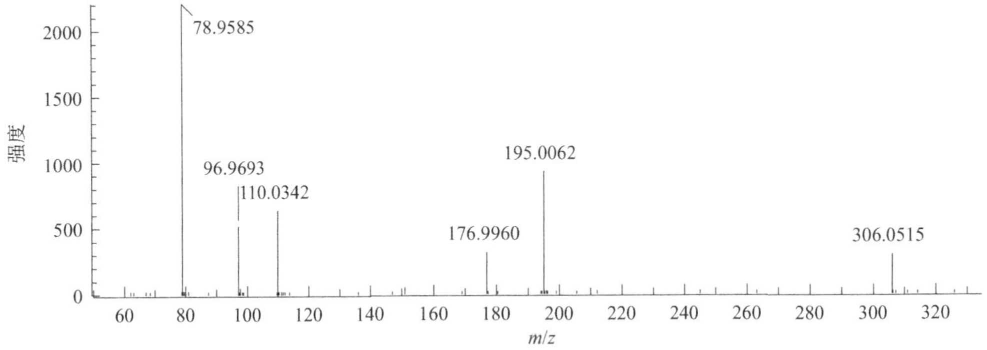

2′-Deoxycytidine 5′-Diphosphate
2′-脱氧胞苷-5′-二磷酸

CAS 号	151151-32-5（钠盐） 4682-43-3（母体）	源极性	负离子模式
分子式	$C_9H_{15}N_3O_{10}P_2$	加合方式	$[M-H]^-$
分子量	387. 0227	保留时间	1. 00min

提取离子流色谱图

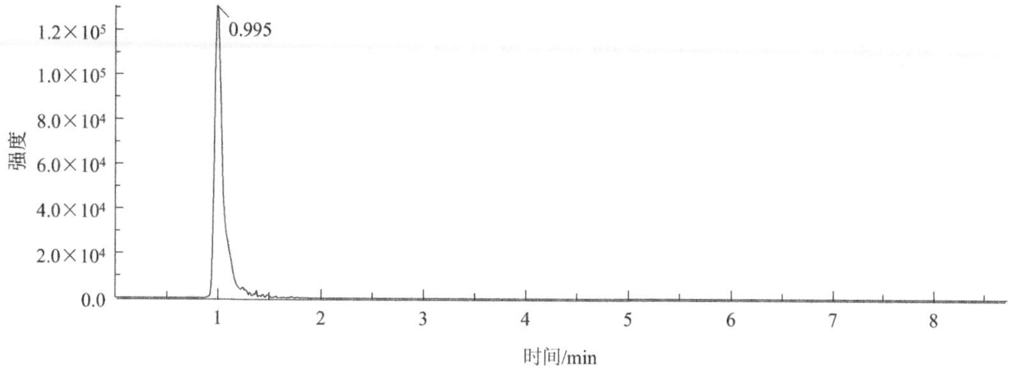

一级质谱图

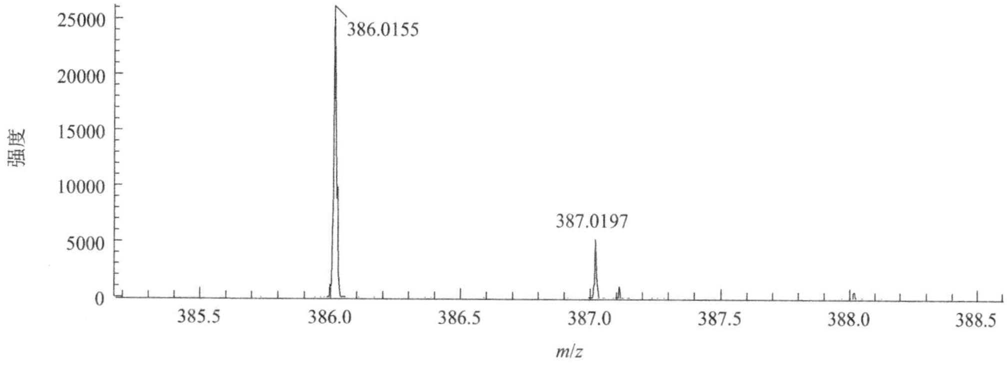

二级全扫质谱图 CE：（−35±15）V

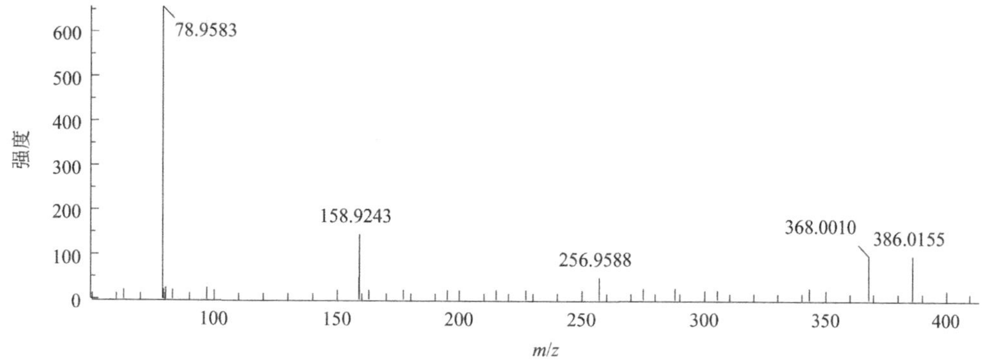

2′-Deoxyguanosine

2′-脱氧鸟苷水合物

CAS 号	312693-72-4（水合物） 961-07-9（母体）	源极性	负离子模式
分子式	$C_{10}H_{13}N_5O_4$	加合方式	$[M-H]^-$
分子量	267.0962	保留时间	3.91min

提取离子流色谱图

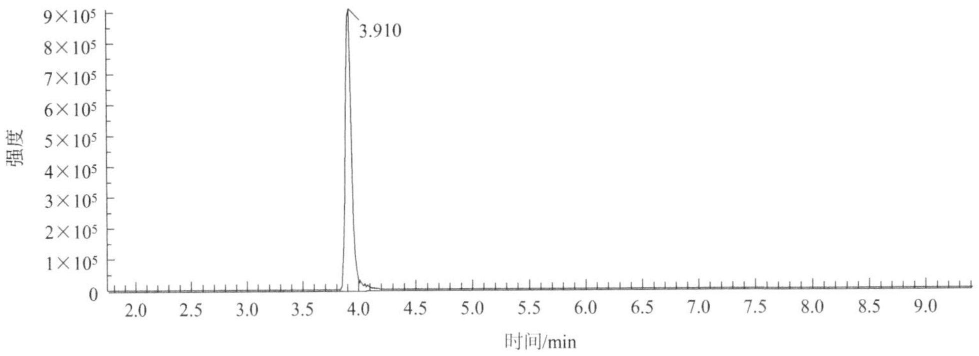

一级质谱图

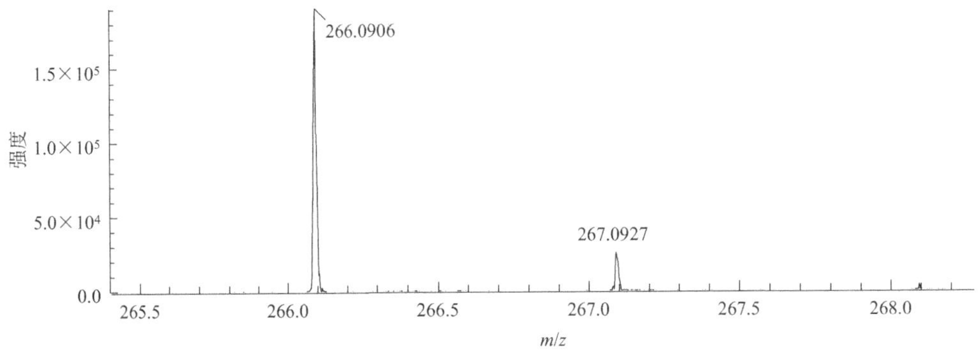

二级全扫质谱图 CE：（−35±15）V

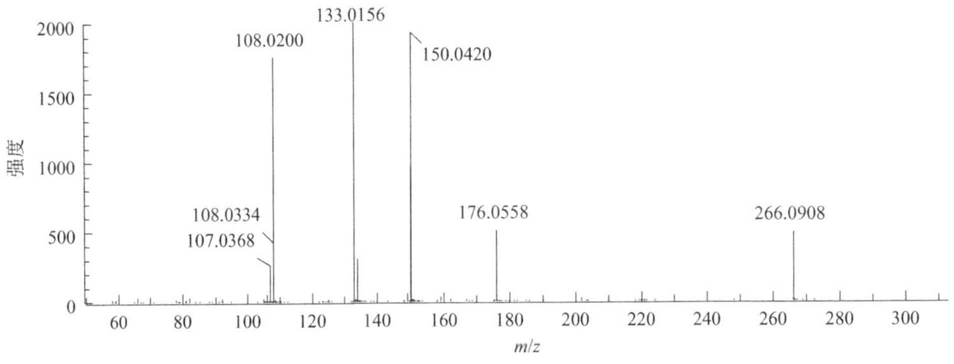

2′-Deoxyguanosine 5′-Diphosphate
2′-脱氧鸟苷-5′-二磷酸

CAS 号	102783-74-4（三钠盐） 3493-09-2（母体）	源极性	负离子模式
分子式	$C_{10}H_{15}N_5O_{10}P_2$	加合方式	$[M-H]^-$
分子量	427.0289	保留时间	0.98min

提取离子流色谱图

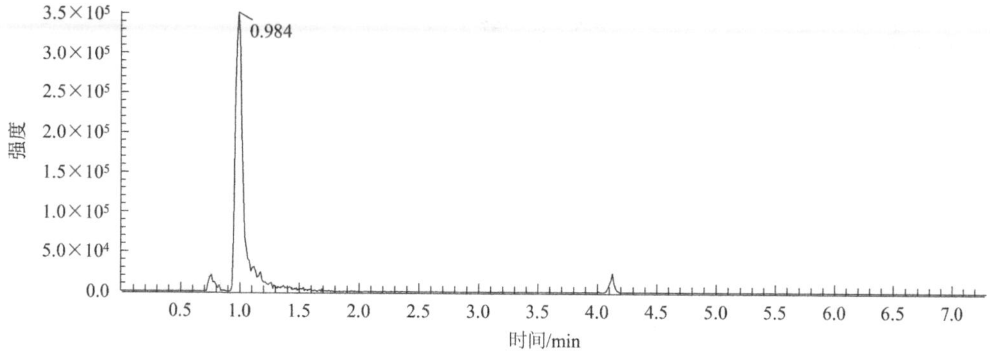

一级质谱图

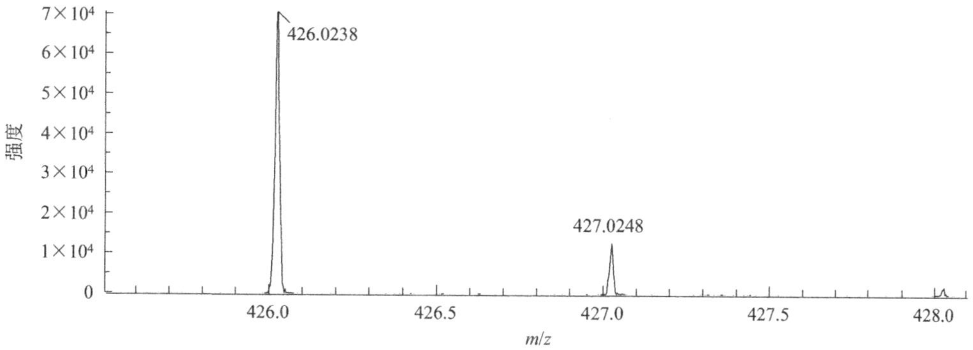

二级全扫质谱图 CE：（−35±15）V

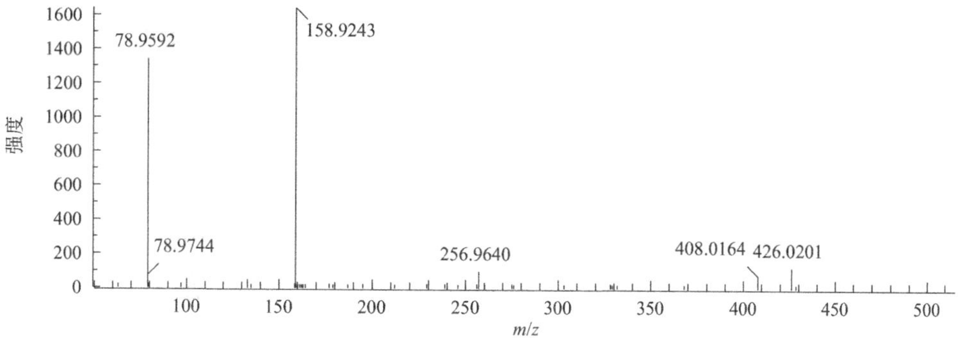

2′-Deoxyguanosine 5′-Monophosphate
2′-脱氧鸟苷-5′-单磷酸

CAS 号	52558-16-4（二钠盐）	源极性	正离子模式
分子式	$C_{10}H_{14}N_5O_7P$	加合方式	$[M+H]^+$
分子量	347. 0625	保留时间	11. 84min

提取离子流色谱图

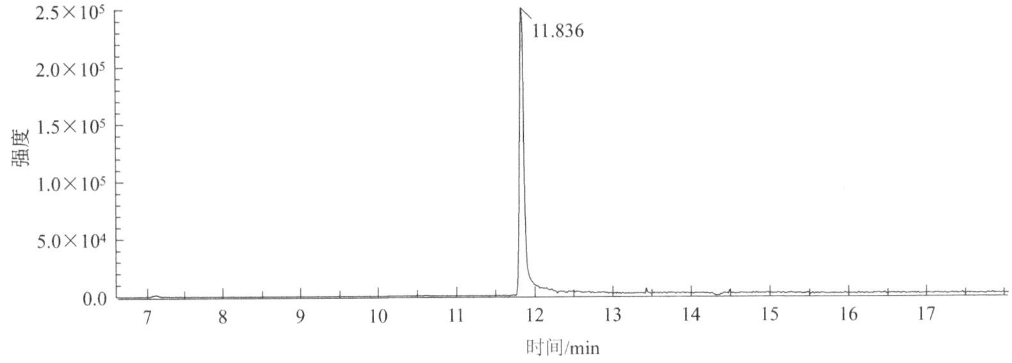

一级质谱图

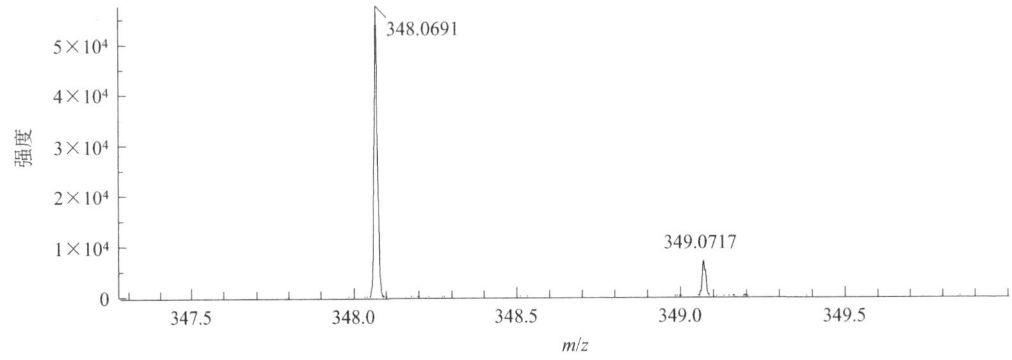

二级全扫质谱图 CE：（35±15）V

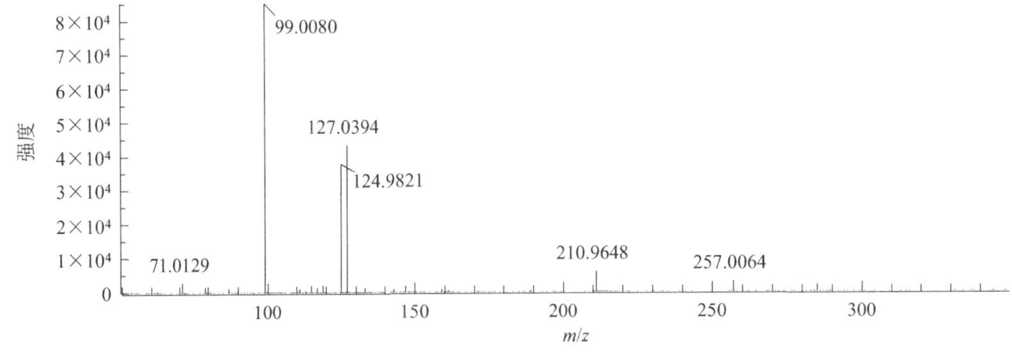

2′-Deoxyguanosine 5′-Triphosphate
2′-脱氧鸟苷-5′-三磷酸

CAS 号	18423-40-0（三钠盐）	源极性	负离子模式
分子式	$C_{10}H_{16}N_5O_{13}P_3$	加合方式	$[M-H]^-$
分子量	506. 9952	保留时间	0. 83min

提取离子流色谱图

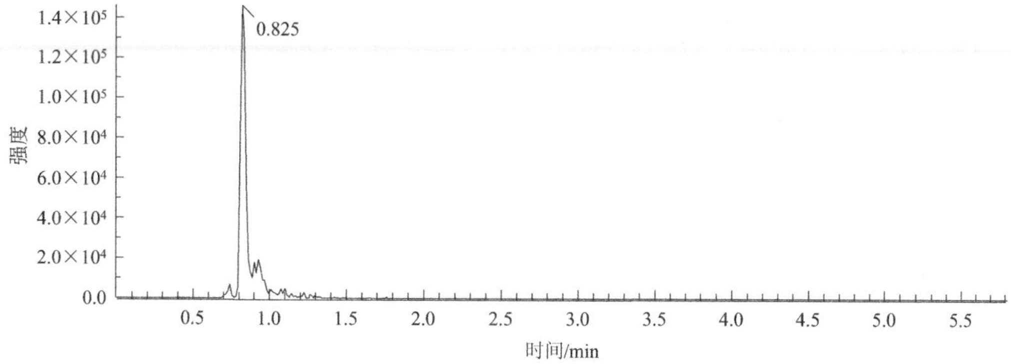

一级质谱图

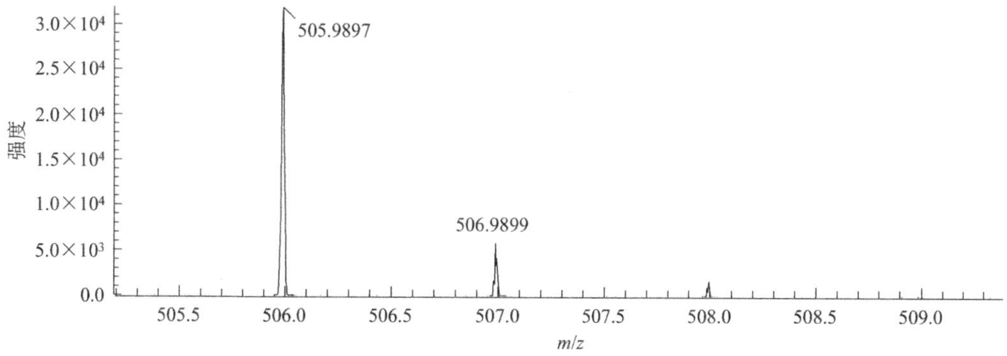

二级全扫质谱图 CE：（−35 ± 15）V

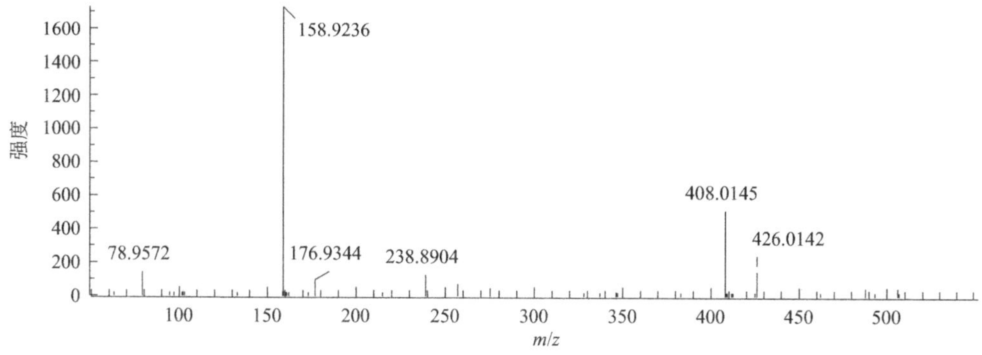

Deoxyuridine
2-脱氧尿苷

CAS 号	951-78-0	源极性	负离子模式
分子式	$C_9H_{12}N_2O_5$	加合方式	$[M-H]^-$
分子量	228. 0741	保留时间	2. 88min

提取离子流色谱图

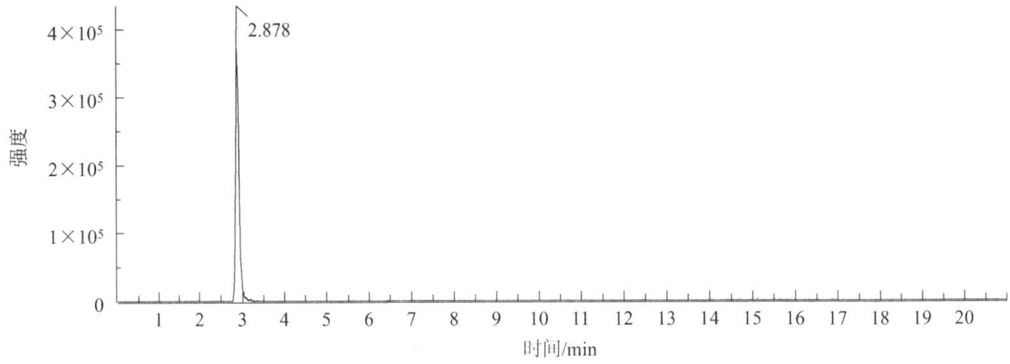

一级质谱图

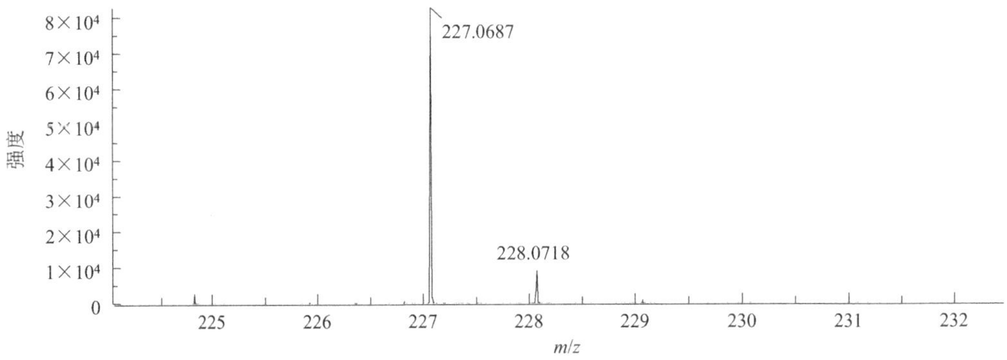

二级全扫质谱图 CE：（−35±15）V

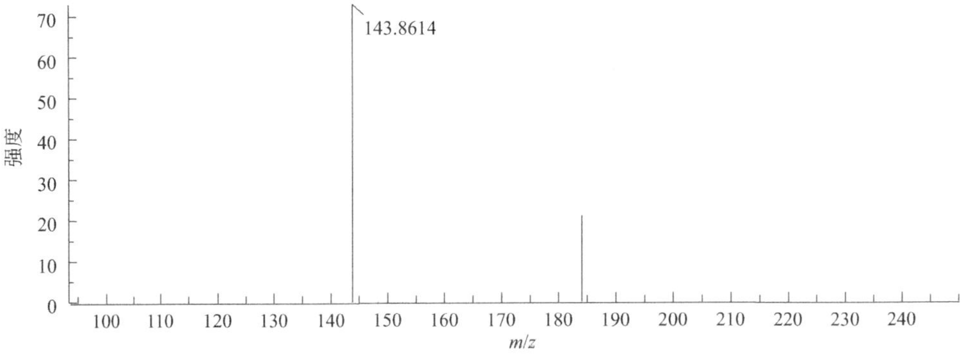

2′-Deoxyuridine 5′-Monophosphate
2′-脱氧尿苷-5′-单磷酸

CAS 号	42155-08-8（二钠盐） 964-26-1（母体）	源极性	负离子模式
分子式	$C_9H_{13}N_2O_8P$	加合方式	$[M-H]^-$
分子量	308.0404	保留时间	1.35min

提取离子流色谱图

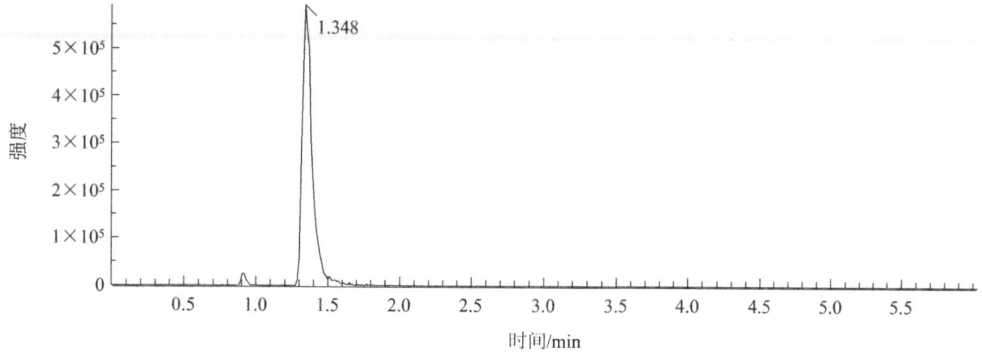

一级质谱图

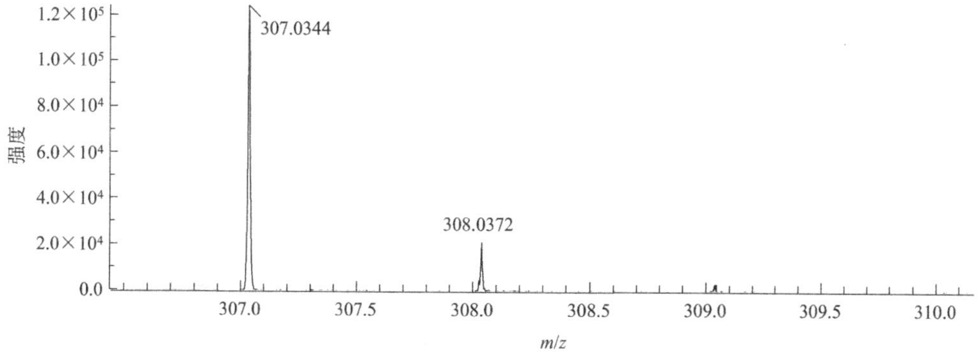

二级全扫质谱图 CE：（−35±15）V

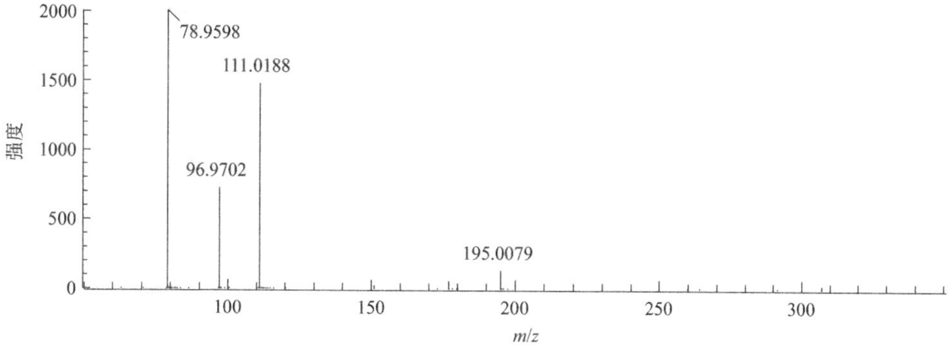

2′-Deoxyuridine 5′-Triphosphate
2′-脱氧尿苷-5′-三磷酸

CAS 号	102814-08-4（三钠盐） 1173-82-6（母体）	源极性	负离子模式
分子式	$C_9H_{15}N_2O_{14}P_3$	加合方式	$[M-H]^-$
分子量	467.9731	保留时间	0.75min

提取离子流色谱图

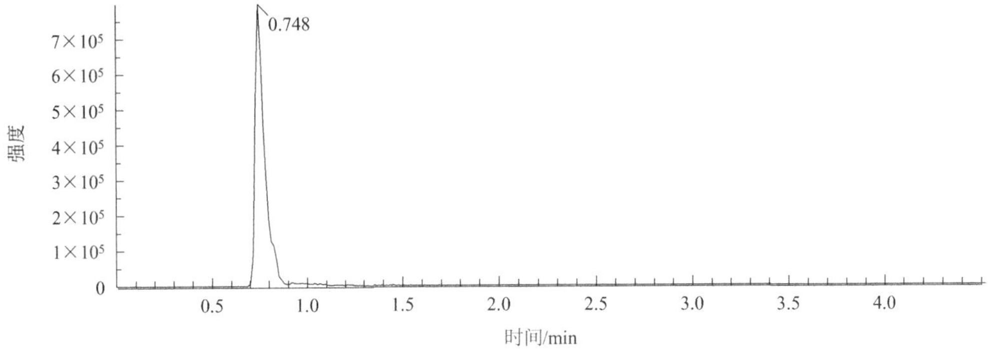

一级质谱图

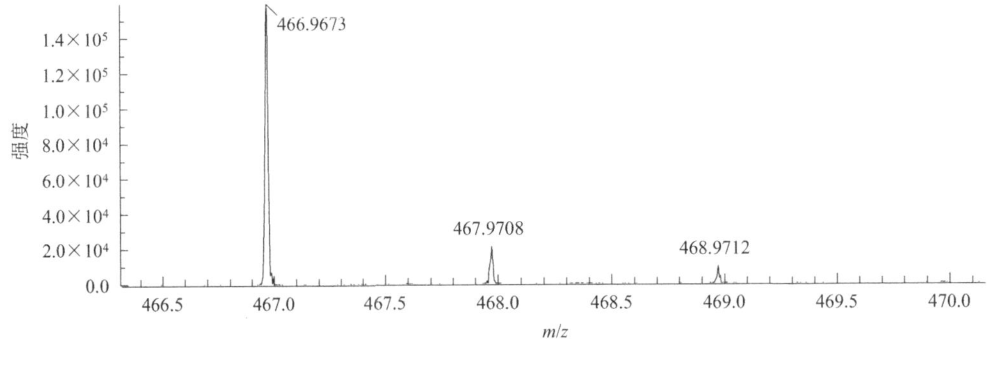

二级全扫质谱图 CE：（−35±15）V

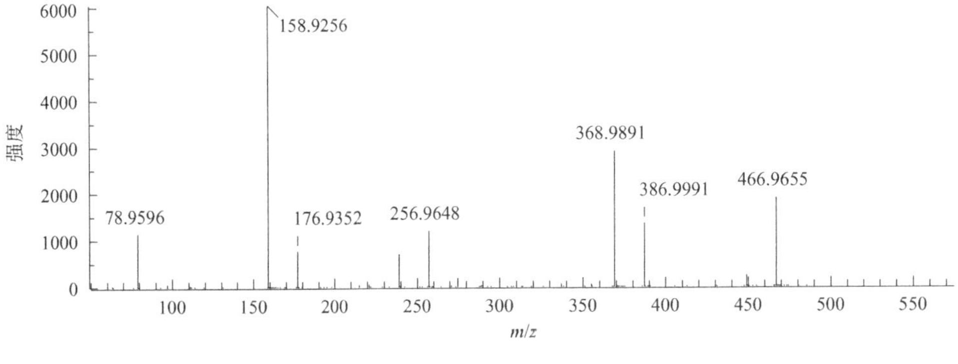

Desmosterol
链甾醇

CAS 号	313-04-2	源极性	正离子模式
分子式	$C_{27}H_{44}O$	加合方式	$[M+H]^+$
分子量	384. 3387	保留时间	15. 44min

提取离子流色谱图

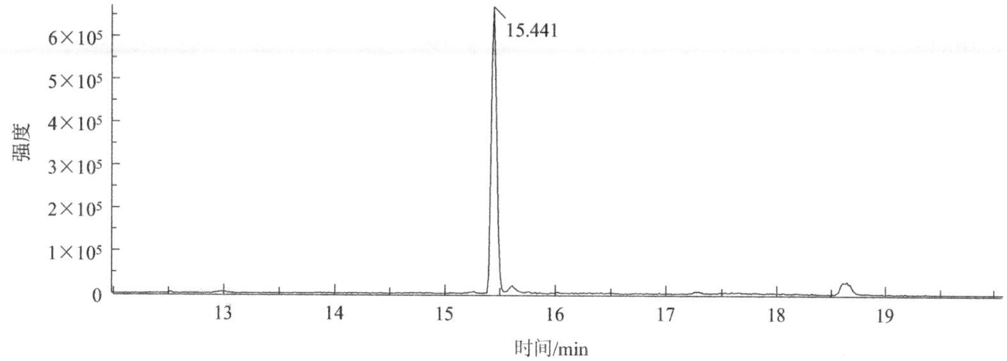

一级质谱图

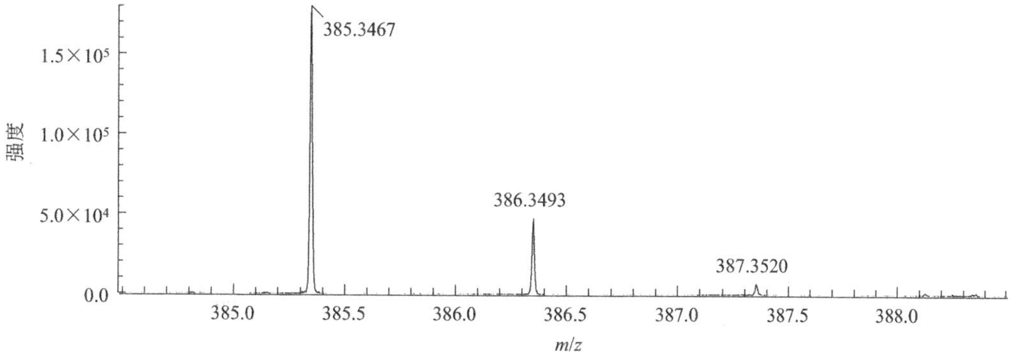

二级全扫质谱图 CE：(35±15) V

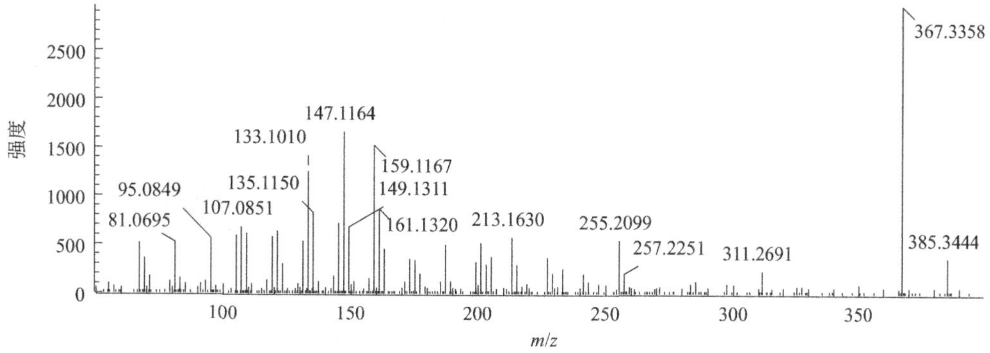

Dethiobiotin
脱硫生物素

CAS 号	533-48-2	源极性	负离子模式
分子式	$C_{10}H_{18}N_2O_3$	加合方式	$[M-H]^-$
分子量	214. 1312	保留时间	7. 80min

提取离子流色谱图

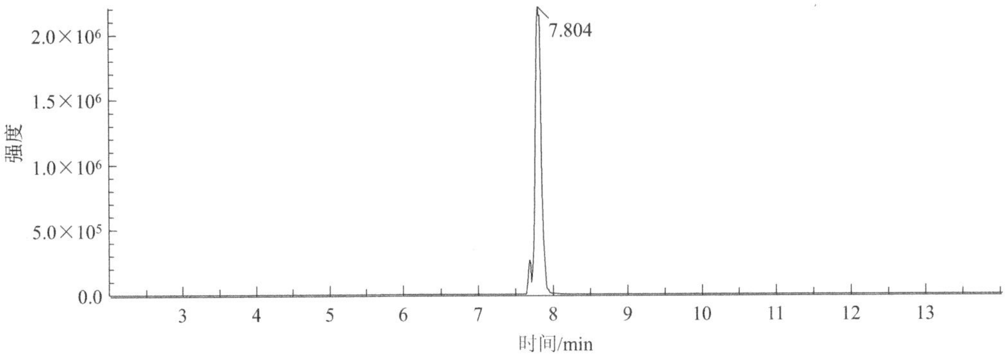

一级质谱图

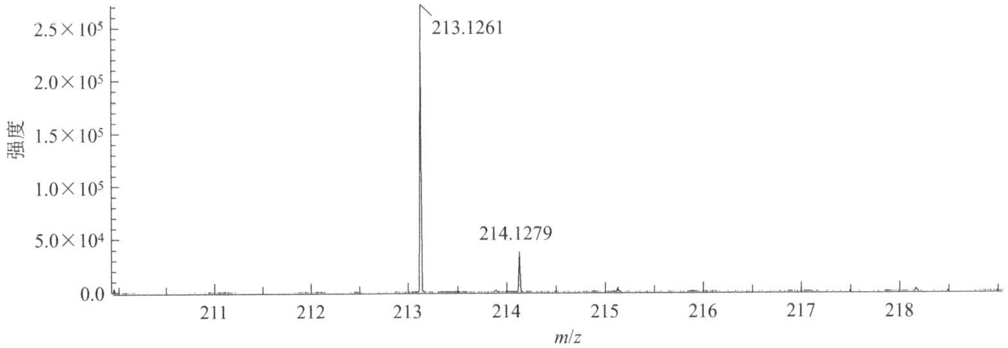

二级全扫质谱图 CE:(-35±15)V

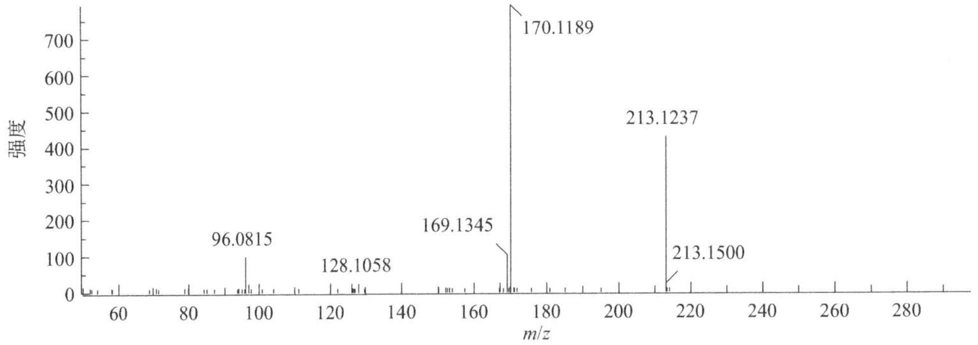

D-Fructose 6-Phosphate
磷酸果糖

CAS 号	26177-86-6（二钠盐） 643-13-0（母体）	源极性	负离子模式
分子式	$C_6H_{13}O_9P$	加合方式	$[M-H]^-$
分子量	260. 0292	保留时间	0. 85min

提取离子流色谱图

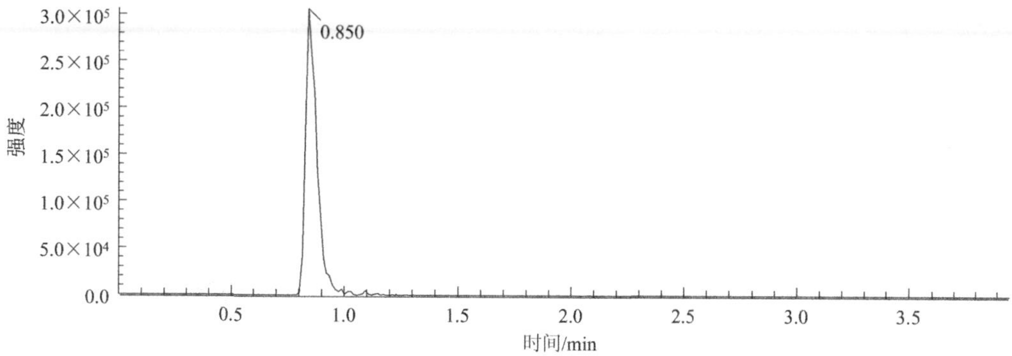

一级质谱图

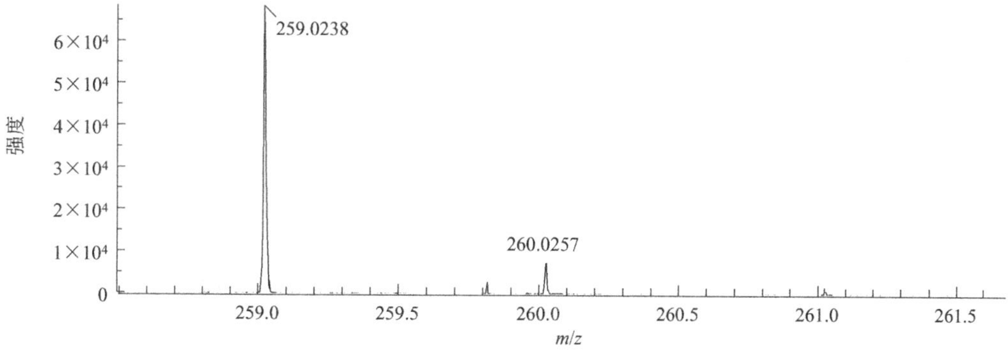

二级全扫质谱图 CE：（−35 ± 15）V

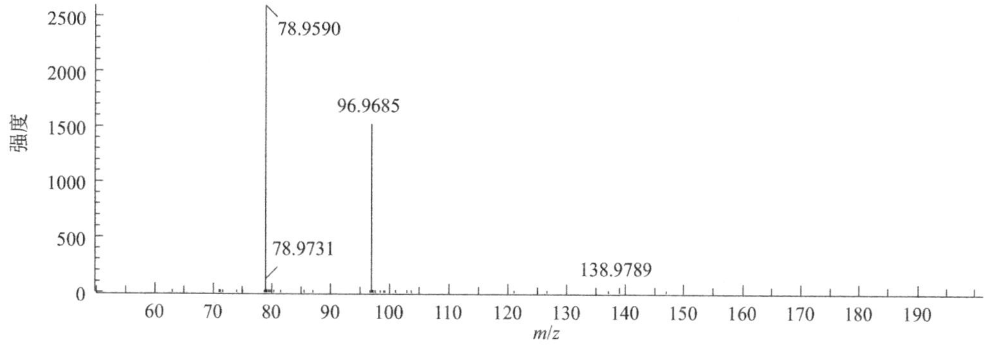

α-D-Galactose 1-Phosphate
半乳糖-1-磷酸

CAS 号	19046-60-7（二钾盐） 2255-14-3（母体）	源极性	负离子模式
分子式	$C_6H_{13}O_9P$	加合方式	$[M-H]^-$
分子量	260.0297	保留时间	0.85min

提取离子流色谱图

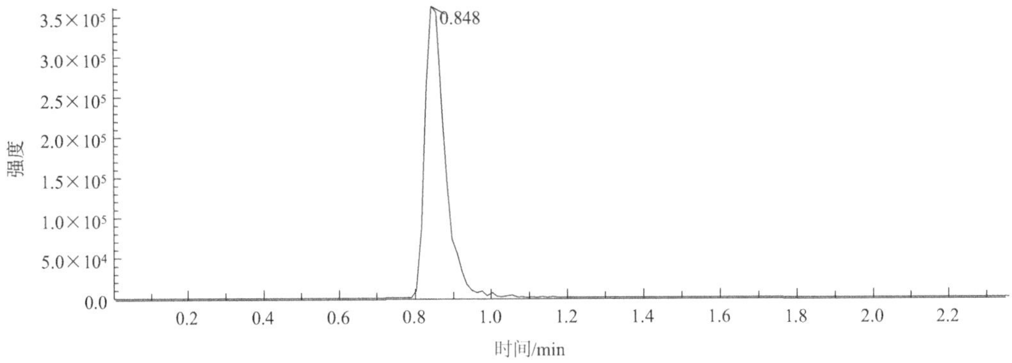

一级质谱图

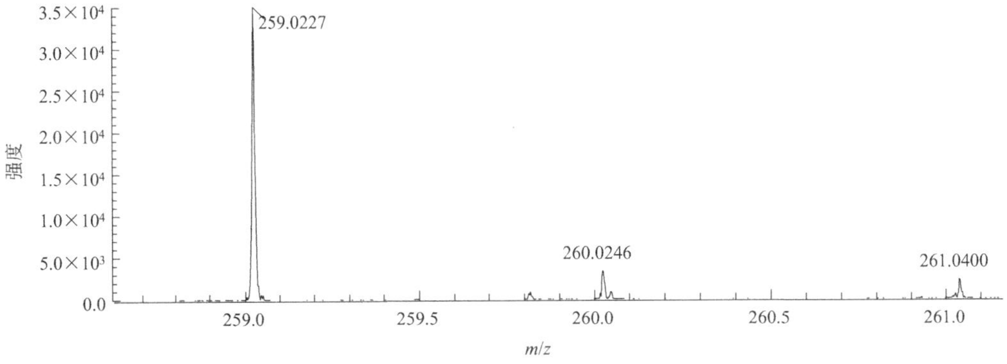

二级全扫质谱图 CE：（−35±15）V

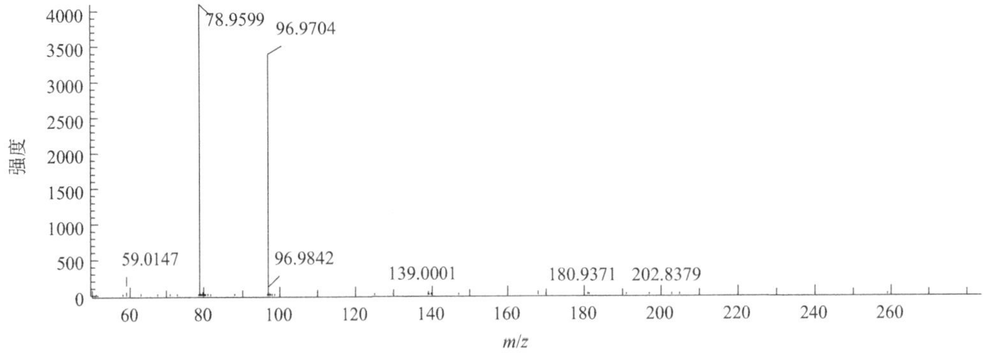

D-(+)-Galacturonic Acid
半乳糖醛酸

CAS 号	685-73-4	源极性	负离子模式
分子式	$C_6H_{10}O_7$	加合方式	$[M-H]^-$
分子量	194. 0421	保留时间	0. 87min

提取离子流色谱图

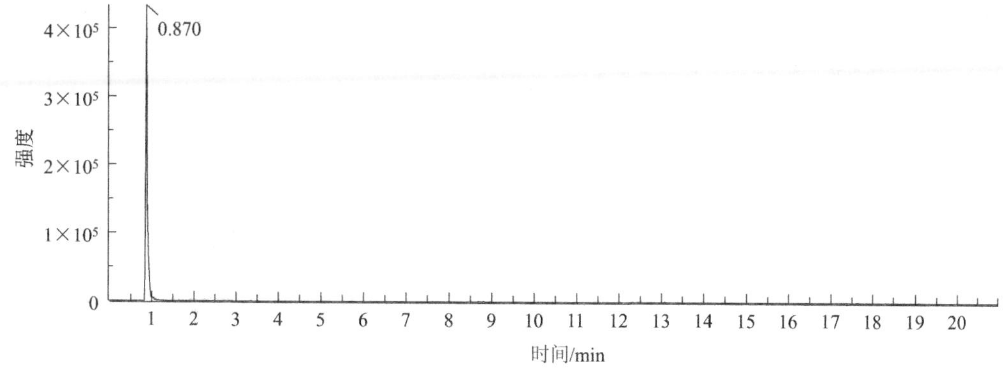

一级质谱图

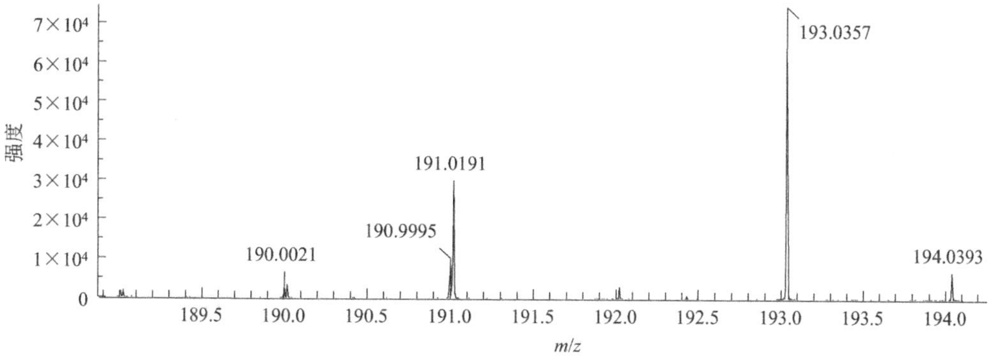

二级全扫质谱图 CE：（−35±15）V

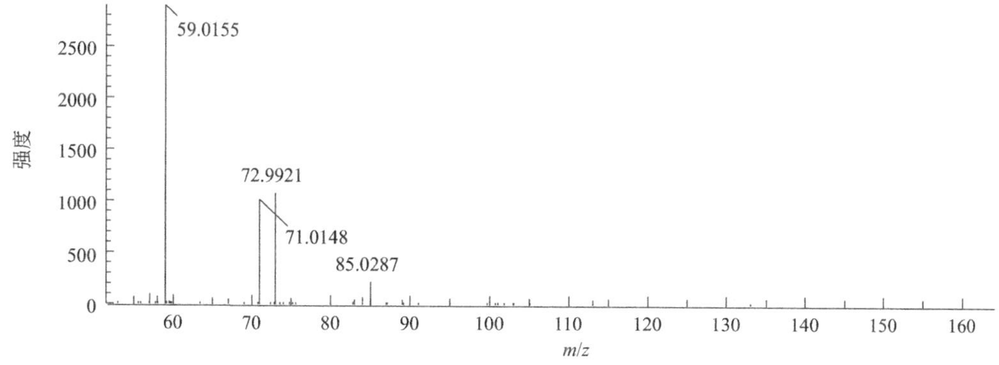

D-(+)-Glucosamine
D-氨基葡萄糖

CAS 号	14257-69-3	源极性	正离子模式
分子式	$C_6H_{13}NO_5$	加合方式	$[M+H]^+$
分子量	179. 0788	保留时间	0. 86min

提取离子流色谱图

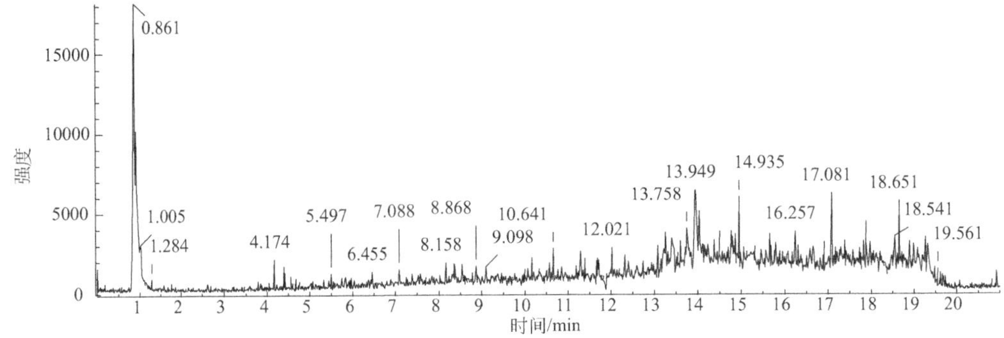

一级质谱图

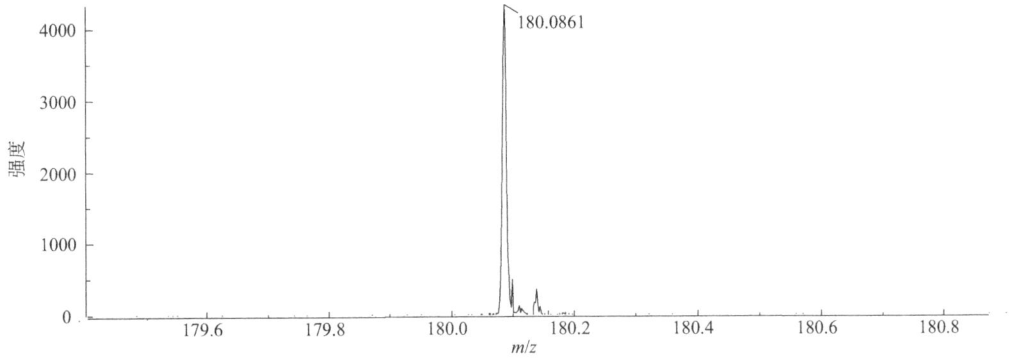

二级全扫质谱图 CE:（35±15）V

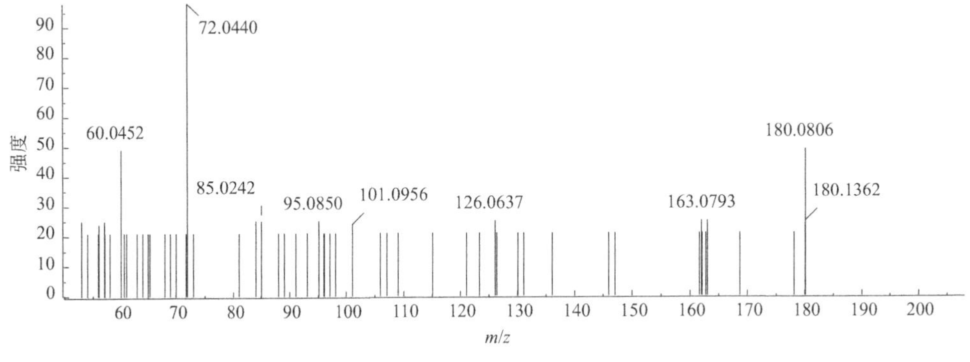

D-Glucosamine 6-Phosphate
D-氨基葡萄糖 6-磷酸

CAS 号	3616-42-0	源极性	正离子模式
分子式	$C_6H_{14}NO_8P$	加合方式	$[M+H]^+$
分子量	259. 0452	保留时间	0. 82min

提取离子流色谱图

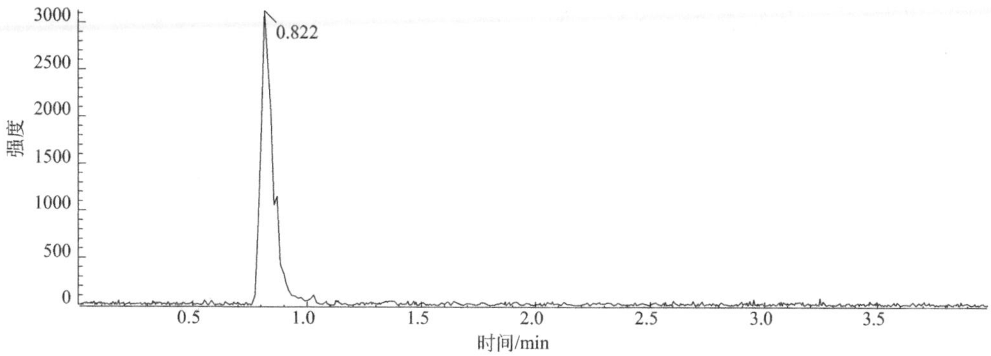

一级质谱图

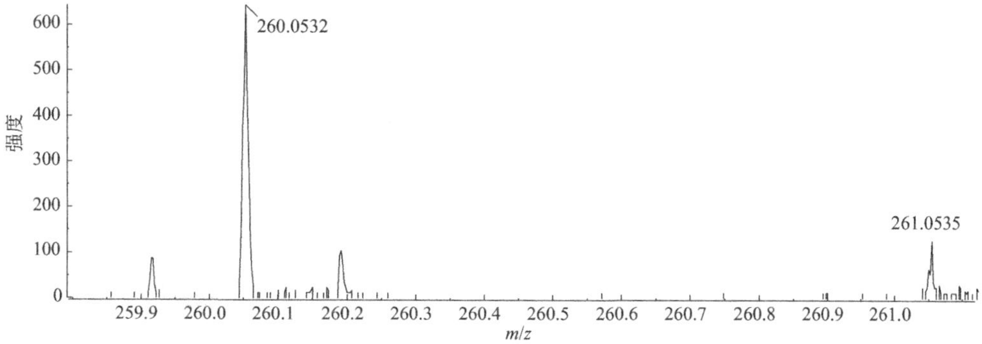

二级全扫质谱图 CE:（35±15）V

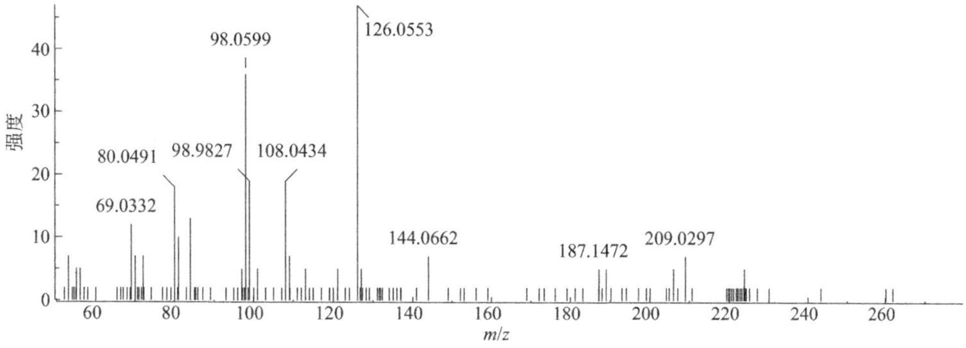

D-Glucose 6-Phosphate
D-葡萄糖-6-磷酸

CAS 号	56-73-5	源极性	正离子模式
分子式	$C_6H_{13}O_9P$	加合方式	$[M+H]^+$
分子量	260.0292	保留时间	0.91min

提取离子流色谱图

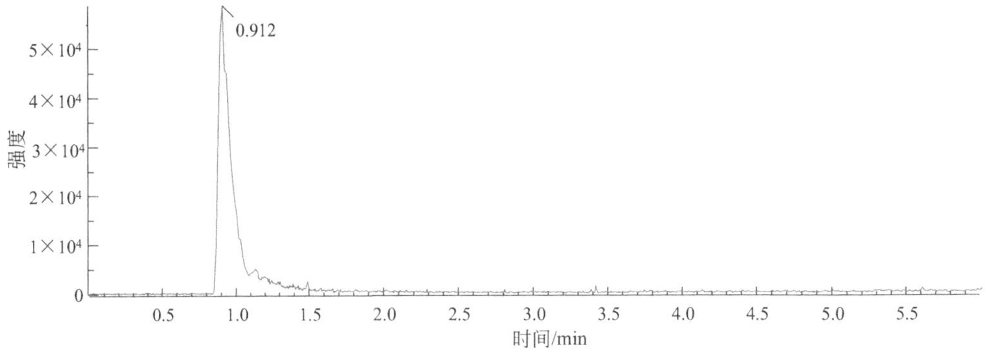

一级质谱图

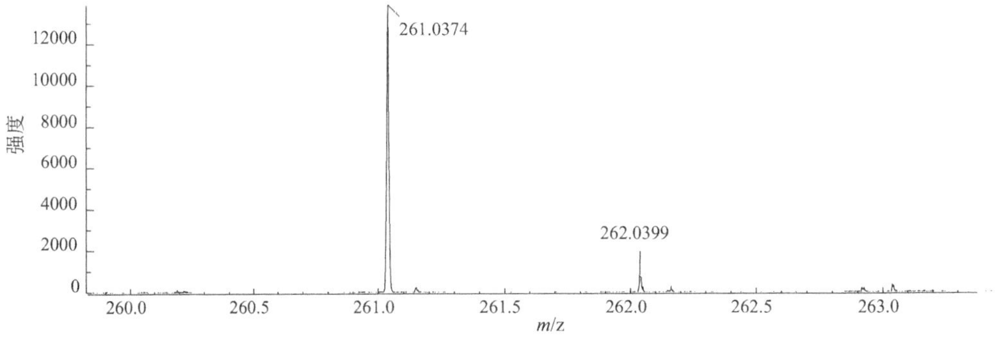

二级全扫质谱图 CE:（35±15）V

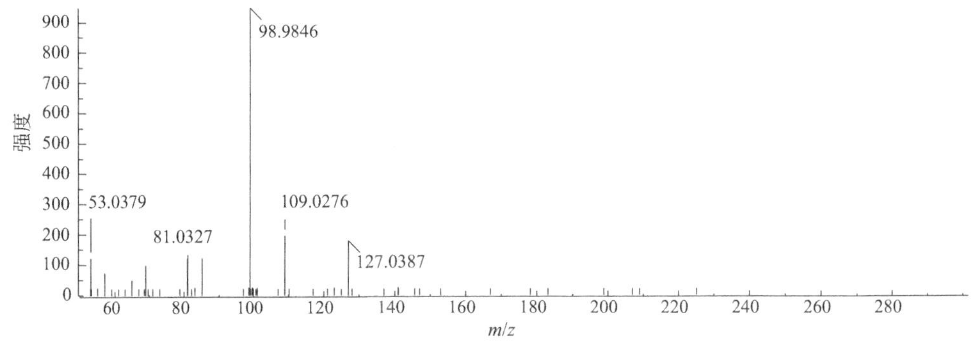

D-Glucuronic Acid
D-葡萄糖醛酸

CAS 号	207300-70-7（钠盐结合水） 6556-12-3（母体）	源极性	负离子模式
分子式	$C_6H_{10}O_7$	加合方式	$[M-H]^-$
分子量	194. 0421	保留时间	0. 86min

提取离子流色谱图

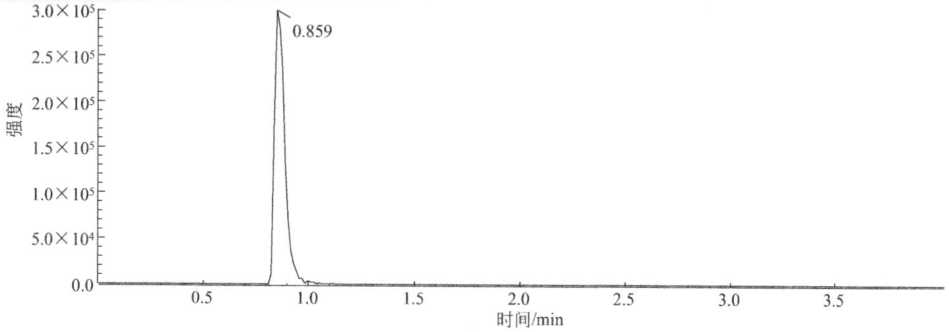

一级质谱图

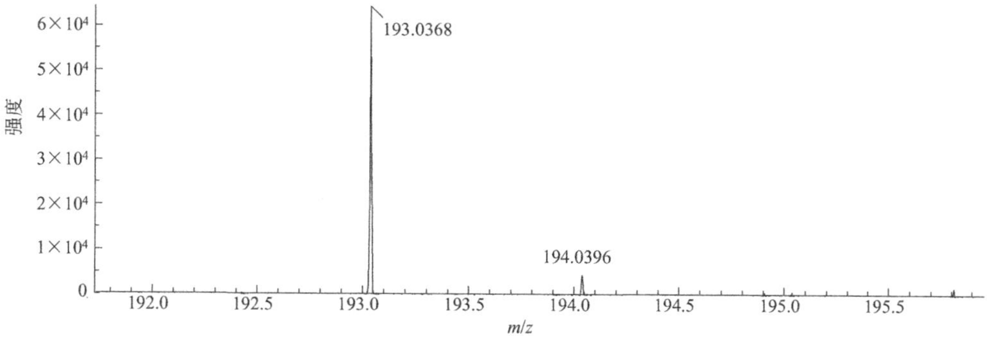

二级全扫质谱图 CE：（−35±15）V

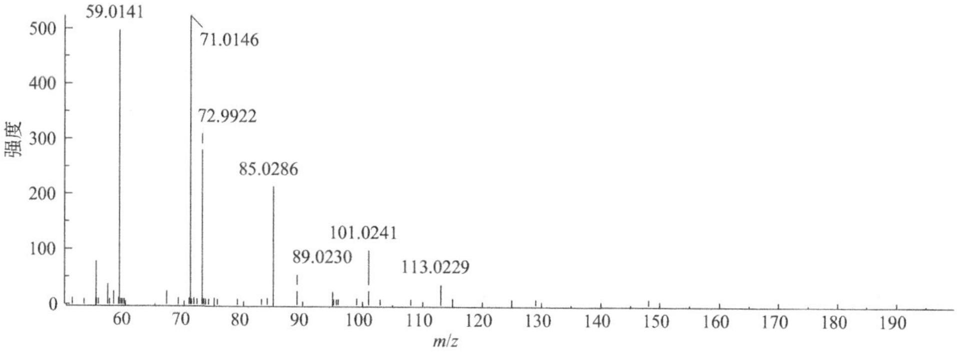

D-Glucuronolactone
D-葡糖醛酸内酯

CAS 号	32449-92-6（无结合水）	源极性	负离子模式
分子式	$C_6H_{10}O_7$	加合方式	$[M-H]^-$
分子量	194. 0421	保留时间	0. 86min

提取离子流色谱图

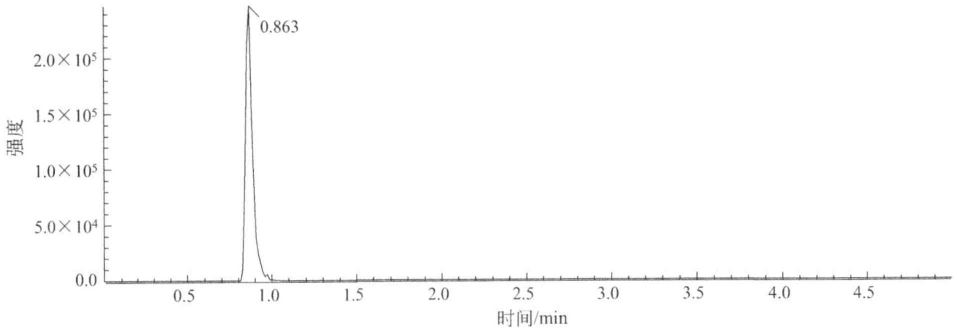

一级质谱图

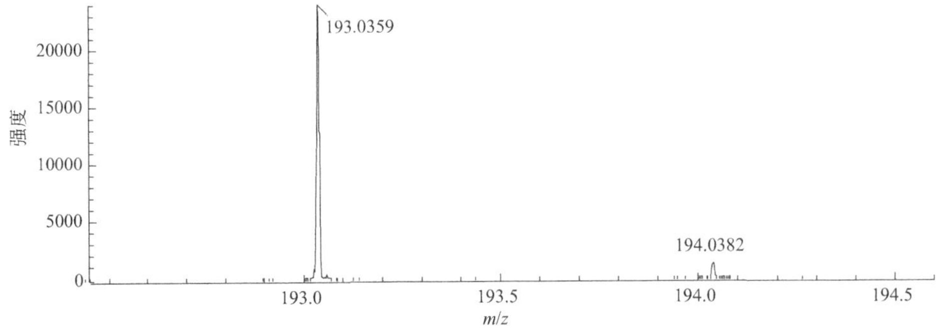

二级全扫质谱图 CE:（－35±15）V

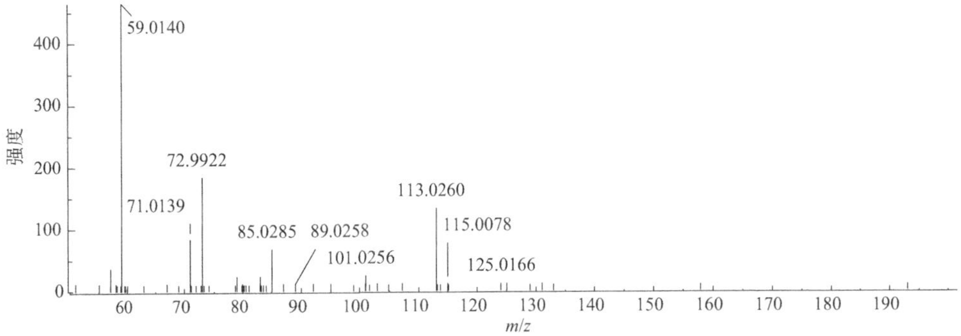

2,6-Diaminopimelic Acid
2,6-二氨基庚二酸

CAS 号	583-93-7	源极性	负离子模式
分子式	$C_7H_{14}N_2O_4$	加合方式	$[M-H]^-$
分子量	190. 0954	保留时间	0. 83min

提取离子流色谱图

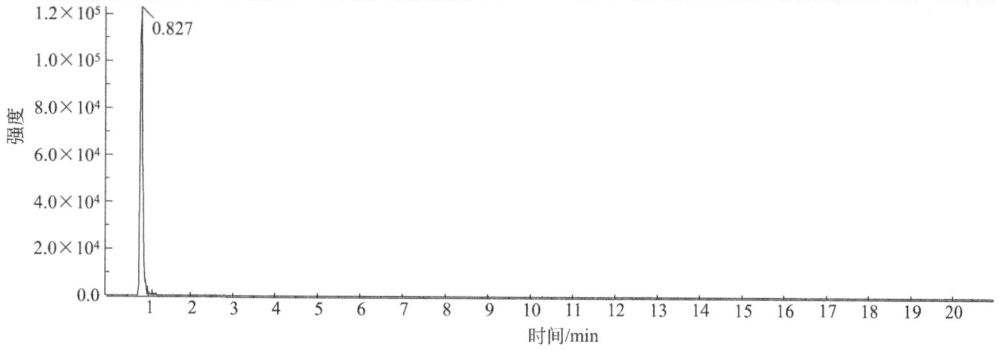

一级质谱图

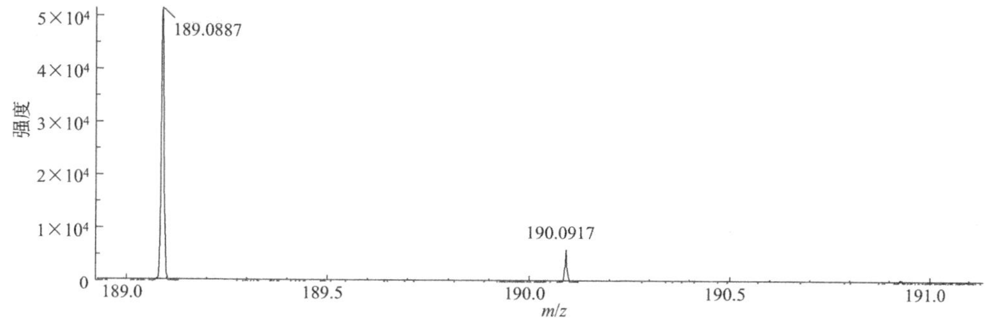

二级全扫质谱图 CE:（- 35±15）V

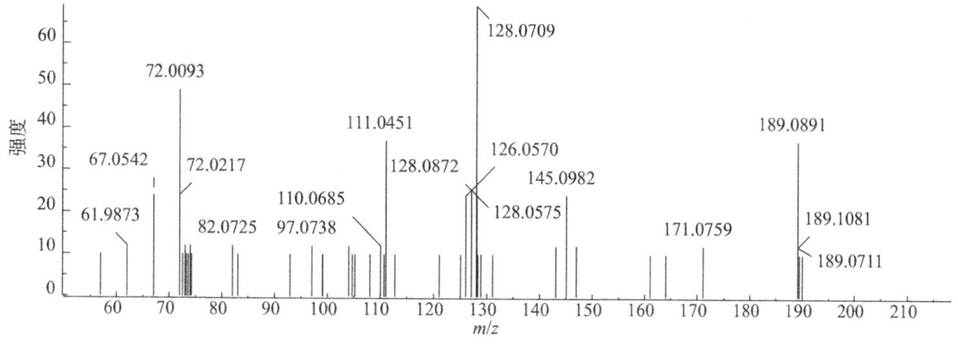

1, 2-Didecanoyl-Sn-Glycero-3-Phosphocholine

L-二癸酰基磷脂酰胆碱

CAS 号	3436-44-0	源极性	正离子模式
分子式	$C_{28}H_{56}NO_8P$	加合方式	$[M+H]^+$
分子量	565. 3738	保留时间	15. 09min

提取离子流色谱图

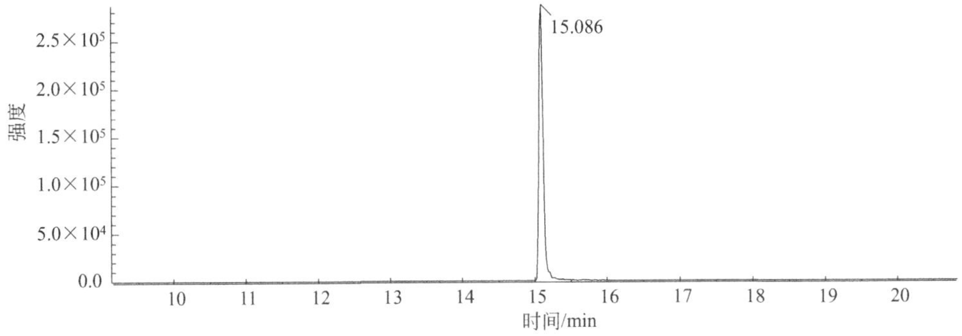

一级质谱图

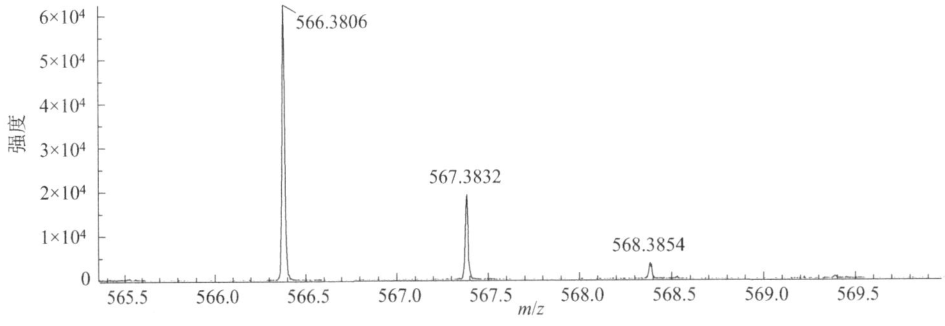

二级全扫质谱图 CE:（35±15）V

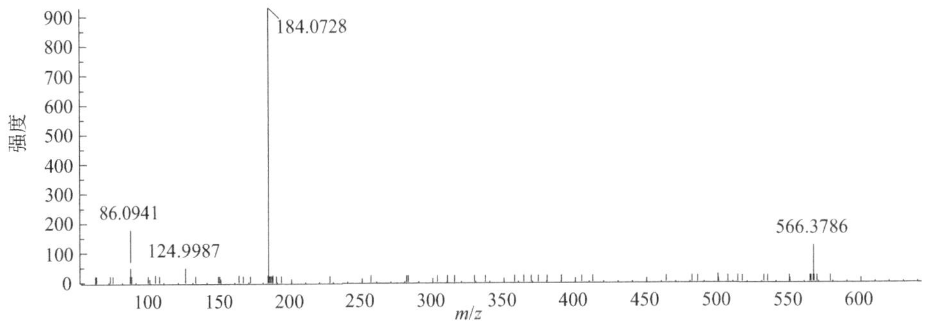

Dihydrofolic Acid
二氢叶酸

CAS 号	4033-27-6	源极性	负离子模式
分子式	$C_{19}H_{21}N_7O_6$	加合方式	$[M-H]^-$
分子量	443.1548	保留时间	6.24min

提取离子流色谱图

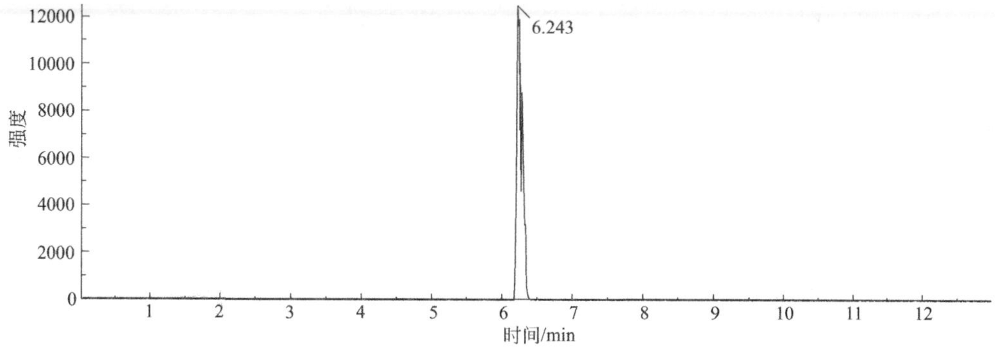

一级质谱图

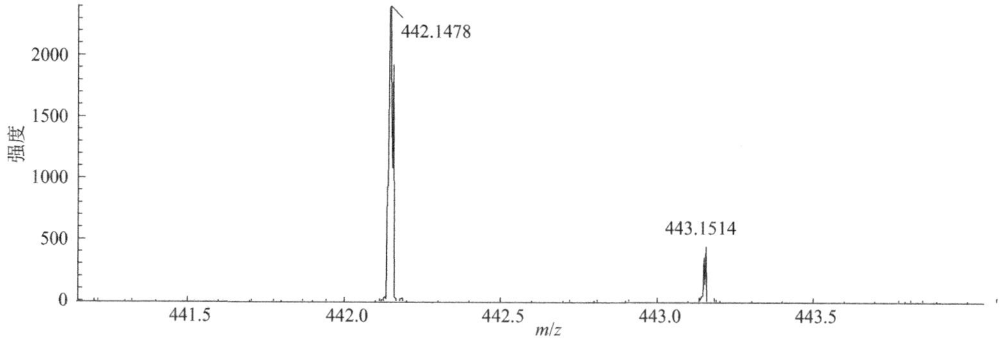

二级全扫质谱图 CE:（- 35±15）V

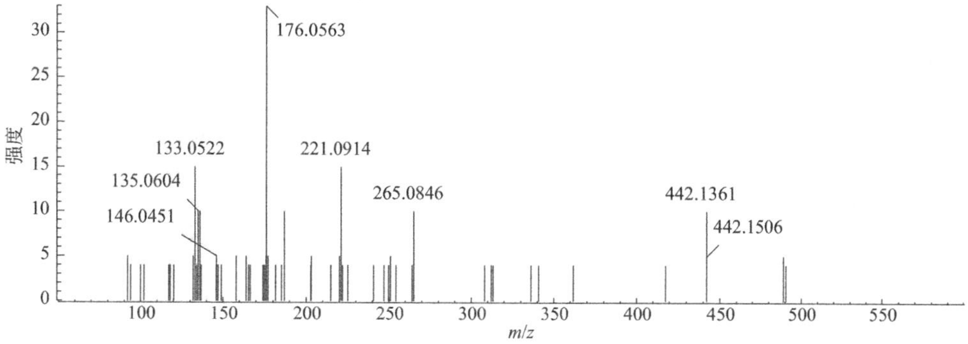

5,6-Dihydrouracil
二氢尿嘧啶

CAS 号	504-07-4	源极性	正离子模式
分子式	$C_4H_6N_2O_2$	加合方式	$[M+H]^+$
分子量	114. 0424	保留时间	1. 34min

提取离子流色谱图

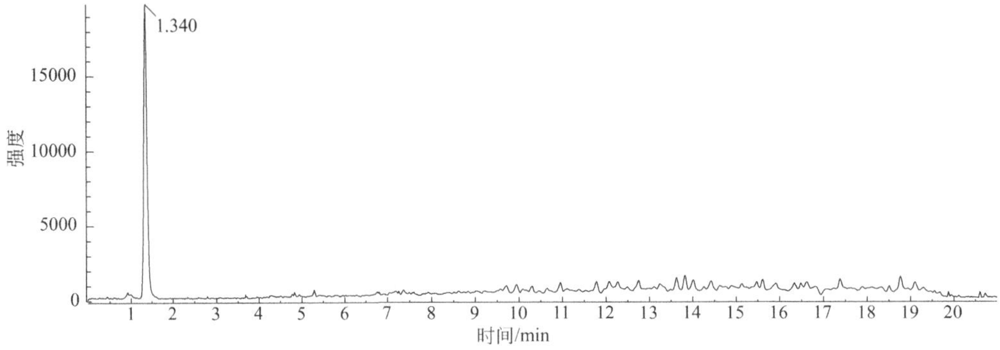

一级质谱图

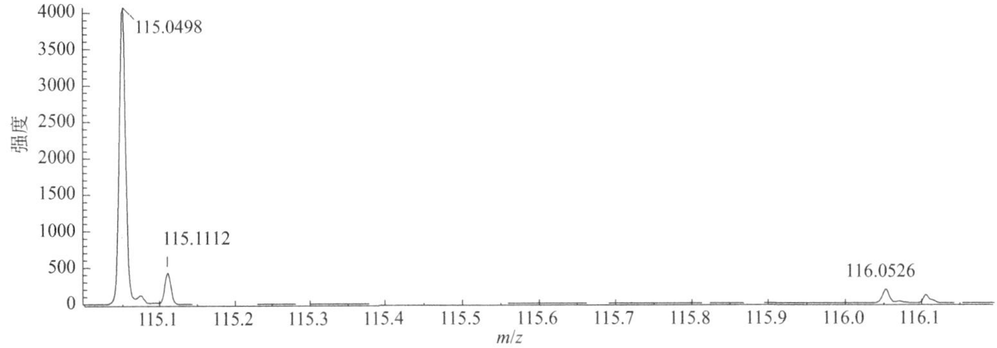

二级全扫质谱图 CE:（35±15）V

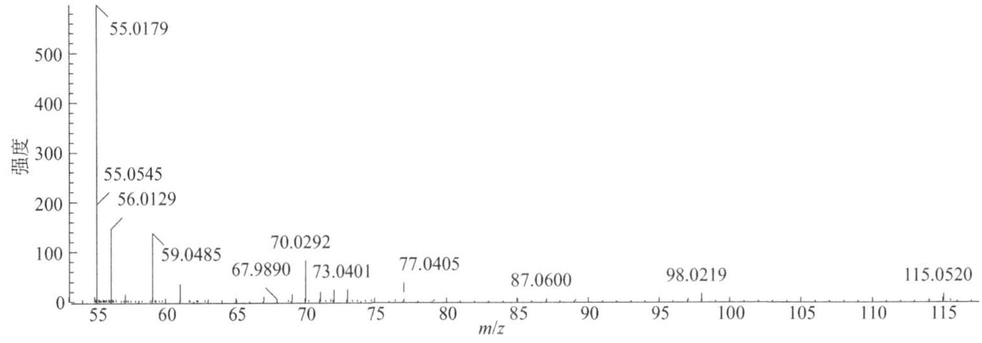

2′,4′-Dihydroxyacetophenone
2′,4′-二羟基苯乙酮

CAS 号	89-84-9	源极性	负离子模式
分子式	$C_8H_8O_3$	加合方式	$[M-H]^-$
分子量	152.0468	保留时间	7.92min

提取离子流色谱图

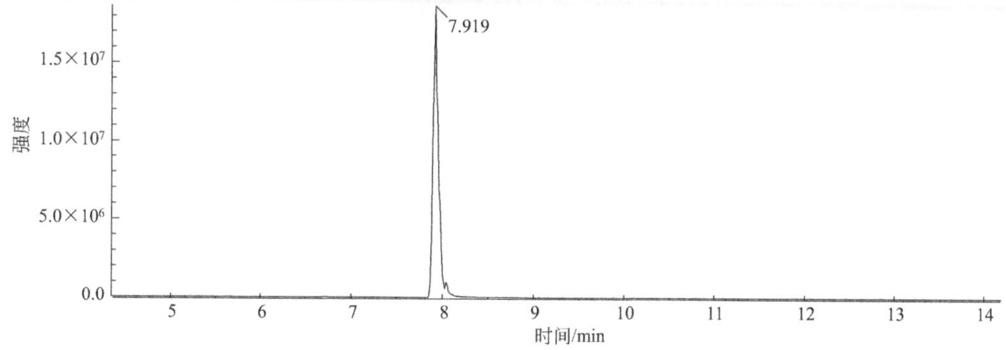

一级质谱图

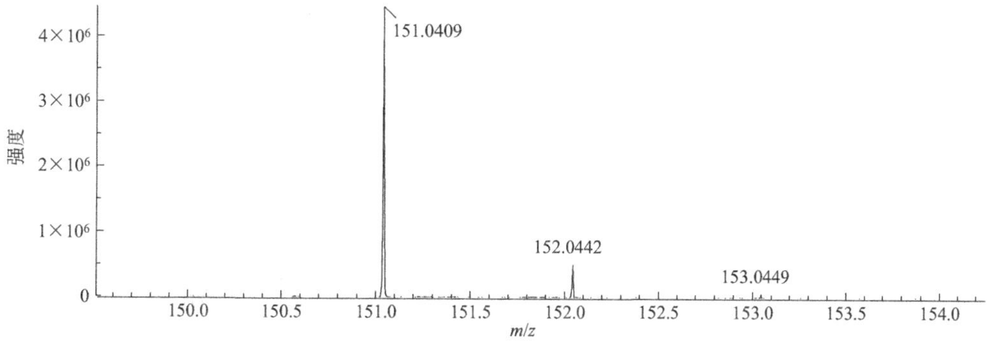

二级全扫质谱图 CE:（−35±15）V

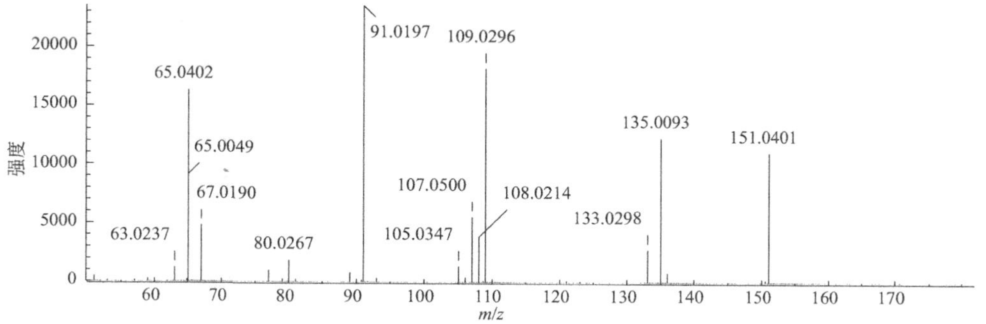

2, 3-Dihydroxybenzoic Acid
2, 3-二羟基苯甲酸

CAS 号	303-38-8	源极性	负离子模式
分子式	$C_7H_6O_4$	加合方式	$[M-H]^-$
分子量	154. 0261	保留时间	5. 77min

提取离子流色谱图

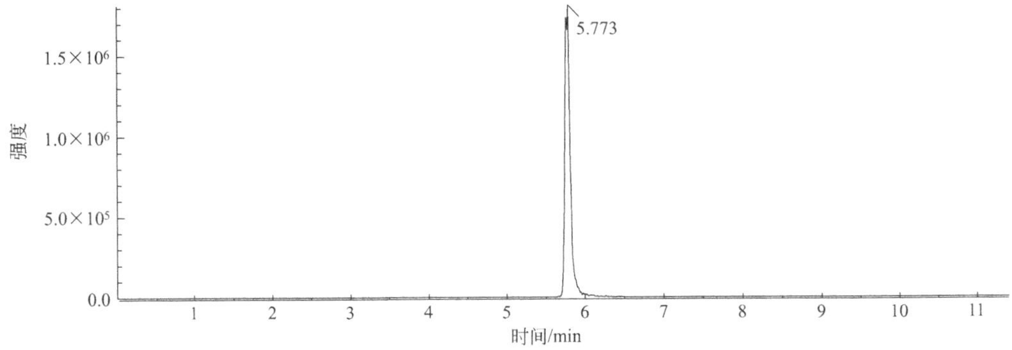

一级质谱图

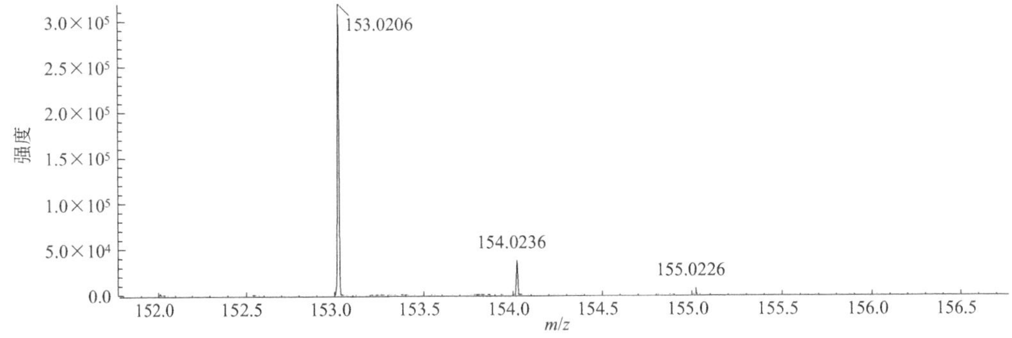

二级全扫质谱图 CE:（−35±15）V

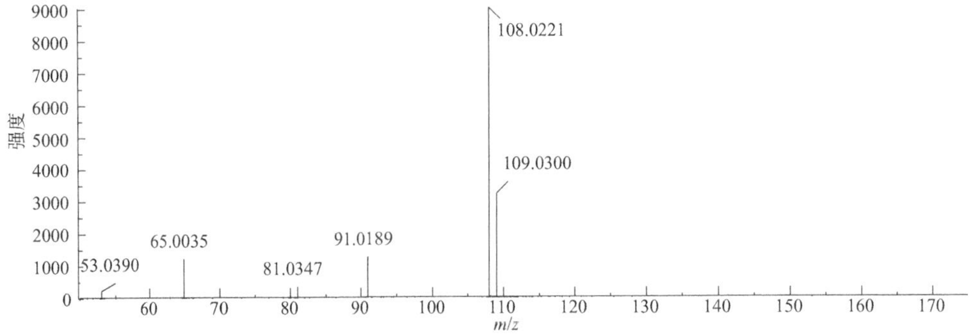

2, 5-Dihydroxybenzoic Acid
2, 5-二羟基苯甲酸

CAS 号	490-79-9	源极性	负离子模式
分子式	$C_7H_6O_4$	加合方式	$[M-H]^-$
分子量	154. 0261	保留时间	4. 94min

提取离子流色谱图

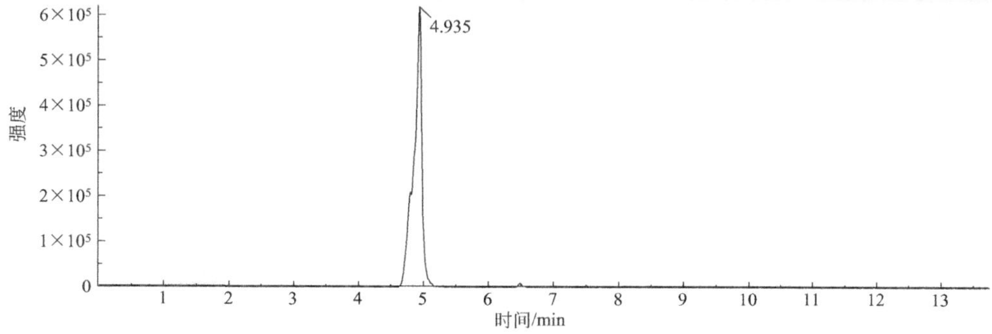

一级质谱图

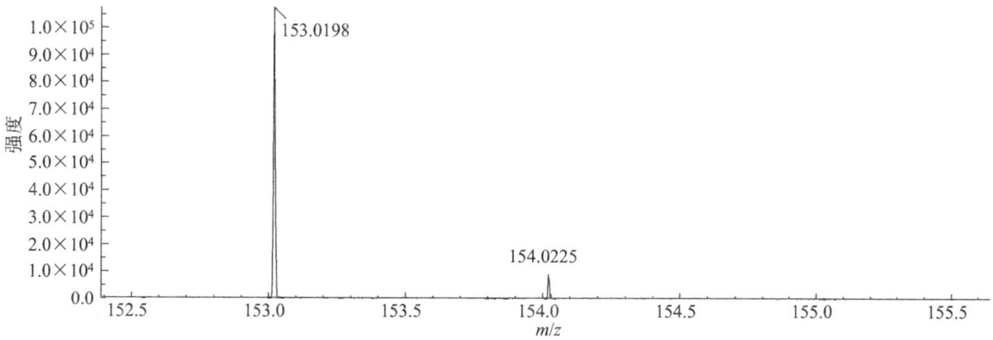

二级全扫质谱图 CE:（-35±15）V

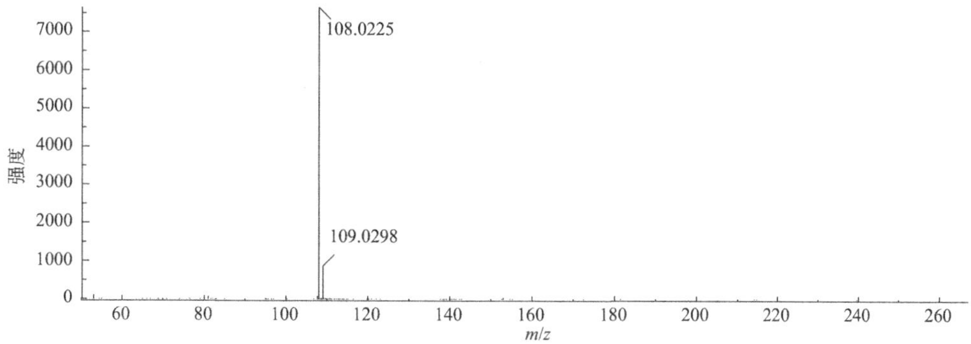

3, 4-Dihydroxybenzoic Acid
原儿茶酸

CAS 号	99-50-3	源极性	负离子模式
分子式	$C_7H_6O_4$	加合方式	$[M-H]^-$
分子量	154. 0261	保留时间	4. 67min

提取离子流色谱图

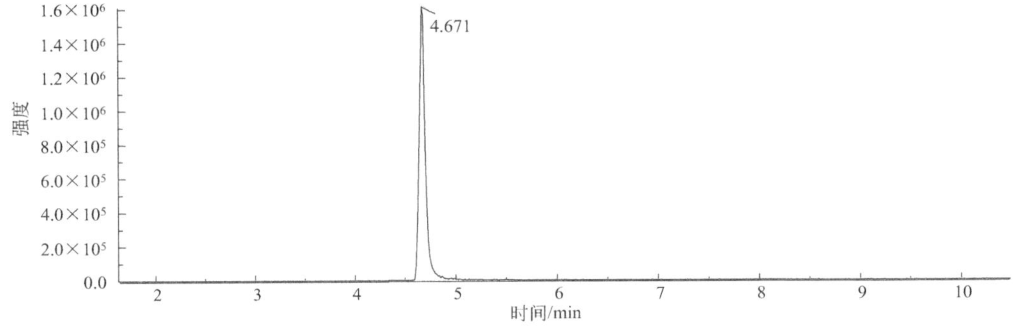

一级质谱图

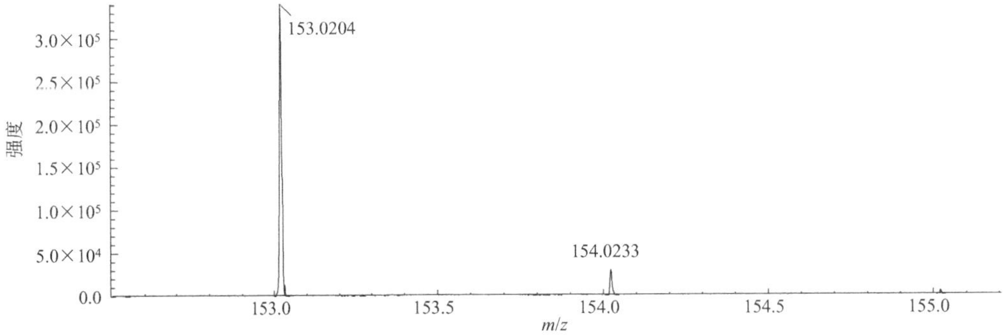

二级全扫质谱图 CE:（-35±15）V

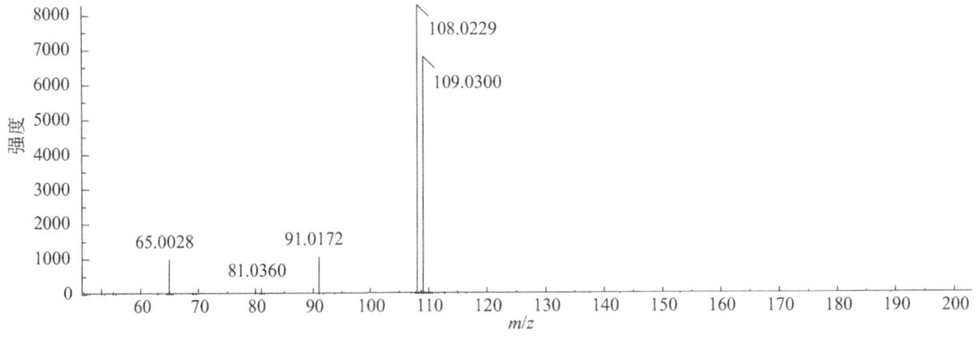

3, 4-Dihydroxy-L-Phenylalanine
3, 4-二羟基-L-苯基丙氨酸

CAS 号	59-92-7	源极性	负离子模式
分子式	$C_9H_{11}NO_4$	加合方式	$[M-H]^-$
分子量	197. 0683	保留时间	1. 35min

提取离子流色谱图

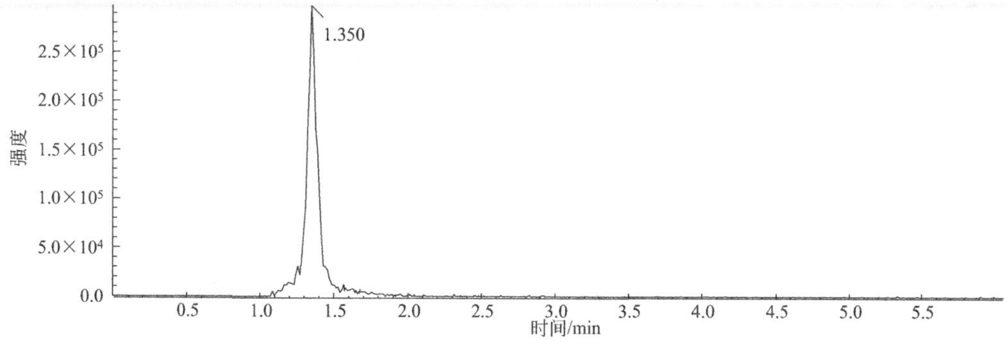

一级质谱图

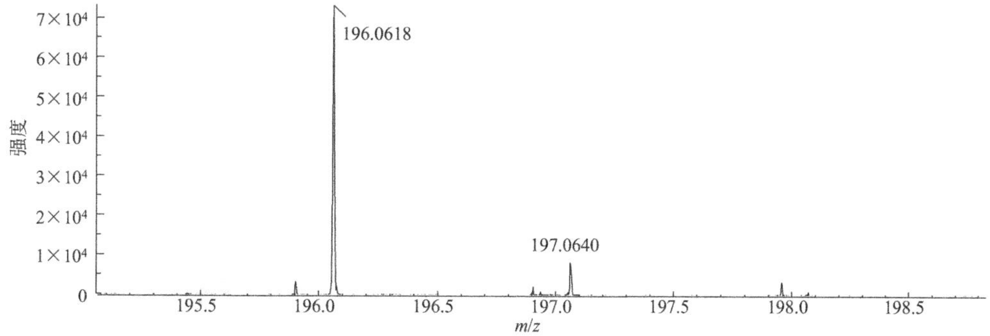

二级全扫质谱图 CE：（-35±15）V

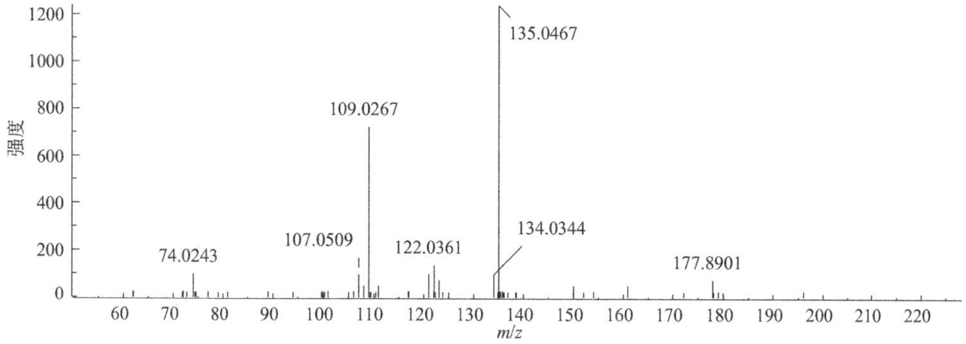

Dihydroxymandelic Acid
3, 4-二羟基扁桃酸

CAS 号	775-01-9	源极性	负离子模式
分子式	$C_8H_8O_5$	加合方式	$[M-H]^-$
分子量	184. 0366	保留时间	1. 47min

提取离子流色谱图

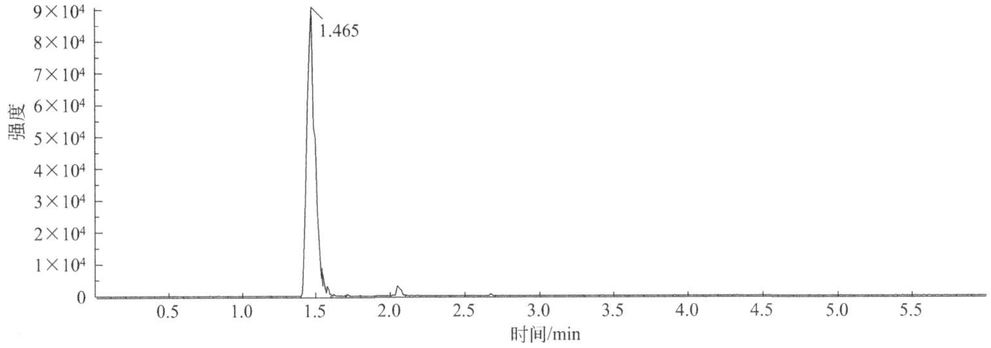

一级质谱图

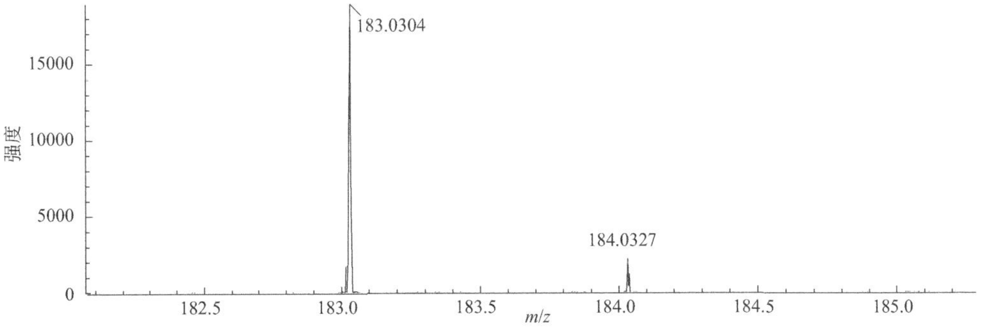

二级全扫质谱图 CE:（-35±15）V

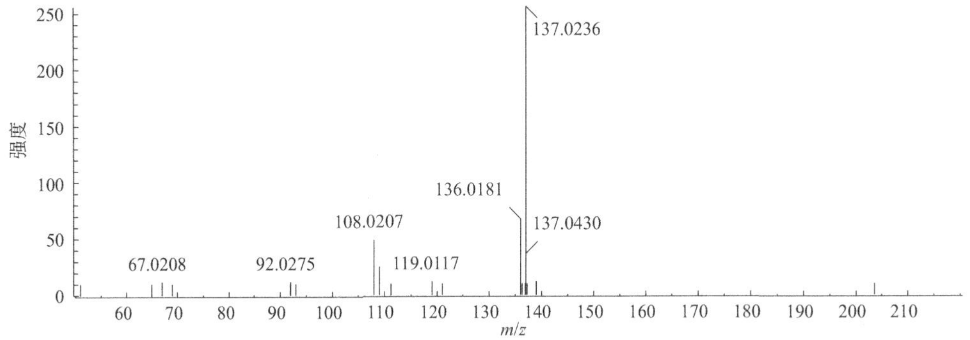

3, 4-Dihydroxyphenyl Glycol
3, 4-二羟基苯基二醇

CAS 号	28822-73-3	源极性	负离子模式
分子式	$C_8H_{10}O_4$	加合方式	$[M-H]^-$
分子量	170. 0574	保留时间	1. 82min

提取离子流色谱图

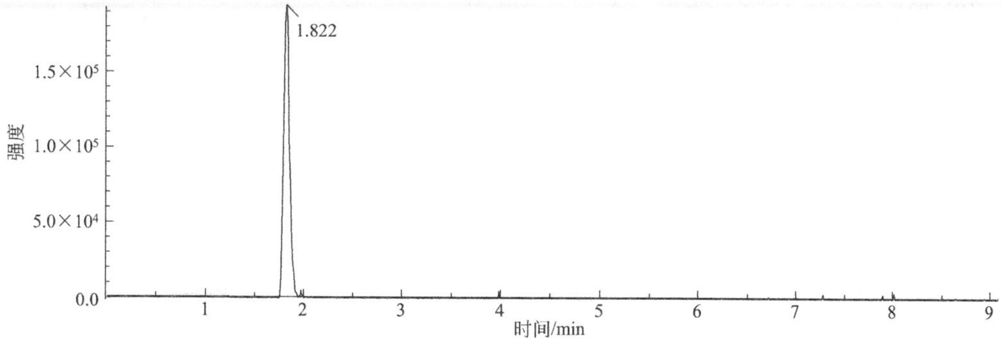

一级质谱图

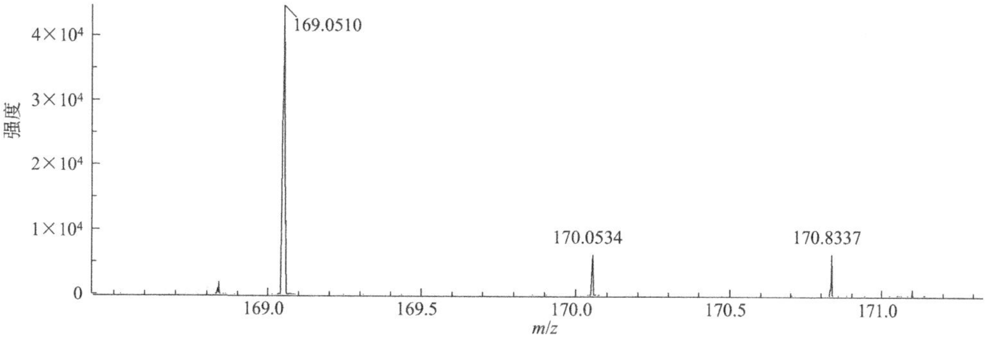

二级全扫质谱图 CE:（-35±15）V

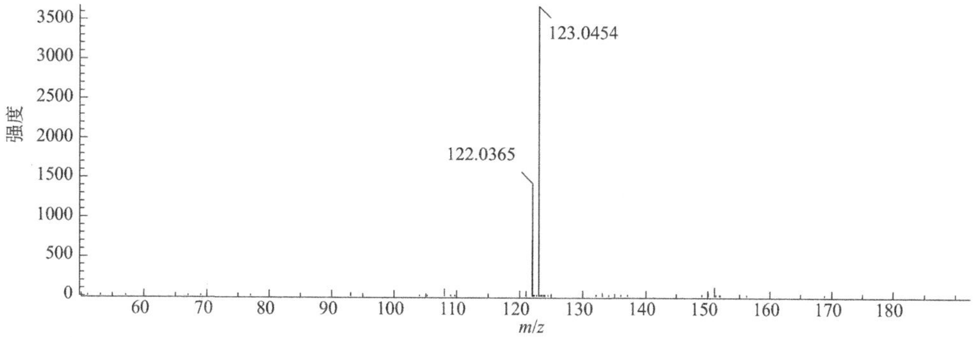

2, 4-Dihydroxypteridine
2, 4-二羟基蝶啶

CAS 号	487-21-8	源极性	正离子模式
分子式	$C_6H_4N_4O_2$	加合方式	$[M+H]^+$
分子量	164. 0329	保留时间	2. 66min

提取离子流色谱图

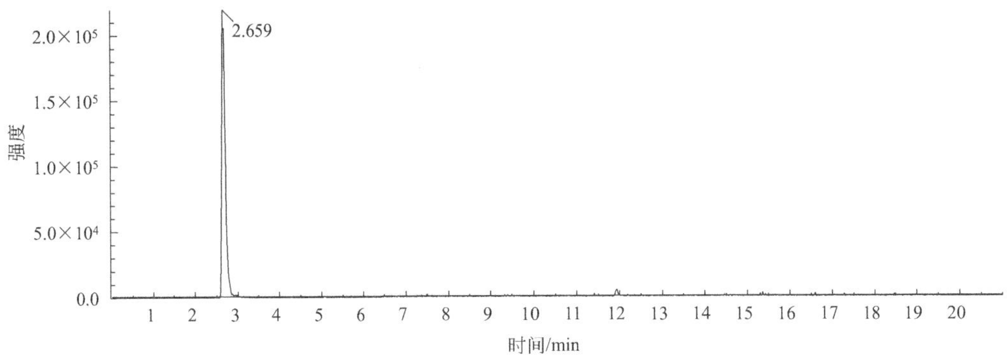

一级质谱图

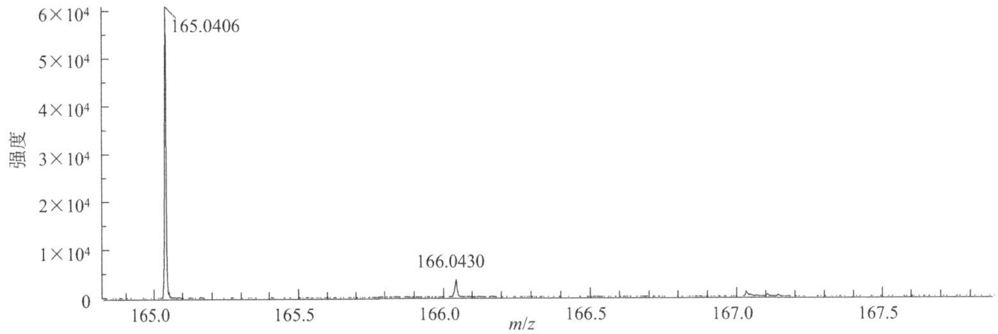

二级全扫质谱图 CE：（35±15）V

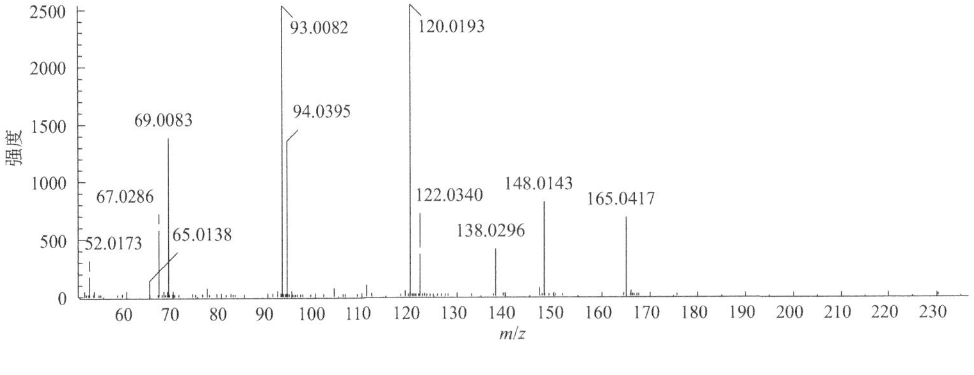

2, 6-Dihydroxypyridine
2, 6-二羟基吡啶

CAS 号	10357-84-3（盐酸盐） 626-06-2（母体）	源极性	负离子模式
分子式	$C_5H_5NO_2$	加合方式	$[M-H]^-$
分子量	111. 0315	保留时间	1. 00min

提取离子流色谱图

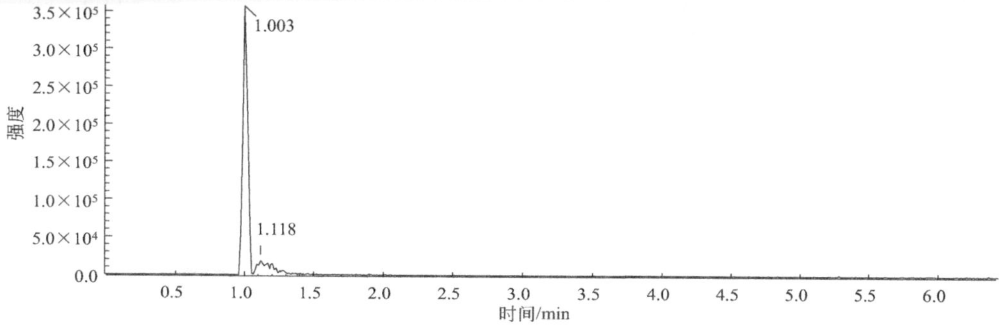

一级质谱图

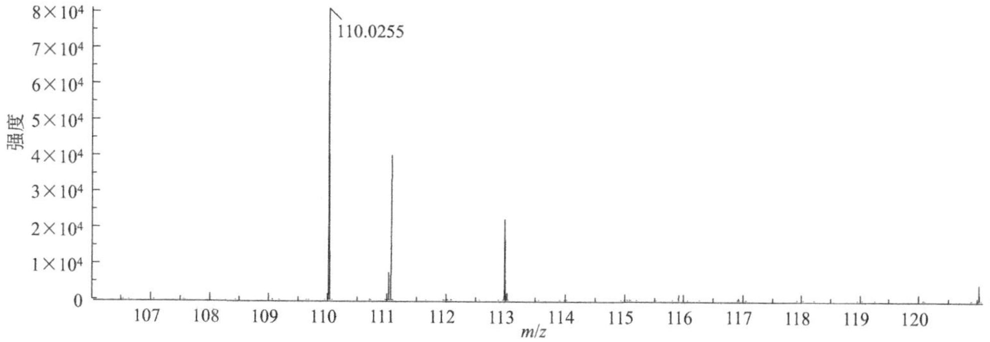

二级全扫质谱图 CE:（-35±15）V

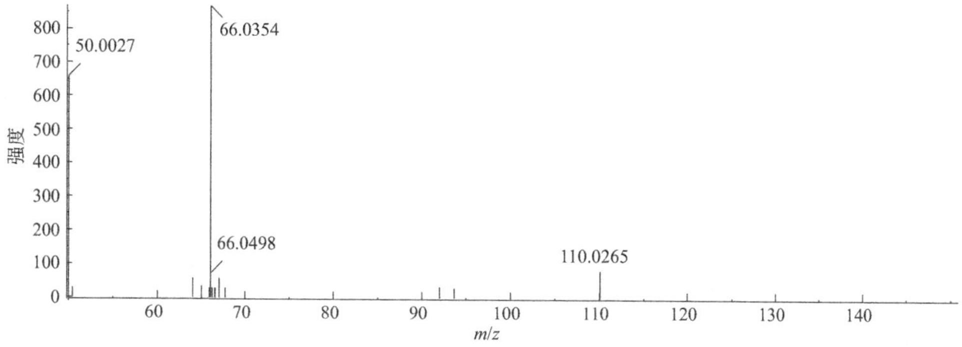

2, 4-Dihydroxypyrimidine-5-Carboxylic Acid
2, 4-二羟基嘧啶-5-羧酸

CAS 号	23945-44-0	源极性	负离子模式
分子式	$C_5H_4N_2O_4$	加合方式	$[M-H]^-$
分子量	156. 0166	保留时间	1. 80min

提取离子流色谱图

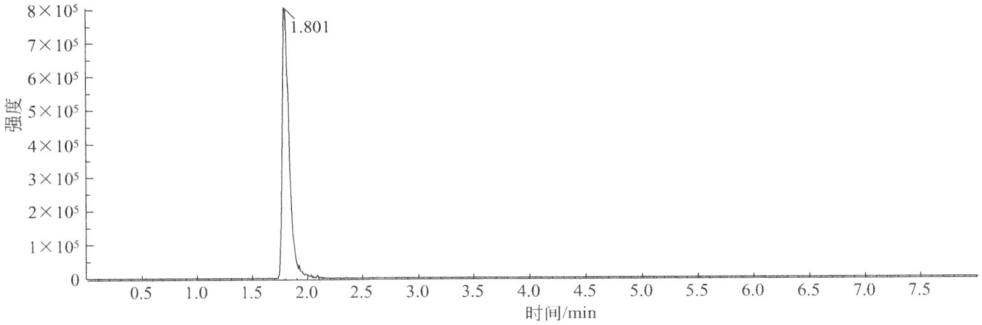

一级质谱图

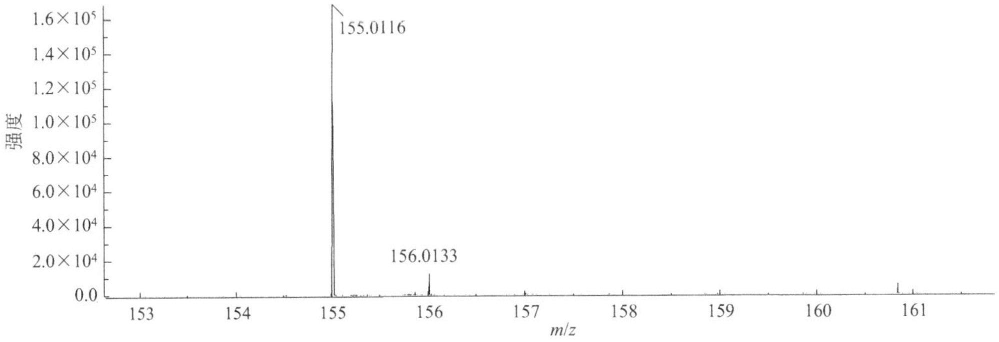

二级全扫质谱图 CE：（−35±15）V

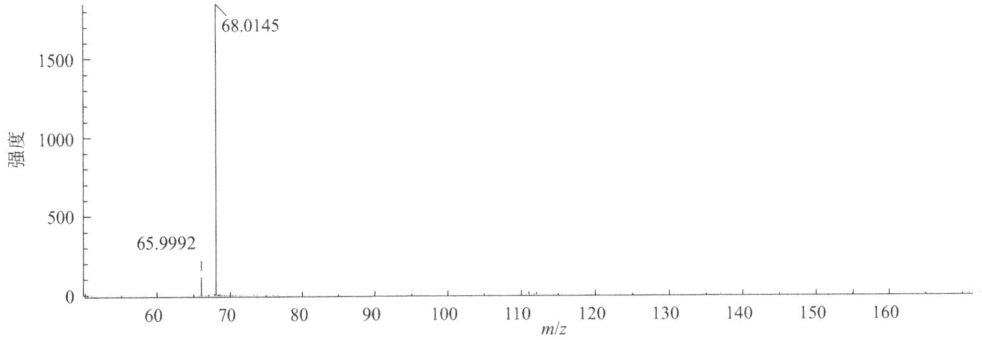

3, 5-Diiodo-L-Thyronine
3, 5-二碘-L-甲状腺素

CAS 号	1041-01-6	源极性	负离子模式
分子式	$C_{15}H_{13}I_2NO_4$	加合方式	$[M-H]^-$
分子量	524.8929	保留时间	9.49min

提取离子流色谱图

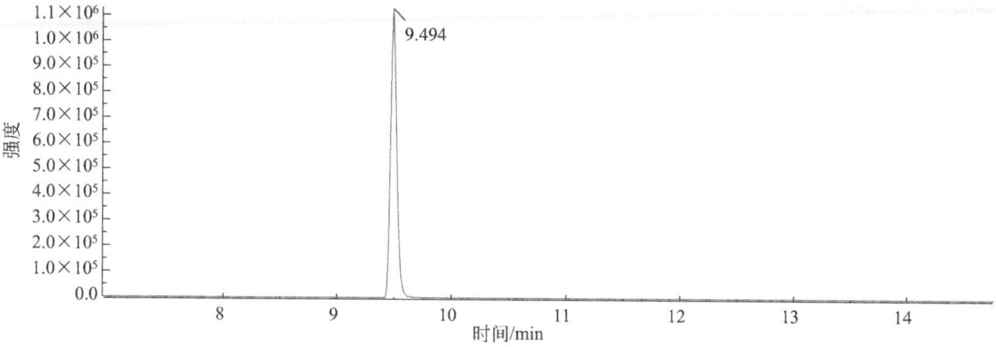

一级质谱图

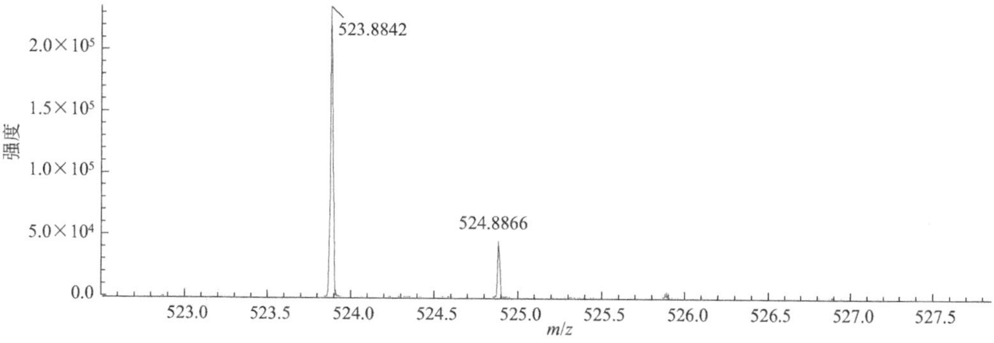

二级全扫质谱图 CE:（−35±15）V

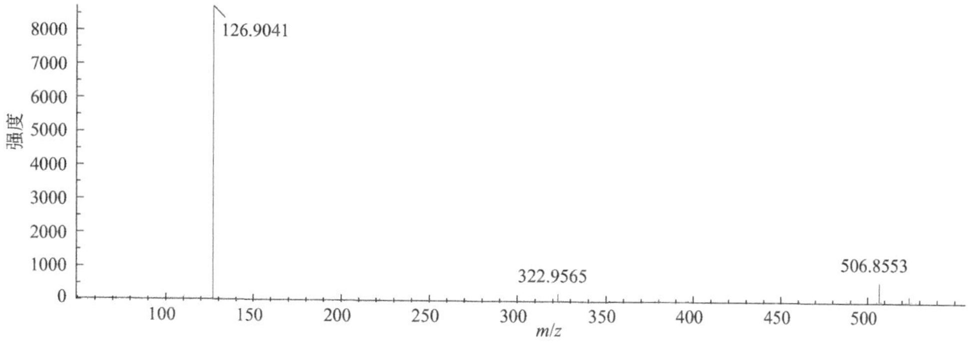

3, 5-Diiodo-L-Tyrosine
3, 5-二碘-L-酪氨酸

CAS 号	18835-59-1（二水合物） 300-29-1（母体）	源极性	正离子模式
分子式	$C_9H_9I_2NO_3$	加合方式	$[M+H]^+$
分子量	432. 8666	保留时间	7. 15min

提取离子流色谱图

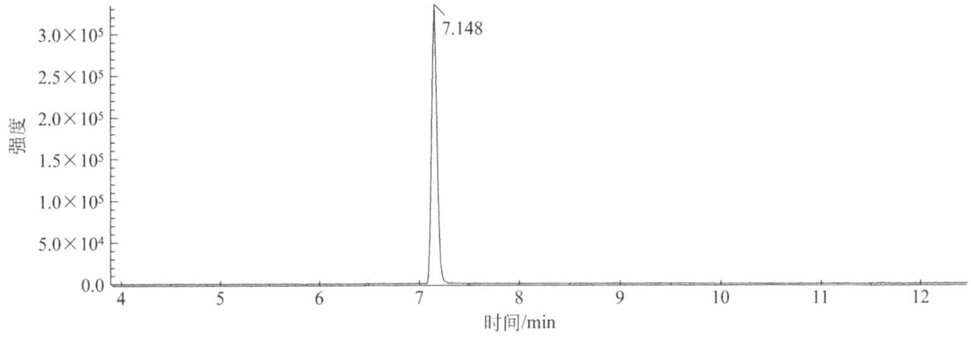

一级质谱图

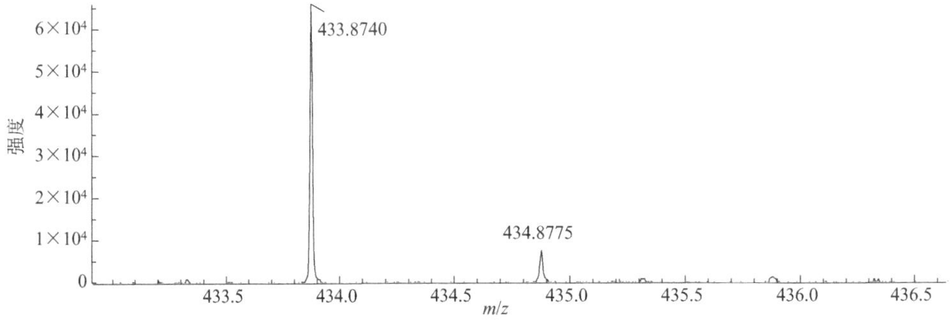

二级全扫质谱图 CE:（35±15）V

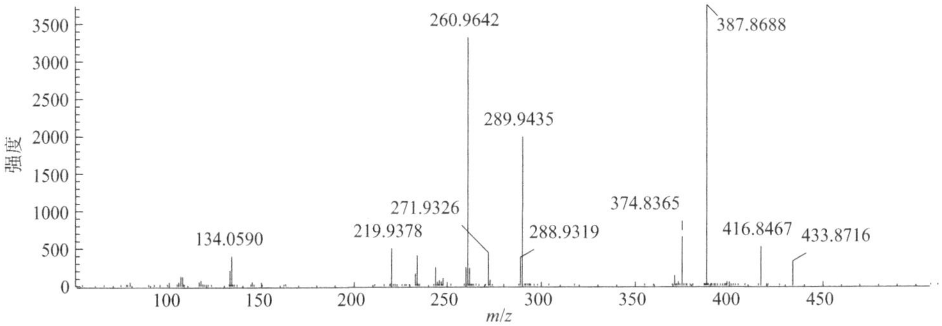

Dimethylbenzimidazole
二甲基苯并咪唑

CAS 号	582-60-5	源极性	正离子模式
分子式	$C_9H_{10}N_2$	加合方式	$[M+H]^+$
分子量	146.0836	保留时间	6.96min

提取离子流色谱图

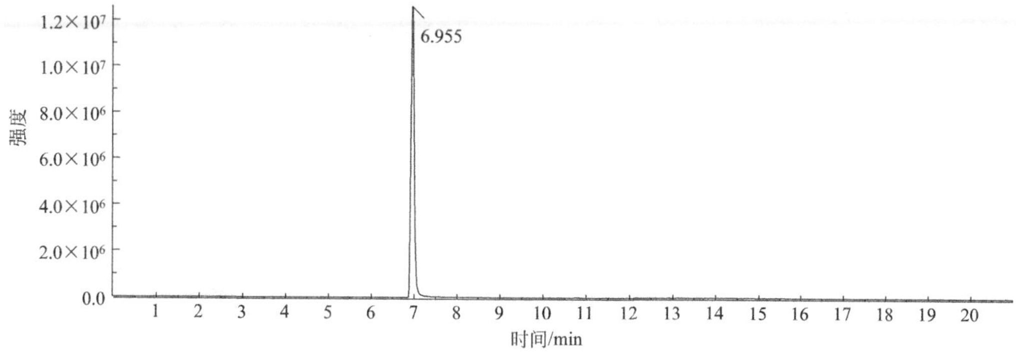

一级质谱图

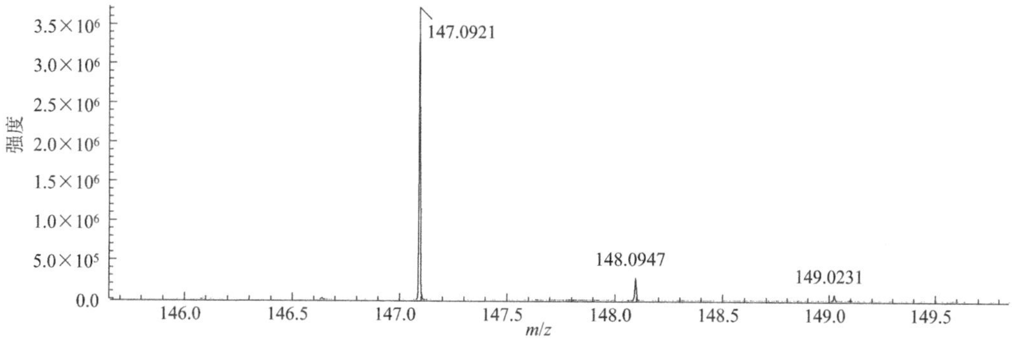

二级全扫质谱图 CE:（35±15）V

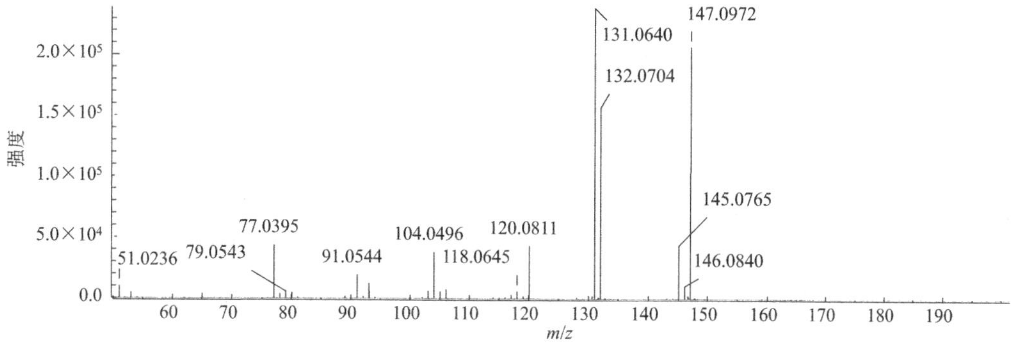

D-Lactose
D-乳糖

CAS 号	64044-51-5（结合水） 63-42-3（母体）	源极性	负离子模式
分子式	$C_{12}H_{22}O_{11}$	加合方式	$[M-H]^-$
分子量	342. 1157	保留时间	0. 93min

提取离子流色谱图

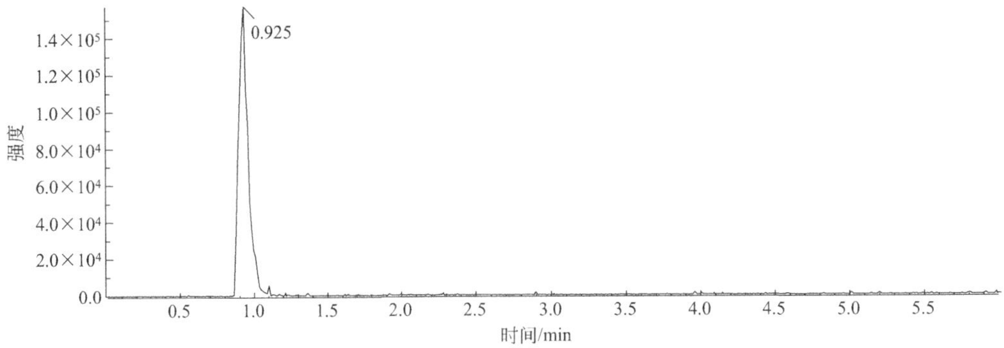

一级质谱图

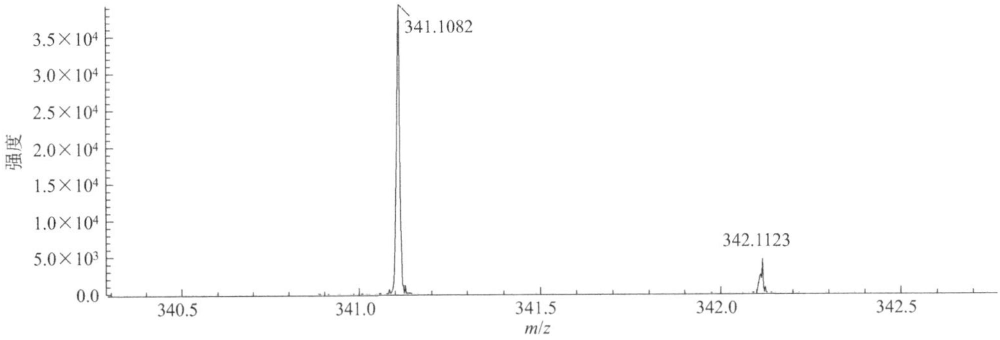

二级全扫质谱图 CE：（−35±15）V

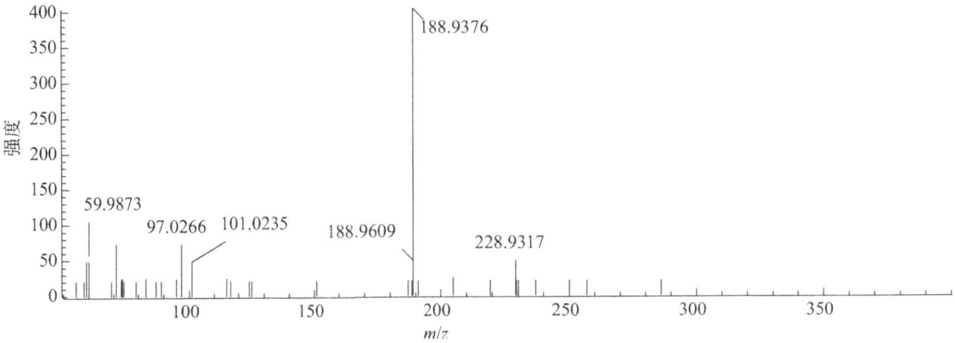

DL-5-Hydroxylysine
5-羟基-DL-赖氨酸

CAS 号	13204-98-3（盐酸盐） 1190-94-9（母体）	源极性	负离子模式
分子式	$C_6H_{14}N_2O_3$	加合方式	$[M-H]^-$
分子量	162.0999	保留时间	0.78min

提取离子流色谱图

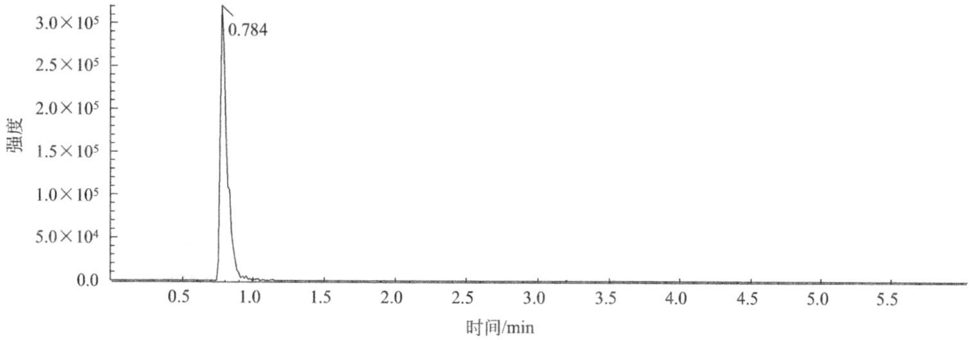

一级质谱图

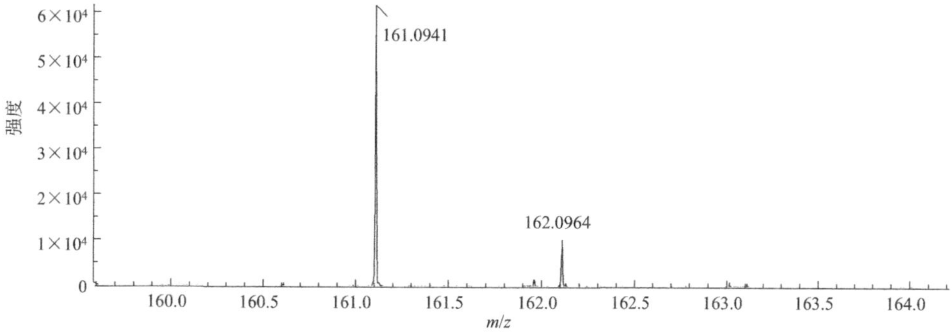

二级全扫质谱图 CE:（-35±15）V

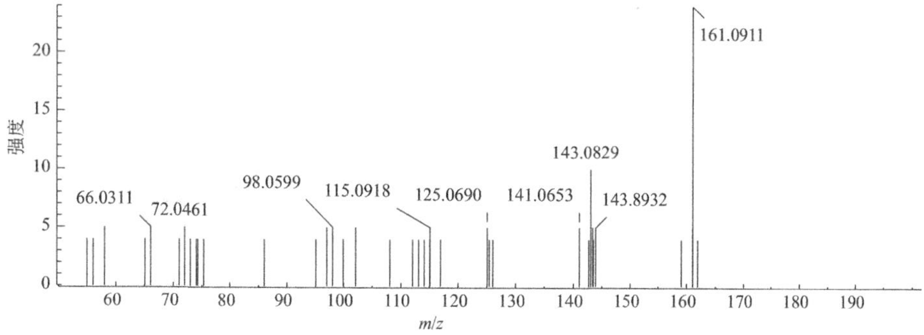

DL-Normetanephrine
DL-去甲肾上腺素

CAS 号	1011-74-1（盐酸盐） 97-31-4（母体）	源极性	正离子模式
分子式	$C_9H_{13}NO_3$	加合方式	$[M+H]^+$
分子量	183. 0890	保留时间	1. 53min

提取离子流色谱图

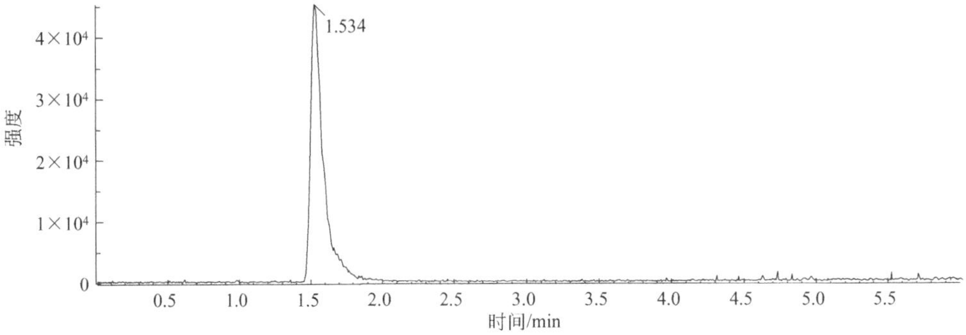

一级质谱图

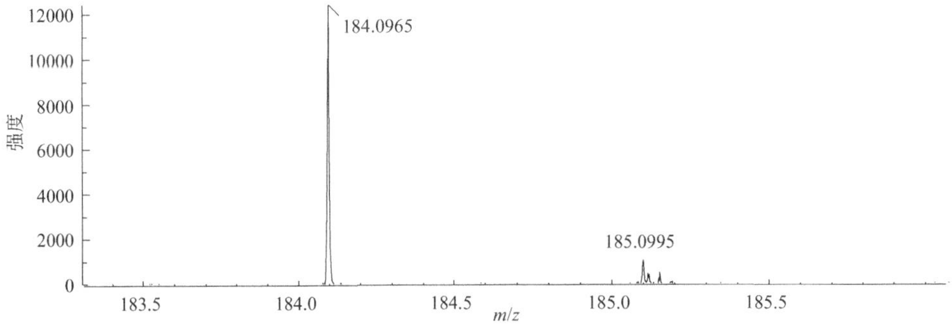

二级全扫质谱图 CE：（35±15）V

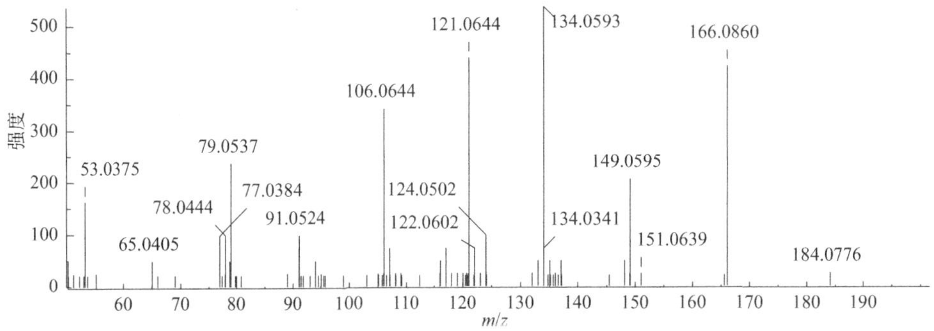

D-Mannosamine
D-甘露糖胺

CAS 号	5505-63-5（盐酸盐） 579-33-9（母体）	源极性	正离子模式
分子式	$C_6H_{13}NO_5$	加合方式	$[M+H]^+$
分子量	179. 0788	保留时间	0. 85min

提取离子流色谱图

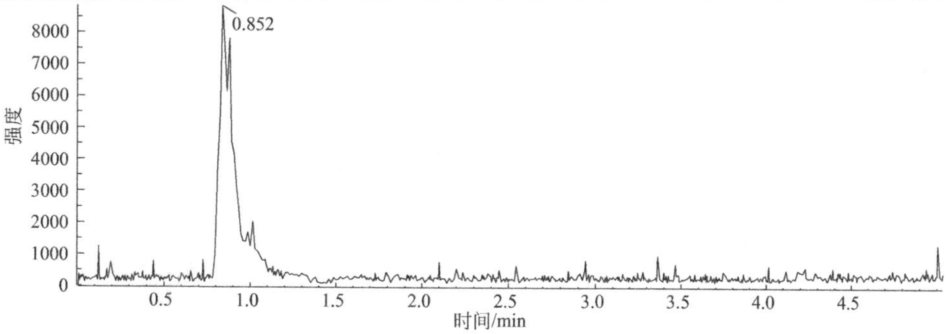

一级质谱图

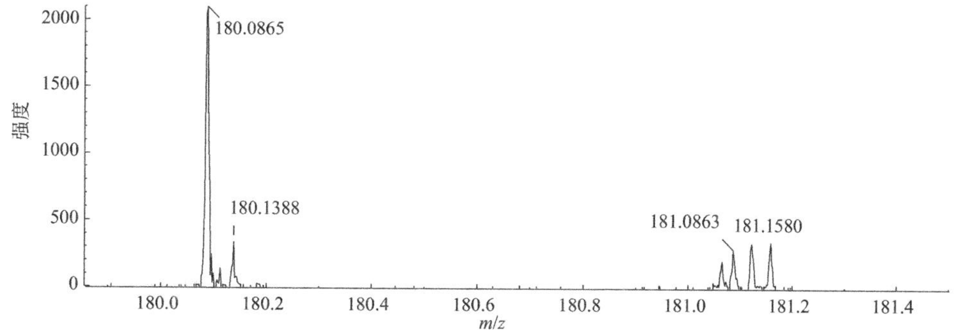

二级全扫质谱图 CE:（35±15）V

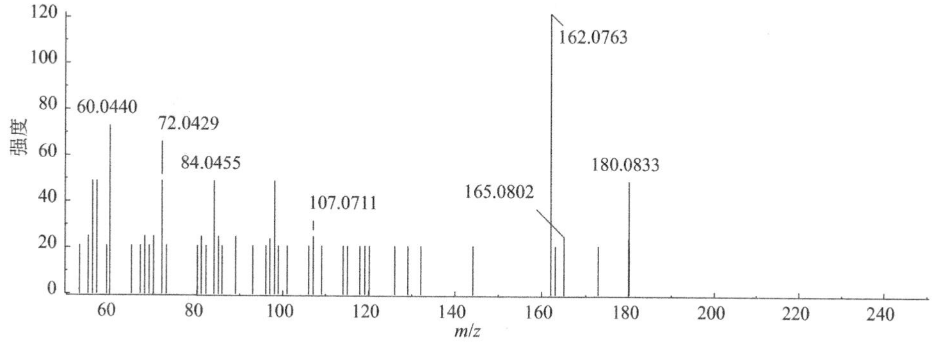

D-Mannose 6-Phosphate
D-甘露糖-6-磷酸

CAS 号	3672-15-9	源极性	负离子模式
分子式	$C_6H_{13}O_9P$	加合方式	$[M-H]^-$
分子量	260.0292	保留时间	0.85min

提取离子流色谱图

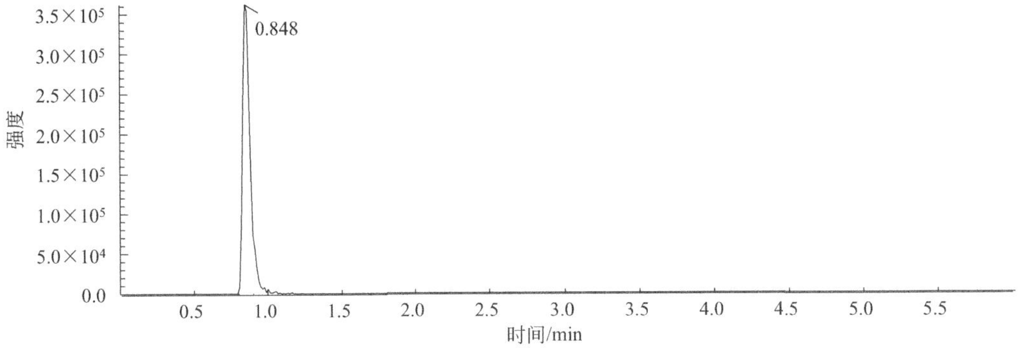

一级质谱图

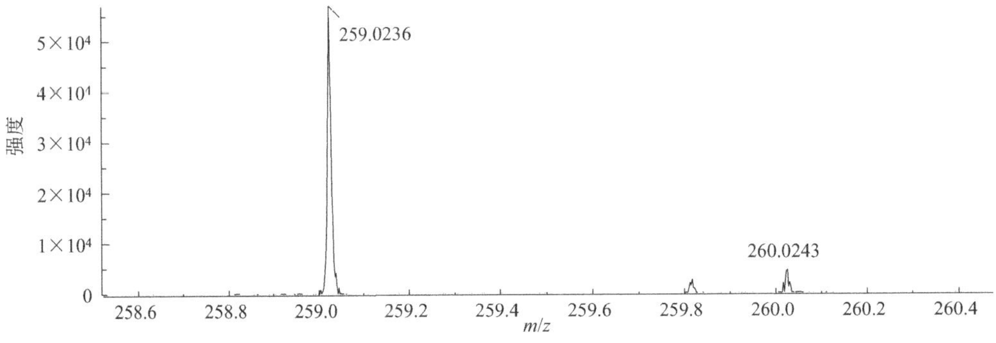

二级全扫质谱图 CE:（−35±15）V

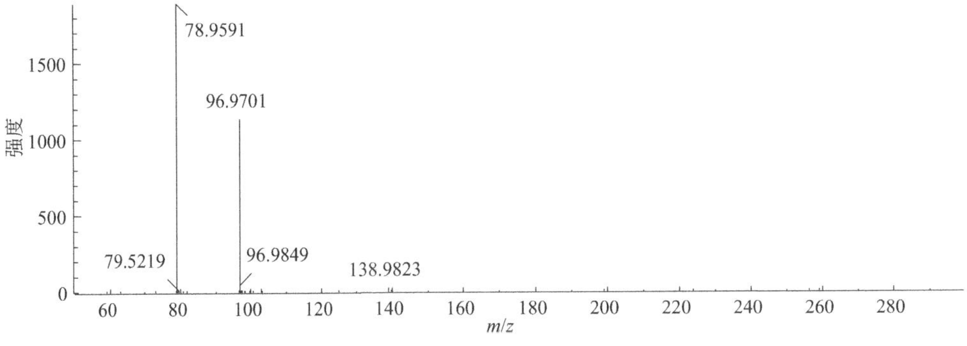

Docosahexaenoic Acid
二十二碳六烯酸

CAS 号	6217-54-5	源极性	负离子模式
分子式	$C_{22}H_{32}O_2$	加合方式	$[M-H]^-$
分子量	328.2397	保留时间	15.31min

提取离子流色谱图

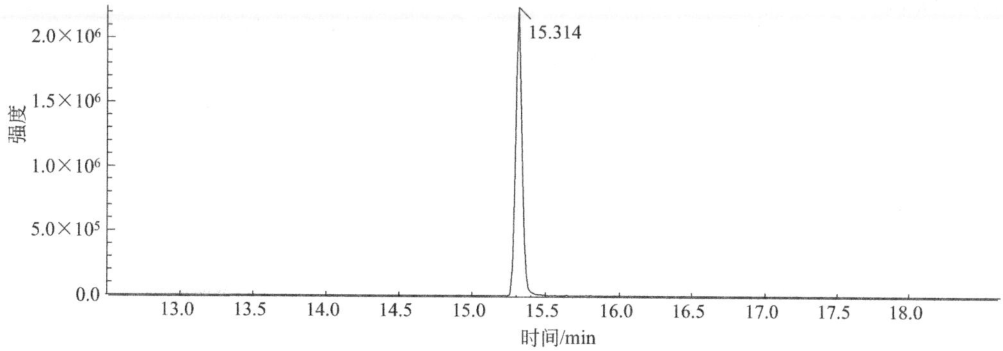

一级质谱图

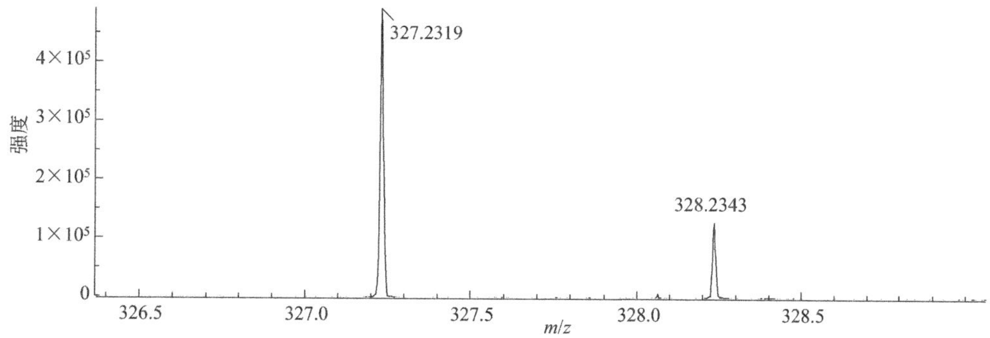

二级全扫质谱图 CE:（-35±15）V

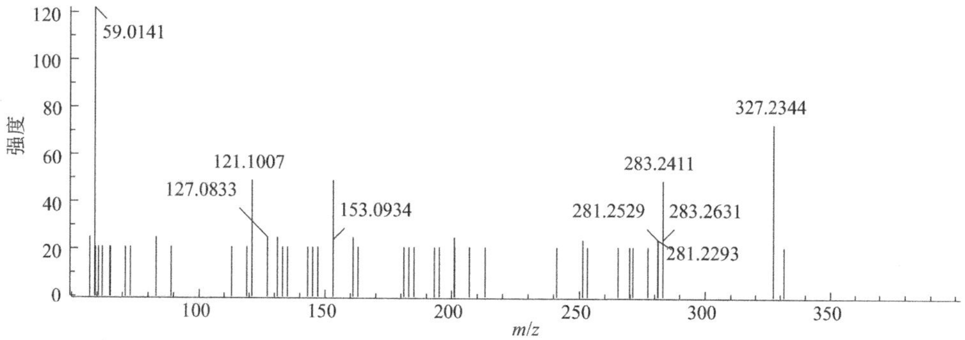

Dopamine
多巴胺

CAS 号	62-31-7（盐酸盐） 51-61-6（母体）	源极性	负离子模式
分子式	$C_8H_{11}NO_2$	加合方式	$[M-H]^-$
分子量	153. 0784	保留时间	1. 71min

提取离子流色谱图

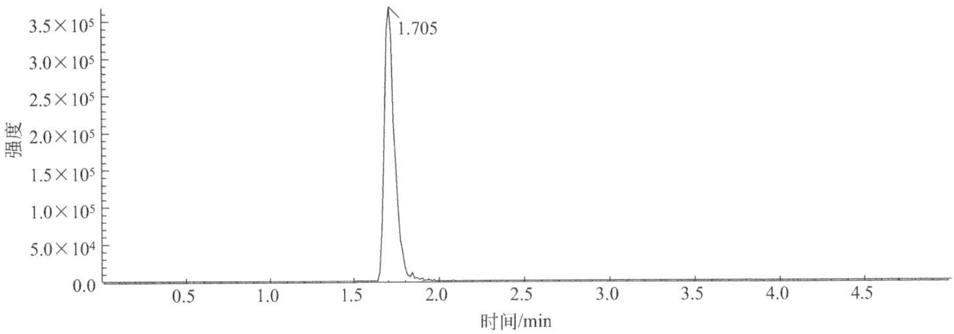

一级质谱图

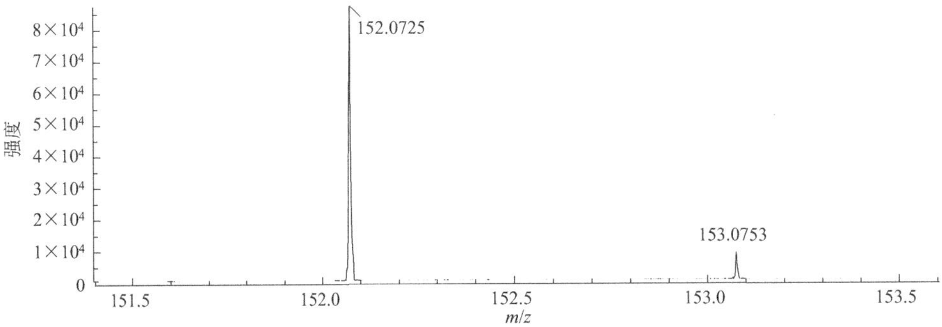

二级全扫质谱图 CE：（−35±15）V

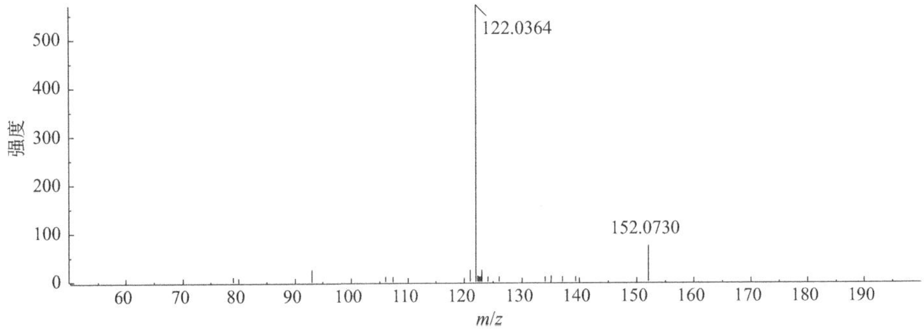

D-Ornithine
D-鸟氨酸

CAS 号	16682-12-5（盐酸盐） 70-26-8（母体）	源极性	负离子模式
分子式	$C_5H_{12}N_2O_2$	加合方式	$[M-H]^-$
分子量	132.0893	保留时间	0.79min

提取离子流色谱图

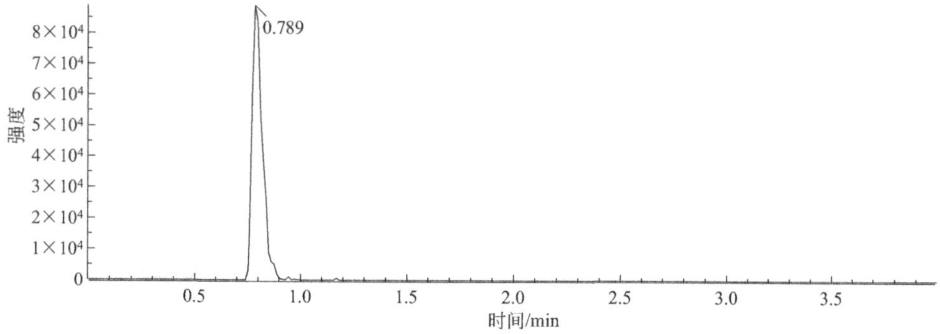

一级质谱图

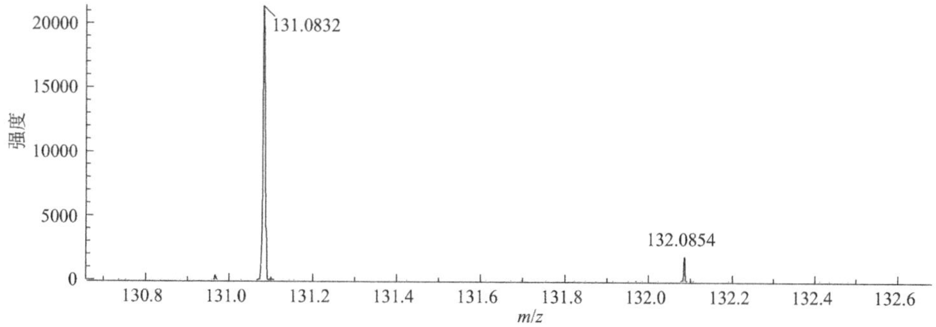

二级全扫质谱图 CE:（-35±15）V

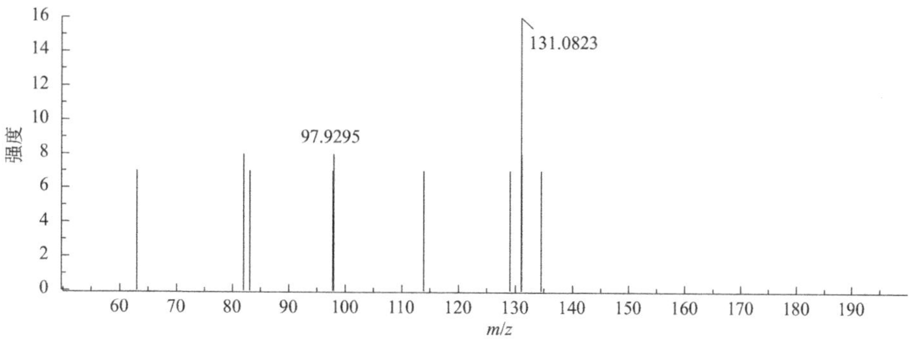

D-Pantothenic Acid
D-泛酸

CAS 号	79-83-4	源极性	负离子模式
分子式	$C_9H_{17}NO_5$	加合方式	$[M-H]^-$
分子量	219. 1101	保留时间	5. 00min

提取离子流色谱图

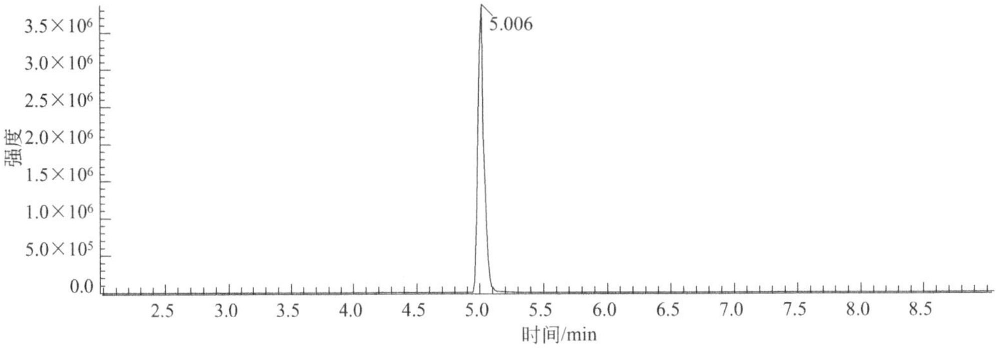

一级质谱图

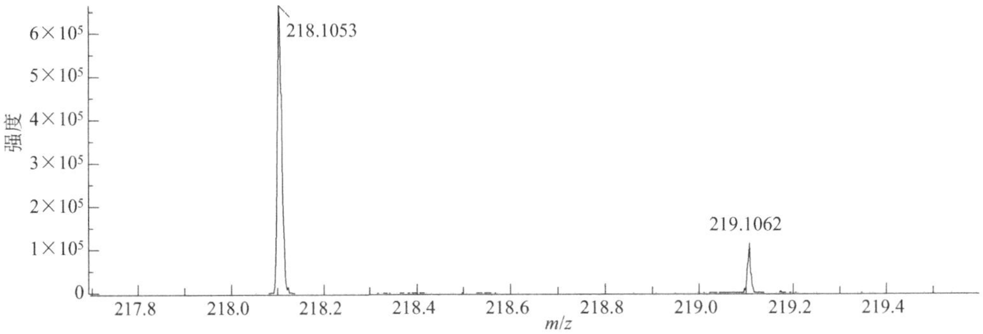

二级全扫质谱图 CE:（-35±15）V

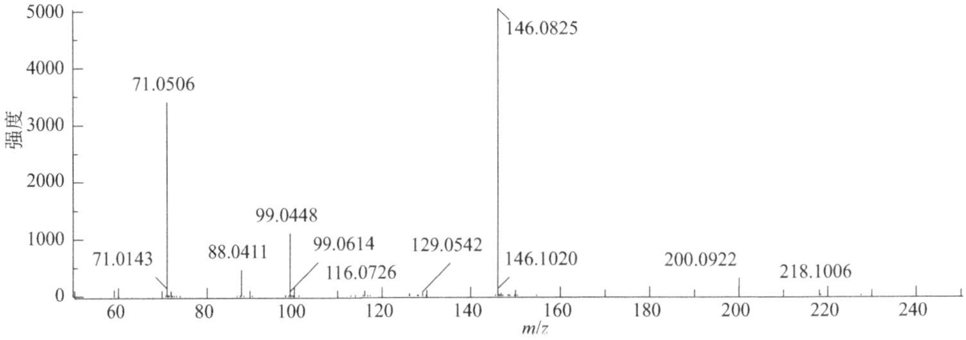

D-(-)-3-Phosphoglyceric Acid
3-磷甘油酸

CAS 号	820-11-1	源极性	负离子模式
分子式	$C_3H_7O_7P$	加合方式	$[M-H]^-$
分子量	185.9924	保留时间	0.74min

提取离子流色谱图

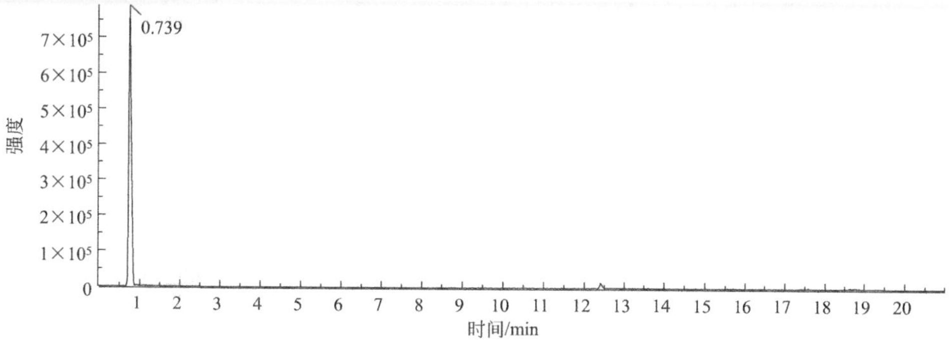

一级质谱图

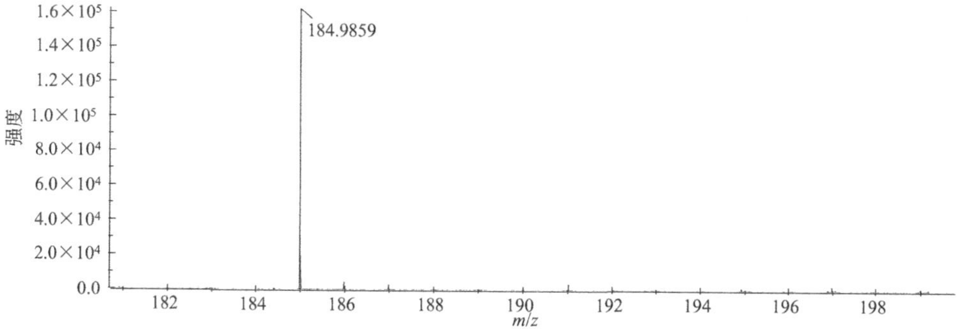

二级全扫质谱图 CE:（-35±15）V

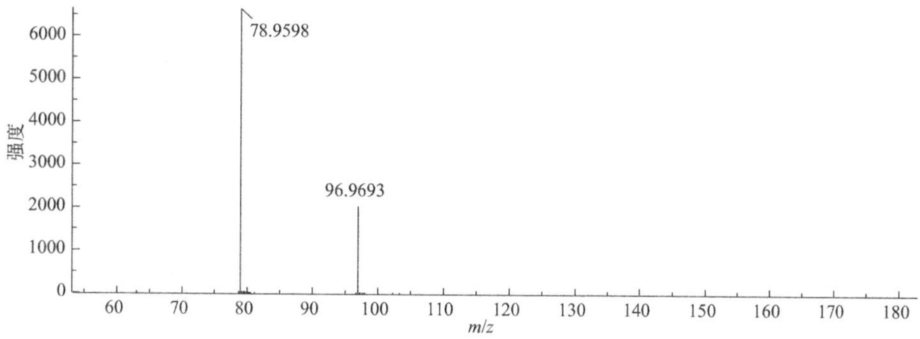

D-(+)-Raffinose
棉子糖

CAS 号	512-69-6	源极性	负离子模式
分子式	$C_{18}H_{32}O_{16}$	加合方式	$[M-H]^-$
分子量	504. 1685	保留时间	1. 03min

提取离子流色谱图

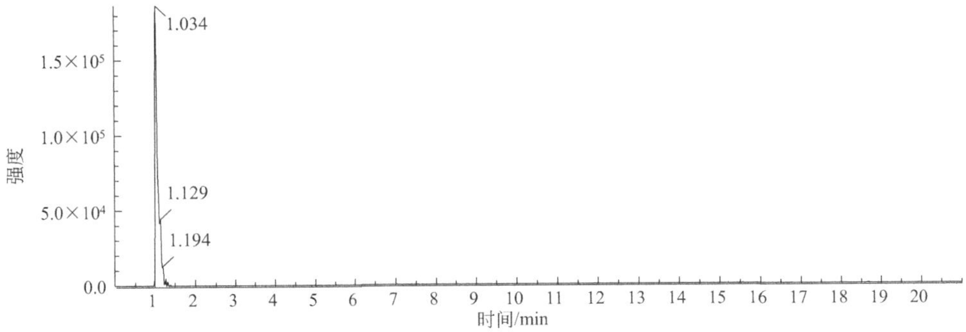

一级质谱图

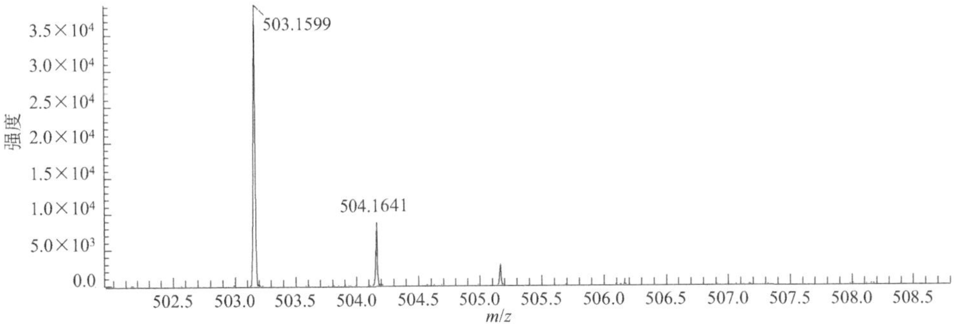

二级全扫质谱图 CE:（−35±15）V

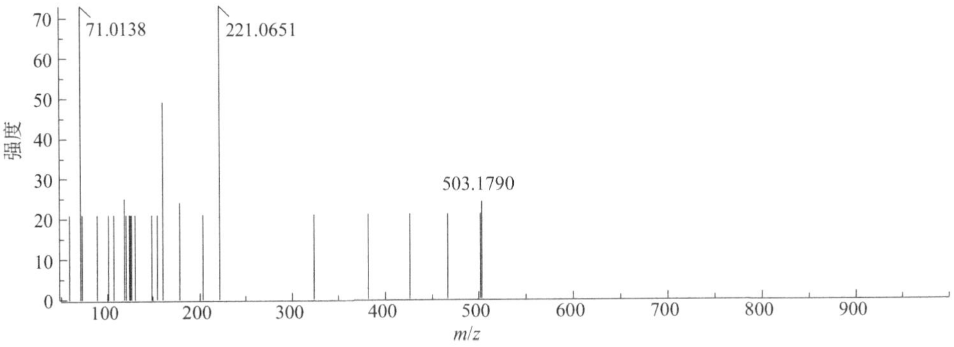

D-Ribose 5-Phosphate
D-核糖-5-磷酸

CAS 号	34980-65-9	源极性	负离子模式
分子式	$C_5H_{11}O_8P$	加合方式	$[M-H]^-$
分子量	230. 0186	保留时间	0. 85min

提取离子流色谱图

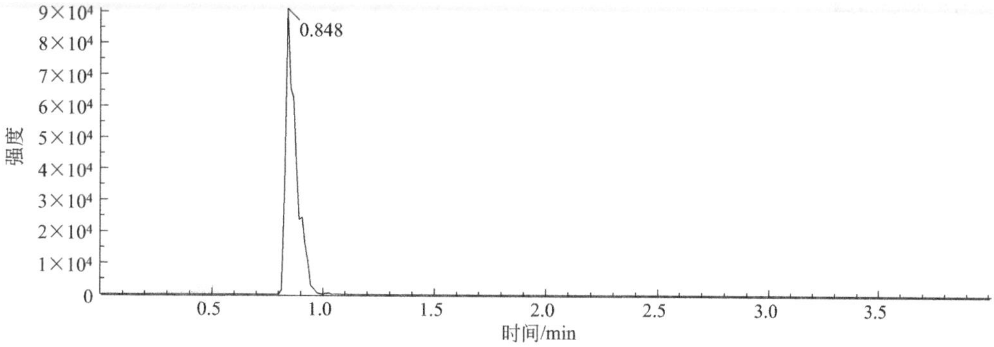

一级质谱图

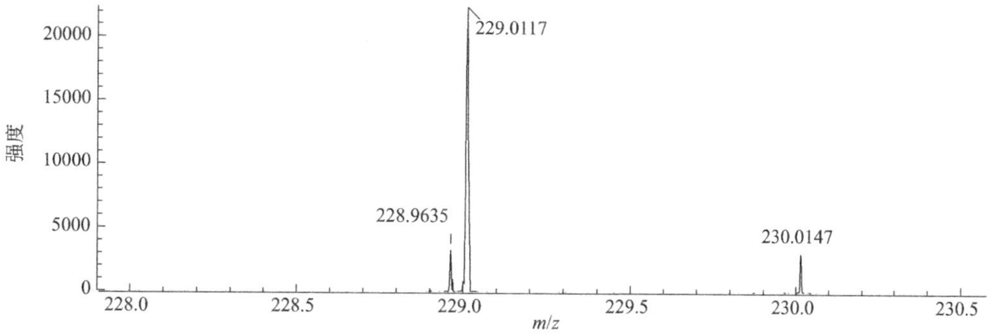

二级全扫质谱图 CE:（−35±15）V

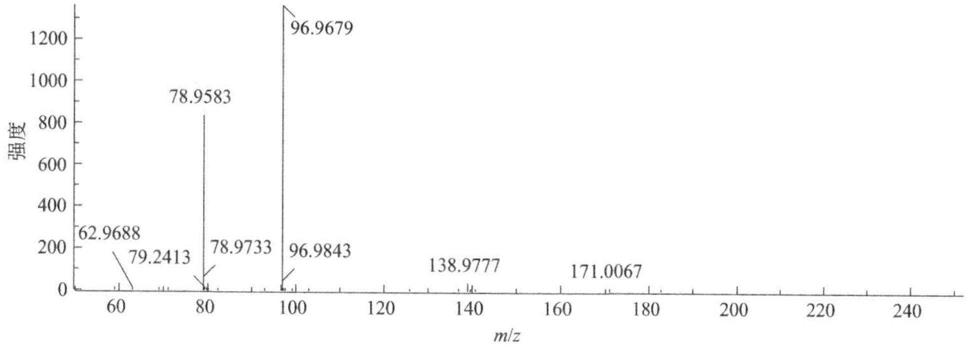

D-Saccharic Acid
D-糖酸

CAS 号	576-42-1（钾盐） 25525-21-7（母体）	源极性	负离子模式
分子式	$C_6H_{10}O_8$	加合方式	$[M-H]^-$
分子量	210.0370	保留时间	0.87min

提取离子流色谱图

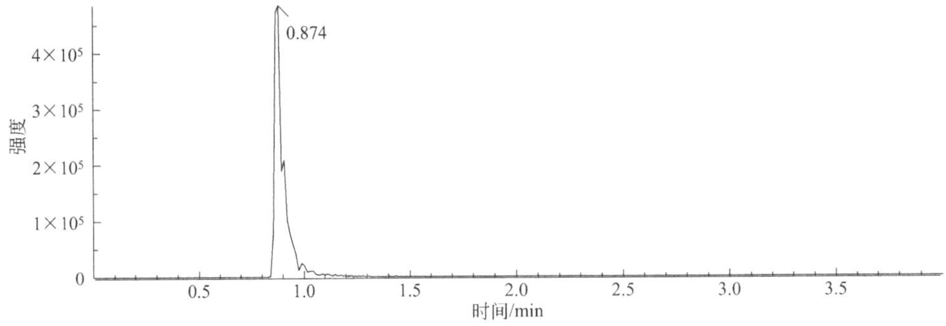

一级质谱图

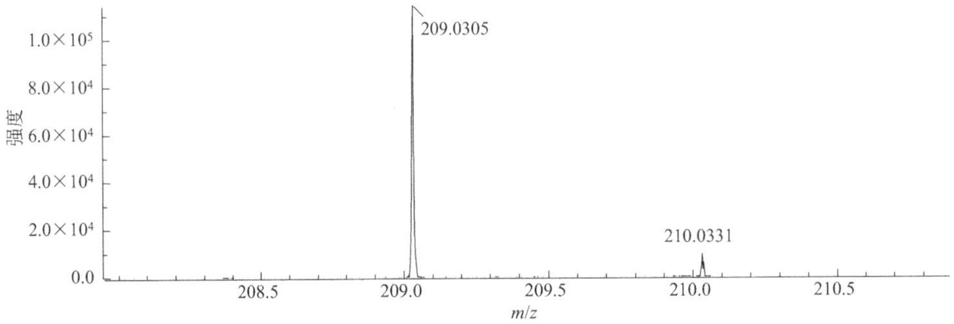

二级全扫质谱图 CE:（−35±15）V

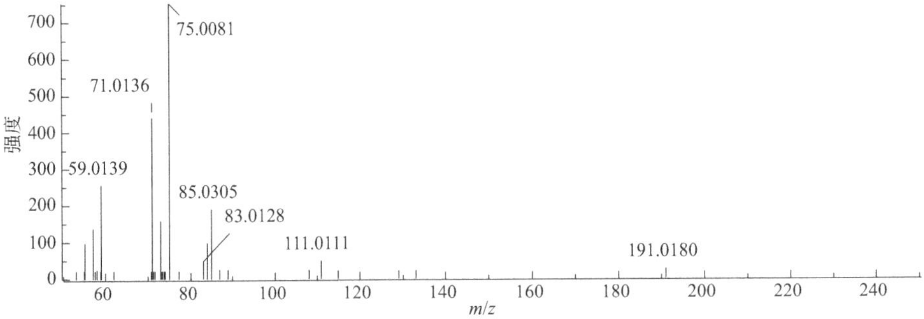

D-Tryptophan
D-色氨酸

CAS 号	153-94-6	源极性	负离子模式
分子式	$C_{11}H_{12}N_2O_2$	加合方式	$[M-H]^-$
分子量	204. 0898	保留时间	5. 25min

提取离子流色谱图

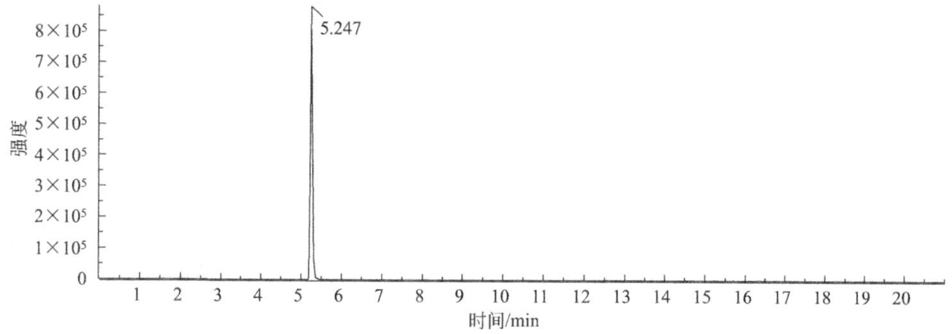

一级质谱图

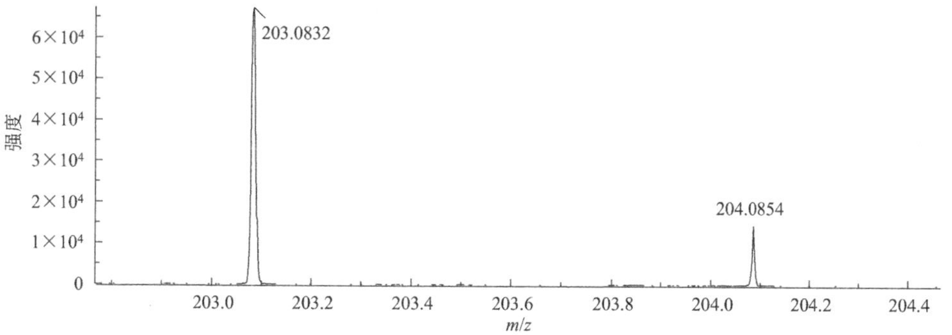

二级全扫质谱图 CE:（−35±15）V

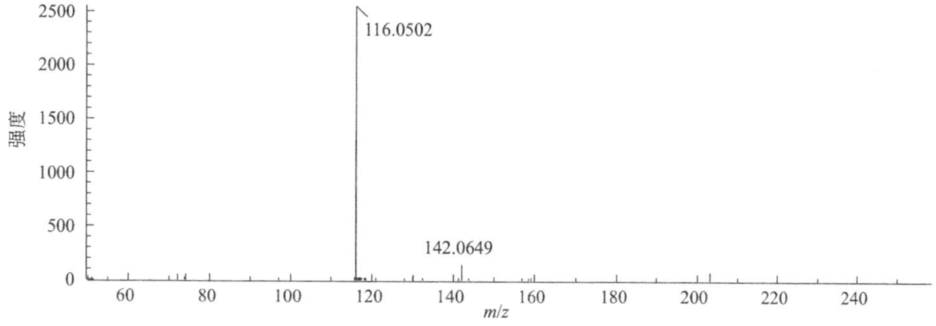

Elaidic Acid
反油酸

CAS 号	112-79-8	源极性	负离子模式
分子式	$C_{18}H_{34}O_2$	加合方式	$[M-H]^-$
分子量	282. 2559	保留时间	15. 85min

提取离子流色谱图

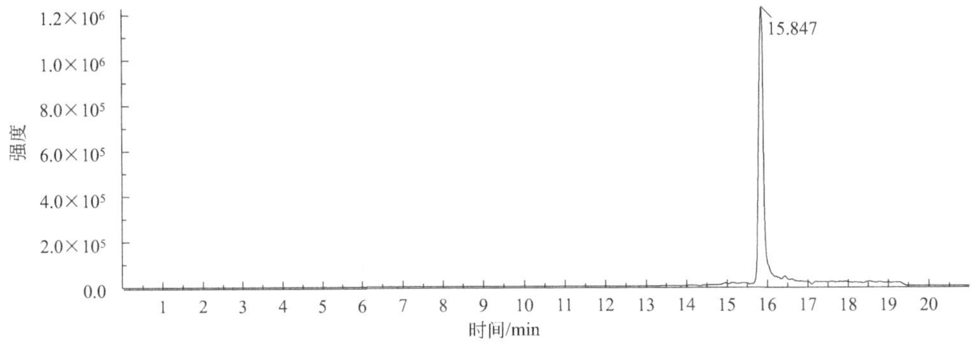

一级质谱图

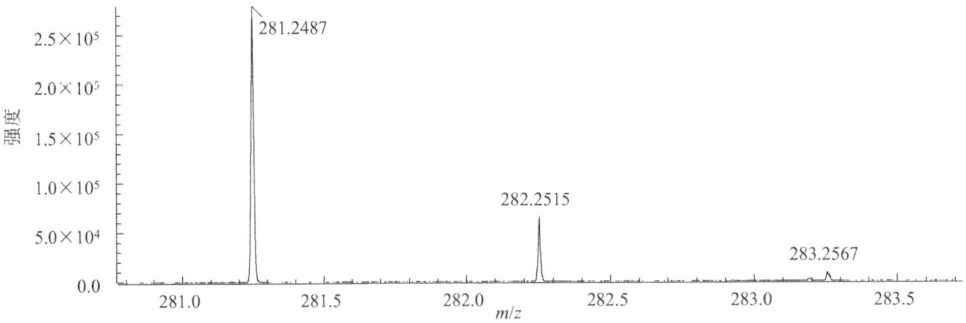

二级全扫质谱图 CE:（-35±15）V

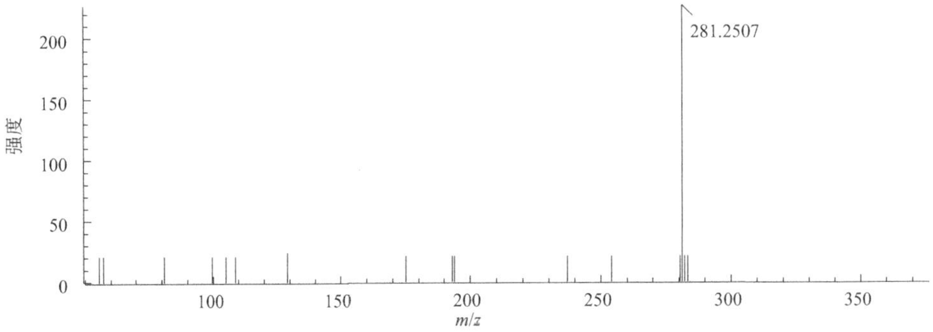

Epinephrine
肾上腺素

CAS 号	51-43-4	源极性	正离子模式
分子式	$C_9H_{13}NO_3$	加合方式	$[M-H]^+$
分子量	183. 0895	保留时间	1. 20min

提取离子流色谱图

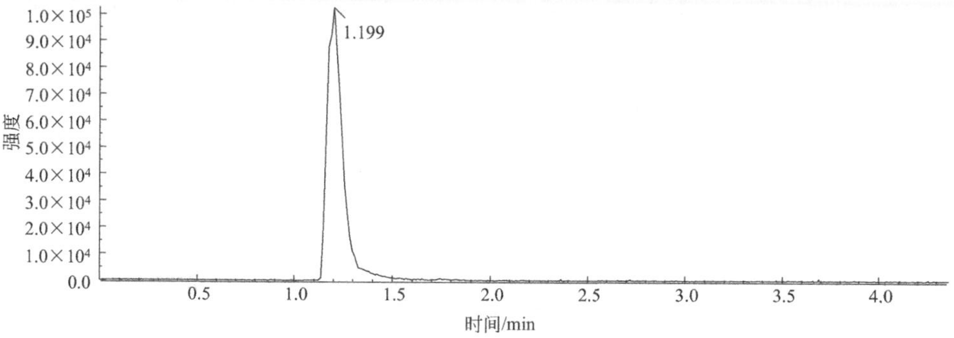

一级质谱图

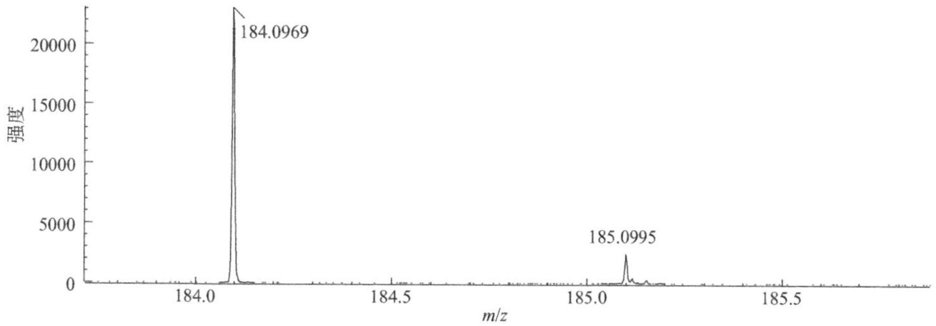

二级全扫质谱图 CE:（35±15）V

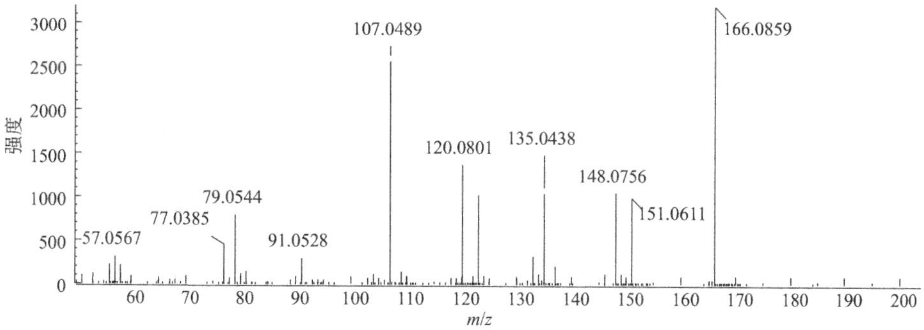

Erucic Acid
芥酸

CAS 号	112-86-7	源极性	负离子模式
分子式	$C_{22}H_{42}O_2$	加合方式	$[M-H]^-$
分子量	338. 3185	保留时间	17. 55min

提取离子流色谱图

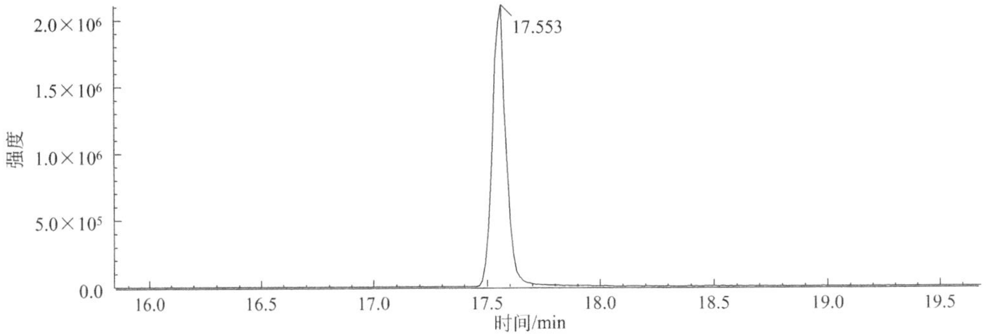

一级质谱图

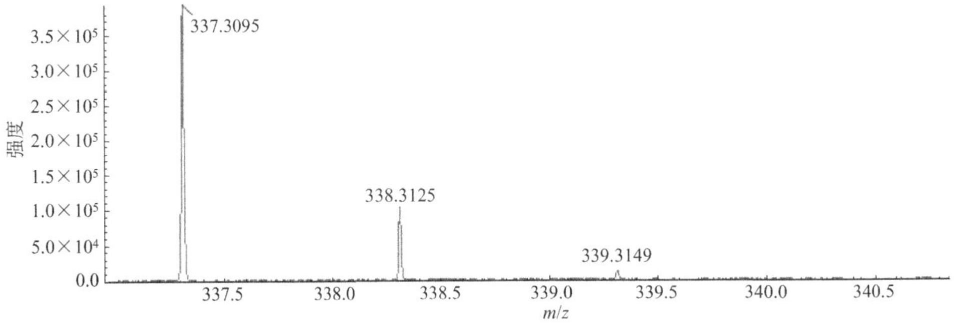

二级全扫质谱图 CE:（−35±15）V

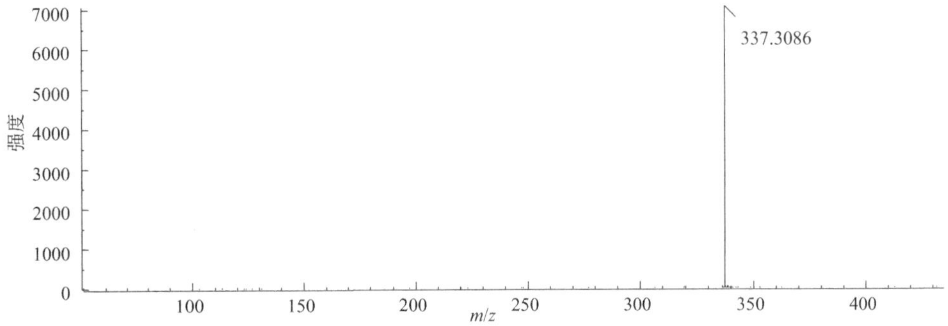

Ethanolamine Phosphate
乙醇胺磷酸酯

CAS 号	1071-23-4	源极性	负离子模式
分子式	$C_2H_8NO_4P$	加合方式	$[M-H]^-$
分子量	141. 0191	保留时间	0. 84min

提取离子流色谱图

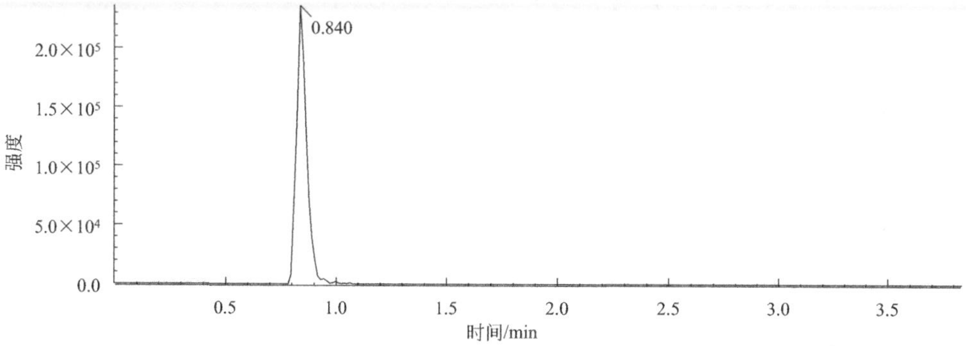

一级质谱图

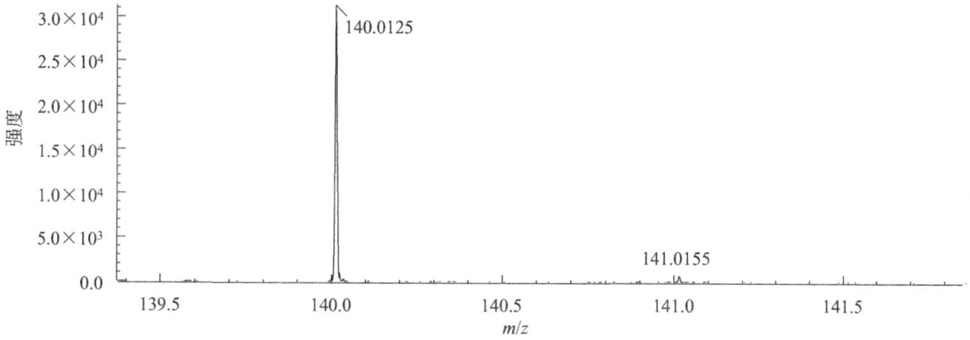

二级全扫质谱图 CE:（-35±15）V

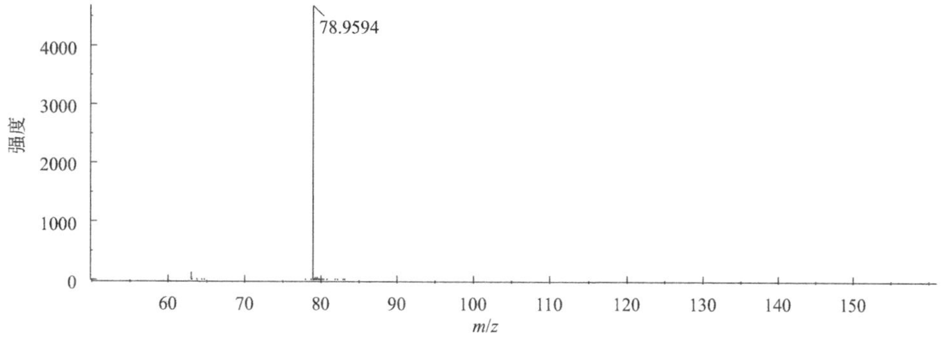

Ethylmalonic Acid
乙基丙二酸

CAS 号	601-75-2	源极性	负离子模式
分子式	$C_5H_8O_4$	加合方式	$[M-H]^-$
分子量	132.0422	保留时间	3.90

提取离子流色谱图

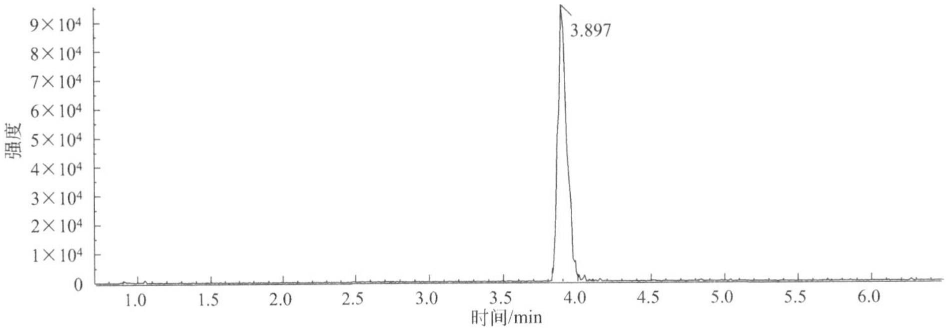

一级质谱图

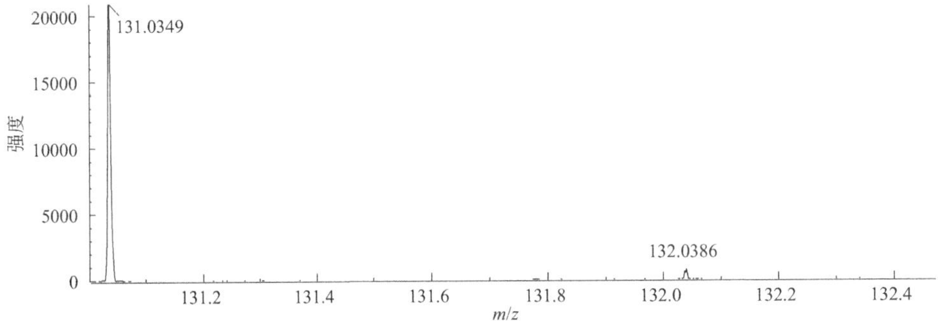

二级全扫质谱图 CE:（−35±15）V

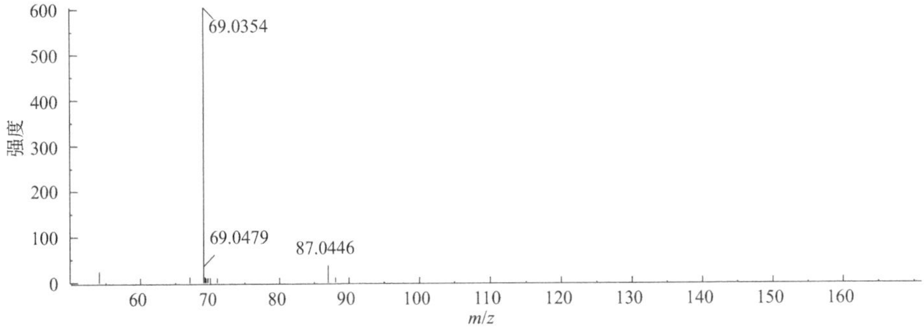

Flavin Adenine Dinucleotide
黄素腺嘌呤二核苷酸

CAS 号	146-14-5	源极性	负离子模式
分子式	$C_{27}H_{33}N_9O_{15}P_2$	加合方式	$[M-H]^-$
分子量	785.1571	保留时间	6.24min

提取离子流色谱图

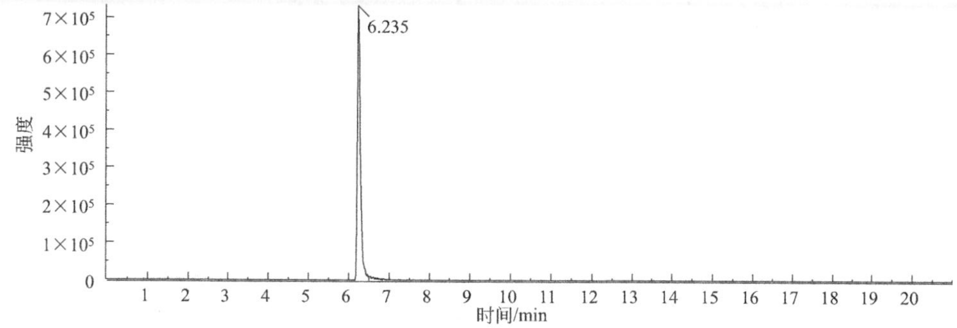

一级质谱图

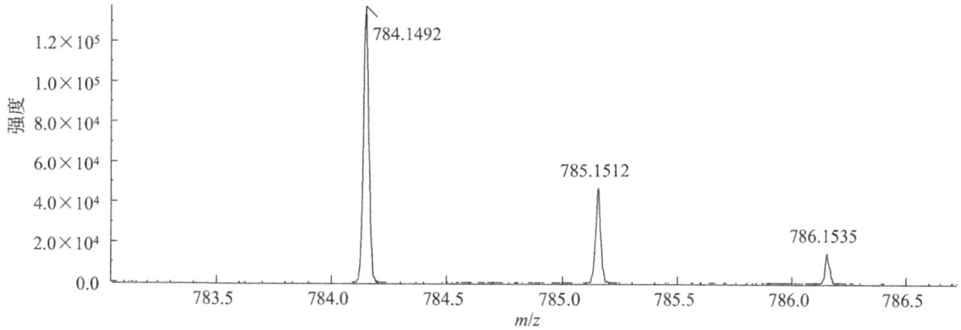

二级全扫质谱图 CE:(−35±15)V

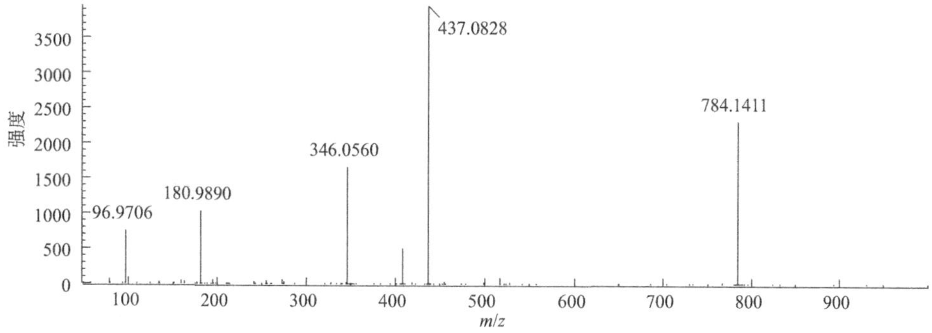

Folic Acid
叶酸

CAS 号	59-30-3	源极性	负离子模式
分子式	$C_{19}H_{19}N_7O_6$	加合方式	$[M-H]^-$
分子量	441. 1397	保留时间	6. 31min

提取离子流色谱图

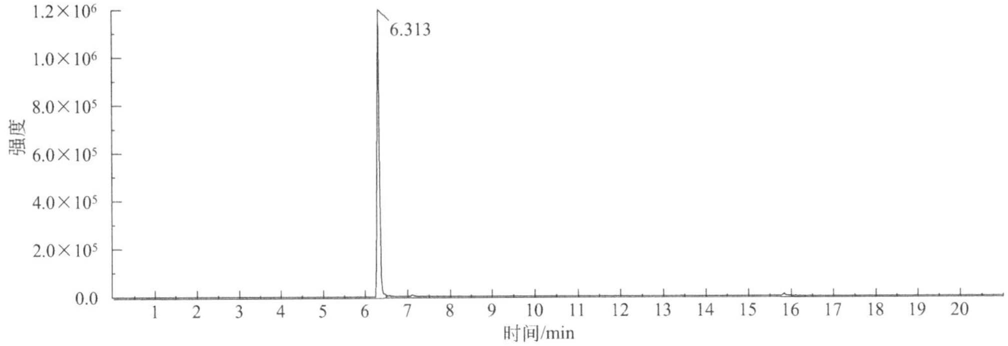

一级质谱图

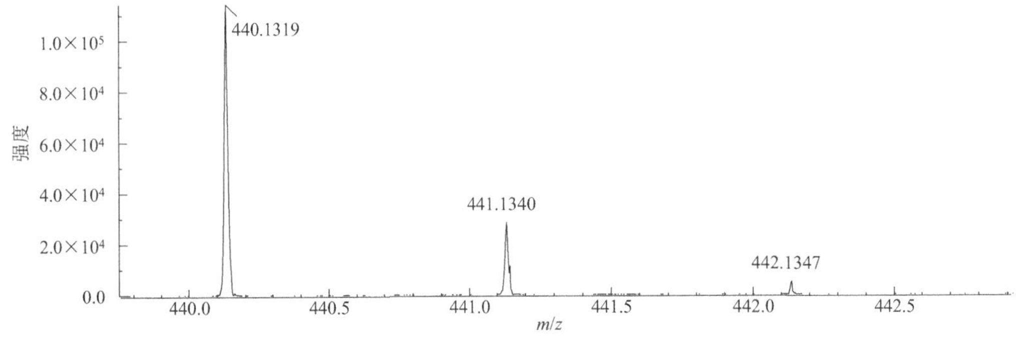

二级全扫质谱图 CE:（-35±15）V

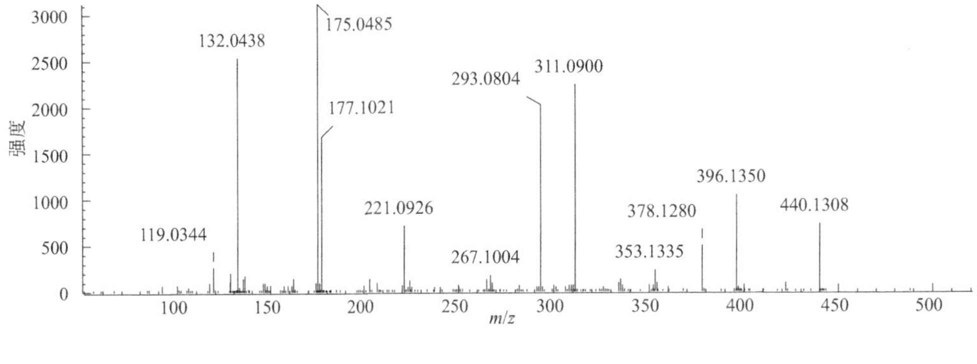

Formyl-L-Methionyl Peptide
N-甲酰基-L-蛋氨酸

CAS 号	4289-98-9	源极性	负离子模式
分子式	$C_6H_{11}NO_3S$	加合方式	$[M-H]^-$
分子量	177. 0459	保留时间	4. 89min

提取离子流色谱图

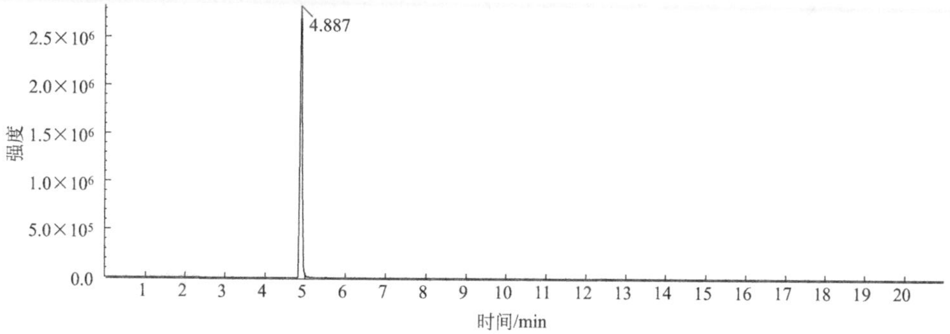

一级质谱图

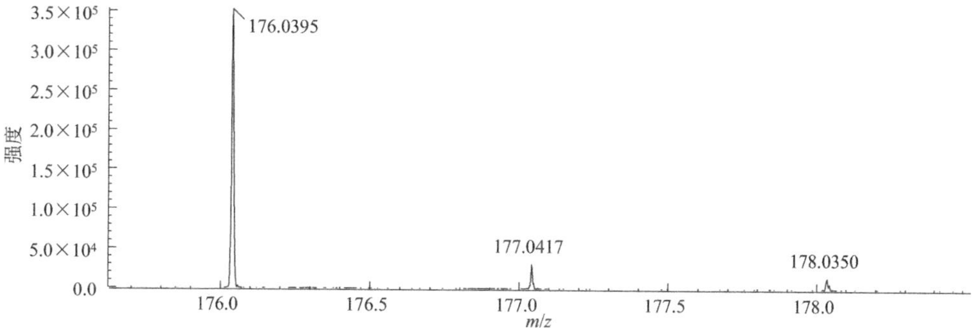

二级全扫质谱图 CE:（−35±15）V

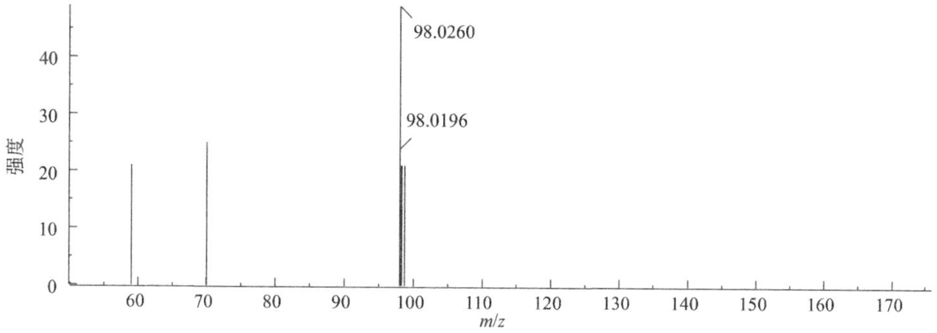

Galactitol
半乳糖醇

CAS 号	608-66-2	源极性	负离子模式
分子式	$C_6H_{14}O_6$	加合方式	$[M-H]^-$
分子量	182.0790	保留时间	0.89min

提取离子流色谱图

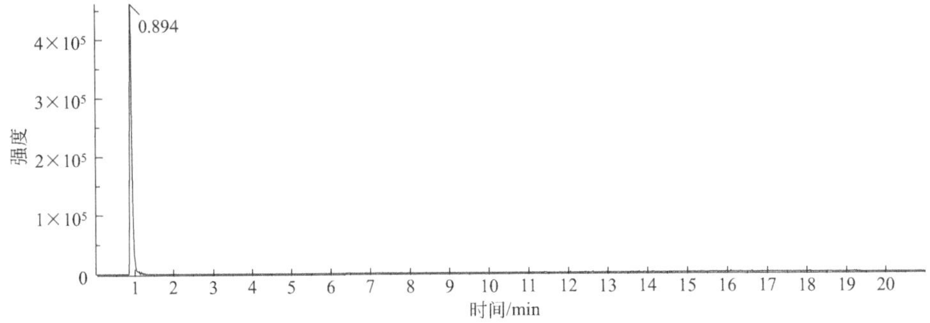

一级质谱图

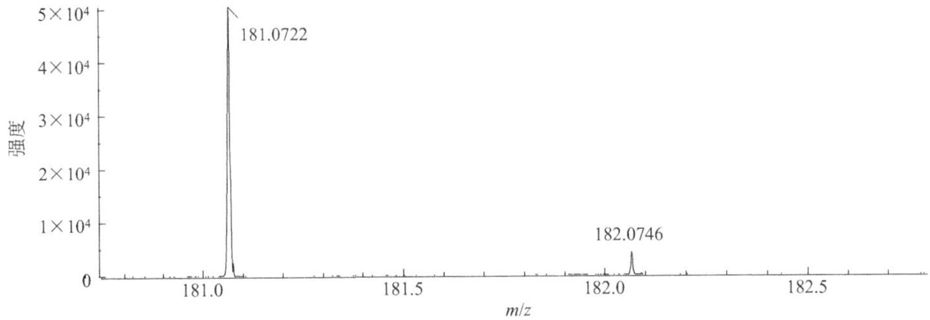

二级全扫质谱图 CE:（−35±15）V

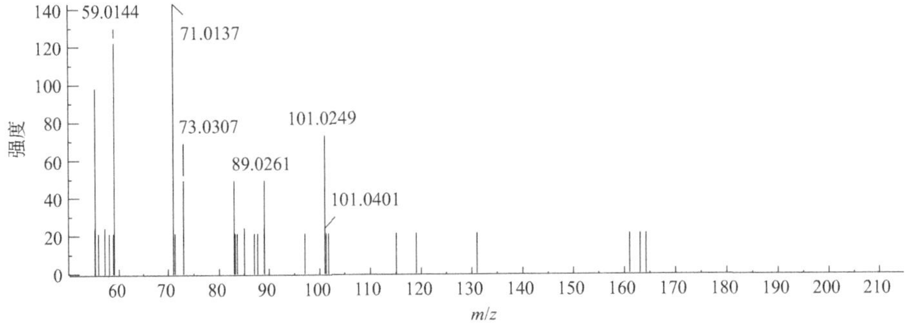

Geranyl Pyrophosphate
香叶基焦磷酸

CAS 号	763-10-0	源极性	负离子模式
分子式	$C_{10}H_{20}O_7P_2$	加合方式	$[M-H]^-$
分子量	314. 0684	保留时间	9. 67min

提取离子流色谱图

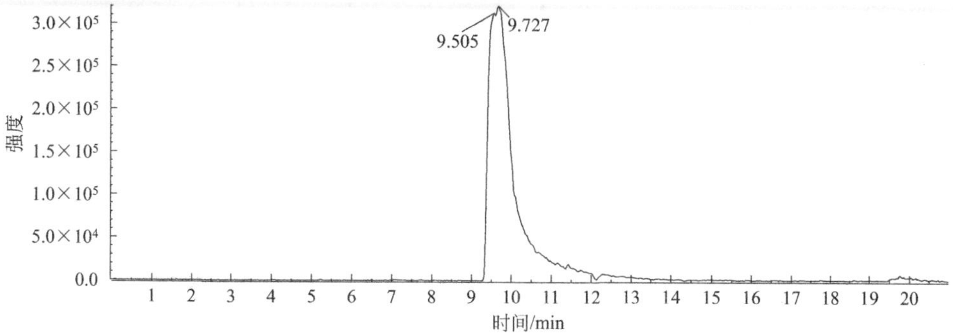

一级质谱图

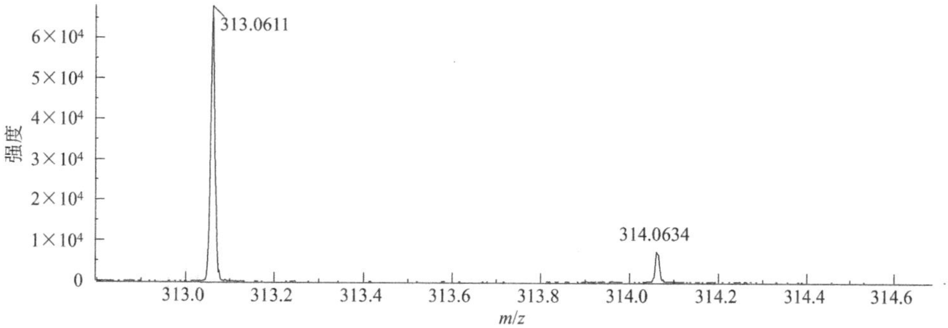

二级全扫质谱图 CE:（-35±15）V

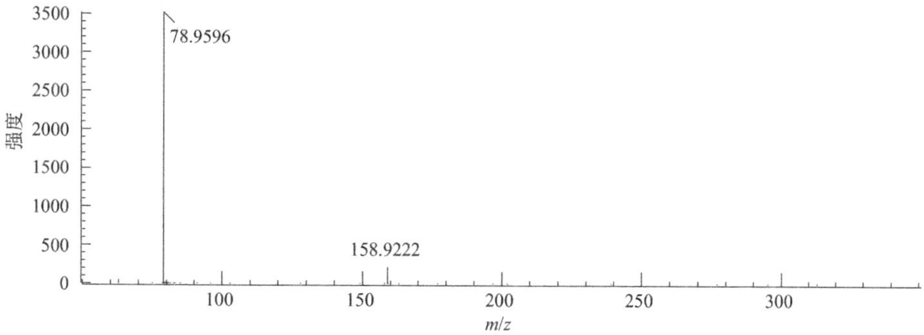

Glutaric Acid
戊二酸

CAS 号	110-94-1	源极性	负离子模式
分子式	$C_5H_8O_4$	加合方式	$[M-H]^-$
分子量	132.0422	保留时间	3.55min

提取离子流色谱图

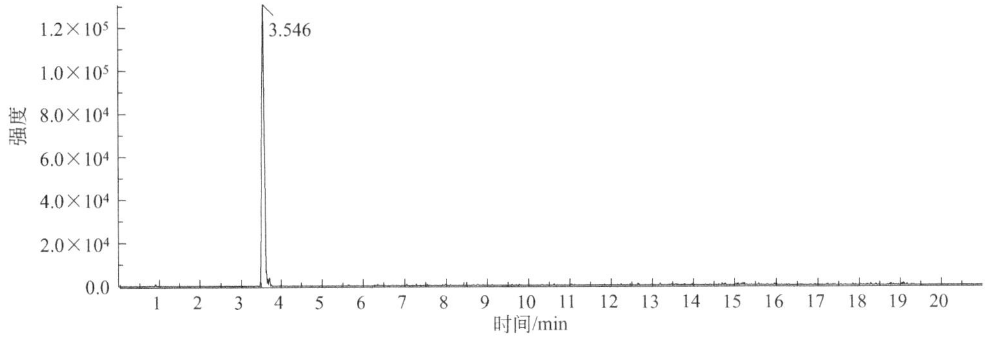

一级质谱图

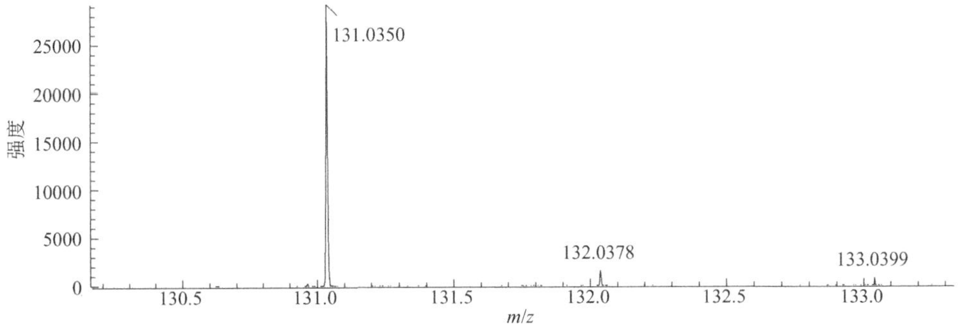

二级全扫质谱图 CE:（-35±15）V

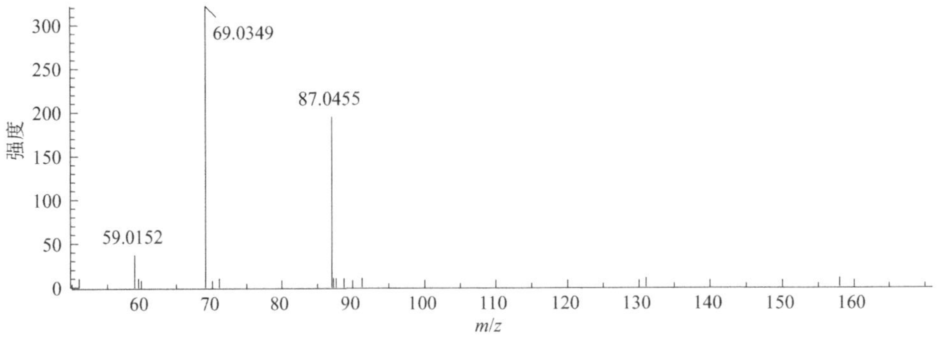

Glycocholic Acid
甘氨胆酸

CAS 号	1192657-83-2（结合水） 475-31-0（母体）	源极性	负离子模式
分子式	$C_{26}H_{43}NO_6$	加合方式	$[M-H]^-$
分子量	465. 3090	保留时间	12. 36min

提取离子流色谱图

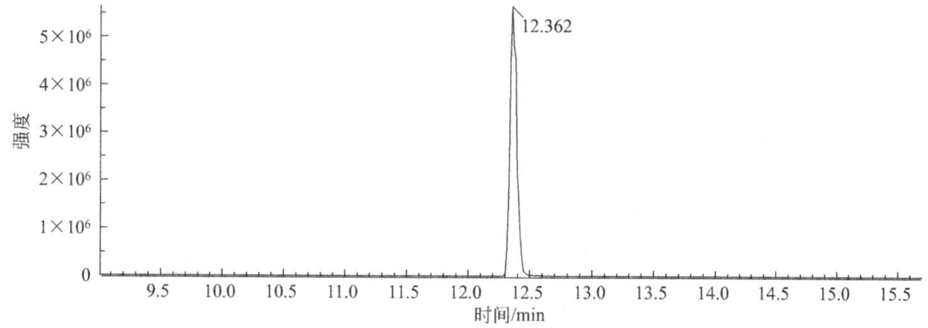

一级质谱图

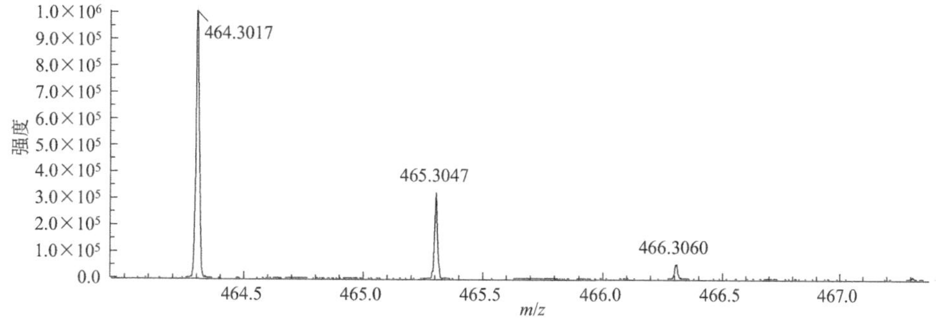

二级全扫质谱图 CE:（−35±15）V

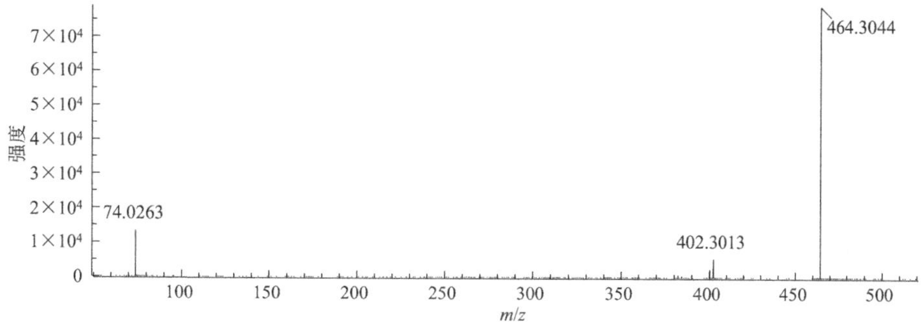

4-Guanidinobutyric Acid
4-胍基丁酸

CAS 号	463-00-3	源极性	正离子模式
分子式	$C_5H_{11}N_3O_2$	加合方式	$[M+H]^+$
分子量	145.0851	保留时间	1.39min

提取离子流色谱图

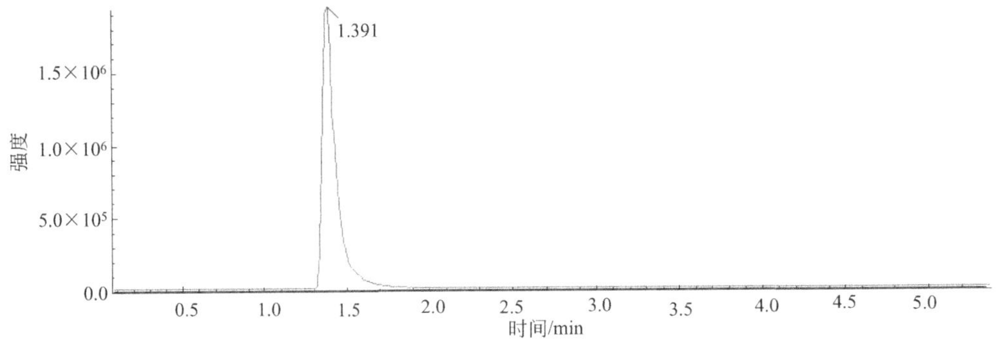

一级质谱图

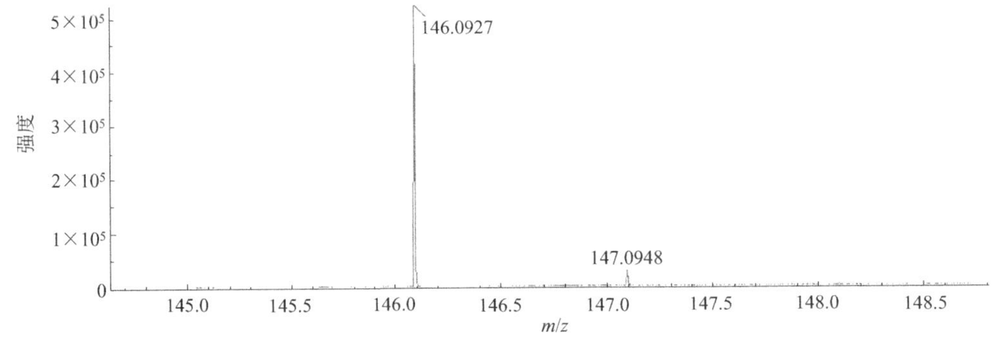

二级全扫质谱图 CE:（35±15）V

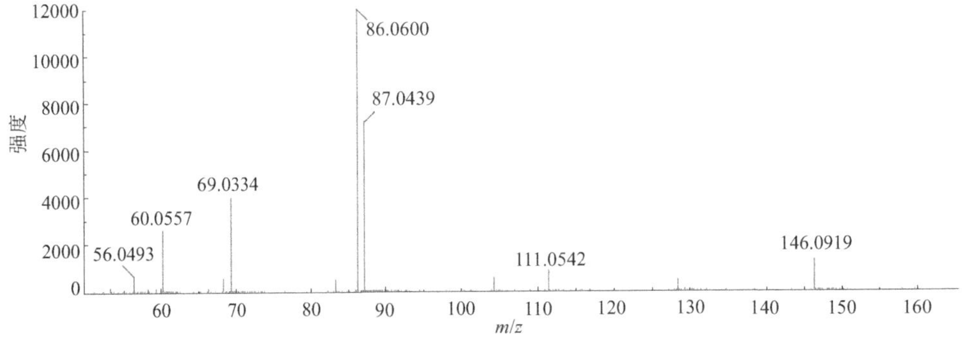

Guanine
鸟嘌呤

CAS 号	73-40-5	源极性	负离子模式
分子式	$C_5H_5N_5O$	加合方式	$[M-H]^-$
分子量	151. 0494	保留时间	1. 51min

提取离子流色谱图

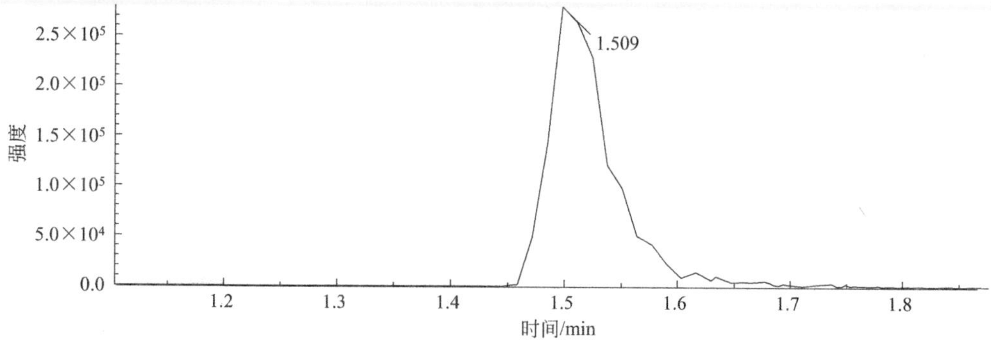

一级质谱图

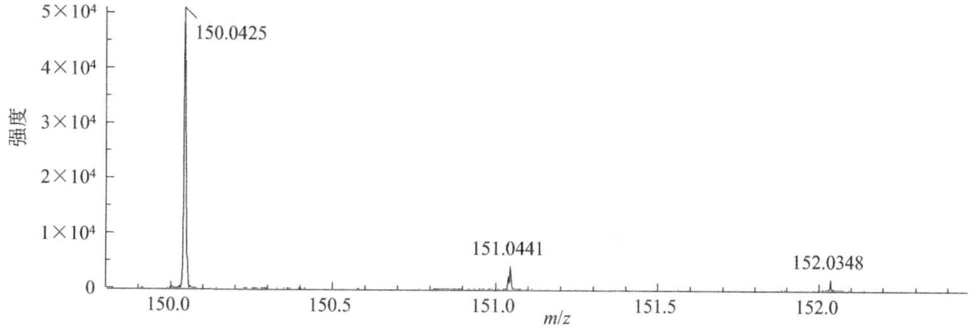

二级全扫质谱图 CE:（-35±15）V

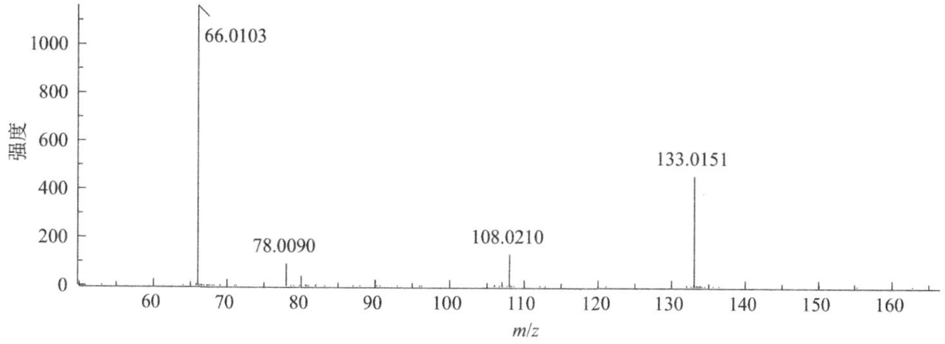

Guanosine
鸟嘌呤核苷

CAS 号	118-00-3	源极性	负离子模式
分子式	$C_{10}H_{13}N_5O_5$	加合方式	$[M-H]^-$
分子量	283. 0916	保留时间	3. 43min

提取离子流色谱图

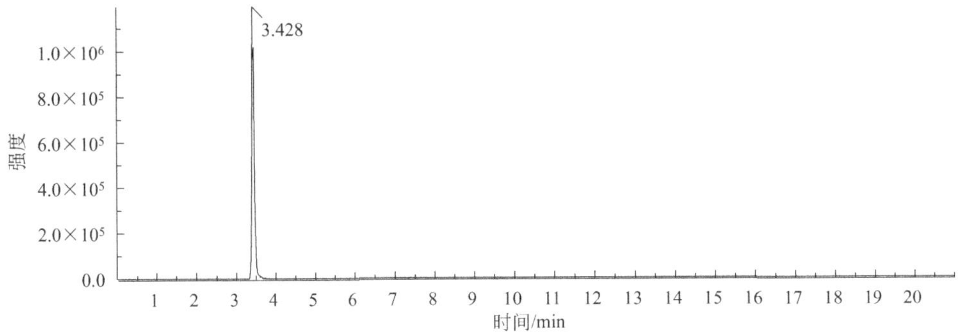

一级质谱图

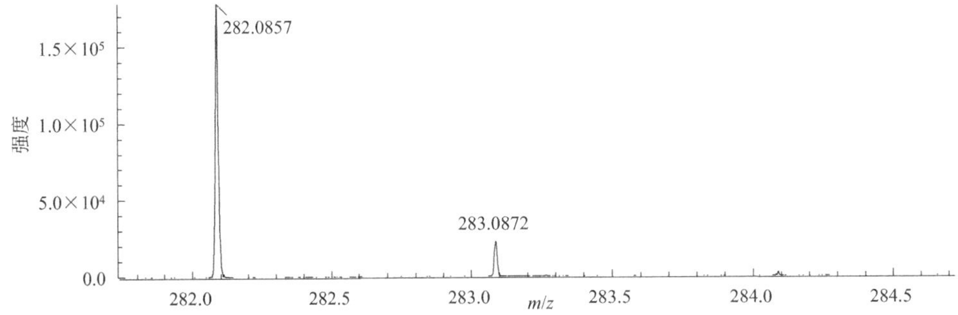

二级全扫质谱图 CE:（−35±15）V

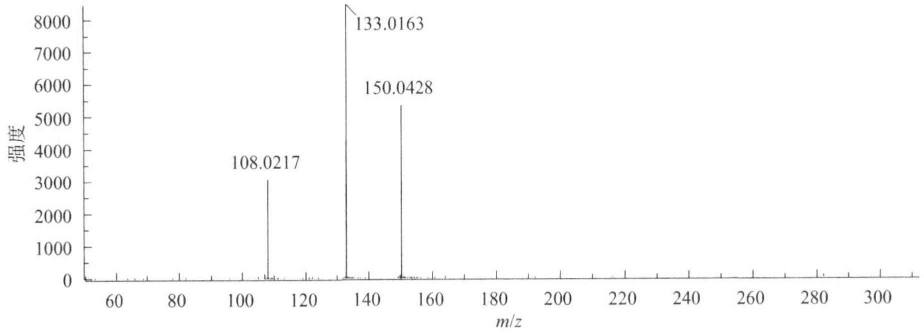

Guanosine 3′,5′-Cyclic Monophosphate
鸟苷-3′,5′-环一磷酸

CAS 号	7665-99-8	源极性	负离子模式
分子式	$C_{10}H_{12}N_5O_7P$	加合方式	$[M-H]^-$
分子量	345.0474	保留时间	3.41min

提取离子流色谱图

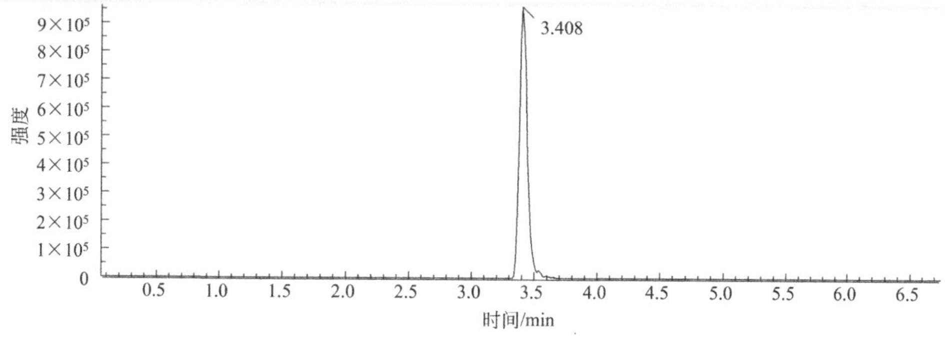

一级质谱图

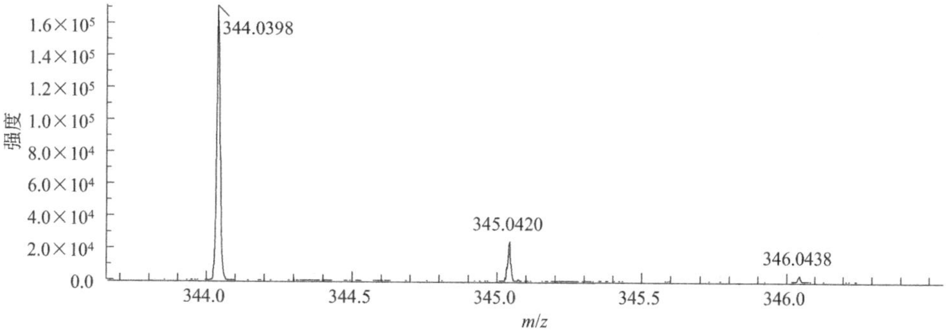

二级全扫质谱图 CE:（-35±15）V

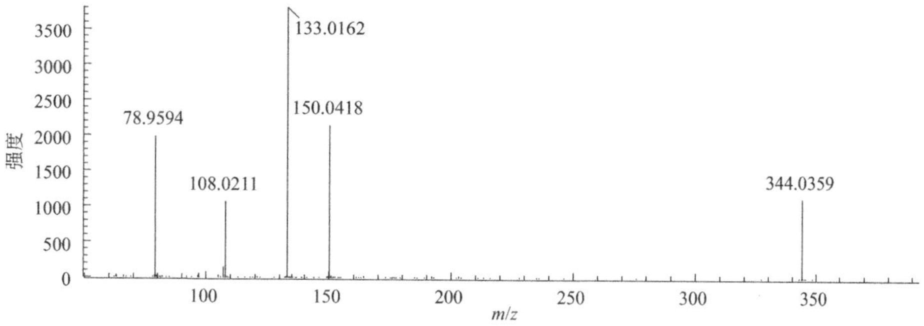

Guanosine 5′-Monophosphate
鸟苷酸

CAS 号	85-32-5	源极性	负离子模式
分子式	$C_{10}H_{14}N_5O_8P$	加合方式	$[M-H]^-$
分子量	363. 0580	保留时间	1. 29min

提取离子流色谱图

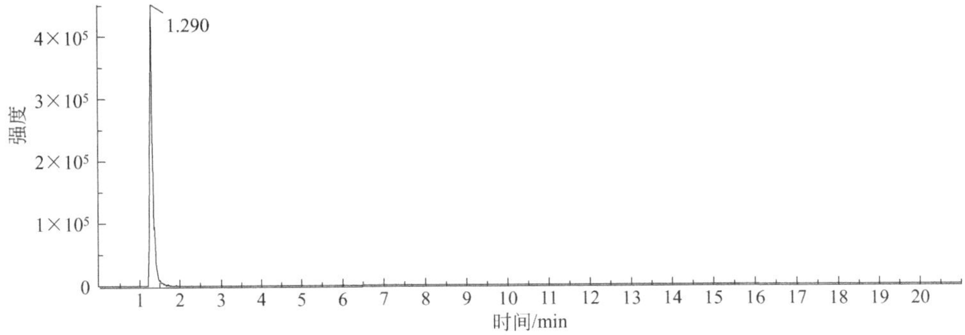

一级质谱图

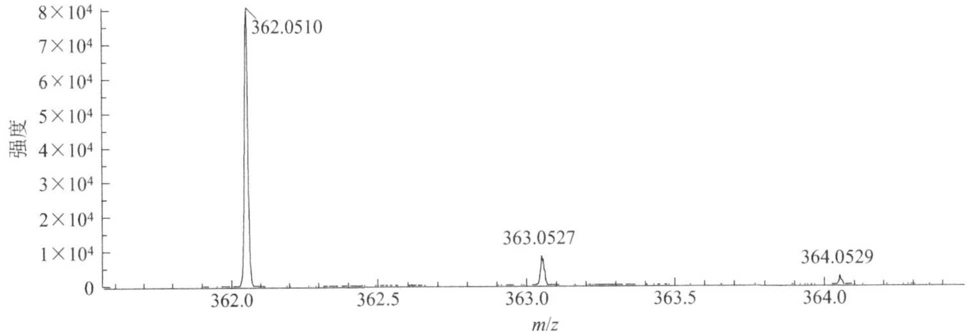

二级全扫质谱图 CE:（−35±15）V

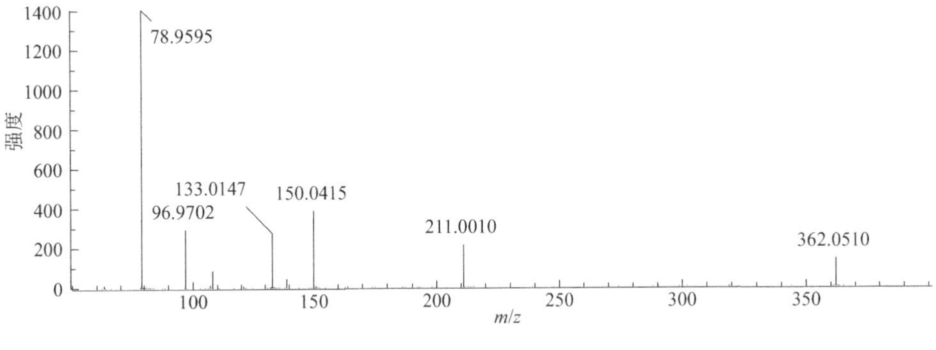

Heptadecanoic Acid
十七烷酸

CAS号	506-12-7	源极性	负离子模式
分子式	$C_{17}H_{34}O_2$	加合方式	$[M-H]^-$
分子量	270. 2559	保留时间	16. 00min

提取离子流色谱图

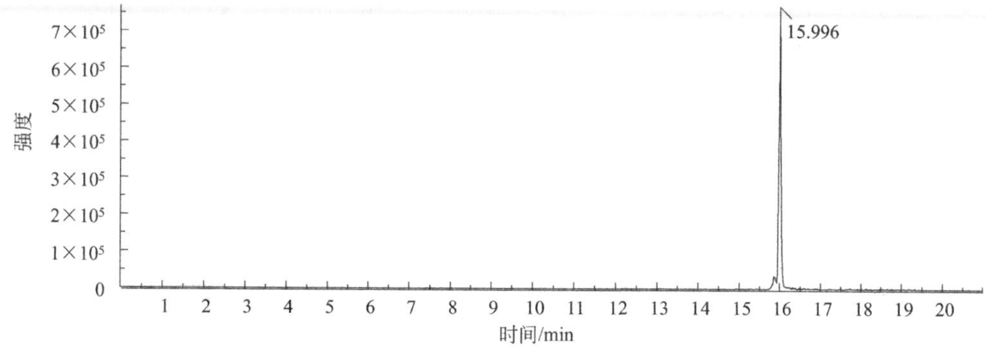

一级质谱图

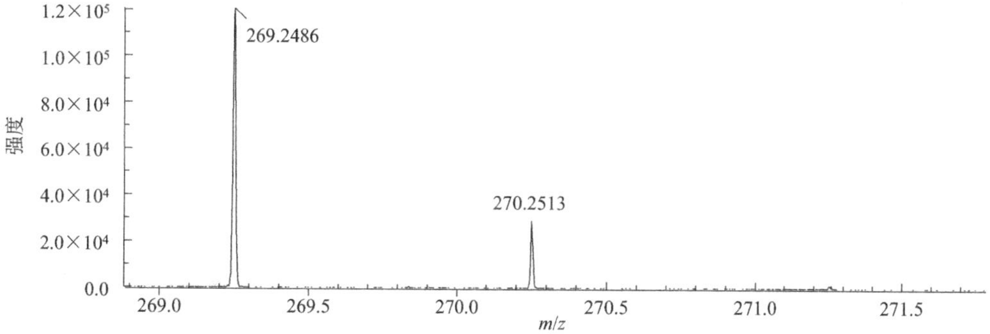

二级全扫质谱图 CE:（-35±15）V

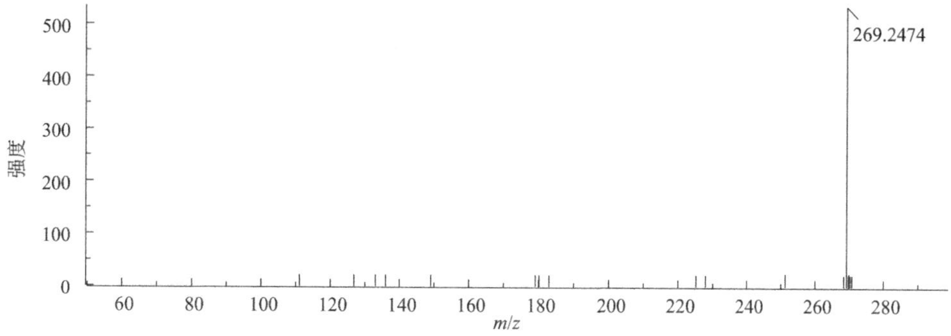

Hippuric Acid
马尿酸

CAS 号	495-69-2	源极性	正离子模式
分子式	$C_9H_9NO_3$	加合方式	$[M+H]^+$
分子量	179. 0582	保留时间	6. 20min

提取离子流色谱图

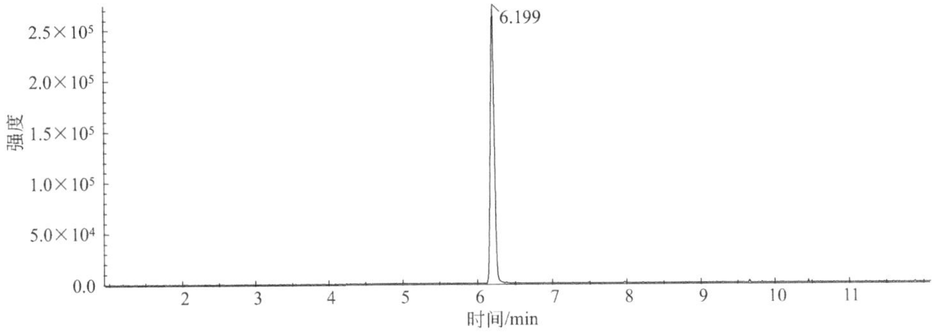

一级质谱图

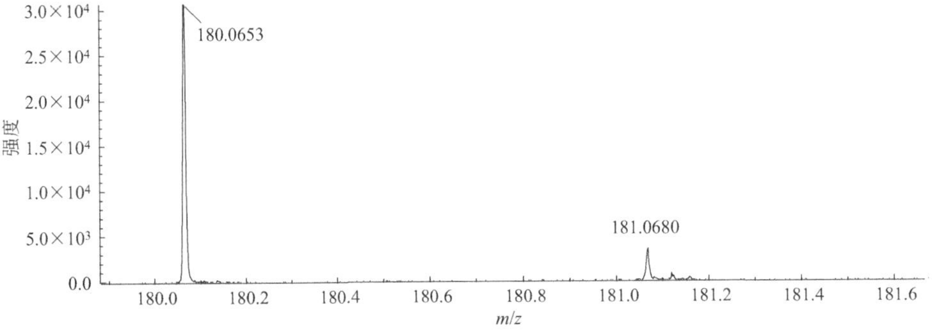

二级全扫质谱图 CE:（35±15）V

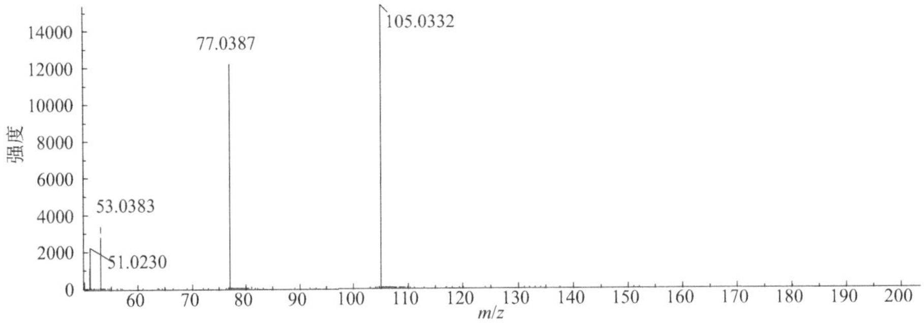

Histamine
组胺

CAS 号	56-92-8（二盐酸盐） 51-45-6（母体）	源极性	正离子模式
分子式	$C_5H_9N_3$	加合方式	$[M+H]^+$
分子量	111. 0796	保留时间	0. 79min

提取离子流色谱图

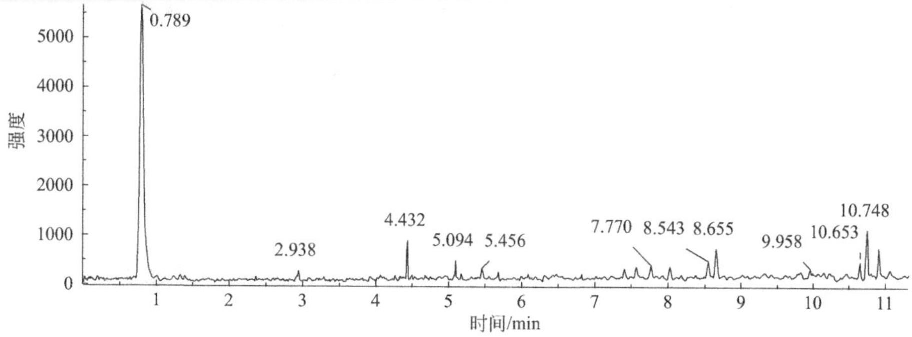

一级质谱图

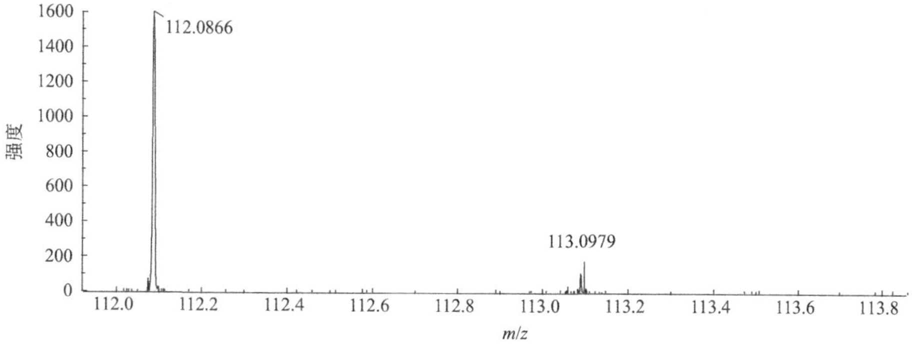

二级全扫质谱图 CE:（35±15）V

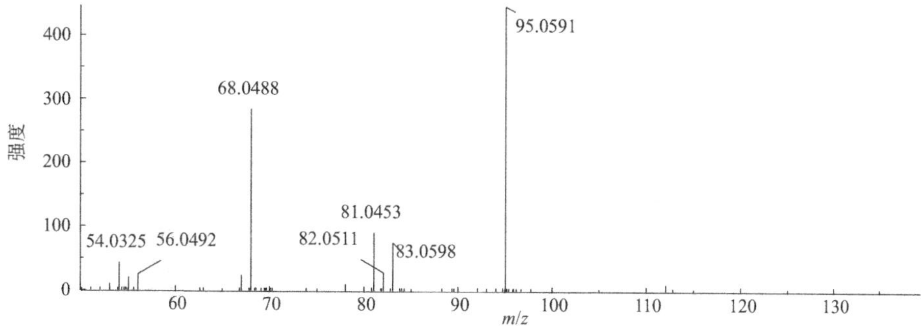

Homocystine
高胱氨酸

CAS 号	626-72-2	源极性	负离子模式
分子式	$C_8H_{16}N_2O_4S_2$	加合方式	$[M-H]^-$
分子量	268.0552	保留时间	1.05min

提取离子流色谱图

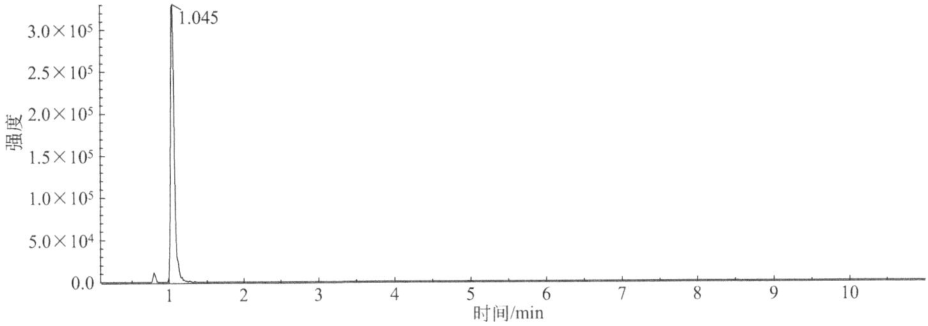

一级质谱图

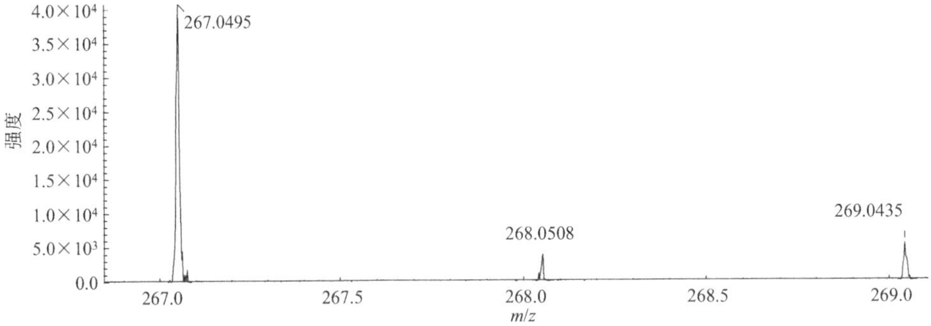

二级全扫质谱图 CE:（-35±15）V

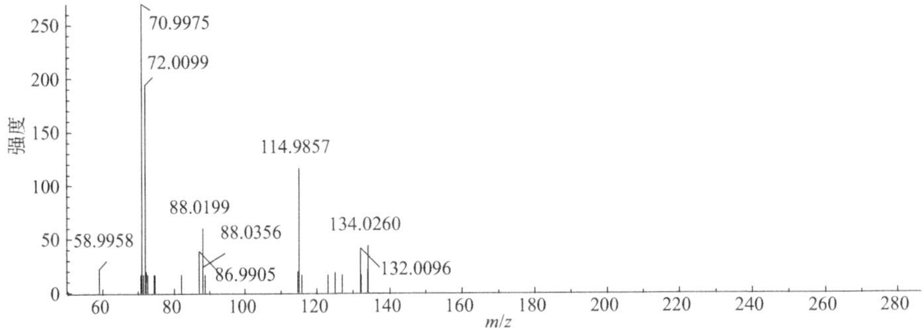

Homoserine
高丝氨酸

CAS 号	672-15-1	源极性	负离子模式
分子式	$C_4H_9NO_3$	加合方式	$[M-H]^-$
分子量	119. 0582	保留时间	0. 86min

提取离子流色谱图

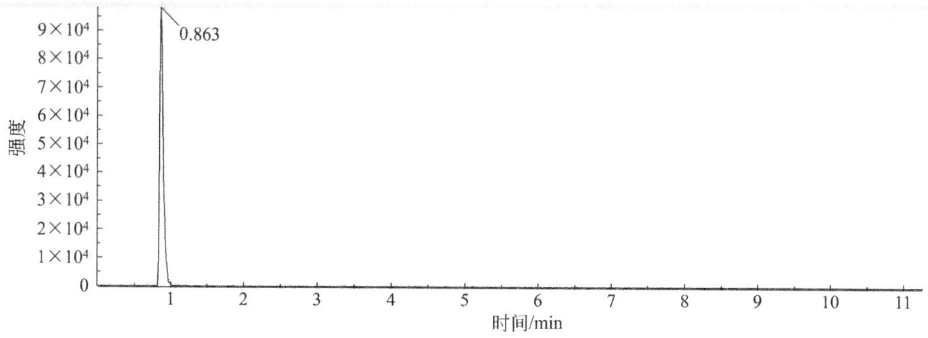

一级质谱图

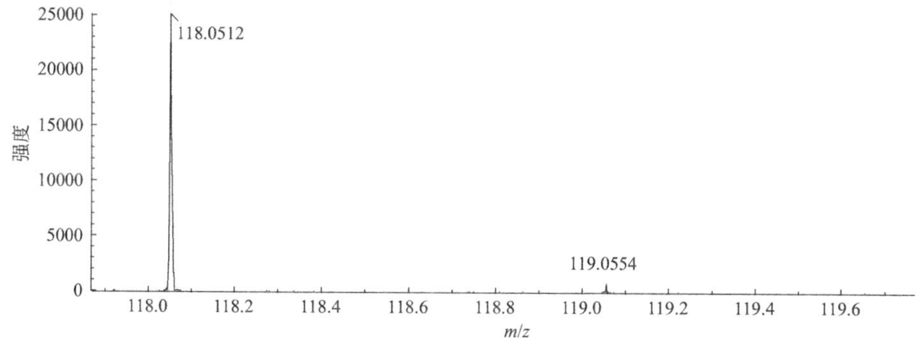

二级全扫质谱图 CE:（−35±15）V

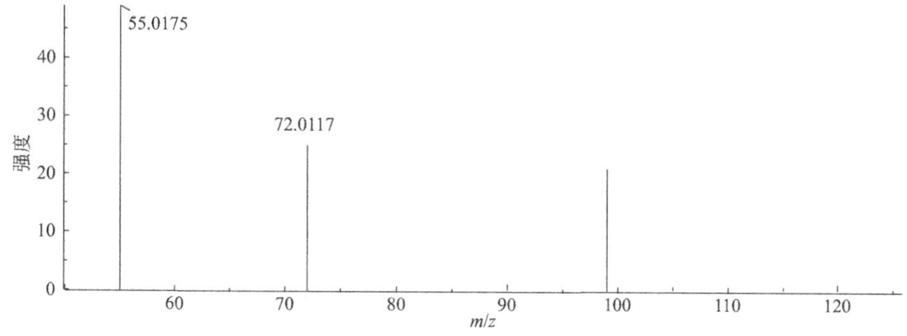

Homovanillic Acid
高香草酸

CAS 号	306-08-1	源极性	负离子模式
分子式	$C_9H_{10}O_4$	加合方式	$[M-H]^-$
分子量	182. 0579	保留时间	6. 71min

提取离子流色谱图

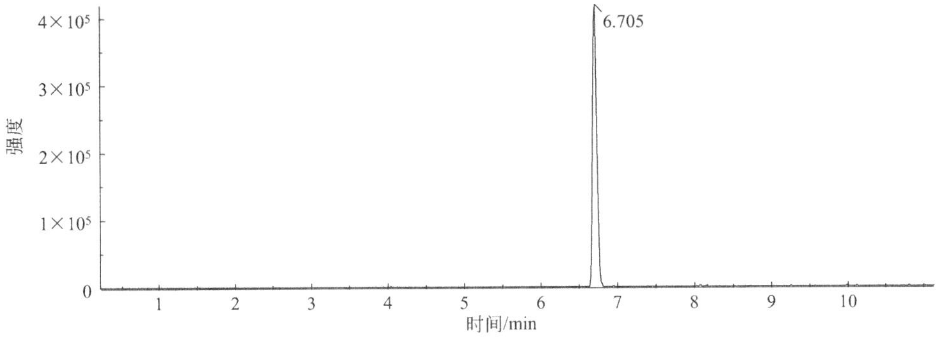

一级质谱图

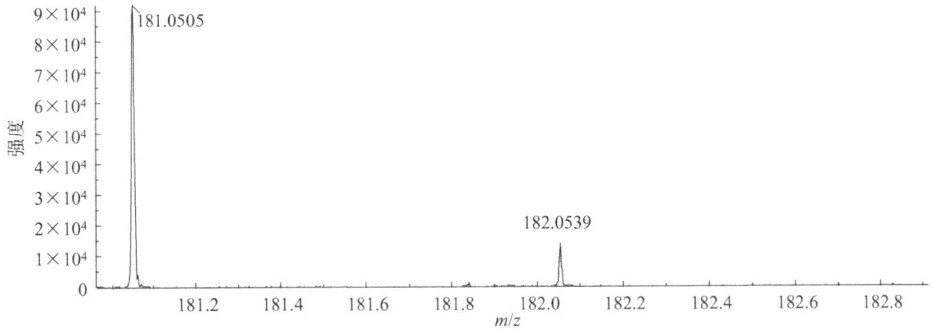

二级全扫质谱图 CE：（-35±15）V

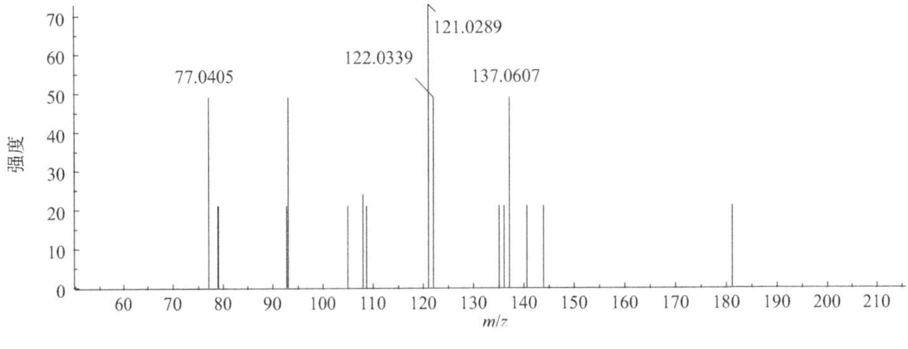

3-Hydroxyanthranilic Acid
3-羟基-2-氨基苯甲酸

CAS 号	548-93-6	源极性	负离子模式
分子式	$C_7H_7NO_3$	加合方式	$[M-H]^-$
分子量	153.0420	保留时间	4.94min

提取离子流色谱图

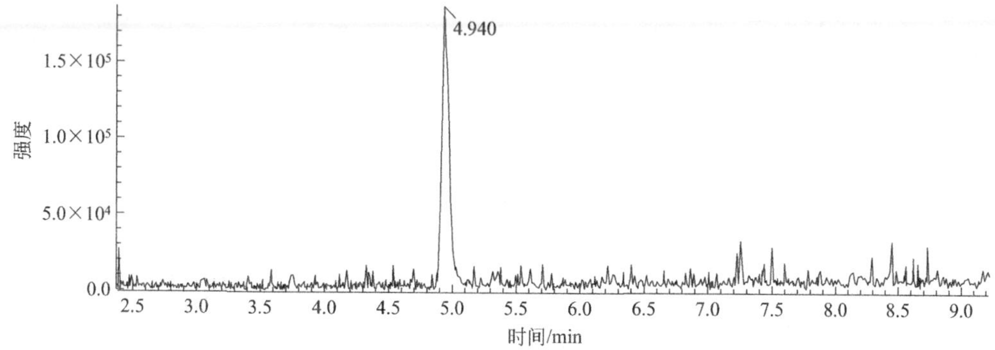

一级质谱图

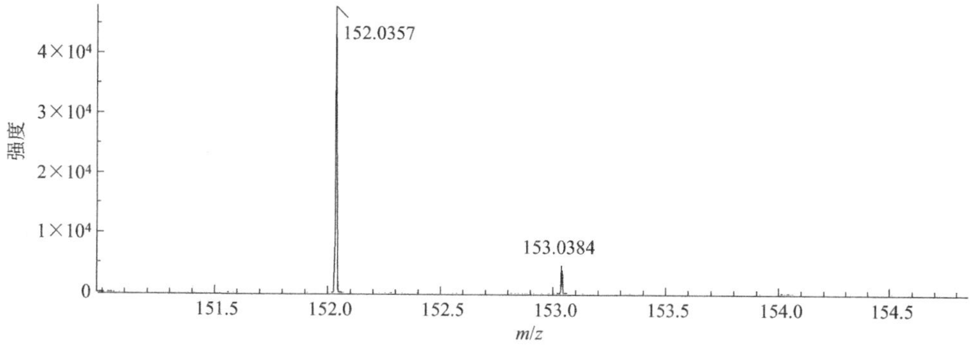

二级全扫质谱图 CE:（−35±15）V

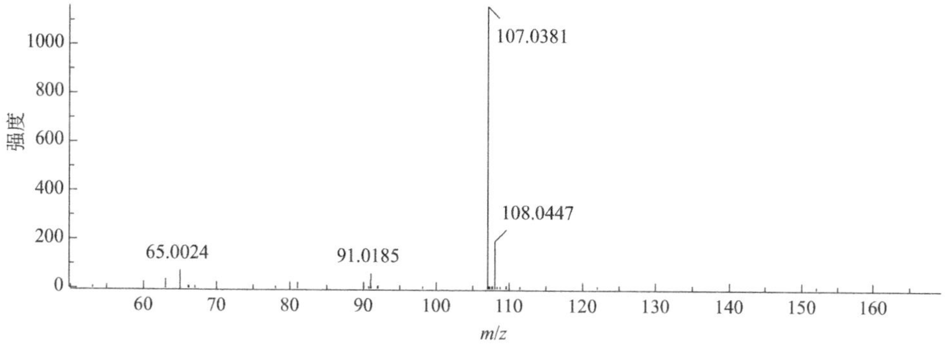

4-Hydroxybenzaldehyde
对羟基苯甲醛

CAS 号	123-08-0	源极性	负离子模式
分子式	$C_7H_6O_2$	加合方式	$[M-H]^-$
分子量	122. 0368	保留时间	6. 60min

提取离子流色谱图

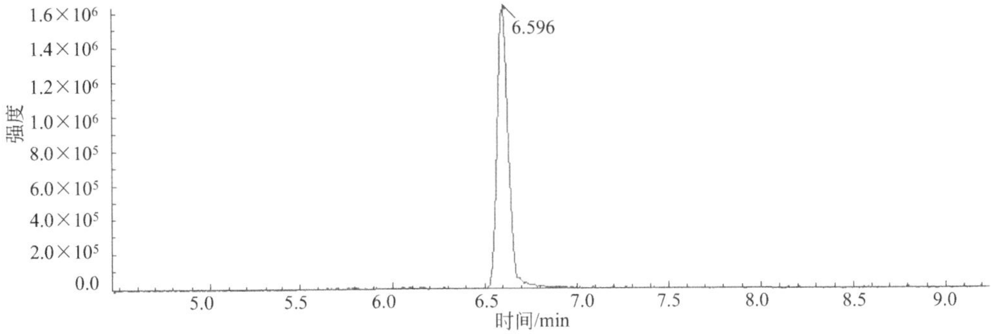

一级质谱图

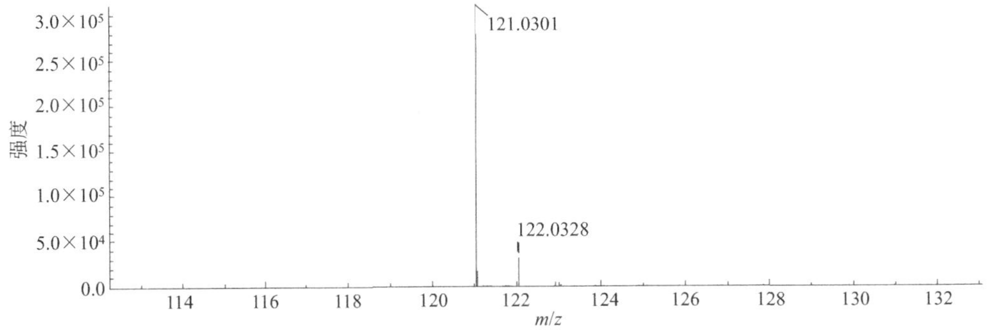

二级全扫质谱图 CE：（-35±15）V

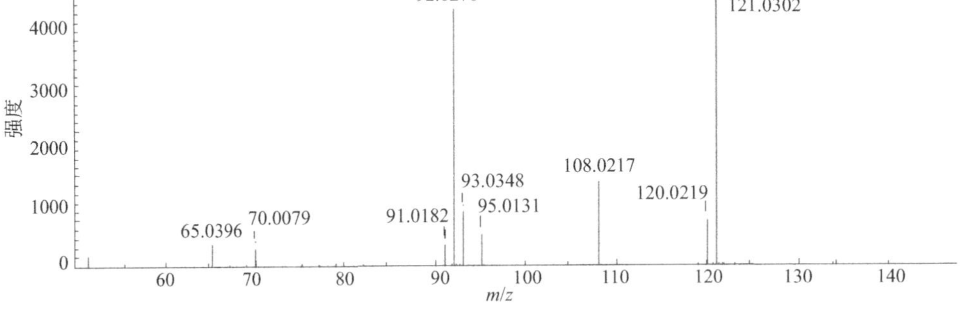

3-Hydroxybenzoic Acid
间羟基苯甲酸

CAS 号	99-06-9	源极性	负离子模式
分子式	$C_7H_6O_3$	加合方式	$[M-H]^-$
分子量	138.0317	保留时间	7.79min

提取离子流色谱图

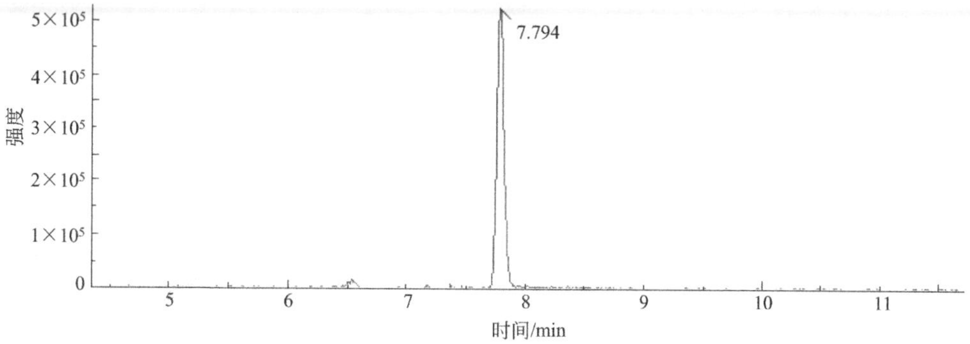

一级质谱图

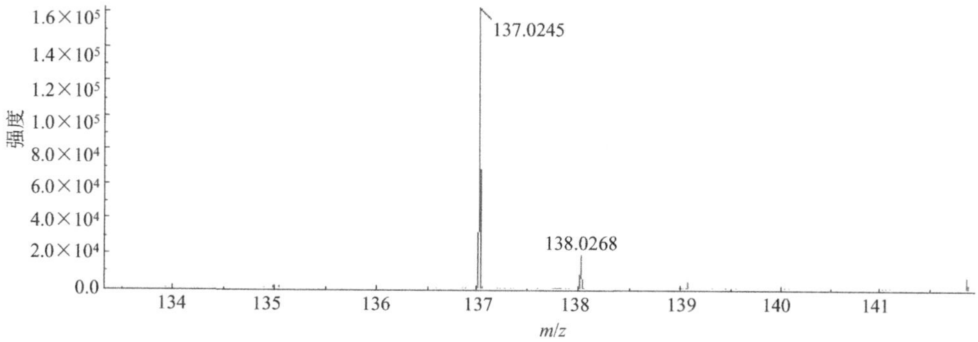

二级全扫质谱图 CE:（-35±15）V

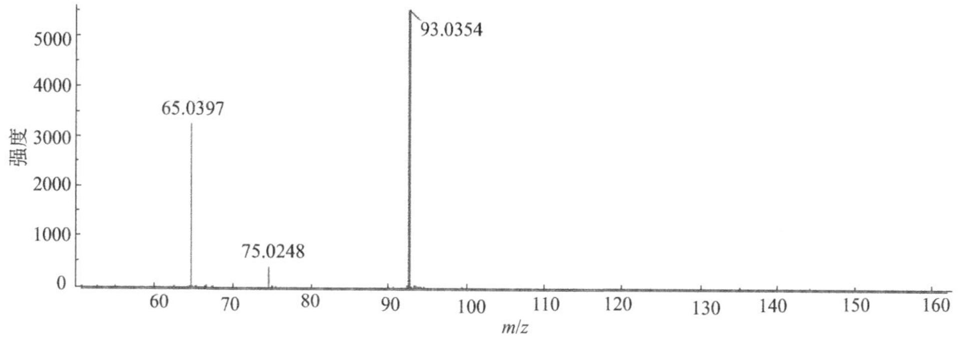

4-Hydroxybenzoic Acid
对羟基苯甲酸

CAS 号	99-96-7	源极性	负离子模式
分子式	$C_7H_6O_3$	加合方式	$[M-H]^-$
分子量	138.0317	保留时间	5.88min

提取离子流色谱图

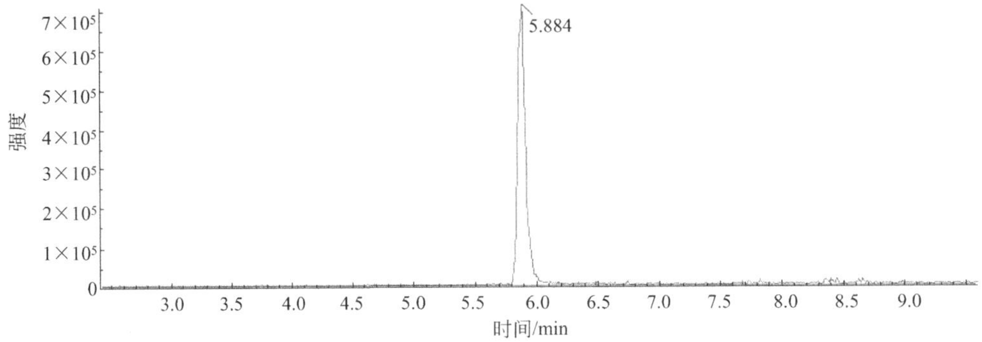

一级质谱图

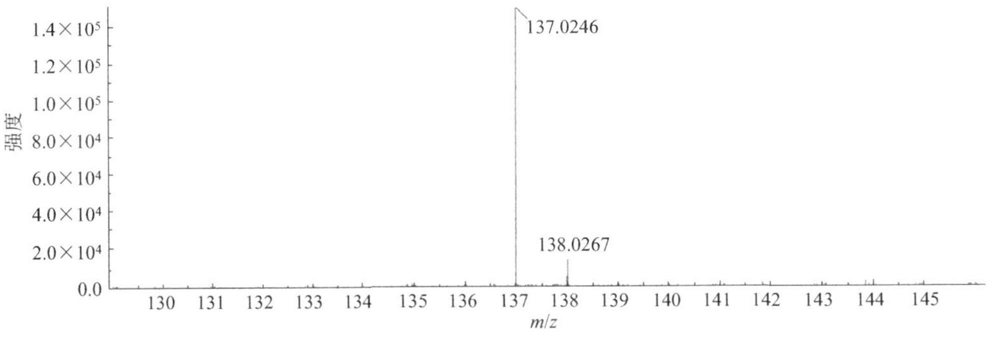

二级全扫质谱图 CE:（−35±15）V

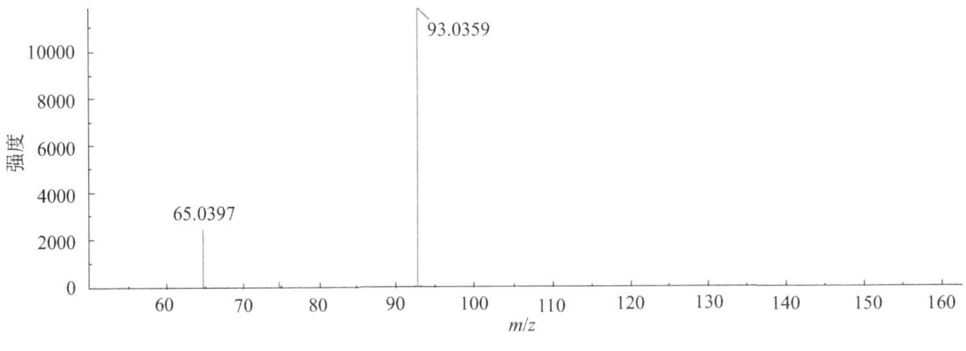

3-Hydroxybenzyl Alcohol

3-羟基苯甲醇

CAS 号	620-24-6	源极性	负离子模式
分子式	$C_7H_8O_2$	加合方式	$[M-H]^-$
分子量	124. 0524	保留时间	5. 40min

提取离子流色谱图

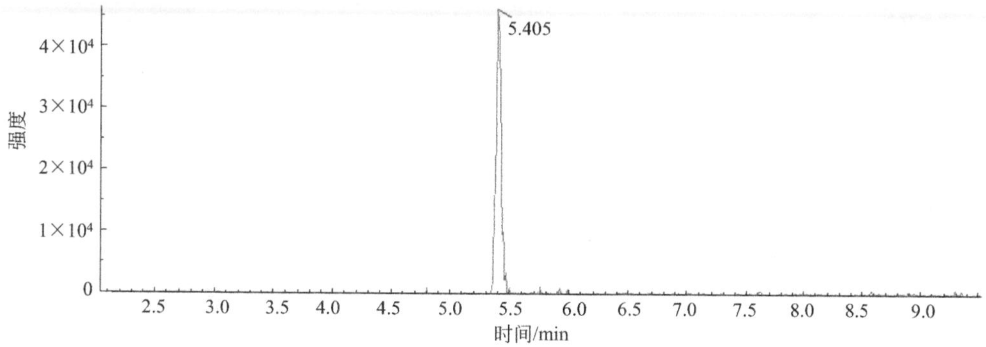

一级质谱图

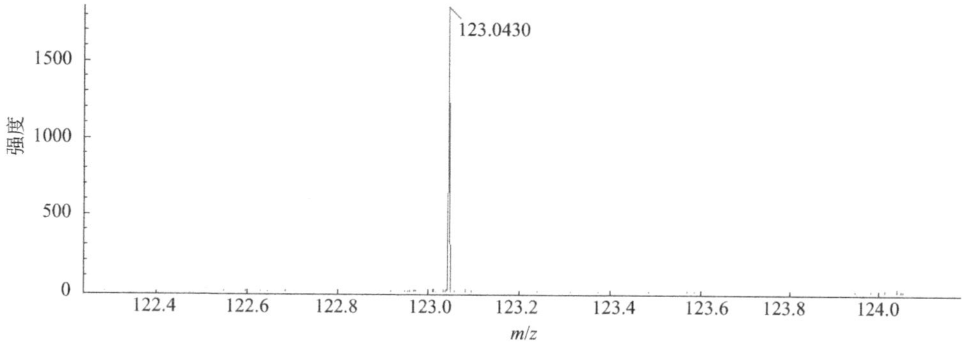

二级全扫质谱图 CE:（-35±15）V

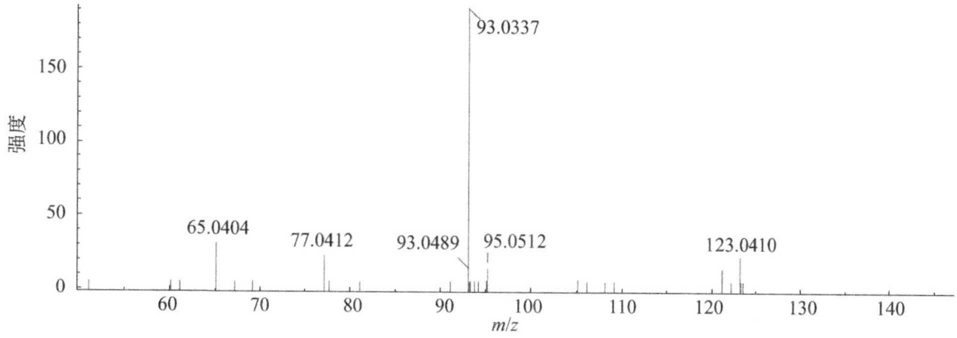

2-Hydroxybutyric Acid
2-羟基丁酸

CAS 号	565-70-8	源极性	负离子模式
分子式	$C_4H_8O_3$	加合方式	$[M-H]^-$
分子量	104. 0468	保留时间	2. 69min

提取离子流色谱图

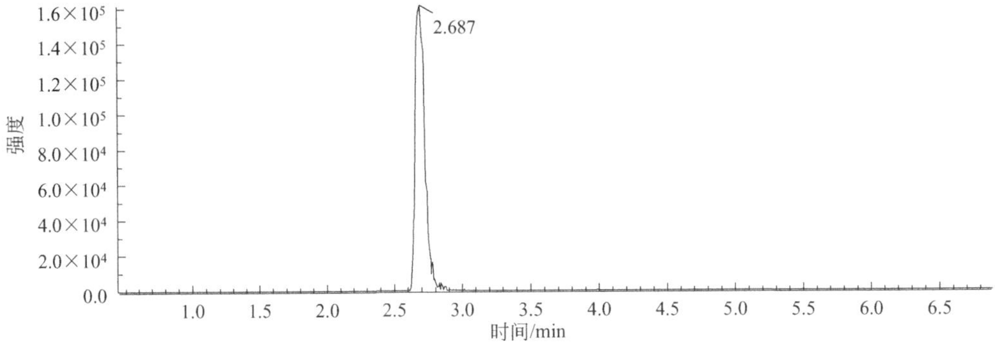

一级质谱图

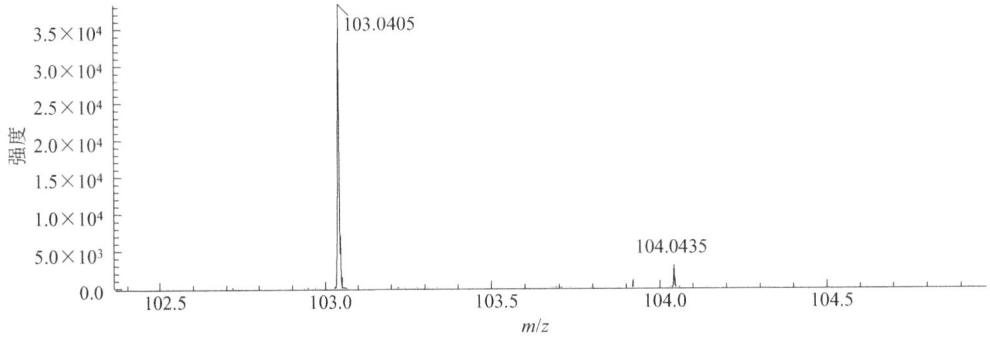

二级全扫质谱图 CE:（−35±15）V

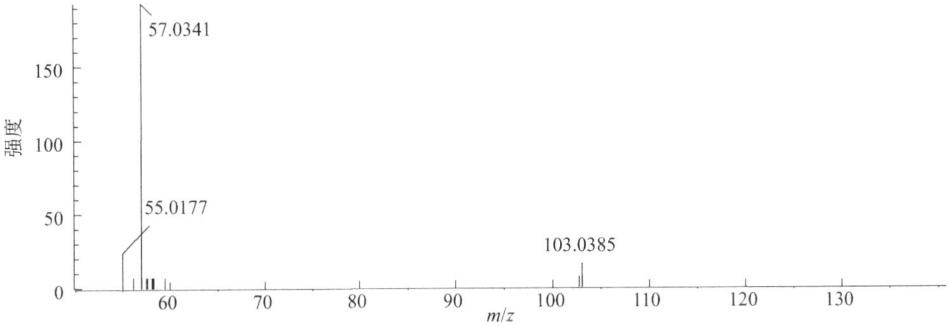

3α-Hydroxy-5β-Cholanic Acid
石胆酸

CAS 号	434-13-9	源极性	负离子模式
分子式	$C_{24}H_{40}O_3$	加合方式	$[M-H]^-$
分子量	376. 2972	保留时间	14. 66min

提取离子流色谱图

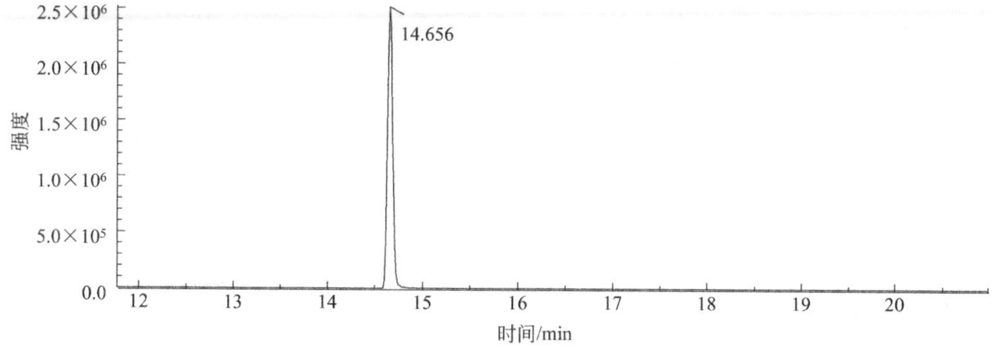

一级质谱图

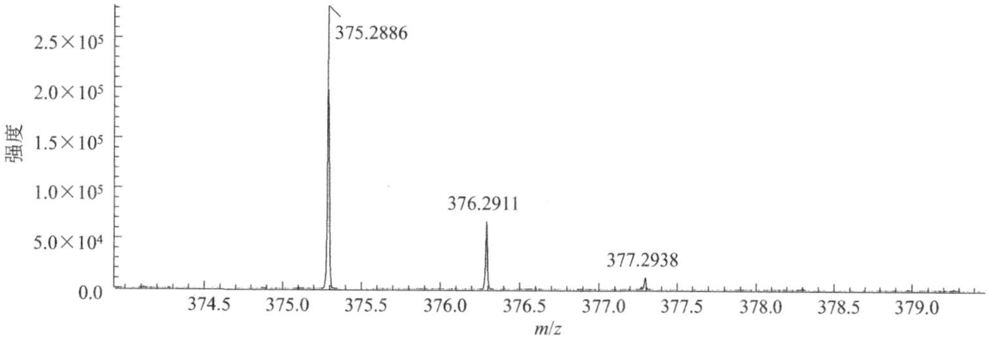

二级全扫质谱图 CE：（-35±15）V

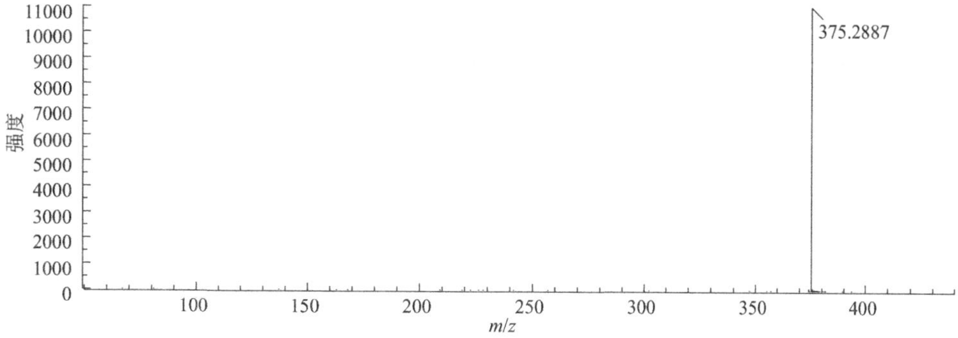

10-Hydroxydecanoic Acid
10-羟基癸酸

CAS 号	1679-53-4	源极性	负离子模式
分子式	$C_{10}H_{20}O_3$	加合方式	$[M-H]^-$
分子量	188.1407	保留时间	10.40min

提取离子流色谱图

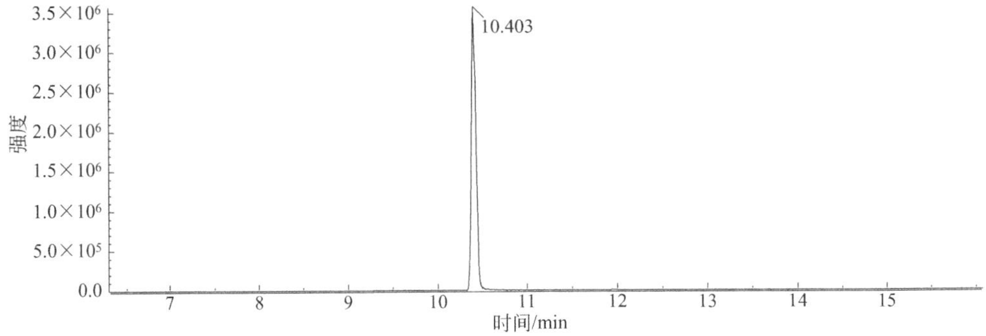

一级质谱图

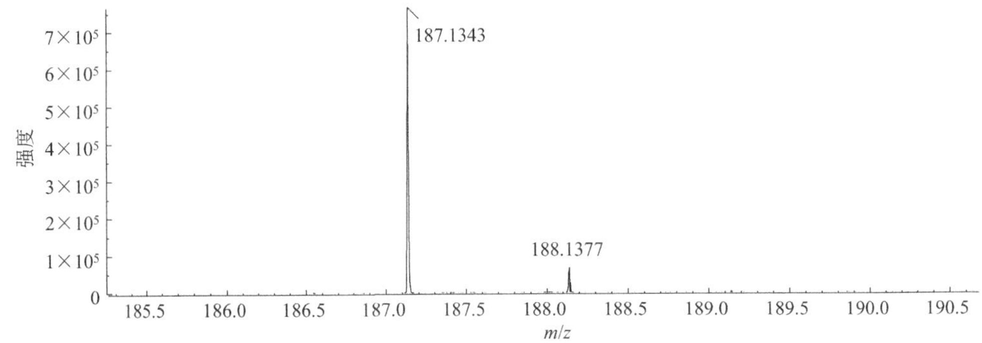

二级全扫质谱图 CE:（-35±15）V

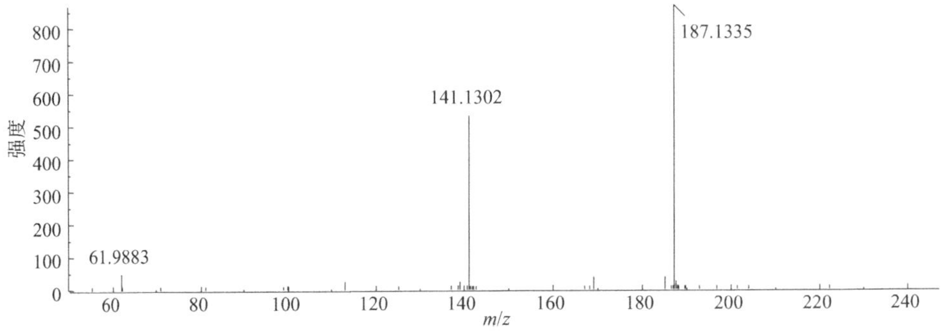

12-Hydroxydodecanoic Acid
端羟基十二酸

CAS 号	505-95-3	源极性	负离子模式
分子式	$C_{12}H_{24}O_3$	加合方式	$[M-H]^-$
分子量	216.1725	保留时间	11.71min

提取离子流色谱图

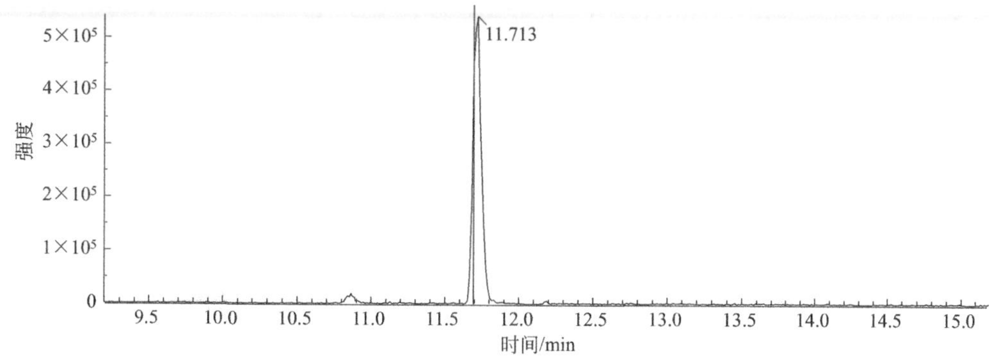

一级质谱图

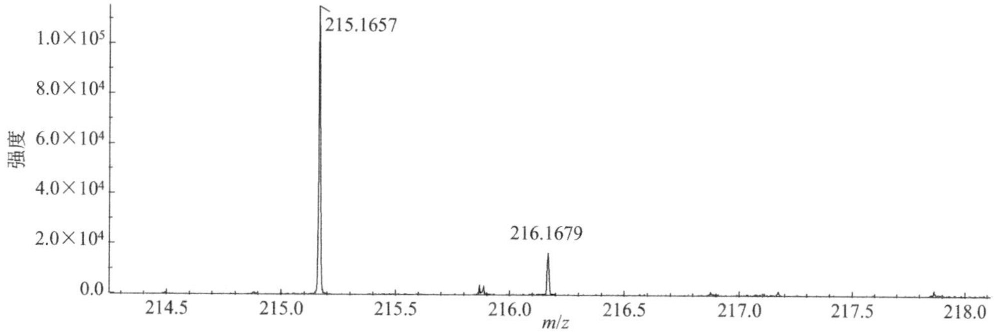

二级全扫质谱图 CE:（−35±15）V

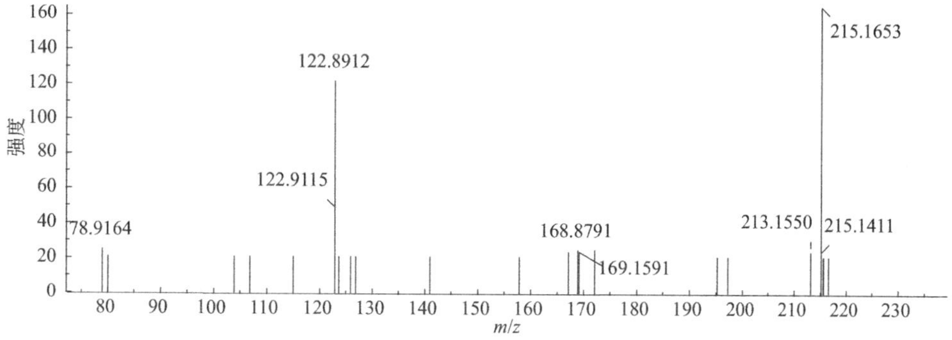

5-Hydroxyindoleacetate
5-羟基吲哚-3-乙酸

CAS 号	54-16-0	源极性	正离子模式
分子式	$C_{10}H_9NO_3$	加合方式	$[M+H]^+$
分子量	191. 0577	保留时间	5. 78min

提取离子流色谱图

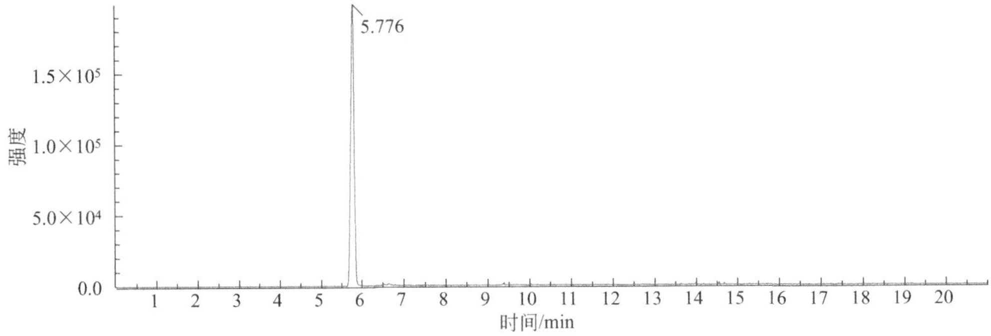

一级质谱图

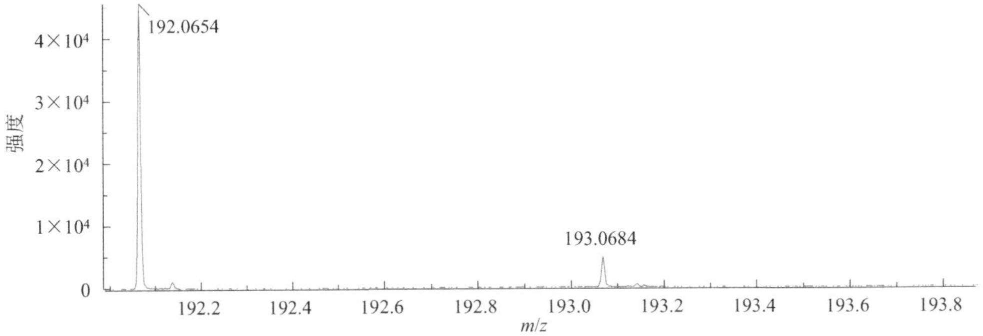

二级全扫质谱图 CE:（-35±15）V

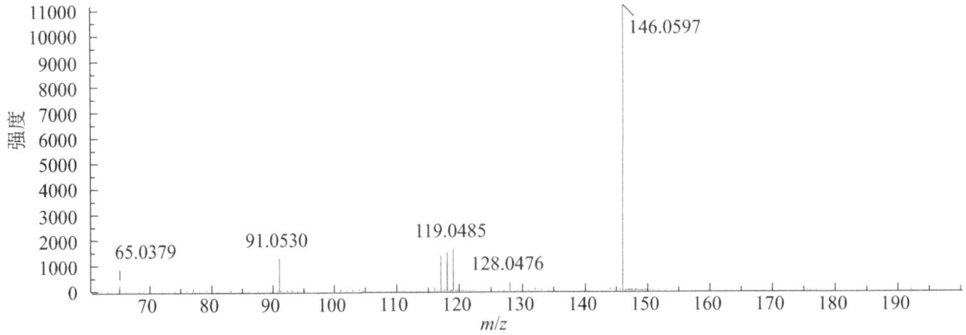

4-Hydroxy-L-Phenylglycine
L-(+)-对羟基苯甘氨酸

CAS 号	32462-30-9	源极性	正离子模式
分子式	$C_8H_9NO_3$	加合方式	$[M+H]^+$
分子量	167. 0582	保留时间	0. 94min

提取离子流色谱图

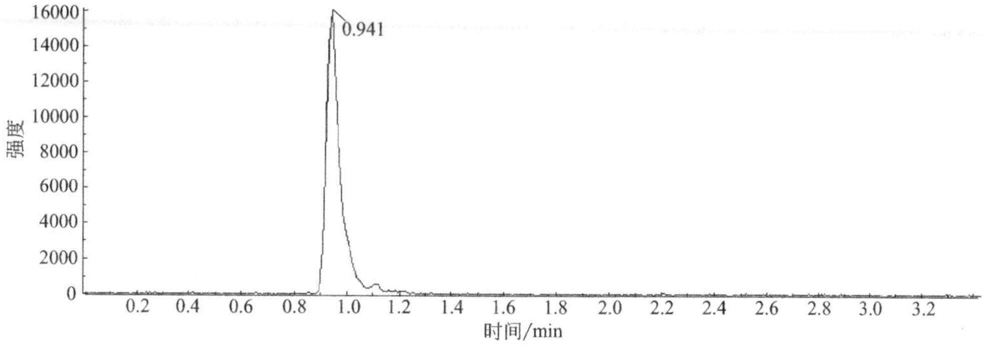

一级质谱图

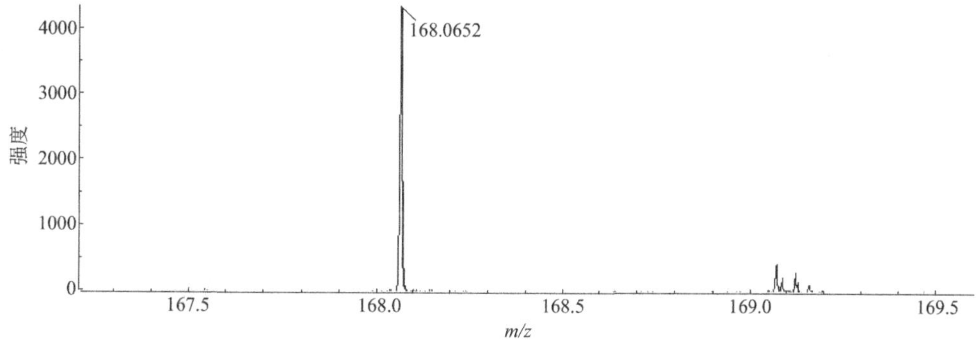

二级全扫质谱图 CE: (35±15)V

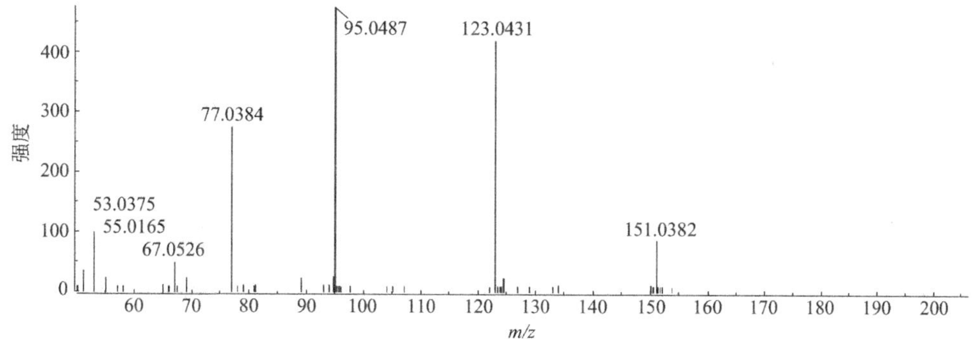

4-Hydroxy-L-Proline
L-羟基脯氨酸

CAS 号	51-35-4	源极性	负离子模式
分子式	$C_5H_9NO_3$	加合方式	$[M-H]^-$
分子量	131. 0582	保留时间	0. 87min

提取离子流色谱图

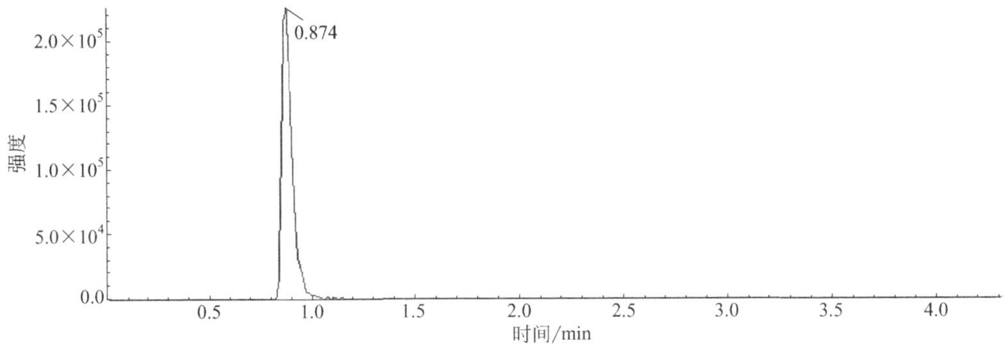

一级质谱图

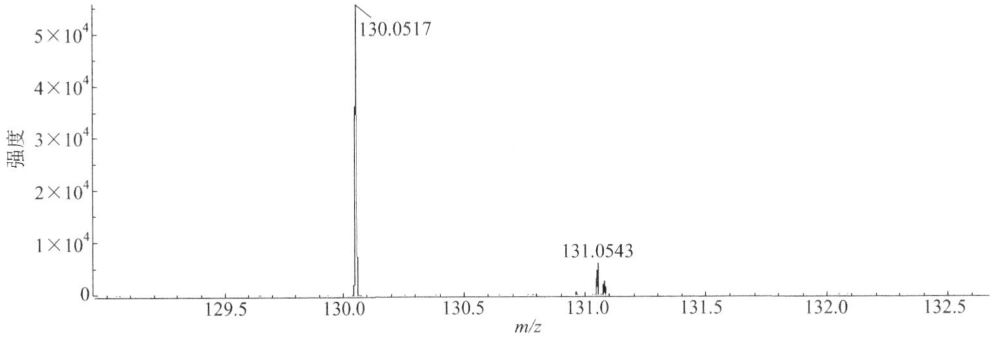

二级全扫质谱图 CE: (−35±15)V

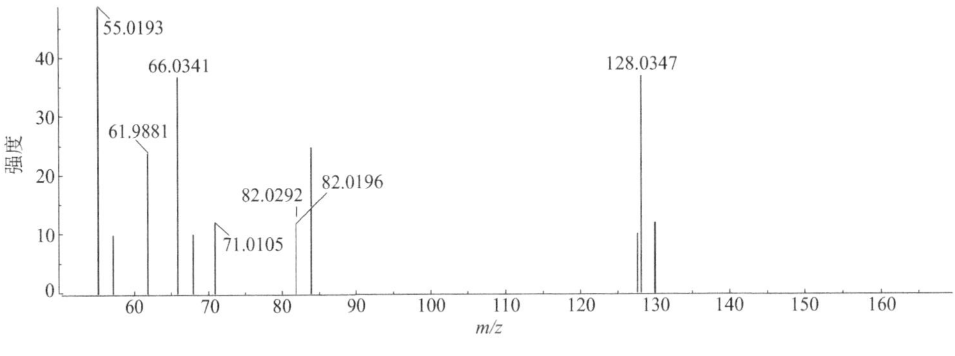

5-Hydroxy-L-Tryptophan
5-羟基色氨酸

CAS 号	4350-09-8	源极性	负离子模式
分子式	$C_{11}H_{12}N_2O_3$	加合方式	$[M-H]^-$
分子量	220.0842	保留时间	3.19min

提取离子流色谱图

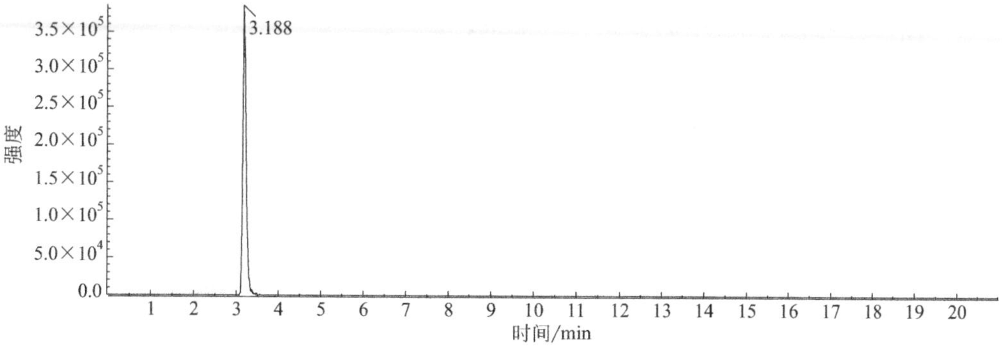

一级质谱图

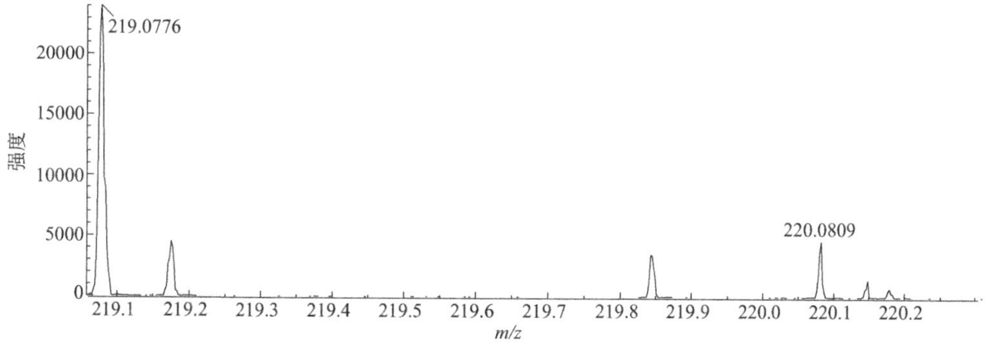

二级全扫质谱图 CE: (-35±15)V

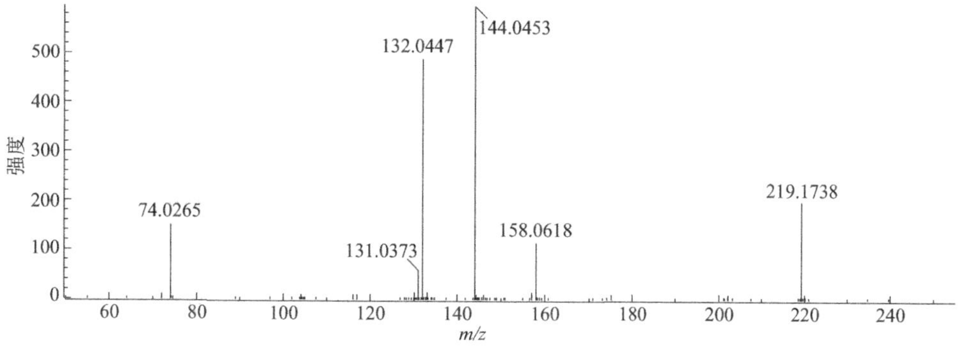

4-Hydroxy-3-Methoxyphenylglycol
4-羟基-3-甲氧基苯乙二醇

CAS 号	534-82-7	源极性	负离子模式
分子式	$C_9H_{12}O_4$	加合方式	$[M-H]^-$
分子量	184. 0736	保留时间	7. 76min

提取离子流色谱图

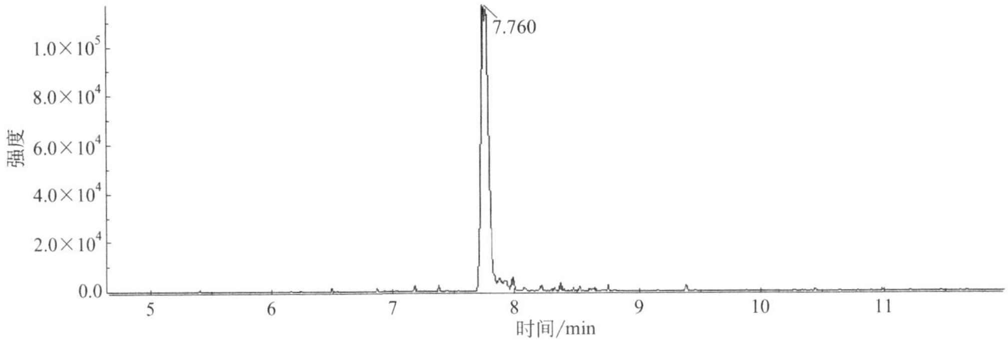

一级质谱图

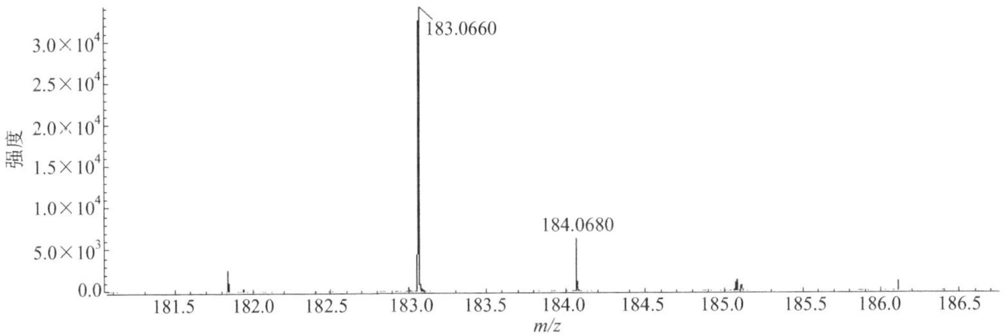

二级全扫质谱图 CE: (−35±15)V

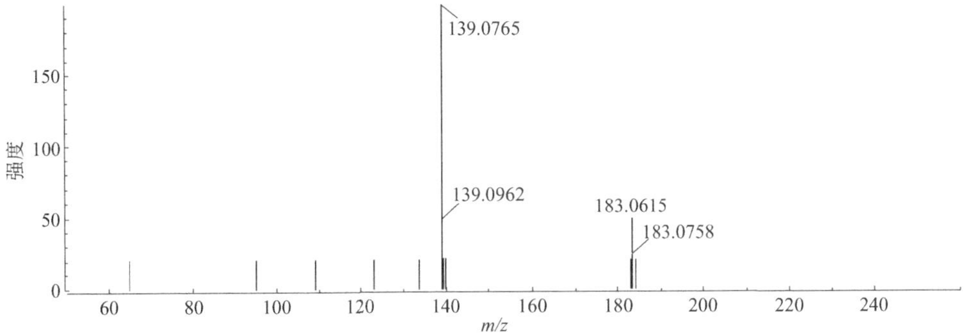

1-Hydroxy-2-Naphthoic Acid
1-羟基-2-萘甲酸

CAS 号	86-48-6	源极性	负离子模式
分子式	$C_{11}H_8O_3$	加合方式	$[M-H]^-$
分子量	188.0468	保留时间	11.04min

提取离子流色谱图

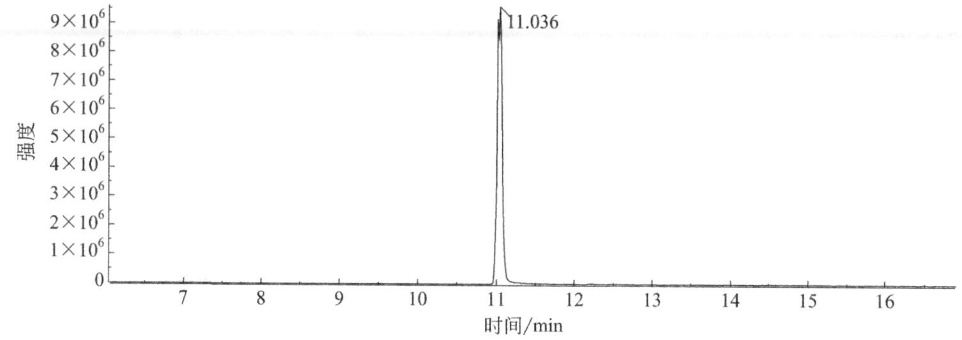

一级质谱图

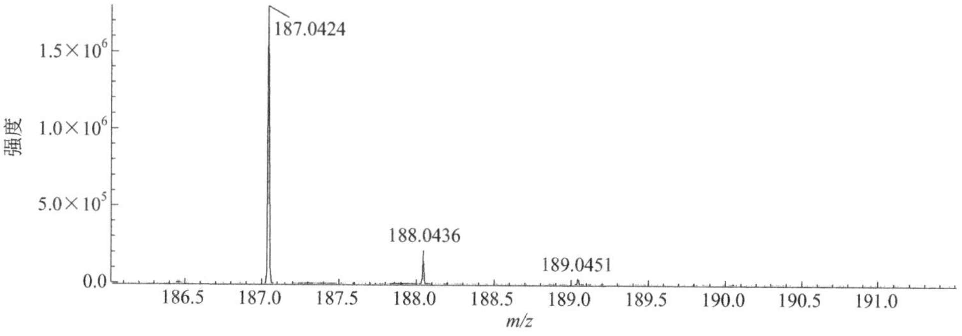

二级全扫质谱图 CE: (−35±15)V

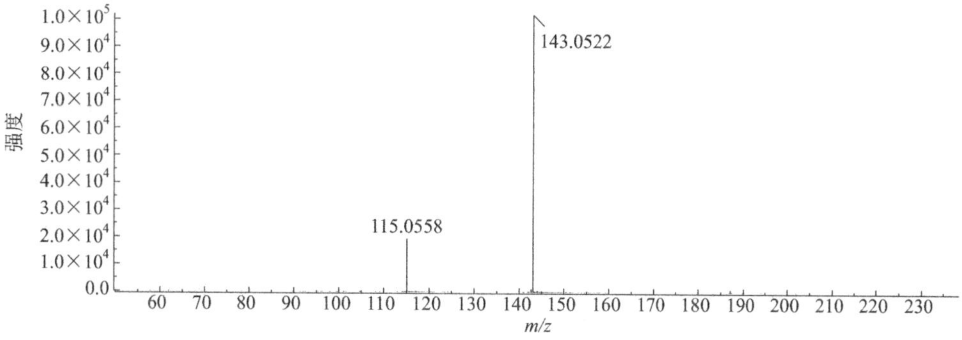

6-Hydroxynicotinic Acid
6-羟基烟酸

CAS 号	5006-66-6	源极性	正离子模式
分子式	$C_6H_5NO_3$	加合方式	$[M+H]^+$
分子量	139. 0264	保留时间	2. 87min

提取离子流色谱图

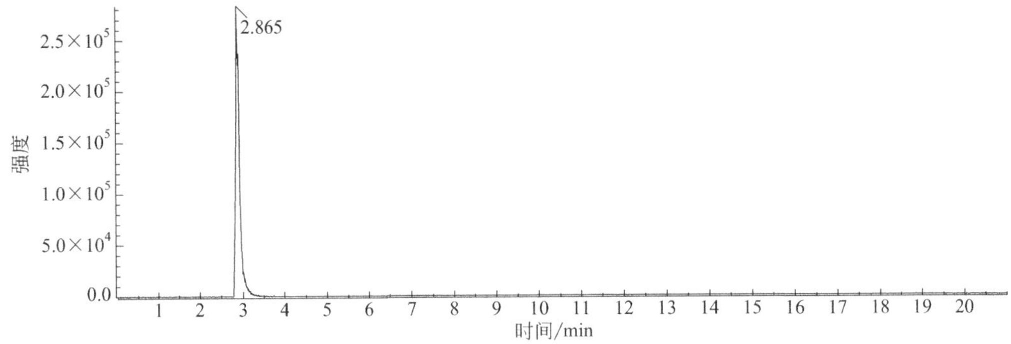

一级质谱图

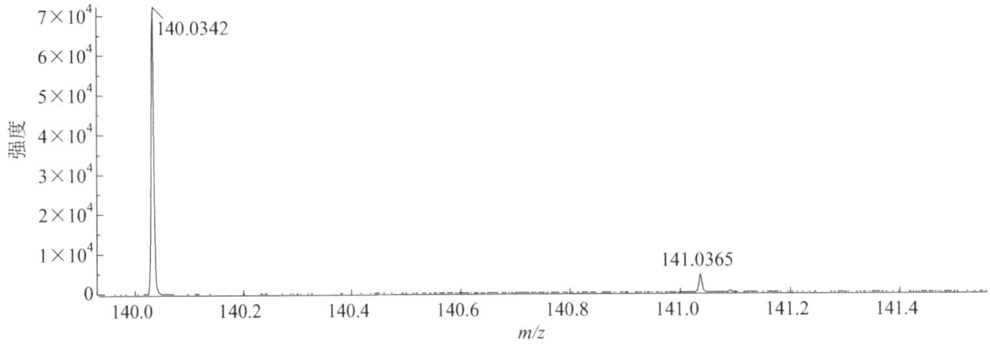

二级全扫质谱图 CE: (35±15)V

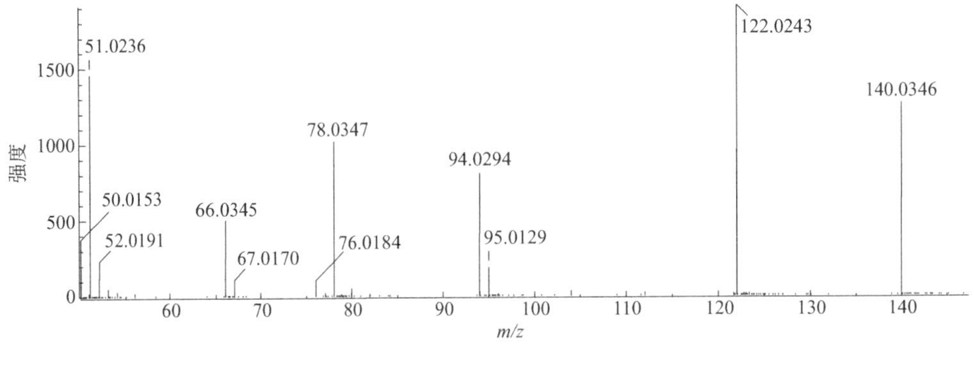

4-Hydroxyphenylacetate
4-乙酰氧基苯酚

CAS 号	3233-32-7	源极性	负离子模式
分子式	$C_8H_8O_3$	加合方式	$[M-H]^-$
分子量	152. 0473	保留时间	5. 51min

提取离子流色谱图

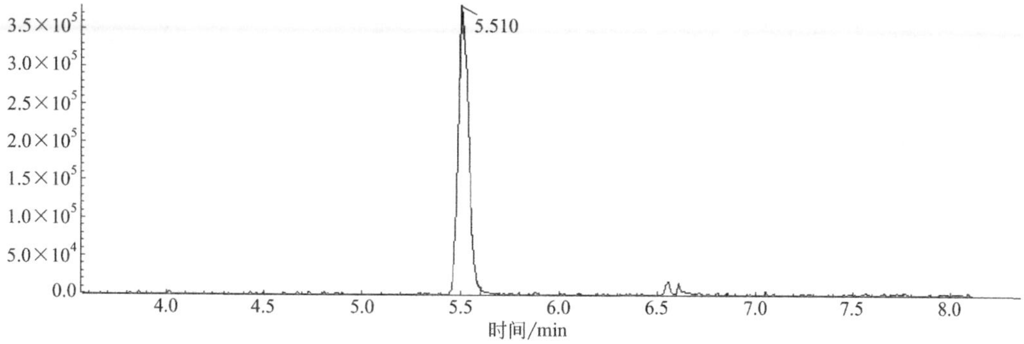

一级质谱图

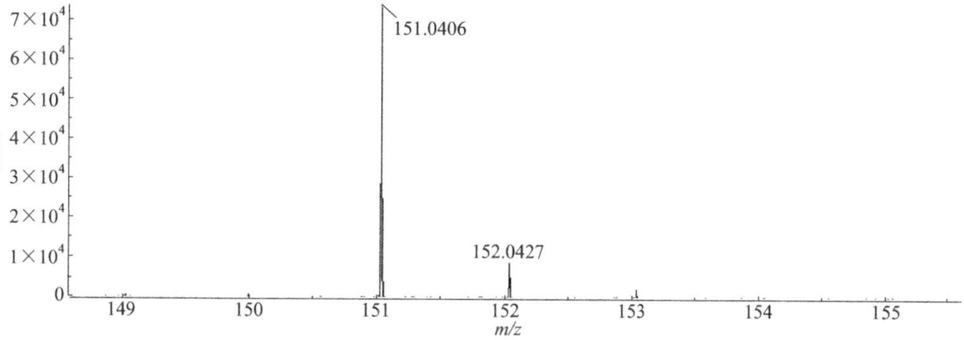

二级全扫质谱图 CE: (−35±15)V

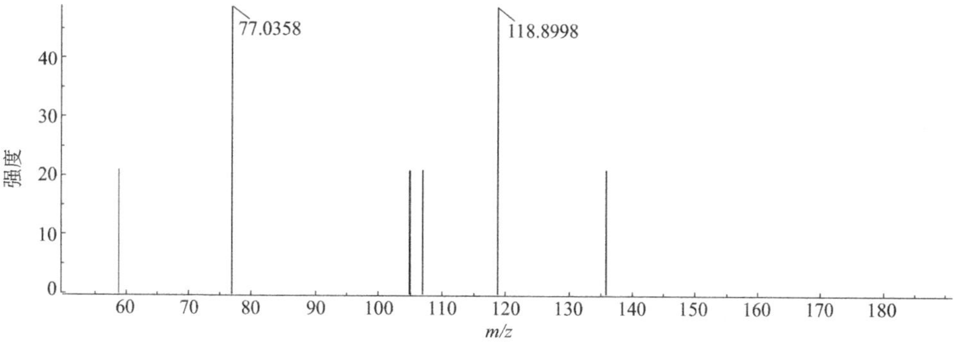

3-(4-Hydroxyphenyl)Lactic Acid
3-(4-羟基苯基)乳酸

CAS 号	6482-98-0	源极性	负离子模式
分子式	$C_9H_{10}O_4$	加合方式	$[M-H]^-$
分子量	182.0574	保留时间	5.39min

提取离子流色谱图

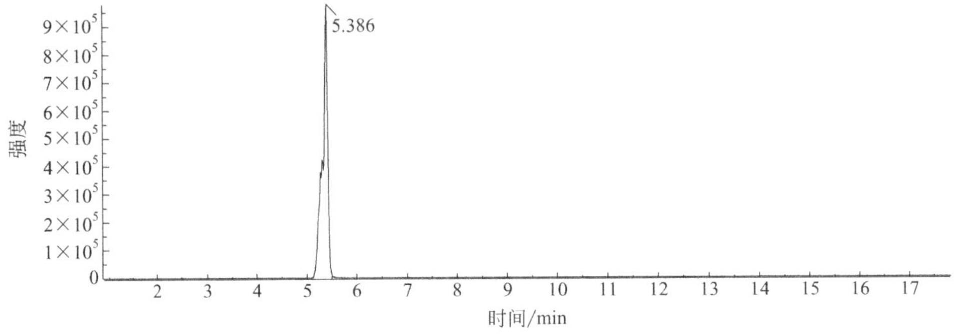

一级质谱图

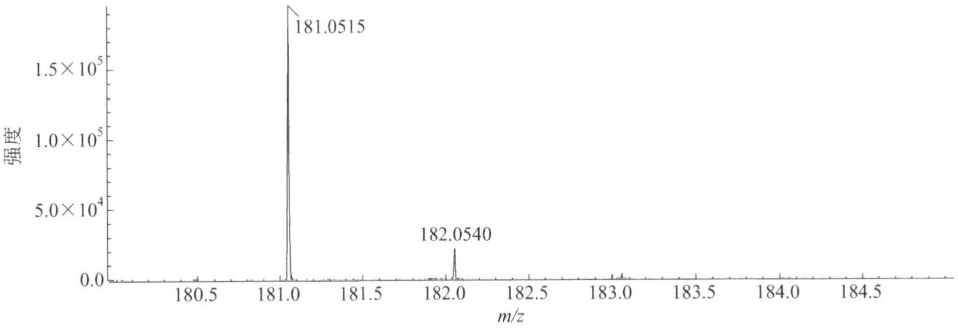

二级全扫质谱图 CE: (−35±15)V

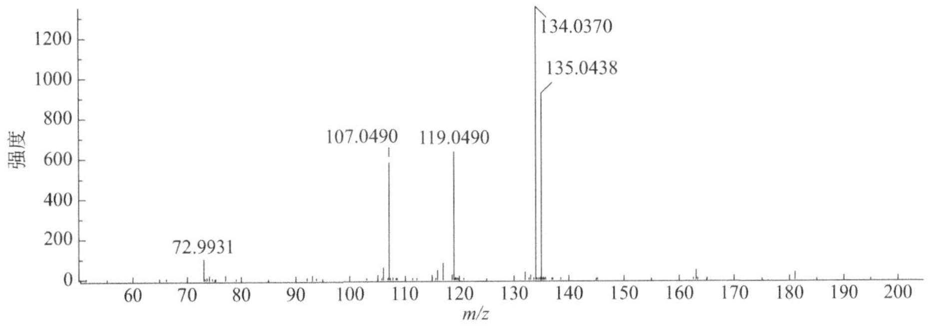

3-(2-Hydroxyphenyl)Propionic Acid
3-(2-羟基苯基)丙酸

CAS 号	495-78-3	源极性	负离子模式
分子式	$C_9H_{10}O_3$	加合方式	$[M-H]^-$
分子量	166. 0625	保留时间	5. 42min

提取离子流色谱图

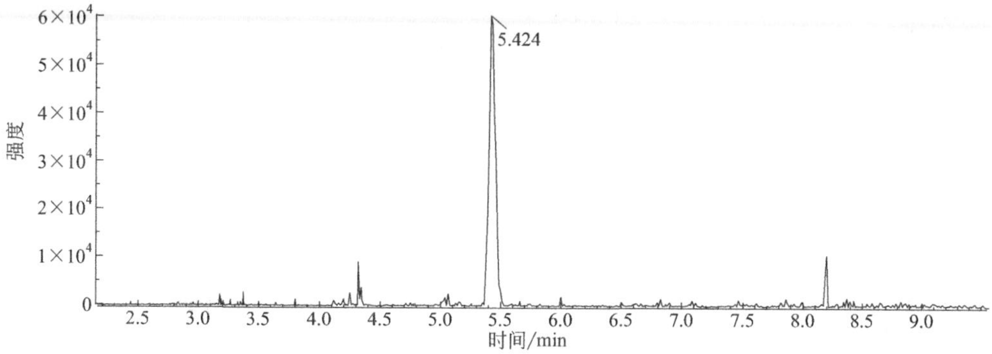

一级质谱图

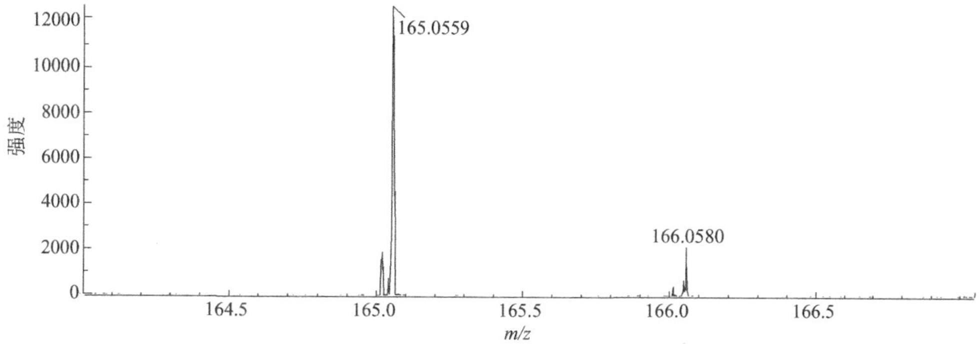

二级全扫质谱图 CE: (-35±15)V

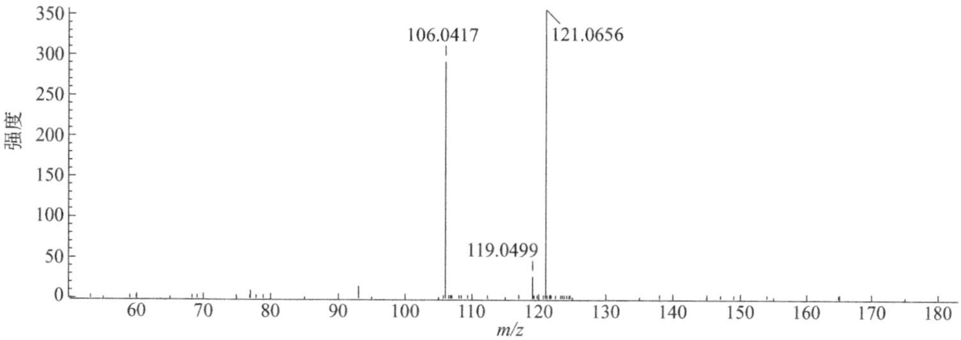

4-Hydroxy-2-Quinolinecarboxylic Acid
氯氨酮

CAS 号	492-27-3	源极性	负离子模式
分子式	$C_{10}H_7NO_3$	加合方式	$[M-H]^-$
分子量	189. 0426	保留时间	5. 79min

提取离子流色谱图

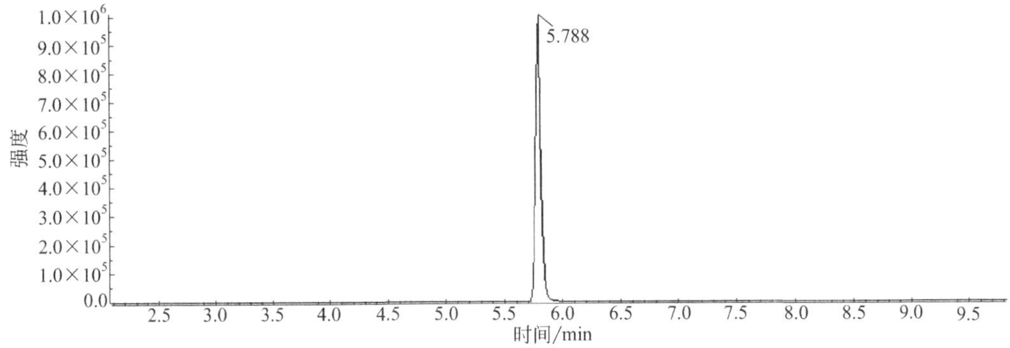

一级质谱图

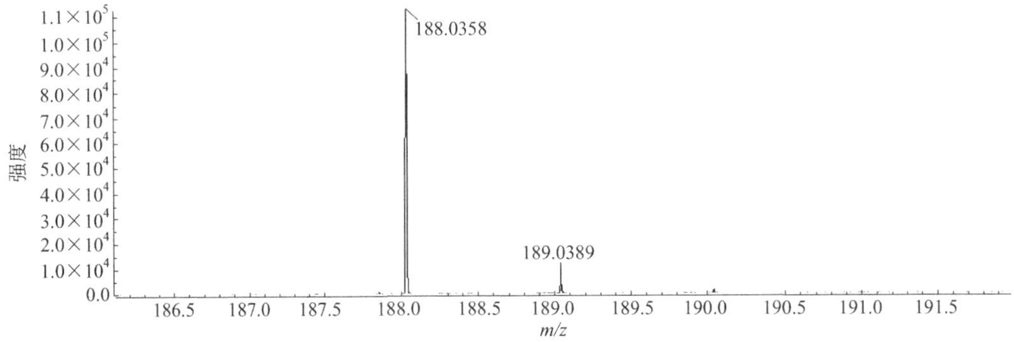

二级全扫质谱图 CE: (−35±15)V

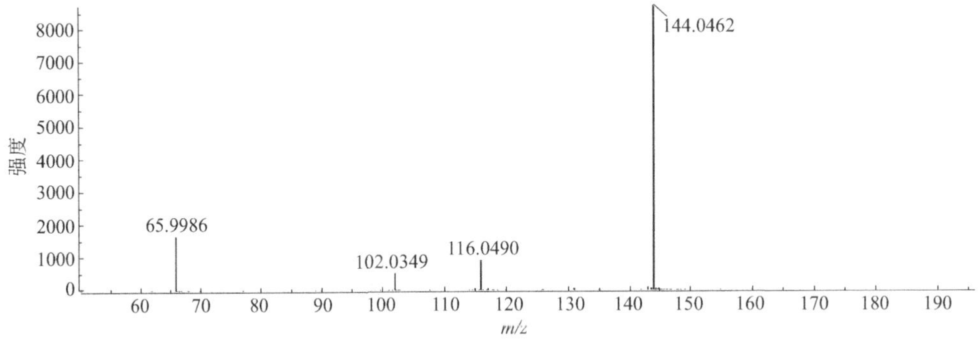

Hypoxanthine
次黄嘌呤

CAS 号	68-94-0	源极性	正离子模式
分子式	$C_5H_4N_4O$	加合方式	$[M+H]^+$
分子量	136.0385	保留时间	1.70min

提取离子流色谱图

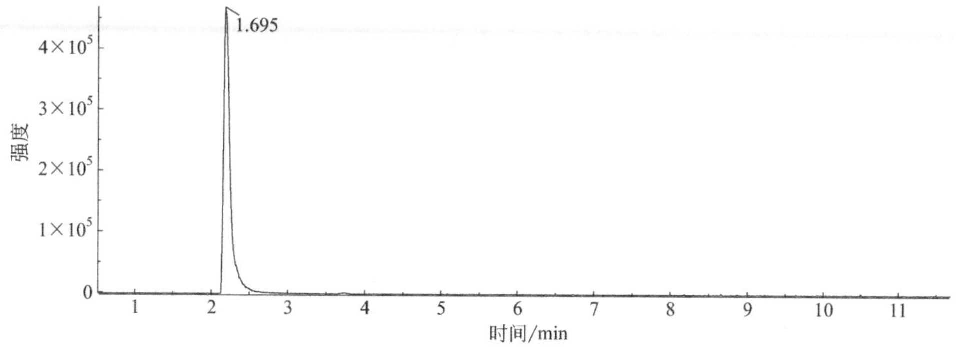

一级质谱图

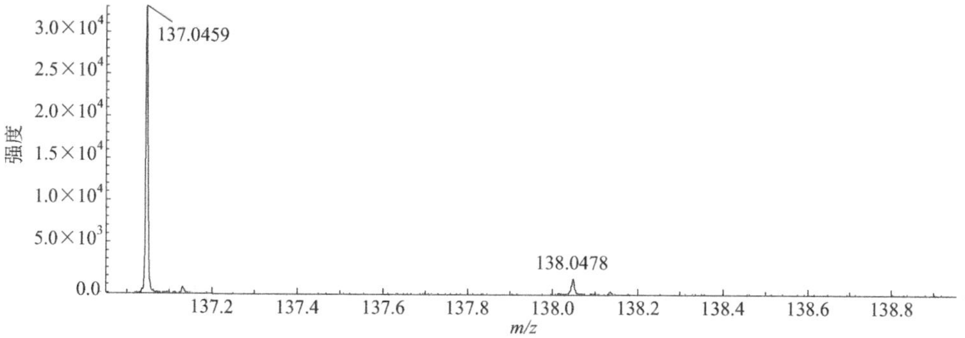

二级全扫质谱图 CE: (35±15)V

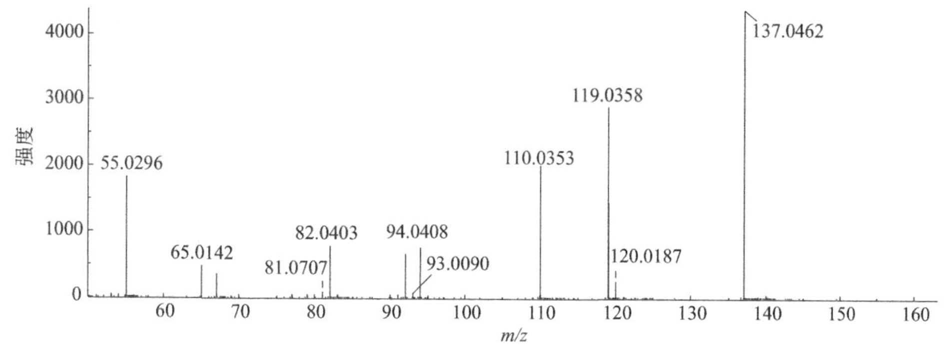

4-Imidazoleacetic Acid

4-咪唑乙酸

CAS 号	3251-69-2（盐酸盐） 645-45-8(母体)	源极性	正离子模式
分子式	$C_5H_6N_2O_2$	加合方式	$[M+H]^+$
分子量	126.0429	保留时间	0.98min

提取离子流色谱图

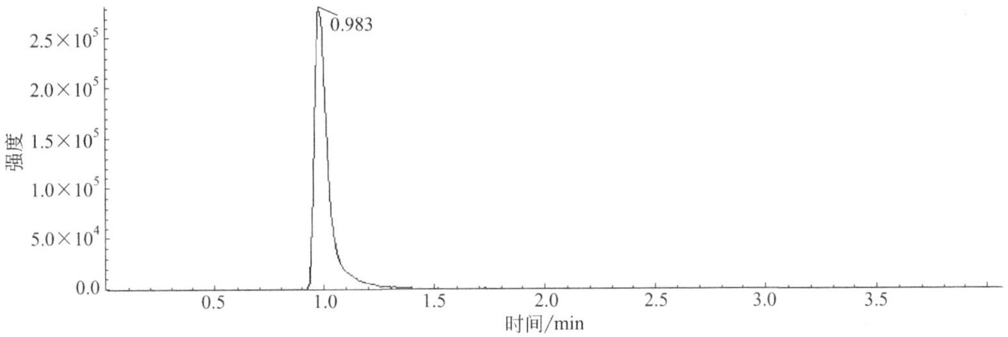

一级质谱图

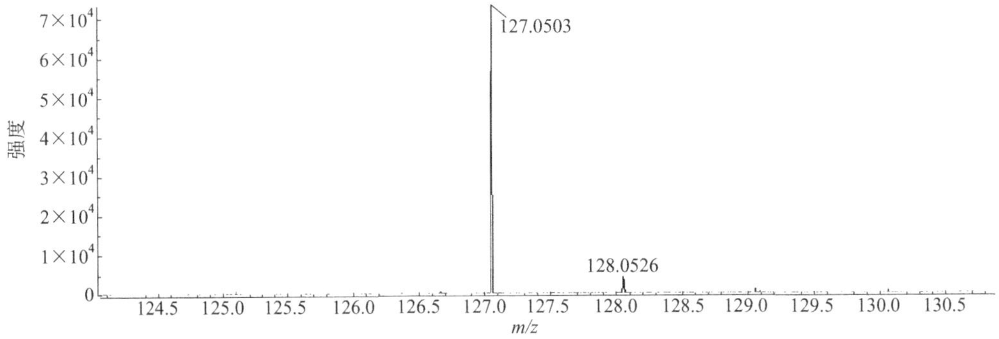

二级全扫质谱图 CE: (−35±15)V

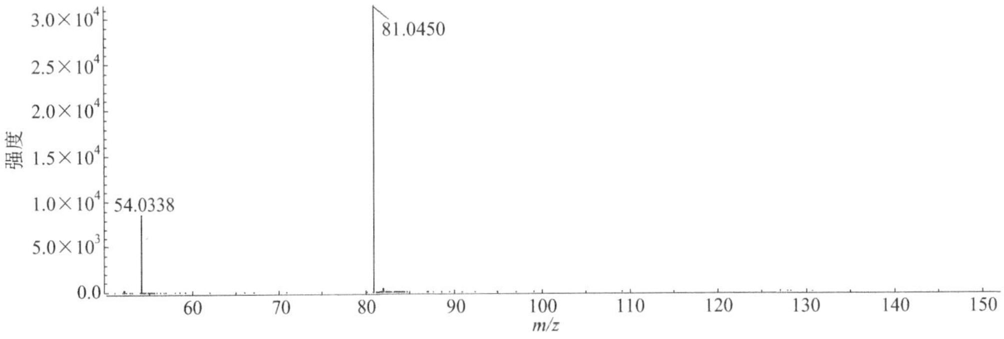

Indole-3-Acetaldehyde
吲哚-3-乙醛

CAS 号	2591-98-2	源极性	正离子模式
分子式	$C_{10}H_9NO$	加合方式	$[M+H]^+$
分子量	159.0684	保留时间	8.20min

提取离子流色谱图

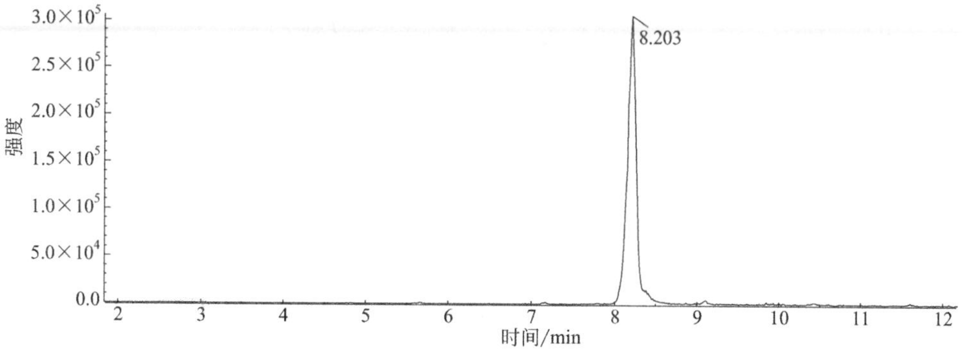

一级质谱图

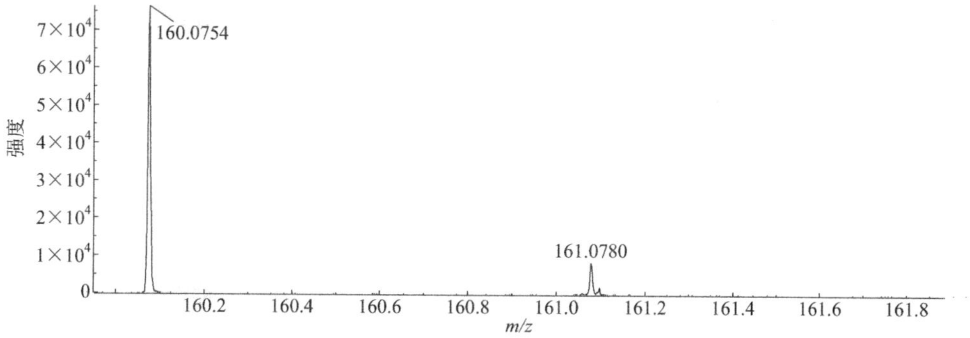

二级全扫质谱图 CE: (35±15)V

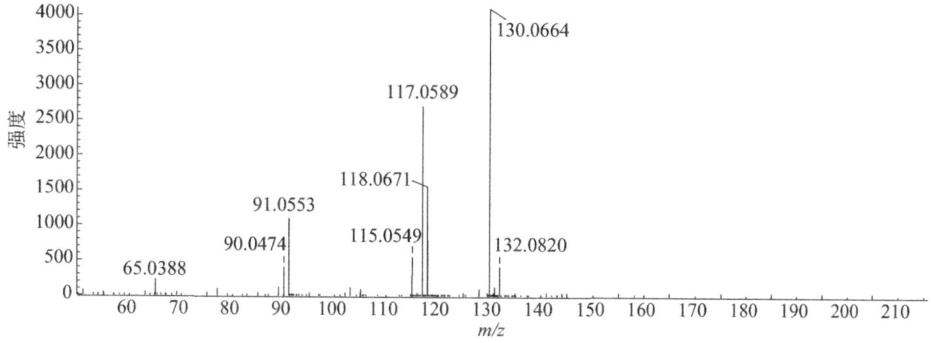

Indole-3-Acetamide
3-吲哚乙酰胺

CAS 号	879-37-8	源极性	正离子模式
分子式	$C_{10}H_{10}N_2O$	加合方式	$[M+H]^+$
分子量	174. 0793	保留时间	6. 88min

提取离子流色谱图

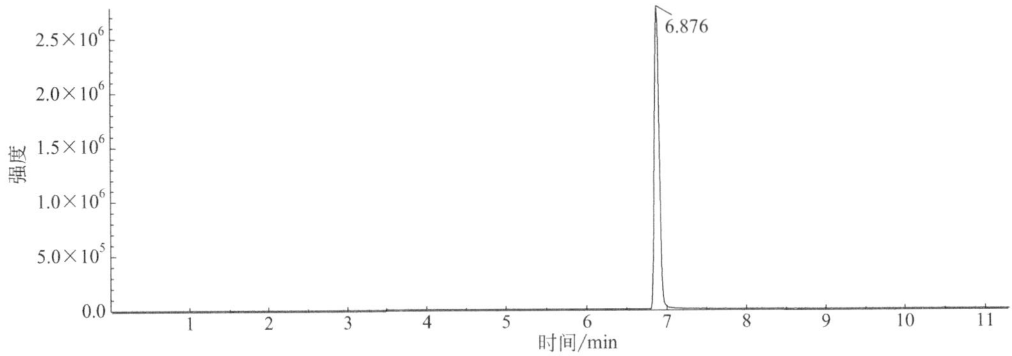

一级质谱图

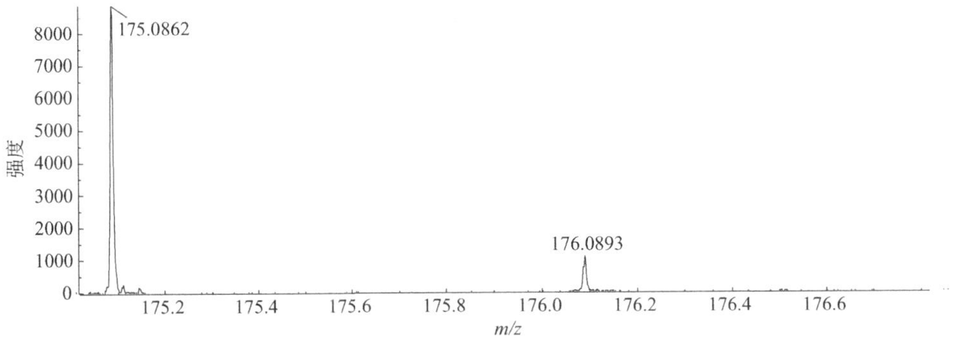

二级全扫质谱图 CE：(35±15)V

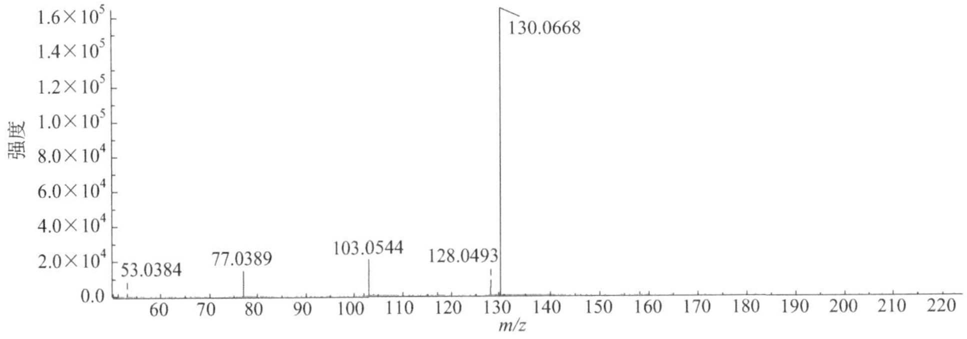

Indole-3-Acetic Acid
吲哚乙酸

CAS 号	6505-45-9（钠盐） 87-51-4（母体）	源极性	负离子模式
分子式	$C_{10}H_9NO_2$	加合方式	$[M-H]^-$
分子量	175.0633	保留时间	7.54min

提取离子流色谱图

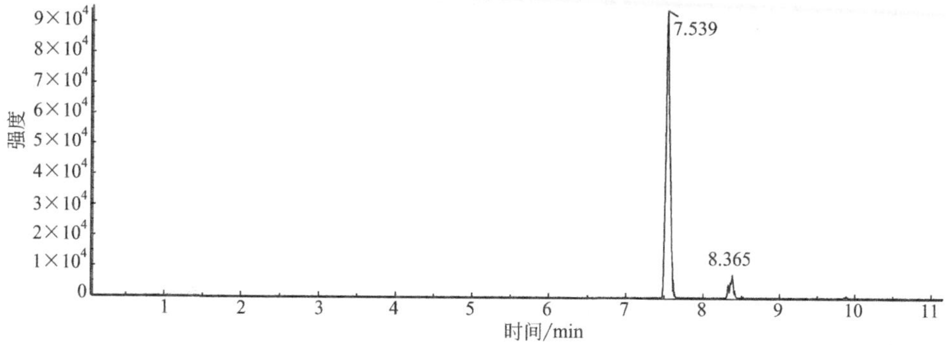

一级质谱图

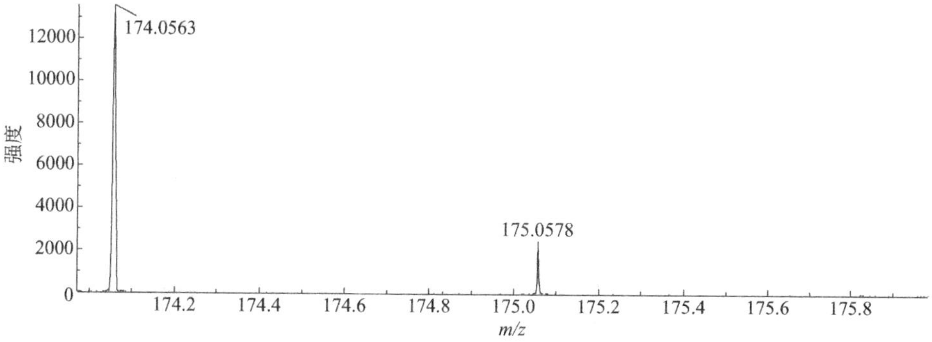

二级全扫质谱图 CE: (−35±15)V

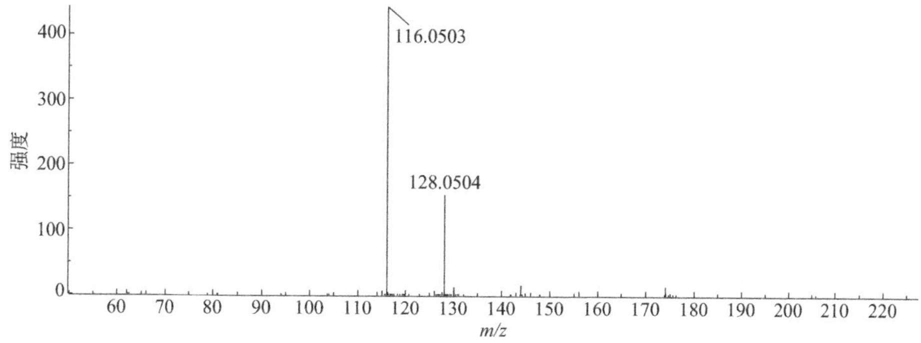

Indole-3-Ethanol
色醇

CAS 号	526-55-6	源极性	正离子模式
分子式	$C_{10}H_{11}NO$	加合方式	$[M+H]^+$
分子量	161. 0841	保留时间	8. 40min

提取离子流色谱图

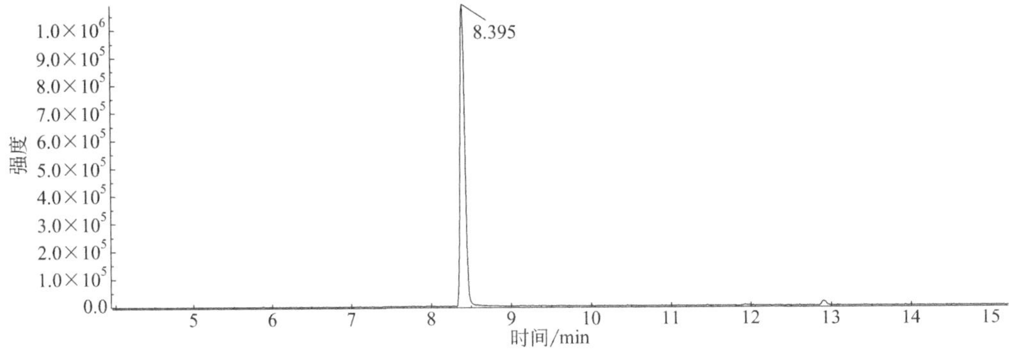

一级质谱图

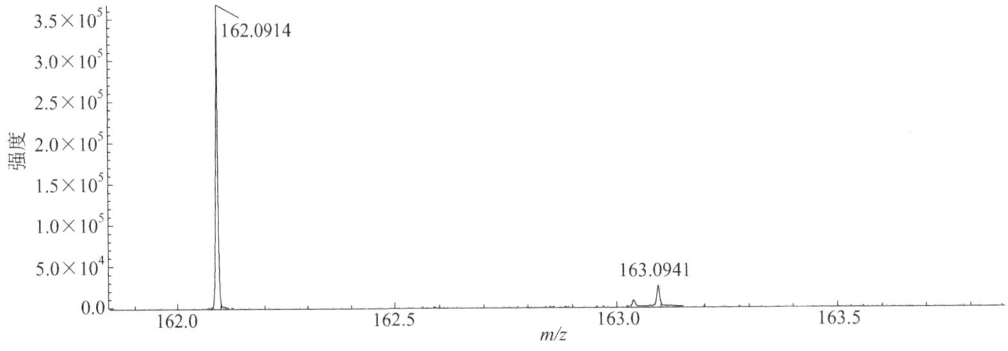

二级全扫质谱图 CE: (35±15)V

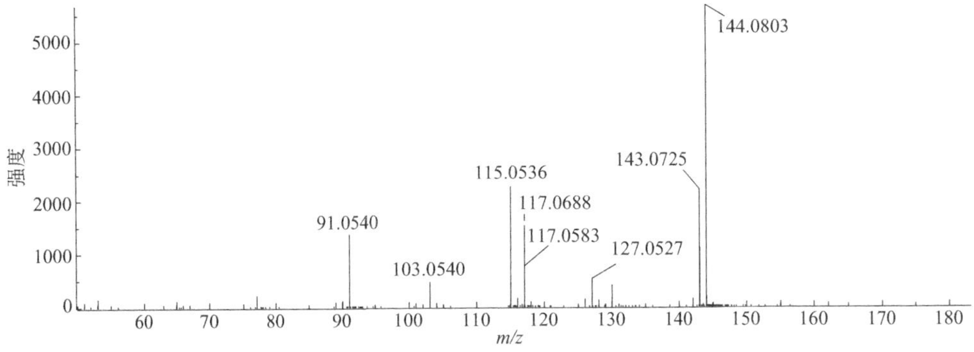

Indoxyl Sulfate
硫酸吲哚

CAS 号	2642-37-7（钾盐） 487-94-5（母体）	源极性	负离子模式
分子式	$C_8H_7NO_4S$	加合方式	$[M-H]^-$
分子量	213. 0096	保留时间	4. 92min

提取离子流色谱图

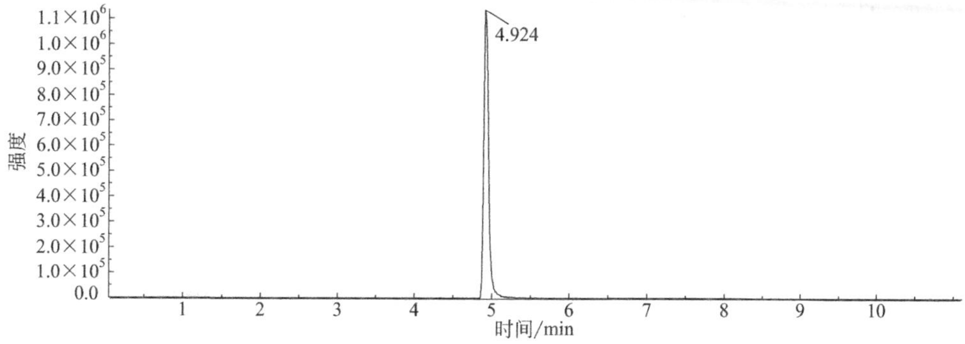

一级质谱图

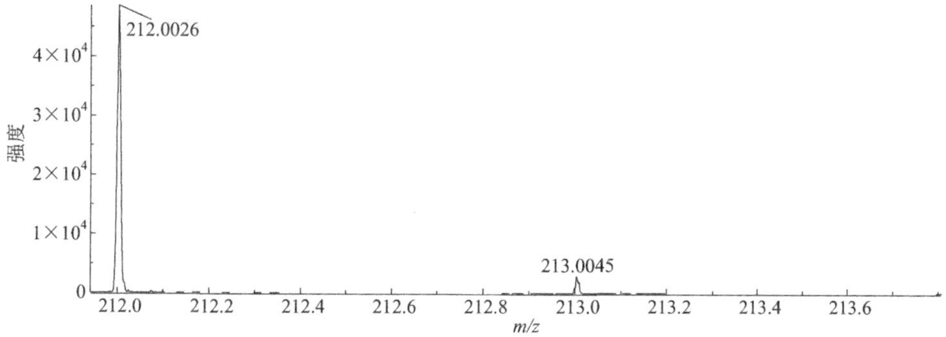

二级全扫质谱图 CE: (−35±15)V

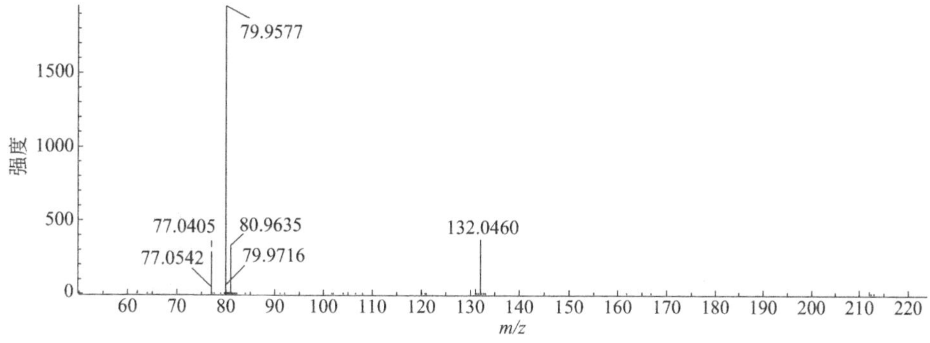

Inosine
肌苷

CAS 号	58-63-9	源极性	负离子模式
分子式	$C_{10}H_{12}N_4O_5$	加合方式	$[M-H]^-$
分子量	268. 0808	保留时间	3. 31min

提取离子流色谱图

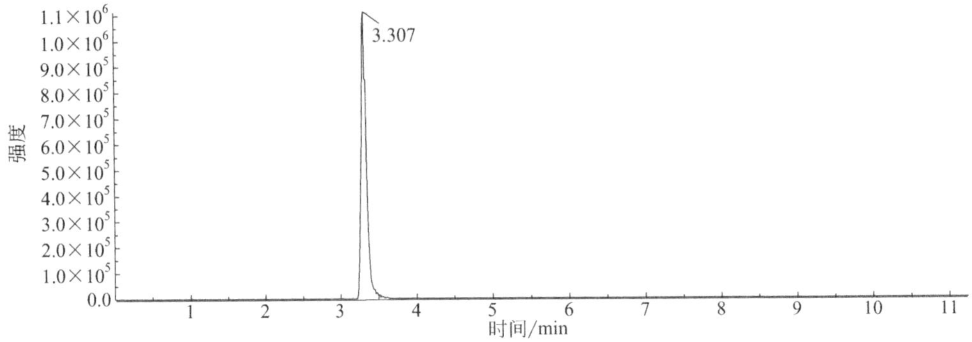

一级质谱图

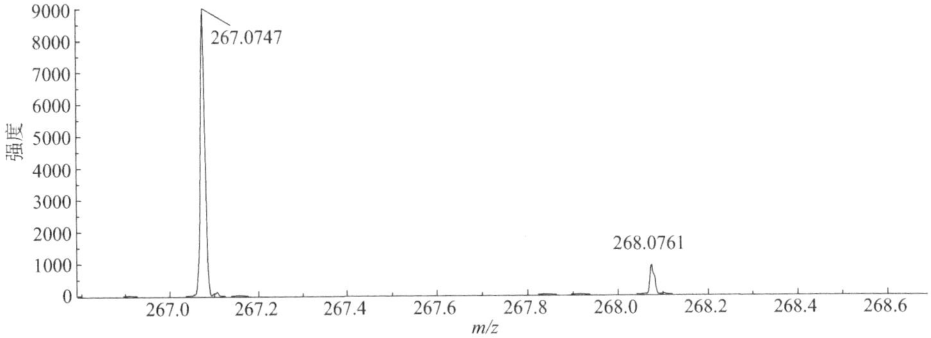

二级全扫质谱图 CE: (−35±15)V

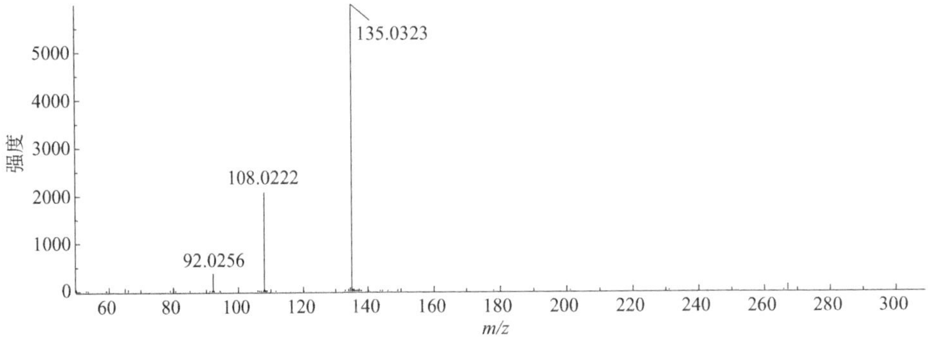

Inosine 5′-Diphosphate
肌苷-5′-二磷酸

CAS 号	81012-88-6（三钠盐结合水） 71672-86-1（三钠盐）	源极性	负离子模式
分子式	$C_{10}H_{14}N_4O_{11}P_2$	加合方式	$[M-H]^-$
分子量	428.0134	保留时间	0.80min

提取离子流色谱图

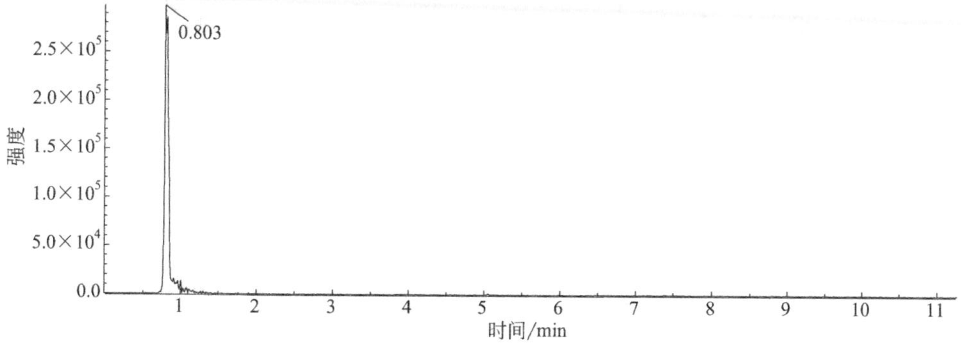

一级质谱图

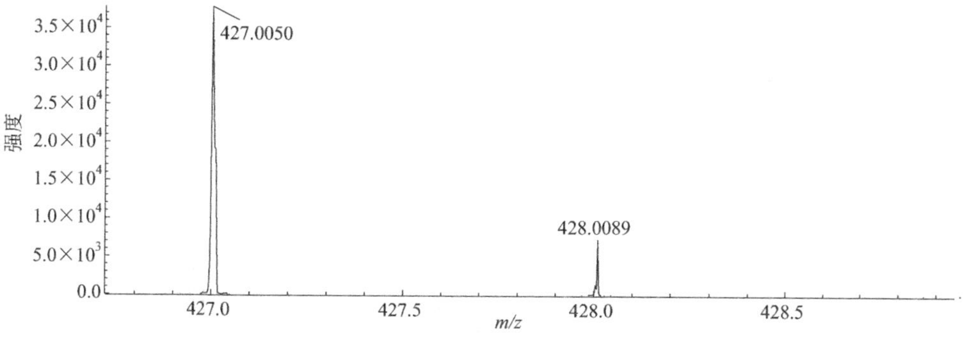

二级全扫质谱图 CE: (−35±15)V

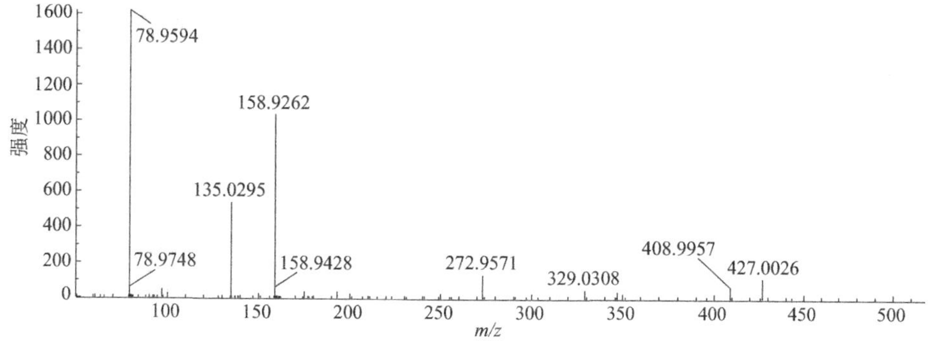

Inosine 5′-Triphosphate
肌苷-5′-三磷酸

CAS 号	35908-31-7（三钠盐） 132-06-9(母体)	源极性	负离子模式
分子式	$C_{10}H_{15}N_4O_{14}P_3$	加合方式	$[M-H]^-$
分子量	507. 9798	保留时间	0. 77min

提取离子流色谱图

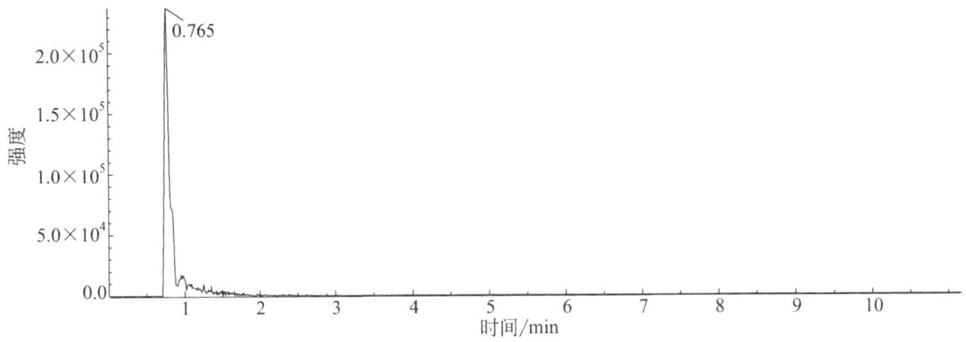

一级质谱图

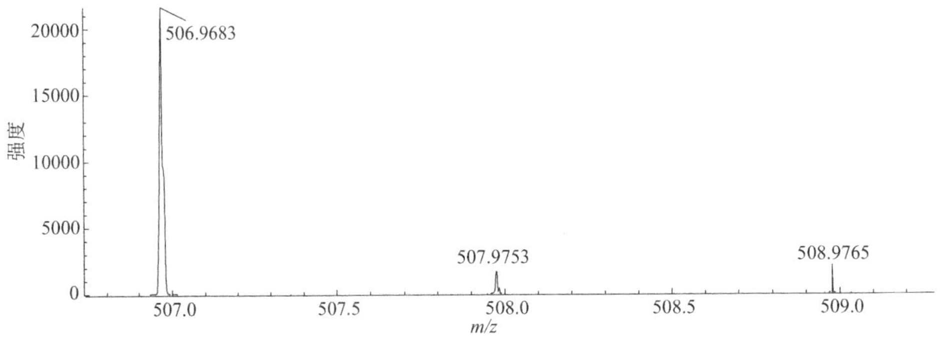

二级全扫质谱图 CE: (−35±15)V

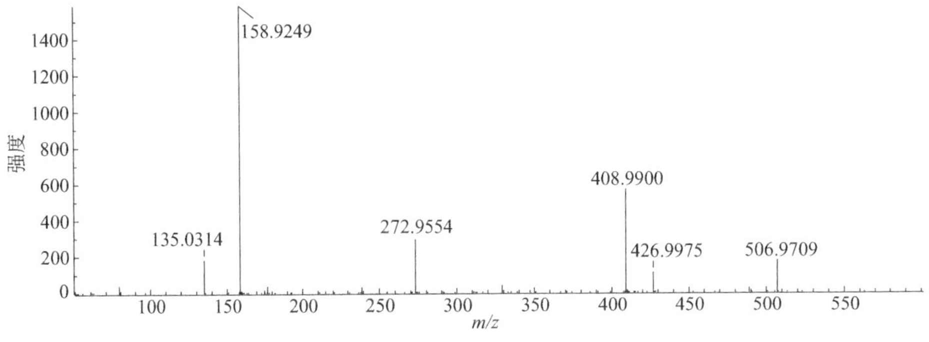

5′-Inosinic Acid
5′-肌苷酸

CAS 号	131-99-7	源极性	负离子模式
分子式	$C_{10}H_{13}N_4O_8P$	加合方式	$[M-H]^-$
分子量	348. 0471	保留时间	1. 32min

提取离子流色谱图

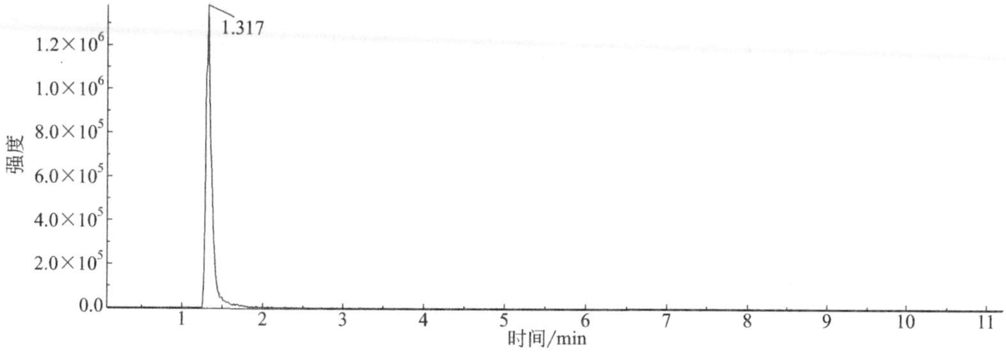

一级质谱图

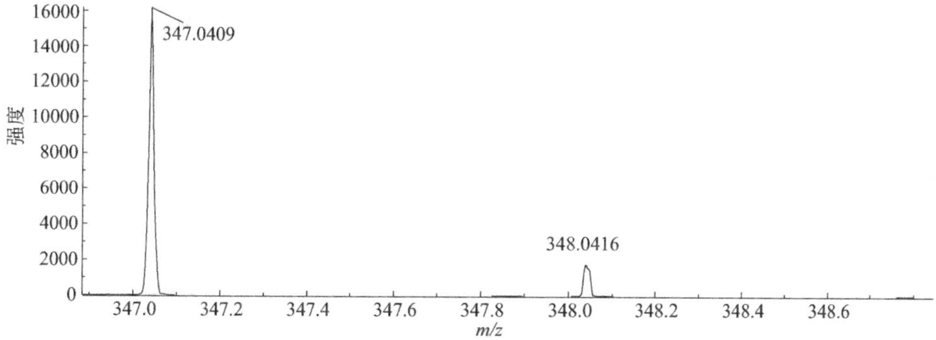

二级全扫质谱图 CE: (−35±15)V

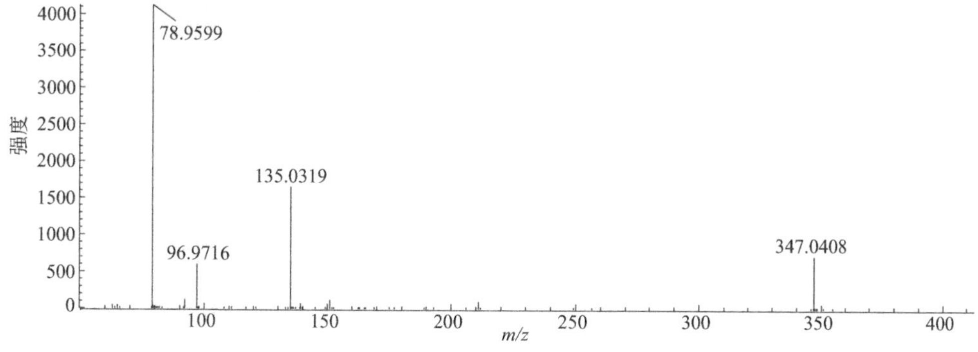

*I*sopentenyl Pyrophosphate
异戊烯焦磷酸

CAS 号	116057-53-5（三铵盐） 358-71-4（母体）	源极性	负离子模式
分子式	$C_5H_{12}O_7P_2$	加合方式	$[M-H]^-$
分子量	246.0058	保留时间	1.81min

提取离子流色谱图

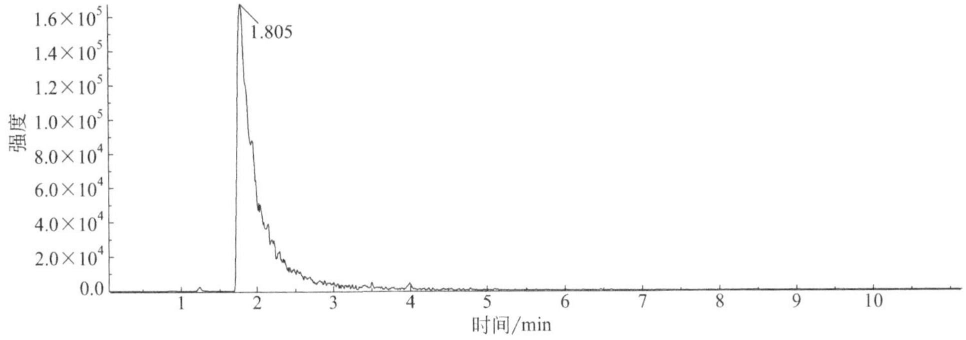

一级质谱图

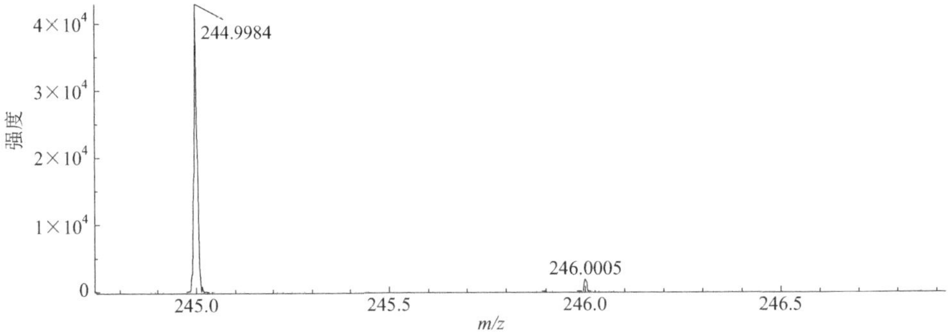

二级全扫质谱图 CE: (−35±15)V

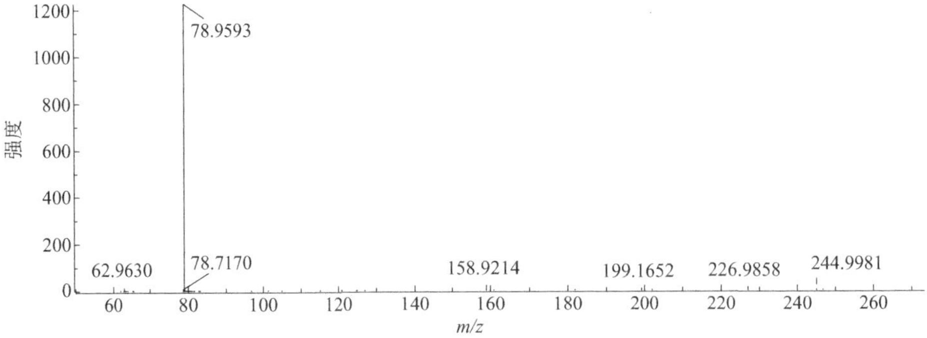

Itaconic Acid
衣康酸

CAS 号	97-65-4	源极性	负离子模式
分子式	$C_5H_6O_4$	加合方式	$[M-H]^-$
分子量	130. 0266	保留时间	0. 79min

提取离子流色谱图

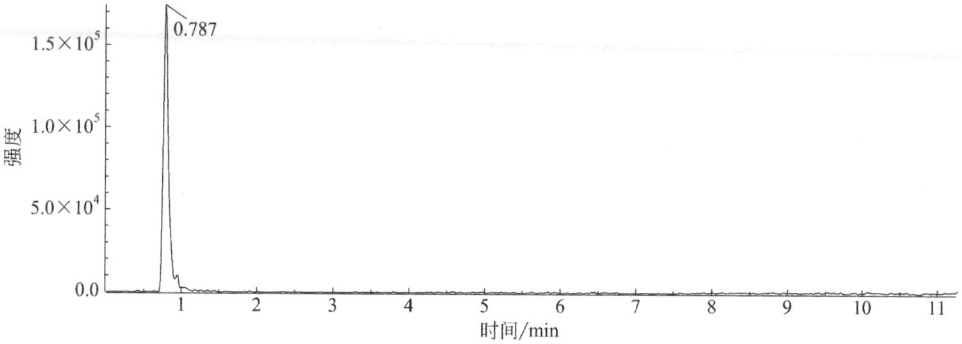

一级质谱图

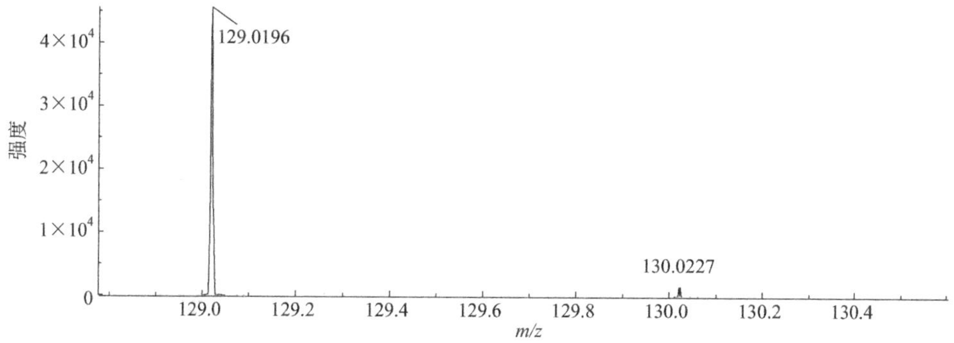

二级全扫质谱图 CE: (−35±15)V

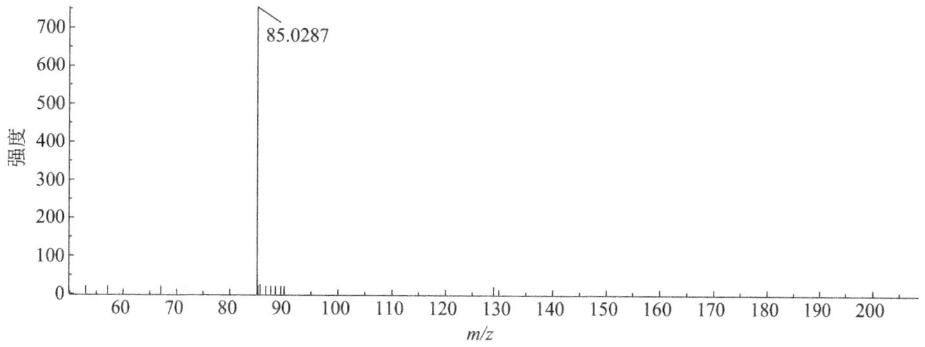

Kynurenine
犬尿氨酸

CAS 号	2922-83-0	源极性	正离子模式
分子式	$C_{10}H_{12}N_2O_3$	加合方式	$[M+H]^+$
分子量	208. 0848	保留时间	3. 87min

提取离子流色谱图

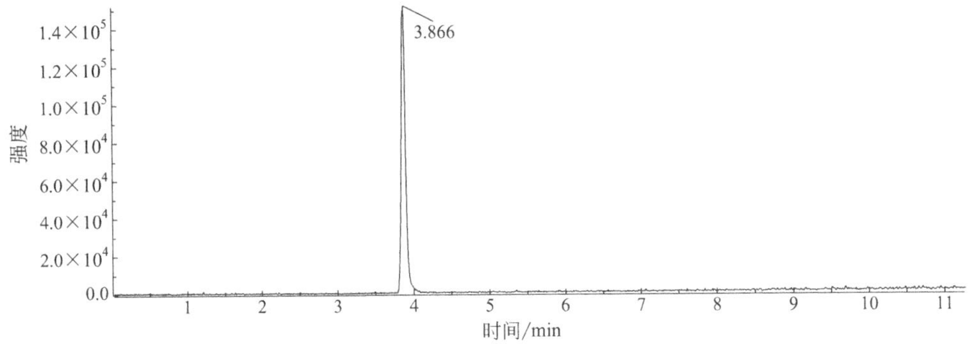

一级质谱图

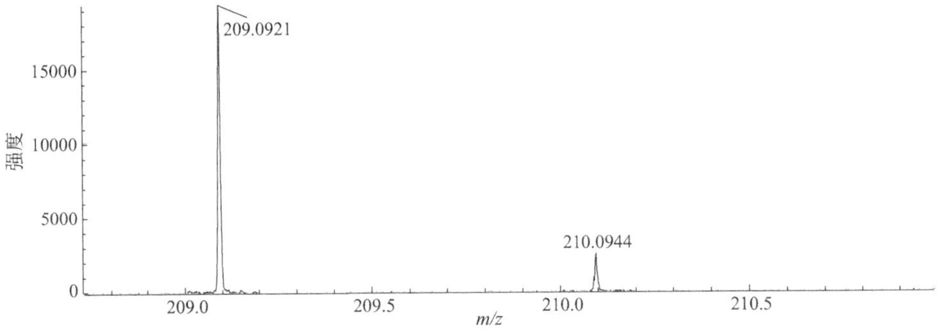

二级全扫质谱图 CE:（35±15)V

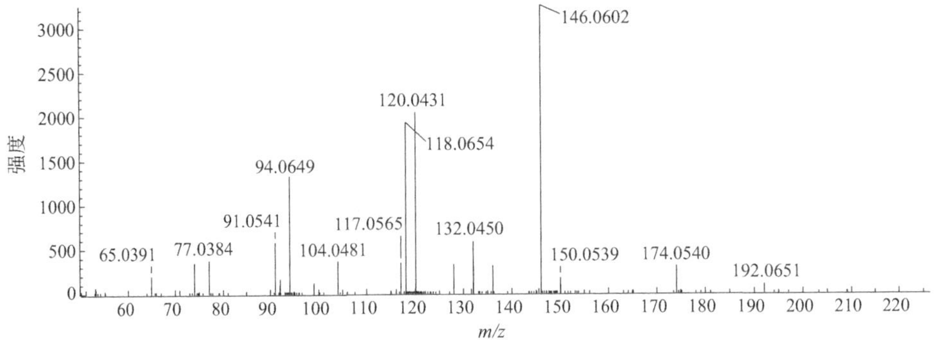

L-Allothreonine

L-别苏氨酸

CAS 号	28954-12-3	源极性	负离子模式
分子式	$C_4H_9NO_3$	加合方式	$[M-H]^-$
分子量	119. 0582	保留时间	0. 87min

提取离子流色谱图

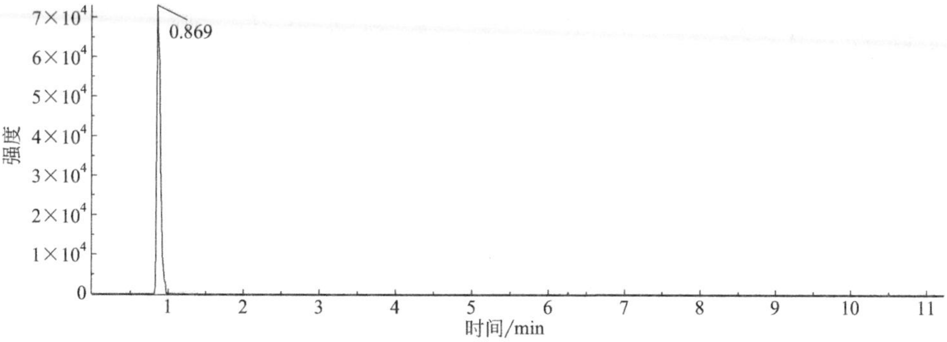

一级质谱图

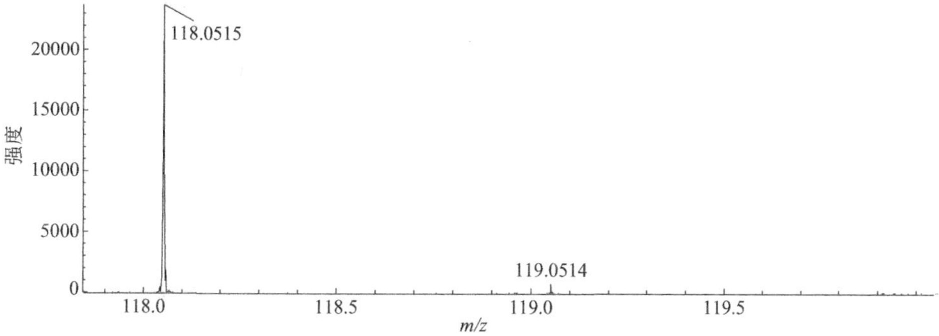

二级全扫质谱图 CE: (−35±15)V

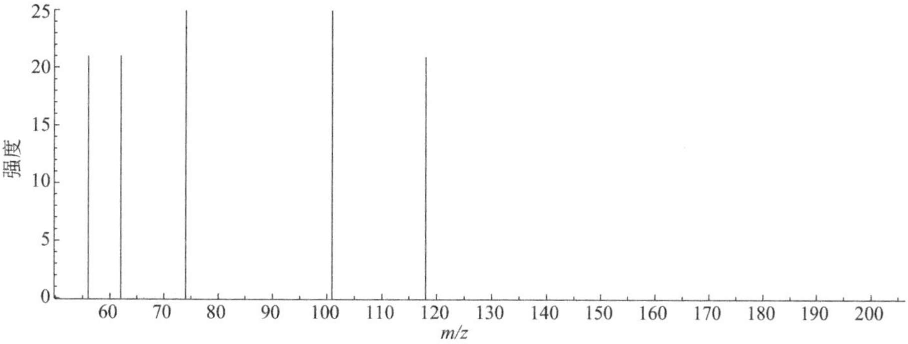

L-Anserine
L-鹅肌肽

CAS 号	584-85-0	源极性	负离子模式
分子式	$C_{10}H_{16}N_4O_3$	加合方式	$[M-H]^-$
分子量	240. 1222	保留时间	0. 83min

提取离子流色谱图

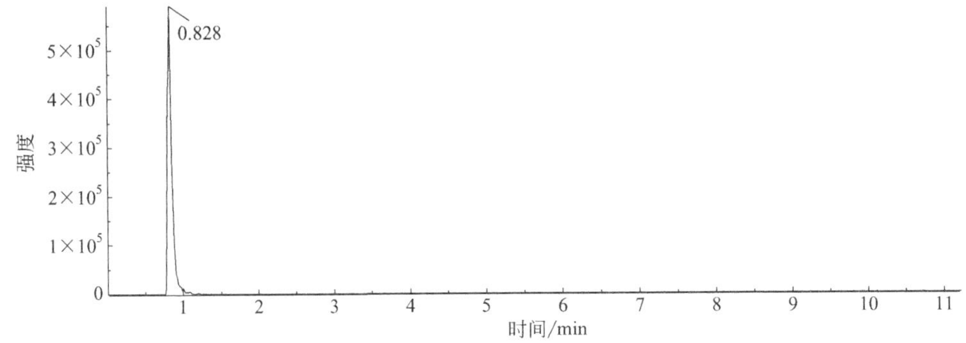

一级质谱图

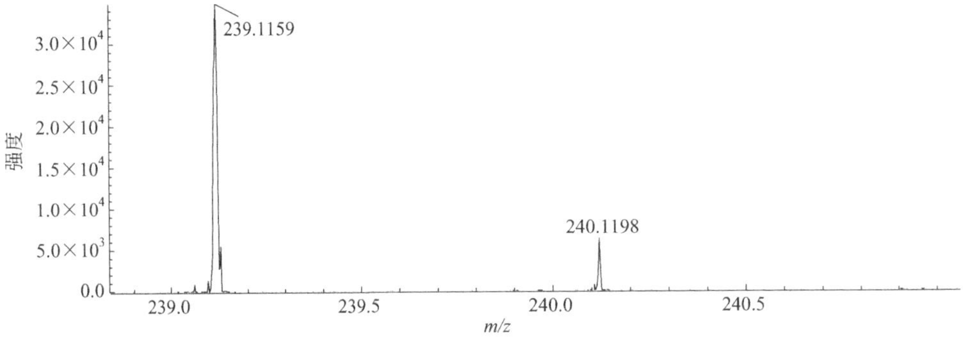

二级全扫质谱图 CE: (−35±15)V

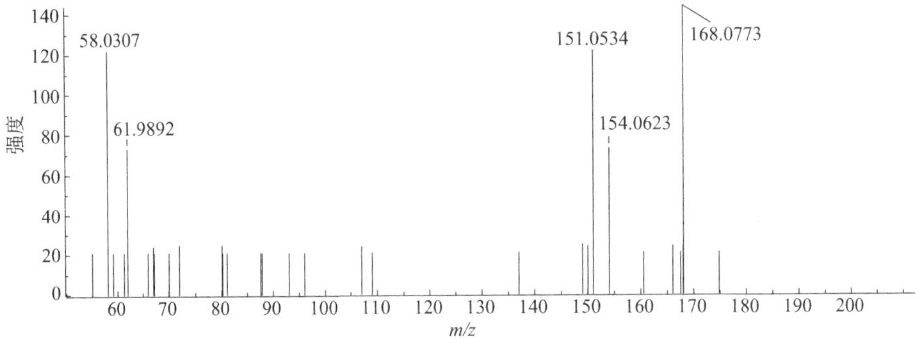

L-Arginine
L-精氨酸

CAS 号	74-79-3	源极性	正离子模式
分子式	$C_6H_{14}N_4O_2$	加合方式	$[M+H]^+$
分子量	174.1111	保留时间	0.85min

提取离子流色谱图

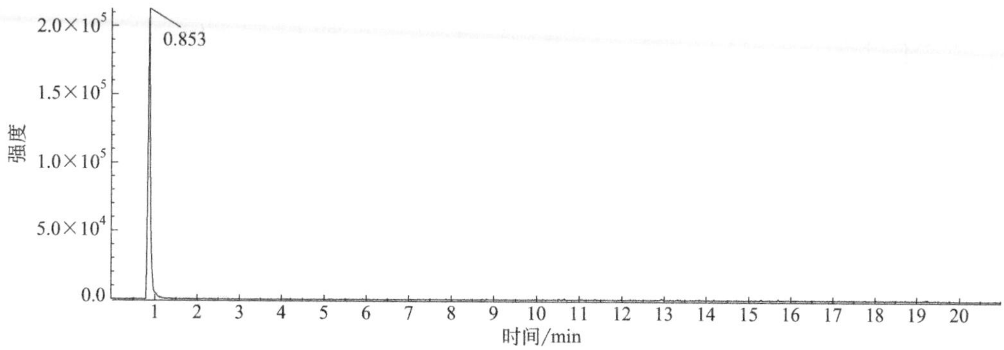

一级质谱图

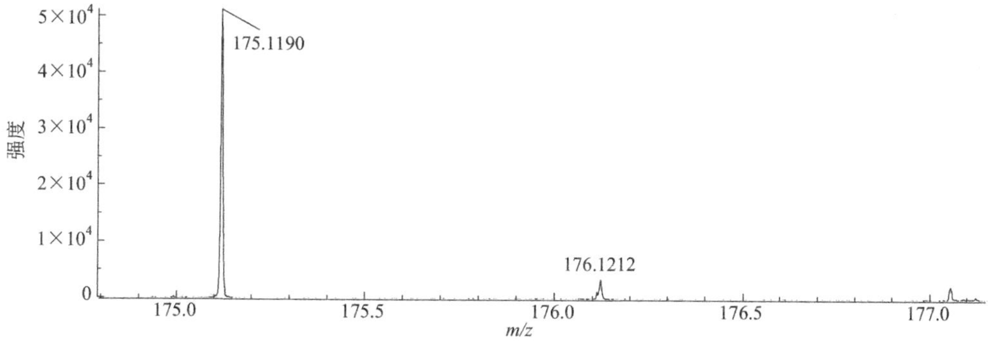

二级全扫质谱图 CE: (35±15)V

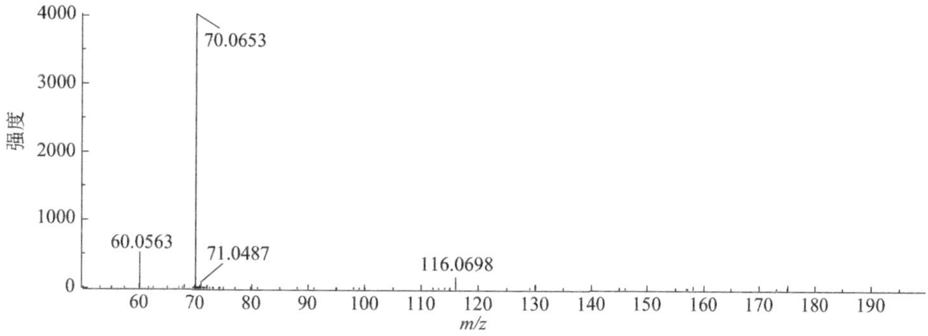

L-Asparagine
L-天冬酰胺

CAS 号	70-47-3	源极性	负离子模式
分子式	$C_4H_8N_2O_3$	加合方式	$[M-H]^-$
分子量	132. 0535	保留时间	0. 88min

提取离子流色谱图

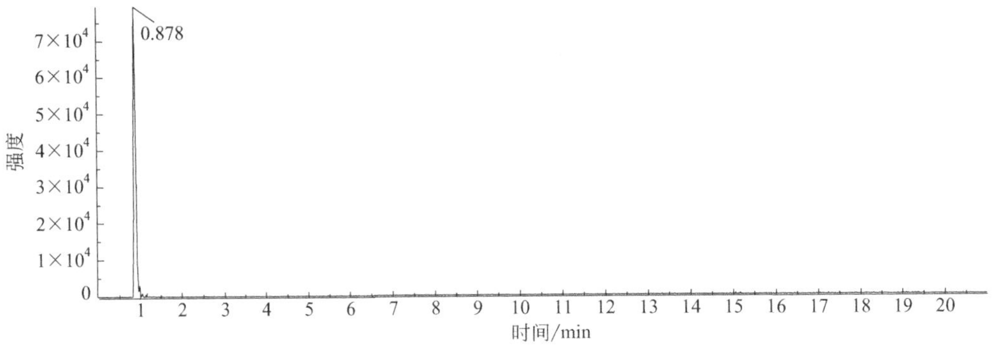

一级质谱图

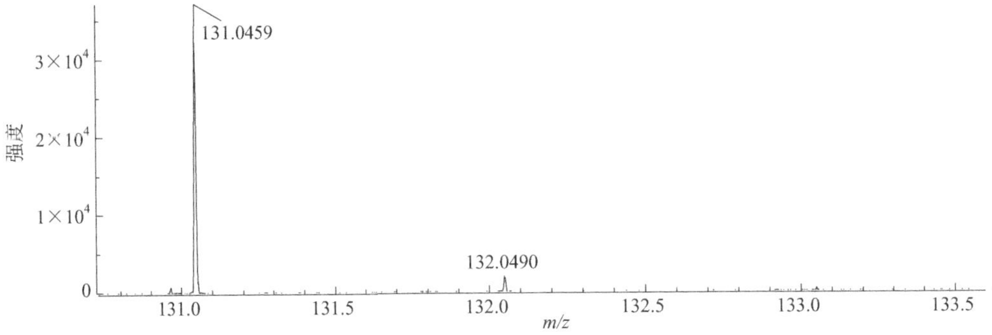

二级全扫质谱图 CE: (−35±15)V

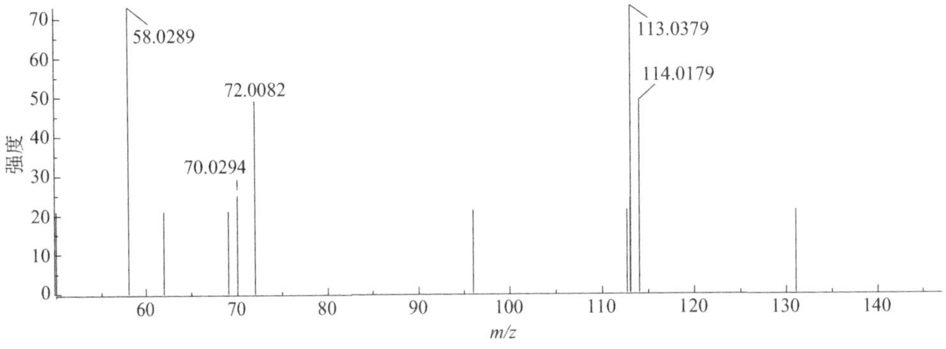

L-Aspartic Acid

L-天冬氨酸

CAS 号	56-84-8	源极性	负离子模式
分子式	$C_4H_7NO_4$	加合方式	$[M-H]^-$
分子量	133. 0375	保留时间	0. 86min

提取离子流色谱图

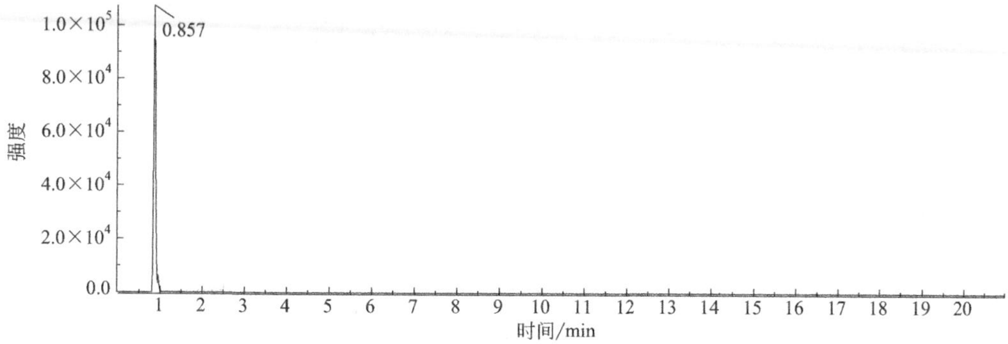

一级质谱图

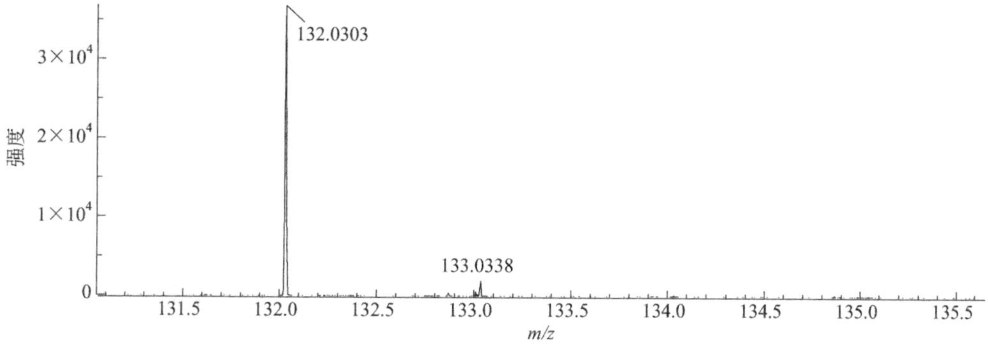

二级全扫质谱图 CE: (−35±15)V

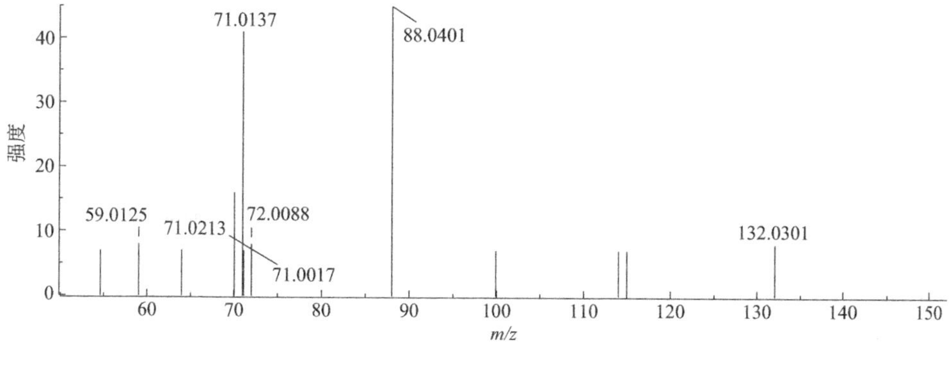

Lauric Acid
月桂酸

CAS 号	143-07-7	源极性	负离子模式
分子式	$C_{12}H_{24}O_2$	加合方式	$[M-H]^-$
分子量	200.1776	保留时间	13.21min

提取离子流色谱图

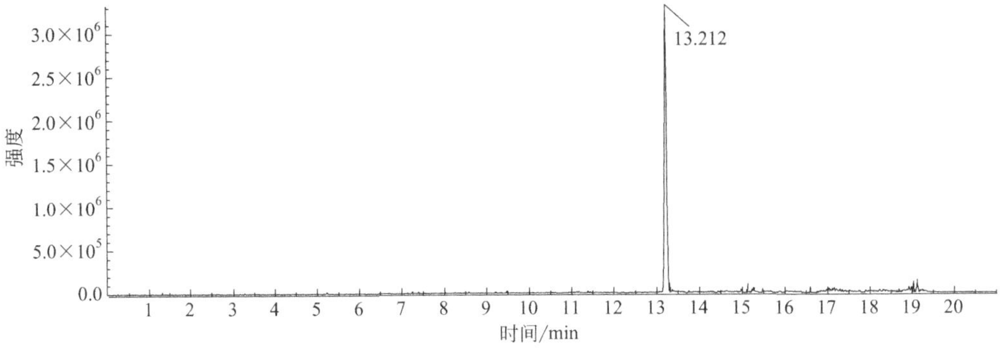

一级质谱图

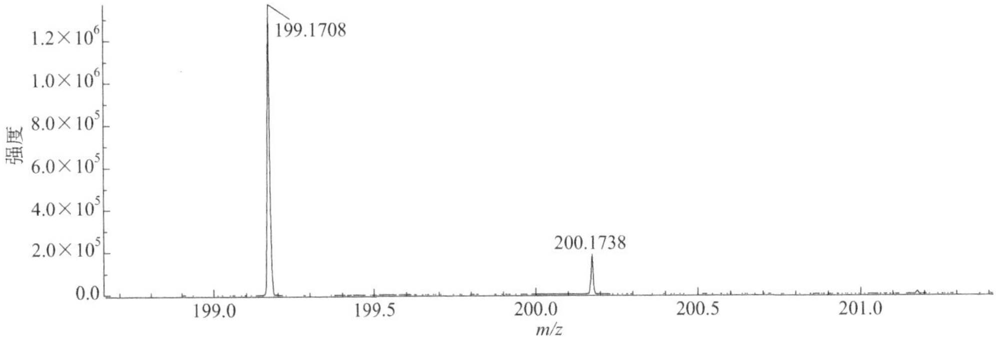

二级全扫质谱图 CE: (−35±15)V

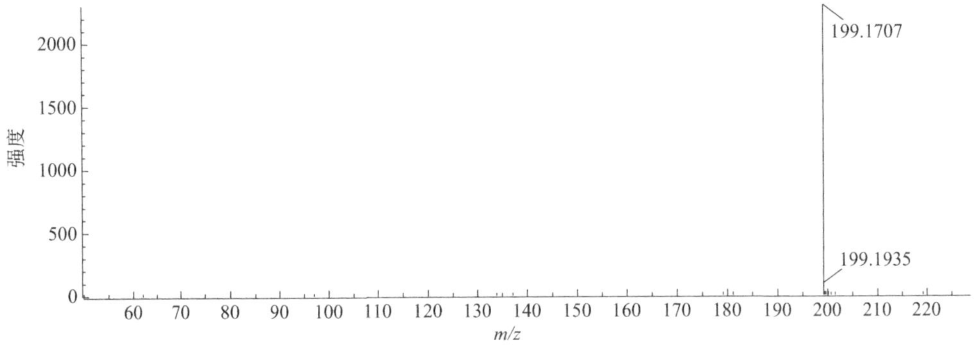

Lauroylcarnitine
月桂酰肉桂碱

CAS 号	25518-54-1	源极性	正离子模式
分子式	$C_{19}H_{37}NO_4$	加合方式	$[M+H]^+$
分子量	343. 2723	保留时间	12. 51min

提取离子流色谱图

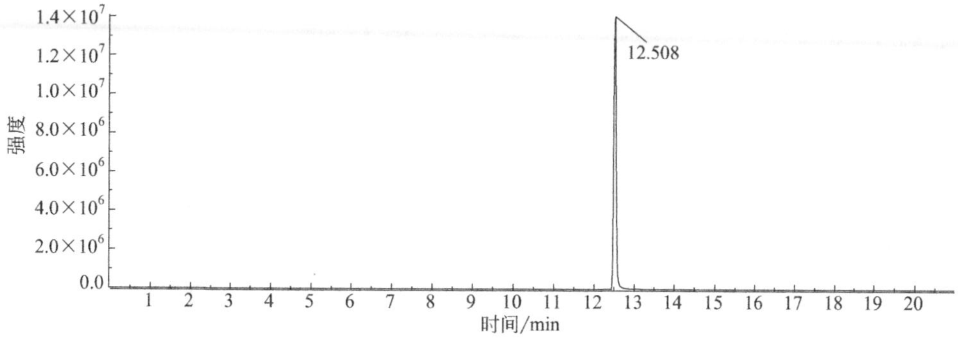

一级质谱图

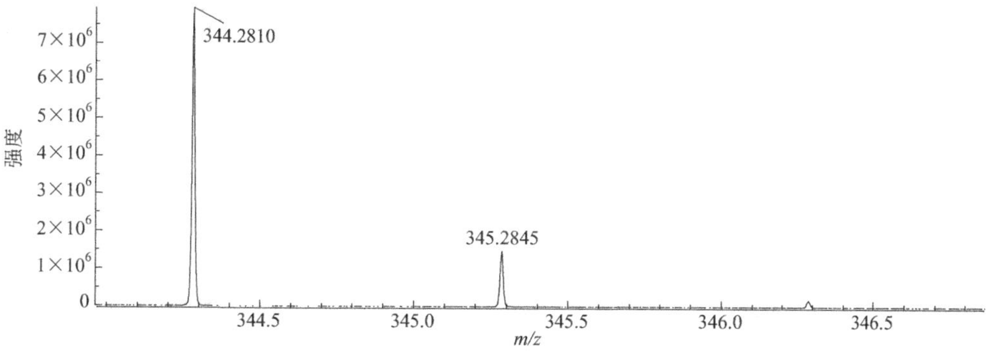

二级全扫质谱图 CE: (35±15)V

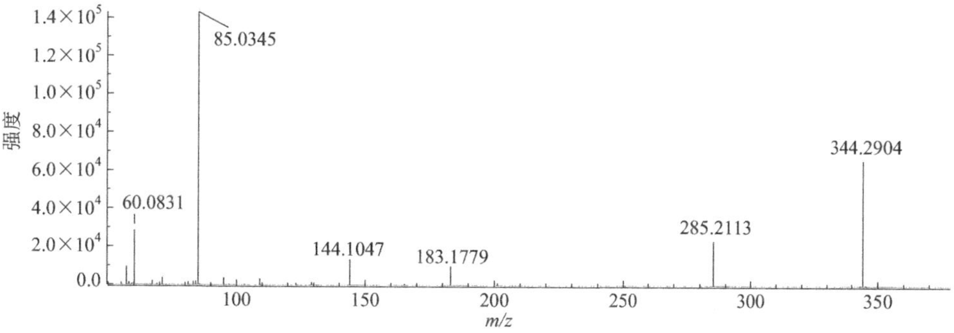

L-Carnitine
左旋肉碱

CAS 号	541-15-1	源极性	正离子模式
分子式	$C_7H_{15}NO_3$	加合方式	$[M+H]^+$
分子量	161.1052	保留时间	0.93min

提取离子流色谱图

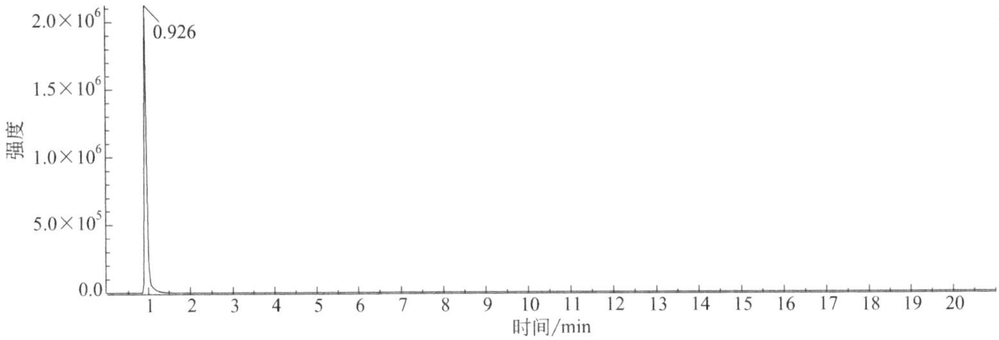

一级质谱图

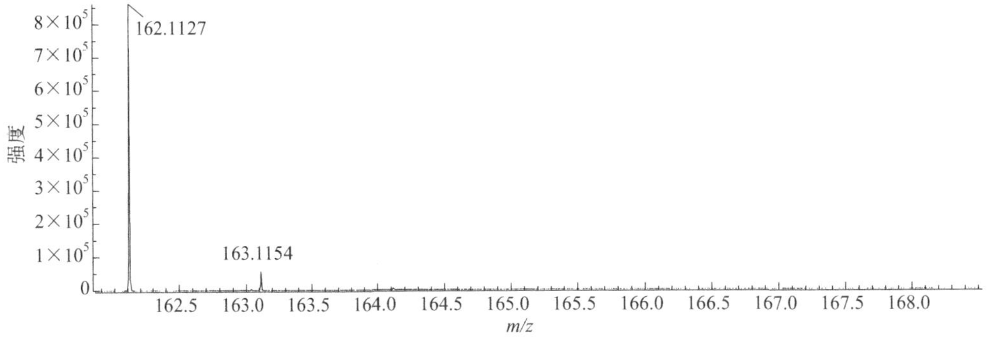

二级全扫质谱图 CE: (35±15)V

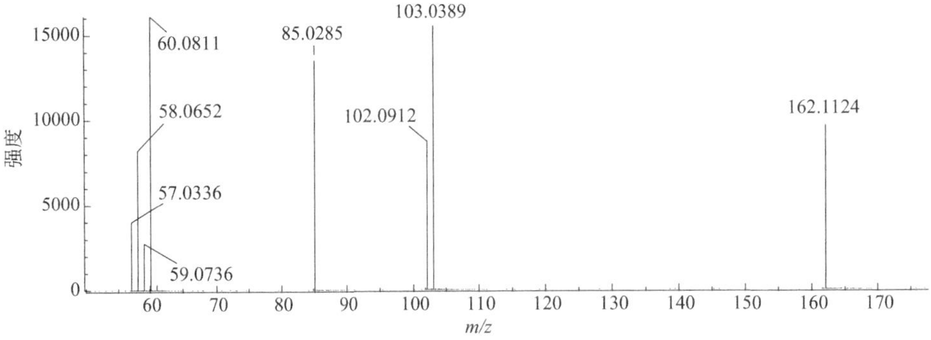

L-Cystathionine
L-胱硫醚

CAS 号	56-88-2	源极性	负离子模式
分子式	$C_7H_{14}N_2O_4S$	加合方式	$[M-H]^-$
分子量	222.0674	保留时间	0.83min

提取离子流色谱图

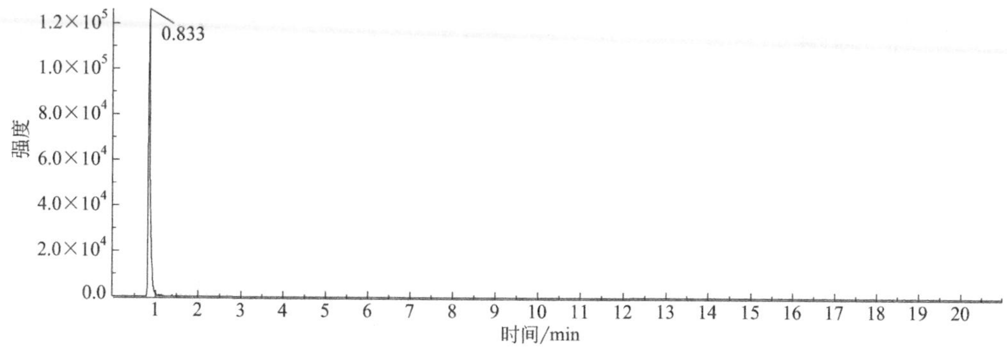

一级质谱图

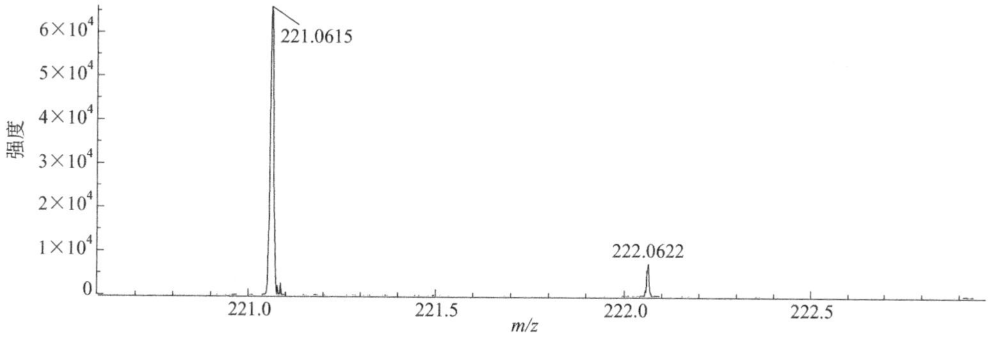

二级全扫质谱图 CE: (−35±15)V

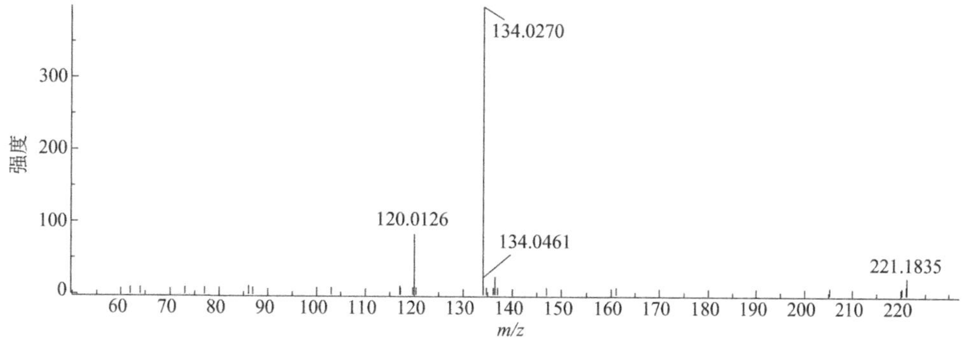

L-Cysteine
L-半胱氨酸

CAS 号	52-90-4	源极性	正离子模式
分子式	$C_3H_7NO_2S$	加合方式	$[M+H]^+$
分子量	121. 0198	保留时间	0. 91min

提取离子流色谱图

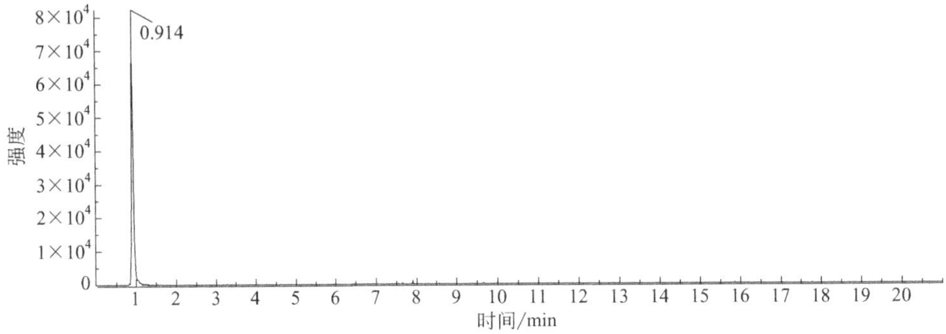

一级质谱图

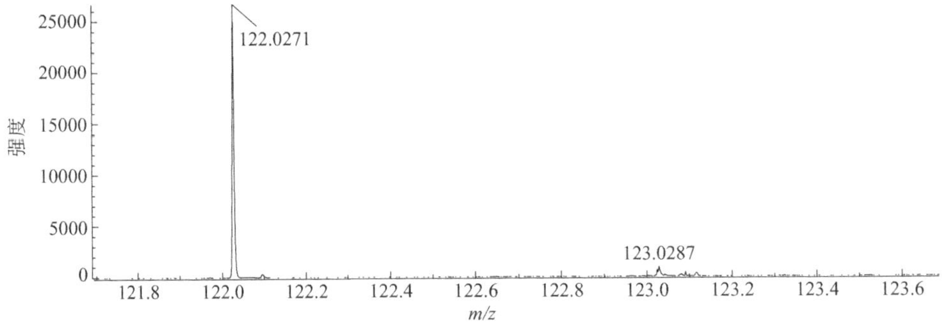

二级全扫质谱图 CE：(35±15)V

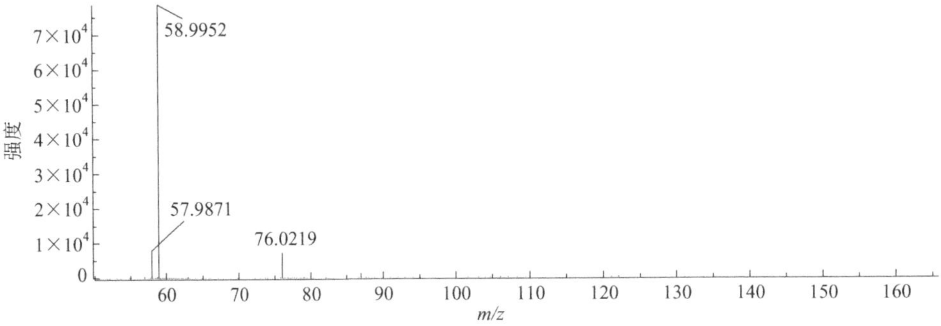

L-Cystine
L-胱氨酸

CAS 号	56-89-3	源极性	负离子模式
分子式	$C_6H_{12}N_2O_4S_2$	加合方式	$[M-H]^-$
分子量	240.0239	保留时间	0.84min

提取离子流色谱图

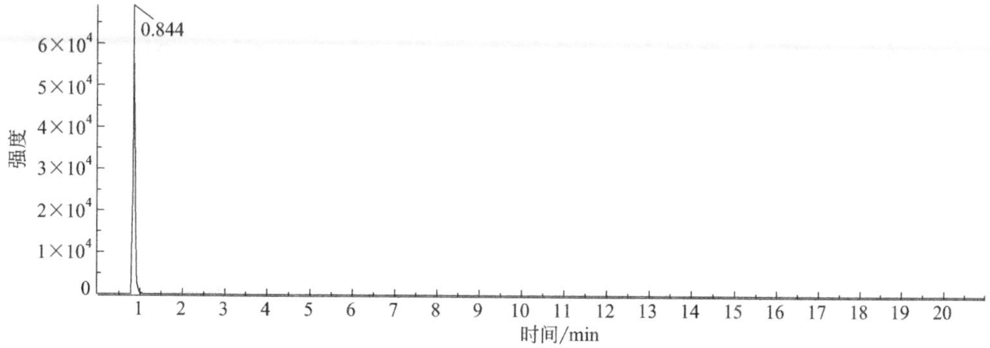

一级质谱图

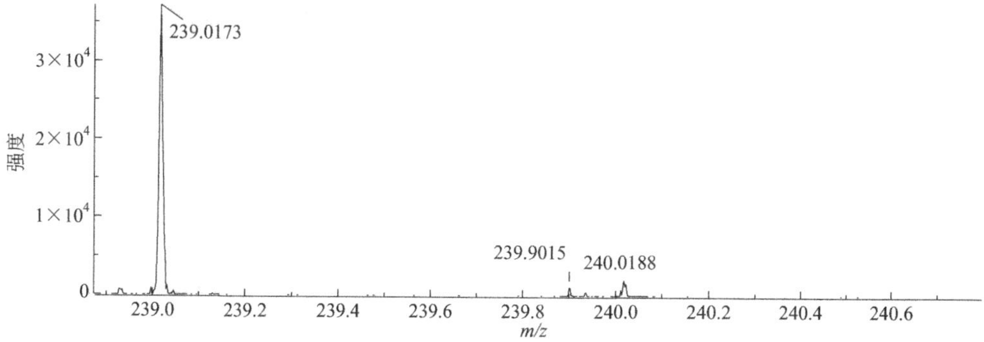

二级全扫质谱图 CE: (−35±15)V

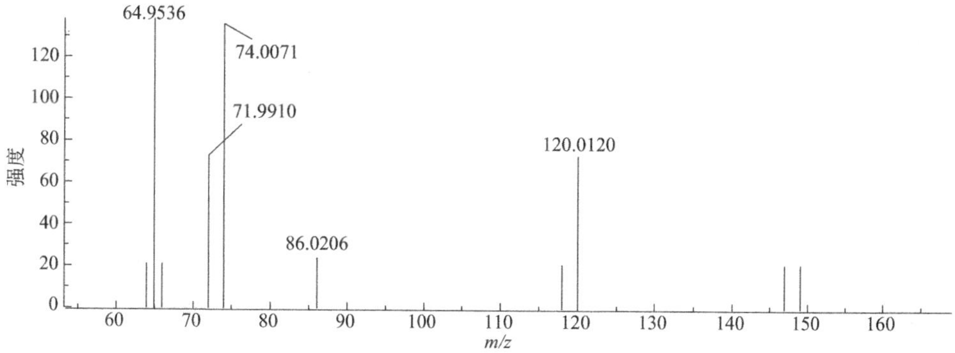

Leucine
亮氨酸

CAS 号	328-39-2	源极性	负离子模式
分子式	$C_6H_{13}NO_2$	加合方式	$[M-H]^-$
分子量	131. 0947	保留时间	2. 30min

提取离子流色谱图

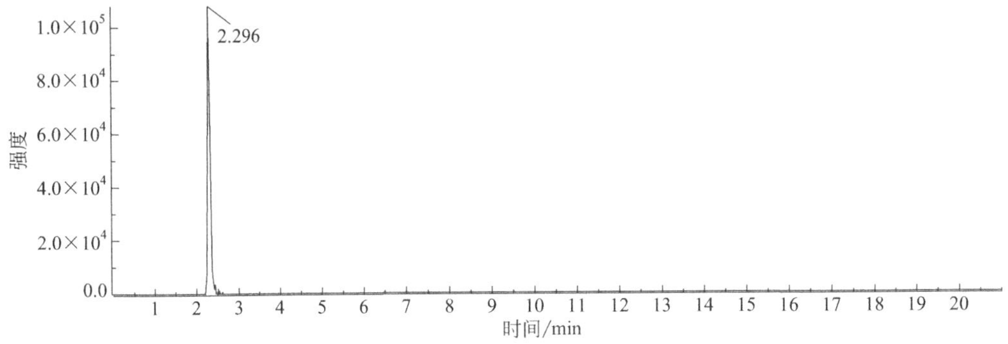

一级质谱图

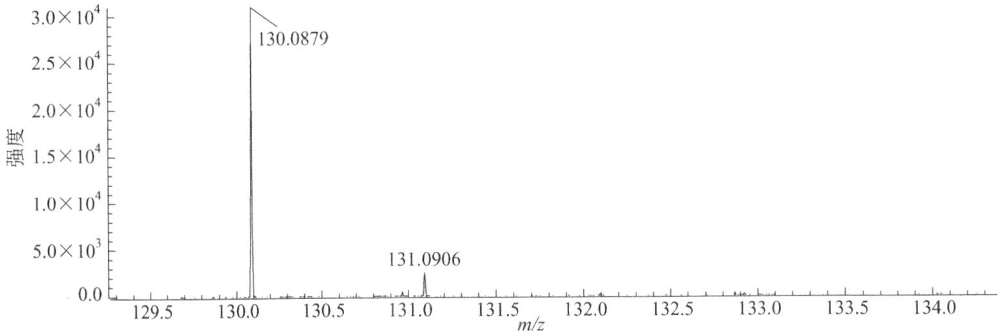

二级全扫质谱图 CE: (−35±15)V

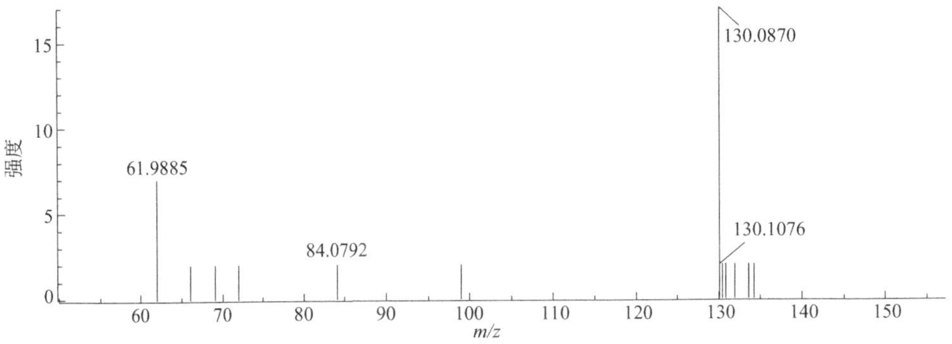

Leukotriene B4
白三烯 B4

CAS 号	71160-24-2	源极性	正离子模式
分子式	$C_{20}H_{32}O_4$	加合方式	$[M+H]^+$
分子量	336. 2301	保留时间	14. 94min

提取离子流色谱图

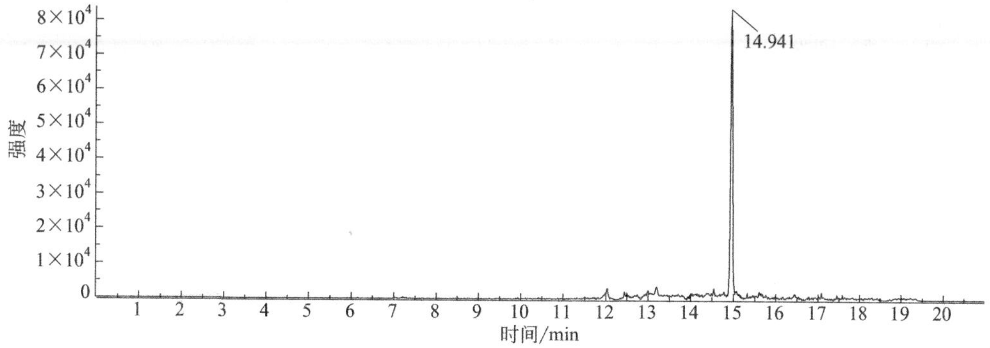

一级质谱图

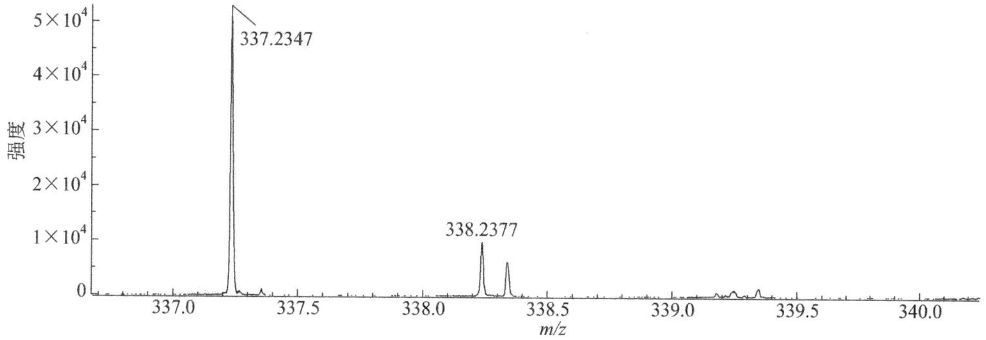

二级全扫质谱图 CE：(35±15)V

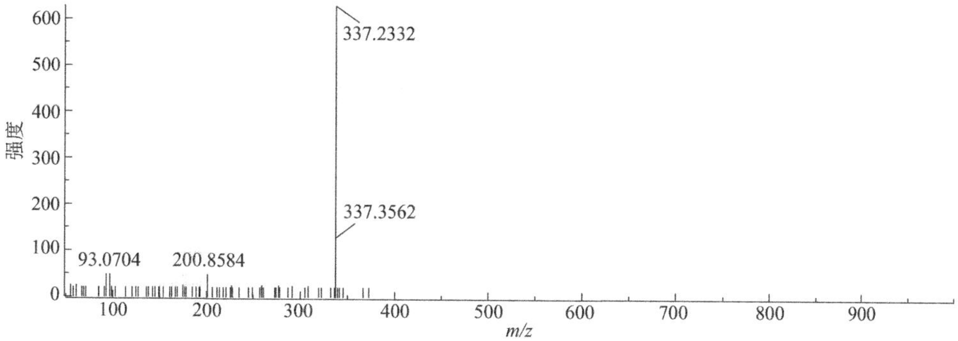

L-Glutamic Acid
L-谷氨酸

CAS 号	56-86-0	源极性	负离子模式
分子式	$C_5H_9NO_4$	加合方式	$[M-H]^-$
分子量	147.0532	保留时间	0.88min

提取离子流色谱图

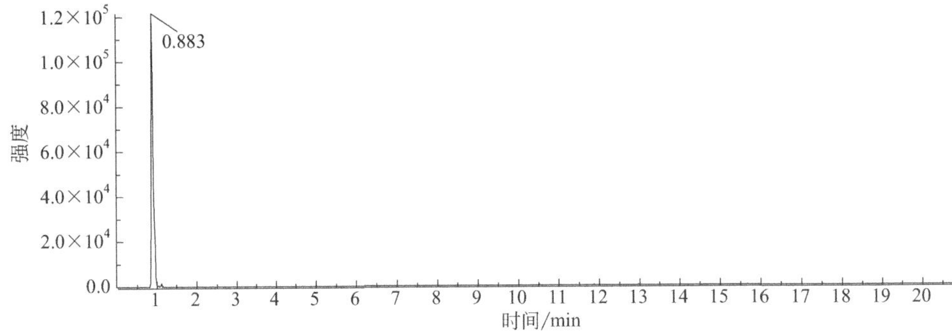

一级质谱图

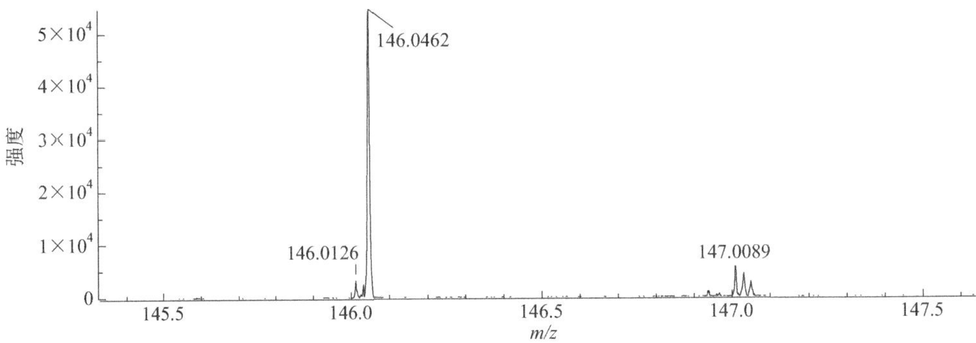

二级全扫质谱图 CE: (−35±15)V

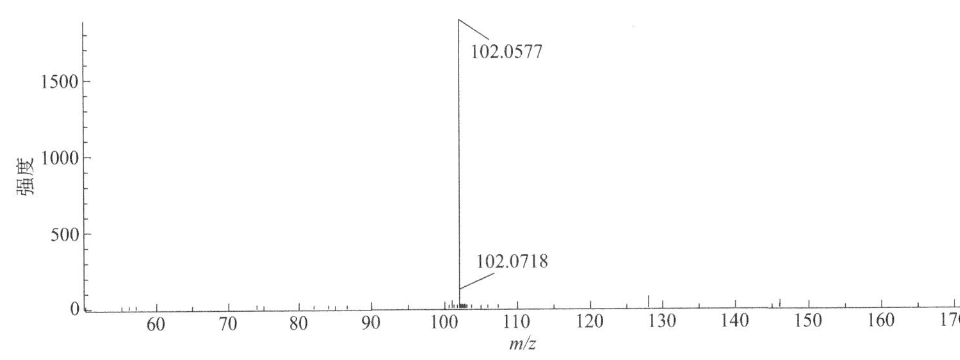

L-Glutamine
L-谷氨酰胺

CAS 号	56-85-9	源极性	正离子模式
分子式	$C_5H_{10}N_2O_3$	加合方式	$[M+H]^+$
分子量	146.0691	保留时间	0.90min

提取离子流色谱图

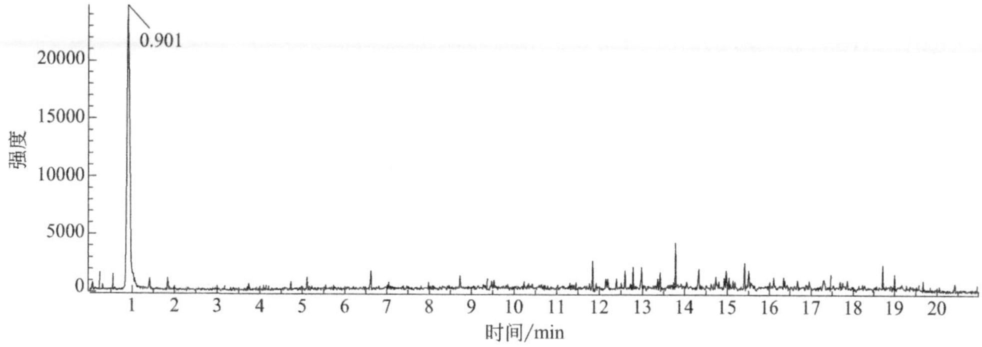

一级质谱图

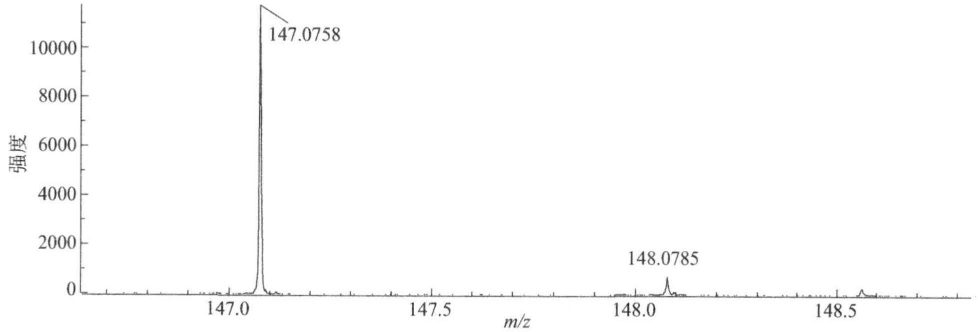

二级全扫质谱图 CE: (35±15)V

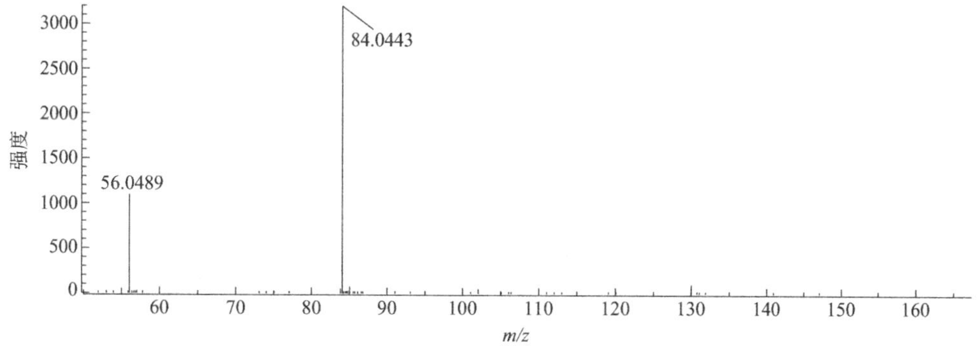

L-Histidine
L-组氨酸

CAS 号	71-00-1	源极性	负离子模式
分子式	$C_6H_9N_3O_2$	加合方式	$[M-H]^-$
分子量	155.0695	保留时间	0.82min

提取离子流色谱图

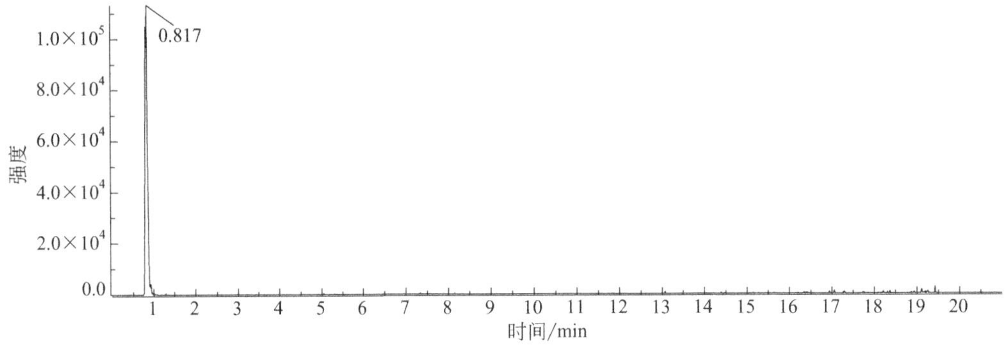

一级质谱图

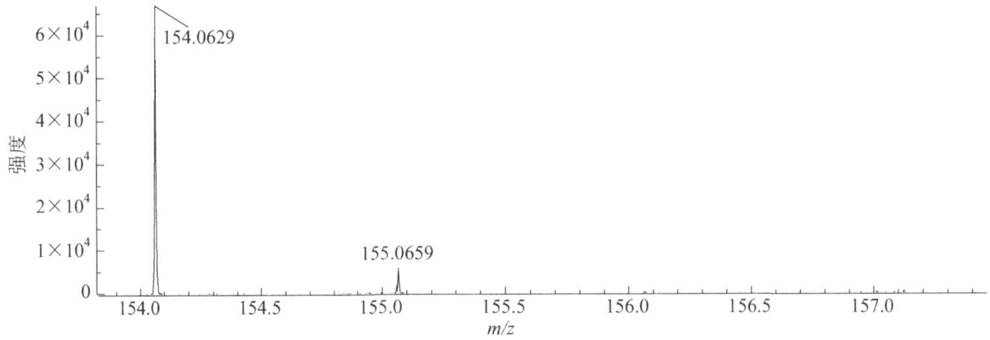

二级全扫质谱图 CE: (−35±15)V

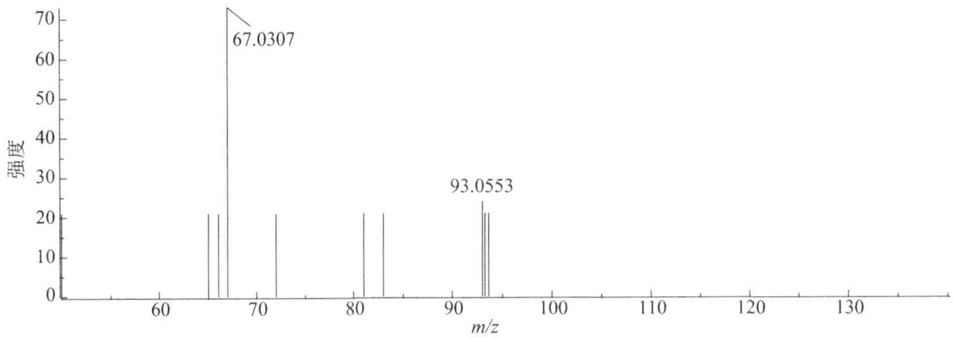

L-Histidinol

L-组氨醇

CAS 号	1596-64-1（二盐酸盐） 4836-52-6（母体）	源极性	正离子模式
分子式	$C_6H_{11}N_3O$	加合方式	$[M+H]^+$
分子量	141.0902	保留时间	0.79min

提取离子流色谱图

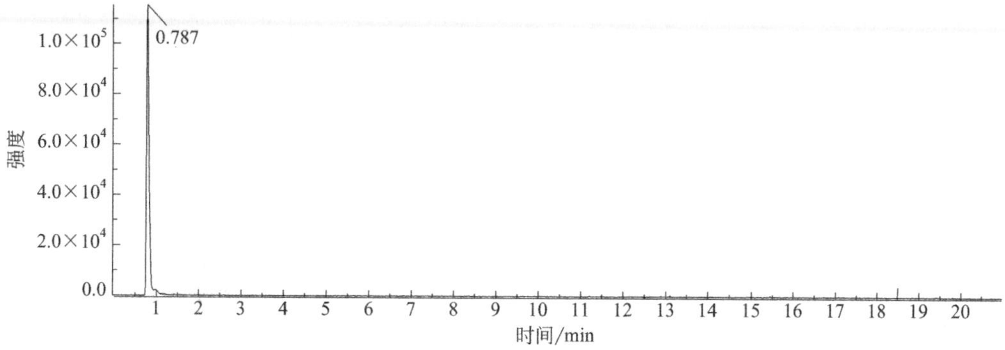

一级质谱图

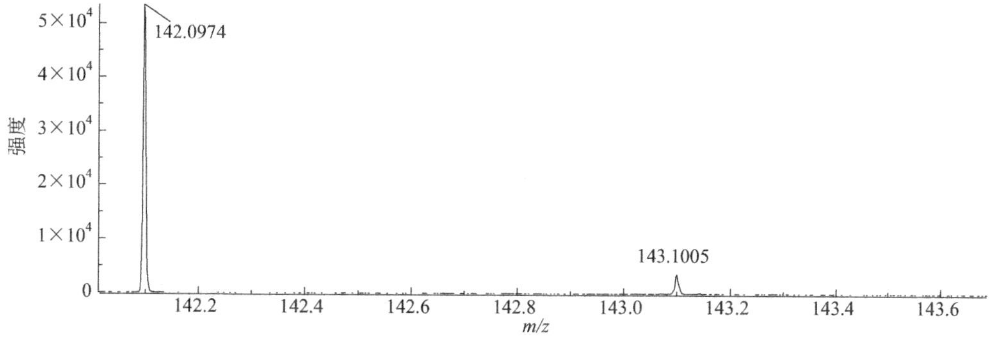

二级全扫质谱图 CE：(35±15)V

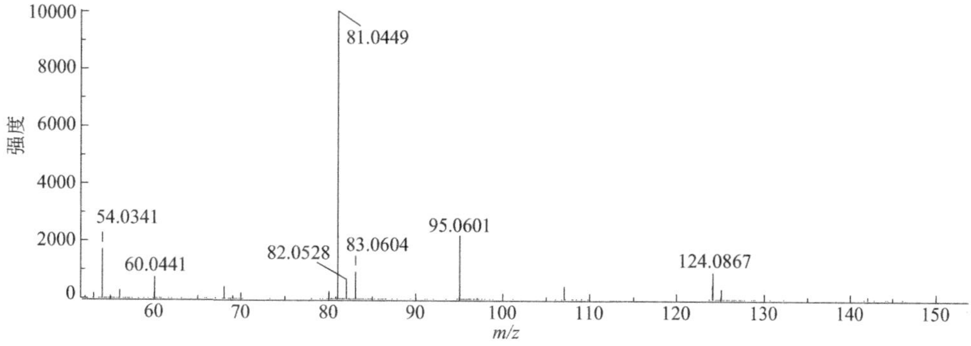

Linoleate
亚油酸酯

CAS 号	1509-85-9	源极性	负离子模式
分子式	$C_{18}H_{31}O_2$	加合方式	$[M-H]^-$
分子量	279.2324	保留时间	14.40min

提取离子流色谱图

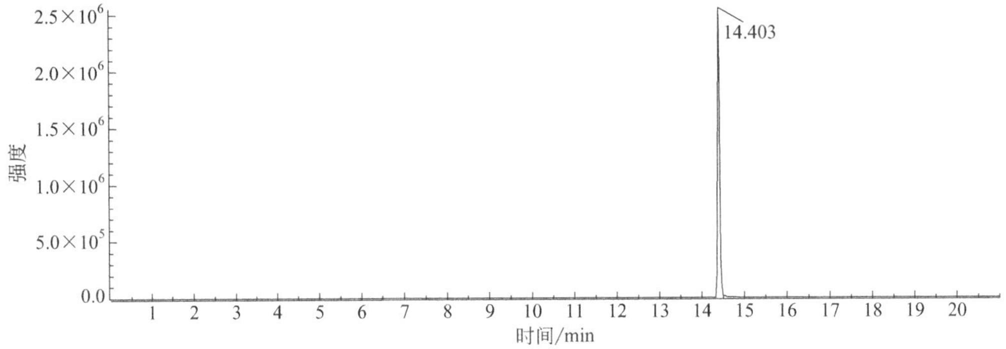

一级质谱图

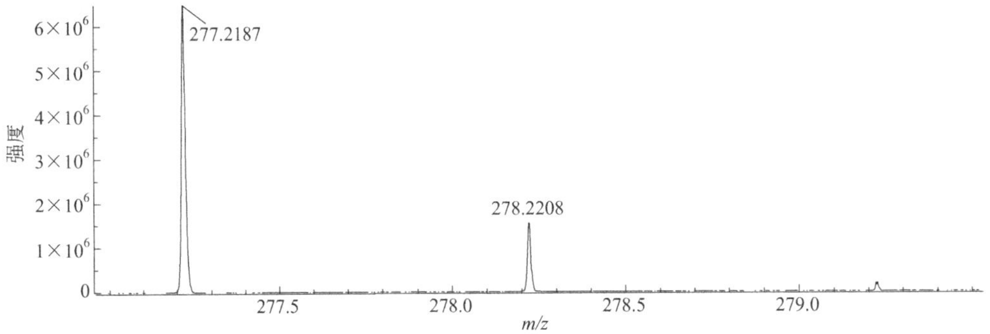

二级全扫质谱图 CE: (-35±15)V

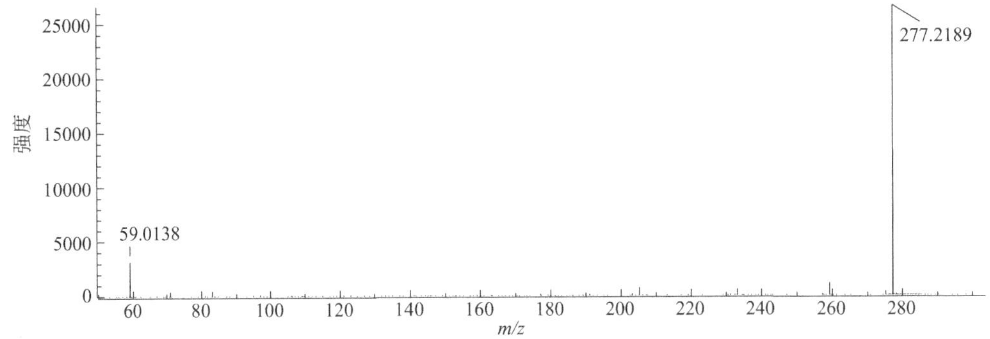

γ-Linolenic Acid
γ-亚麻酸

CAS 号	506-26-3	源极性	负离子模式
分子式	$C_{18}H_{30}O_2$	加合方式	$[M-H]^-$
分子量	278.2246	保留时间	15.03min

提取离子流色谱图

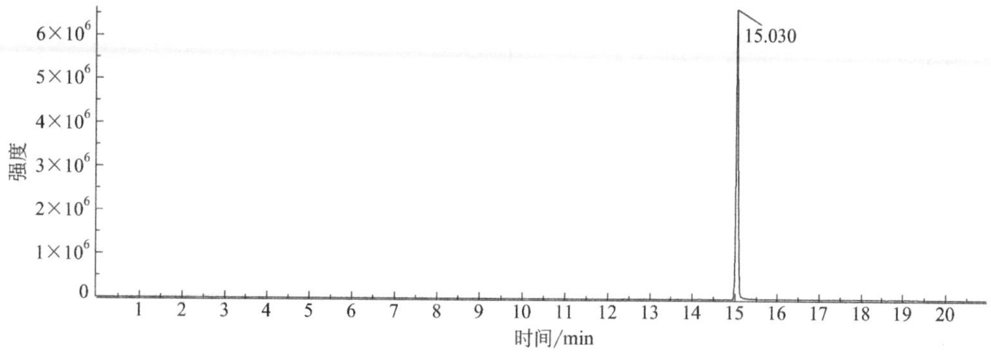

一级质谱图

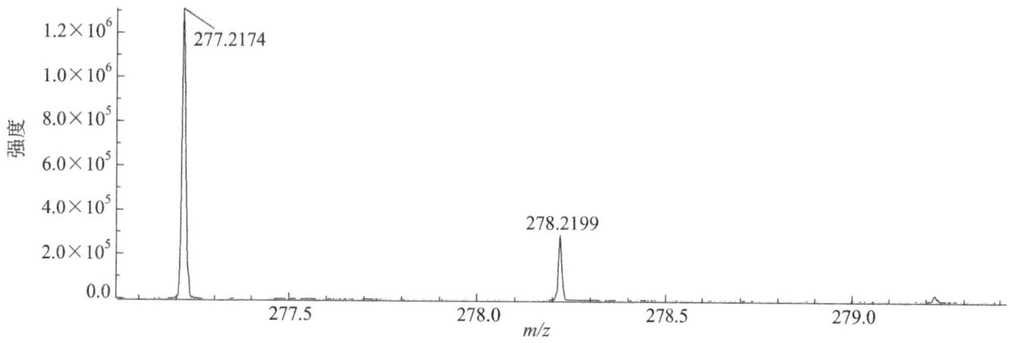

二级全扫质谱图 CE: (−35±15)V

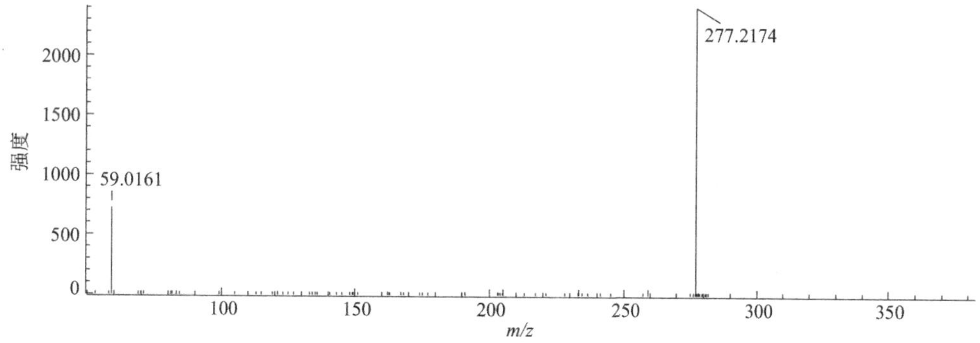

Lipoamide
硫辛酰胺

CAS 号	940-69-2	源极性	正离子模式
分子式	$C_8H_{15}NOS_2$	加合方式	$[M+H]^+$
分子量	205. 0595	保留时间	9. 21min

提取离子流色谱图

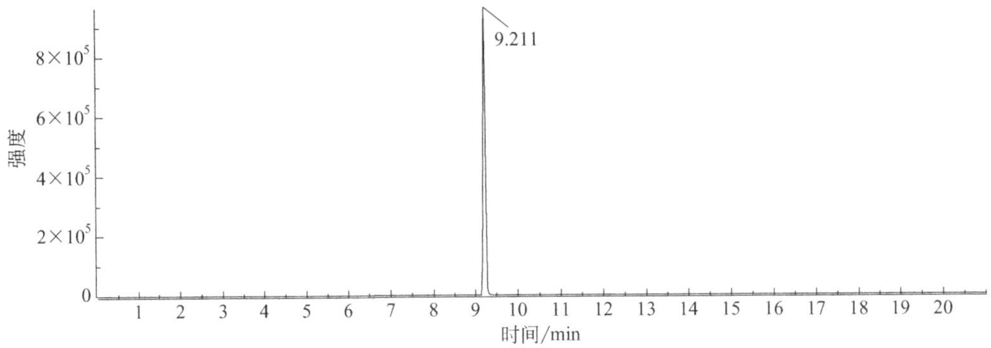

一级质谱图

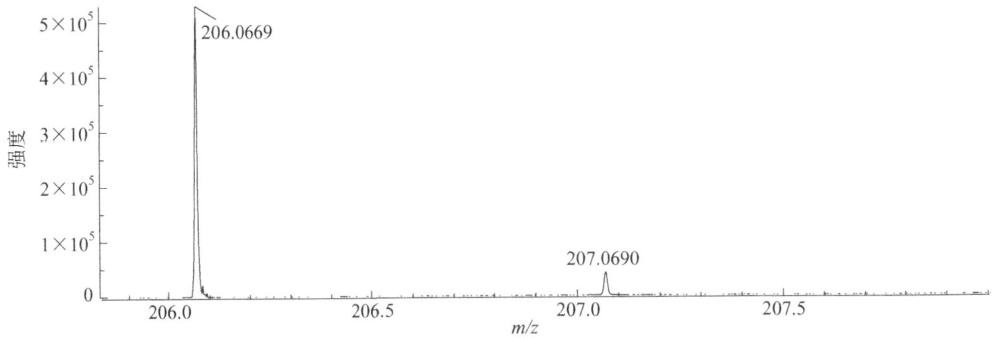

二级全扫质谱图 CE：(35±15)V

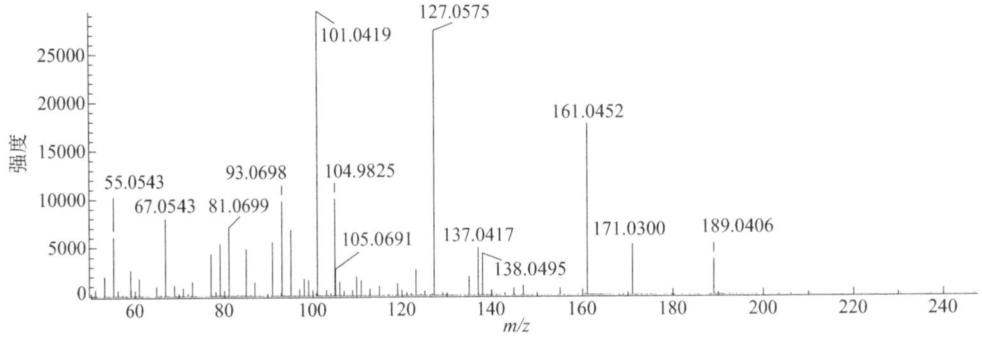

L-*Iso*leucine
L-异亮氨酸

CAS 号	73-32-5	源极性	负离子模式
分子式	$C_6H_{13}NO_2$	加合方式	$[M-H]^-$
分子量	131. 0946	保留时间	1. 85min

提取离子流色谱图

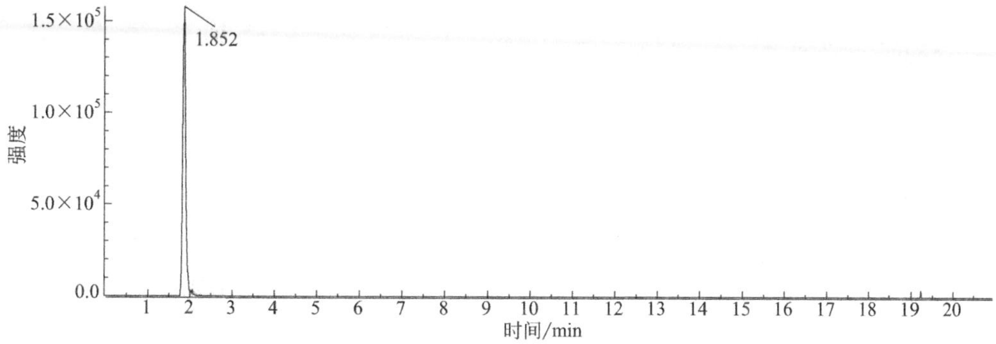

一级质谱图

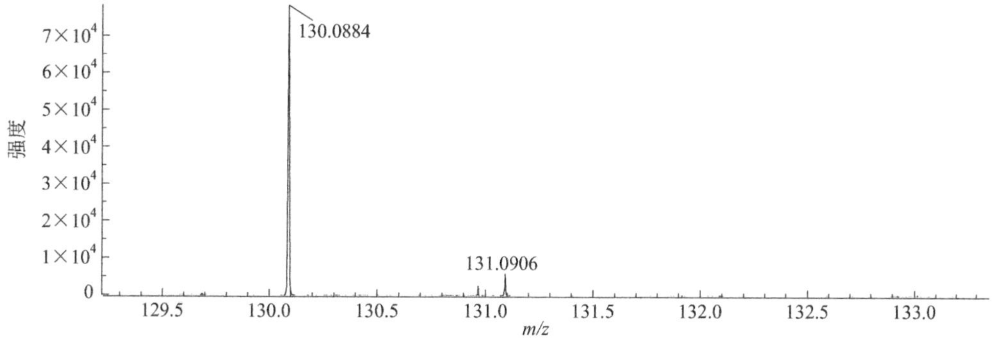

二级全扫质谱图 CE: (−35±15)V

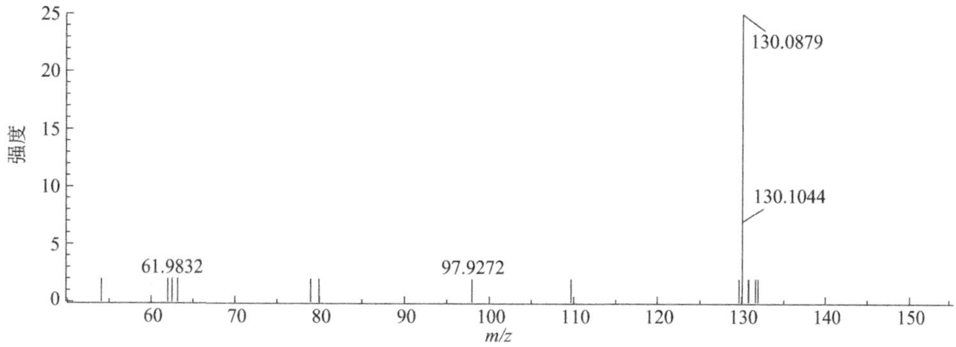

L-Lysine
L-赖氨酸

CAS 号	56-87-1	源极性	负离子模式
分子式	$C_6H_{14}N_2O_2$	加合方式	$[M-H]^-$
分子量	146. 1055	保留时间	0. 88min

提取离子流色谱图

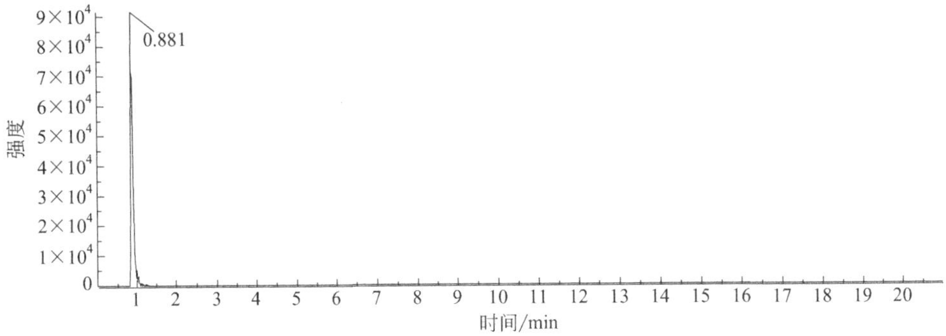

一级质谱图

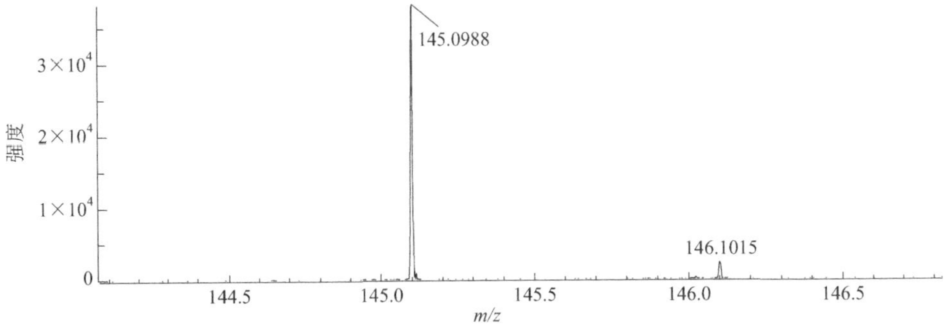

二级全扫质谱图 CE: (−35±15)V

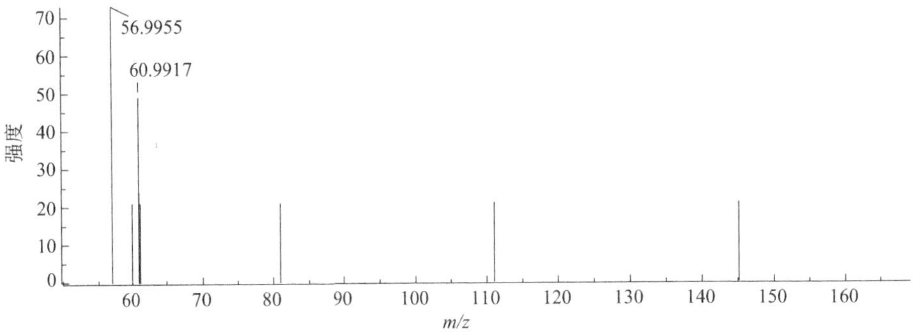

L-Methionine
L-蛋氨酸

CAS 号	63-68-3	源极性	正离子模式
分子式	$C_5H_{11}NO_2S$	加合方式	$[M+H]^+$
分子量	149. 0511	保留时间	1. 48min

提取离子流色谱图

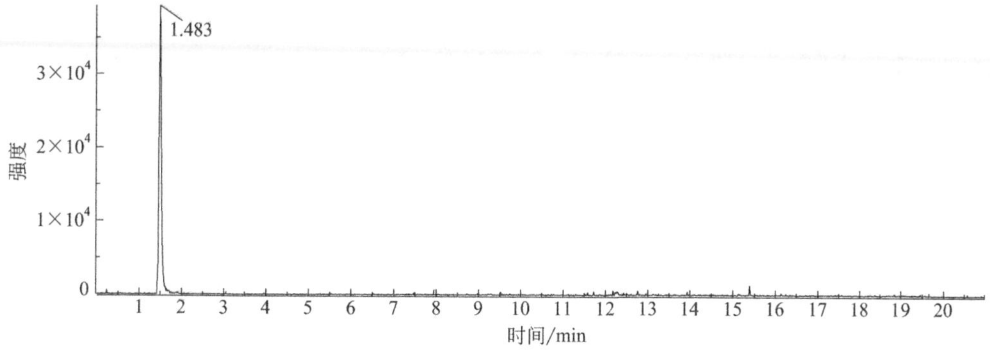

一级质谱图

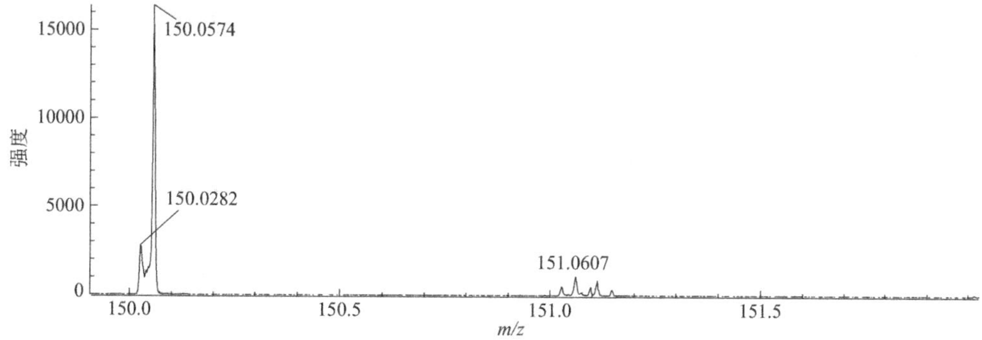

二级全扫质谱图 CE: (35±15)V

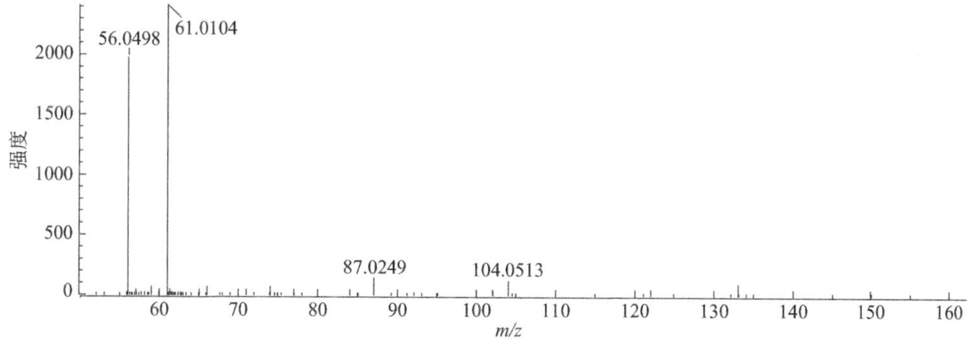

L-Norvaline
L-正缬氨酸

CAS 号	6600-40-4	源极性	负离子模式
分子式	$C_5H_{11}NO_2$	加合方式	$[M-H]^-$
分子量	117. 0790	保留时间	1. 28min

提取离子流色谱图

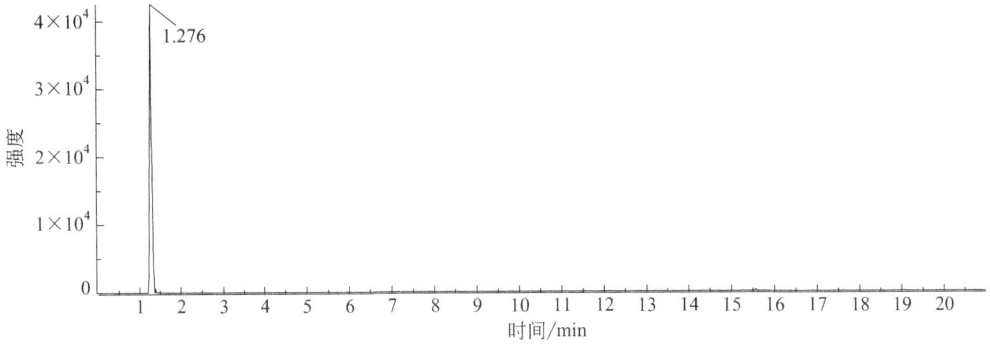

一级质谱图

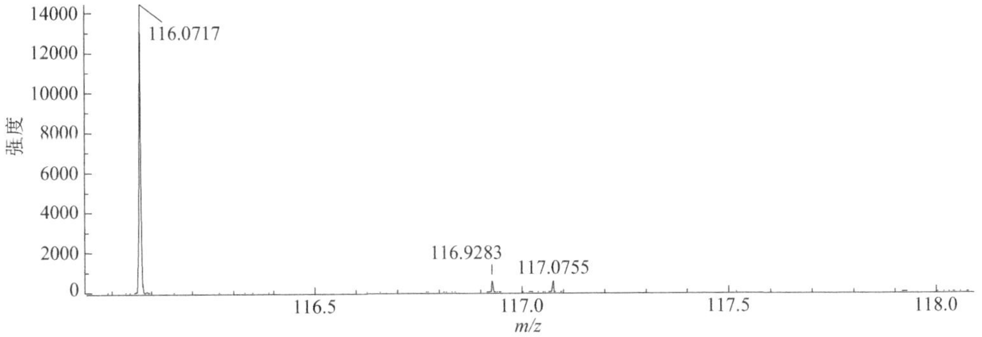

二级全扫质谱图 CE: (−35±15)V

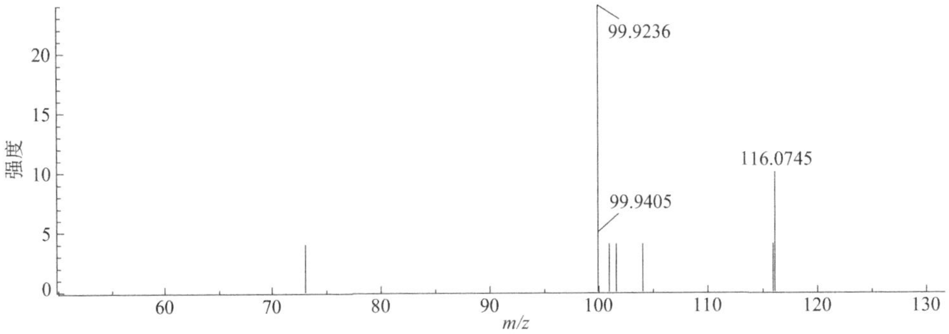

L-Phenylalanine
L-苯丙氨酸

CAS 号	63-91-2	源极性	负离子模式
分子式	$C_9H_{11}NO_2$	加合方式	$[M-H]^-$
分子量	165.0790	保留时间	4.19min

提取离子流色谱图

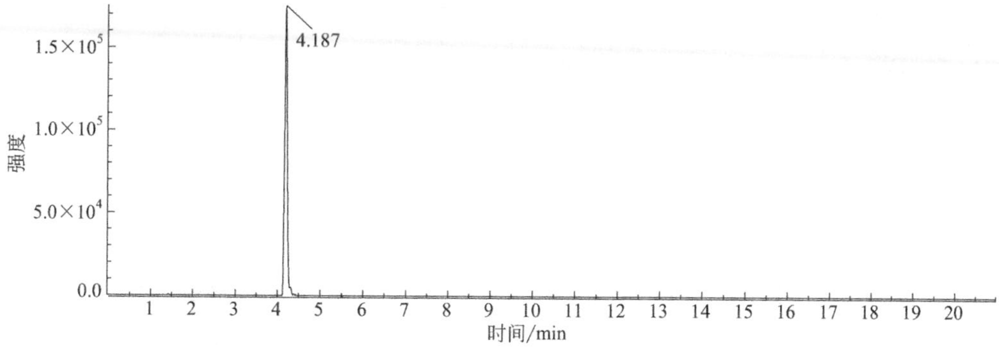

一级质谱图

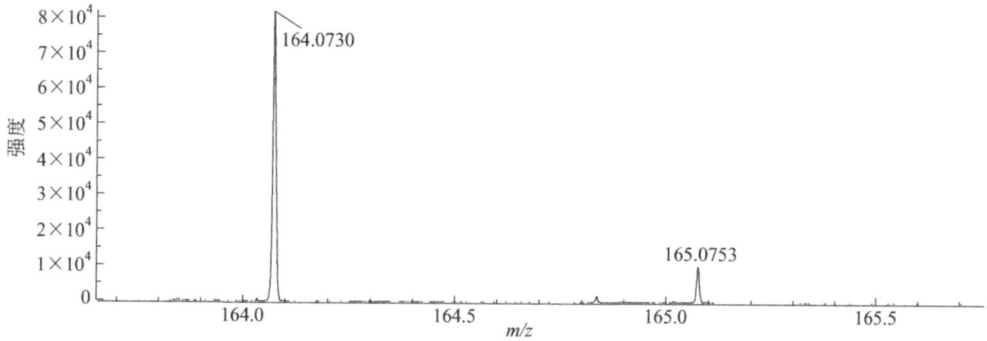

二级全扫质谱图 CE: (-35±15)V

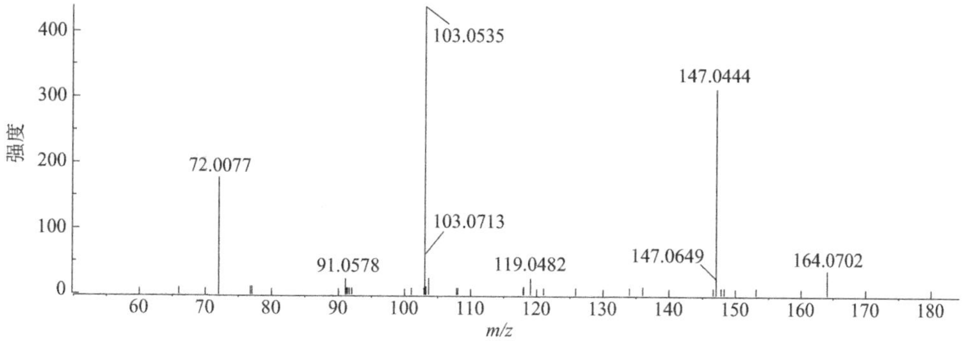

L-Pipecolic Acid
L-2-哌啶酸

CAS 号	3105-95-1	源极性	正离子模式
分子式	$C_6H_{11}NO_2$	加合方式	$[M+H]^+$
分子量	129. 0790	保留时间	1. 32min

提取离子流色谱图

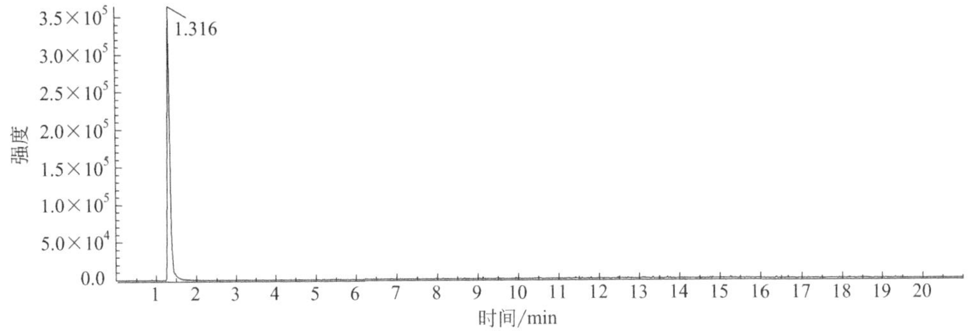

一级质谱图

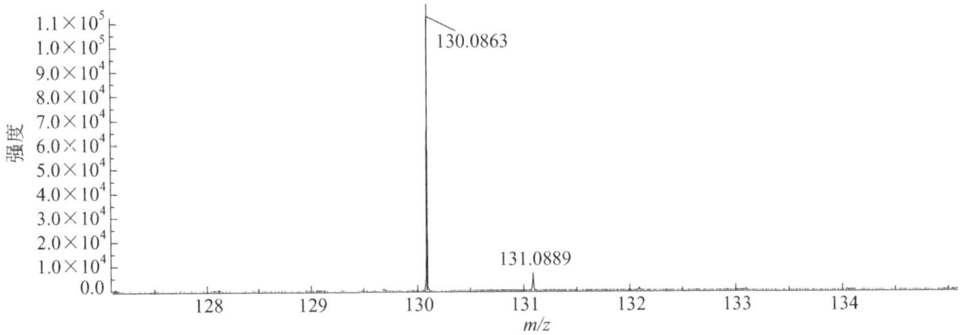

二级全扫质谱图 CE: (35±15)V

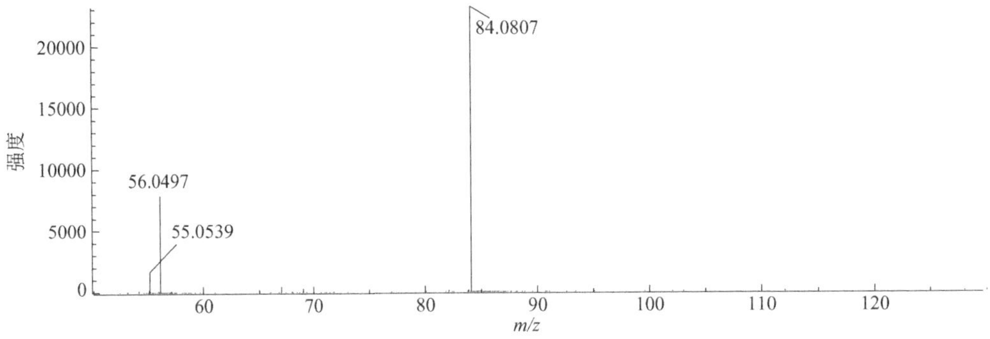

L-Proline
L-脯氨酸

CAS 号	147-85-3	源极性	正离子模式
分子式	$C_5H_9NO_2$	加合方式	$[M+H]^+$
分子量	115.0633	保留时间	0.99min

提取离子流色谱图

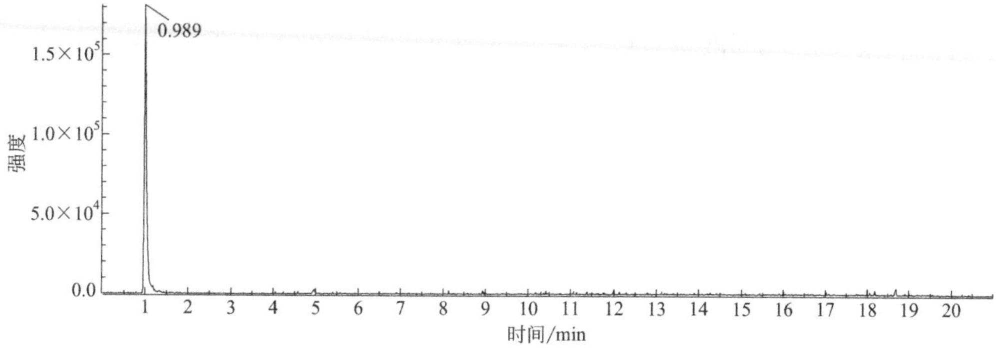

一级质谱图

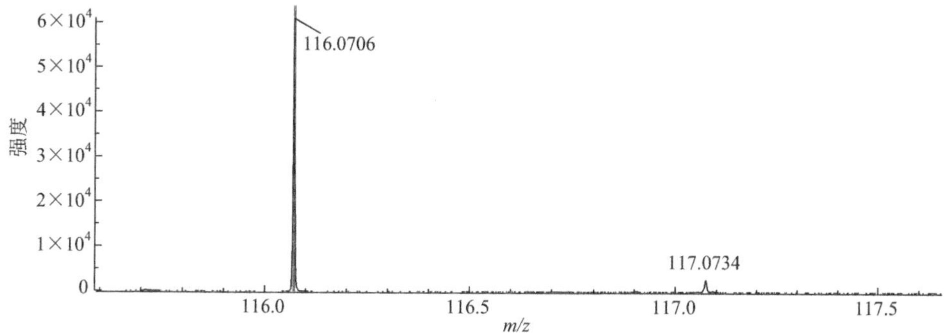

二级全扫质谱图 CE:(35±15)V

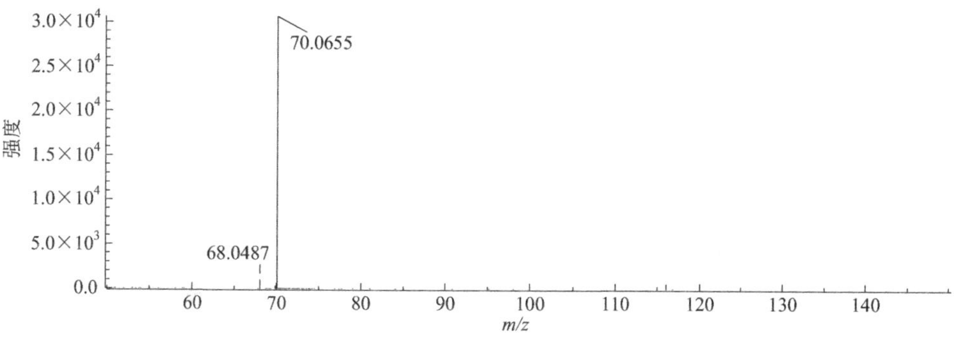

L-Rhamnose
L-鼠李糖

CAS 号	3615-41-6	源极性	负离子模式
分子式	$C_6H_{12}O_5$	加合方式	$[M-H]^-$
分子量	164. 0685	保留时间	1. 01min

提取离子流色谱图

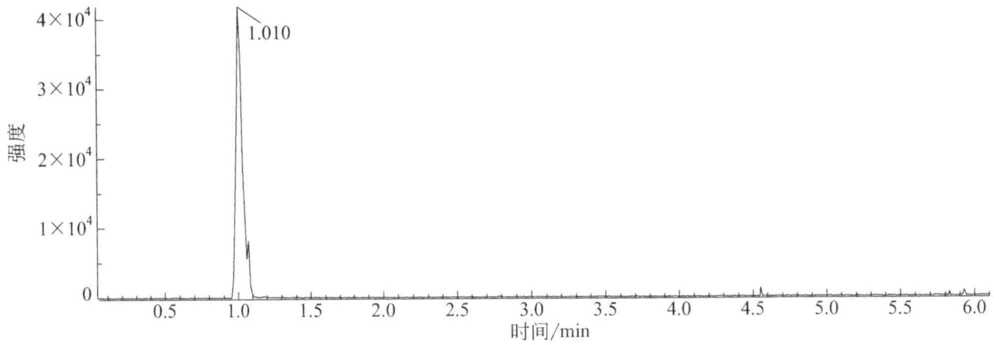

一级质谱图

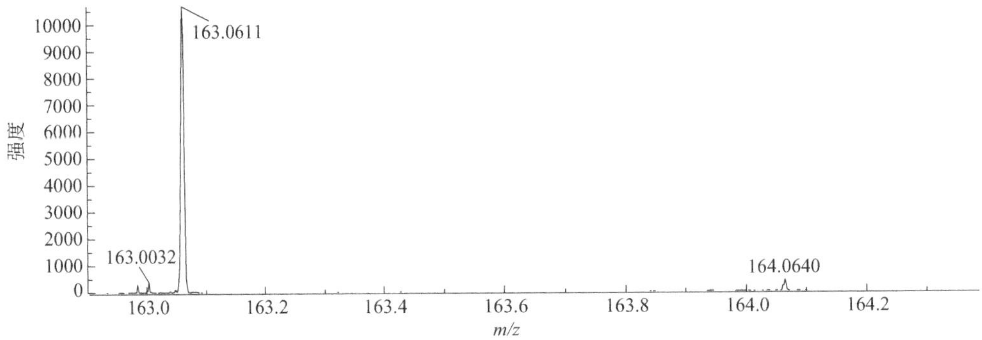

二级全扫质谱图 CE: (−35±15)V

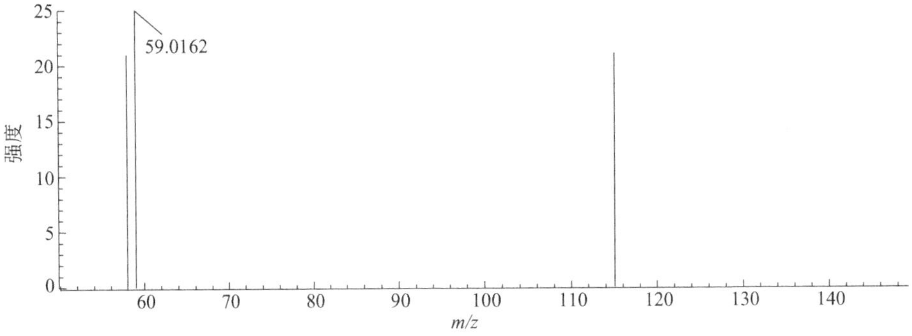

L-Serine
L-丝氨酸

CAS 号	56-45-1	源极性	负离子模式
分子式	$C_3H_7NO_3$	加合方式	$[M-H]^-$
分子量	105.0426	保留时间	0.84min

提取离子流色谱图

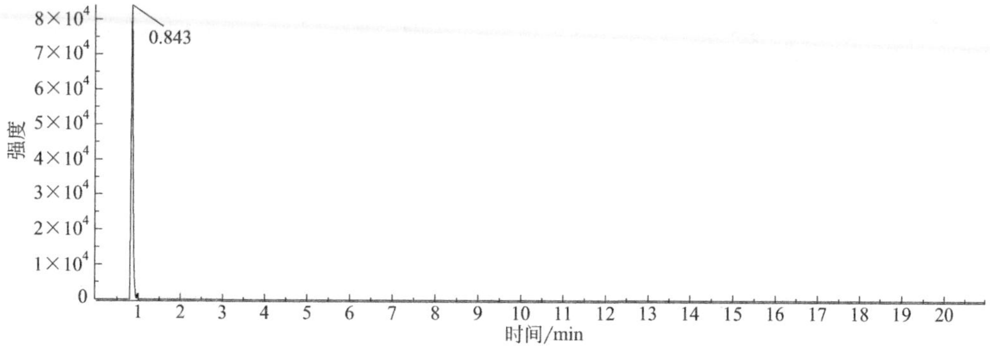

一级质谱图

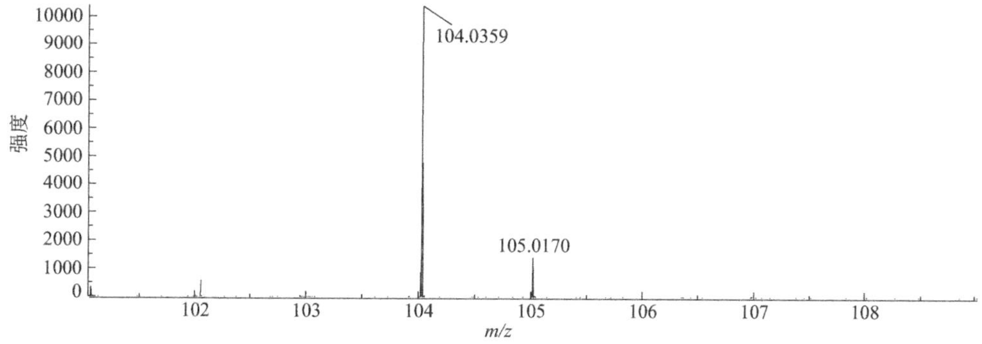

二级全扫质谱图 CE: (−35±15)V

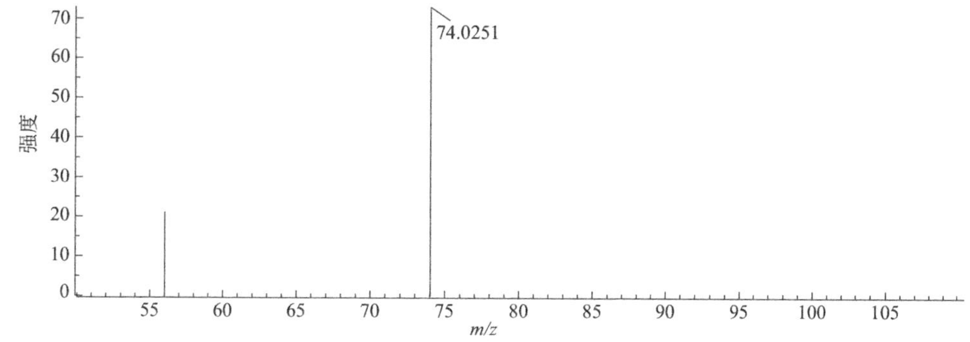

L-Threonine
L-苏氨酸

CAS 号	72-19-5	源极性	正离子模式
分子式	$C_4H_9NO_3$	加合方式	$[M+H]^+$
分子量	119.0582	保留时间	0.89min

提取离子流色谱图

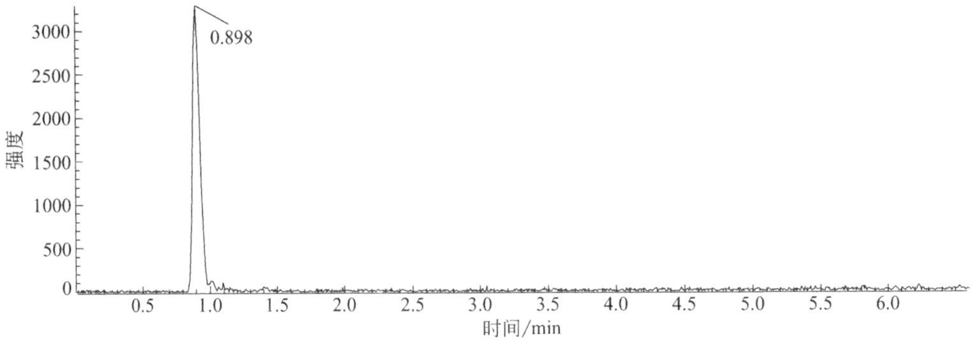

一级质谱图

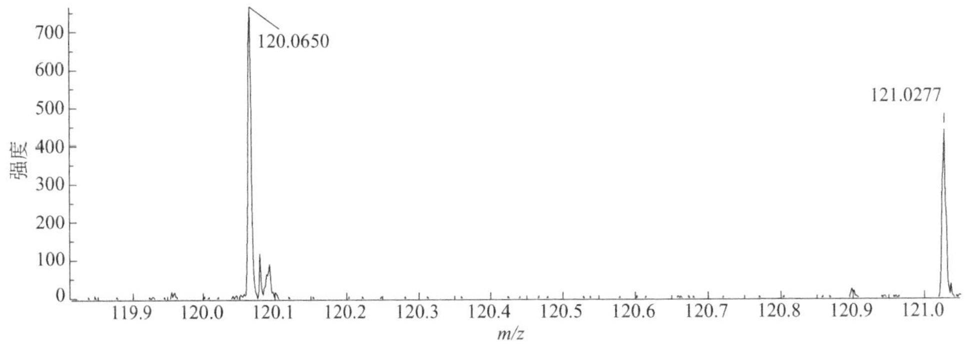

二级全扫质谱图 CE：(35±15)V

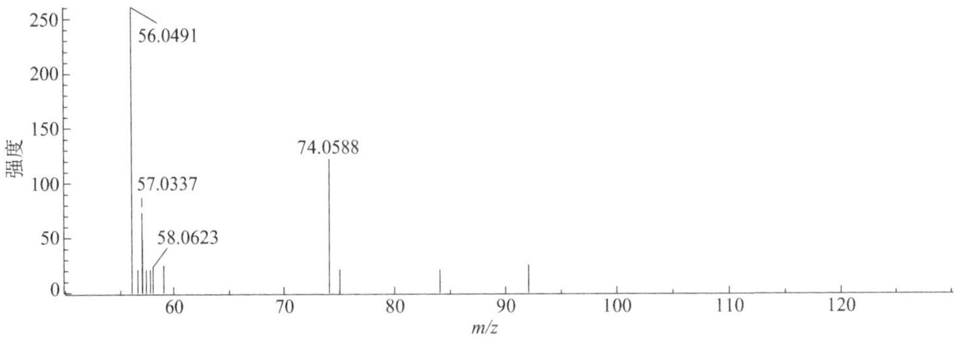

L-Tryptophanamide
L-色氨酰胺

CAS 号	20696-57-5	源极性	正离子模式
分子式	$C_{11}H_{13}N_3O$	加合方式	$[M+H]^+$
分子量	203.1059	保留时间	5.14min

提取离子流色谱图

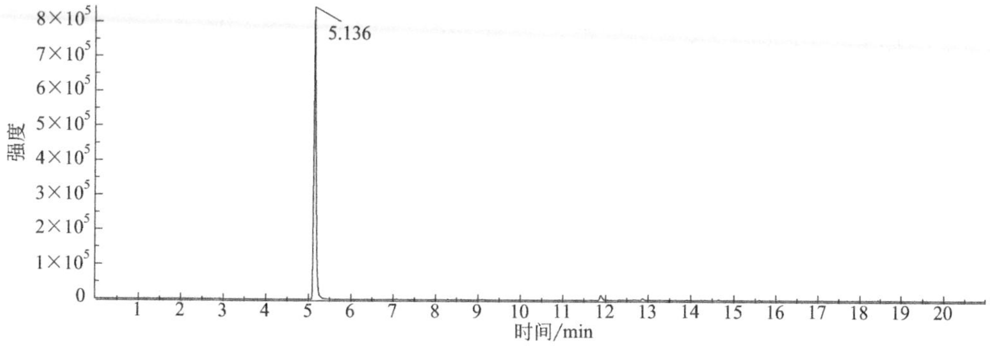

一级质谱图

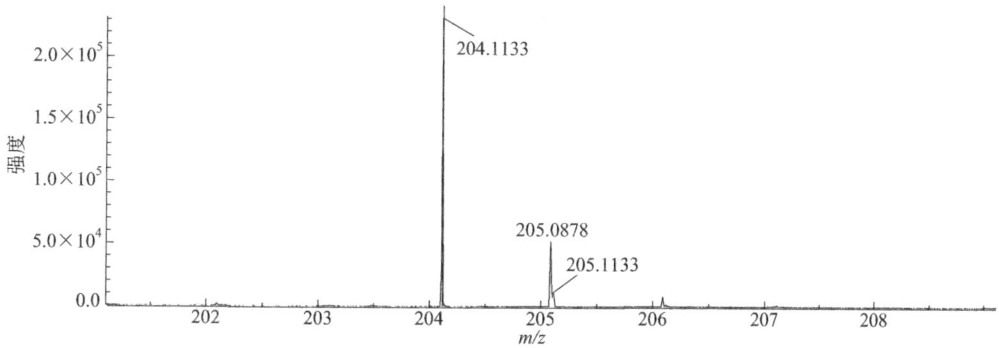

二级全扫质谱图 CE: (35±15)V

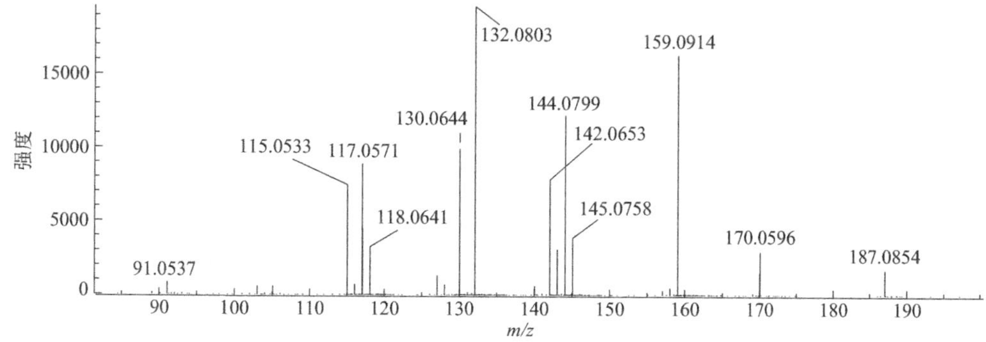

L-Tyrosine
L-酪氨酸

CAS 号	60-18-4	源极性	负离子模式
分子式	$C_9H_{11}NO_3$	加合方式	$[M-H]^-$
分子量	181. 0739	保留时间	1. 88min

提取离子流色谱图

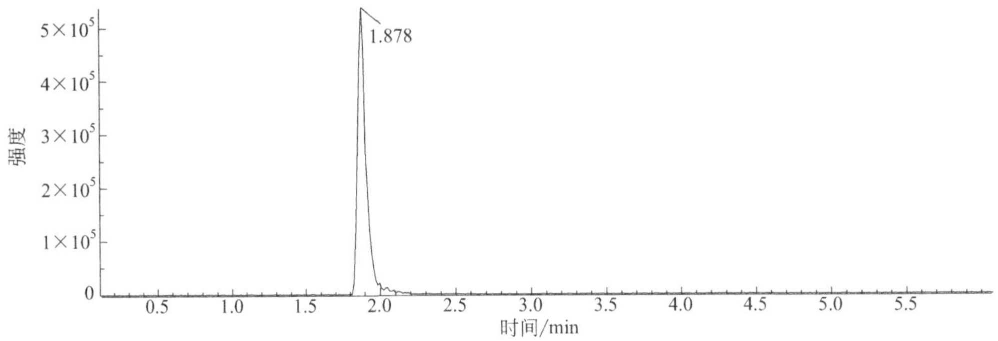

一级质谱图

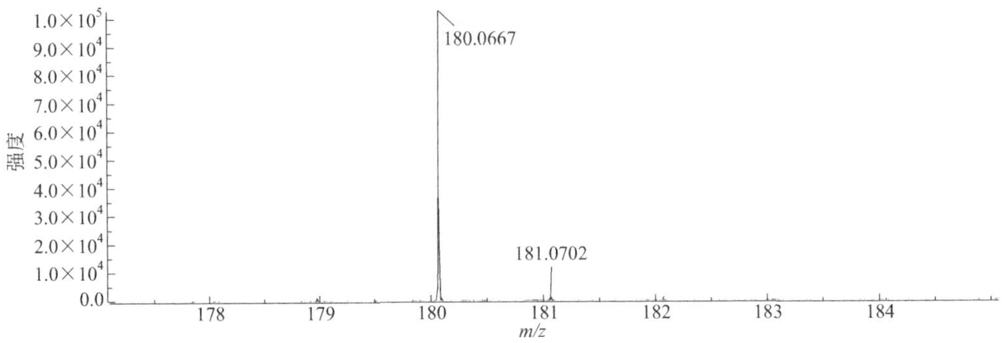

二级全扫质谱图 CE: (−35±15)V

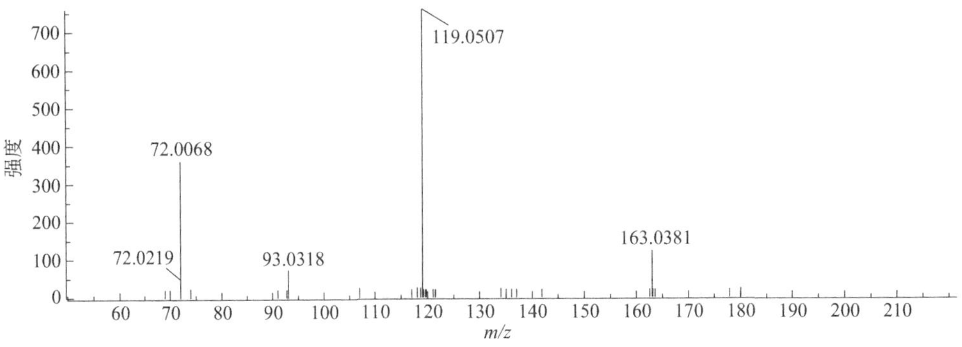

Lumichrome
光色素

CAS 号	1086-80-2	源极性	正离子模式
分子式	$C_{12}H_{10}N_4O_2$	加合方式	$[M+H]^+$
分子量	242.0804	保留时间	9.32min

提取离子流色谱图

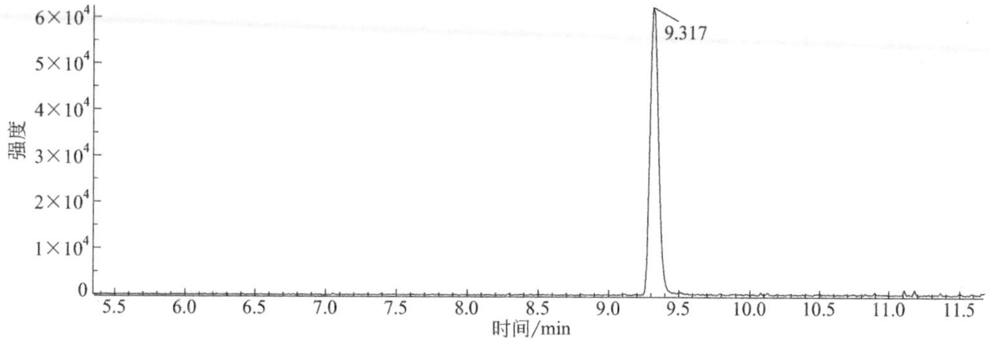

一级质谱图

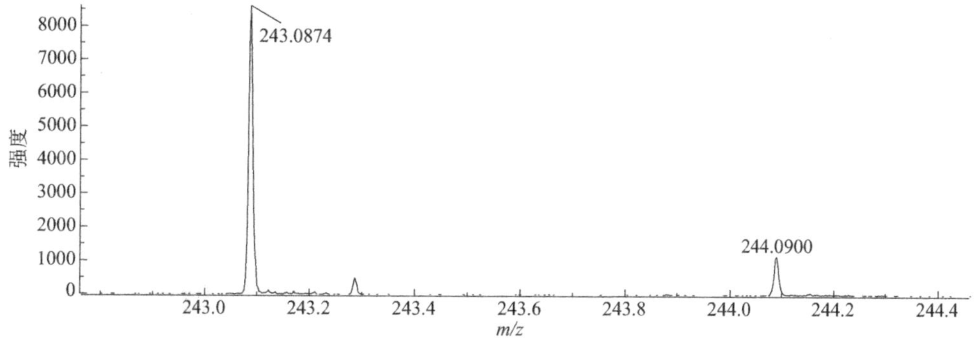

二级全扫质谱图 CE: (35±15)V

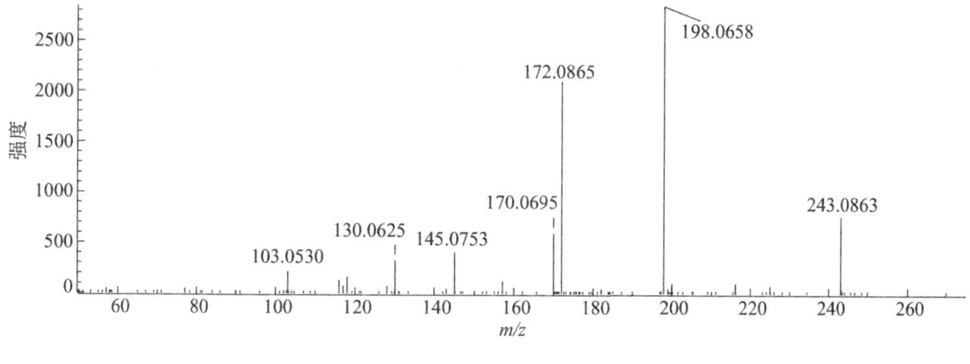

L-Valine
L-缬氨酸

CAS 号	72-18-4	源极性	负离子模式
分子式	$C_5H_{11}NO_2$	加合方式	$[M-H]^-$
分子量	117.079	保留时间	1.22min

提取离子流色谱图

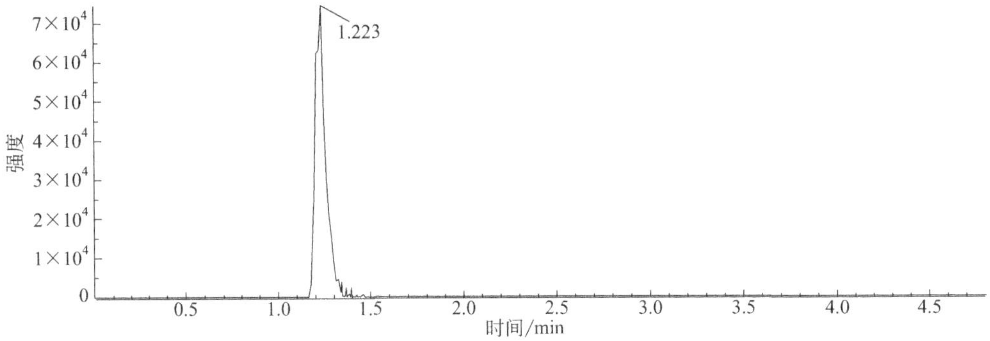

一级质谱图

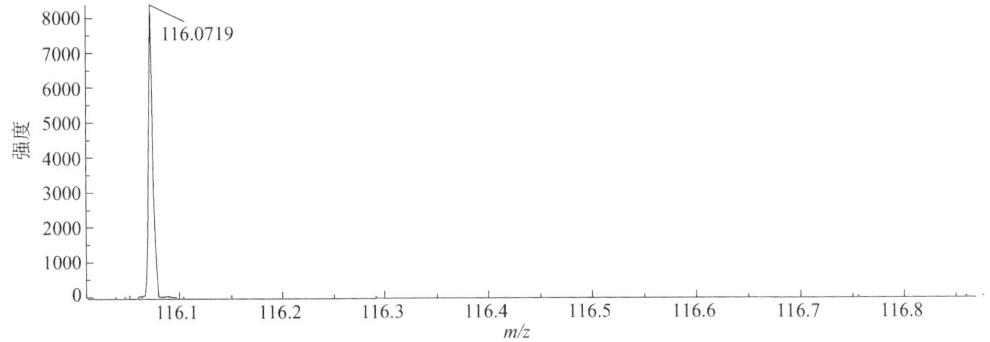

二级全扫质谱图 CE: (−35±15)V

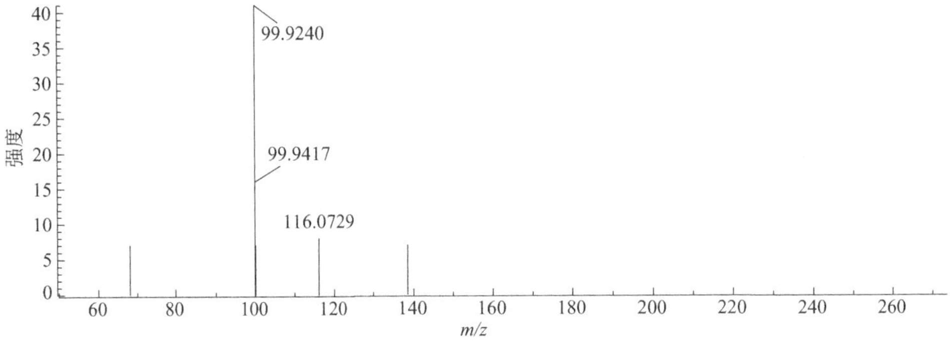

Maleic Acid
马来酸

CAS 号	110-16-7	源极性	负离子模式
分子式	$C_4H_4O_4$	加合方式	$[M-H]^-$
分子量	116. 011	保留时间	1. 39min

提取离子流色谱图

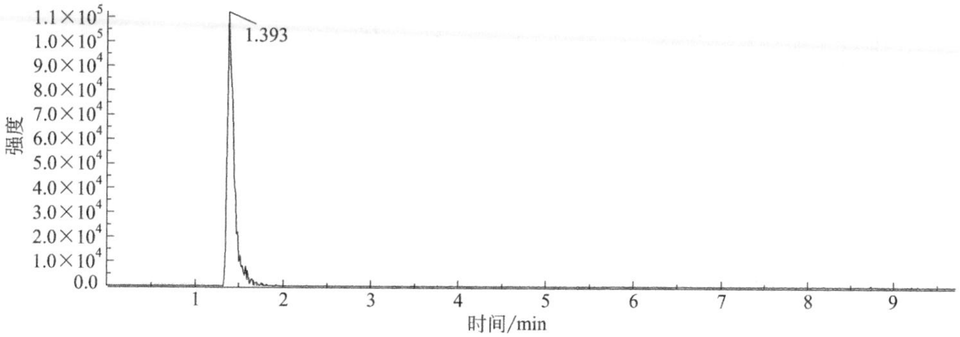

一级质谱图

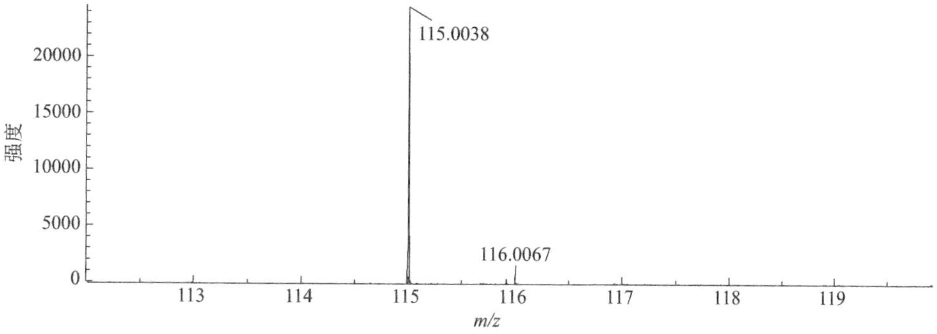

二级全扫质谱图 CE: (−35±15)V

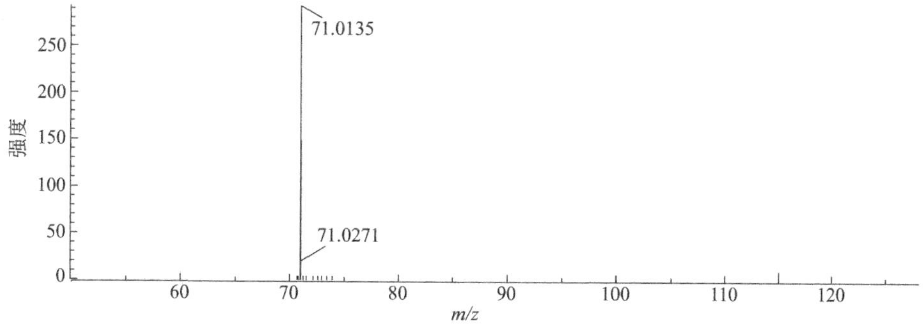

Malonic Acid
丙二酸

CAS 号	141-82-2	源极性	负离子模式
分子式	$C_3H_4O_4$	加合方式	$[M-H]^-$
分子量	104. 011	保留时间	0. 78min

提取离子流色谱图

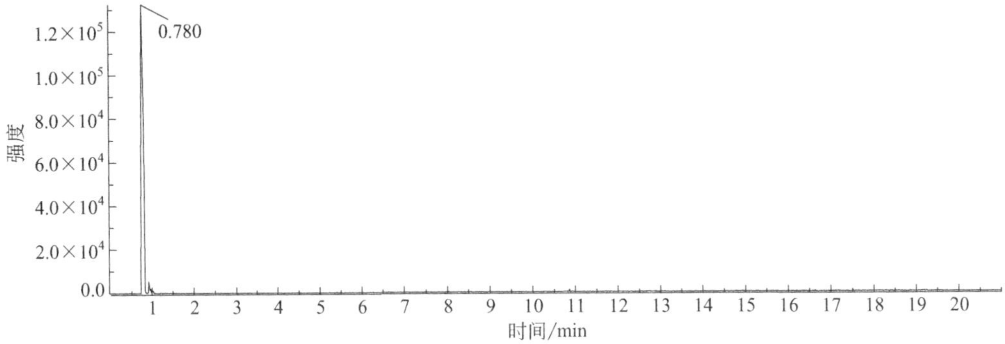

一级质谱图

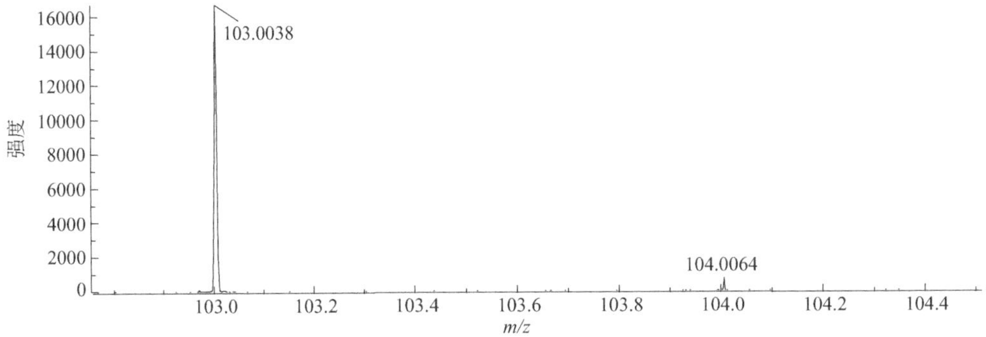

二级全扫质谱图 CE: (−35±15)V

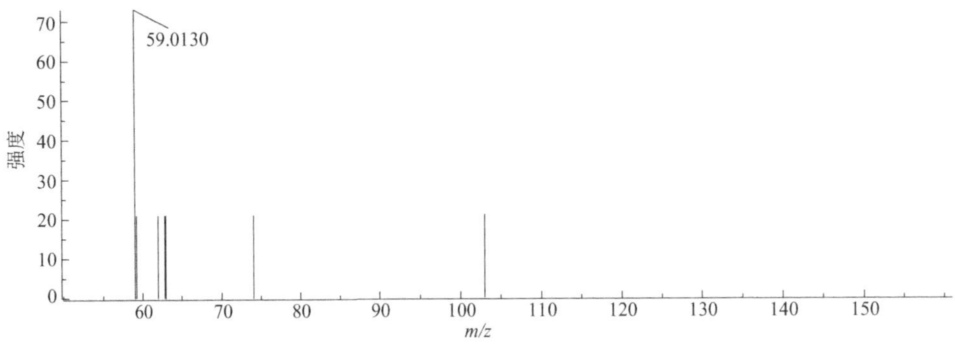

Mandelic Acid
扁桃酸

CAS 号	90-64-2	源极性	负离子模式
分子式	$C_8H_8O_3$	加合方式	$[M-H]^-$
分子量	152. 0473	保留时间	5. 51min

提取离子流色谱图

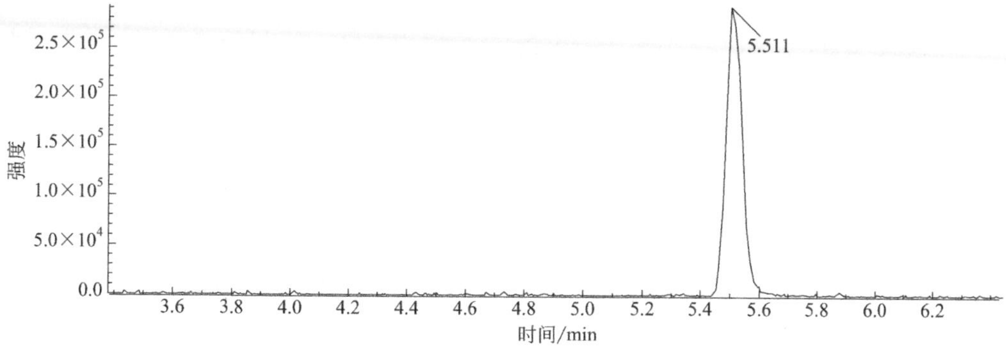

一级质谱图

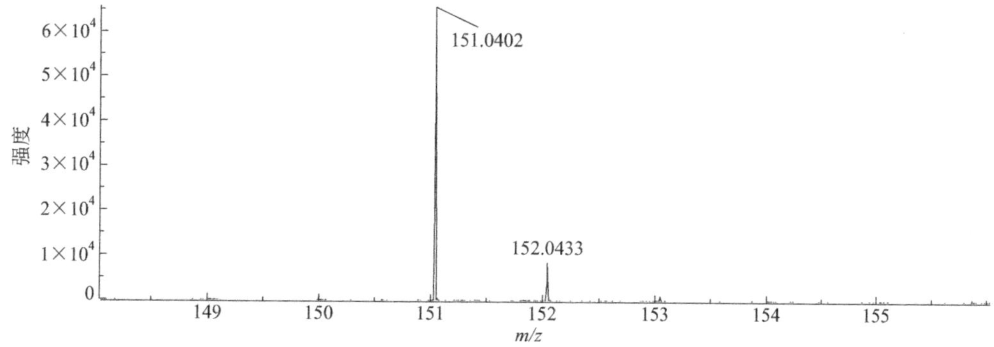

二级全扫质谱图 CE: (−35±15)V

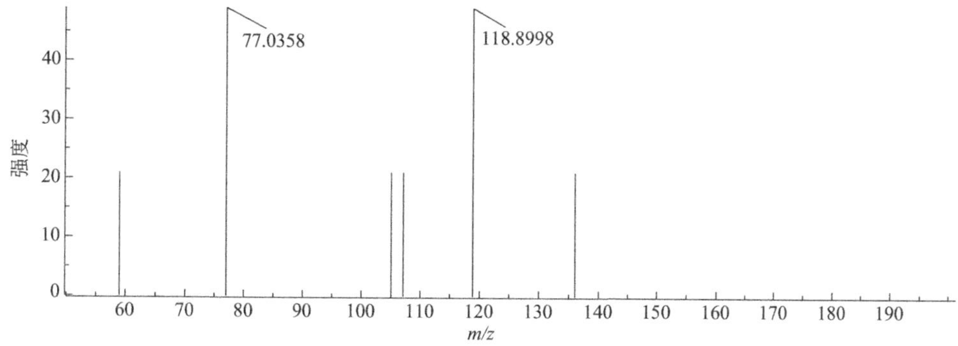

Melatonin
褪黑素

CAS 号	73-31-4	源极性	正离子模式
分子式	$C_{13}H_{16}N_2O_2$	加合方式	$[M+H]^+$
分子量	232. 1212	保留时间	8. 29min

提取离子流色谱图

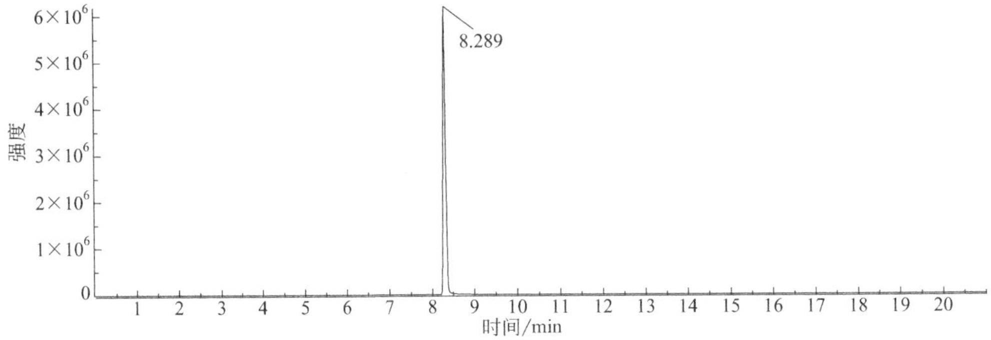

一级质谱图

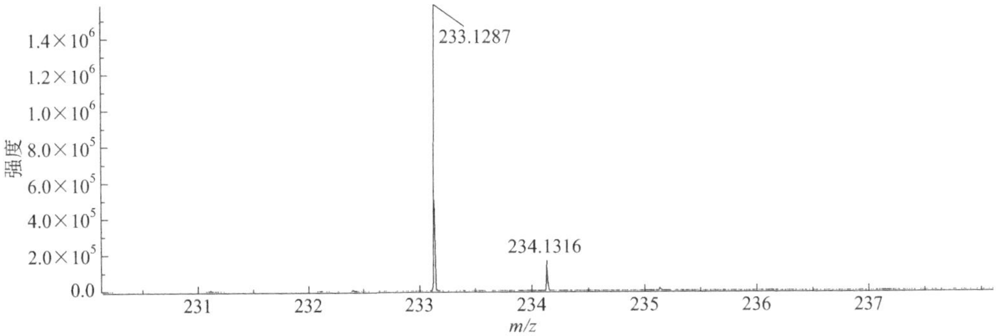

二级全扫质谱图 CE: (35±15)V

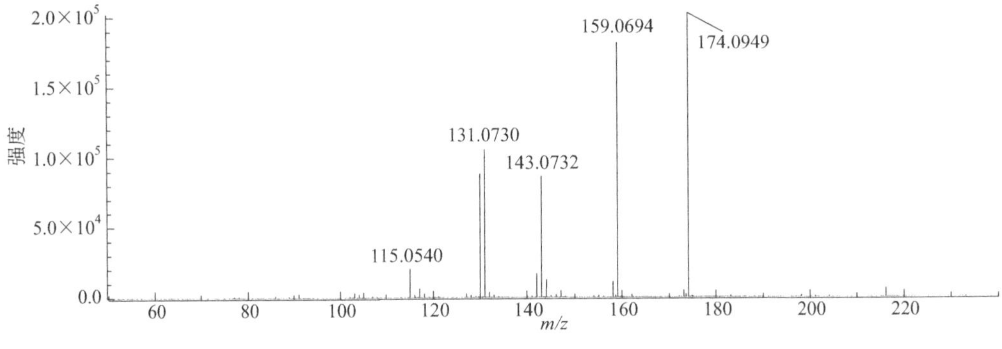

Menaquinone
维生素 K2

CAS 号	11032-49-8	源极性	正离子模式
分子式	$C_{31}H_{40}O_2$	加合方式	$[M+H]^+$
分子量	444. 3028	保留时间	16. 70min

提取离子流色谱图

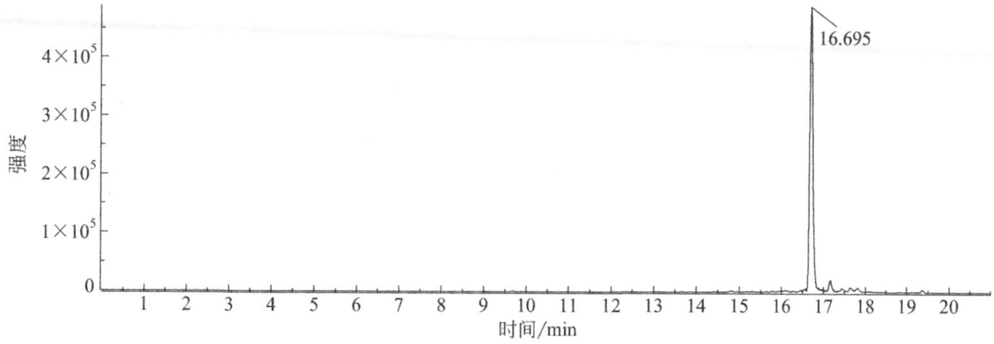

一级质谱图

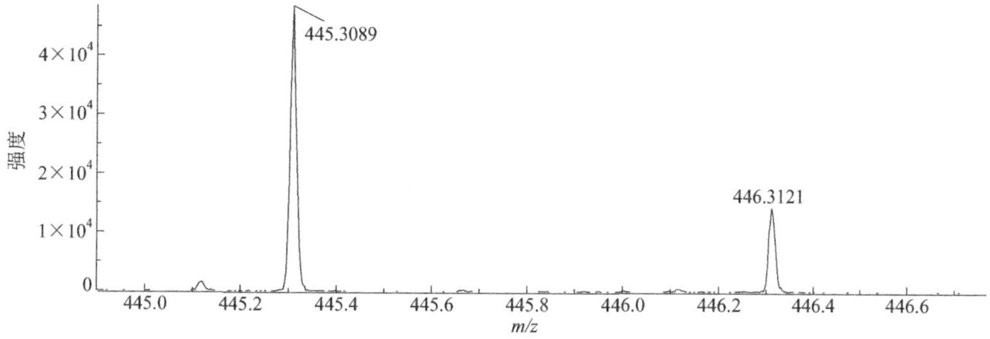

二级全扫质谱图 CE: (35±15)V

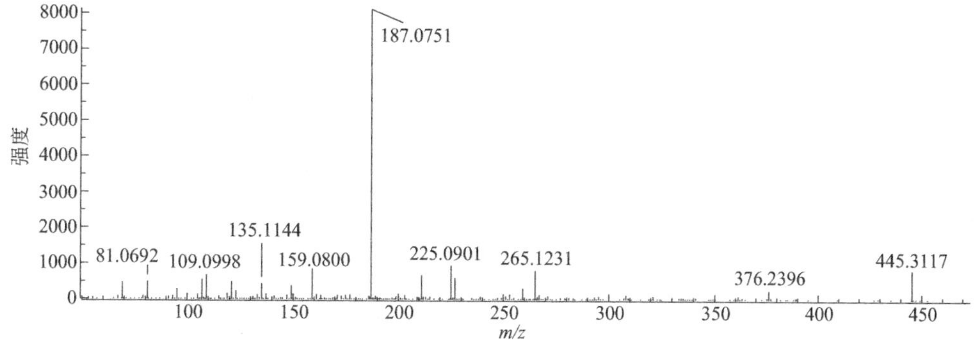

Meso-Tartaric Acid
内消旋酒石酸

CAS 号	147-73-9	源极性	负离子模式
分子式	$C_4H_6O_6$	加合方式	$[M-H]^-$
分子量	150. 0164	保留时间	0. 91min

提取离子流色谱图

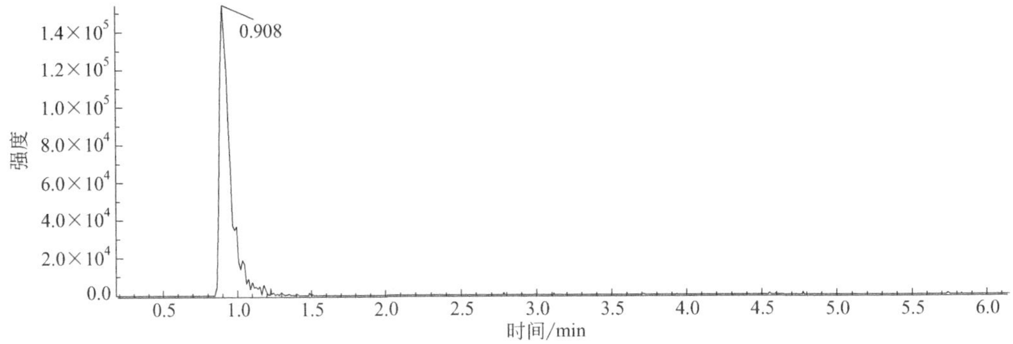

一级质谱图

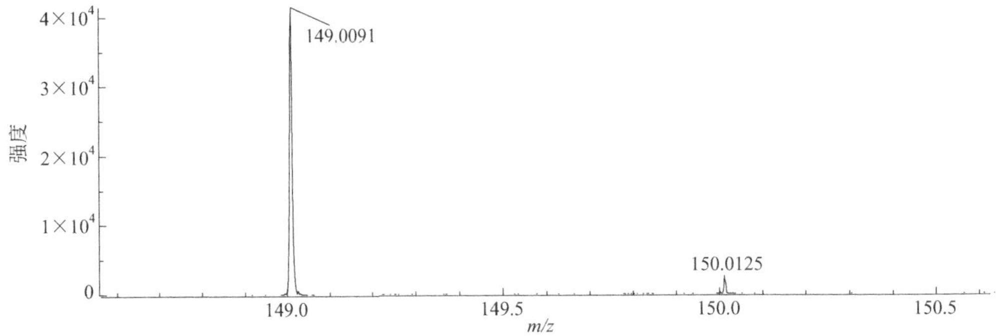

二级全扫质谱图 CE: (−35±15)V

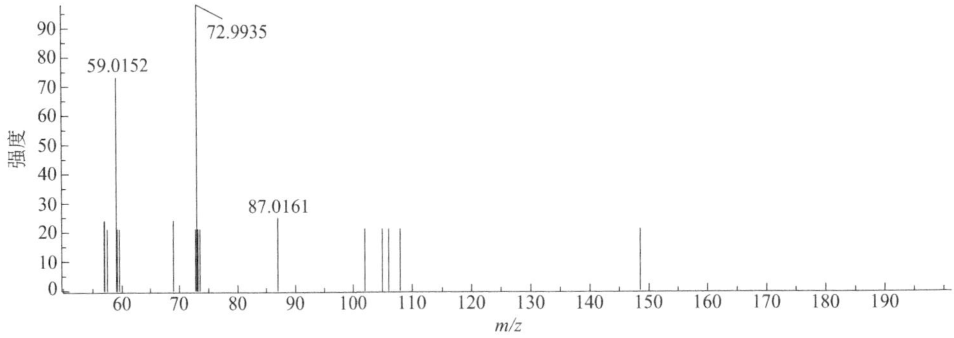

3-Methoxy-L-Tyrosine
3-甲氧基-L-酪氨酸

CAS 号	300-48-1	源极性	负离子模式
分子式	$C_{10}H_{13}NO_4$	加合方式	$[M-H]^-$
分子量	211. 0845	保留时间	3. 34min

提取离子流色谱图

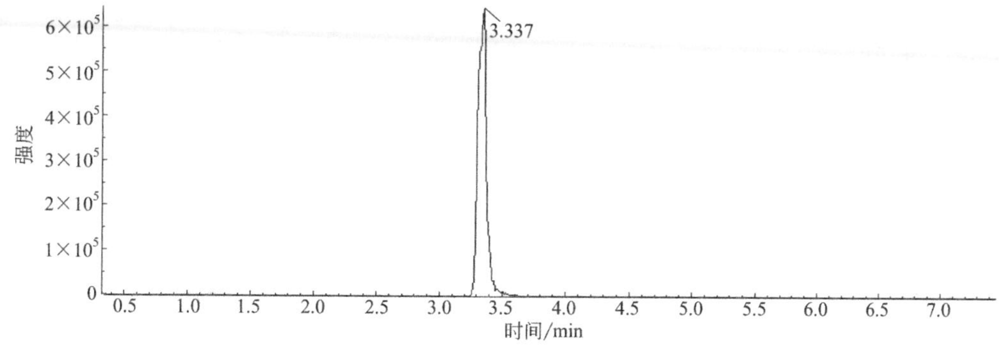

一级质谱图

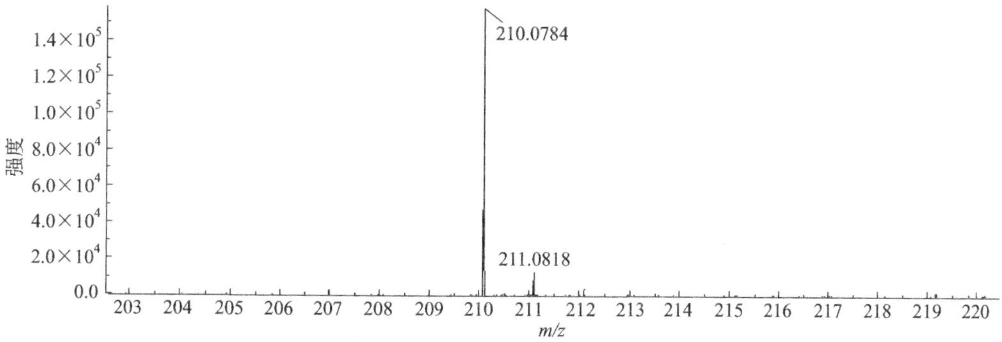

二级全扫质谱图 CE: (−35±15)V

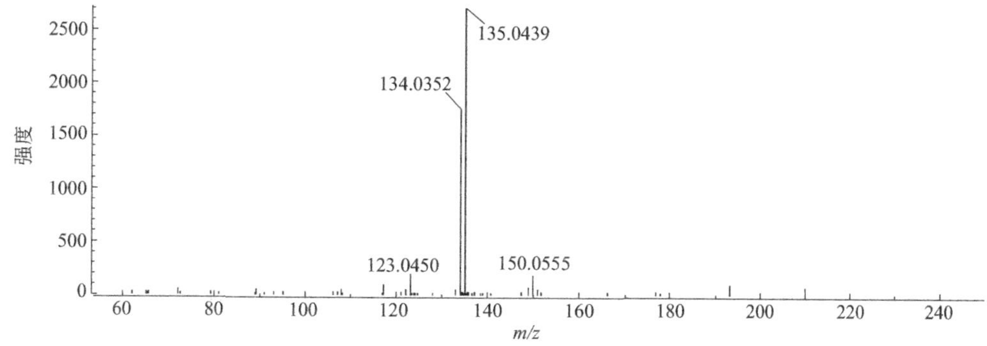

3-Methoxytyramine
3-甲氧酪氨

CAS 号	1477-68-5 (盐酸盐) 554-52-9 (母体)	源极性	正离子模式
分子式	$C_9H_{13}NO_2$	加合方式	$[M+H]^+$
分子量	167. 0946	保留时间	4. 01min

提取离子流色谱图

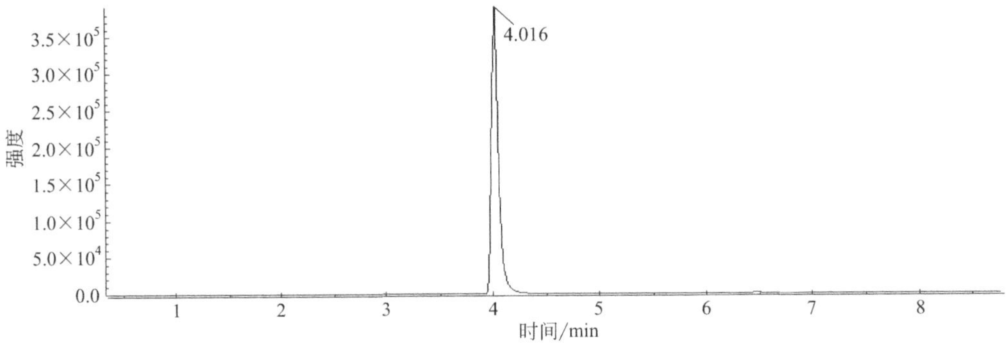

一级质谱图

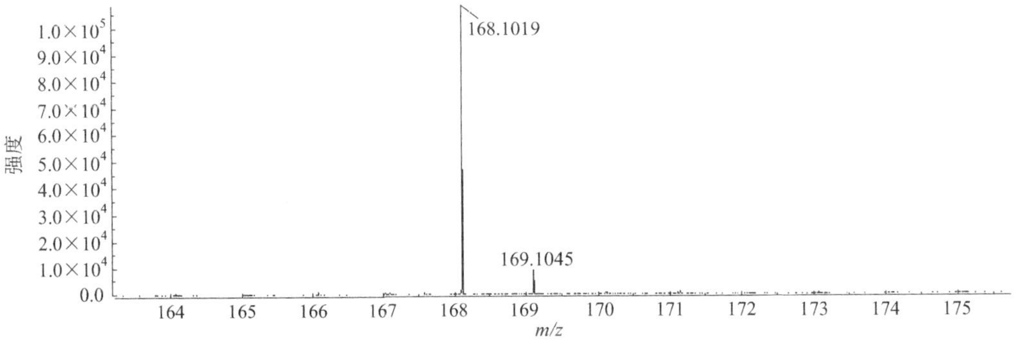

二级全扫质谱图 CE: (35±15)V

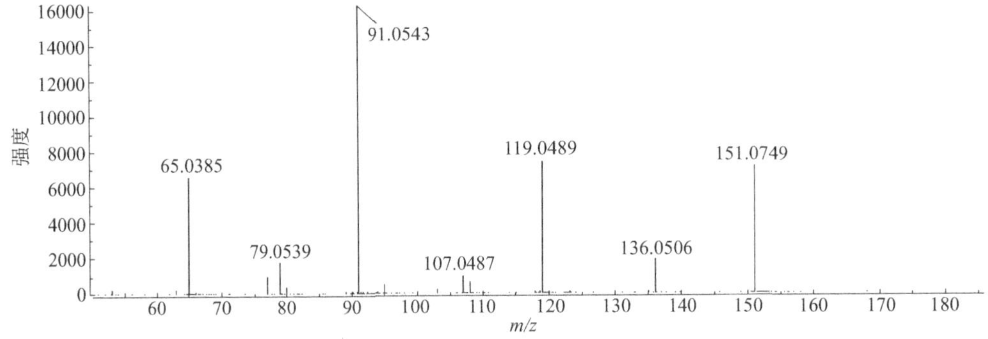

1-Methyladenosine
1-甲基腺苷酸

CAS 号	15763-06-1	源极性	负离子模式
分子式	$C_{11}H_{15}N_5O_4$	加合方式	$[M-H]^-$
分子量	281. 1119	保留时间	5. 38min

提取离子流色谱图

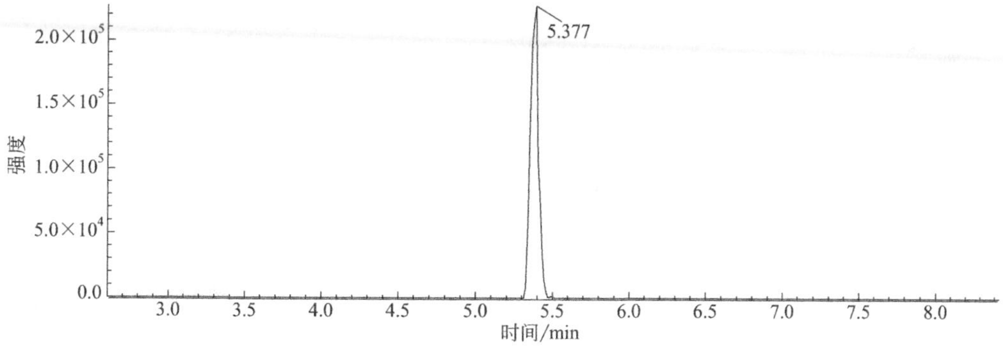

一级质谱图

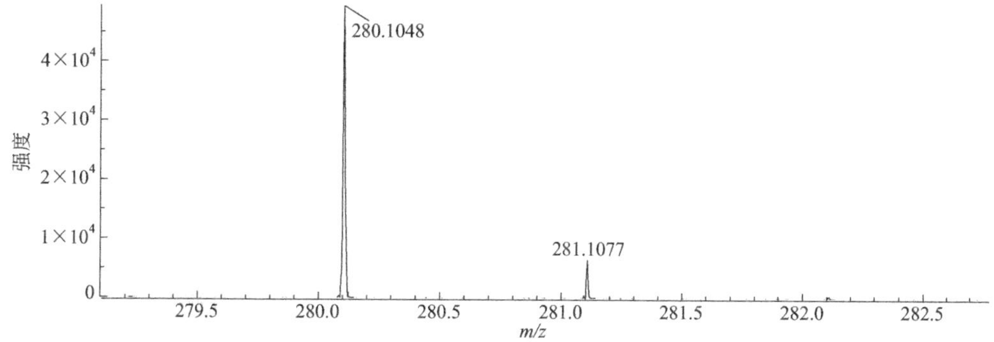

二级全扫质谱图 CE: (−35±15)V

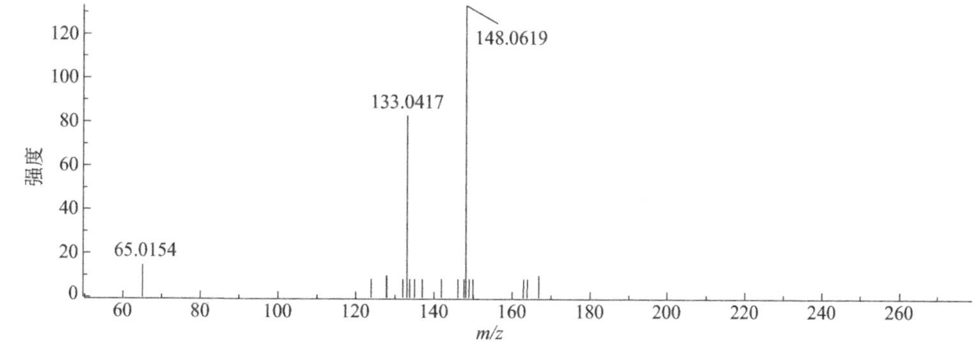

3-Methylcrotonyl-CoA
3-甲基巴豆酰辅酶 A

CAS 号	793193-48-3	源极性	负离子模式
分子式	$C_{26}H_{42}N_7O_{17}P_3S$	加合方式	$[M-H]^-$
分子量	849.1571	保留时间	8.02min

提取离子流色谱图

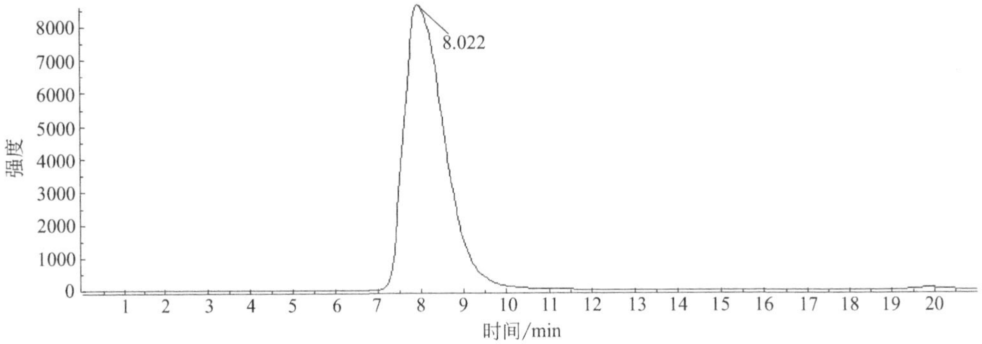

一级质谱图

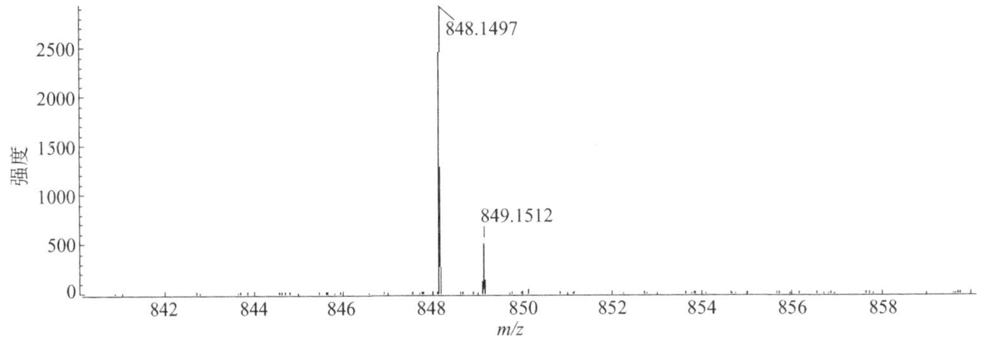

二级全扫质谱图 CE: (−35±15)V

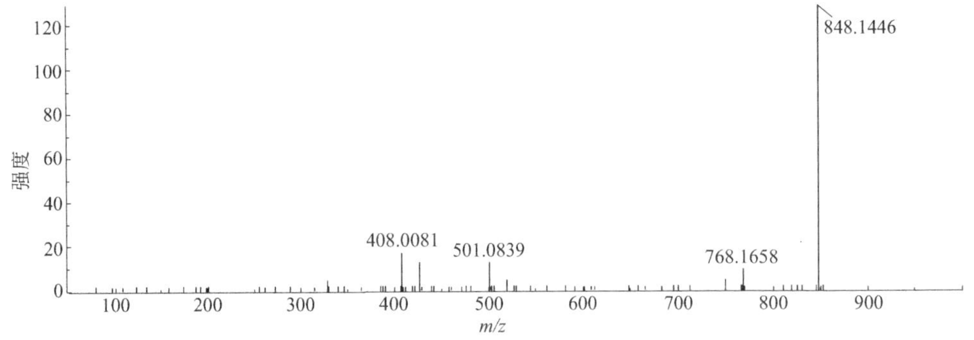

5-Methylcytosine
5-甲基胞嘧啶

CAS 号	58366-64-6 (盐酸盐) 554-01-8 (母体)	源极性	正离子模式
分子式	$C_5H_7N_3O$	加合方式	$[M+H]^+$
分子量	125. 0584	保留时间	1. 20min

提取离子流色谱图

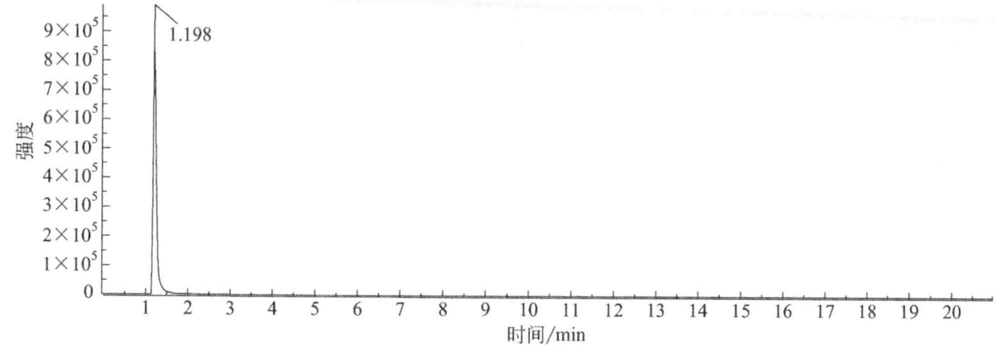

一级质谱图

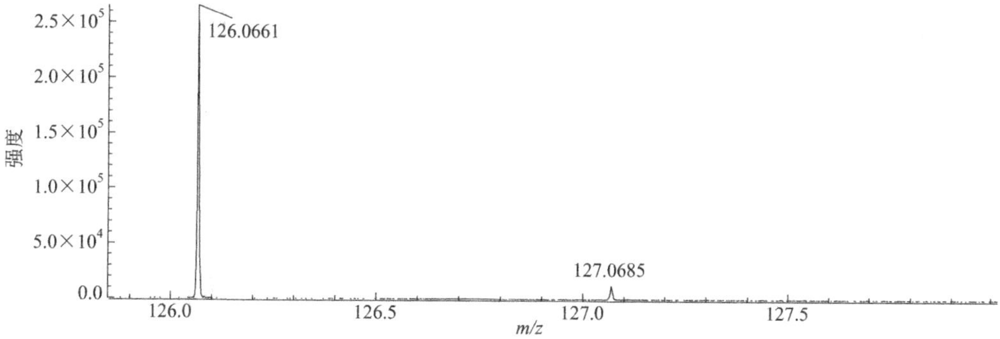

二级全扫质谱图 CE: (35±15)V

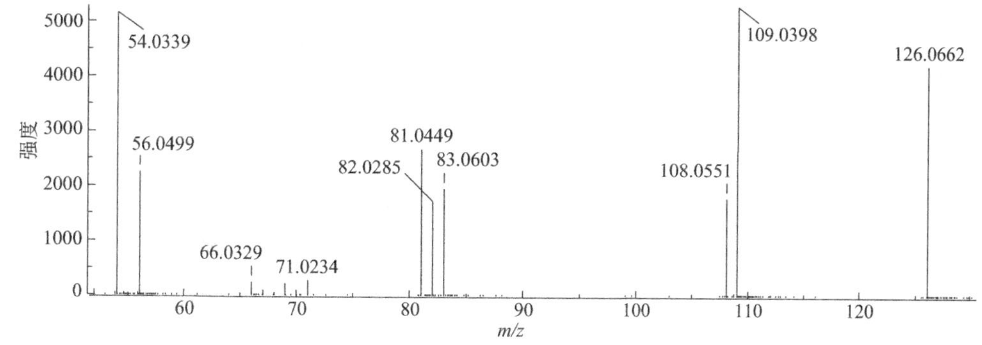

3-Methylglutaric Acid
3-甲基戊二酸

CAS 号	626-51-7	源极性	负离子模式
分子式	$C_6H_{10}O_4$	加合方式	$[M-H]^-$
分子量	146. 0579	保留时间	5. 42min

提取离子流色谱图

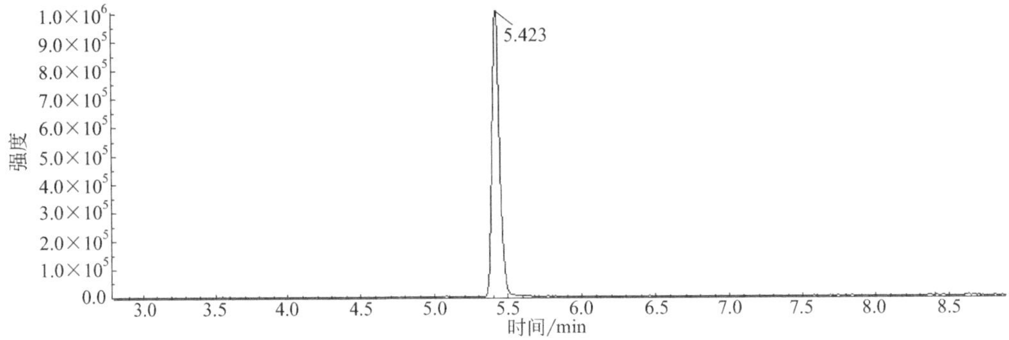

一级质谱图

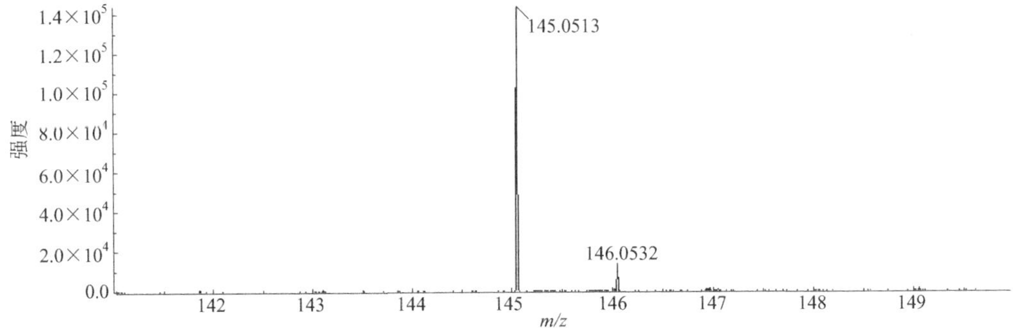

二级全扫质谱图 CE: (−35±15)V

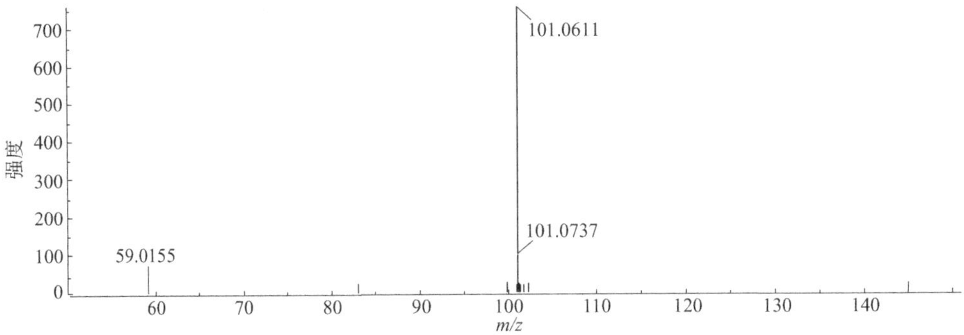

Methylguanidine
甲胍

CAS 号	471-29-4	源极性	正离子模式
分子式	$C_2H_7N_3$	加合方式	$[M+H]^+$
分子量	73.064	保留时间	0.98min

提取离子流色谱图

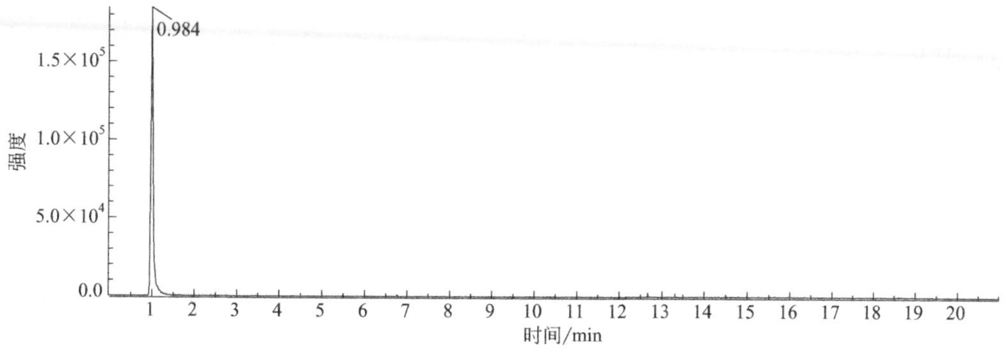

一级质谱图

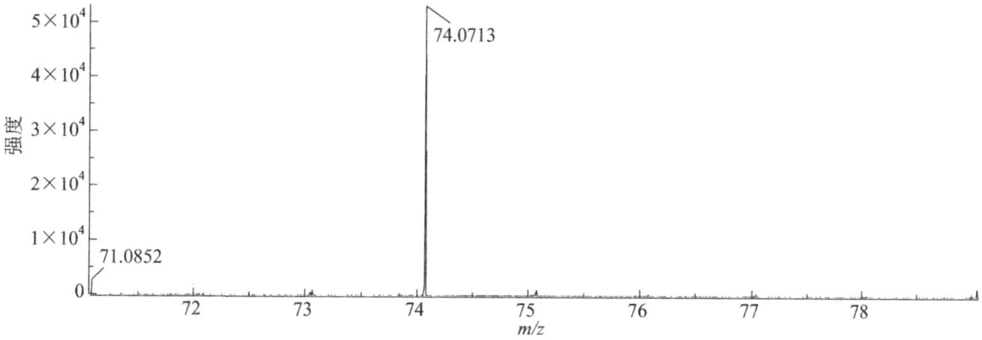

二级全扫质谱图 CE：(35±15)V

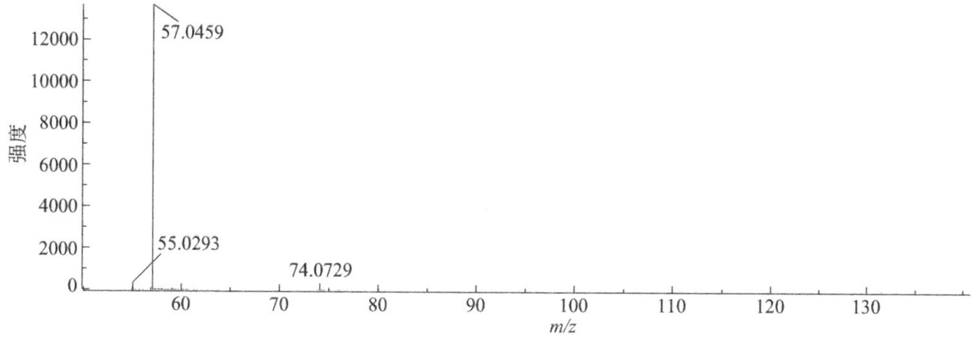

3-Methylhistamine
3-甲基组胺

CAS 号	644-42-8	源极性	正离子模式
分子式	$C_6H_{11}N_3$	加合方式	$[M+H]^+$
分子量	125. 0953	保留时间	0. 78min

提取离子流色谱图

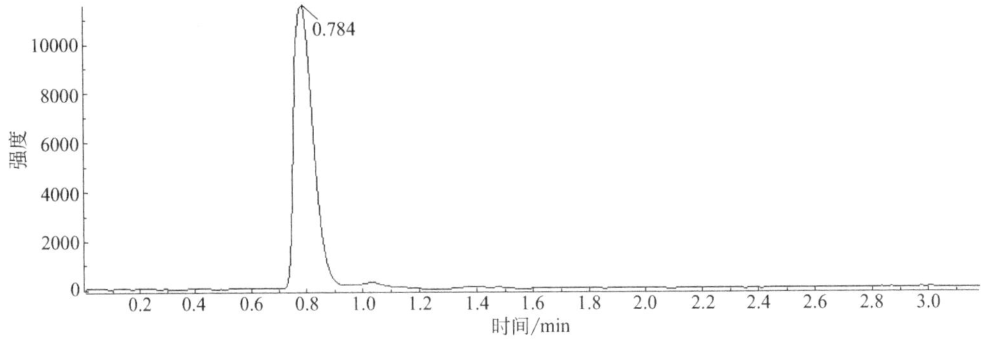

一级质谱图

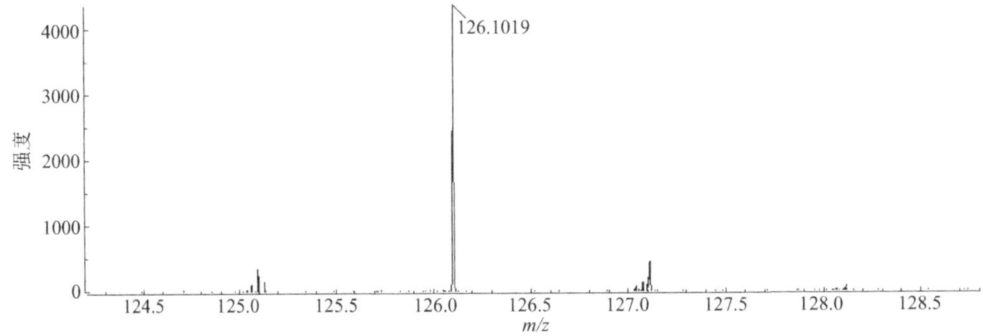

二级全扫质谱图 CE：(35±15)V

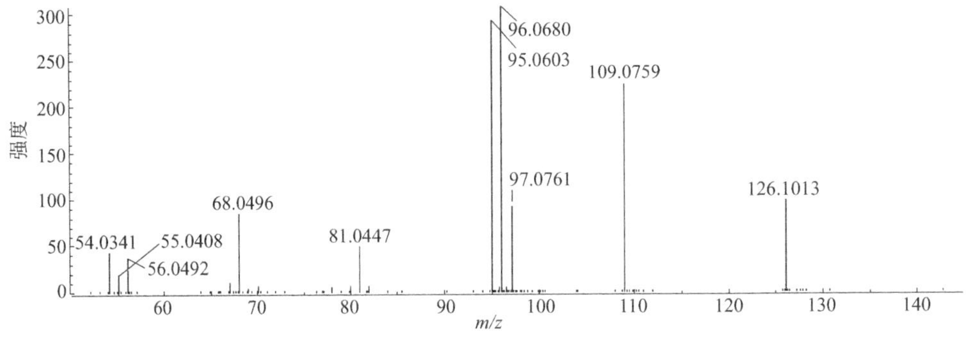

Methyl Indole-3-Acetate
吲哚-3-醋酸甲酯

CAS 号	1912-33-0	源极性	正离子模式
分子式	$C_{11}H_{11}NO_2$	加合方式	$[M+H]^+$
分子量	189. 079	保留时间	9. 77min

提取离子流色谱图

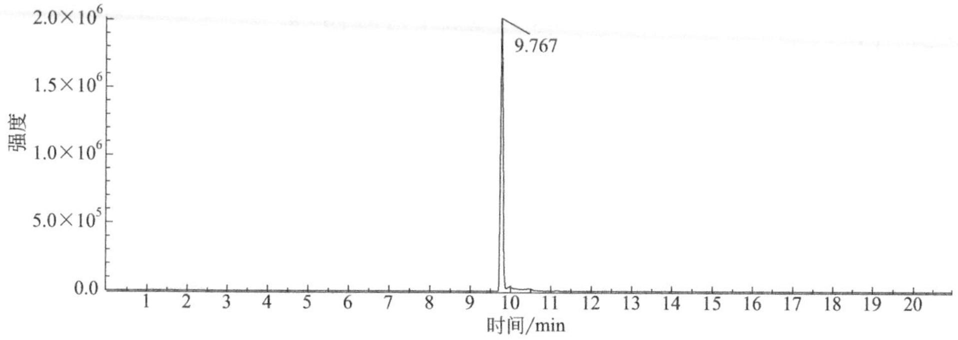

一级质谱图

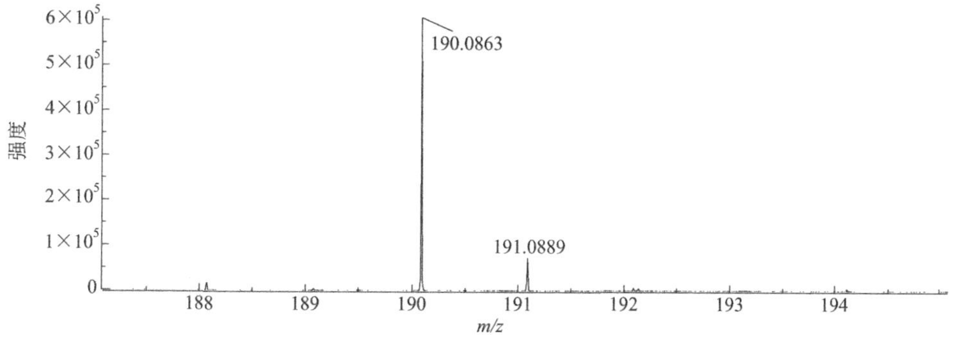

二级全扫质谱图 CE: (35±15)V

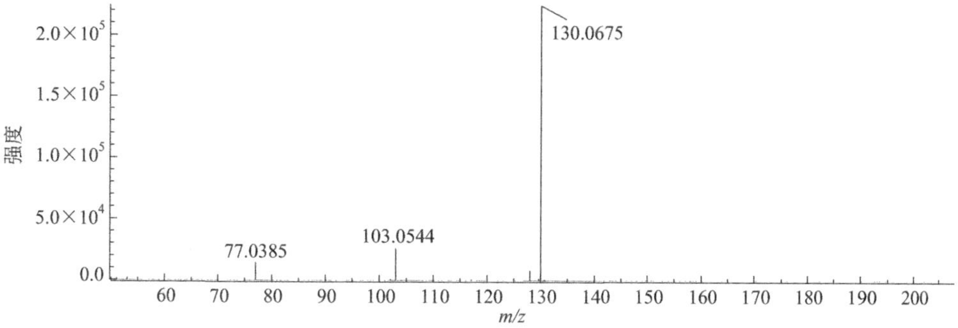

Methyl Jasmonate
茉莉酸甲酯

CAS 号	39924-52-2	源极性	正离子模式
分子式	$C_{13}H_{20}O_3$	加合方式	$[M+H]^+$
分子量	224. 1412	保留时间	11. 49min

提取离子流色谱图

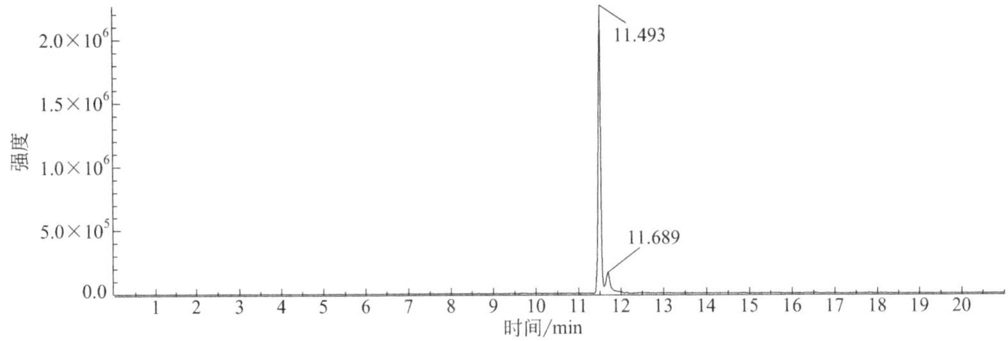

一级质谱图

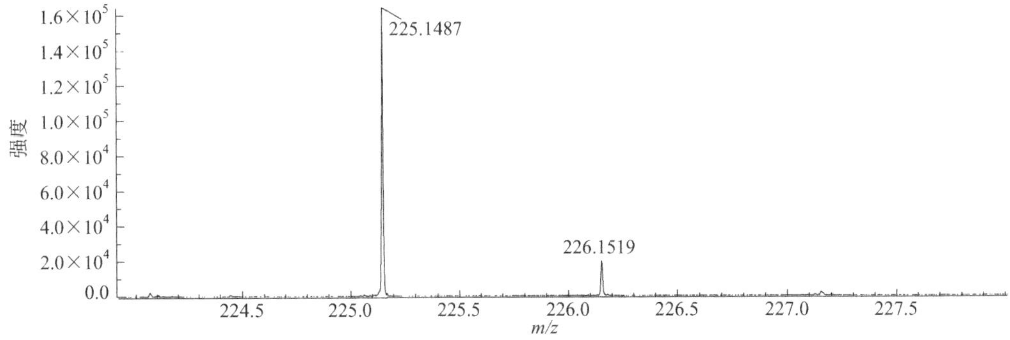

二级全扫质谱图 CE：(35±15)V

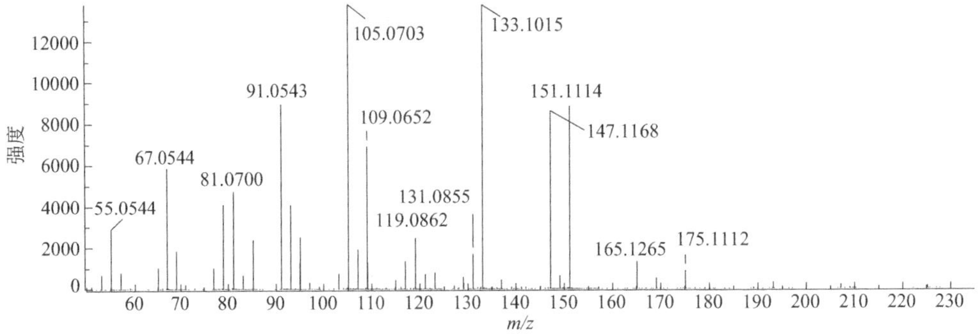

Methylmalonic Acid
甲基丙二酸

CAS 号	516-05-2	源极性	负离子模式
分子式	$C_4H_6O_4$	加合方式	$[M-H]^-$
分子量	118. 0266	保留时间	1. 93min

提取离子流色谱图

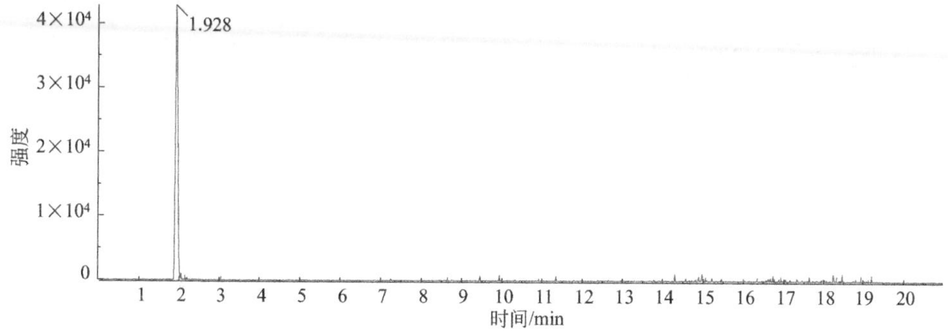

一级质谱图

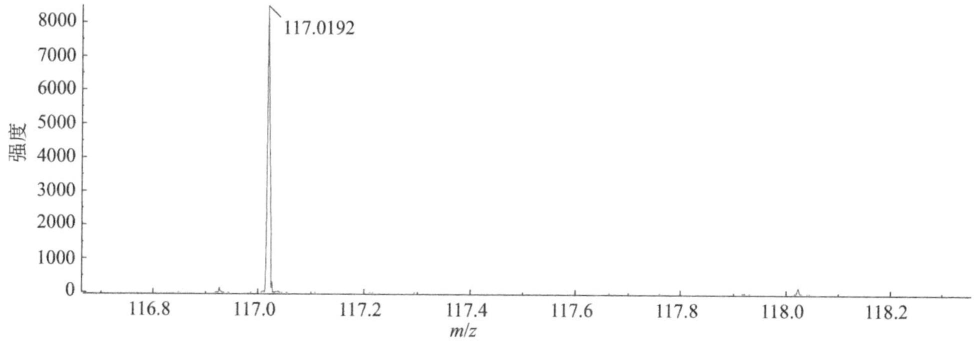

二级全扫质谱图 CE: (−35±15)V

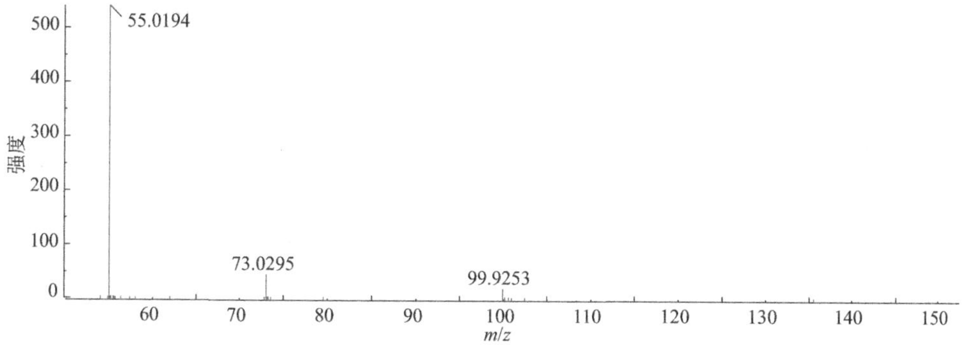

1-Methylnicotinamide
1-甲基烟酰胺

CAS 号	1005-24-9（盐酸盐） 3106-60-3（母体）	源极性	正离子模式
分子式	$C_7H_9N_2O$	加合方式	$[M]^+$
分子量	137.0709	保留时间	0.93min

提取离子流色谱图

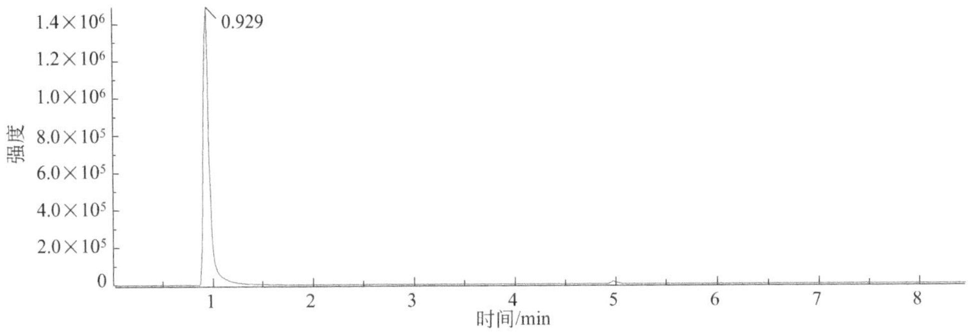

一级质谱图

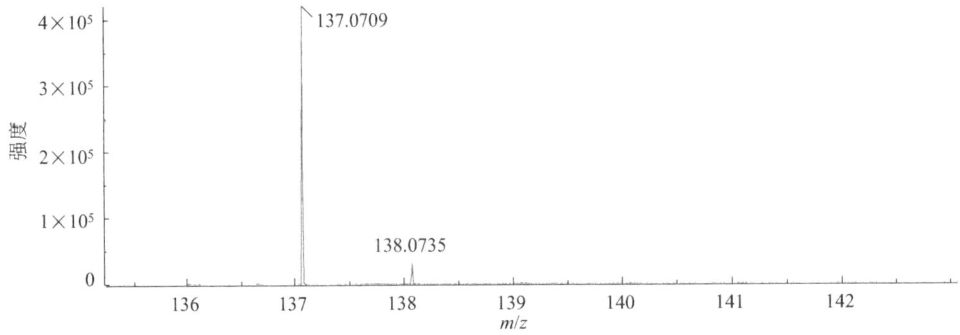

二级全扫质谱图 CE: (35±15)V

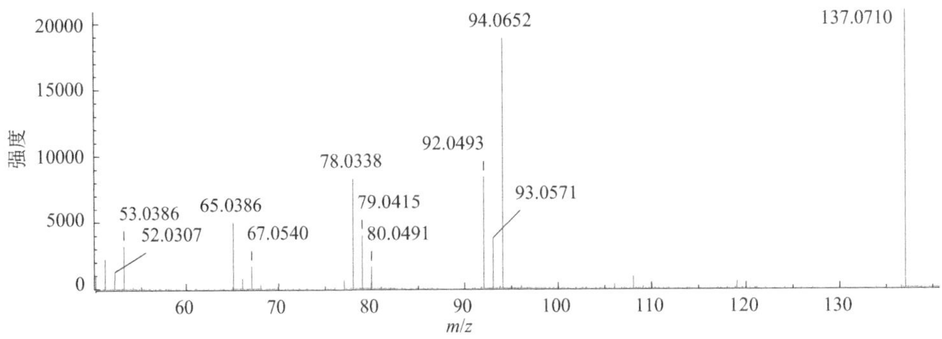

3-Methyl-2-Oxindole
3-甲基羟基吲哚

CAS 号	1504-06-9	源极性	正离子模式
分子式	C_9H_9NO	加合方式	$[M+H]^+$
分子量	147. 0684	保留时间	8. 78min

提取离子流色谱图

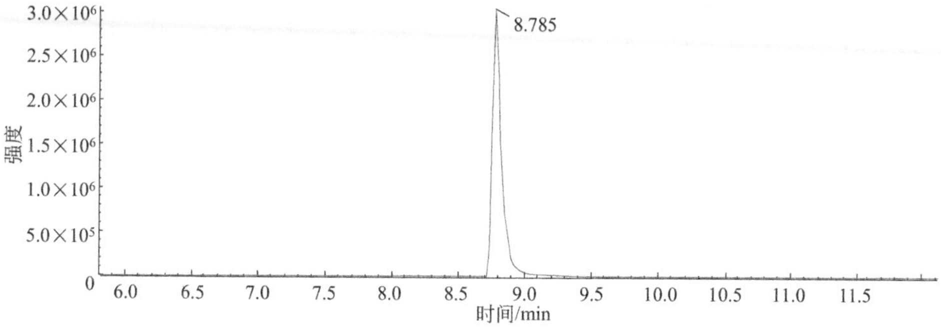

一级质谱图

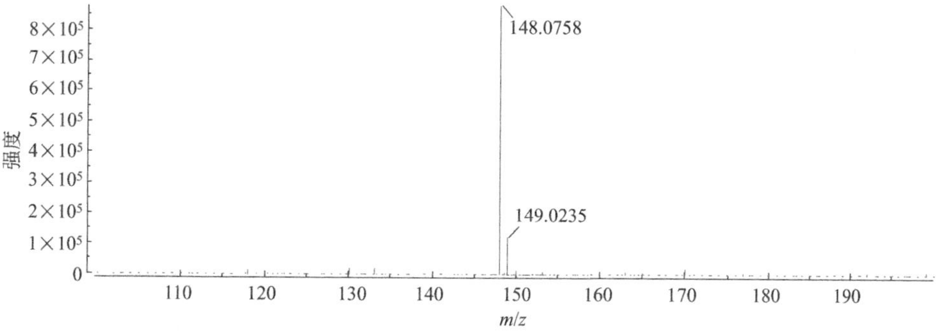

二级全扫质谱图 CE: (35±15)V

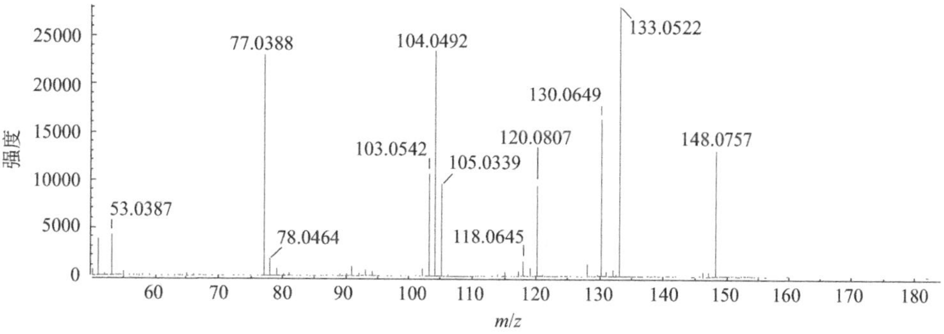

5′-Methylthioadenosine

5′-脱氧-5′-甲硫腺苷

CAS 号	2457-80-9	源极性	正离子模式
分子式	$C_{11}H_{15}N_5O_3S$	加合方式	$[M+H]^+$
分子量	297.0890	保留时间	6.27min

提取离子流色谱图

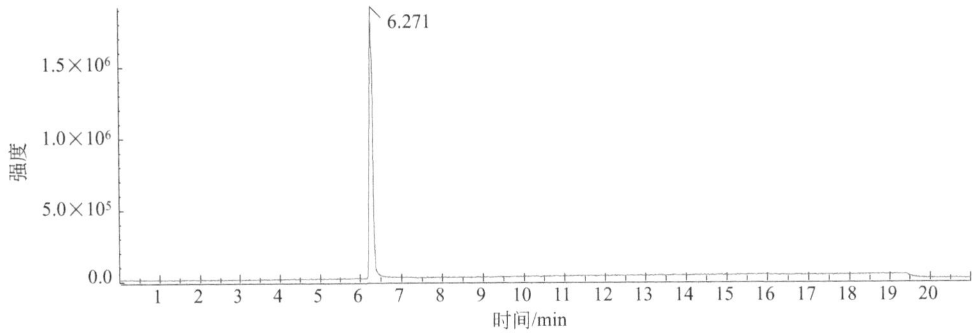

一级质谱图

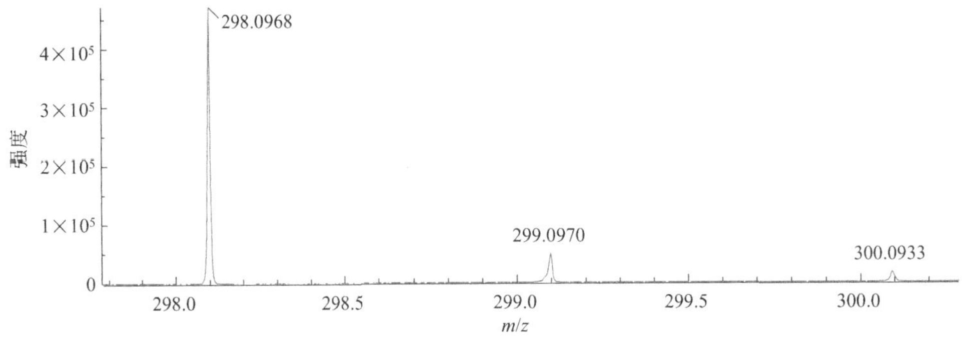

二级全扫质谱图 CE: (35±15)V

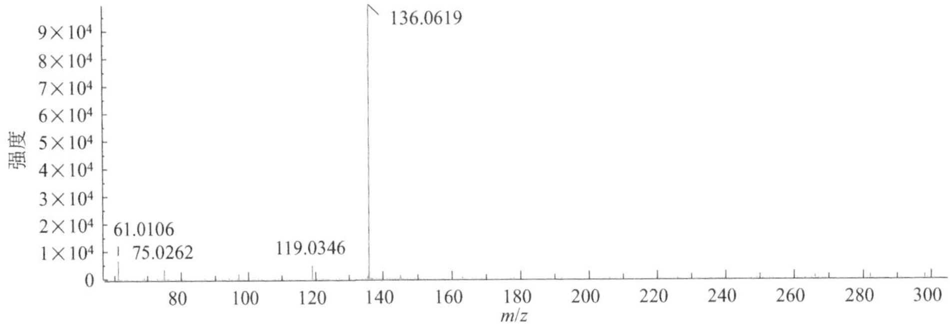

6-Methylthiopurine
6-甲巯基嘌呤

CAS 号	50-66-8	源极性	负离子模式
分子式	$C_6H_6N_4S$	加合方式	$[M-H]^-$
分子量	166. 0308	保留时间	6. 89min

提取离子流色谱图

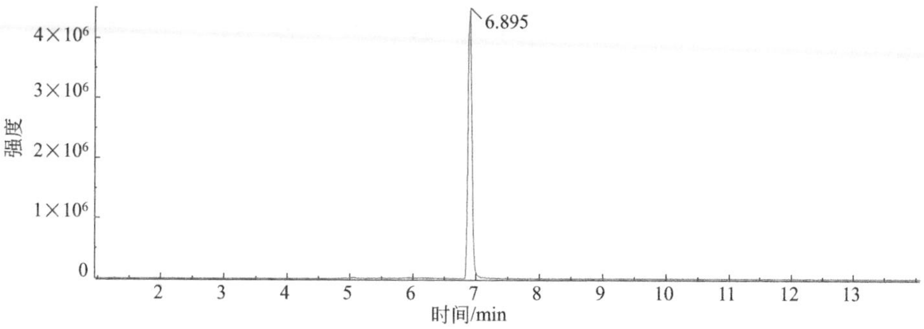

一级质谱图

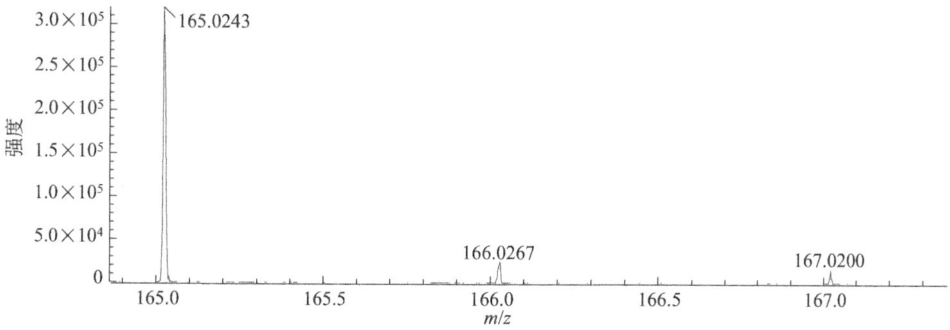

二级全扫质谱图 CE: (－35±15)V

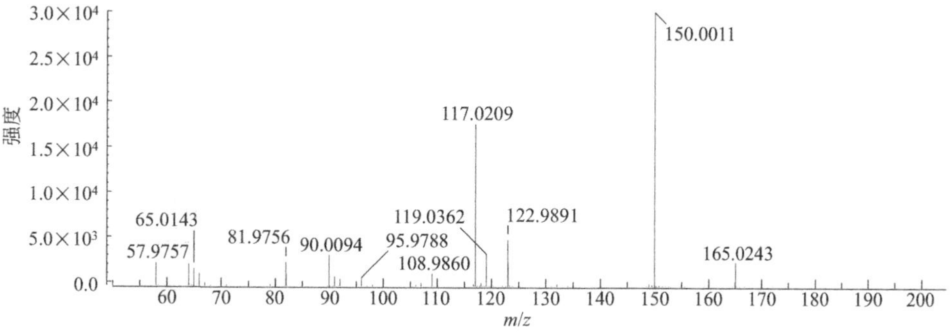

Monomyristin
豆蔻酸甘油酯

CAS 号	589-68-4	源极性	正离子模式
分子式	$C_{17}H_{34}O_4$	加合方式	$[M+H]^+$
分子量	302.2456	保留时间	14.47min

提取离子流色谱图

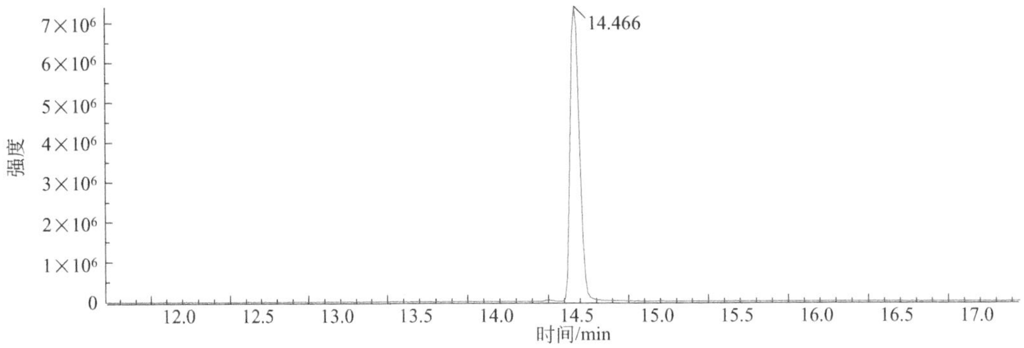

一级质谱图

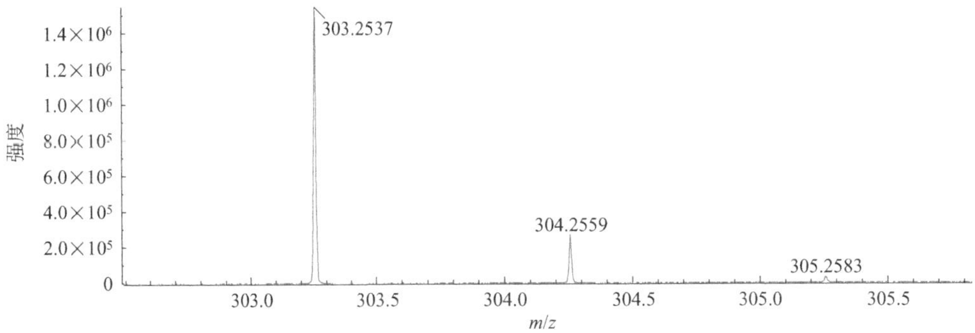

二级全扫质谱图 CE: (35±15)V

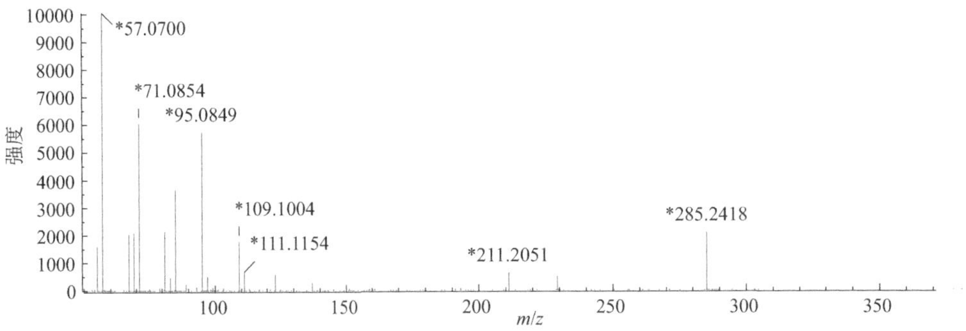

Mucic Acid
黏酸

CAS 号	526-99-8	源极性	负离子模式
分子式	$C_6H_{10}O_8$	加合方式	$[M-H]^-$
分子量	210. 0375	保留时间	0. 87min

提取离子流色谱图

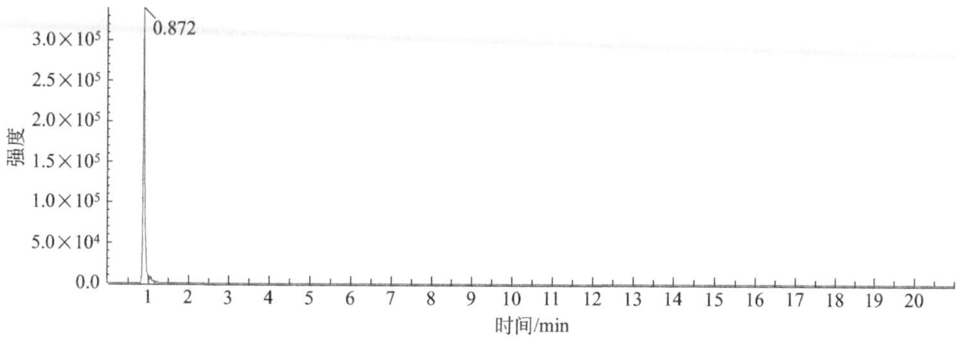

一级质谱图

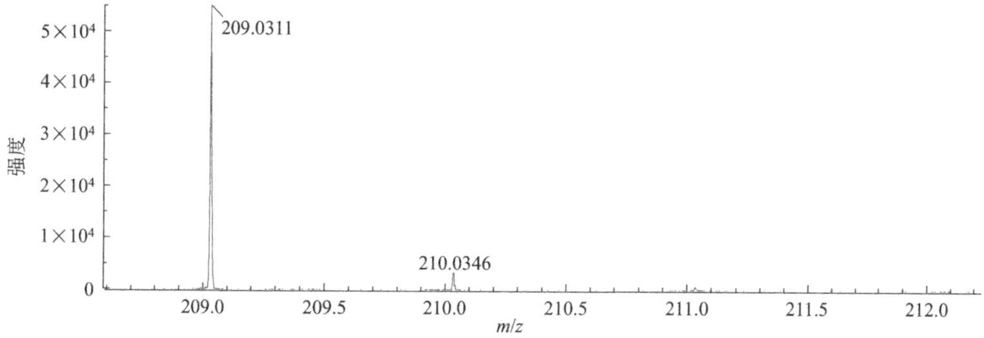

二级全扫质谱图 CE: (－35±15)V

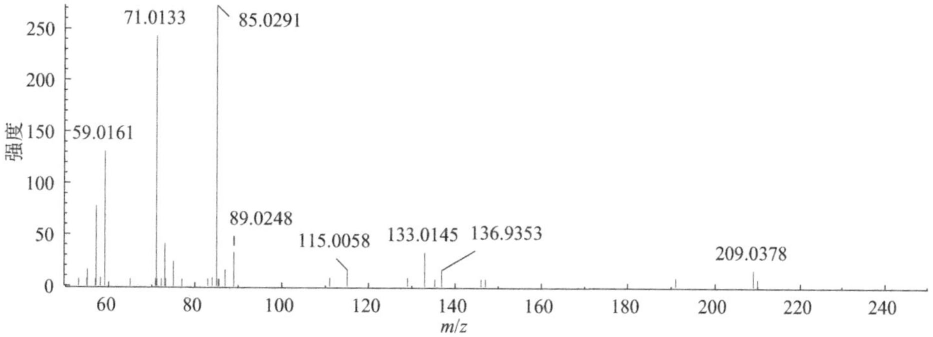

Myristic Acid
肉豆蔻酸

CAS 号	544-63-8	源极性	负离子模式
分子式	$C_{14}H_{28}O_2$	加合方式	$[M-H]^-$
分子量	228. 2089	保留时间	14. 24min

提取离子流色谱图

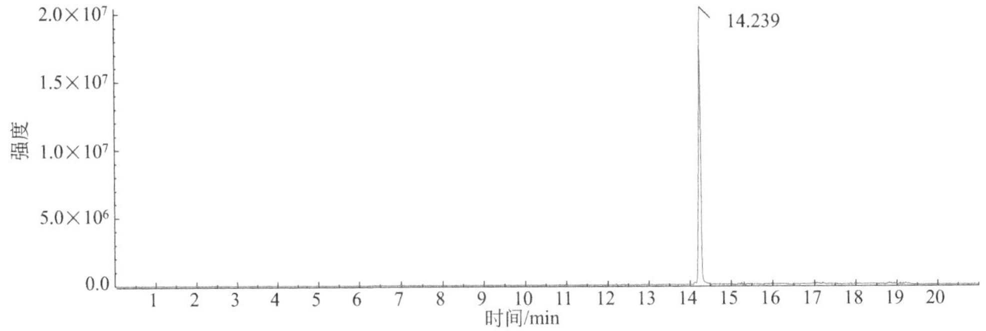

一级质谱图

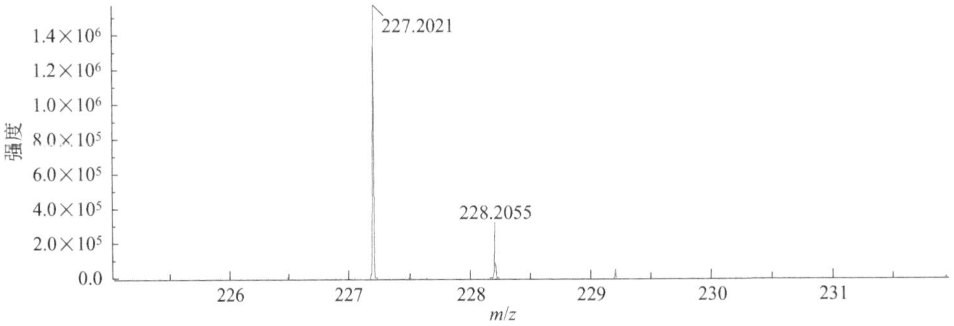

二级全扫质谱图 CE: (− 35±15)V

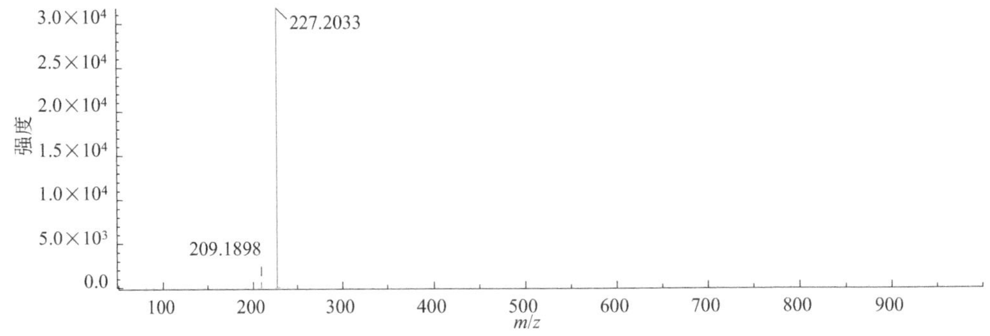

N-Acetyl-DL-Glutamic Acid
N-乙酰-DL-谷氨酸

CAS 号	5817-08-3	源极性	负离子模式
分子式	$C_7H_{11}NO_5$	加合方式	$[M-H]^-$
分子量	189. 0637	保留时间	1. 79min

提取离子流色谱图

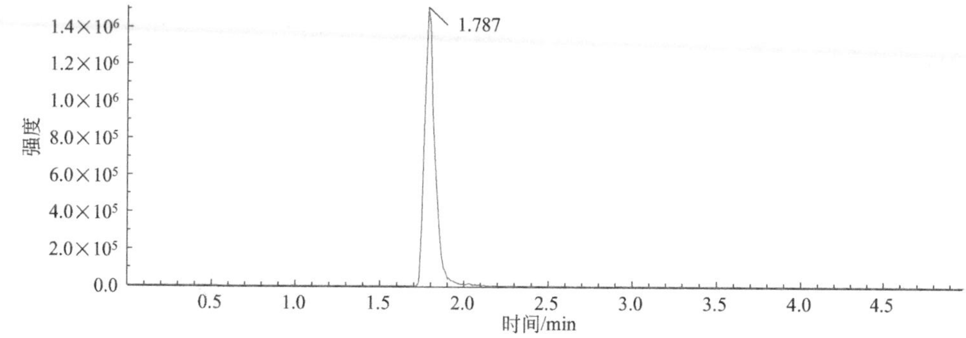

一级质谱图

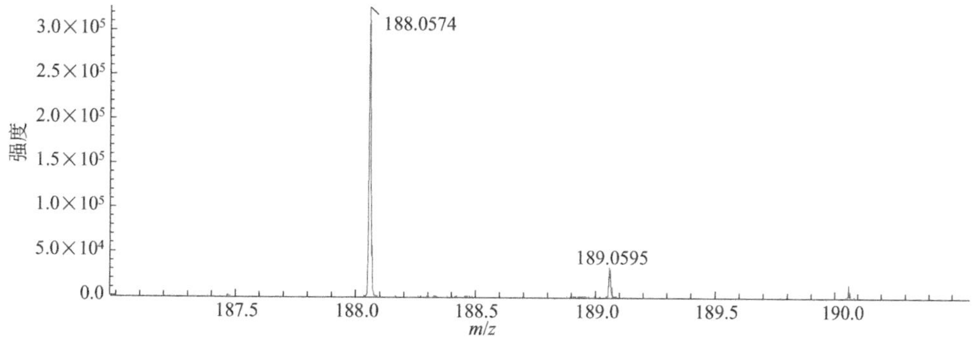

二级全扫质谱图 CE: (− 35±15)V

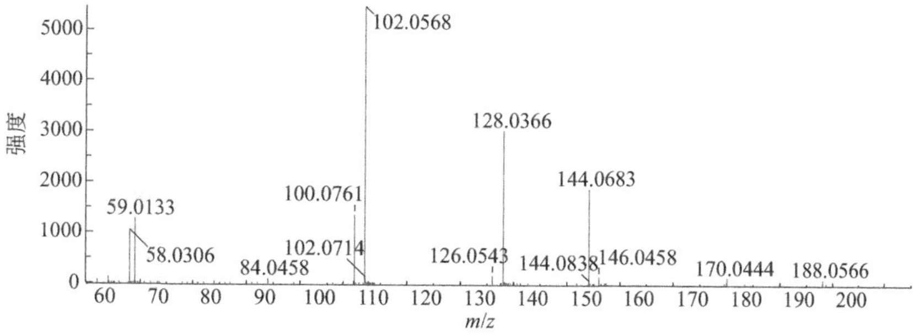

N-Acetyl-DL-Methionine

N-乙酰-DL-蛋氨酸

CAS 号	1115-47-5	源极性	负离子模式
分子式	$C_7H_{13}NO_3S$	加合方式	$[M-H]^-$
分子量	191.0622	保留时间	5.59min

提取离子流色谱图

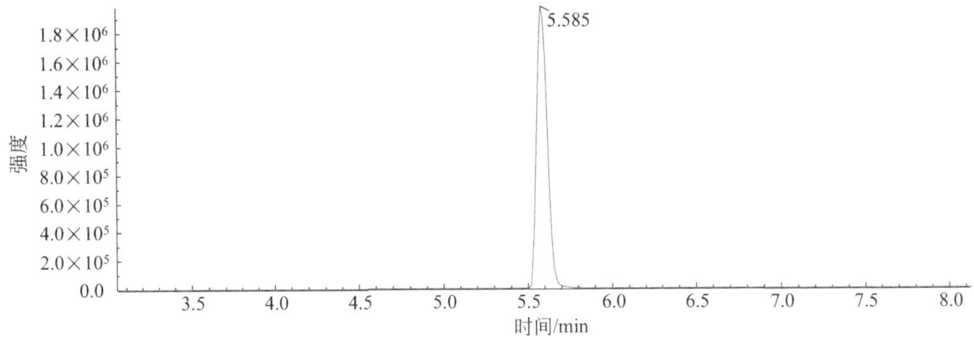

一级质谱图

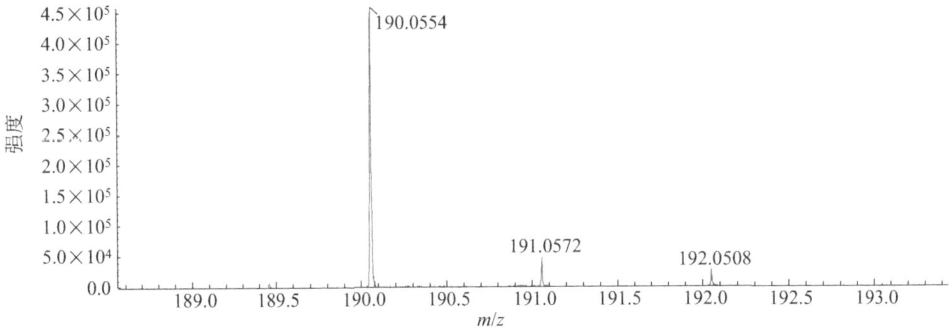

二级全扫质谱图 CE: (−35±15)V

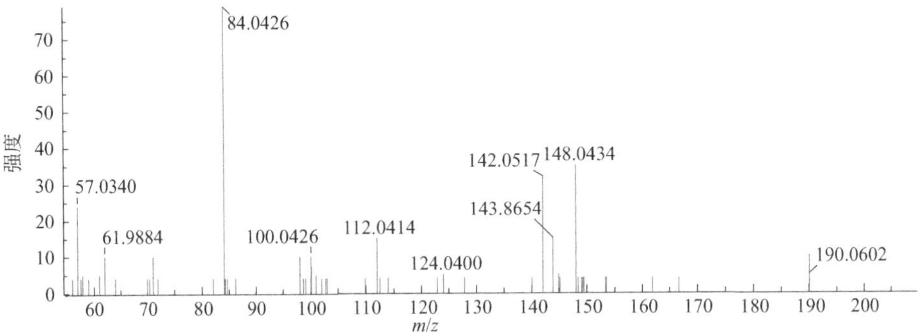

N-Acetyl-DL-Serine
N-乙酰-DL-丝氨酸

CAS 号	97-14-3	源极性	负离子模式
分子式	$C_5H_9NO_4$	加合方式	$[M-H]^-$
分子量	147.0537	保留时间	0.85min

提取离子流色谱图

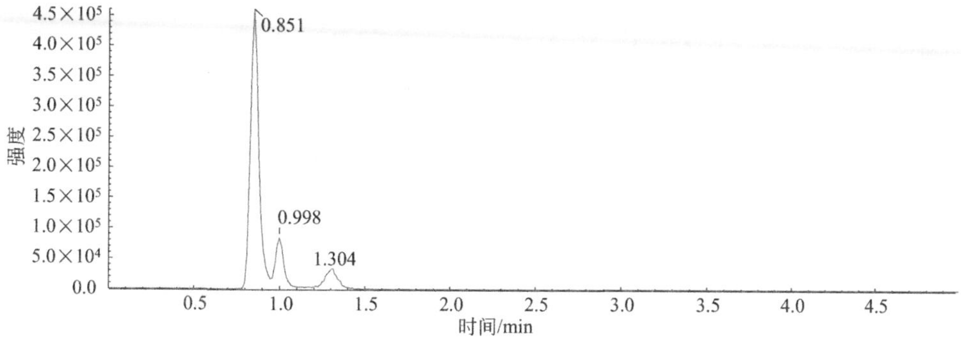

一级质谱图

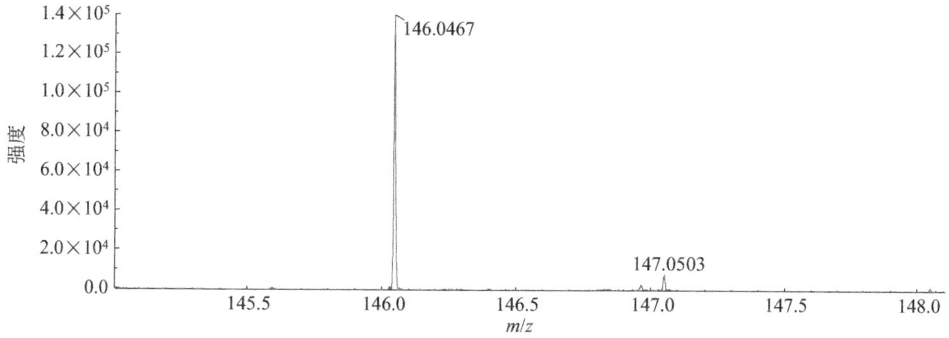

二级全扫质谱图 CE: (−35±15)V

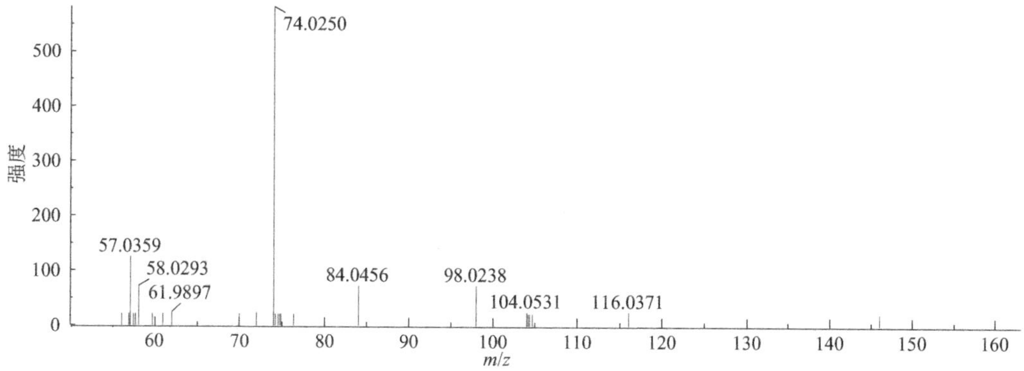

N-Acetylglycine
N-乙酰-甘氨酸

CAS 号	543-24-8	源极性	正离子模式
分子式	$C_4H_7NO_3$	加合方式	$[M+H]^+$
分子量	117.0420	保留时间	1.28min

提取离子流色谱图

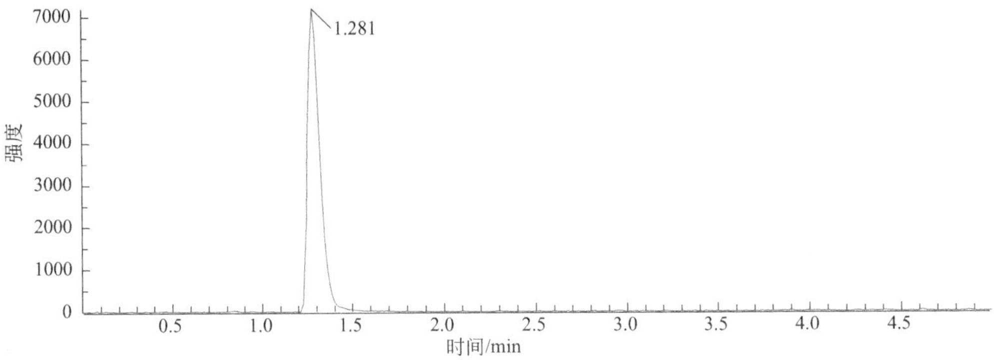

一级质谱图

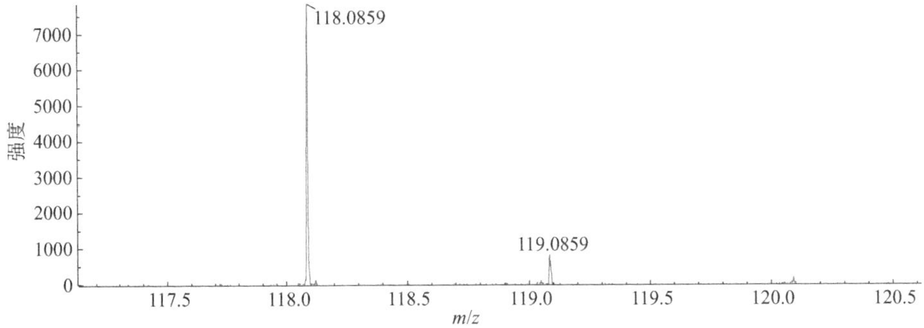

二级全扫质谱图 CE: (35±15)V

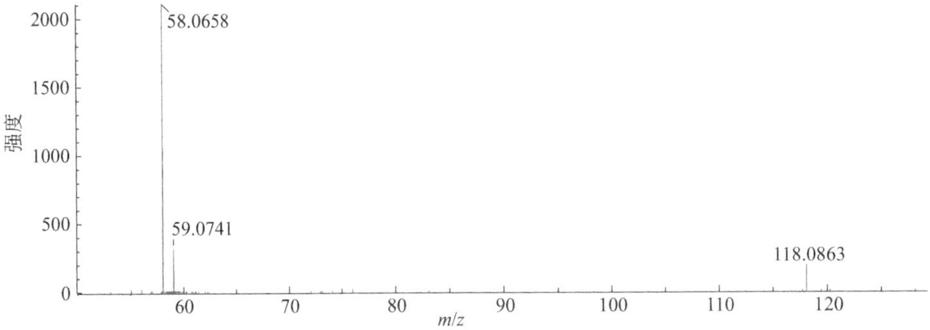

N-Acetyl-L-Alanine
N-乙酰-L-丙氨酸

CAS 号	97-69-8	源极性	负离子模式
分子式	$C_5H_9NO_3$	加合方式	$[M-H]^-$
分子量	131.0588	保留时间	1.12min

提取离子流色谱图

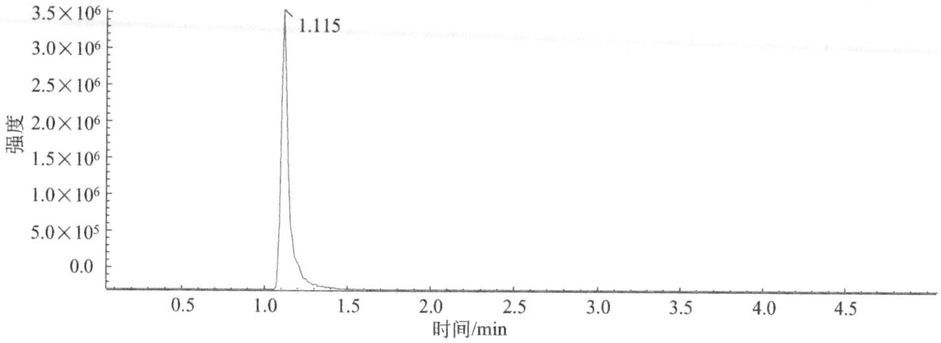

一级质谱图

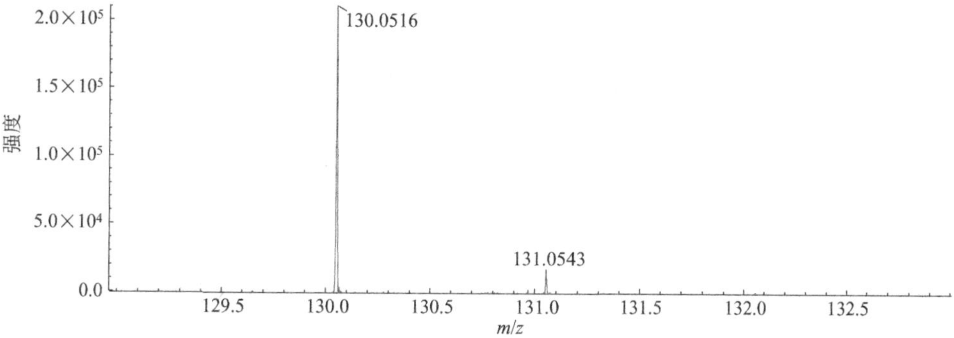

二级全扫质谱图 CE: (−35±15)V

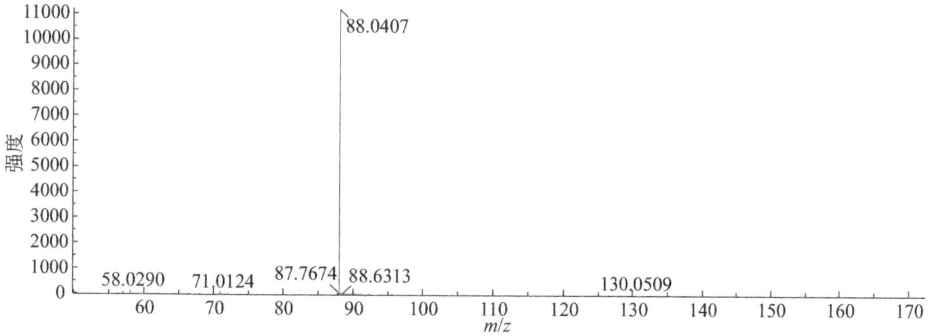

N-α-Acetyl-L-Asparagine
N-乙酰-L-天门冬酰胺

CAS号	4033-40-3	源极性	负离子模式
分子式	$C_6H_{10}N_2O_4$	加合方式	$[M-H]^-$
分子量	174.0635	保留时间	1.07min

提取离子流色谱图

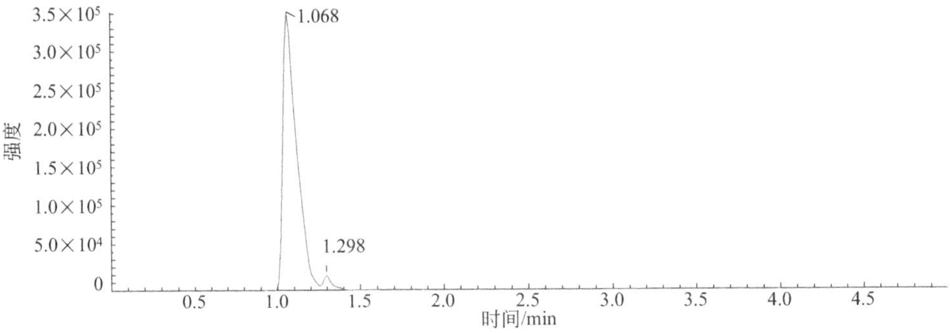

一级质谱图

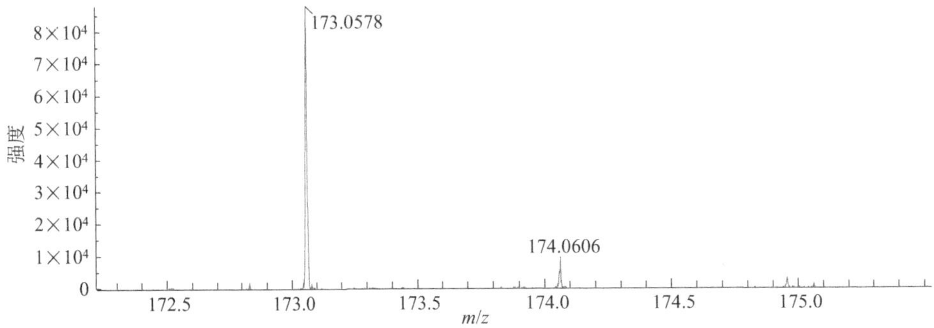

二级全扫质谱图 CE: (−35±15)V

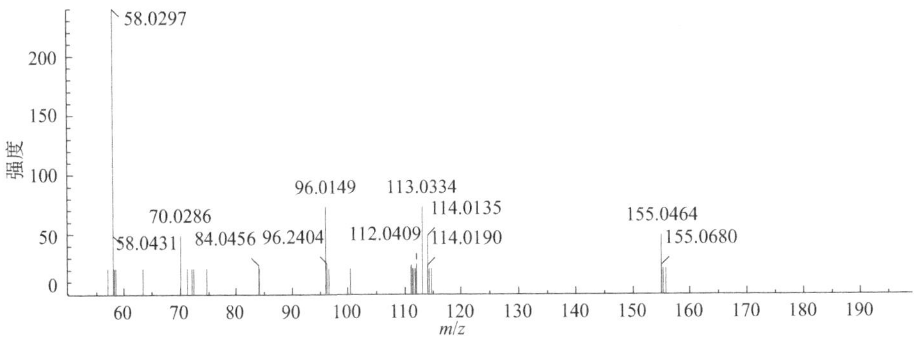

N-Acetyl-L-Aspartic Acid
N-乙酰-L-天门冬氨酸

CAS 号	997-55-7	源极性	负离子模式
分子式	$C_6H_9NO_5$	加合方式	$[M-H]^-$
分子量	175. 0475	保留时间	1. 32min

提取离子流色谱图

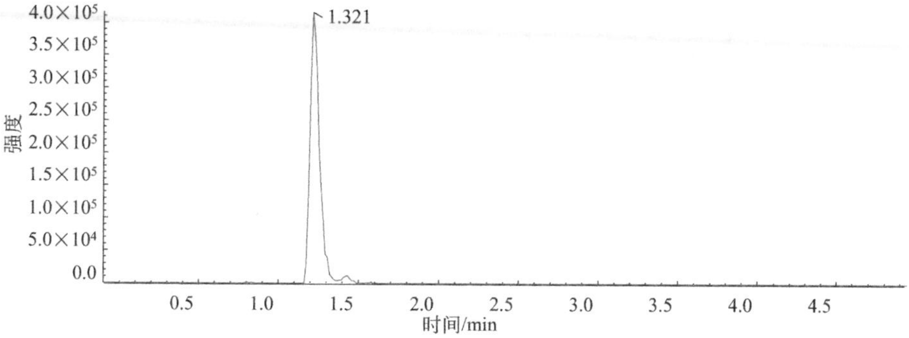

一级质谱图

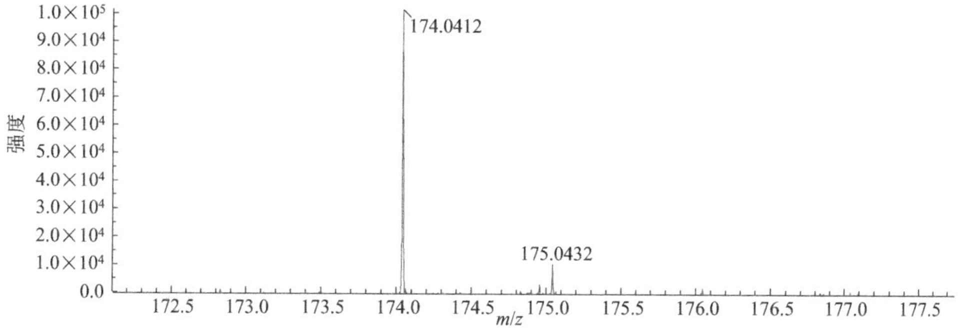

二级全扫质谱图 CE: (−35±15)V

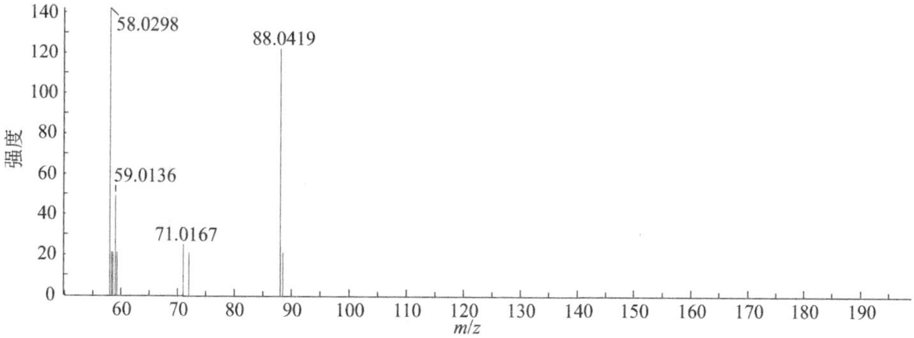

N-Acetyl-L-Leucine

N-乙酰-L-亮氨酸

CAS 号	1188-21-2	源极性	负离子模式
分子式	$C_8H_{15}NO_3$	加合方式	$[M-H]^-$
分子量	173.1057	保留时间	7.52min

提取离子流色谱图

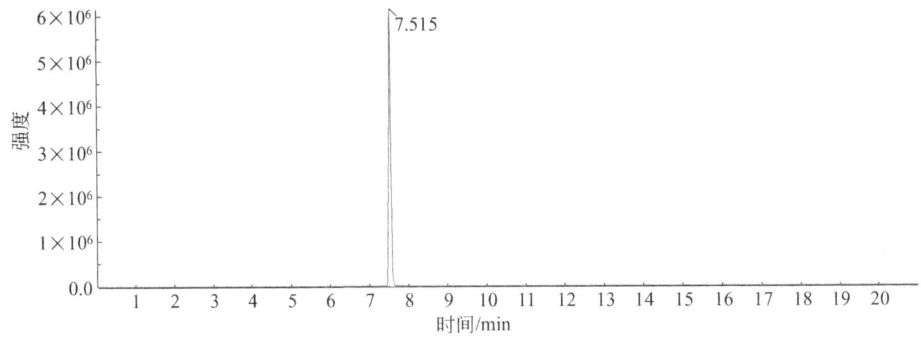

一级质谱图

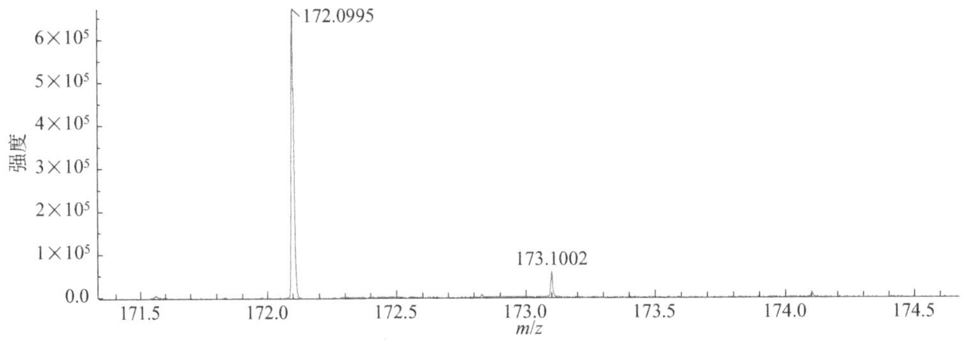

二级全扫质谱图 CE: (−35±15)V

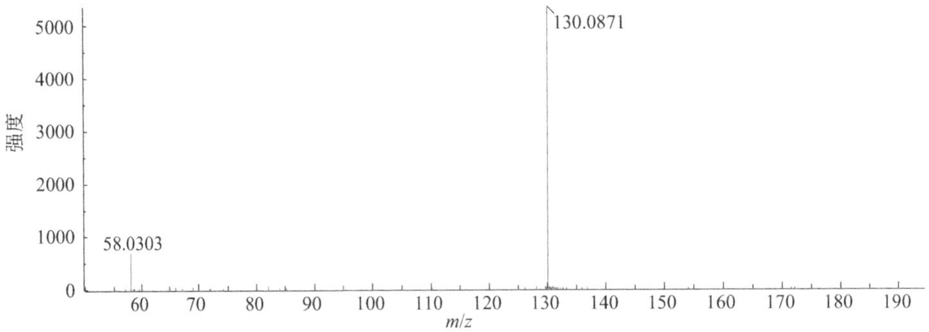

N-α-Acetyl-L-Lysine
N-乙酰-L-赖氨酸

CAS 号	1946-82-3	源极性	负离子模式
分子式	$C_8H_{16}N_2O_3$	加合方式	$[M-H]^-$
分子量	188.1155	保留时间	1.06min

提取离子流色谱图

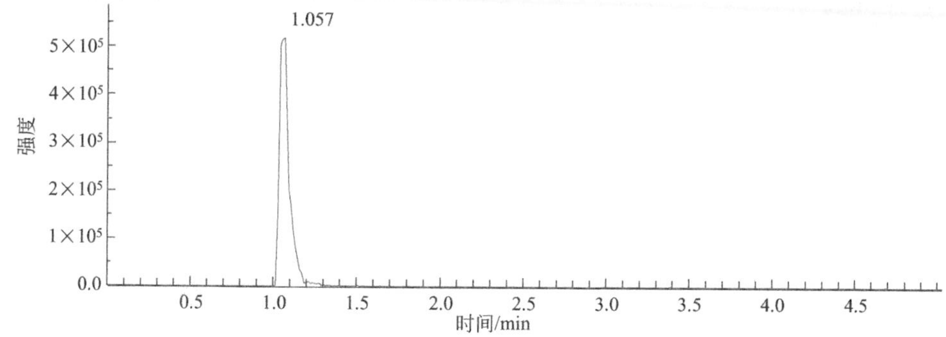

一级质谱图

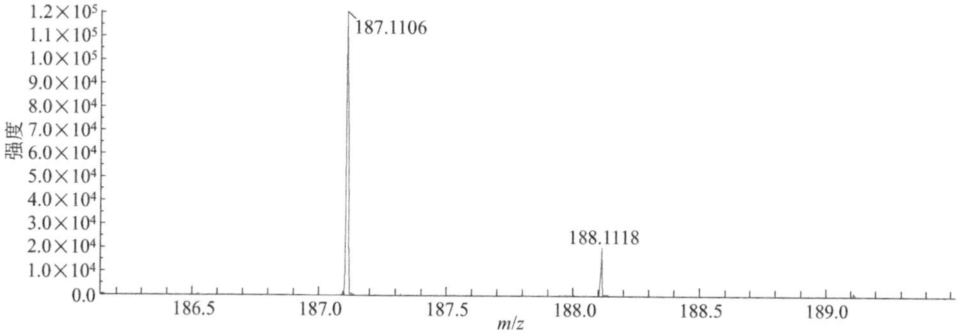

二级全扫质谱图 CE: (−35±15)V

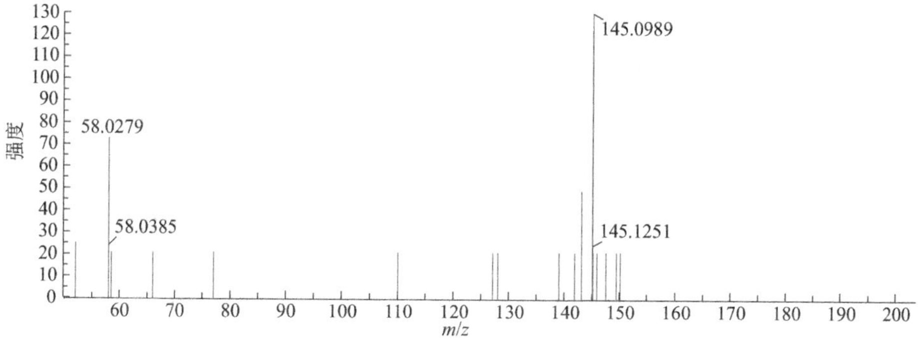

N-Acetyl-L-Phenylalanine

N-乙酰-L-苯丙氨酸

CAS 号	2018-61-3	源极性	负离子模式
分子式	$C_{11}H_{13}NO_3$	加合方式	$[M-H]^-$
分子量	207.0901	保留时间	7.83min

提取离子流色谱图

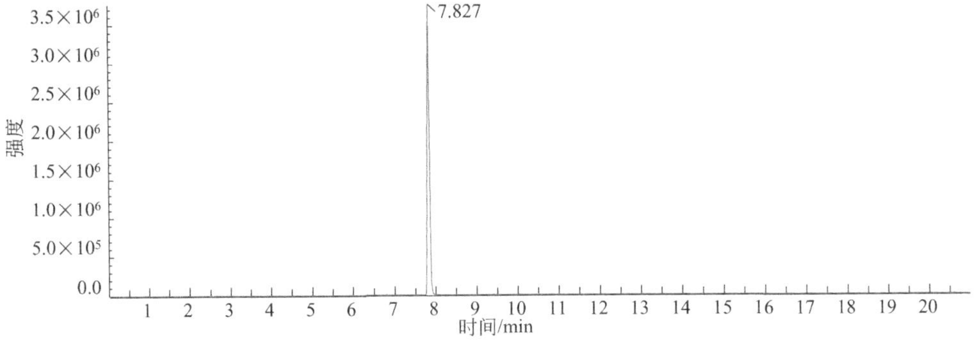

一级质谱图

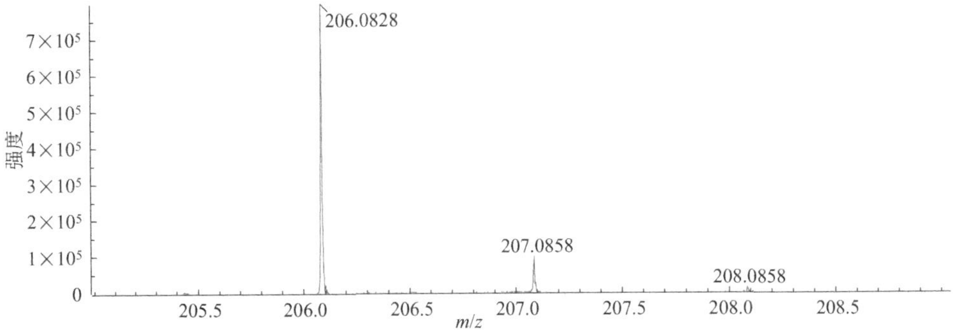

二级全扫质谱图 CE: (−35±15)V

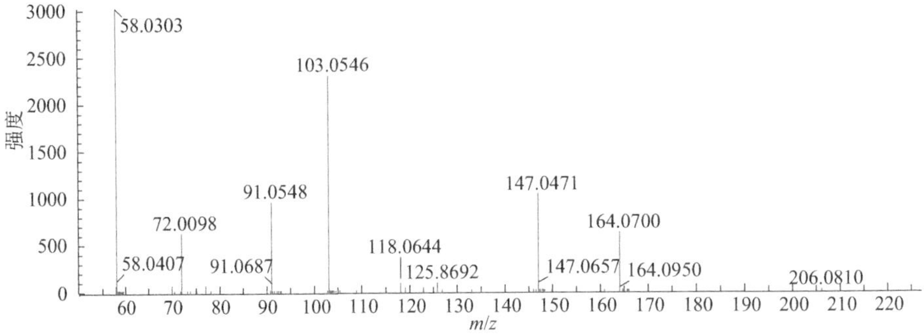

N-Acetylneuraminic Acid
N-乙酰神经氨酸（唾液酸）

CAS 号	131-48-6	源极性	负离子模式
分子式	$C_{11}H_{19}NO_9$	加合方式	$[M-H]^-$
分子量	309. 1065	保留时间	0. 93min

提取离子流色谱图

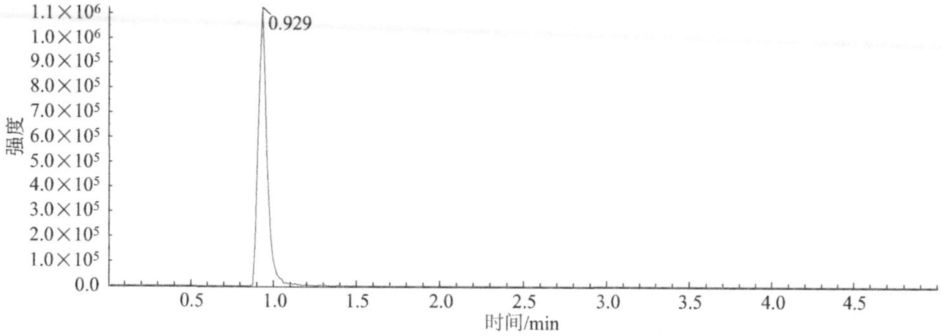

一级质谱图

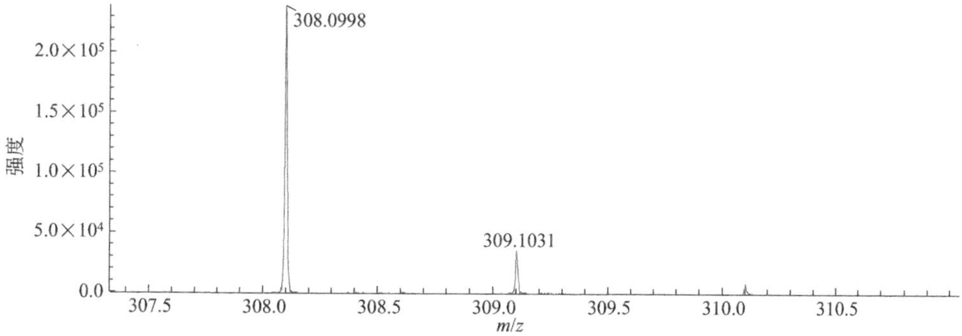

二级全扫质谱图 CE: (−35±15)V

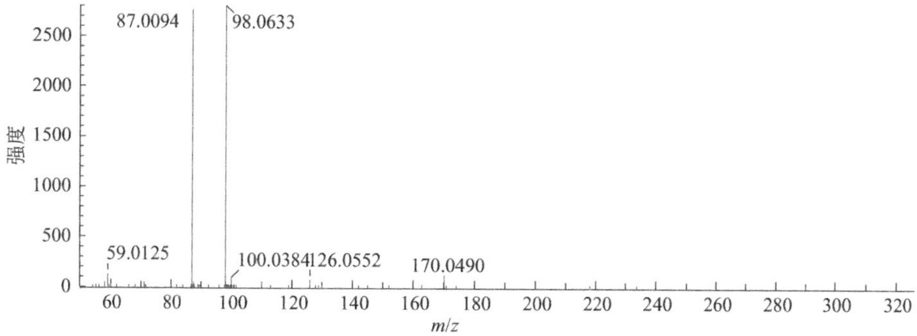

N-Acetylputrescine
N-(4-氨基丁基)-乙酰胺

CAS 号	18233-70-0（盐酸盐） 5699-41-2（母体）	源极性	正离子模式
分子式	$C_6H_{14}N_2O$	加合方式	$[M+H]^+$
分子量	130. 1101	保留时间	1. 16min

提取离子流色谱图

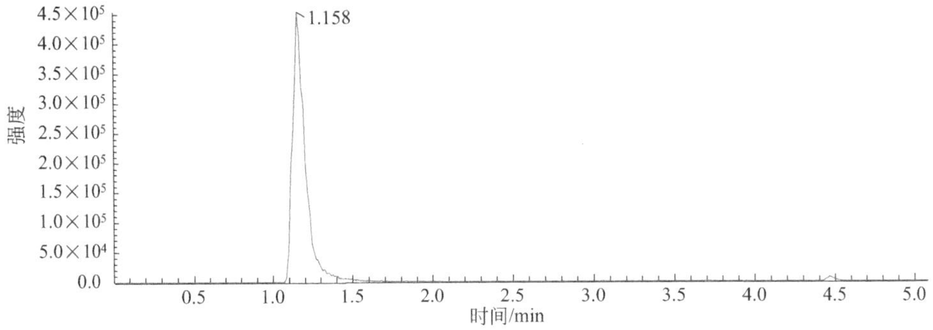

一级质谱图

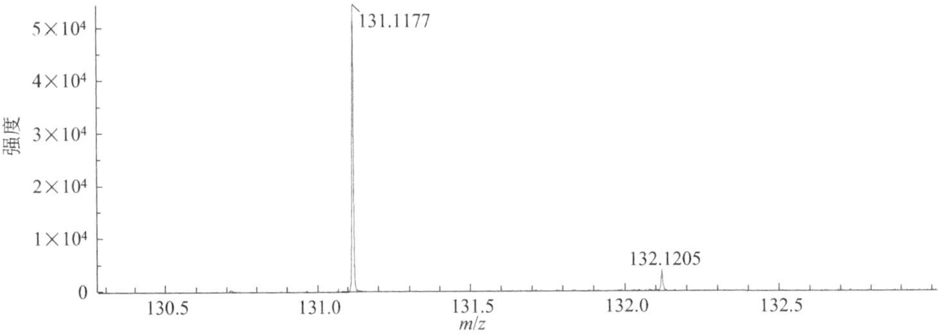

二级全扫质谱图 CE: (35±15)V

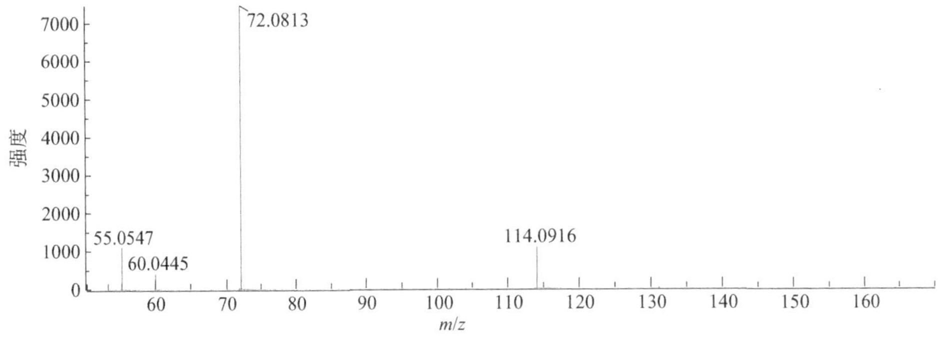

N-Acetylserotonin
N-乙酰基-5-羟色胺

CAS 号	1210-83-9	源极性	正离子模式
分子式	$C_{12}H_{14}N_2O_2$	加合方式	$[M+H]^+$
分子量	218. 1050	保留时间	6. 04min

提取离子流色谱图

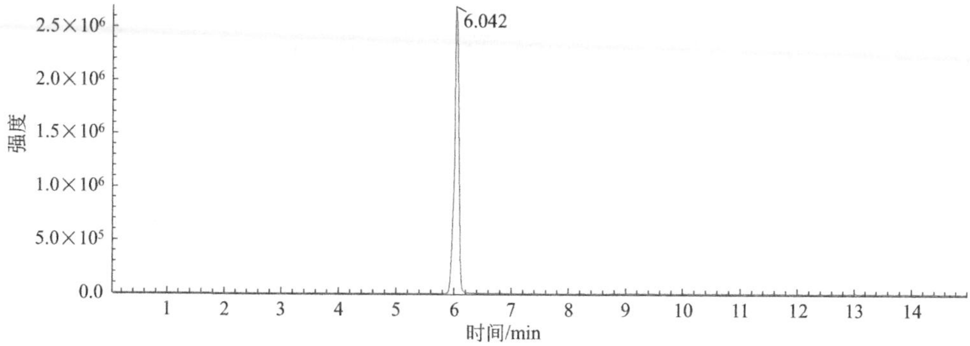

一级质谱图

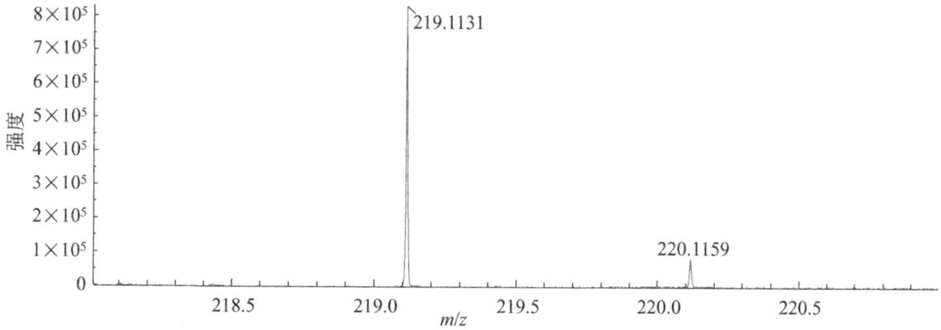

二级全扫质谱图 CE: (35±15)V

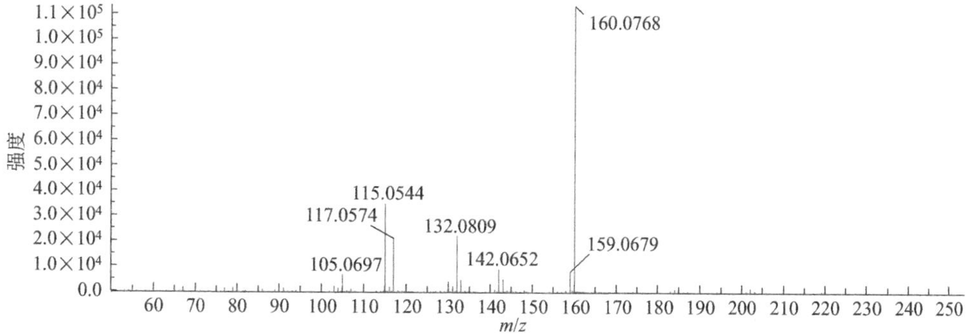

N1-Acetylspermine
N1-乙酰基精胺

CAS 号	25593-72-0	源极性	正离子模式
分子式	$C_{12}H_{28}N_4O$	加合方式	$[M+H]^+$
分子量	244. 2258	保留时间	0. 69min

提取离子流色谱图

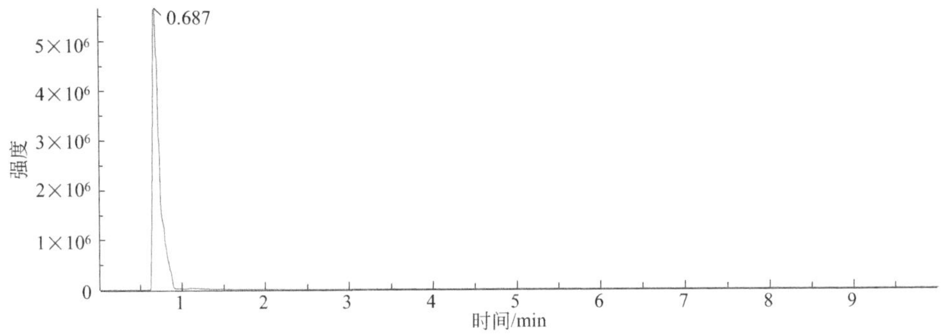

一级质谱图

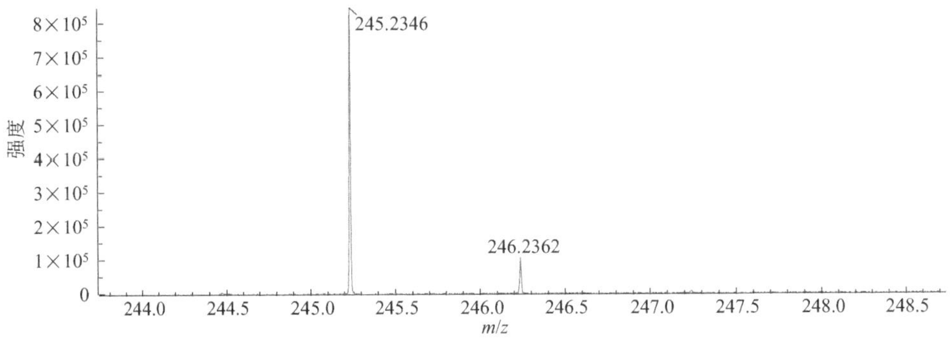

二级全扫质谱图 CE: (35±15)V

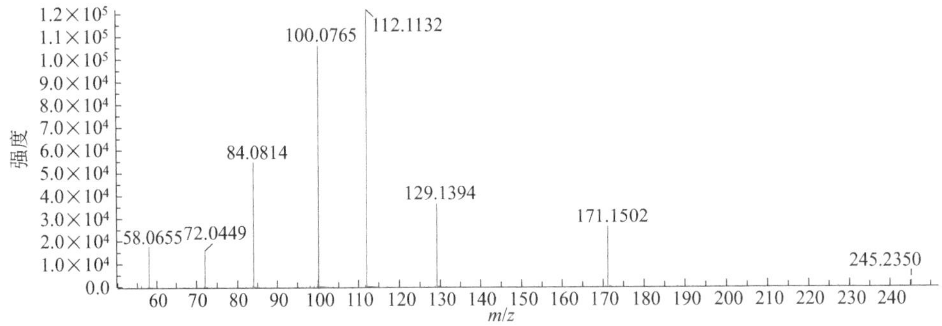

N-Amidino-L-Aspartic Acid
2-胍基琥珀酸

CAS 号	6133-30-8	源极性	负离子模式
分子式	$C_5H_9N_3O_4$	加合方式	$[M-H]^-$
分子量	175. 0588	保留时间	0. 93min

提取离子流色谱图

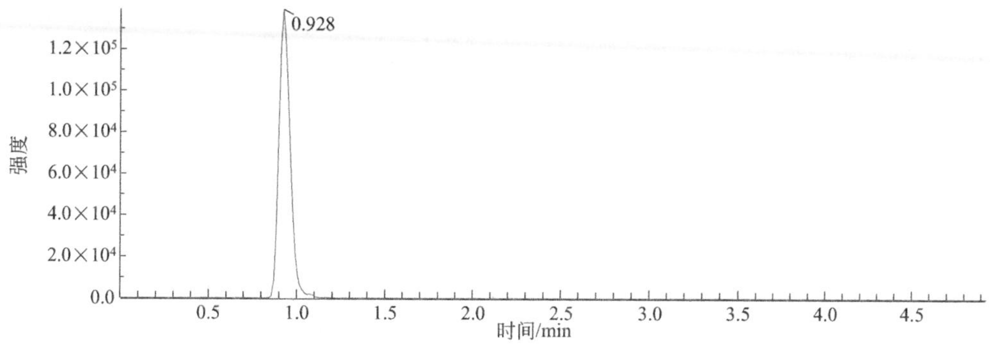

一级质谱图

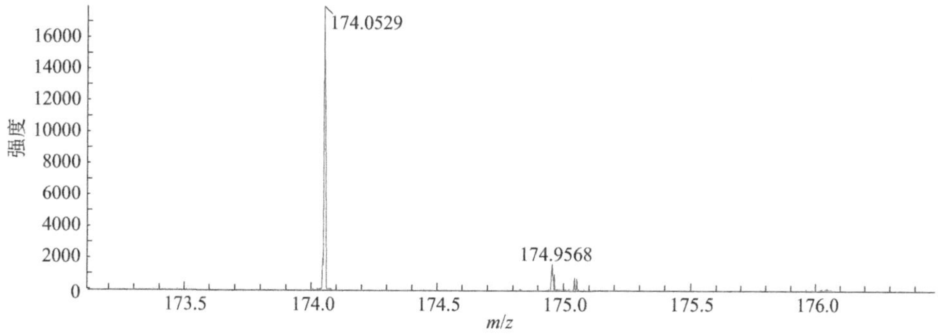

二级全扫质谱图 CE: (−35±15)V

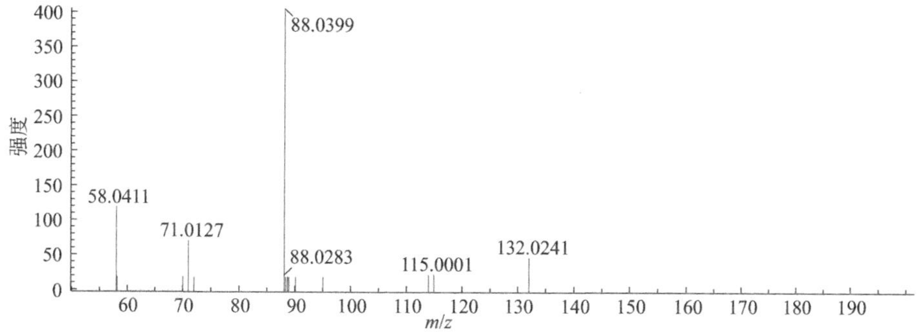

Nervonic Acid
神经酸

CAS 号	506-37-6	源极性	负离子模式
分子式	$C_{24}H_{46}O_2$	加合方式	$[M-H]^-$
分子量	366. 3492	保留时间	18. 83min

提取离子流色谱图

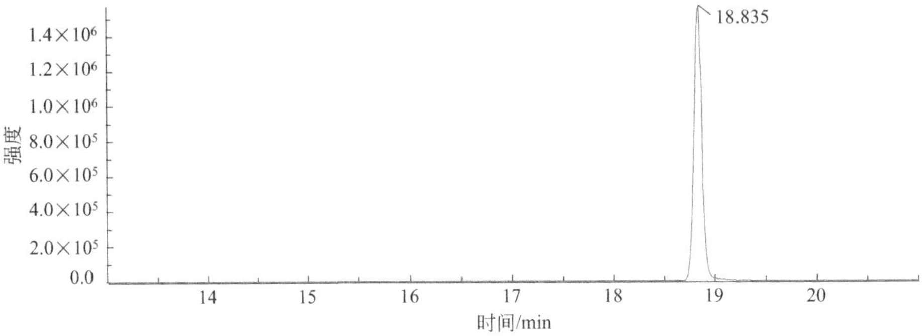

一级质谱图

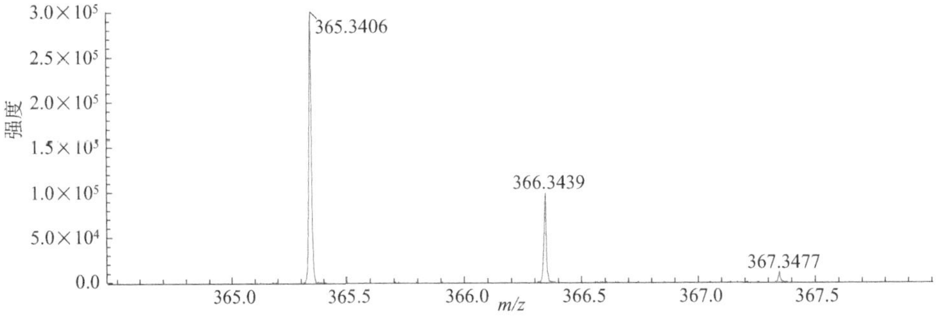

二级全扫质谱图 CE: (−35±15)V

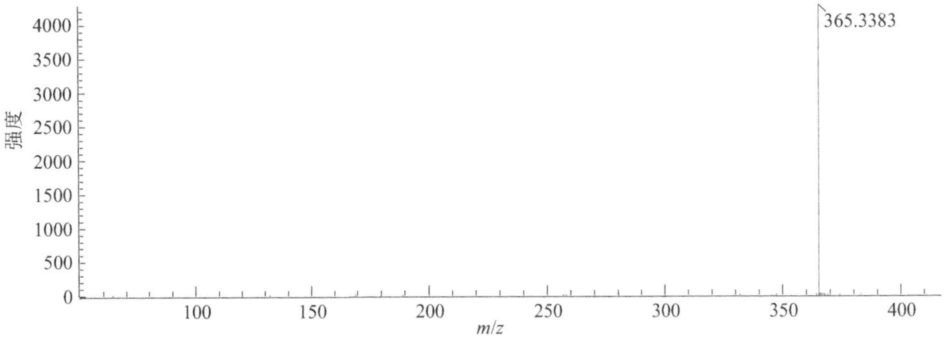

N-Formylglycine
N-甲酰甘氨酸

CAS 号	2491-15-8	源极性	负离子模式
分子式	$C_3H_5NO_3$	加合方式	$[M-H]^-$
分子量	103.0264	保留时间	0.84min

提取离子流色谱图

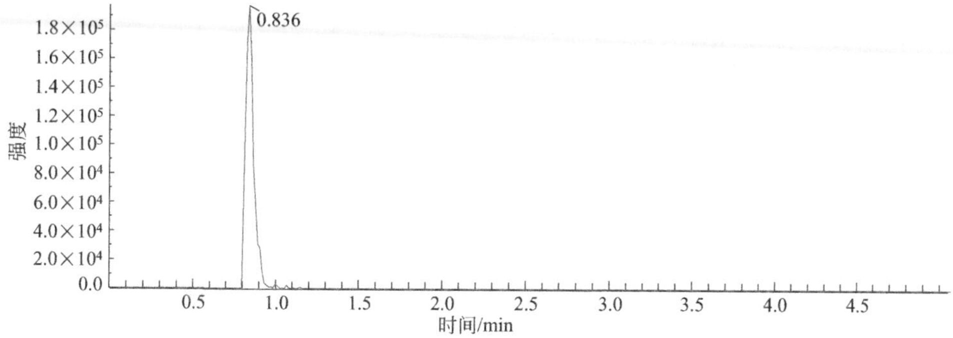

一级质谱图

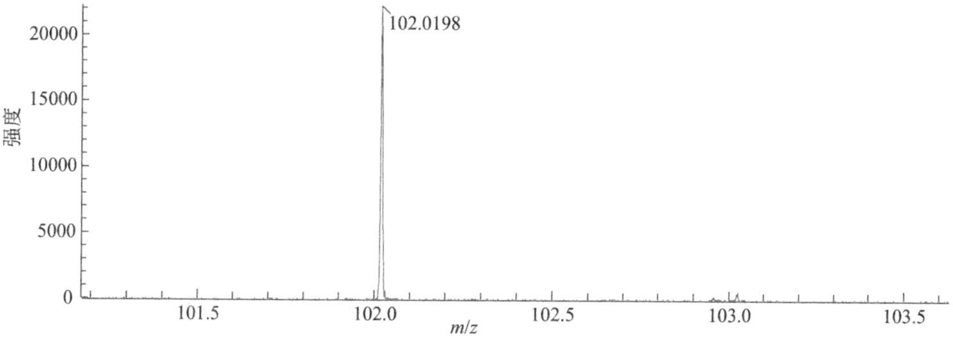

二级全扫质谱图 CE: (−35±15)V

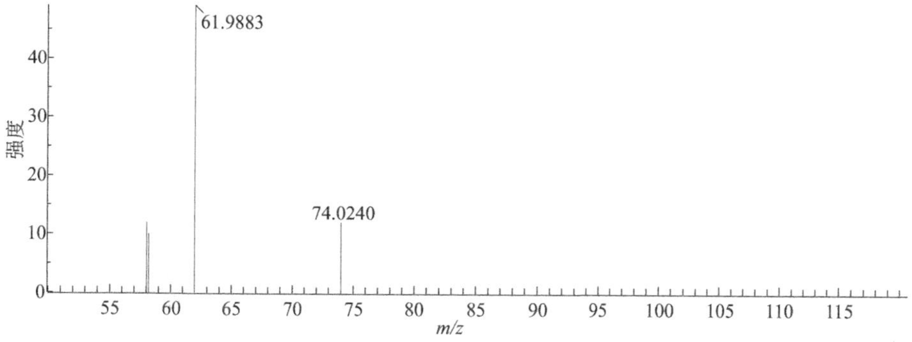

Nicotinamide
烟酰胺

CAS 号	98-92-0	源极性	正离子模式
分子式	$C_6H_6N_2O$	加合方式	$[M+H]^+$
分子量	122. 0475	保留时间	2. 10min

提取离子流色谱图

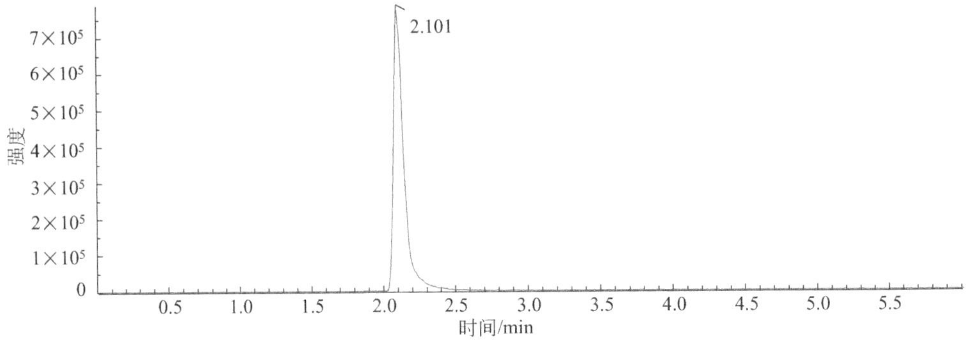

一级质谱图

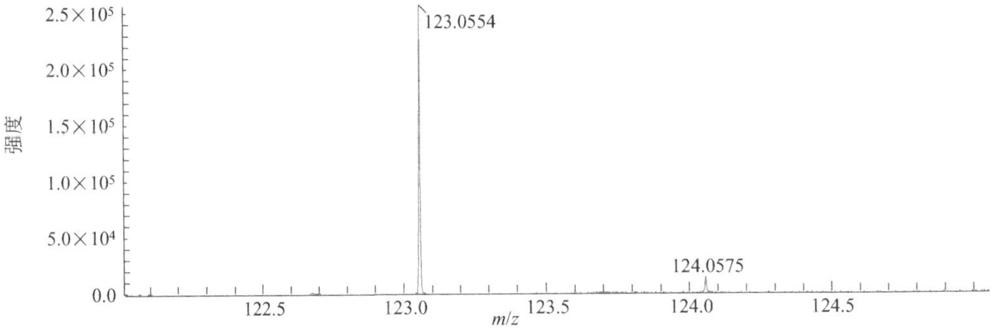

二级全扫质谱图 CE: (35±15)V

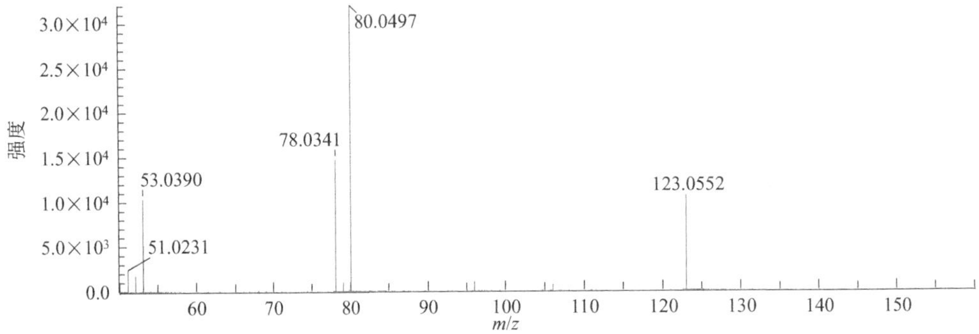

β-Nicotinamide Adenine Dinucleotide (NAD)

烟酰胺腺嘌呤双核苷酸

CAS 号	53-84-9	源极性	负离子模式
分子式	$C_{21}H_{27}N_7O_{14}P_2$	加合方式	$[M-H]^-$
分子量	663. 1086	保留时间	1. 72min

提取离子流色谱图

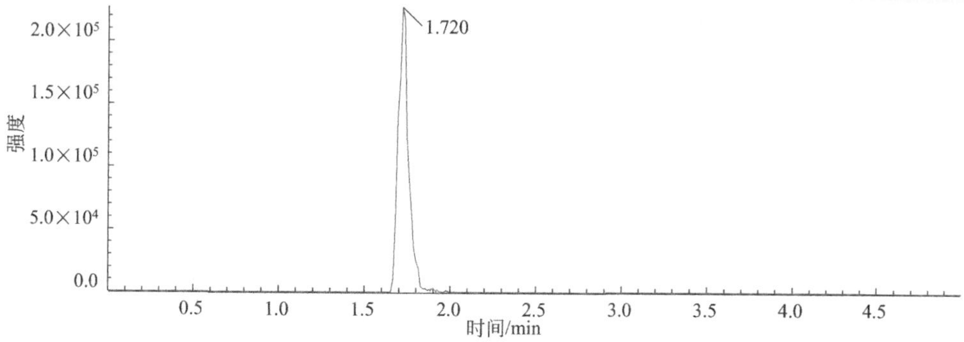

一级质谱图

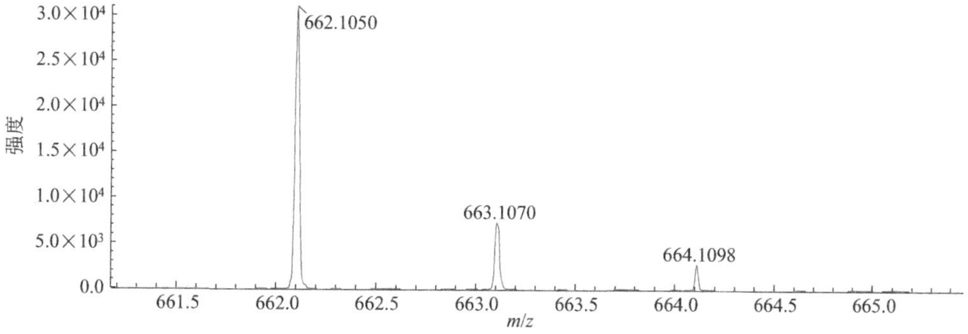

二级全扫质谱图 CE: (−35±15)V

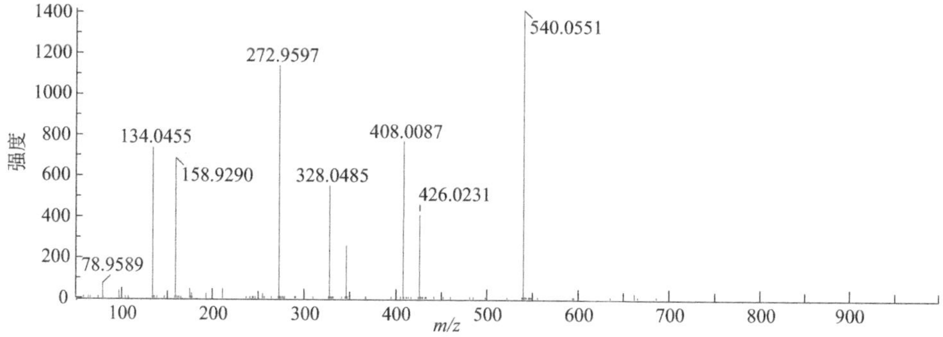

β-Nicotinamide Adenine Dinucleotide Phosphate Sodium Salt Hydrate

烟酰胺腺嘌呤双核苷酸磷酸钠盐结合水

CAS 号	698999-85-8	源极性	负离子模式
分子式	$C_{21}H_{29}N_7NaO_{18}P_3$	加合方式	$[M-H]^-$
分子量	743. 0755	保留时间	1. 09min

提取离子流色谱图

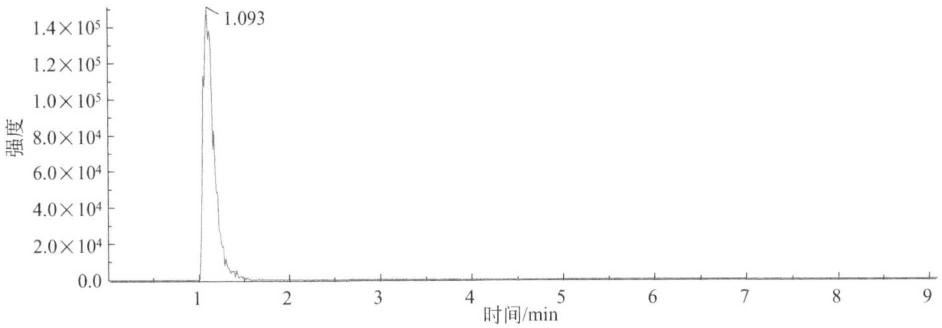

一级质谱图

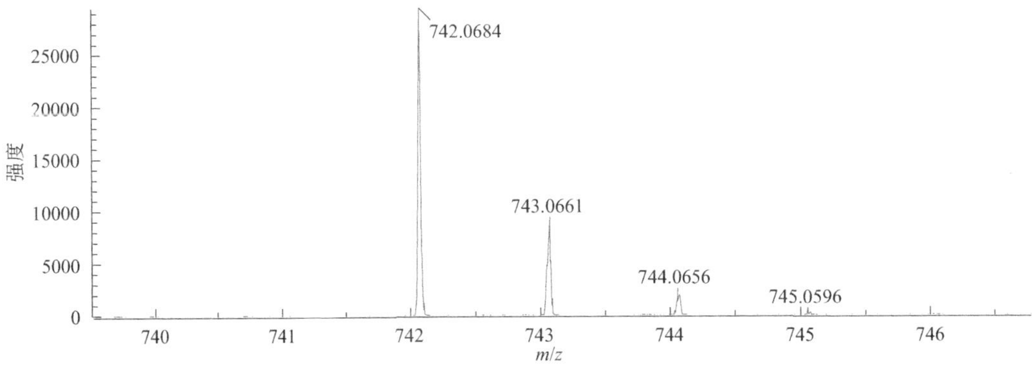

二级全扫质谱图 CE: (−35±15)V

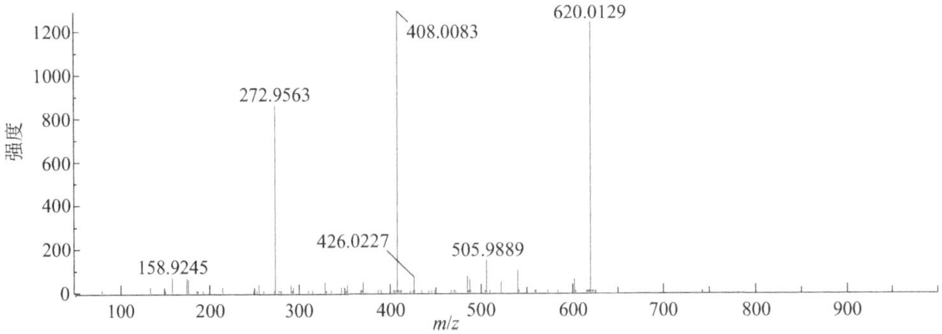

Nicotinamide Hypoxanthine Dinucleotide Sodium Salt
烟酰胺核苷酸次黄嘌呤钠盐

CAS 号	104809-38-3	源极性	负离子模式
分子式	$C_{21}H_{25}N_6NaO_{15}P_2$	加合方式	$[M-H]^-$
分子量	664. 0926	保留时间	1. 53min

提取离子流色谱图

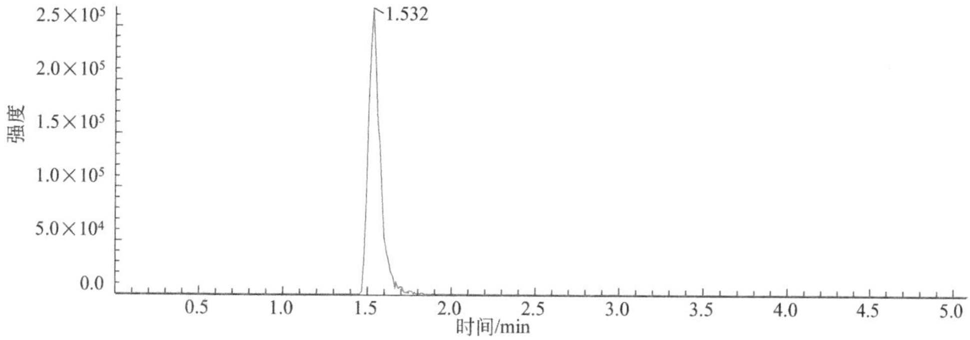

一级质谱图

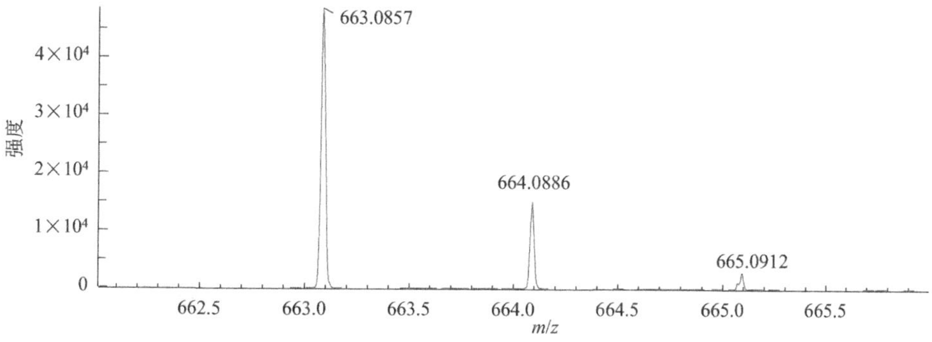

二级全扫质谱图 CE: (−35±15)V

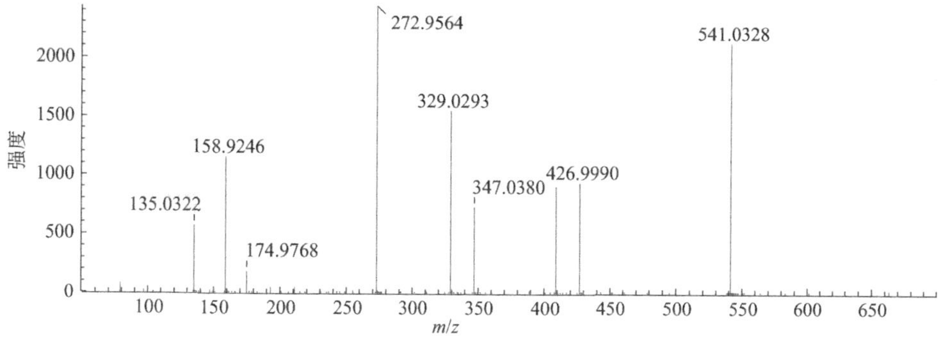

Nicotinamide Mononucleotide
β-烟酰胺单核苷酸

CAS 号	1094-61-7	源极性	正离子模式
分子式	$C_{11}H_{15}N_2O_8P$	加合方式	$[M+H]^+$
分子量	334.0566	保留时间	1.03min

提取离子流色谱图

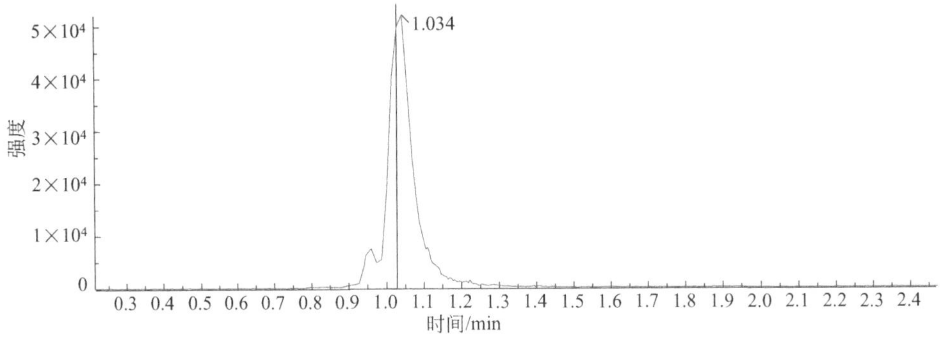

一级质谱图

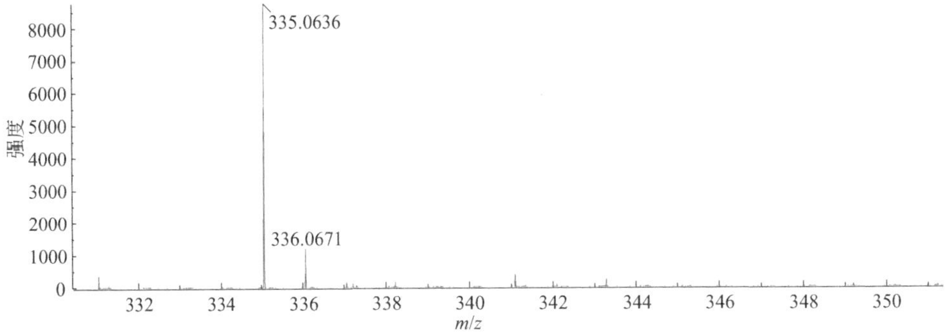

二级全扫质谱图 CE: (35±15)V

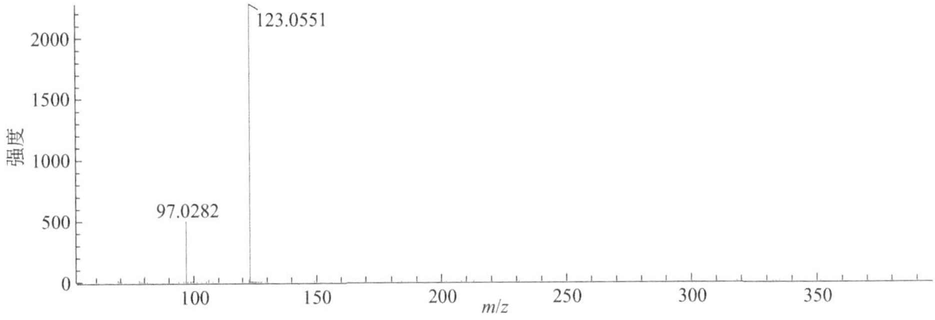

Nicotinic Acid
烟酸

CAS 号	59-67-6	源极性	正离子模式
分子式	$C_6H_5NO_2$	加合方式	$[M+H]^+$
分子量	123.0320	保留时间	1.61min

提取离子流色谱图

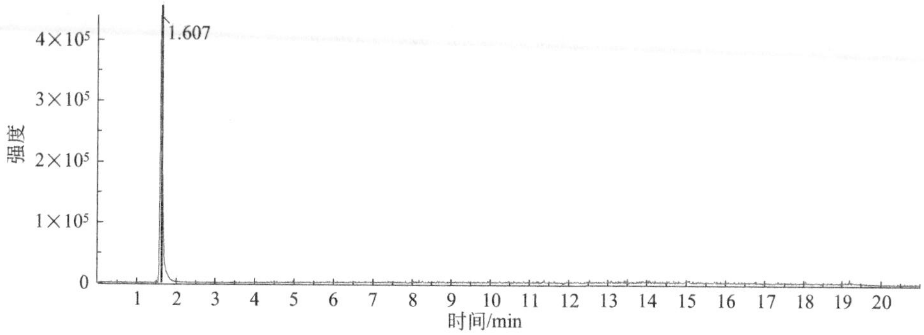

一级质谱图

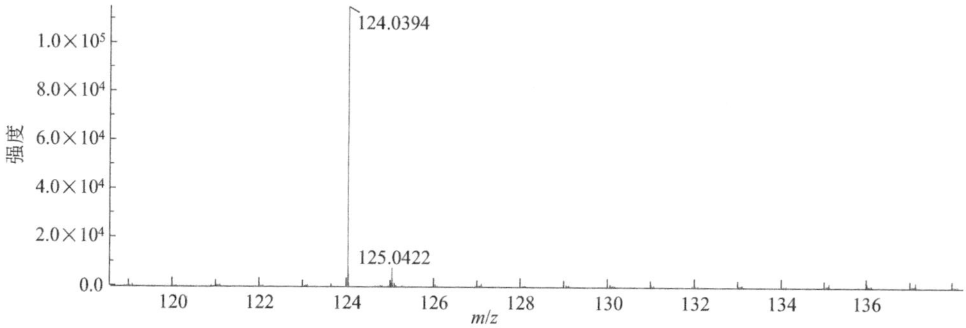

二级全扫质谱图 CE: (35±15)V

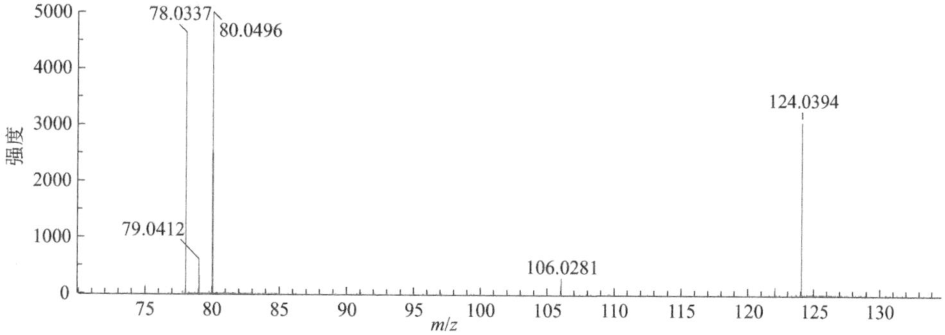

Nicotinic Acid Adenine Dinucleotide Phosphate
烟酸腺嘌呤二核苷酸磷酸

CAS 号	5502-96-5	源极性	负离子模式
分子式	$C_{21}H_{27}N_6O_{18}P_3$	加合方式	$[M-H]^-$
分子量	744.0595	保留时间	0.99min

提取离子流色谱图

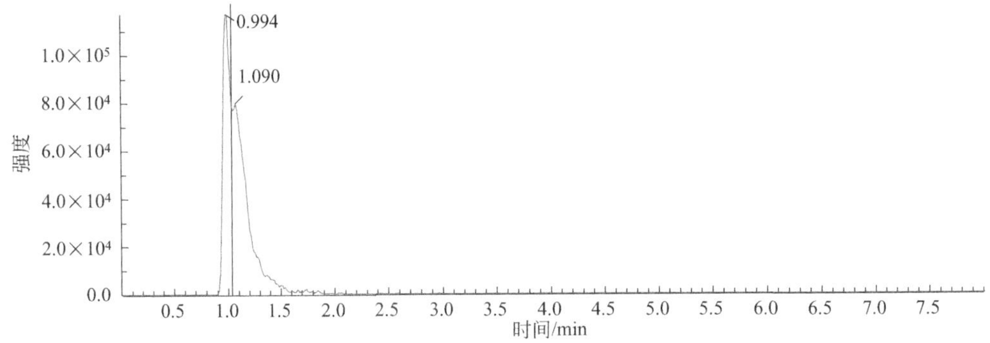

一级质谱图

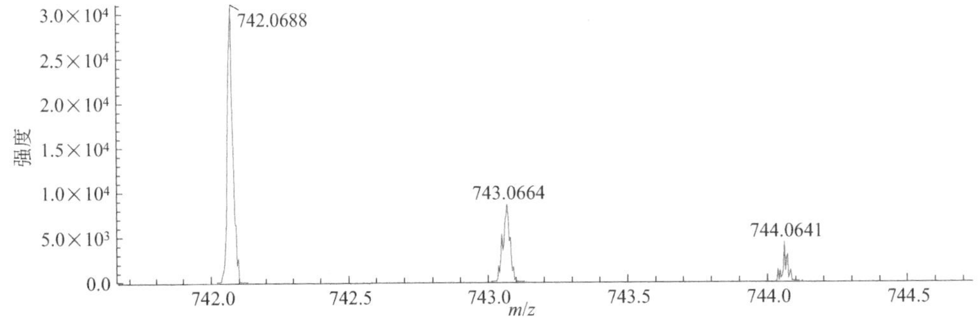

二级全扫质谱图 CE: (−35±15)V

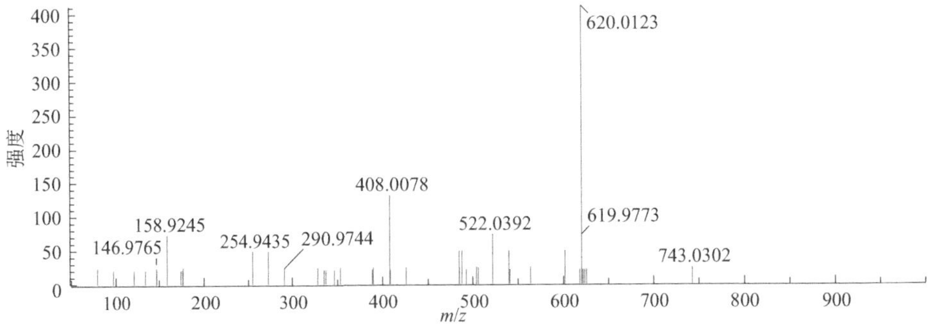

N6-(δ2-Isopentenyl)-Adenine
N6-异戊烯基腺嘌呤

CAS 号	2365-40-4	源极性	负离子模式
分子式	$C_{10}H_{13}N_5$	加合方式	$[M-H]^-$
分子量	203. 1176	保留时间	9. 75min

提取离子流色谱图

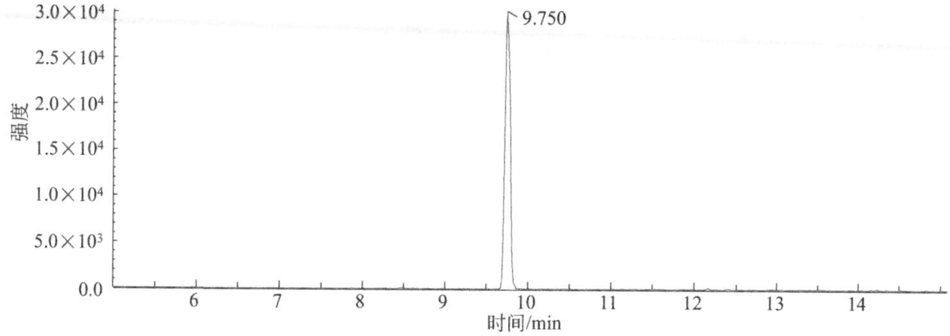

一级质谱图

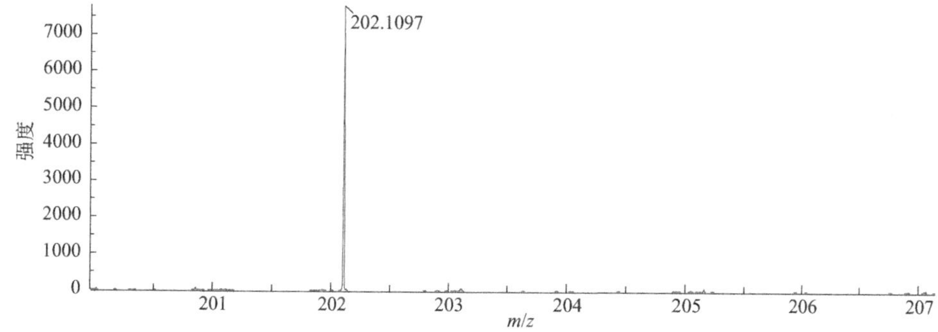

二级全扫质谱图 CE: (−35±15)V

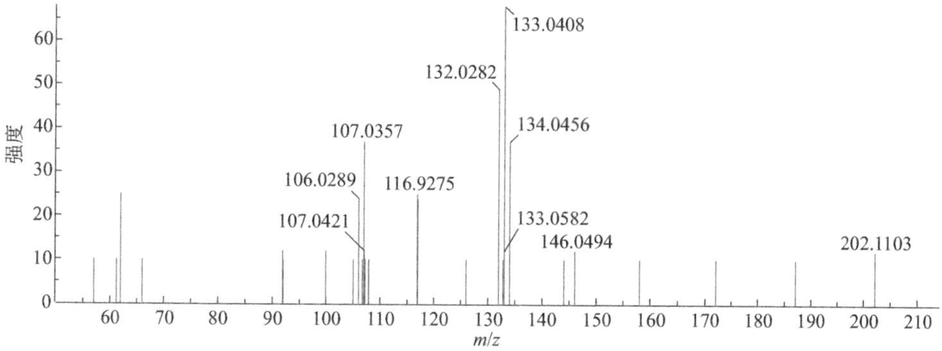

3-Nitro-L-Tyrosine
3-硝基-L-酪氨酸

CAS 号	621-44-3	源极性	负离子模式
分子式	$C_9H_{10}N_2O_5$	加合方式	$[M-H]^-$
分子量	226. 0590	保留时间	4. 62min

提取离子流色谱图

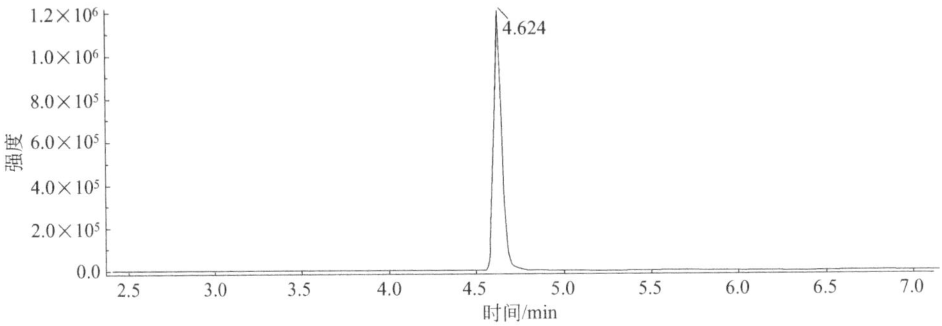

一级质谱图

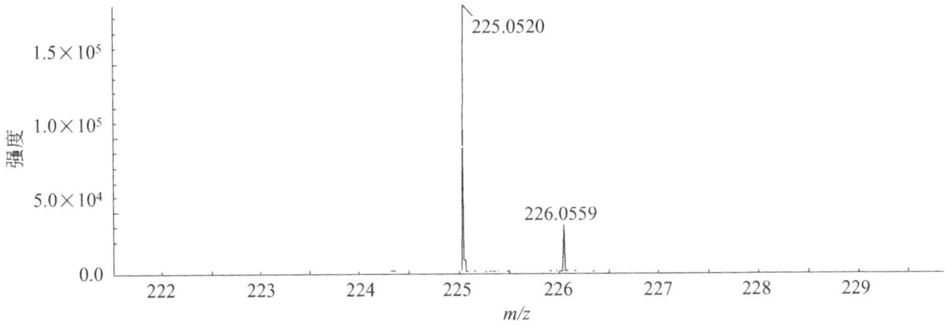

二级全扫质谱图 CE: (−35±15)V

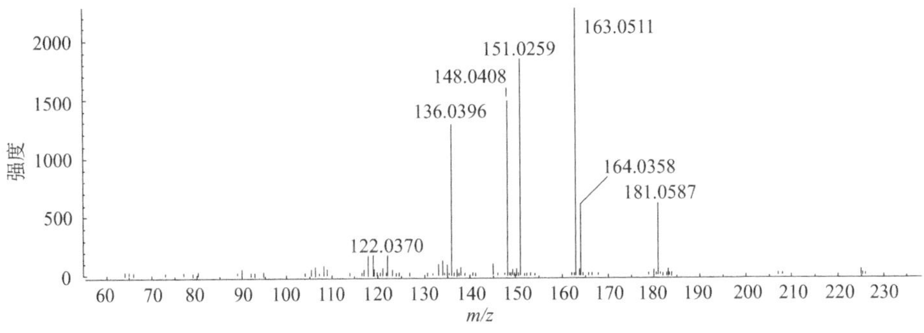

N-Methyl-D-Aspartic Acid
N-甲基-D-天冬氨酸

CAS 号	6384-92-5	源极性	负离子模式
分子式	$C_5H_9NO_4$	加合方式	$[M-H]^-$
分子量	147. 0532	保留时间	0. 88min

提取离子流色谱图

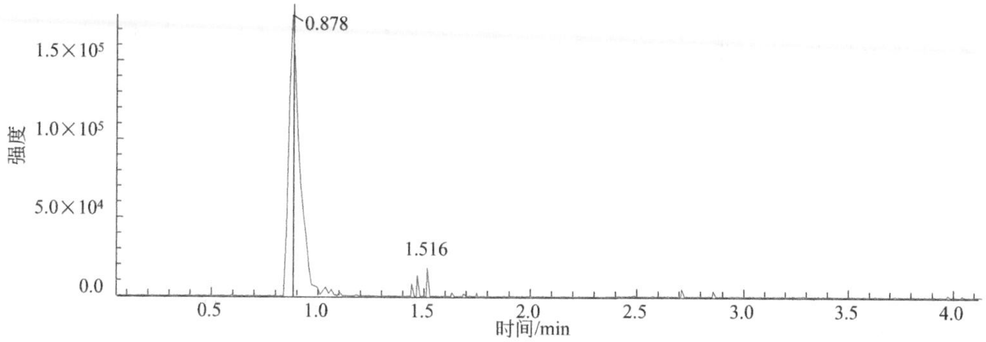

一级质谱图

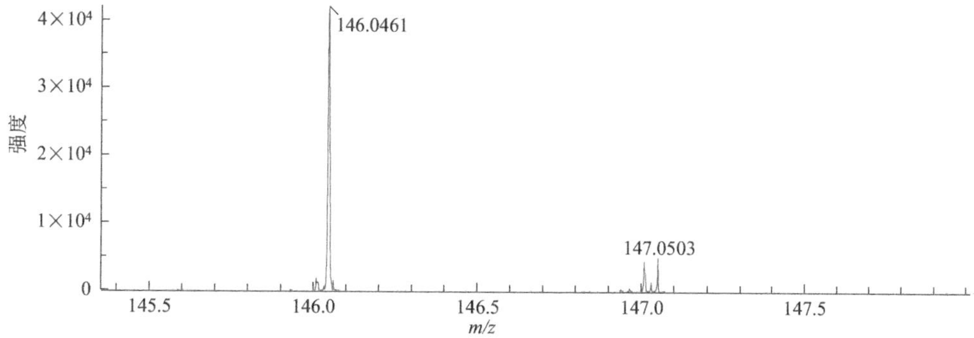

二级全扫质谱图 CE: (−35±15)V

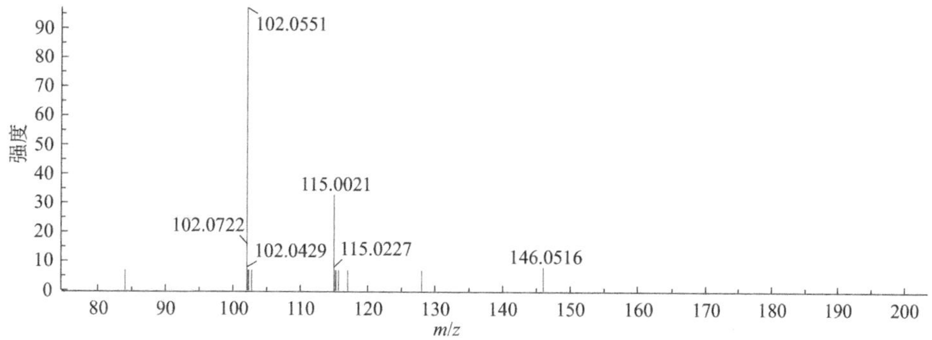

N-Methyl-L-Glutamic Acid
N-甲基-L-谷氨酸

CAS 号	6753-62-4（盐酸盐） 35989-16-3（母体）	源极性	正离子模式
分子式	$C_6H_{11}NO_4$	加合方式	$[M+H]^+$
分子量	161. 0688	保留时间	0. 93min

提取离子流色谱图

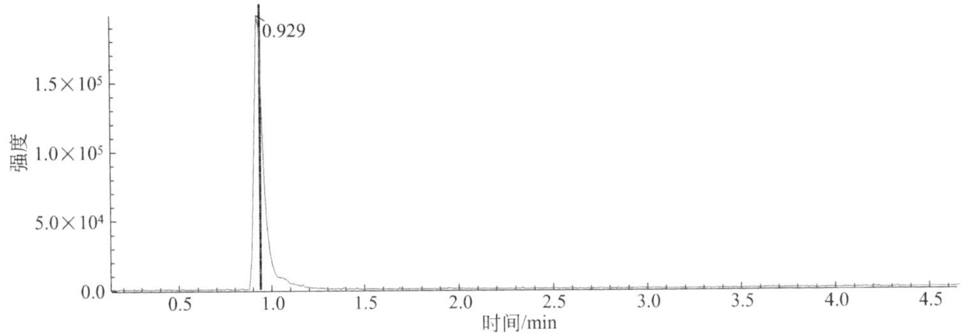

一级质谱图

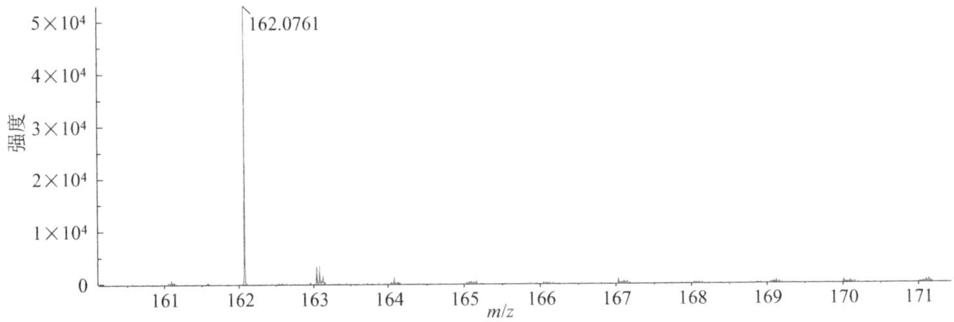

二级全扫质谱图 CE: (35±15)V

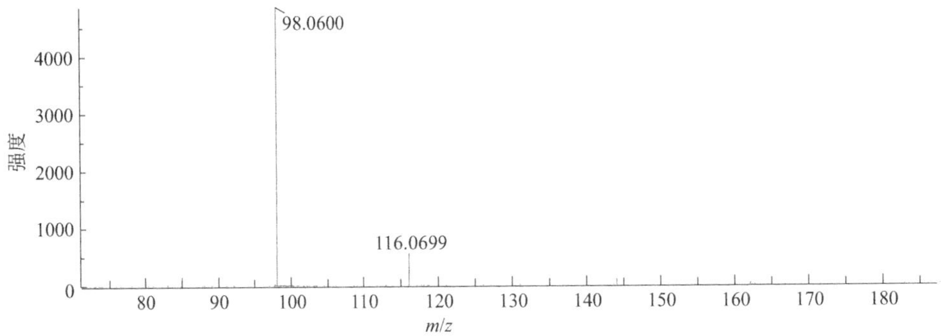

N(π)-Methyl-L-Histidine
1-甲基-L-组氨酸

CAS 号	332-80-9	源极性	正离子模式
分子式	$C_7H_{11}N_3O_2$	加合方式	$[M+H]^+$
分子量	169.0851	保留时间	0.87min

提取离子流色谱图

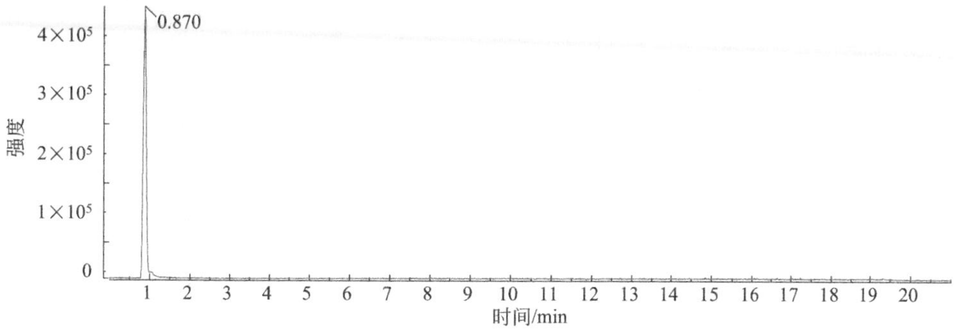

一级质谱图

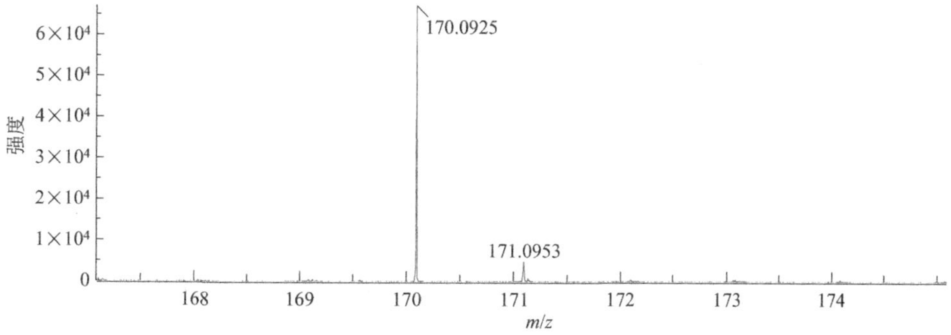

二级全扫质谱图 CE: (35±15)V

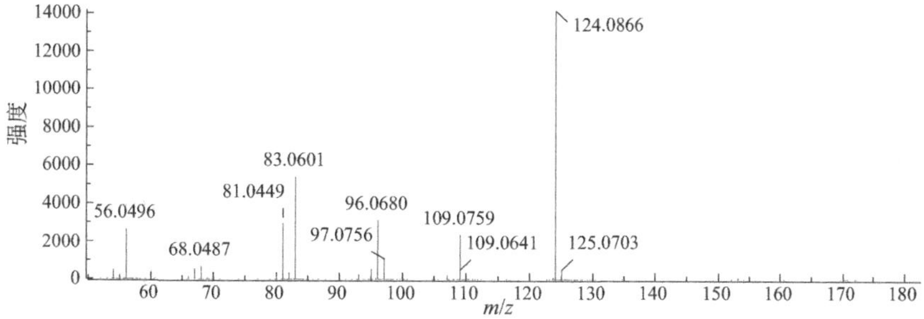

N-Ω-Methyltryptamine
N（Ω）-甲基色胺

CAS 号	61-49-4	源极性	正离子模式
分子式	$C_{11}H_{14}N_2$	加合方式	$[M+H]^+$
分子量	174. 1157	保留时间	6. 02min

提取离子流色谱图

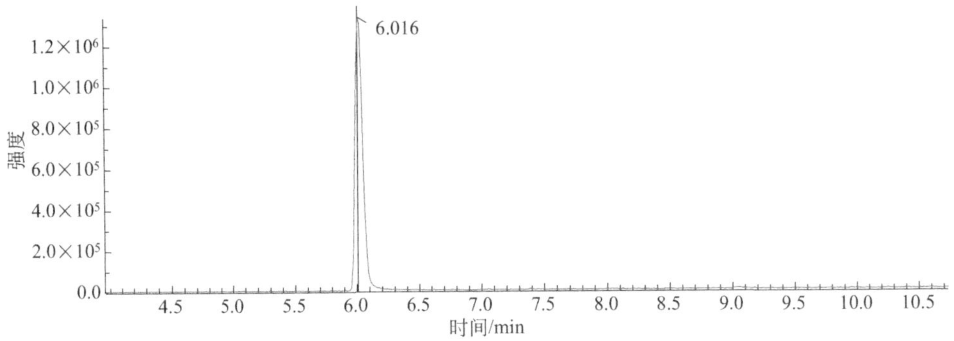

一级质谱图

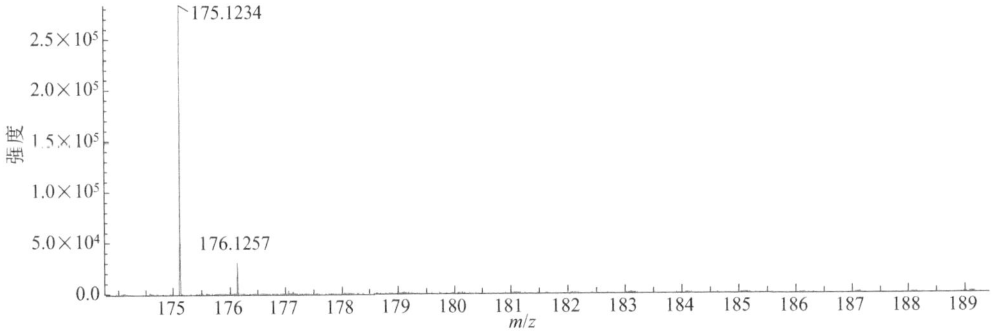

二级全扫质谱图 CE: (35±15)V

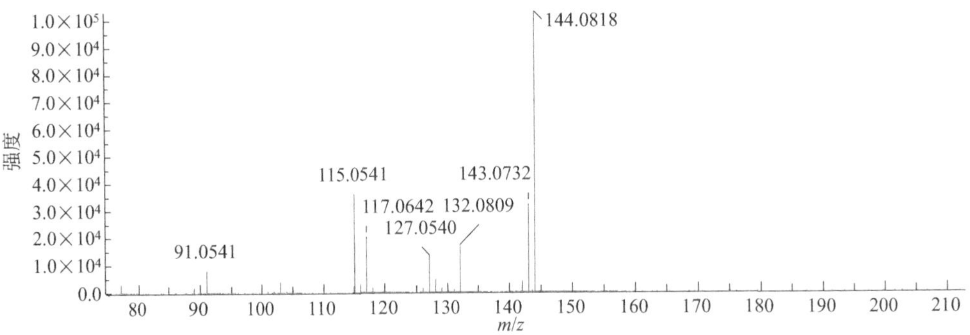

Nε, Nε, Nε-Trimethyllysine
三甲基赖氨酸

CAS 号	55528-53-5（盐酸盐） 19253-88-4（母体）	源极性	正离子模式
分子式	$C_9H_{21}N_2O_2^+$	加合方式	$[M]^+$
分子量	188. 1519	保留时间	0. 82min

提取离子流色谱图

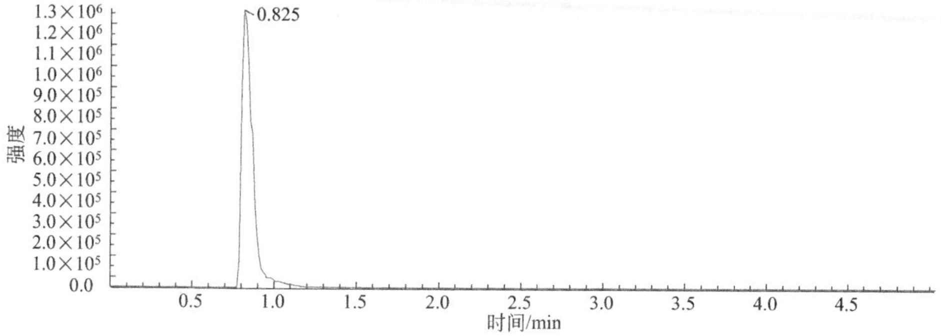

一级质谱图

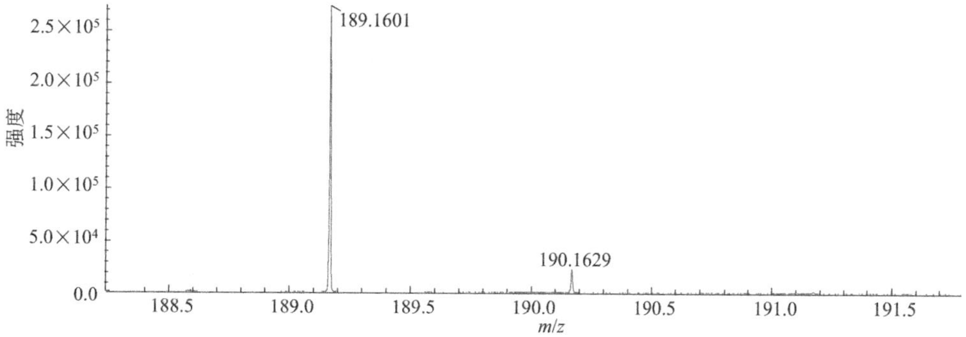

二级全扫质谱图 CE: (35±15)V

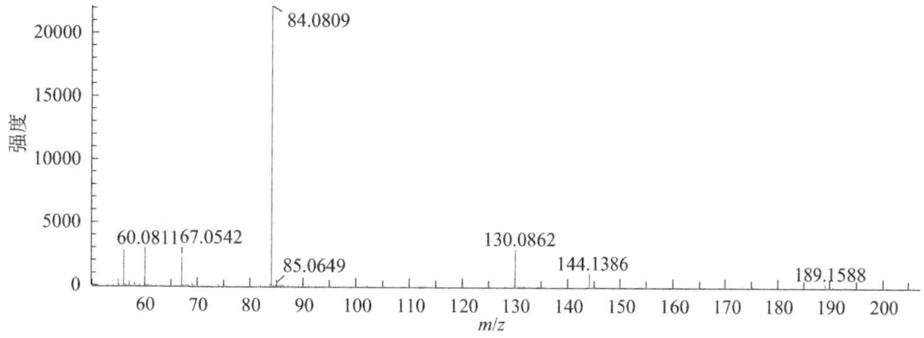

Norleucine
L-正亮氨酸

CAS 号	327-57-1	源极性	正离子模式
分子式	$C_6H_{13}NO_2$	加合方式	$[M+H]^+$
分子量	131. 0946	保留时间	2. 47min

提取离子流色谱图

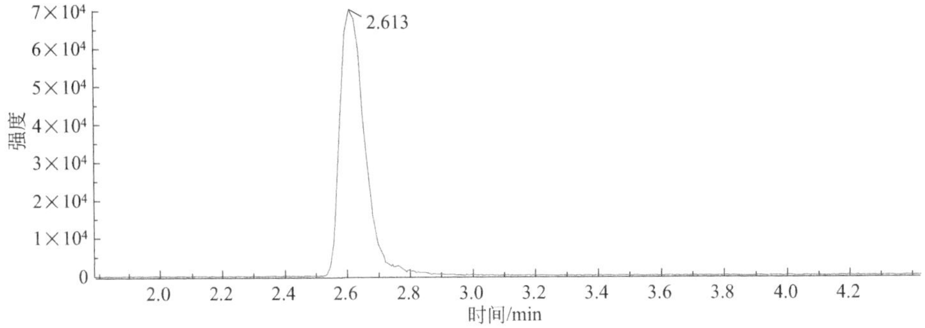

一级质谱图

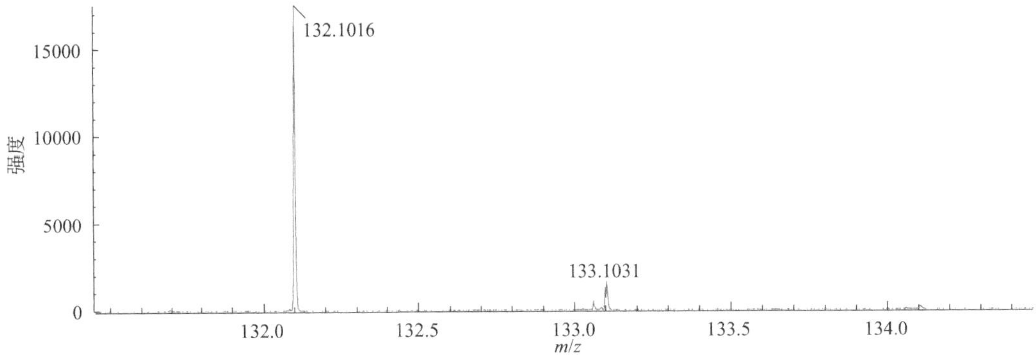

二级全扫质谱图 CE: (35±15)V

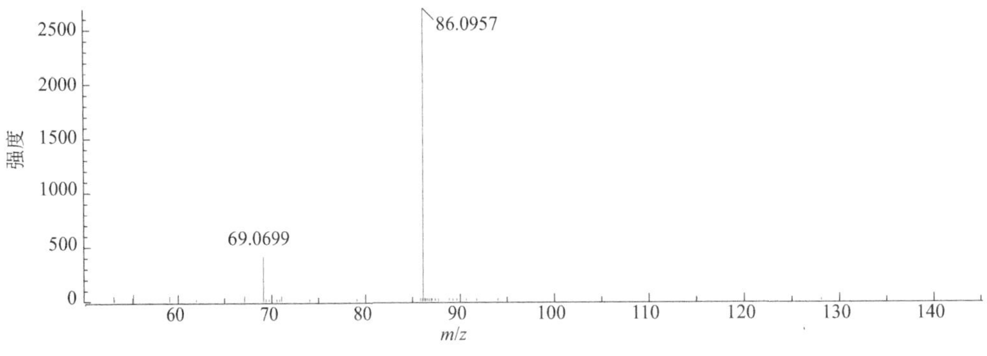

Octopamine
奥克巴胺

CAS 号	104-14-3	源极性	正离子模式
分子式	$C_8H_{11}NO_2$	加合方式	$[M+H]^+$
分子量	153. 0789	保留时间	1. 18min

提取离子流色谱图

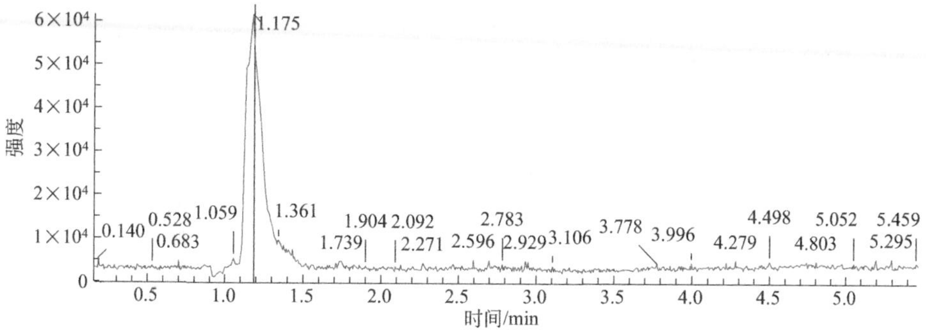

一级质谱图

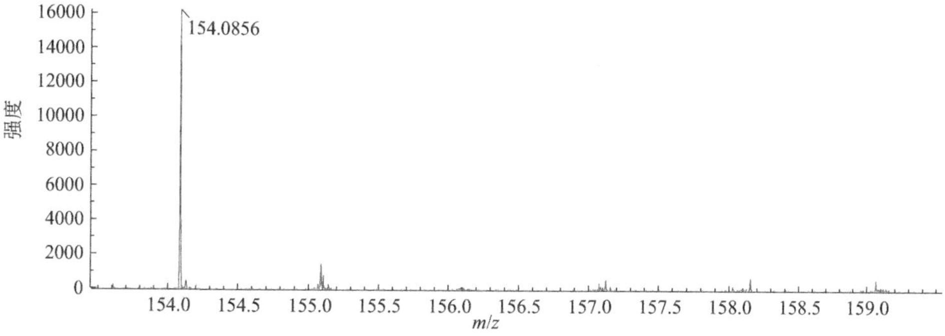

二级全扫质谱图 CE: (35±15)V

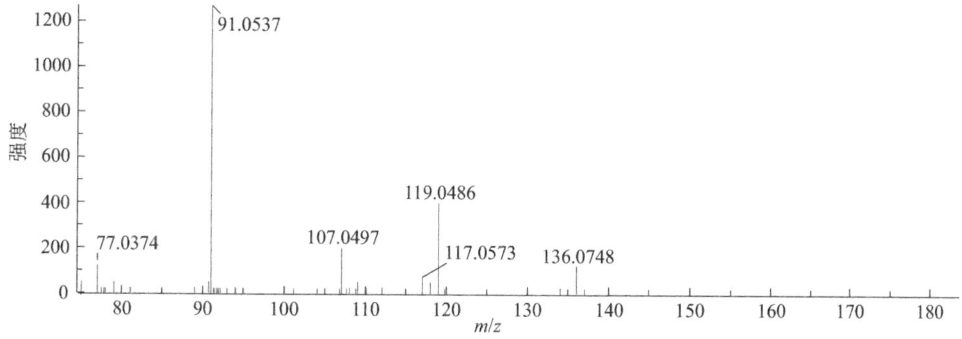

Oleic Acid
油酸

CAS 号	112-80-1	源极性	负离子模式
分子式	$C_{18}H_{34}O_2$	加合方式	$[M-H]^-$
分子量	282. 2559	保留时间	15. 82min

提取离子流色谱图

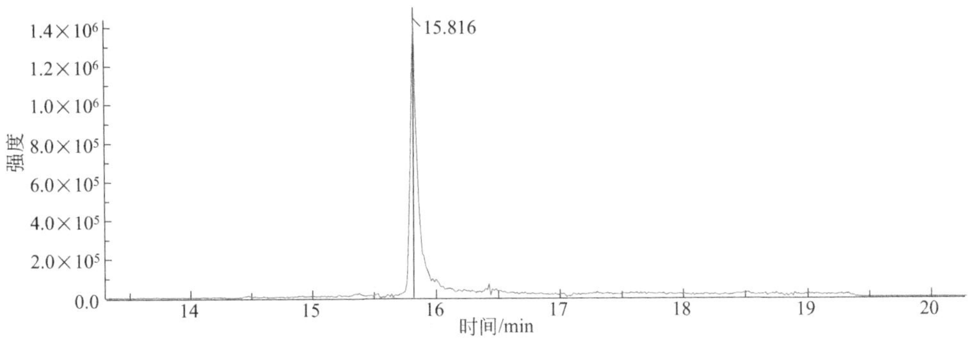

一级质谱图

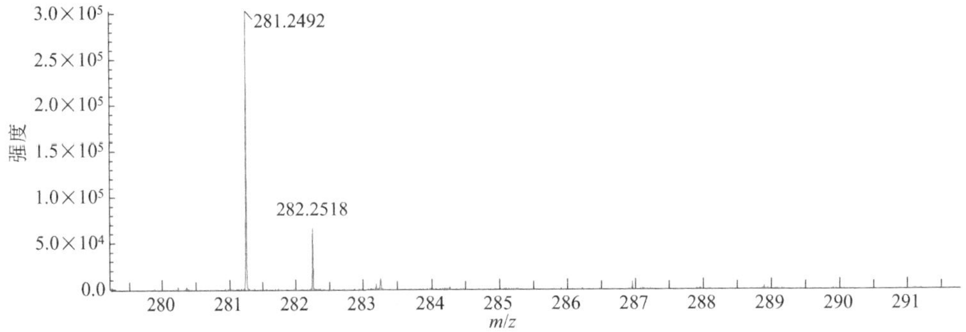

二级全扫质谱图 CE: (−35±15)V

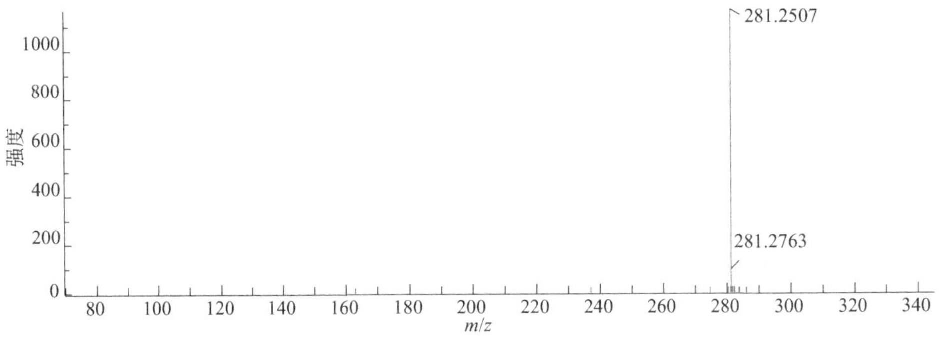

1-Oleoyl-Rac-Glycerol
单油酸甘油酯

CAS 号	111-03-5	源极性	正离子模式
分子式	$C_{21}H_{40}O_4$	加合方式	$[M+H]^+$
分子量	356. 2921	保留时间	15. 36min

提取离子流色谱图

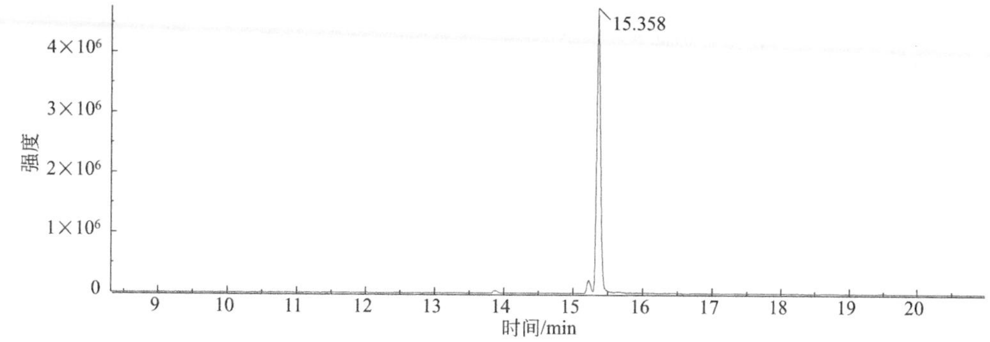

一级质谱图

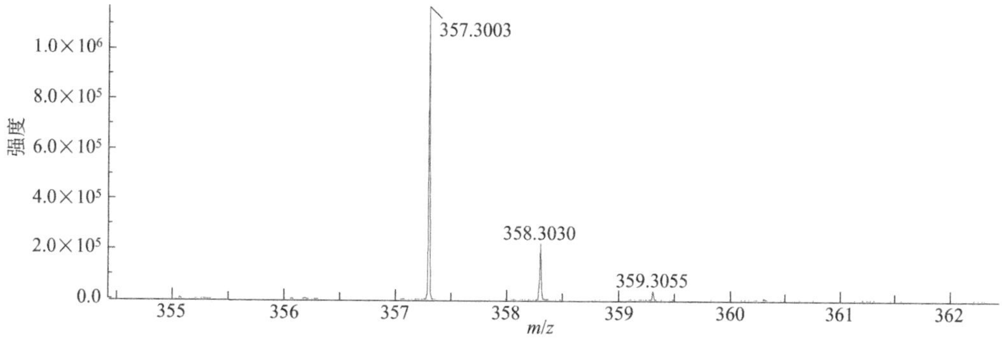

二级全扫质谱图 CE: (35±15)V

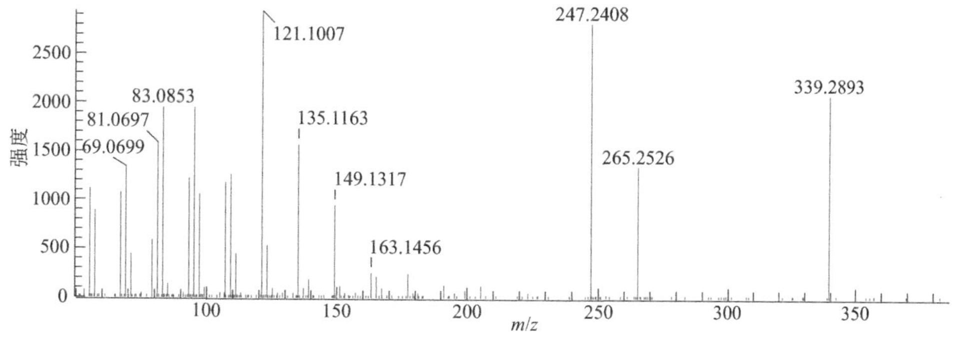

O-Phospho-DL-Serine
DL-O-磷酸丝氨酸

CAS 号	17885-08-4	源极性	正离子模式
分子式	$C_3H_8NO_6P$	加合方式	$[M+H]^+$
分子量	185. 0089	保留时间	0. 83min

提取离子流色谱图

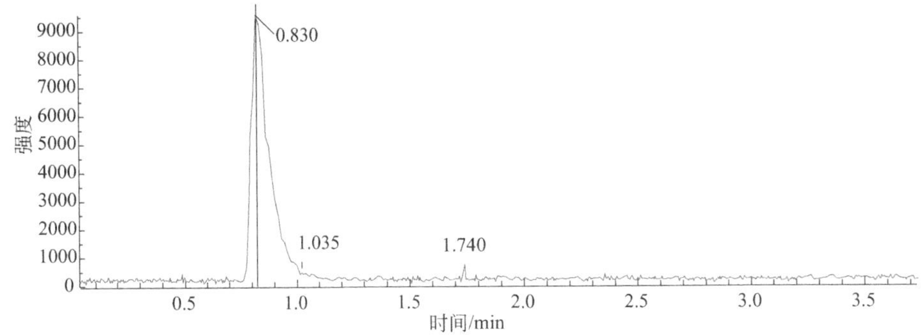

一级质谱图

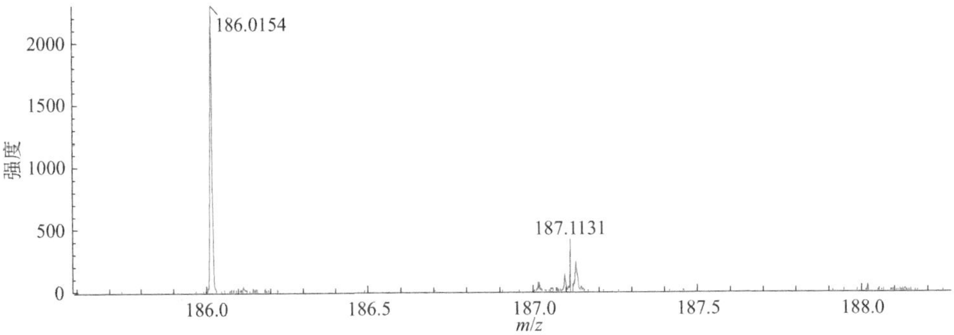

二级全扫质谱图 CE: (35±15)V

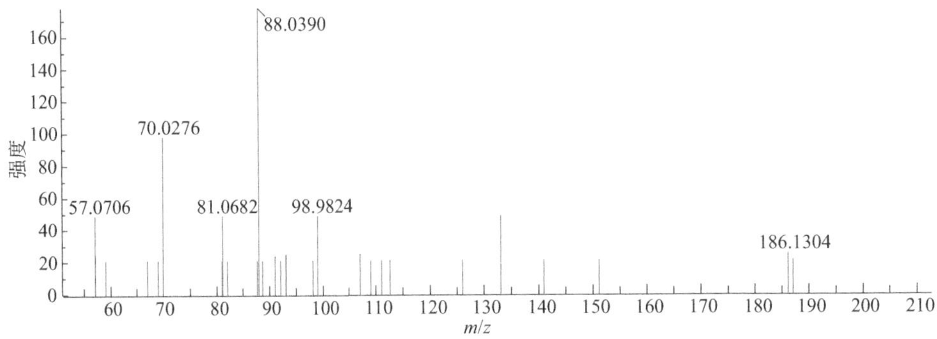

O-Phospho-L-Serine
L-O-磷酸丝氨酸

CAS 号	407-41-0	源极性	正离子模式
分子式	$C_3H_8NO_6P$	加合方式	$[M+H]^+$
分子量	185. 0089	保留时间	0. 83min

提取离子流色谱图

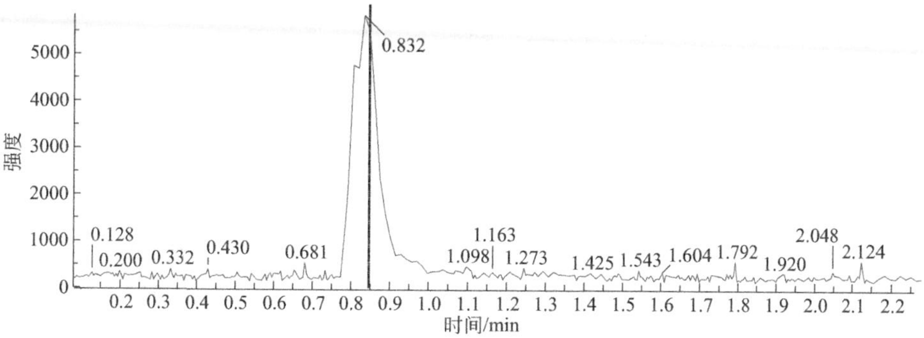

一级质谱图

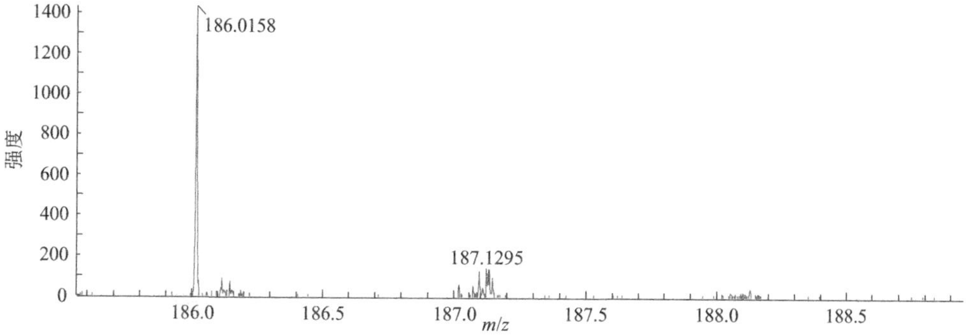

二级全扫质谱图 CE: (35±15)V

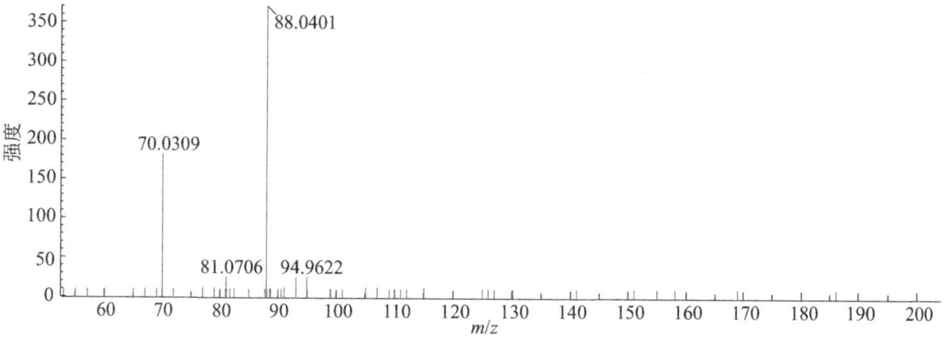

Ophthalmic Acid
视晶酸

CAS 号	495-27-2	源极性	负离子模式
分子式	$C_{11}H_{19}N_3O_6$	加合方式	$[M-H]^-$
分子量	289. 1274	保留时间	1. 74min

提取离子流色谱图

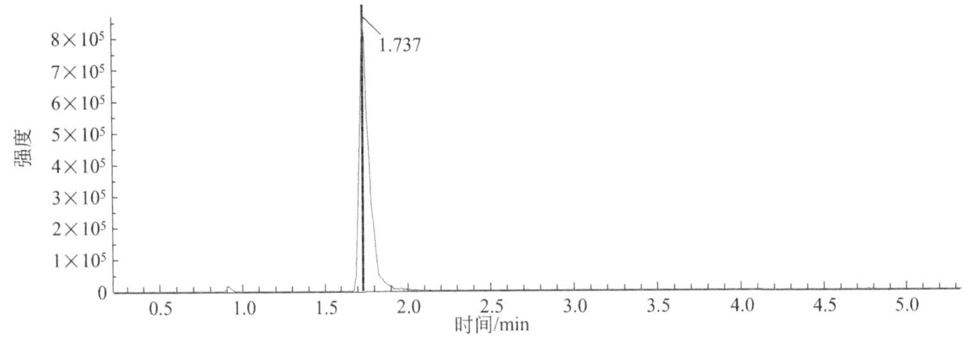

一级质谱图

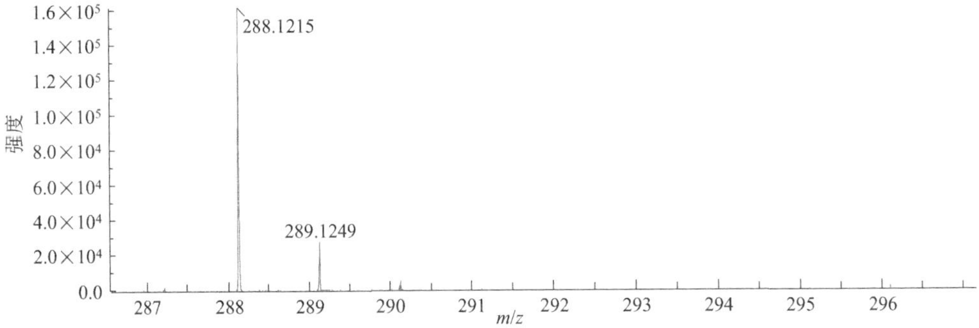

二级全扫质谱图 CE: (−35±15)V

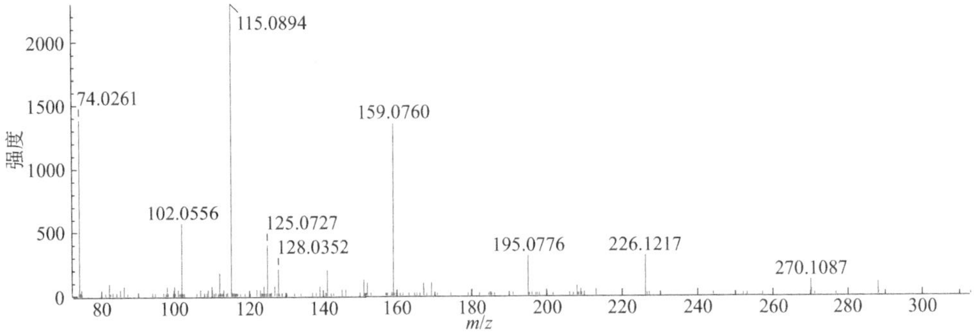

Orotic Acid
乳清酸

CAS 号	65-86-1	源极性	负离子模式
分子式	$C_5H_4N_2O_4$	加合方式	$[M-H]^-$
分子量	156.0171	保留时间	1.04min

提取离子流色谱图

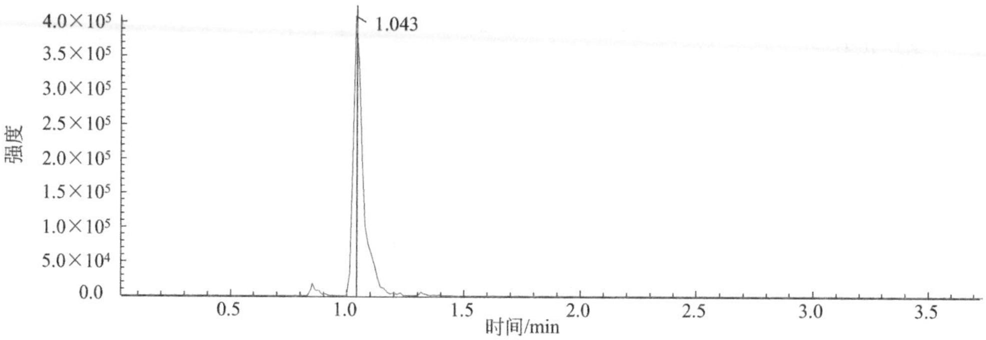

一级质谱图

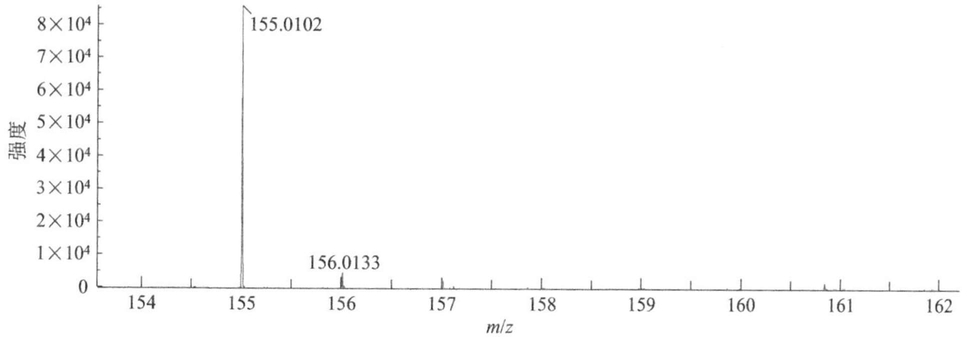

二级全扫质谱图 CE: (−35±15)V

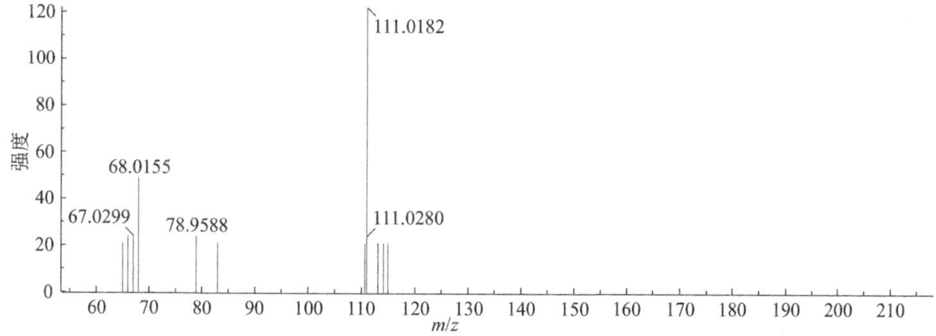

O-Succinyl-L-Homoserine
O-丁二酰-L-高丝氨酸

CAS 号	1492-23-5	源极性	正离子模式
分子式	$C_8H_{13}NO_6$	加合方式	$[M+H]^+$
分子量	219. 0743	保留时间	1. 48min

提取离子流色谱图

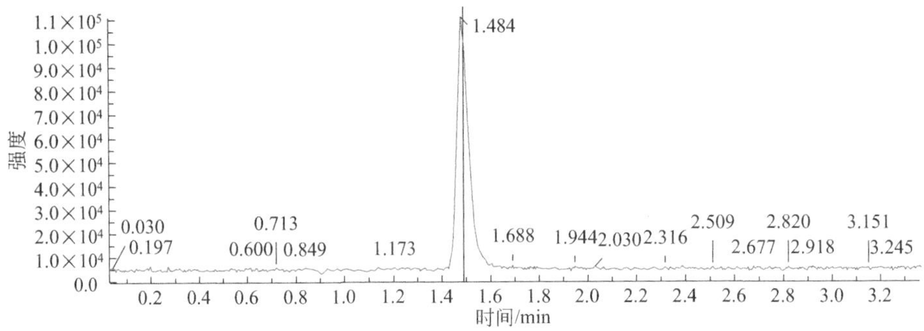

一级质谱图

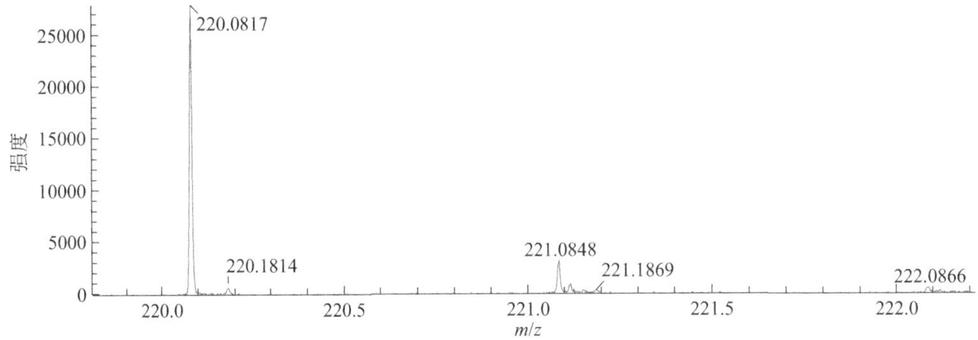

二级全扫质谱图 CE: (35±15)V

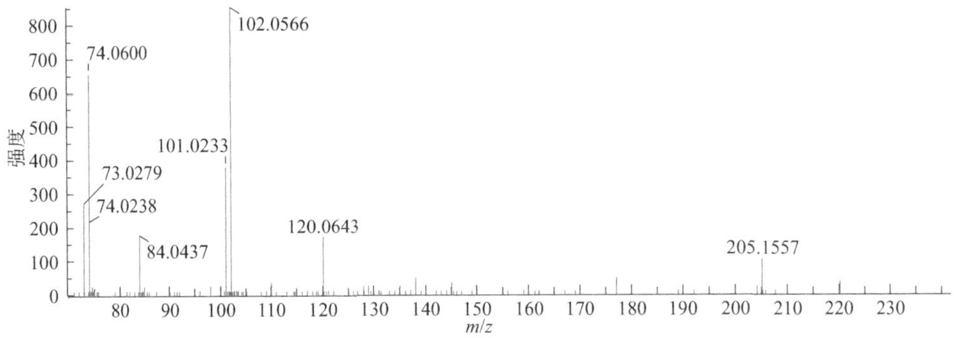

5-Oxo-D-Proline

D-焦谷氨酸

CAS 号	4042-36-8	源极性	正离子模式
分子式	$C_5H_7NO_3$	加合方式	$[M+H]^+$
分子量	129.0420	保留时间	1.62min

提取离子流色谱图

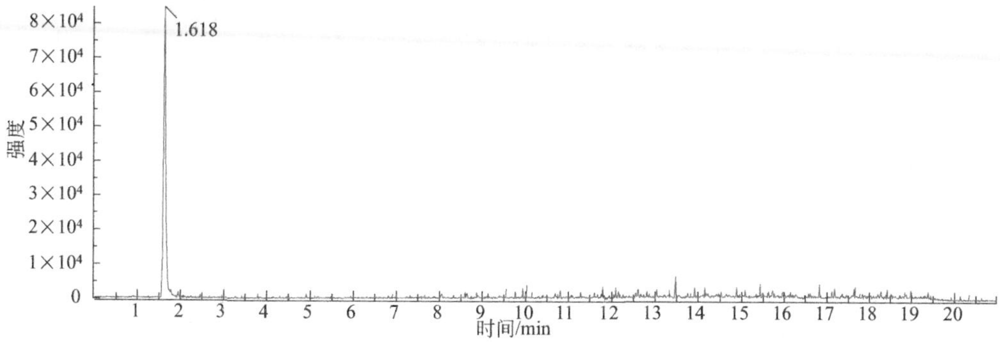

一级质谱图

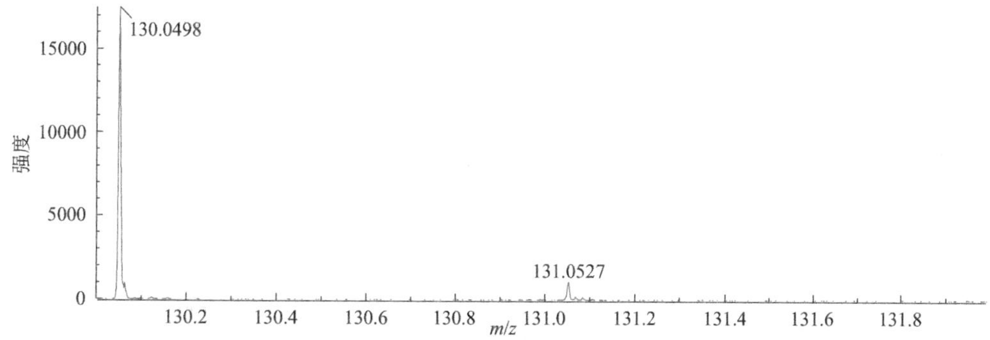

二级全扫质谱图 CE: (35±15)V

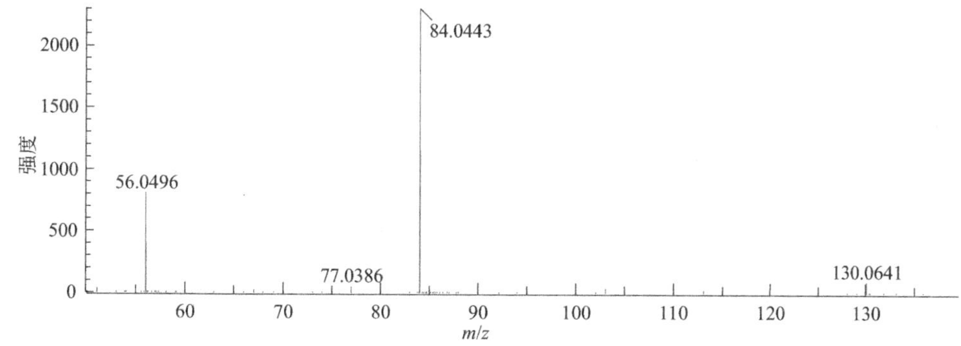

Palmitic Acid
棕榈酸

CAS 号	57-10-3	源极性	负离子模式
分子式	$C_{16}H_{32}O_2$	加合方式	$[M-H]^-$
分子量	256. 2402	保留时间	15. 63min

提取离子流色谱图

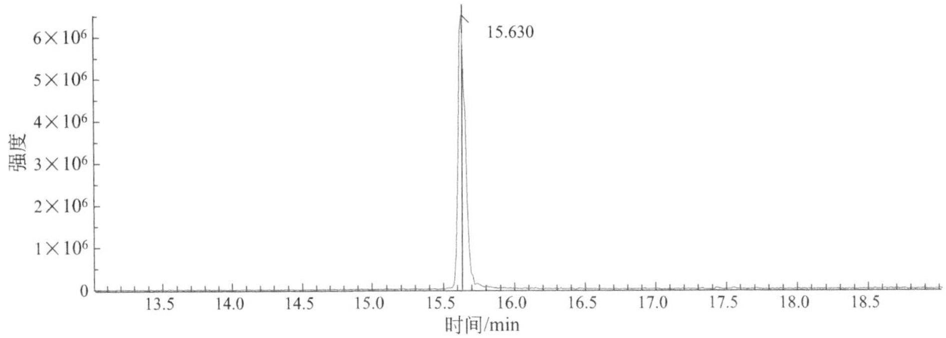

一级质谱图

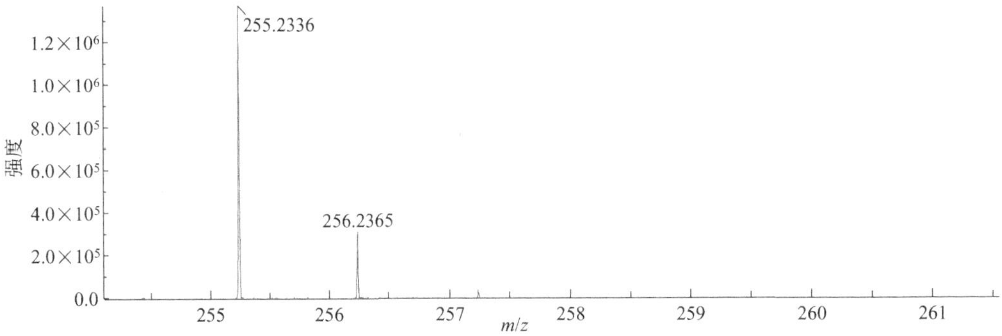

二级全扫质谱图 CE: (−35±15)V

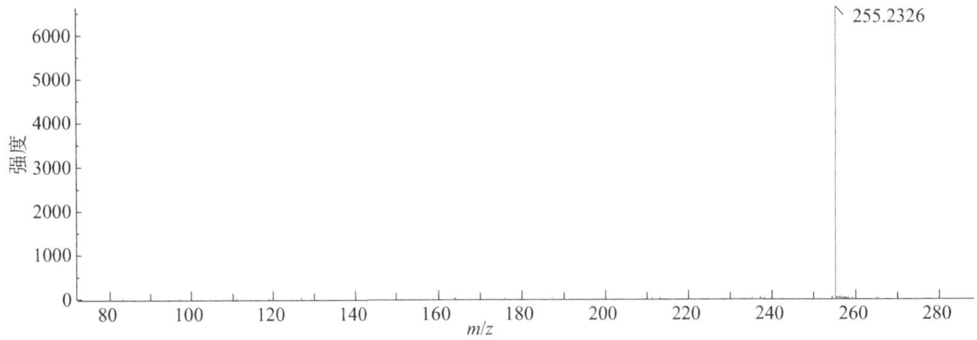

Palmitoleic Acid
棕榈油酸

CAS 号	373-49-9	源极性	负离子模式
分子式	$C_{16}H_{30}O_2$	加合方式	$[M-H]^-$
分子量	254.2246	保留时间	15.13min

提取离子流色谱图

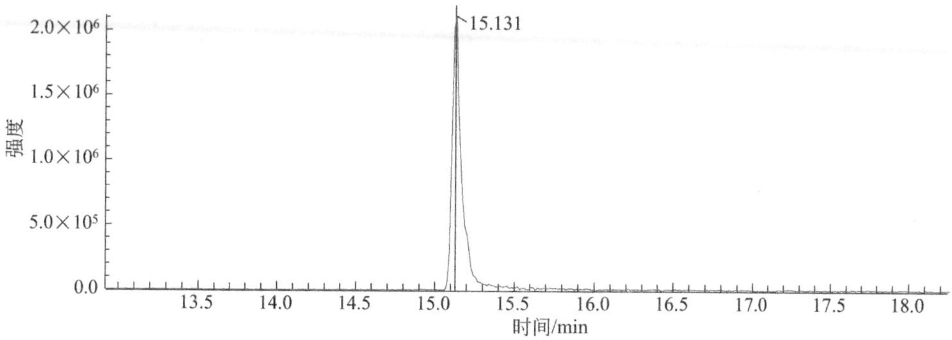

一级质谱图

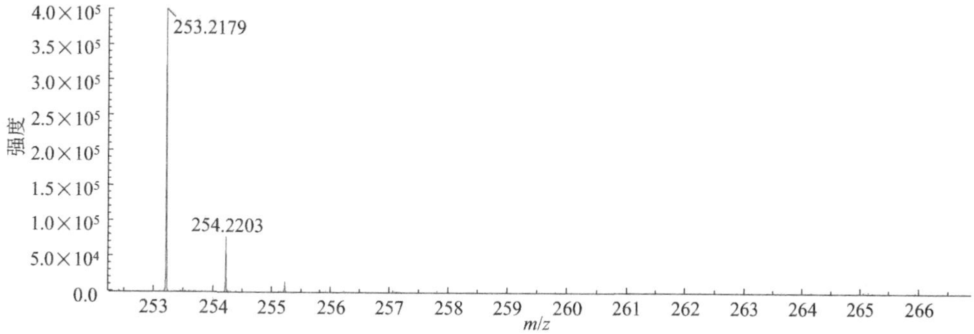

二级全扫质谱图 CE: (−35±15)V

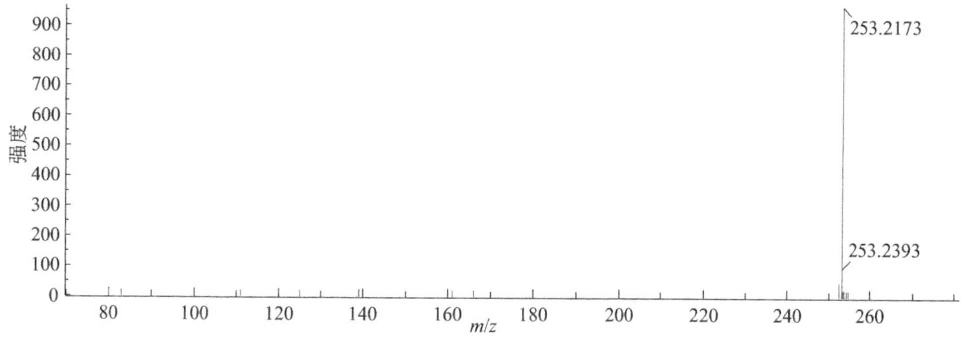

Paraxanthine
1, 7-二甲基黄嘌呤

CAS 号	611-59-6	源极性	正离子模式
分子式	$C_7H_8N_4O_2$	加合方式	$[M+H]^+$
分子量	180. 0647	保留时间	5. 72min

提取离子流色谱图

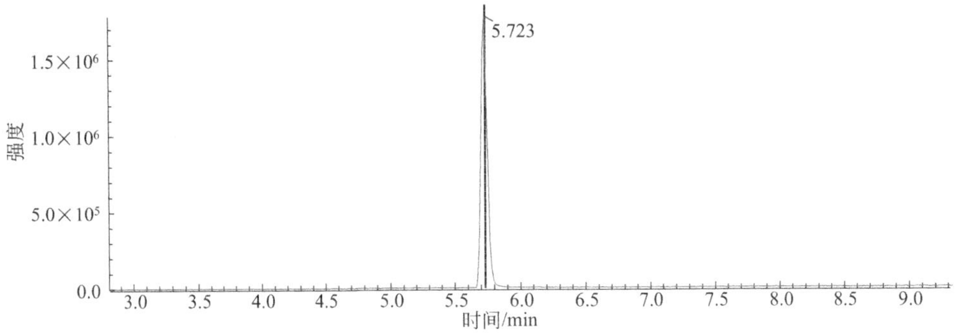

一级质谱图

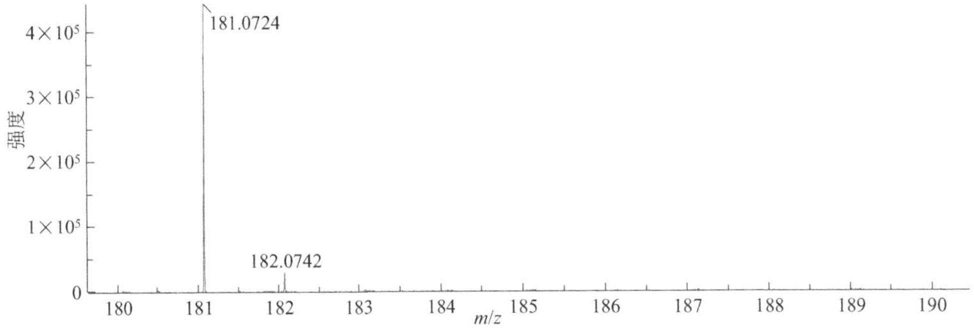

二级全扫质谱图 CE: (35±15)V

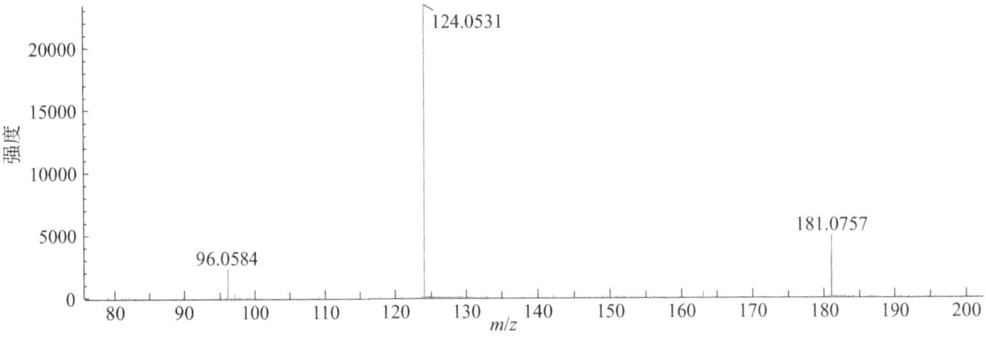

Petroselinic Acid
十八碳六烯酸

CAS 号	593-39-5	源极性	负离子模式
分子式	$C_{18}H_{34}O_2$	加合方式	$[M-H]^-$
分子量	282. 2559	保留时间	15. 87min

提取离子流色谱图

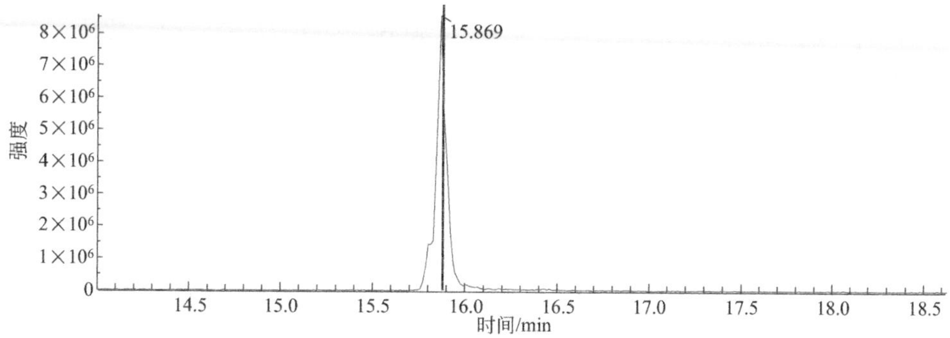

一级质谱图

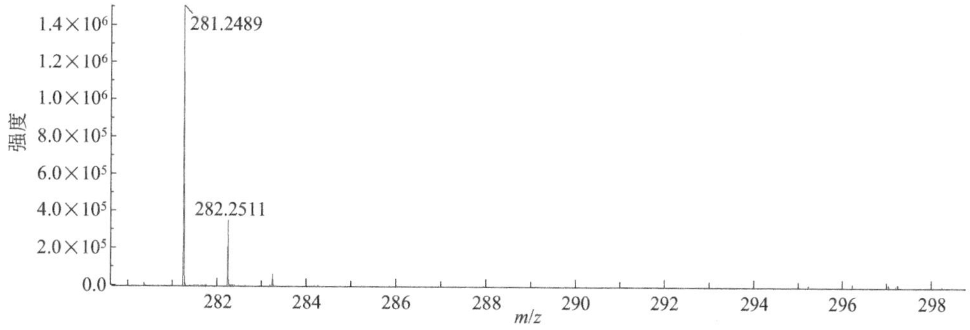

二级全扫质谱图 CE: (-35±15)V

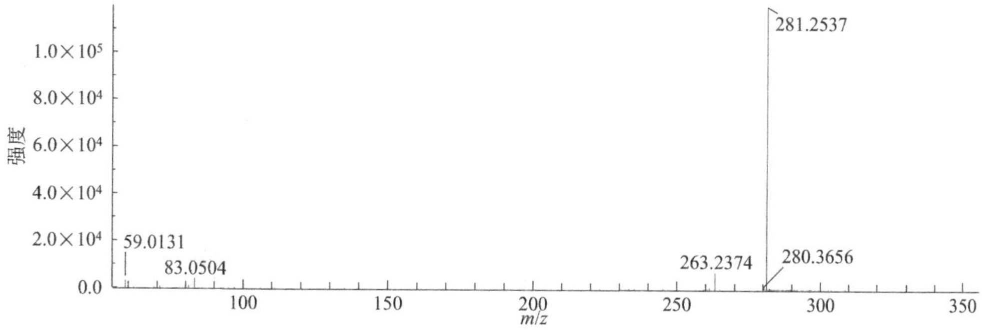

Phenylethanolamine

N-苯基乙醇胺

CAS 号	122-98-5	源极性	正离子模式
分子式	$C_8H_{11}NO$	加合方式	$[M+H]^+$
分子量	137. 0841	保留时间	3. 55min

提取离子流色谱图

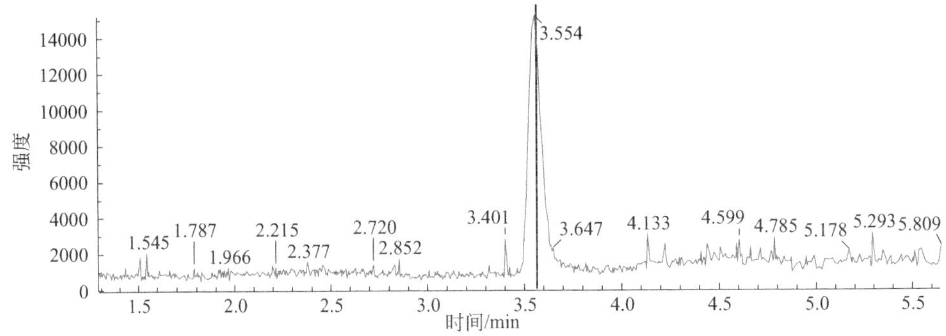

一级质谱图

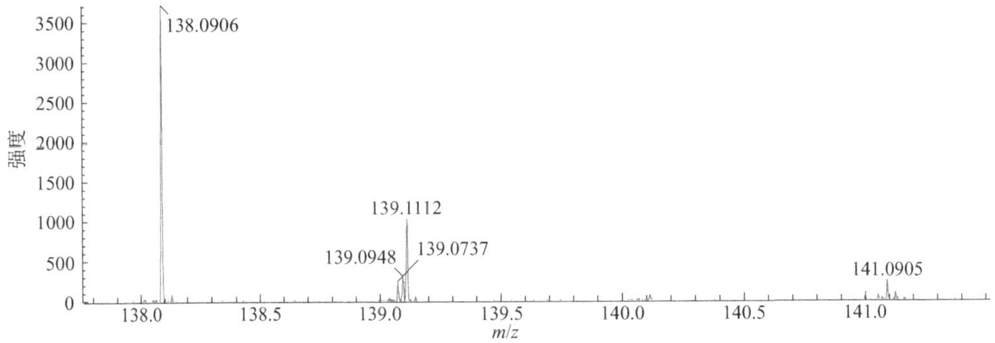

二级全扫质谱图 CE: (35±15)V

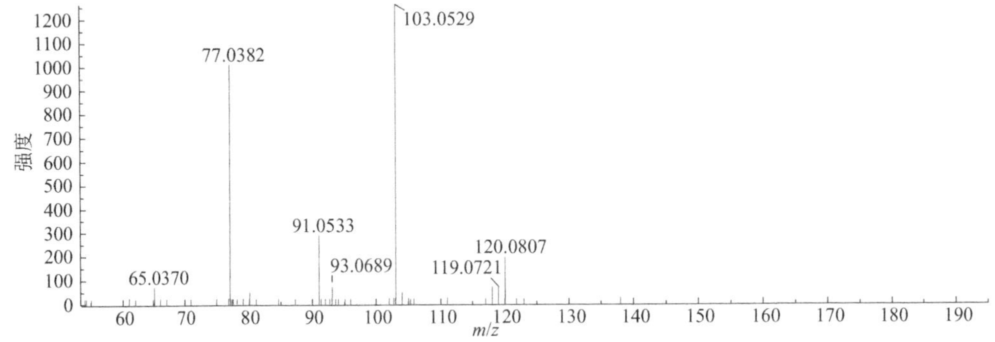

Phenylpyruvic Acid
苯丙酮酸

CAS 号	156-06-9	源极性	正离子模式
分子式	$C_9H_8O_3$	加合方式	$[M+H]^+$
分子量	164. 0473	保留时间	11. 89min

提取离子流色谱图

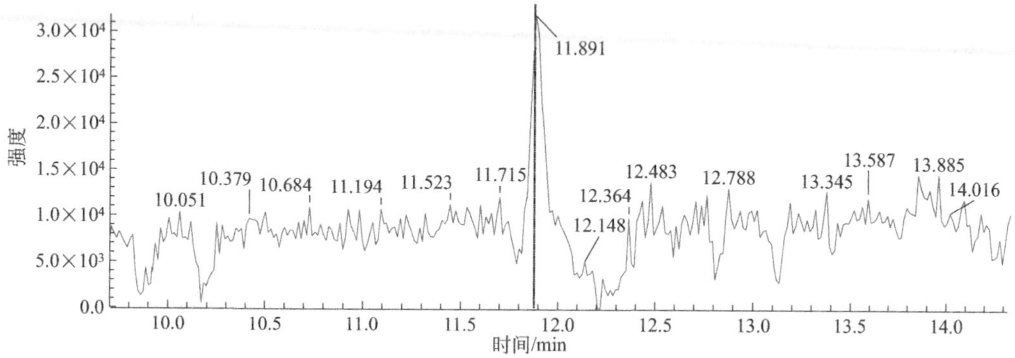

一级质谱图

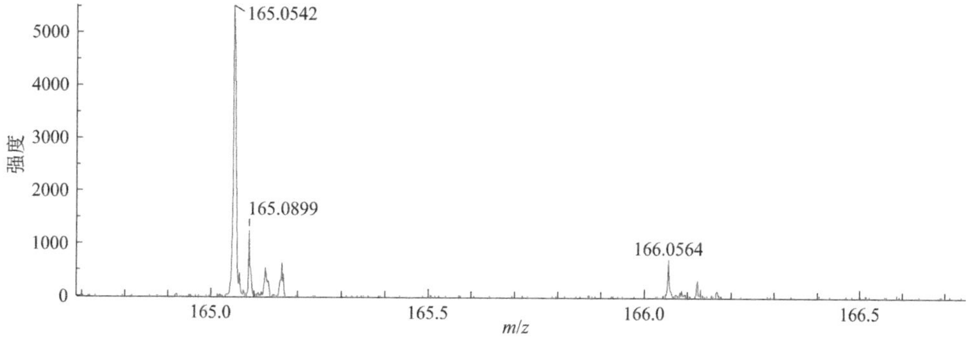

二级全扫质谱图 CE: (35±15)V

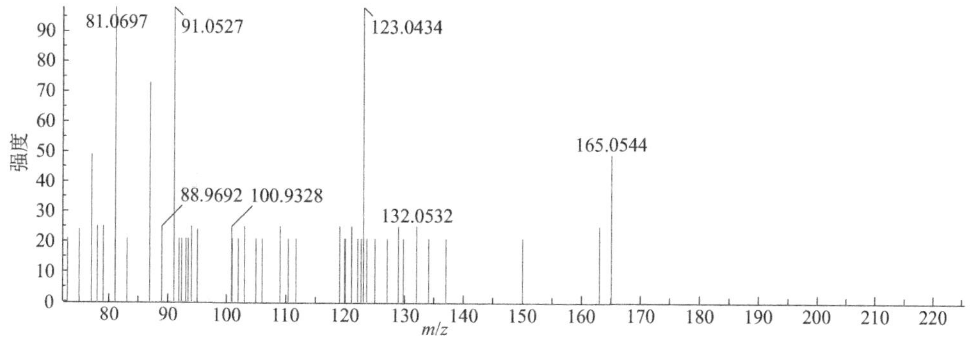

Phosphocholine
磷酸胆碱

CAS 号	107-73-3（盐酸盐） 3616-04-4（母体）	源极性	正离子模式
分子式	$C_5H_{15}NO_4P^+$	加合方式	$[M]^+$
分子量	184.0733	保留时间	0.86min

提取离子流色谱图

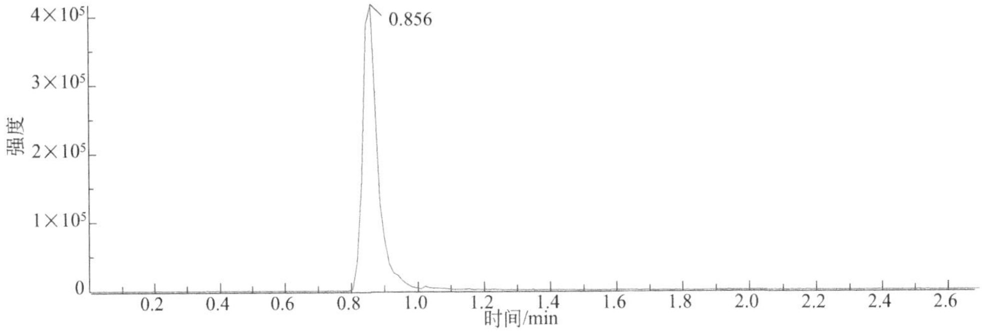

一级质谱图

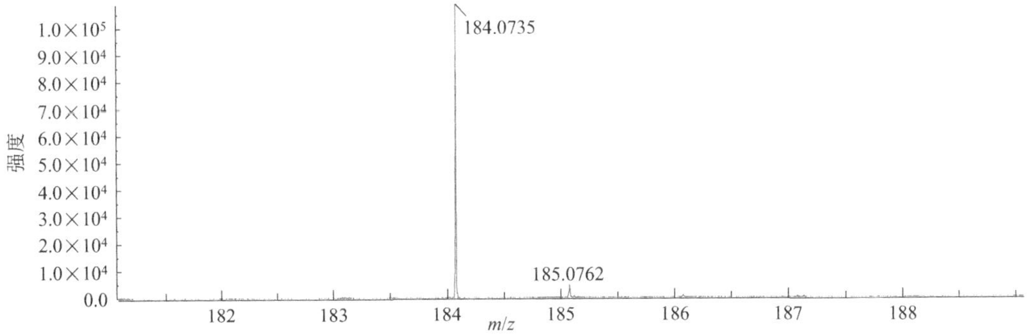

二级全扫质谱图 CE: (35±15)V

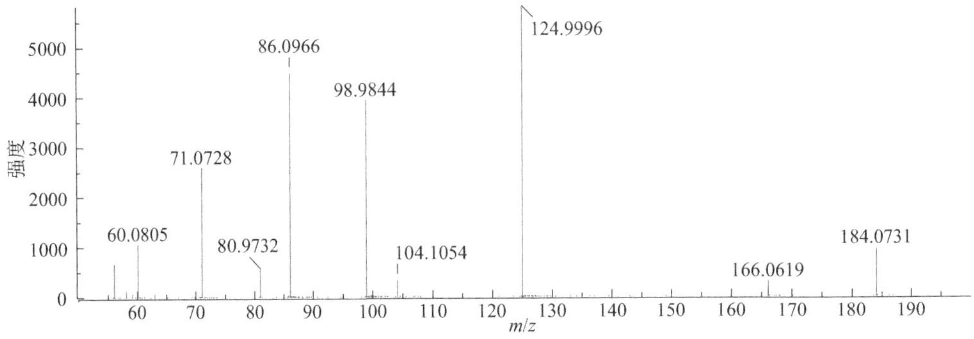

Phosphocreatine
磷酸肌酸

CAS 号	67-07-2	源极性	正离子模式
分子式	$C_4H_{10}N_3O_5P$	加合方式	[M+H]
分子量	211. 0353	保留时间	0. 89min

提取离子流色谱图

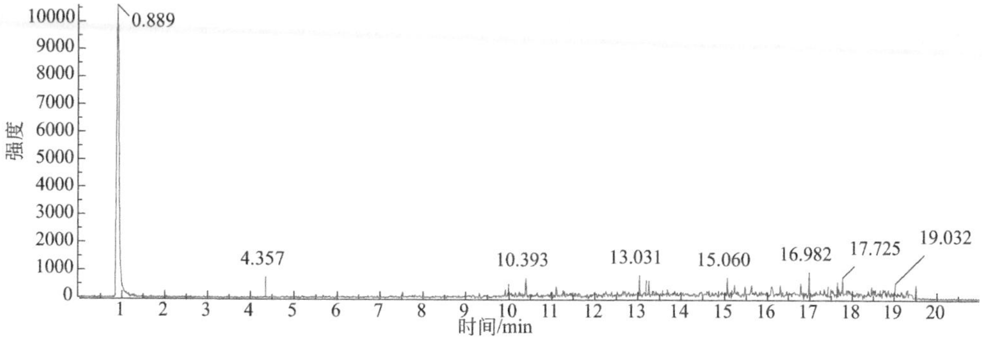

一级质谱图

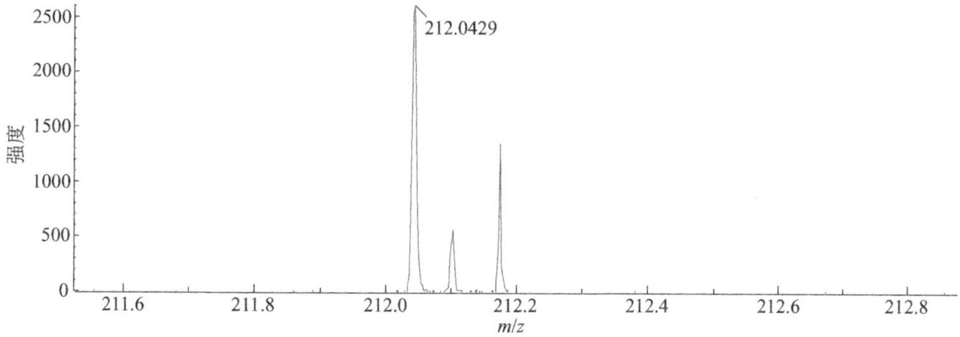

二级全扫质谱图 CE: (35±15)V

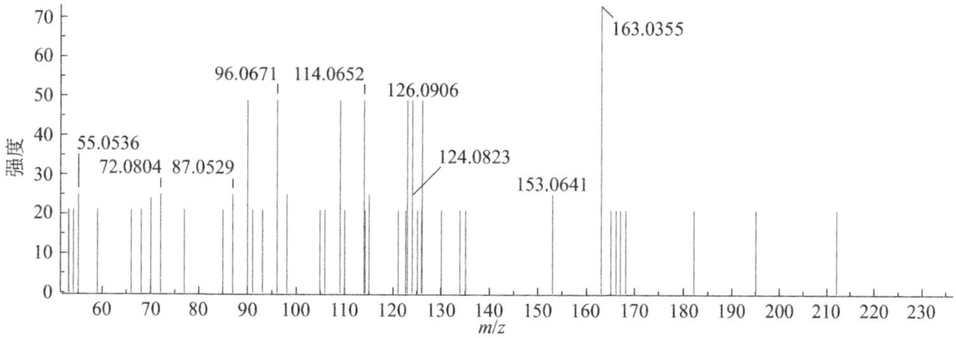

Phospho(enol)pyruvic Acid
磷烯醇丙酮酸

CAS 号	138-08-9	源极性	负离子模式
分子式	$C_3H_5O_6P$	加合方式	$[M-H]^-$
分子量	167. 9823	保留时间	0. 72min

提取离子流色谱图

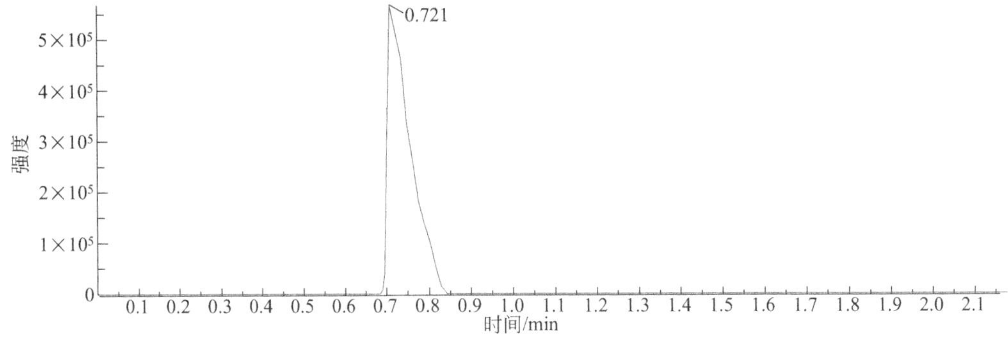

一级质谱图

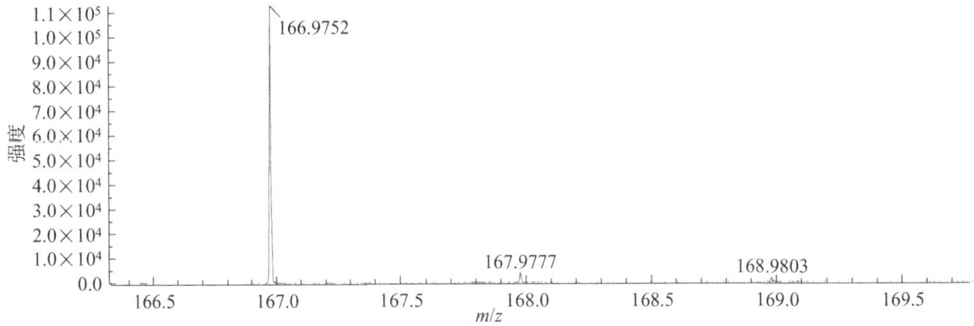

二级全扫质谱图 CE: (−35±15)V

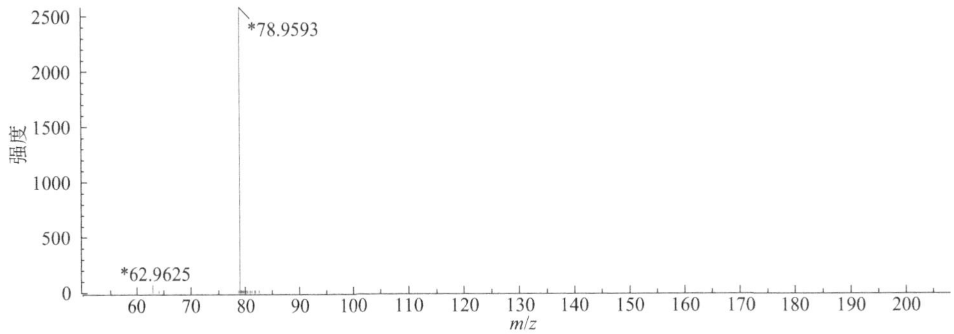

Phosphonoacetic Acid
乙酰磷酸

CAS 号	4408-78-0	源极性	负离子模式
分子式	$C_2H_5O_5P$	加合方式	$[M-H]^-$
分子量	139. 9873	保留时间	0. 75min

提取离子流色谱图

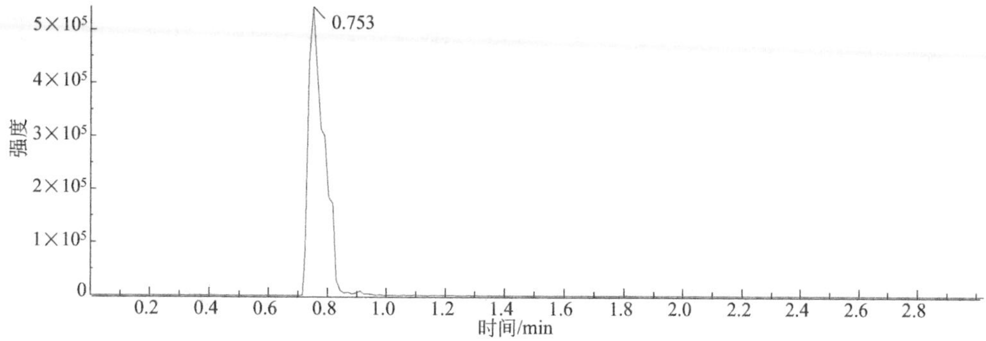

一级质谱图

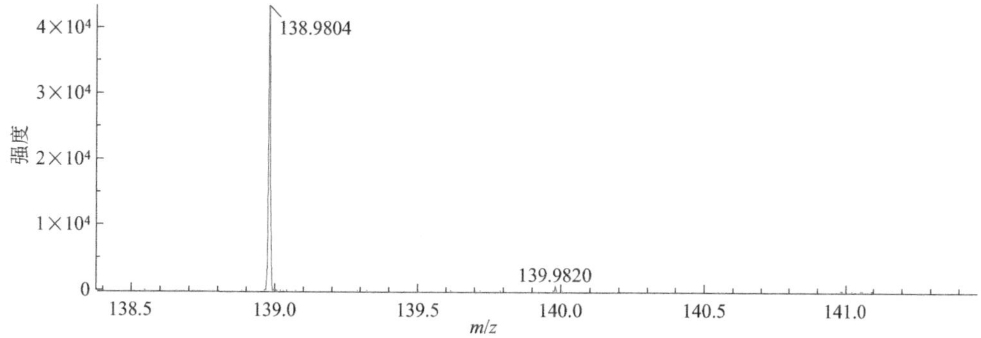

二级全扫质谱图 CE: (−35±15)V

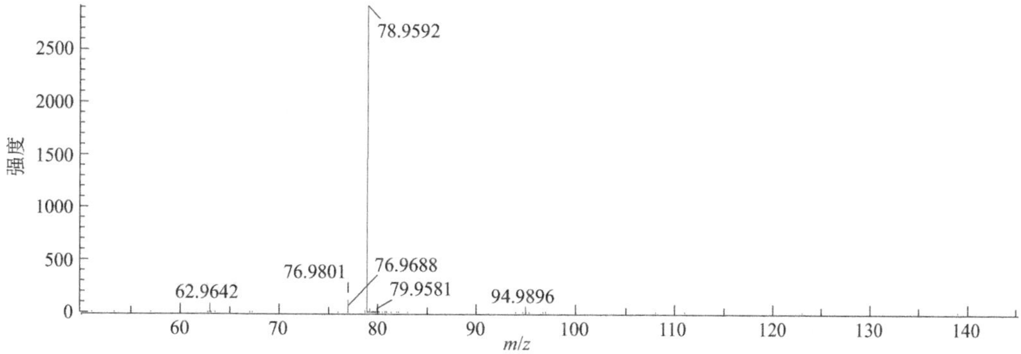

Protoporphyrin
原卟啉

CAS 号	553-12-8	源极性	正离子模式
分子式	$C_{34}H_{34}N_4O_4$	加合方式	$[M+H]^+$
分子量	562. 2579	保留时间	16. 00min

提取离子流色谱图

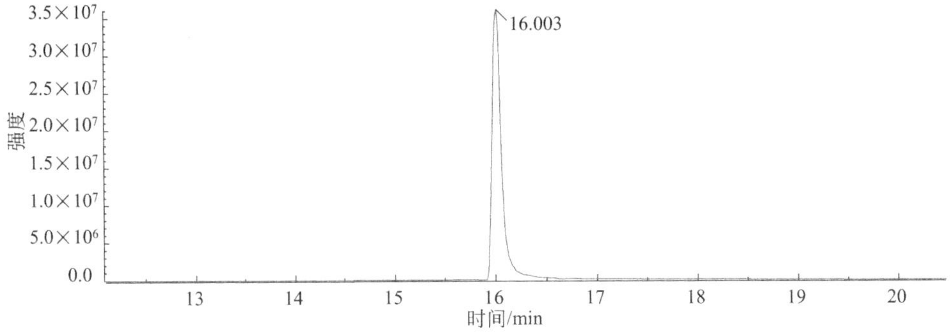

一级质谱图

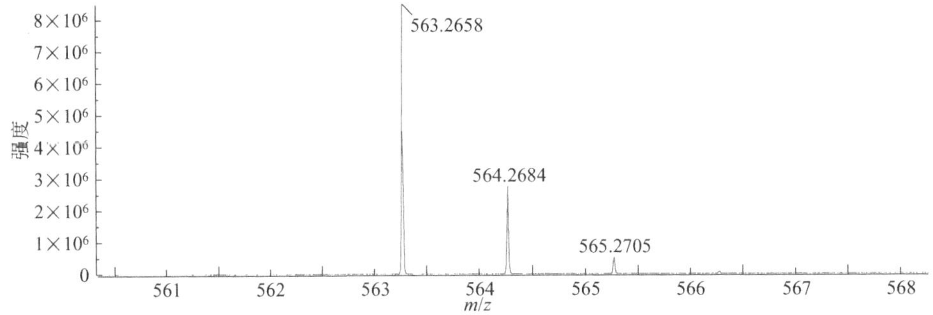

二级全扫质谱图 CE: (35±15)V

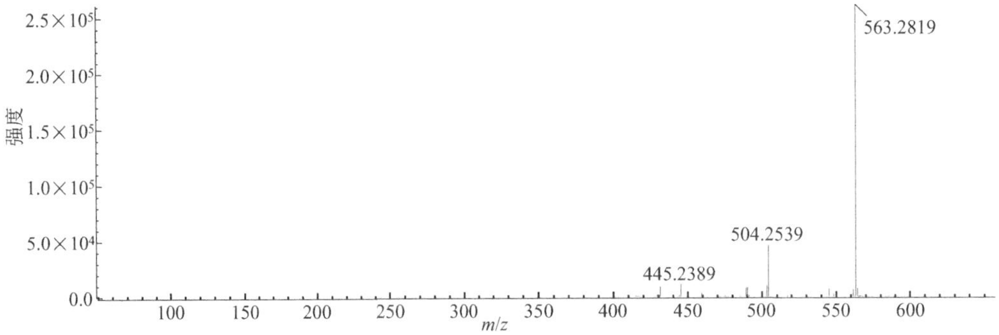

Pterin
2-氨基-4-羟基蝶啶

CAS 号	2236-60-4	源极性	负离子模式
分子式	$C_6H_5N_5O$	加合方式	$[M-H]^-$
分子量	163. 0493	保留时间	2. 64min

提取离子流色谱图

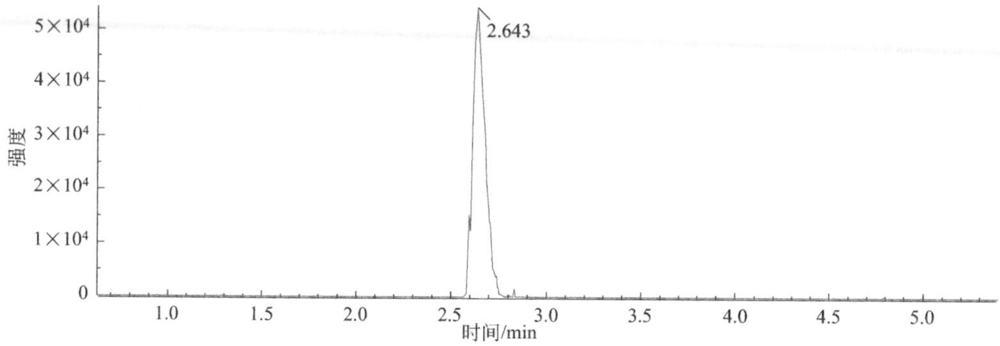

一级质谱图

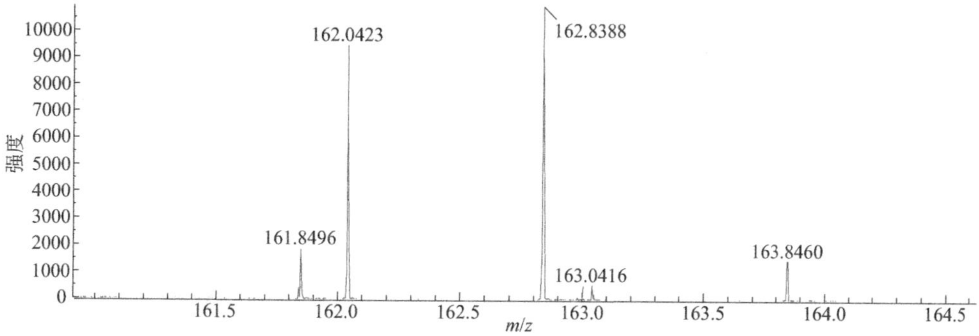

二级全扫质谱图 CE: (−35±15)V

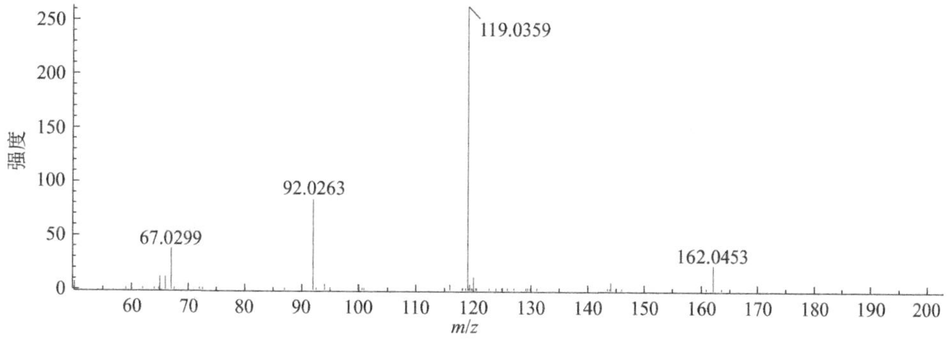

Purine
嘌呤

CAS 号	120-73-0	源极性	负离子模式
分子式	$C_5H_4N_4$	加合方式	$[M-H]^-$
分子量	120. 0434	保留时间	2. 61min

提取离子流色谱图

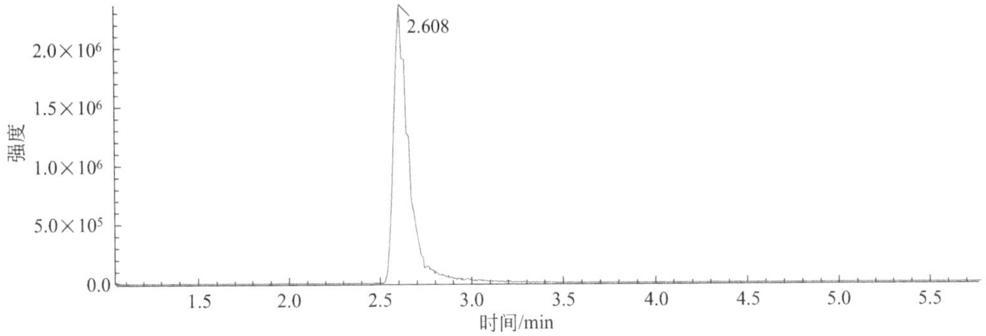

一级质谱图

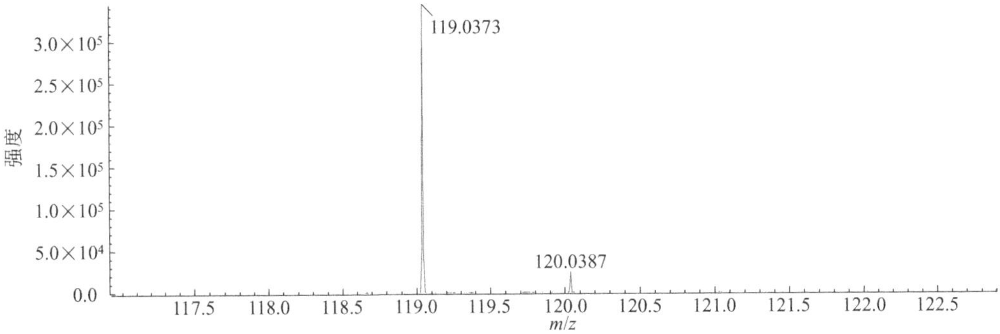

二级全扫质谱图 CE: (−35±15)V

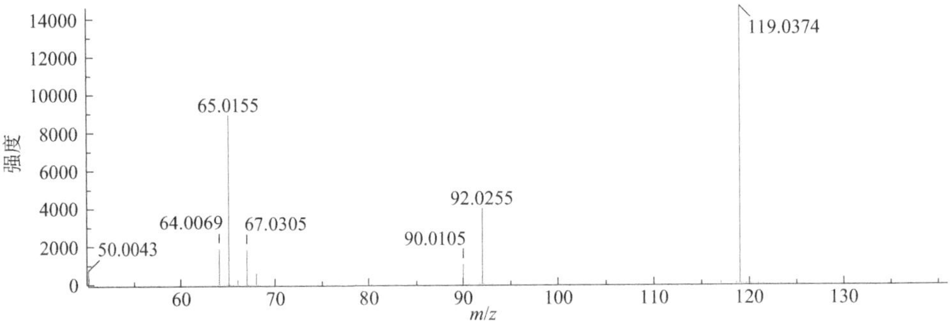

Pyridoxal 5′-Phosphate
磷酸吡哆醛

CAS 号	853645-22-4	源极性	正离子模式
分子式	$C_8H_{10}NO_6P$	加合方式	$[M+H]^+$
分子量	247. 0245	保留时间	2. 19min

提取离子流色谱图

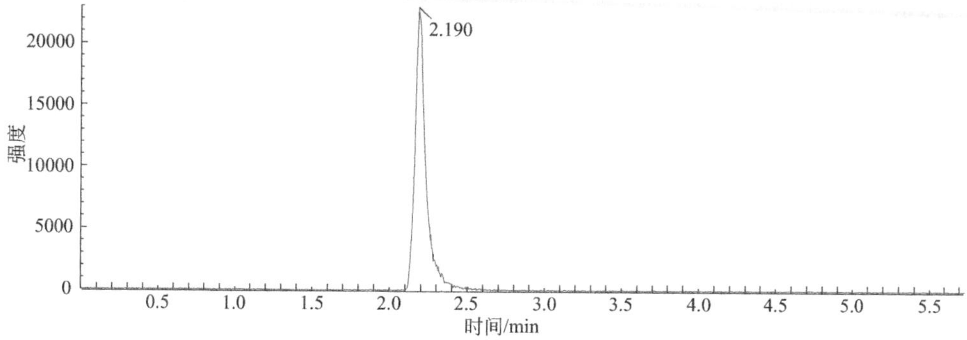

一级质谱图

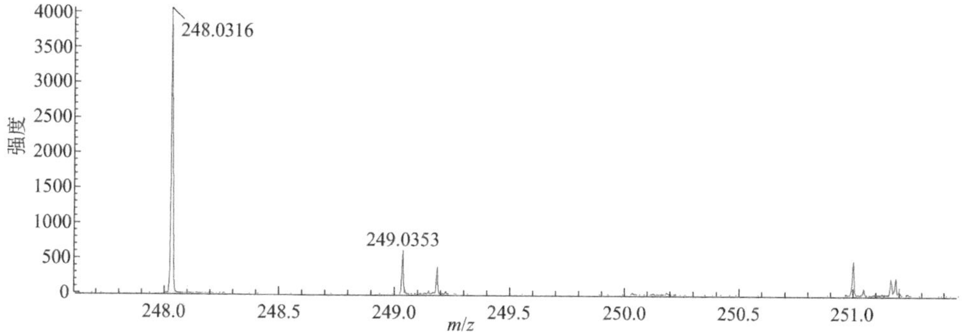

二级全扫质谱图 CE: (35±15)V

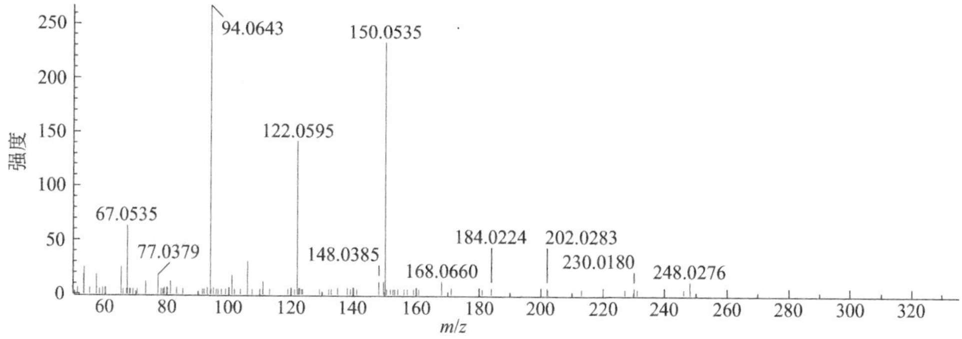

Pyridoxamine
吡哆胺

CAS 号	524-36-7（二盐酸盐） 85-87-0（母体）	源极性	正离子模式
分子式	$C_8H_{12}N_2O_2$	加合方式	$[M+H]^+$
分子量	168.0898	保留时间	0.99min

提取离子流色谱图

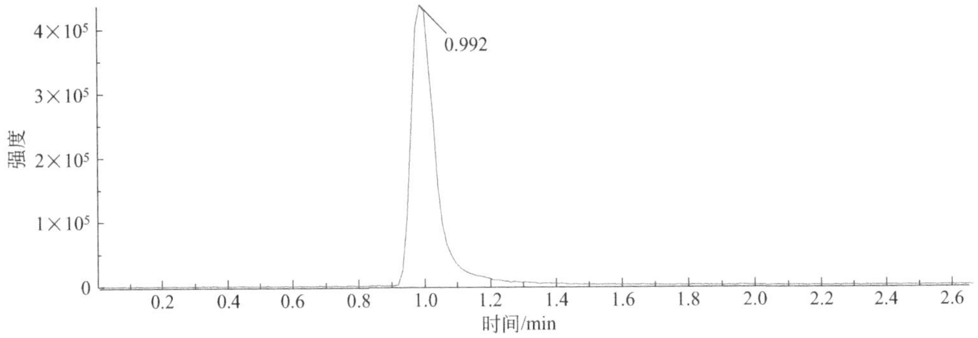

一级质谱图

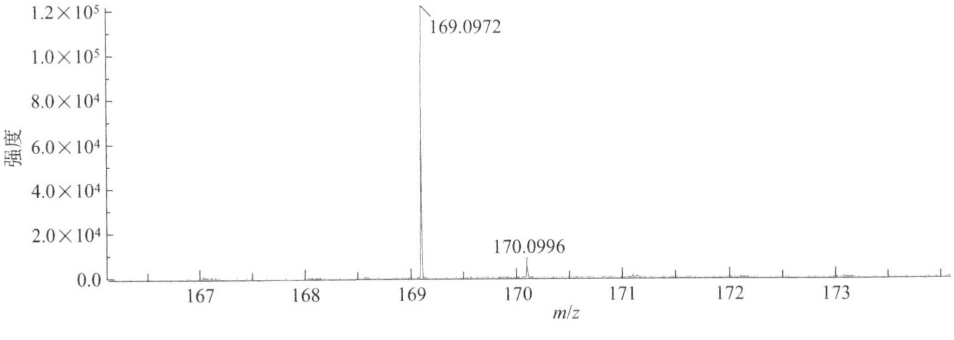

二级全扫质谱图 CE: (35±15)V

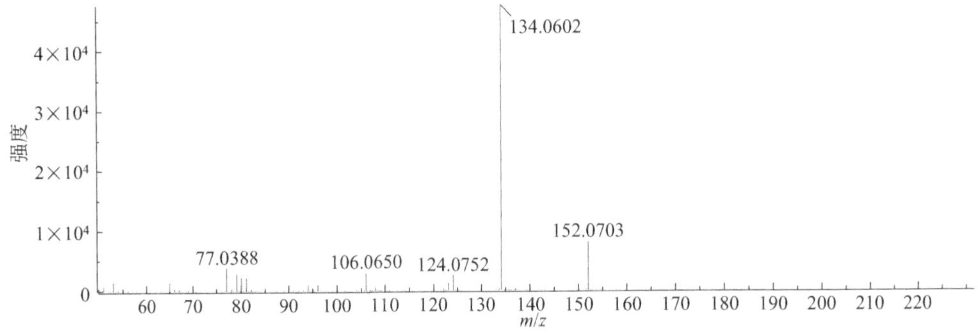

4-Pyridoxic Acid
4-吡哆酸

CAS 号	82-82-6	源极性	正离子模式
分子式	$C_8H_9NO_4$	加合方式	$[M+H]^+$
分子量	183. 0532	保留时间	3. 30min

提取离子流色谱图

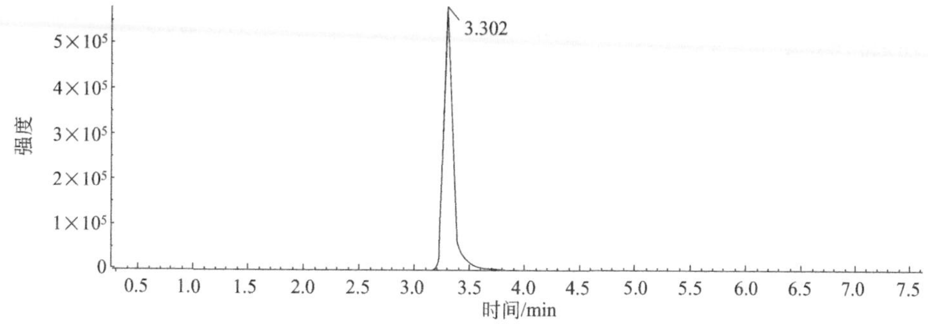

一级质谱图

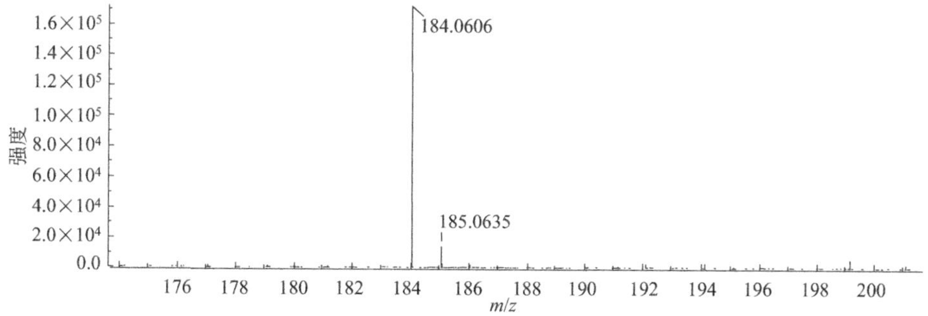

二级全扫质谱图 CE: (35±15)V

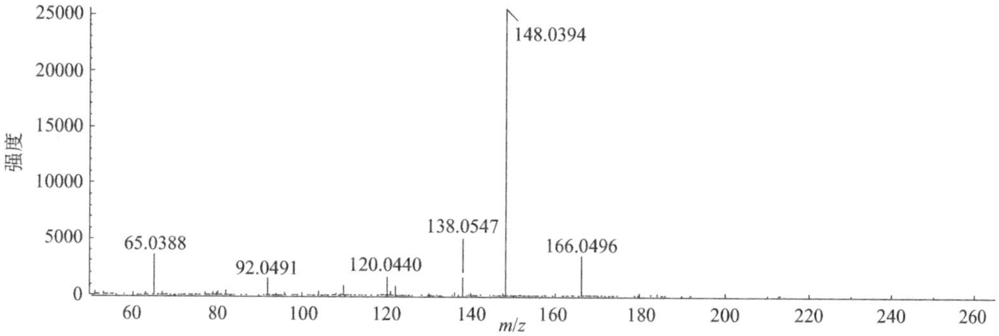

Pyridoxine
吡哆醇

CAS 号	65-23-6	源极性	正离子模式
分子式	$C_8H_{11}NO_3$	加合方式	$[M+H]^+$
分子量	169. 0738	保留时间	2. 04min

提取离子流色谱图

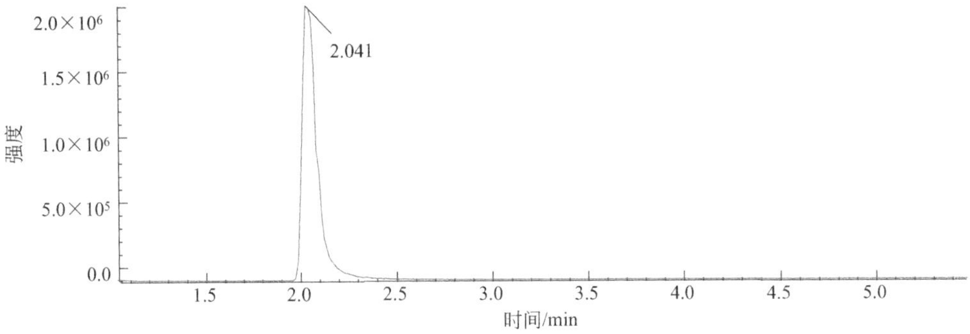

一级质谱图

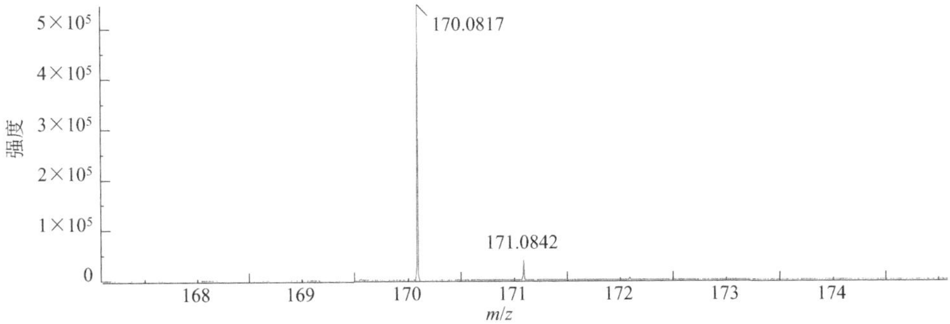

二级全扫质谱图 CE:(35±15)V

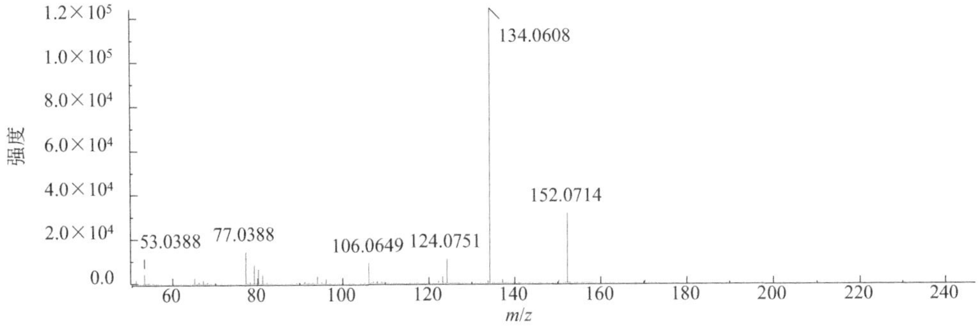

Pyrrole-2-Carboxylate
吡咯-2-羧酸

CAS 号	634-97-9	源极性	负离子模式
分子式	$C_5H_5NO_2$	加合方式	$[M-H]^-$
分子量	111. 0319	保留时间	5. 13min

提取离子流色谱图

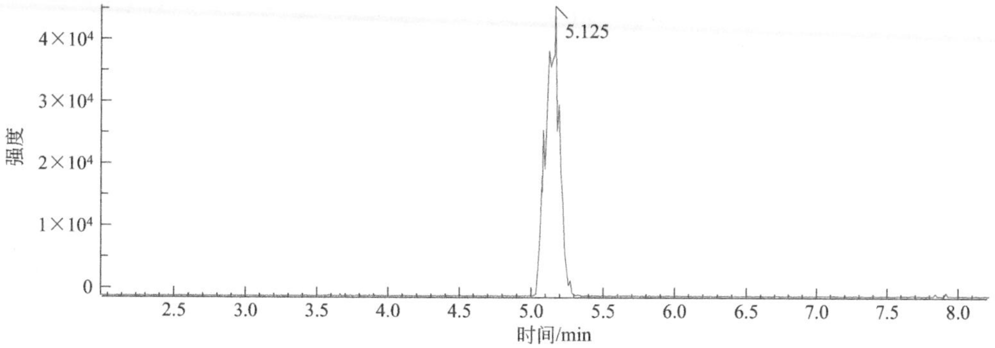

一级质谱图

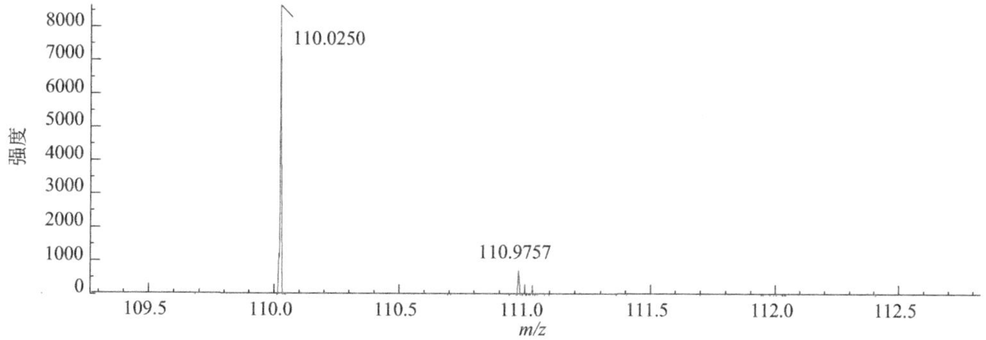

二级全扫质谱图 CE:（−35±15）V

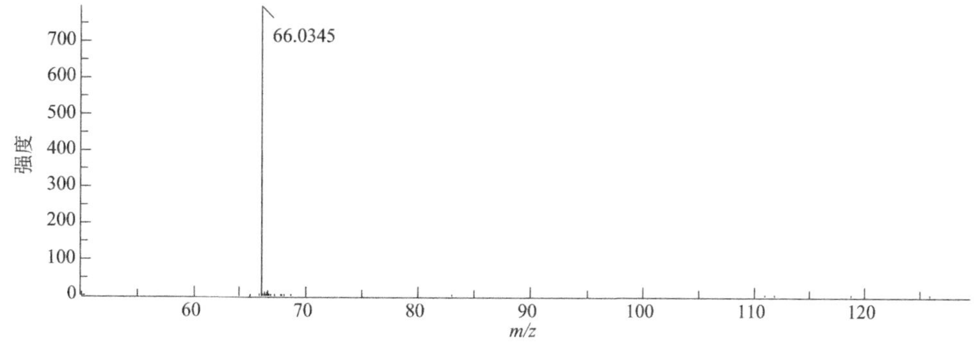

Quinic Acid
右旋奎宁酸

CAS 号	77-95-2	源极性	正离子模式
分子式	$C_7H_{12}O_6$	加合方式	$[M+H]^+$
分子量	192.0633	保留时间	0.99min

提取离子流色谱图

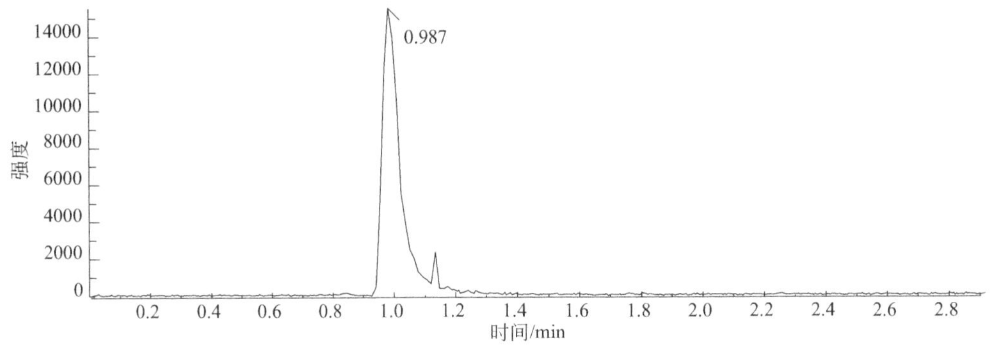

一级质谱图

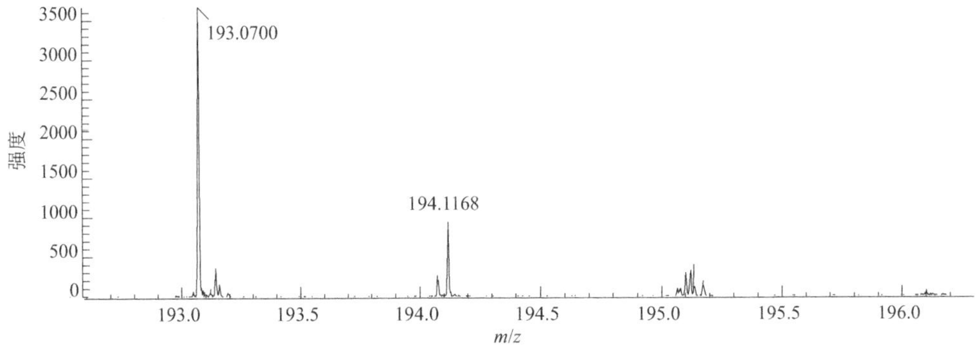

二级全扫质谱图 CE：（35±15）V

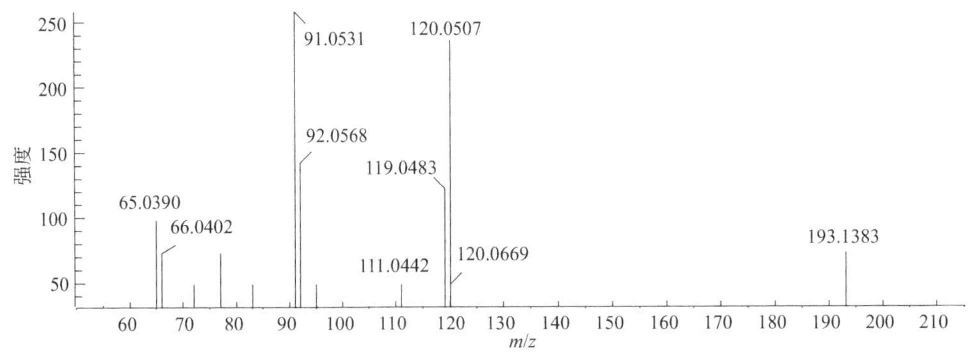

Quinoline
喹啉

CAS 号	91-22-5	源极性	正离子模式
分子式	C_9H_7N	加合方式	$[M+H]^+$
分子量	129. 0577	保留时间	5. 85min

提取离子流色谱图

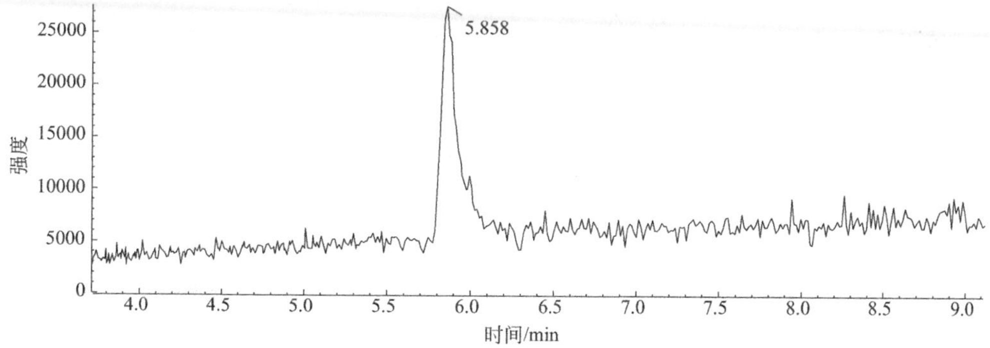

一级质谱图

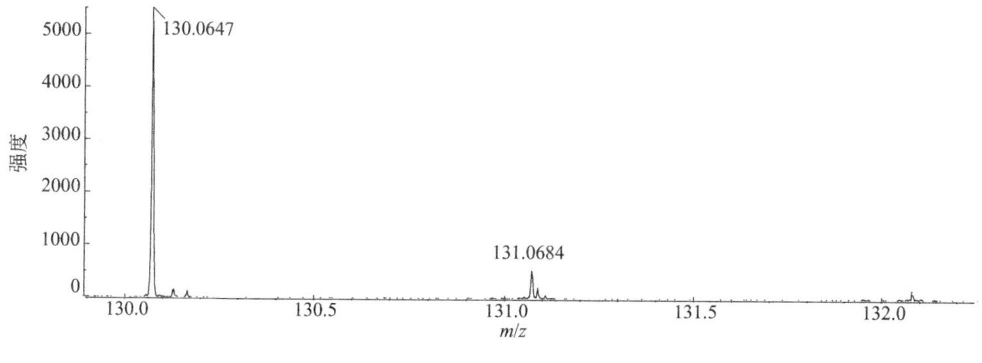

二级全扫质谱图 CE：（35±15）V

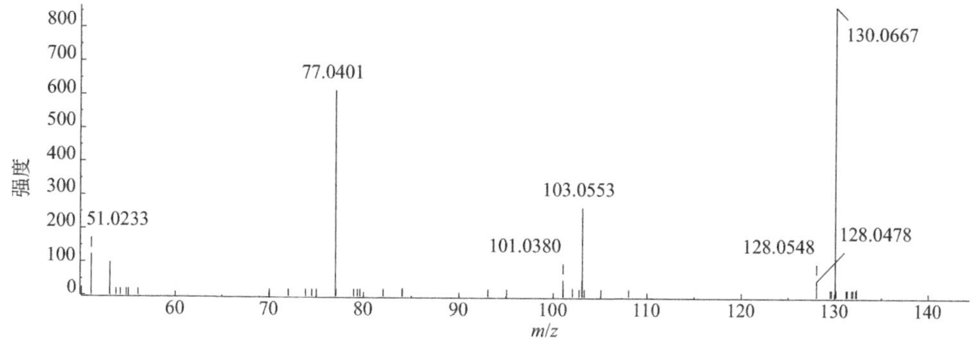

Quinolinic Acid
喹啉酸

CAS 号	89-00-9	源极性	正离子模式
分子式	$C_7H_5NO_4$	加合方式	$[M+H]^+$
分子量	167. 0217	保留时间	1. 36min

提取离子流色谱图

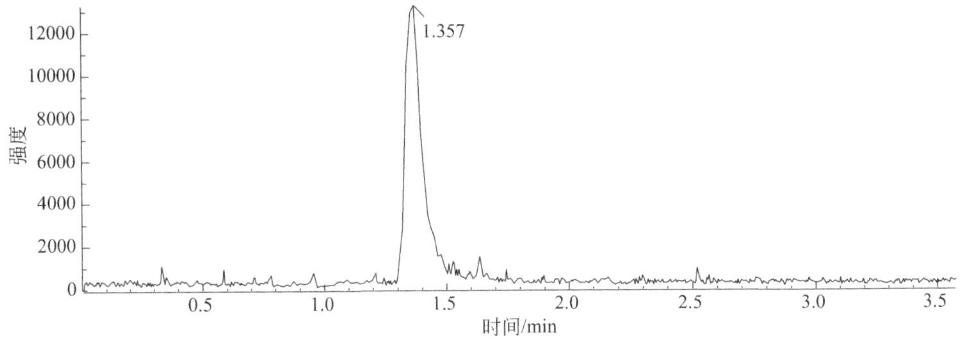

一级质谱图

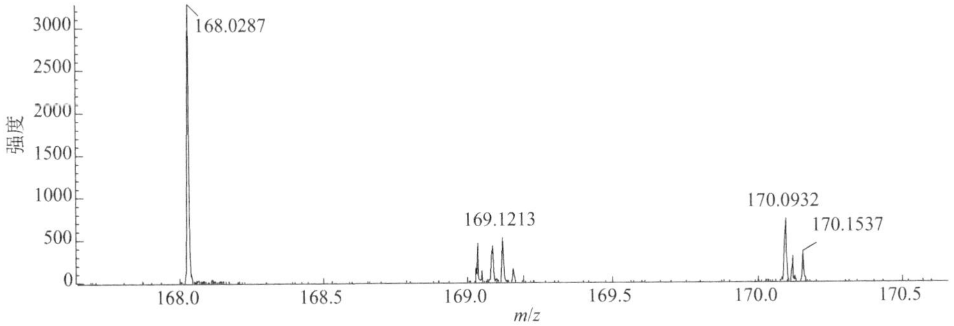

二级全扫质谱图 CE:（35±15）V

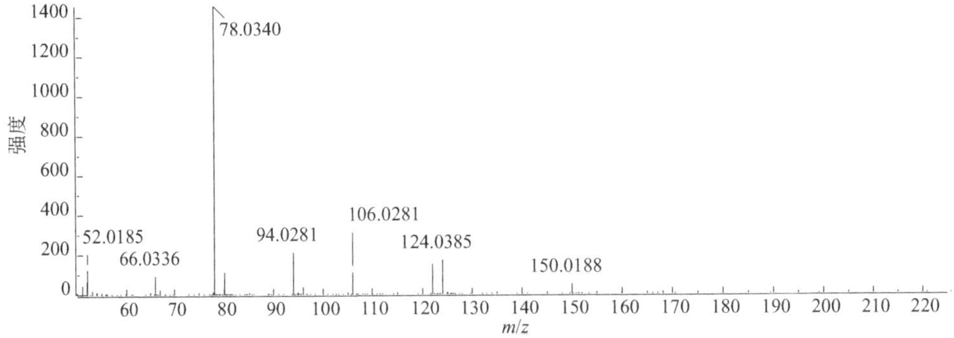

Reichstein′s Substance S
脱氧可的松

CAS 号	152-58-9	源极性	正离子模式
分子式	$C_{21}H_{30}O_4$	加合方式	$[M+H]^+$
分子量	346. 2143	保留时间	11. 20min

提取离子流色谱图

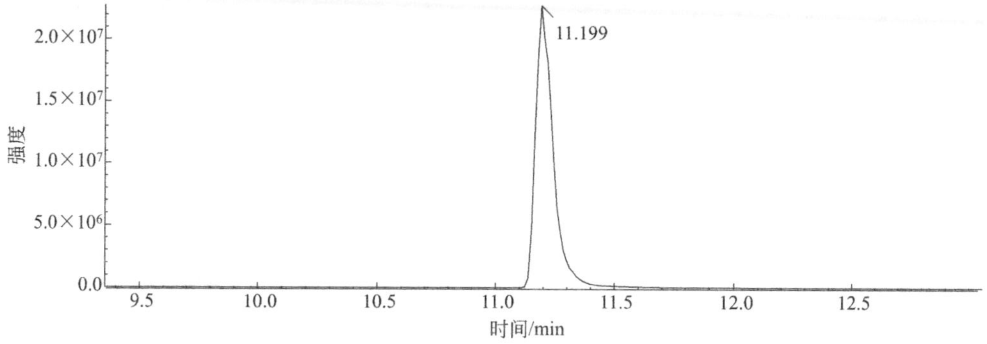

一级质谱图

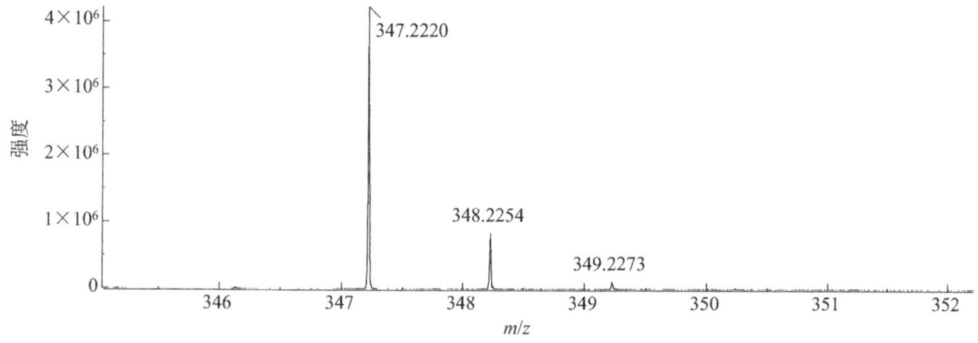

二级全扫质谱图 CE:（35±15）V

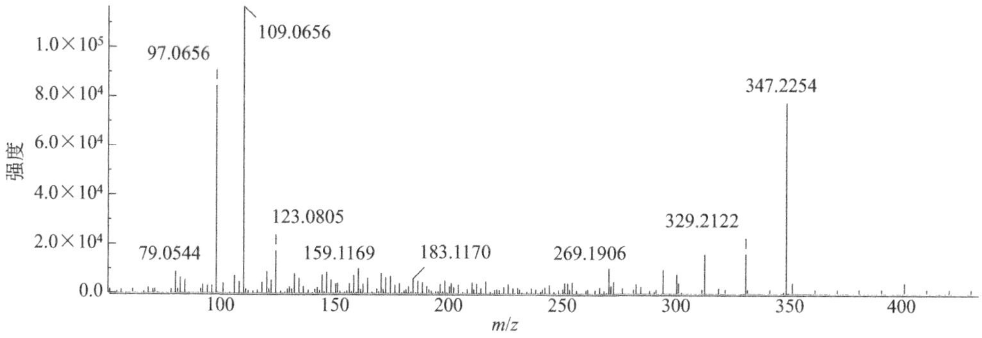

Resorcinol Monoacetate
1,3-苯二醇单乙酸酯

CAS 号	102-29-4	源极性	负离子模式
分子式	$C_8H_8O_3$	加合方式	$[M-H]^-$
分子量	152. 0472	保留时间	7. 93min

提取离子流色谱图

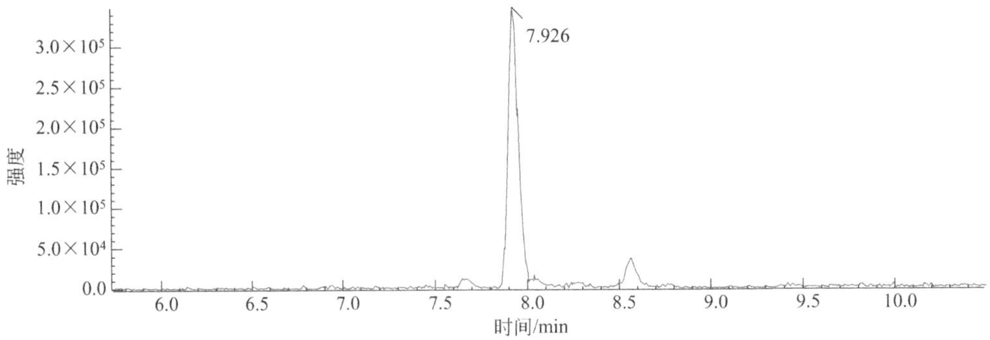

一级质谱图

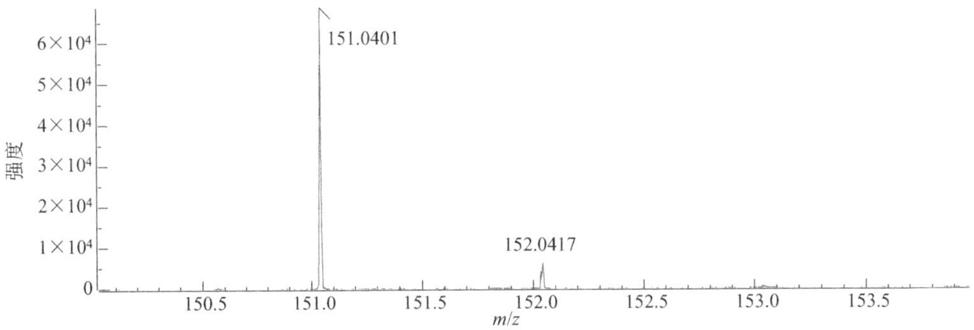

二级全扫质谱图 CE:（−35±15）V

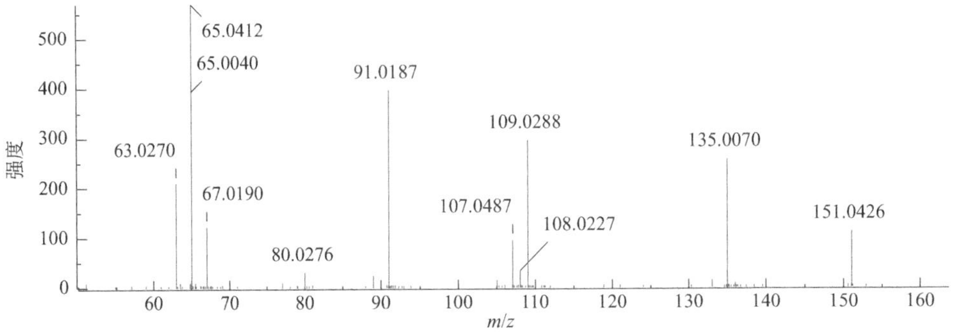

(R)-Malic Acid
(R)-苹果酸

CAS 号	636-61-3	源极性	负离子模式
分子式	$C_4H_6O_5$	加合方式	$[M-H]^-$
分子量	134. 0210	保留时间	0. 77min

提取离子流色谱图

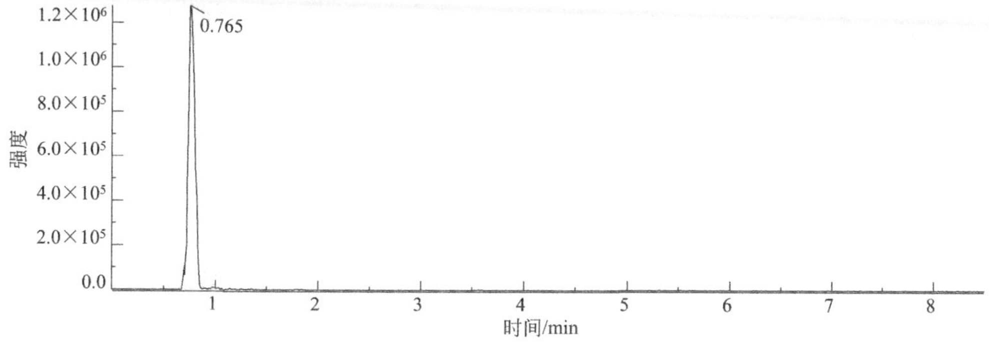

一级质谱图

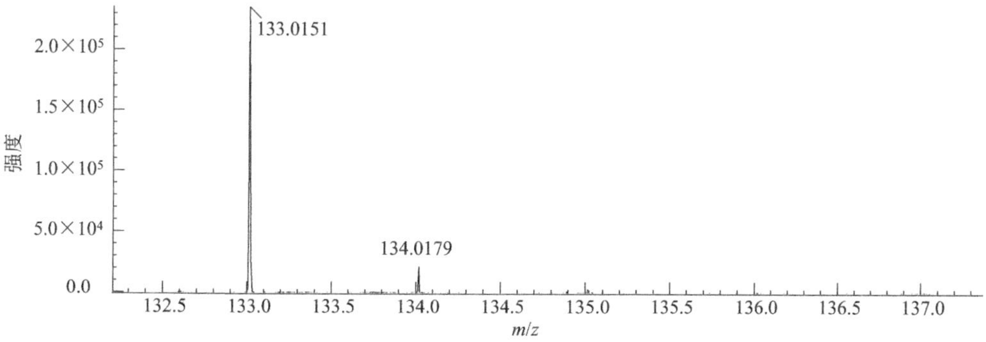

二级全扫质谱图 CE：(−35±15) V

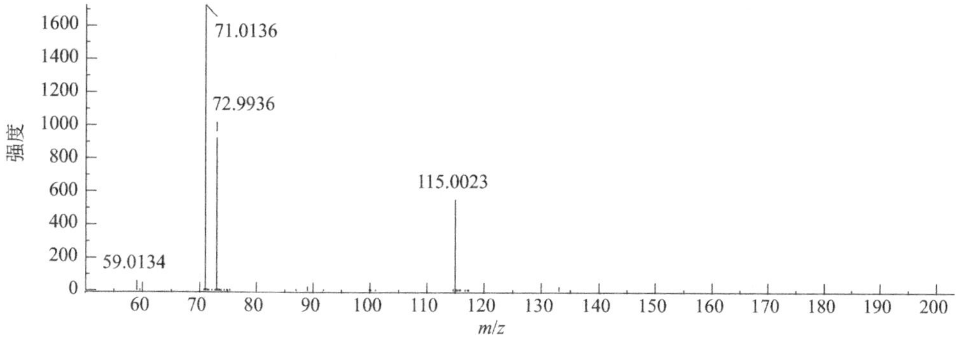

Rosmarinic Acid
迷迭香素

CAS 号	20283-92-5	源极性	负离子模式
分子式	$C_{18}H_{16}O_8$	加合方式	$[M-H]^-$
分子量	360. 0844	保留时间	8. 32min

提取离子流色谱图

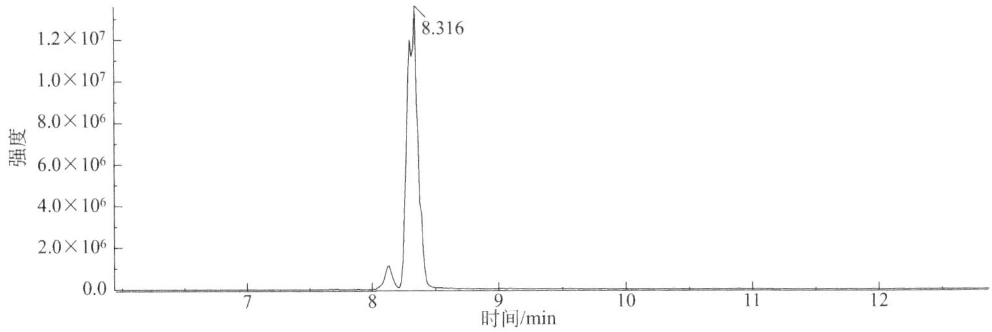

一级质谱图

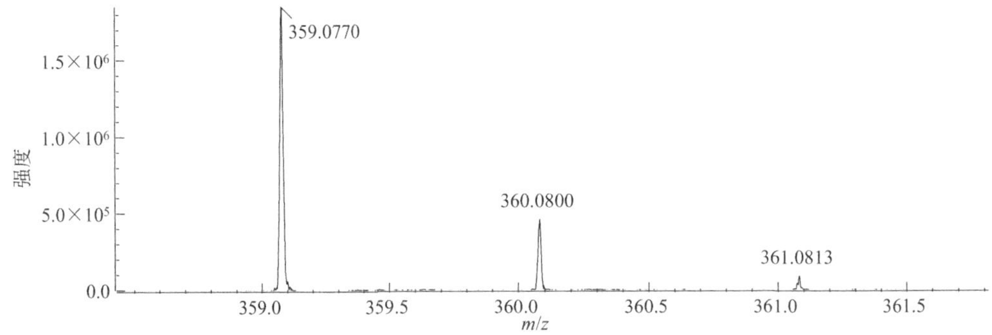

二级全扫质谱图 CE：(-35±15) V

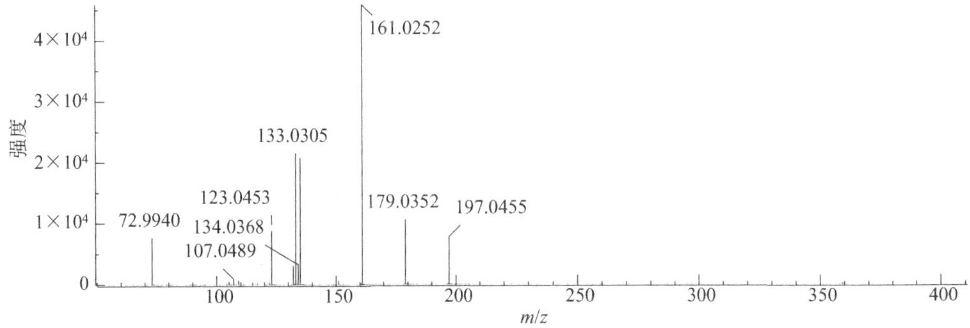

S-(5′-Adenosyl)-L-Homocysteine
S-(5′-腺苷)-L-高半胱氨酸

CAS 号	979-92-0	源极性	负离子模式
分子式	$C_{14}H_{20}N_6O_5S$	加合方式	$[M-H]^-$
分子量	384. 1215	保留时间	3. 37min

提取离子流色谱图

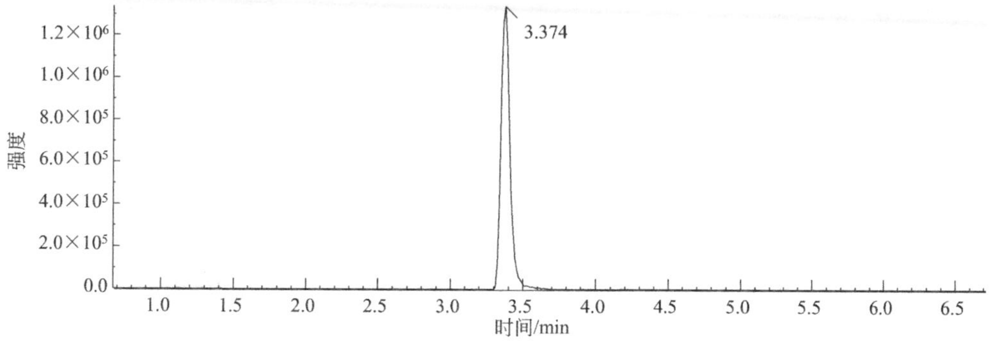

一级质谱图

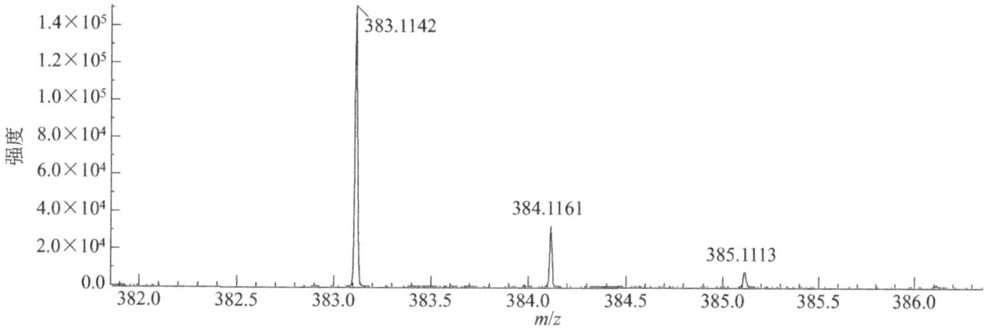

二级全扫质谱图 CE：(−35±15) V

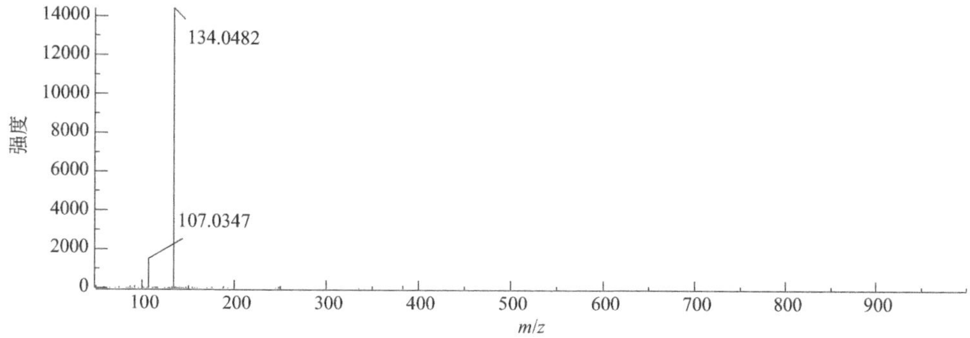

S-(5′-Adenosyl)-L-Methionine
S-腺苷基蛋氨酸

CAS 号	17176-17-9	源极性	正离子模式
分子式	$C_{15}H_{22}N_6O_5S$	加合方式	$[M+H]^+$
分子量	398. 1371	保留时间	1. 02min

提取离子流色谱图

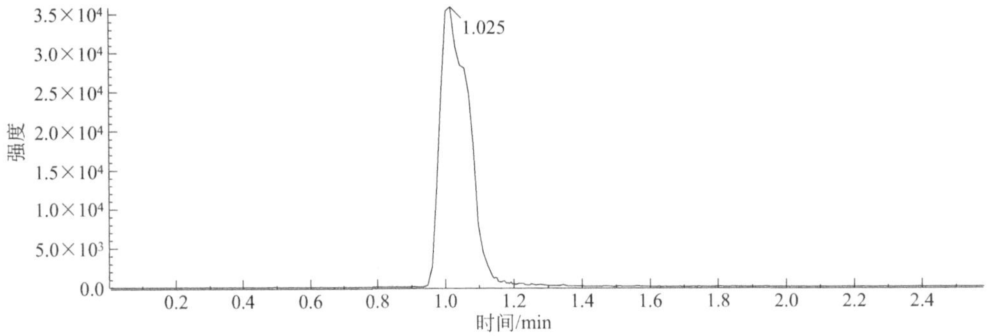

一级质谱图

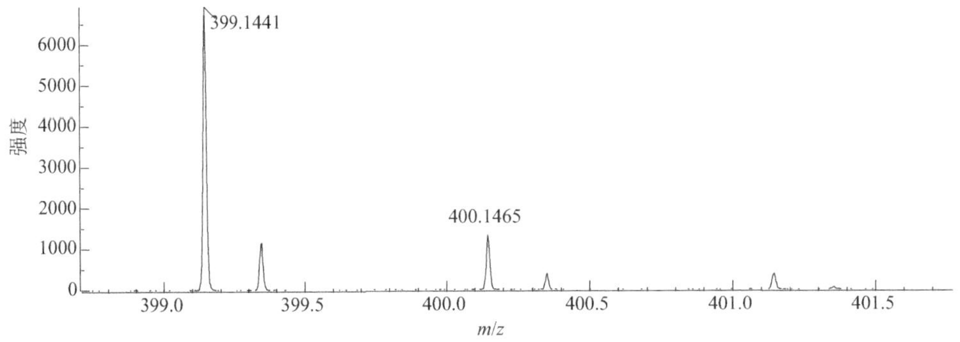

二级全扫质谱图 CE:（35±15）V

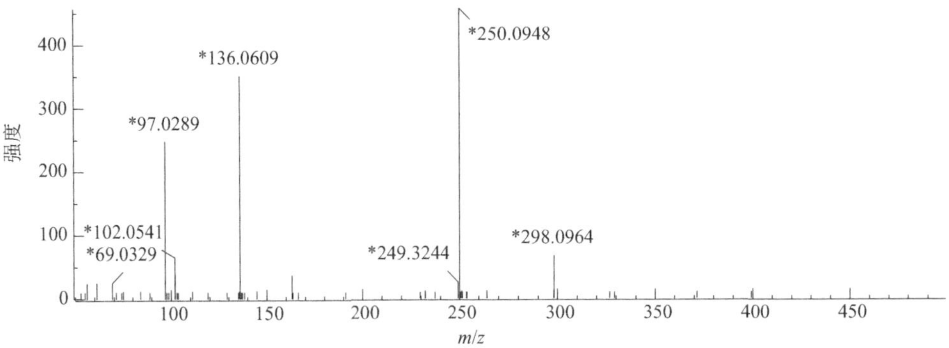

Salicylamide
水杨酰胺

CAS 号	65-45-2	源极性	负离子模式
分子式	$C_7H_7NO_2$	加合方式	$[M-H]^-$
分子量	137. 0476	保留时间	6. 83min

提取离子流色谱图

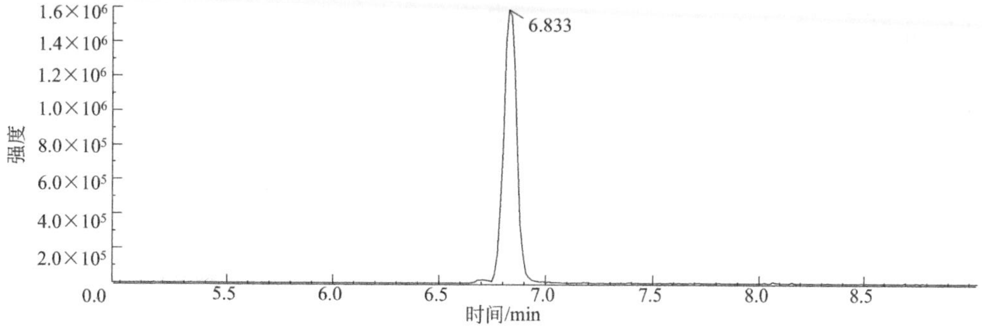

一级质谱图

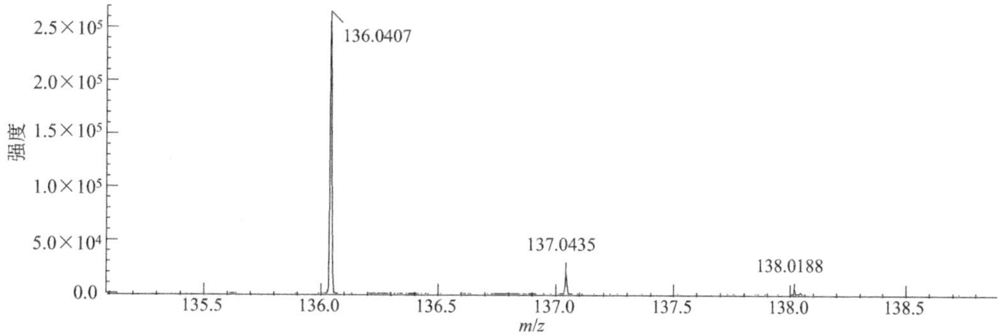

二级全扫质谱图 CE:（−35±15）V

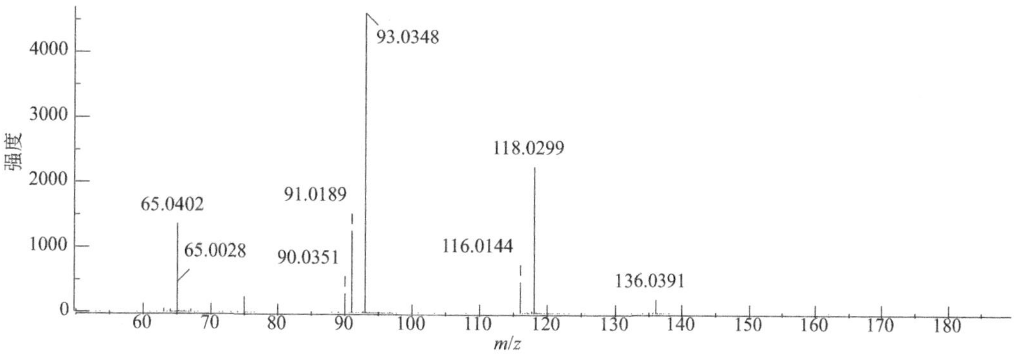

Salicylic Acid
水杨酸

CAS 号	69-72-7	源极性	负离子模式
分子式	$C_7H_6O_3$	加合方式	$[M-H]^-$
分子量	138. 0316	保留时间	7. 79min

提取离子流色谱图

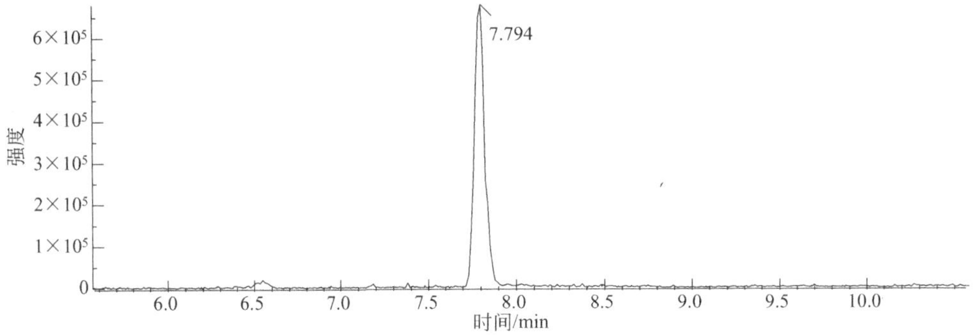

一级质谱图

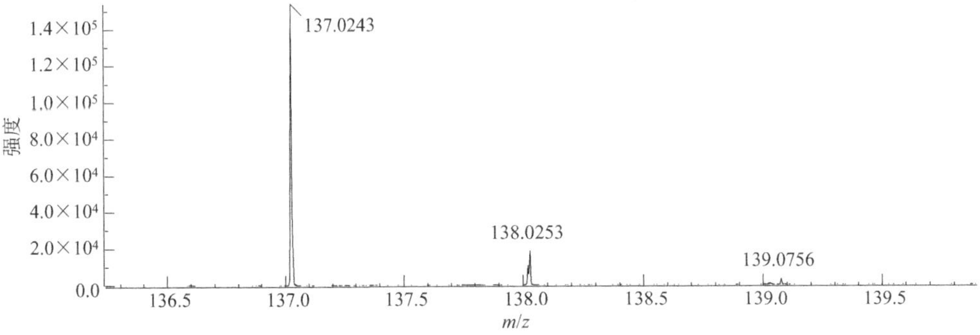

二级全扫质谱图 CE：（-35±15）V

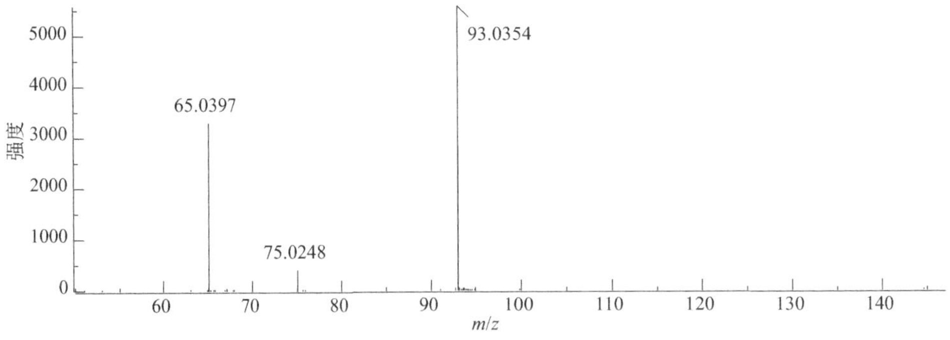

S-Carboxymethyl-L-Cysteine
S-(羧甲基)-L-半胱氨酸

CAS 号	638-23-3	源极性	负离子模式
分子式	$C_5H_9NO_4S$	加合方式	$[M-H]^-$
分子量	179. 0251	保留时间	0. 97min

提取离子流色谱图

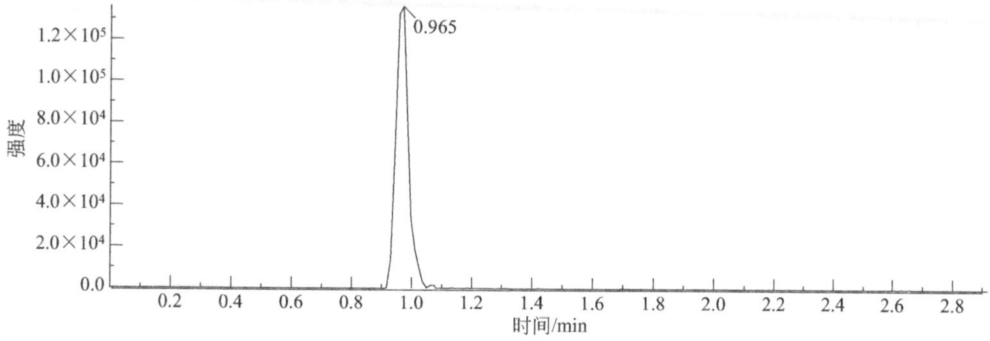

一级质谱图

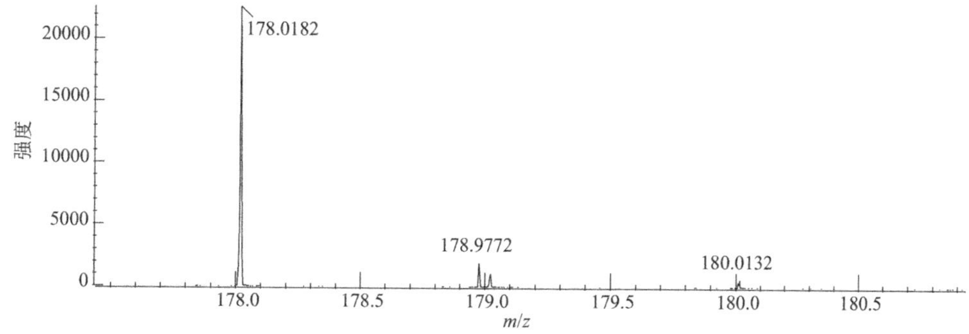

二级全扫质谱图 CE：(−35±15) V

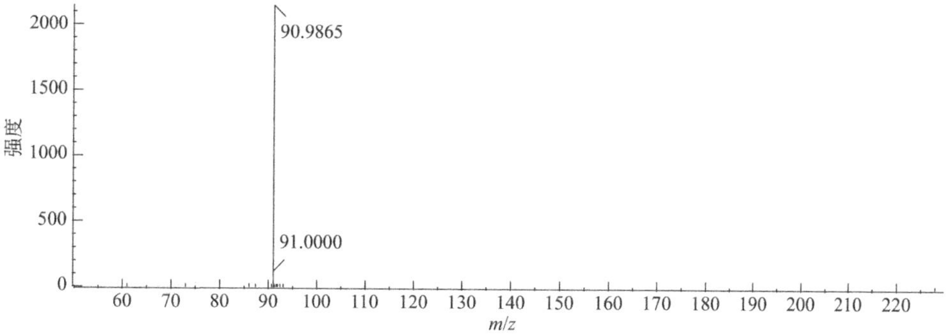

(S)-Dihydroorotic Acid
L-氢化乳清酸

CAS 号	5988-19-2	源极性	负离子模式
分子式	$C_5H_6N_2O_4$	加合方式	$[M-H]^-$
分子量	158. 0322	保留时间	1. 05min

提取离子流色谱图

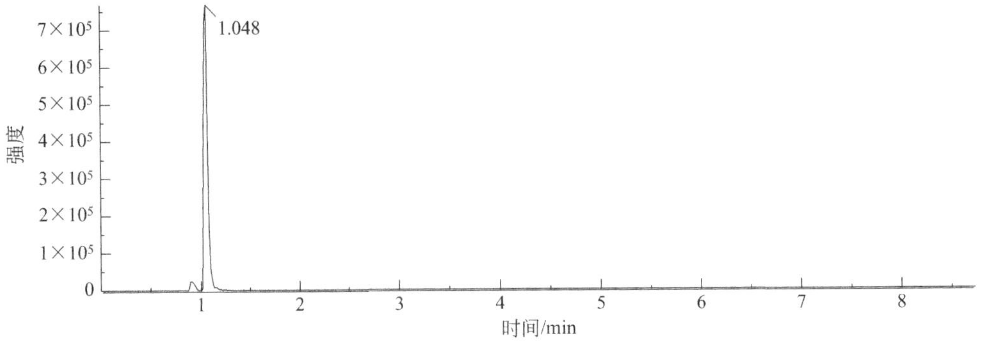

一级质谱图

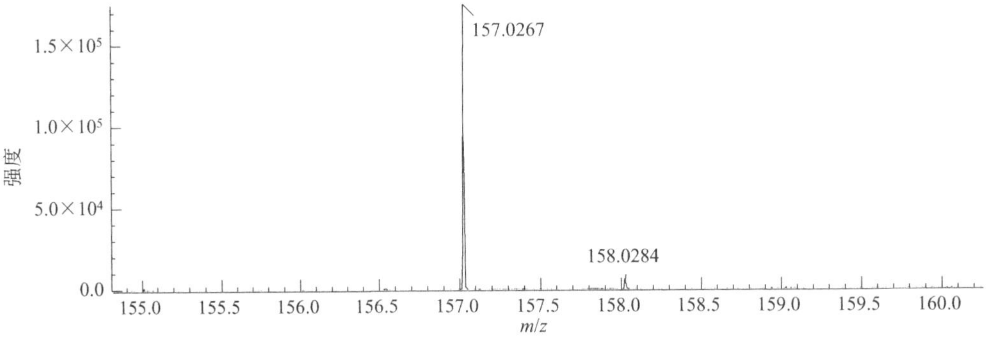

二级全扫质谱图 CE: (−35±15) V

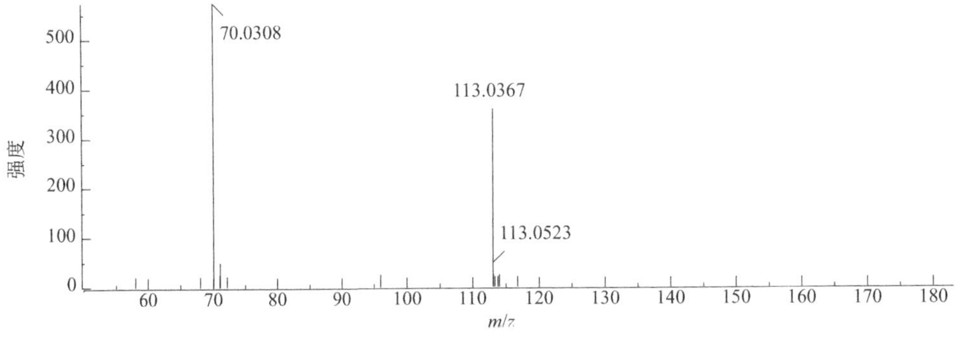

Serotonin
5-羟基色胺

CAS 号	153-98-0（盐酸盐） 50-67-9（母体）	源极性	正离子模式
分子式	$C_{10}H_{12}N_2O$	加合方式	$[M+H]^+$
分子量	176. 0948	保留时间	3. 62min

提取离子流色谱图

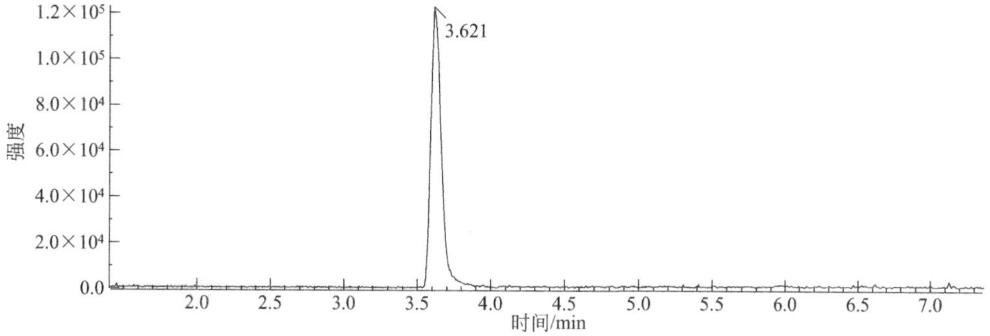

一级质谱图

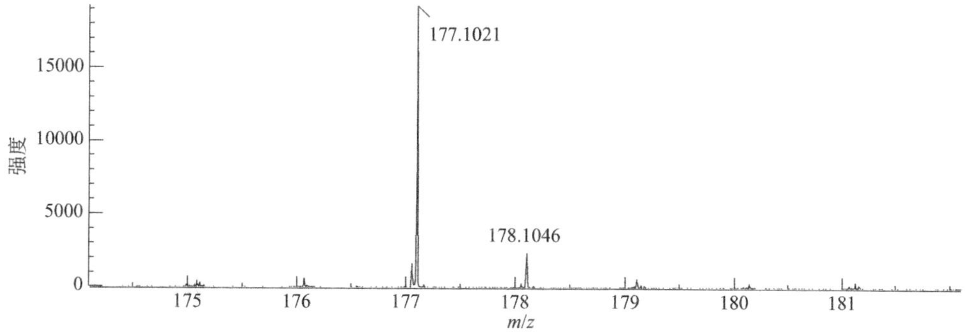

二级全扫质谱图 CE:（35±15）V

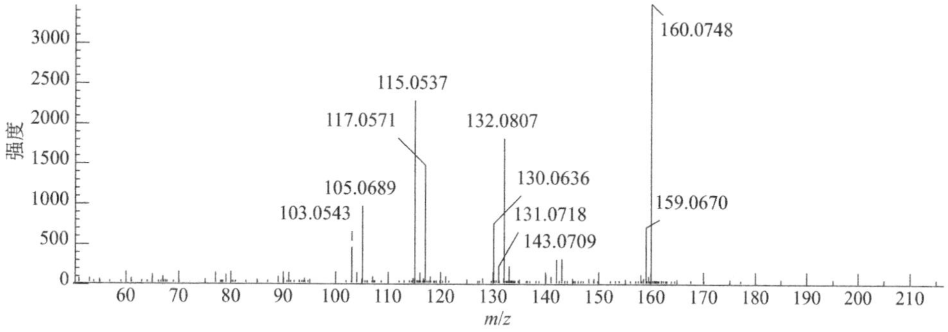

Shikimic Acid
莽草酸

CAS 号	138-59-0	源极性	负离子模式
分子式	$C_7H_{10}O_5$	加合方式	$[M-H]^-$
分子量	174. 0523	保留时间	0. 84min

提取离子流色谱图

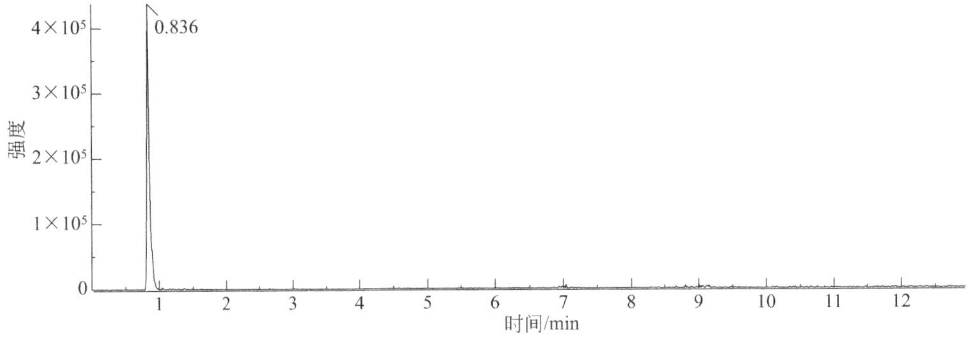

一级质谱图

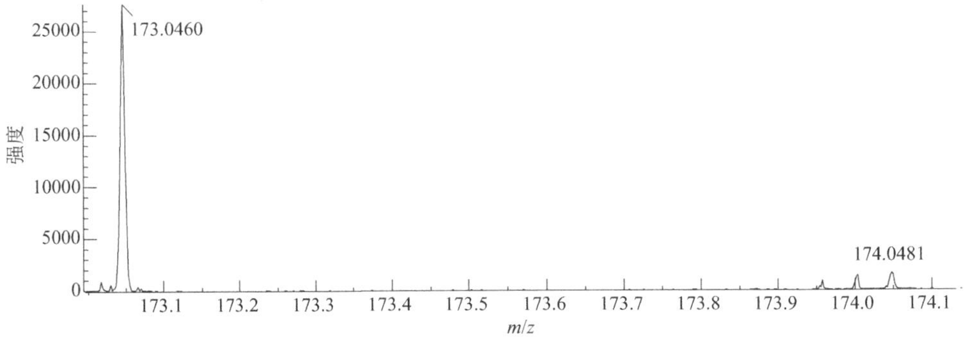

二级全扫质谱图 CE：（-35±15）V

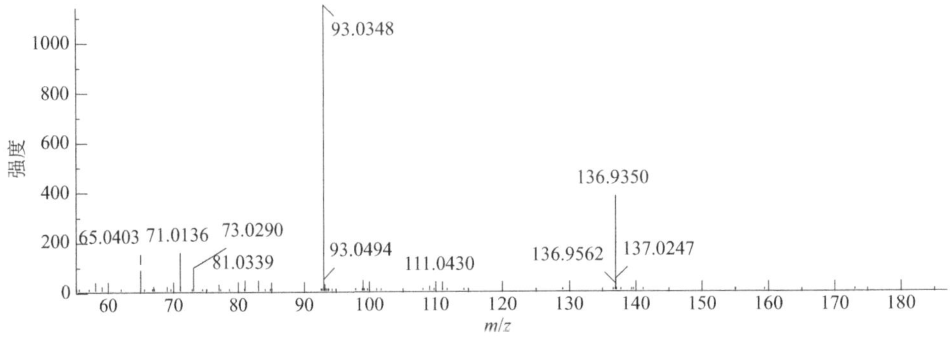

(S)-Malic Acid
(S)-苹果酸

CAS 号	97-67-6	源极性	负离子模式
分子式	$C_4H_6O_5$	加合方式	$[M-H]^-$
分子量	134. 0210	保留时间	0. 77min

提取离子流色谱图

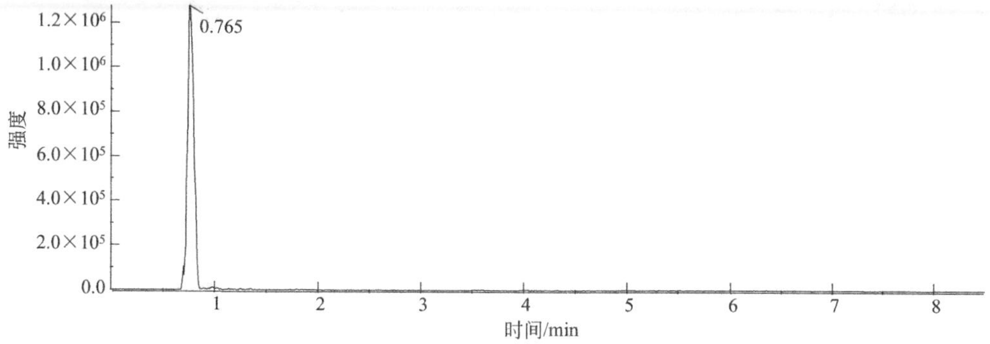

一级质谱图

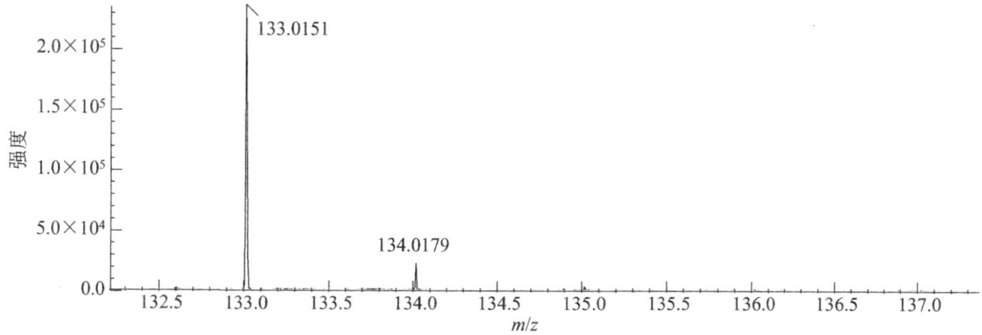

二级全扫质谱图 CE:（-35±15）V

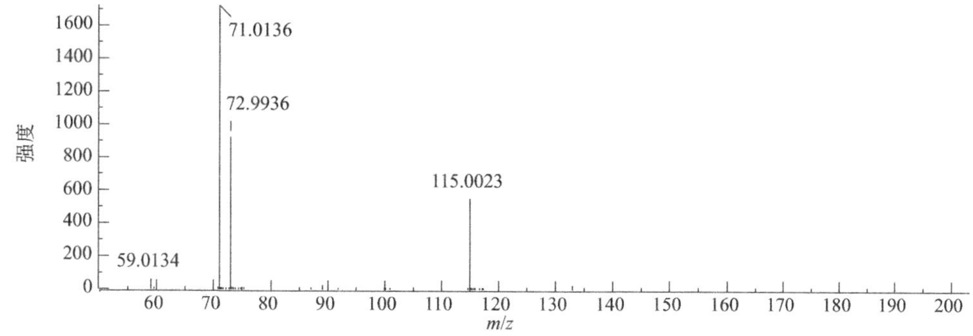

Sn-Glycerol 3-Phosphate
甘油磷酸酯

CAS 号	57-03-4	源极性	负离子模式
分子式	$C_3H_9O_6P$	加合方式	$[M-H]^-$
分子量	172. 0131	保留时间	0. 77min

提取离子流色谱图

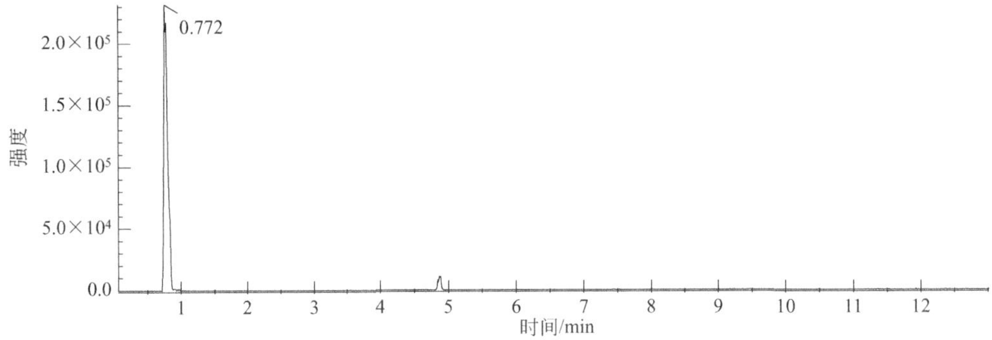

一级质谱图

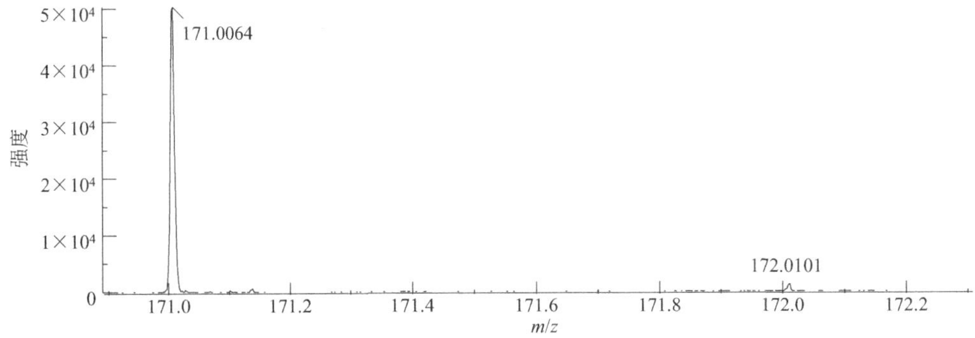

二级全扫质谱图 CE:（−35±15）V

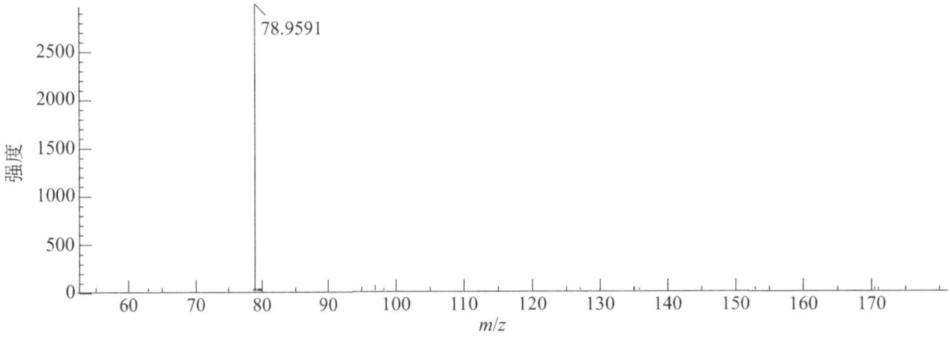

Spermidine
亚精胺

CAS 号	124-20-9	源极性	正离子模式
分子式	$C_7H_{19}N_3$	加合方式	$[M+H]^+$
分子量	145. 1574	保留时间	0. 75min

提取离子流色谱图

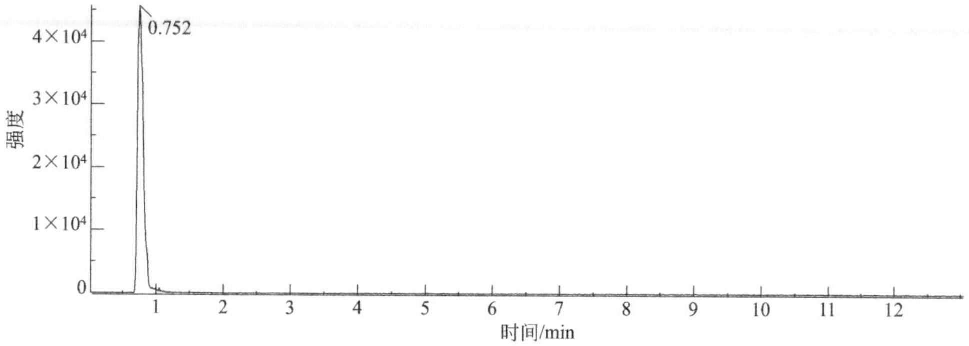

一级质谱图

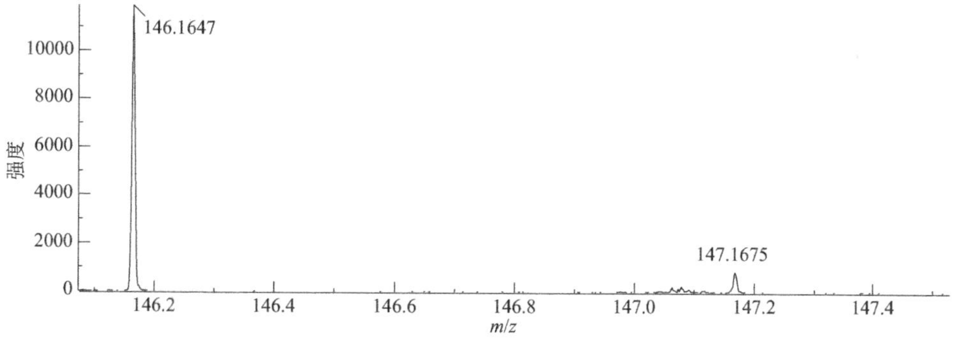

二级全扫质谱图 CE:（35±15）V

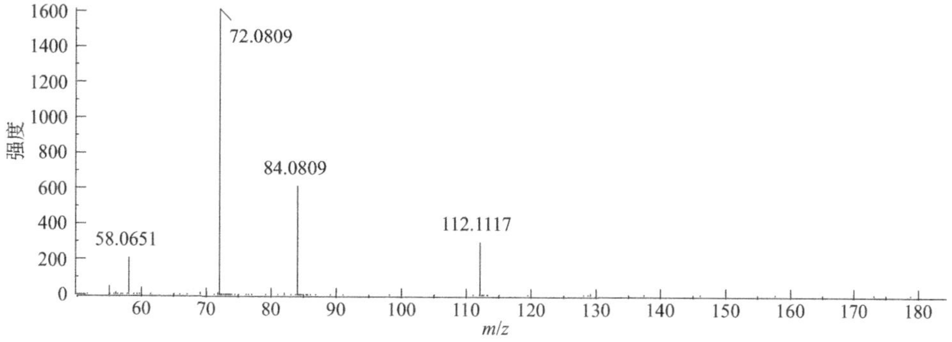

Spermine
精胺

CAS 号	306-67-2（四盐酸盐） 71-44-3（母体）	源极性	正离子模式
分子式	$C_{10}H_{26}N_4$	加合方式	$[M+H]^+$
分子量	202. 2152	保留时间	0. 79min

提取离子流色谱图

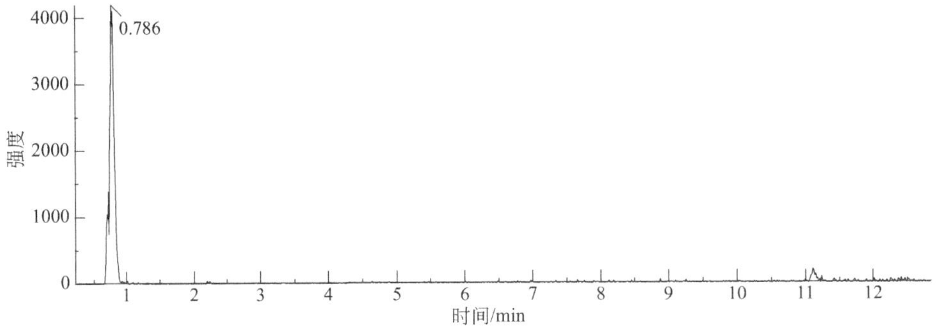

一级质谱图

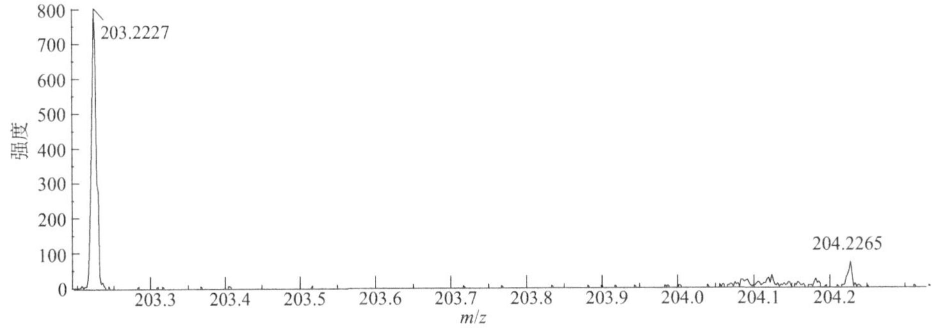

二级全扫质谱图 CE:（35±15）V

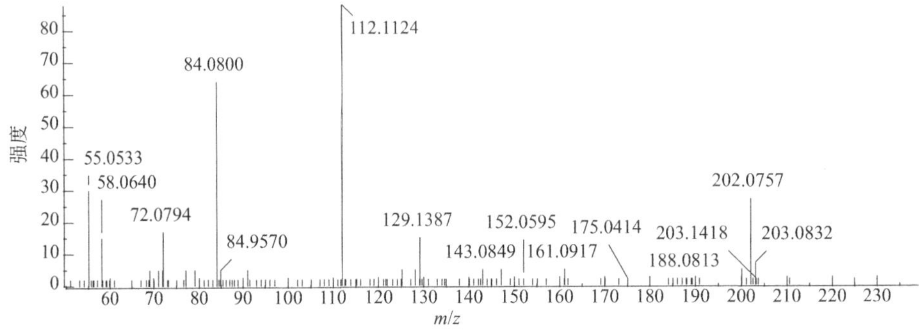

Sphinganine
鞘氨醇

CAS 号	764-22-7	源极性	正离子模式
分子式	$C_{18}H_{39}NO_2$	加合方式	$[M+H]^+$
分子量	301. 2975	保留时间	14. 15min

提取离子流色谱图

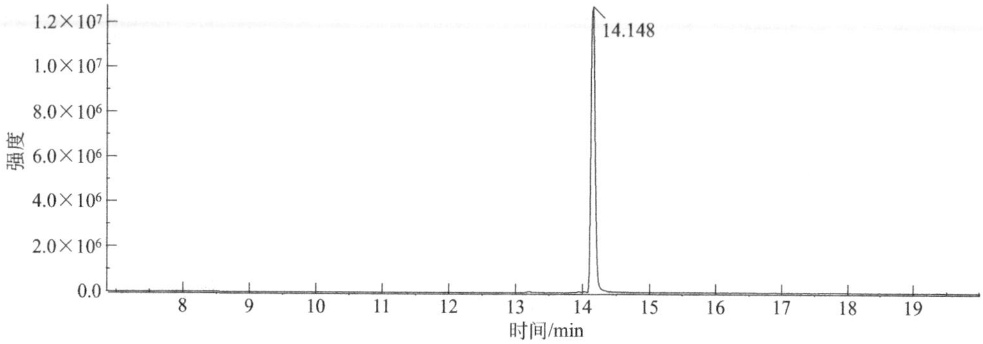

一级质谱图

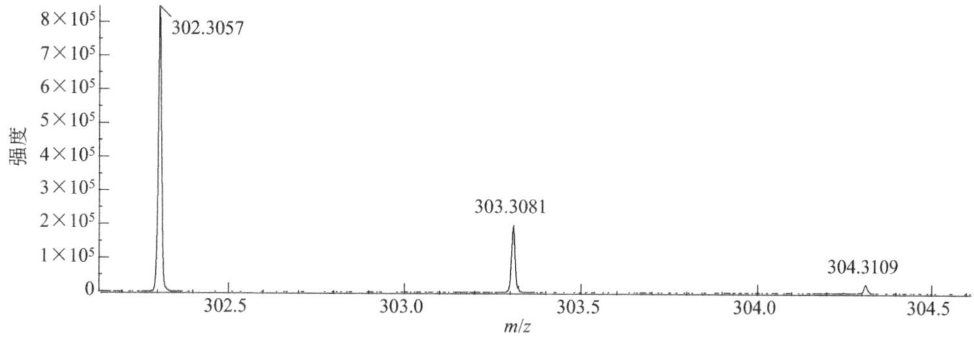

二级全扫质谱图 CE:（35±15）V

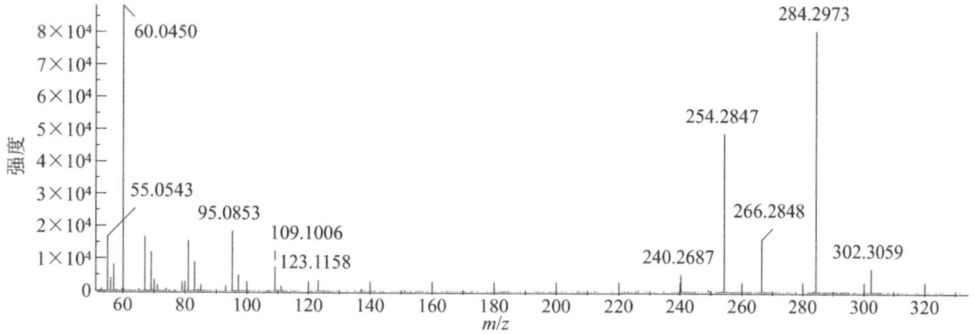

(S,S)-Tartaric Acid
(S,S)-酒石酸

CAS 号	147-71-7	源极性	负离子模式
分子式	$C_4H_6O_6$	加合方式	$[M-H]^-$
分子量	150. 0159	保留时间	0. 77min

提取离子流色谱图

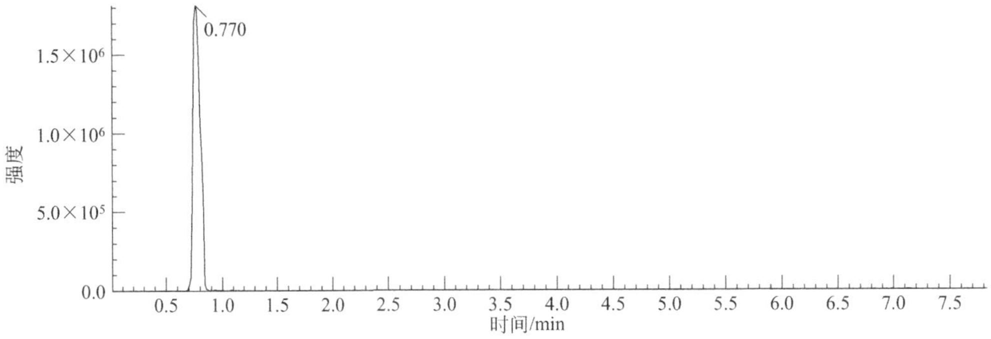

一级质谱图

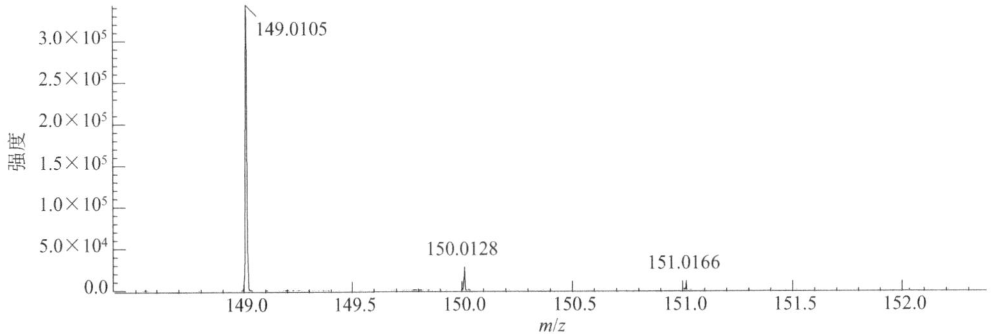

二级全扫质谱图 CE：(−35±15) V

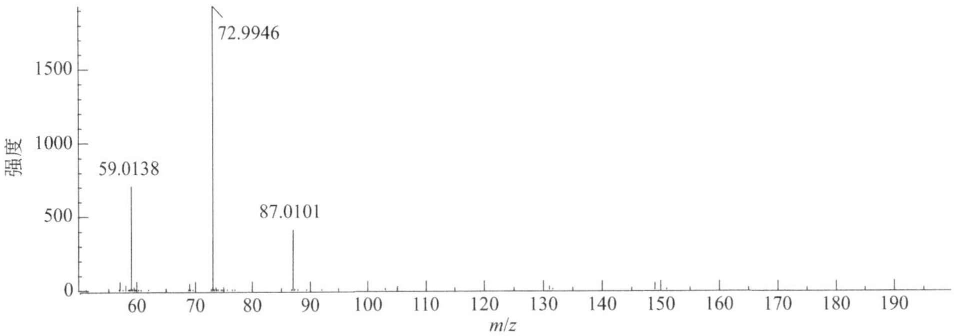

Stachyose
水苏糖

CAS 号	470-55-3	源极性	负离子模式
分子式	$C_{24}H_{42}O_{21}$	加合方式	$[M-H]^-$
分子量	666. 2213	保留时间	1. 02min

提取离子流色谱图

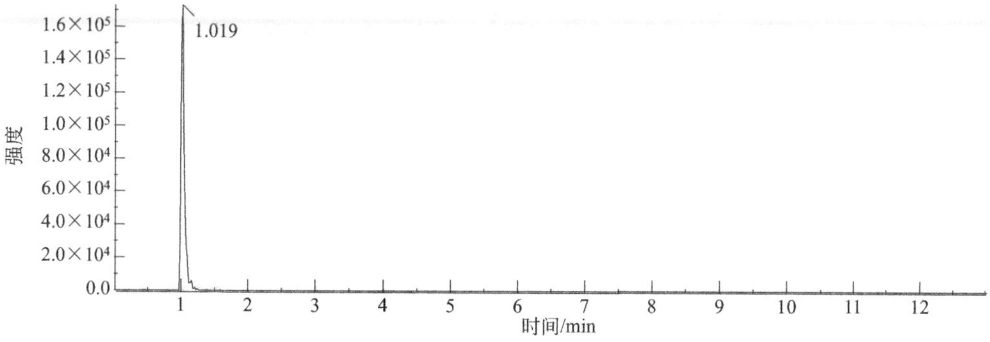

一级质谱图

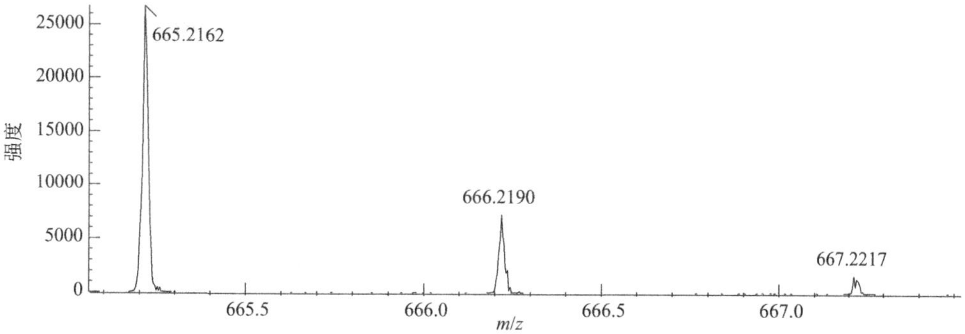

二级全扫质谱图 CE：(−35±15) V

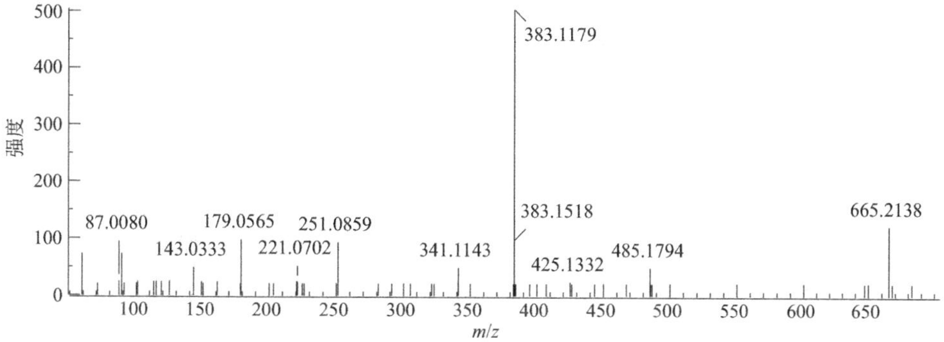

Stearic Acid
硬脂酸

CAS 号	646-29-7	源极性	负离子模式
分子式	$C_{18}H_{36}O_2$	加合方式	$[M-H]^-$
分子量	284. 2710	保留时间	16. 43min

提取离子流色谱图

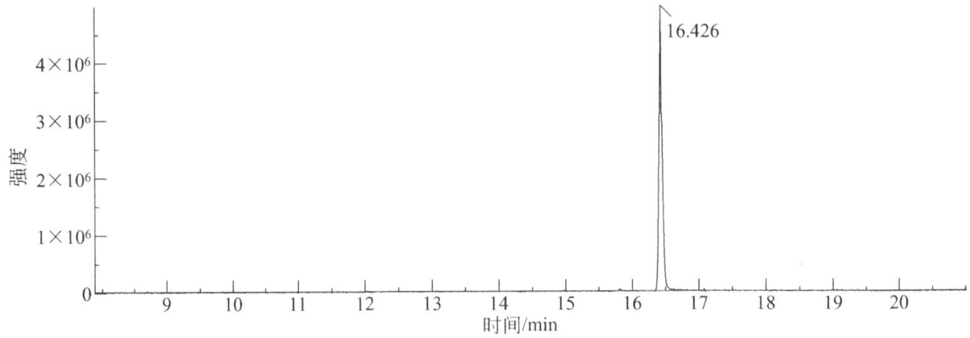

一级质谱图

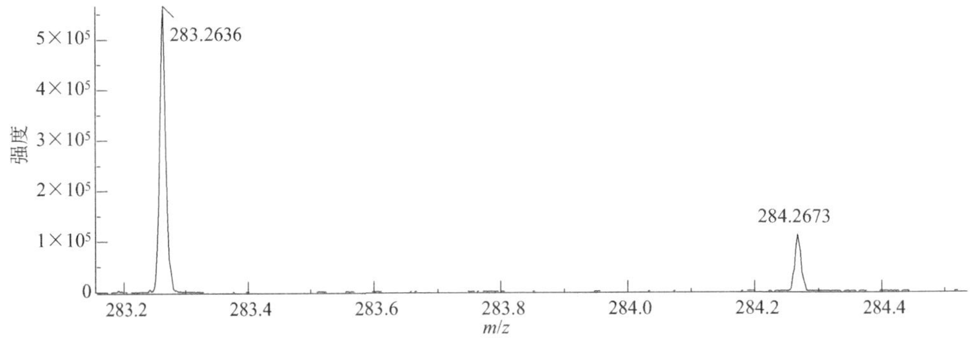

二级全扫质谱图 CE:（−35±15）V

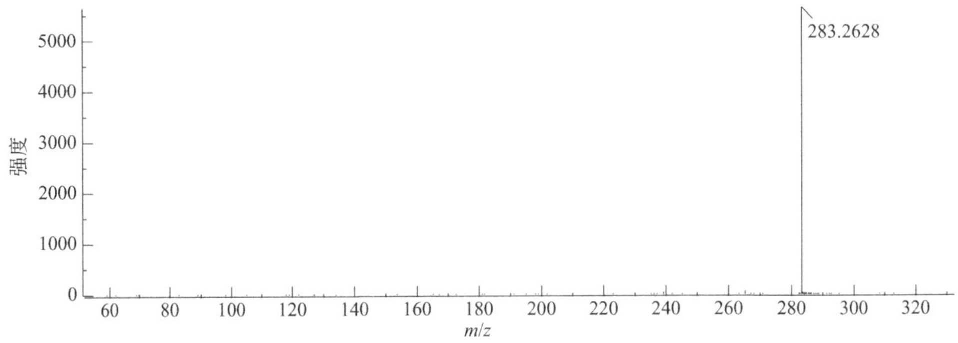

Suberic Acid
辛二酸

CAS 号	505-48-6	源极性	负离子模式
分子式	$C_8H_{14}O_4$	加合方式	$[M-H]^-$
分子量	174. 0887	保留时间	7. 88min

提取离子流色谱图

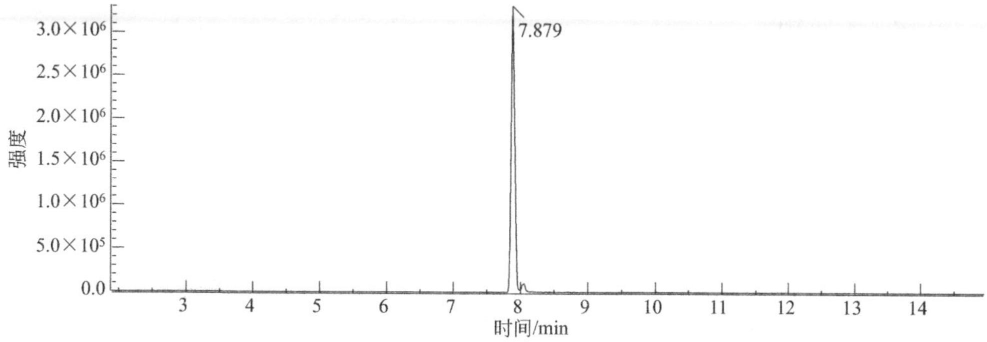

一级质谱图

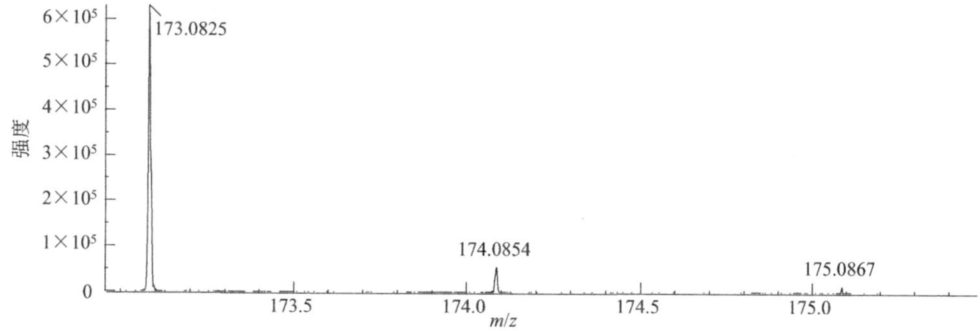

二级全扫质谱图 CE：(−35±15) V

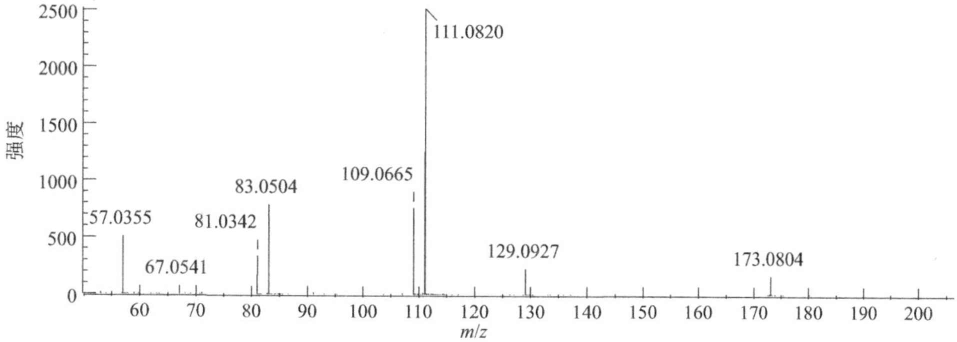

Succinic Acid
琥珀酸

CAS号	110-15-6	源极性	负离子模式
分子式	$C_4H_6O_4$	加合方式	$[M-H]^-$
分子量	118.0261	保留时间	0.77min

提取离子流色谱图

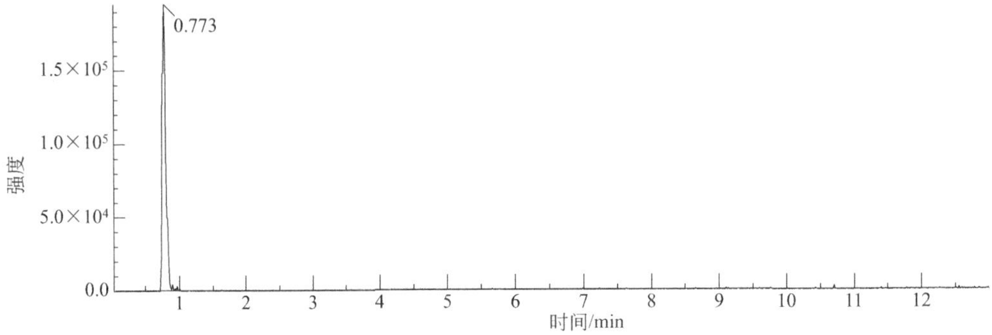

一级质谱图

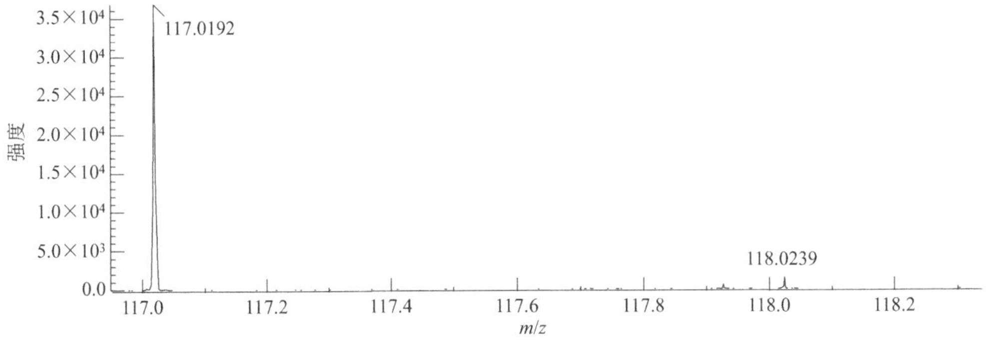

二级全扫质谱图 CE：(−35±15) V

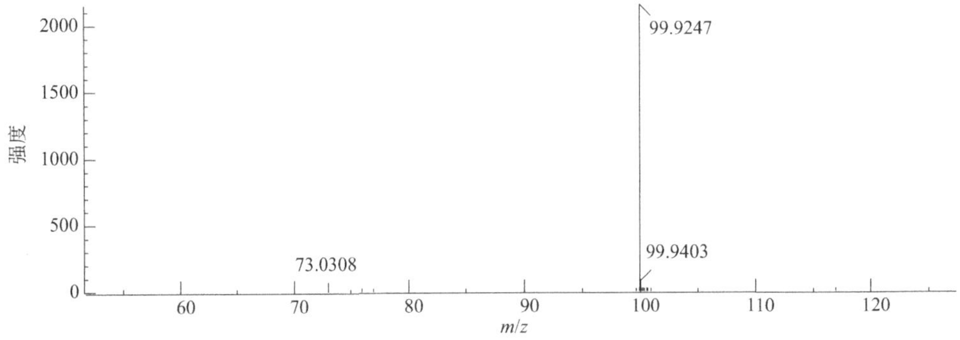

3-Sulfino-L-Alanine
L-半胱亚磺酸

CAS 号	207121-48-0（水合物）	源极性	负离子模式
分子式	$C_3H_7NO_4S$	加合方式	$[M-H]^-$
分子量	153. 0096	保留时间	0. 86min

提取离子流色谱图

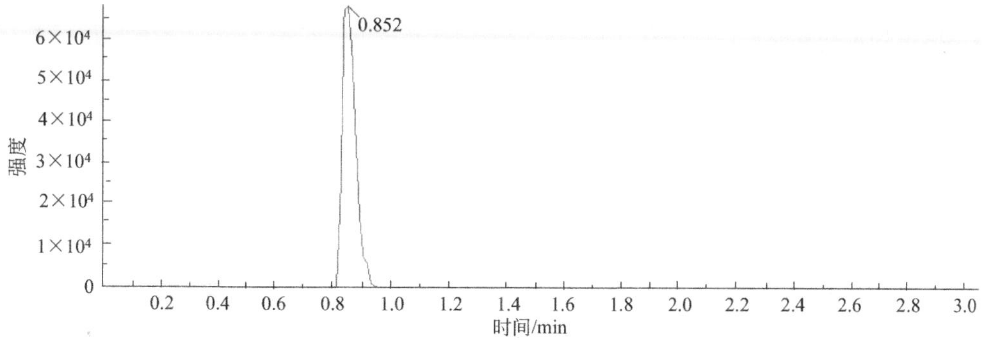

一级质谱图

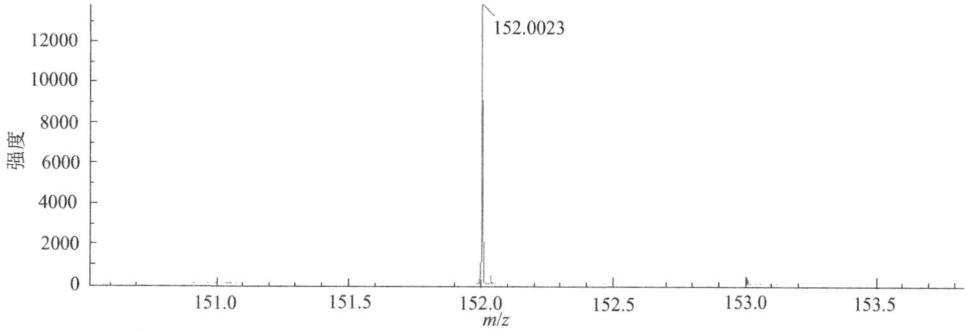

二级全扫质谱图 CE：（-35±15）V

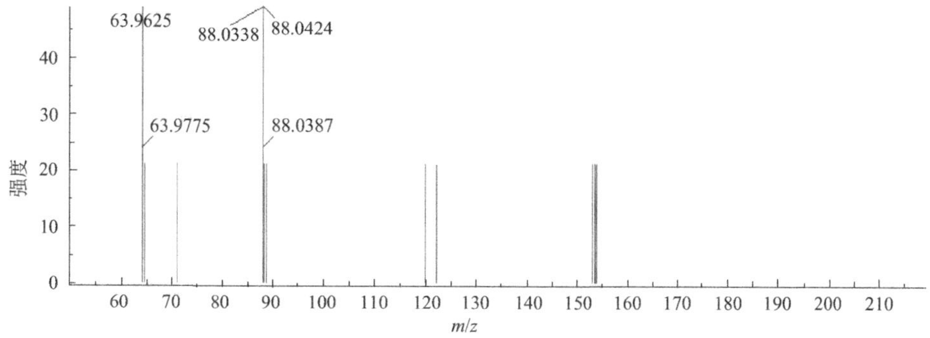

Taurine
牛磺酸

CAS 号	107-35-7	源极性	负离子模式
分子式	$C_2H_7NO_3S$	加合方式	$[M-H]^-$
分子量	125. 0141	保留时间	0. 86min

提取离子流色谱图

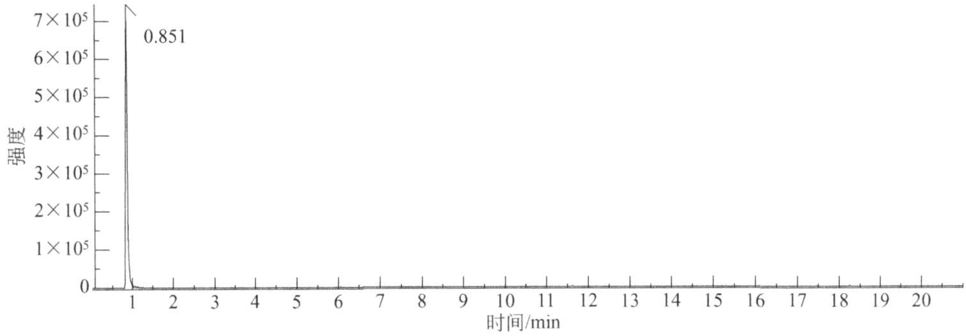

一级质谱图

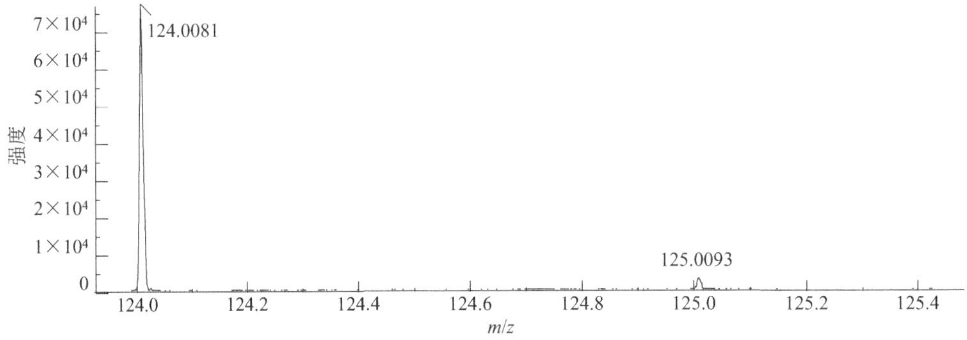

二级全扫质谱图 CE: (−35±15) V

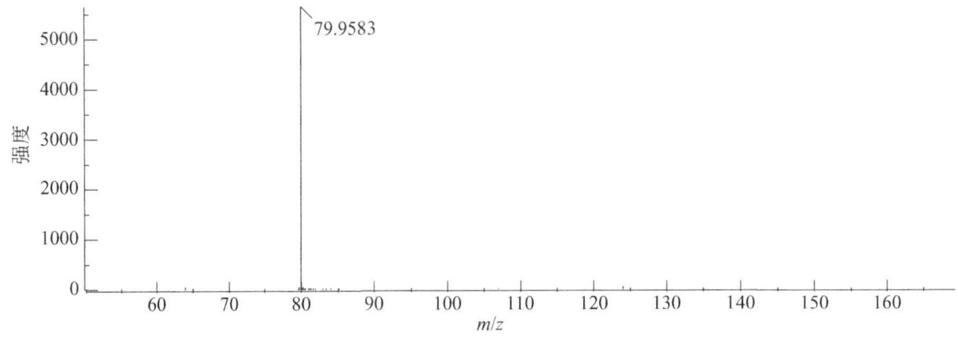

Taurolithocholic Acid
牛磺石胆酸

CAS 号	6042-32-6（钠盐） 516-90-5（母体）	源极性	负离子模式
分子式	$C_{26}H_{45}NO_5S$	加合方式	$[M-H]^-$
分子量	483. 3013	保留时间	13. 09min

提取离子流色谱图

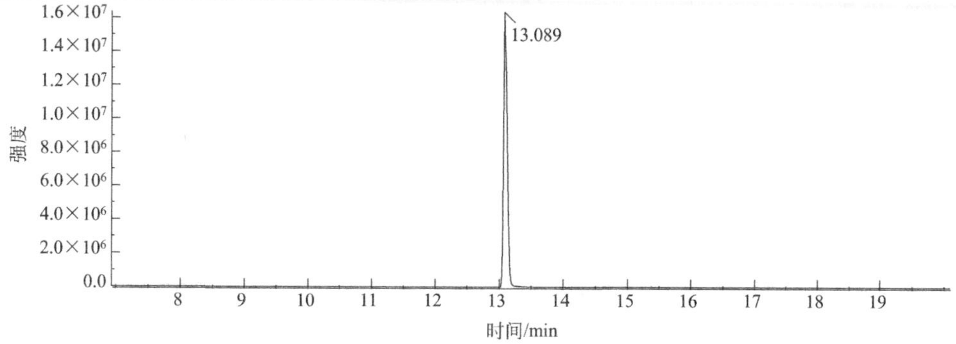

一级质谱图

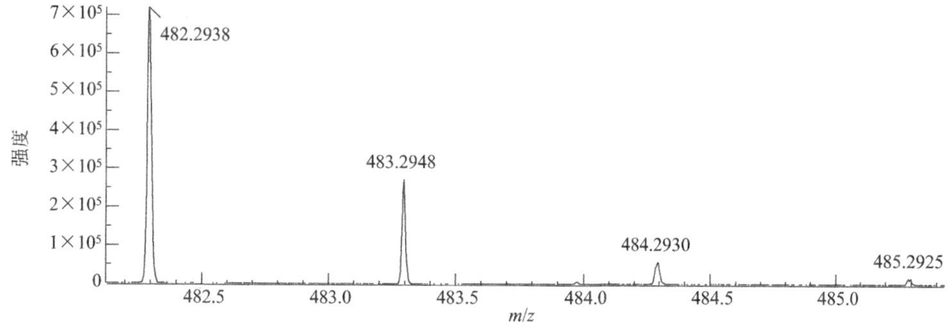

二级全扫质谱图 CE：（−35±15）V

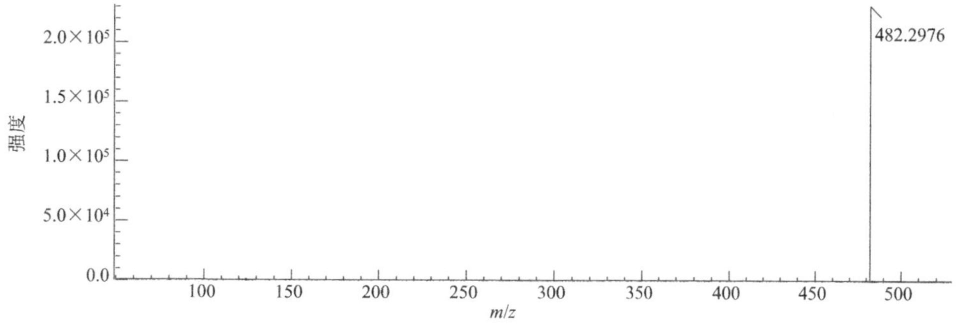

Theobromine
可可碱

CAS 号	83-67-0	源极性	正离子模式
分子式	$C_7H_8N_4O_2$	加合方式	$[M+H]^+$
分子量	180. 0642	保留时间	5. 14min

提取离子流色谱图

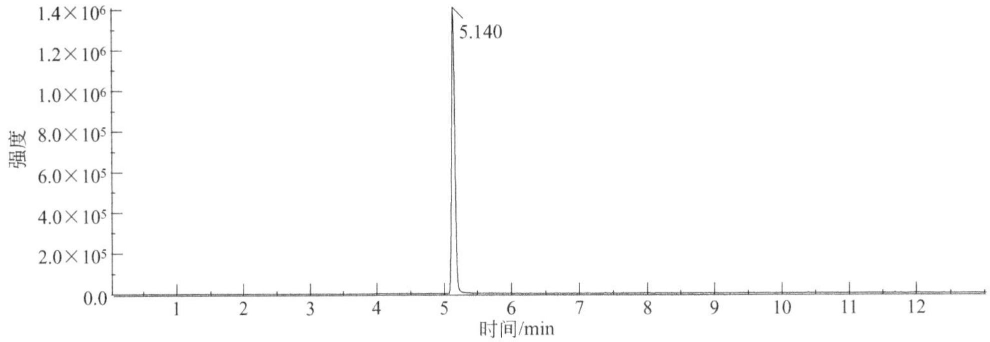

一级质谱图

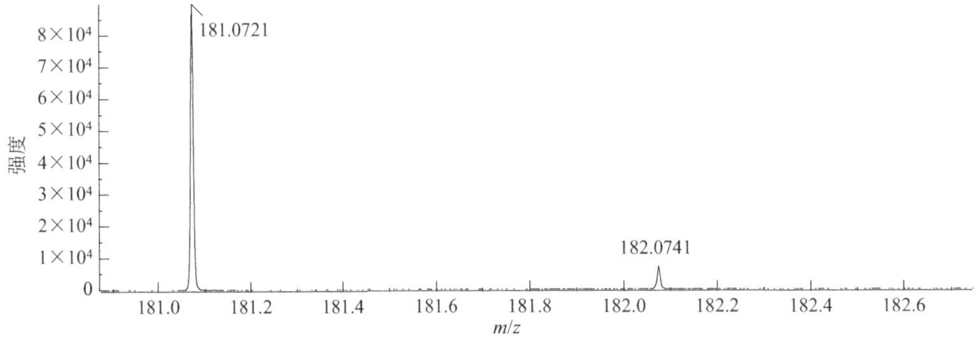

二级全扫质谱图 CE:（35±15）V

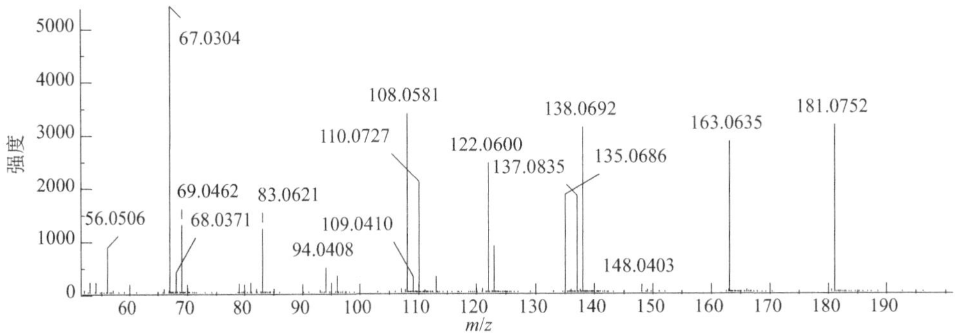

Theophylline
茶碱

CAS 号	58-55-9	源极性	正离子模式
分子式	$C_7H_8N_4O_2$	加合方式	$[M+H]^+$
分子量	180. 0642	保留时间	5. 89min

提取离子流色谱图

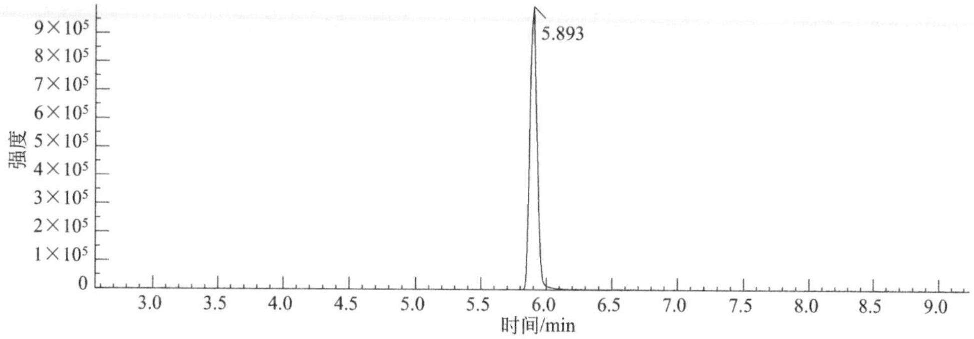

一级质谱图

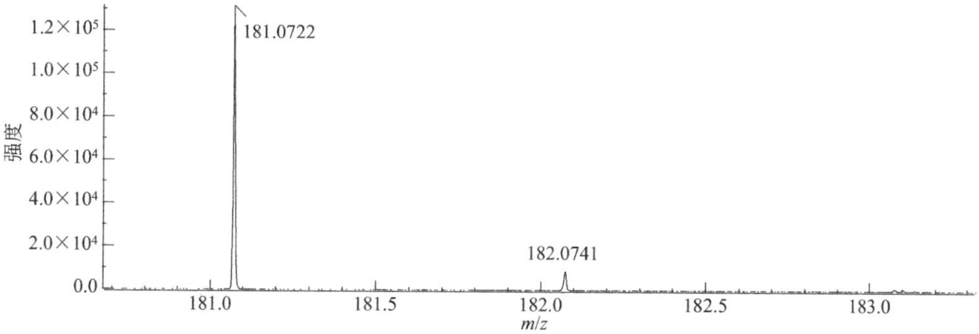

二级全扫质谱图 CE:（35±15）V

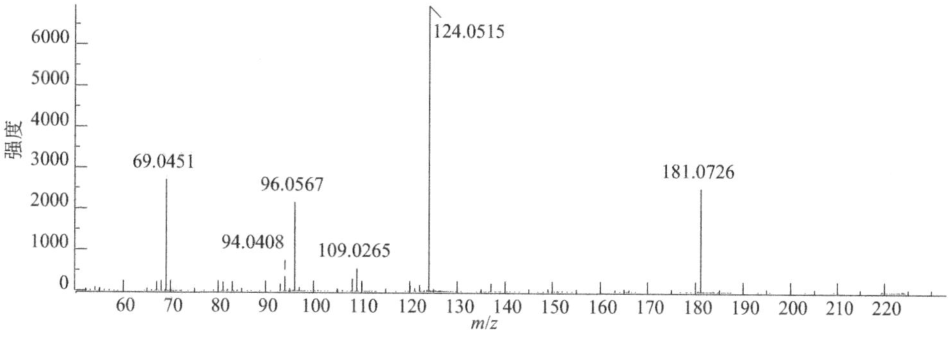

Thiamine Monophosphate
硫胺素单磷酸

CAS 号	532-40-1（盐酸盐） 10023-48-0（母体）	源极性	正离子模式
分子式	$C_{12}H_{18}N_4O_4PS^+$	加合方式	$[M]^+$
分子量	345.0781	保留时间	0.96min

提取离子流色谱图

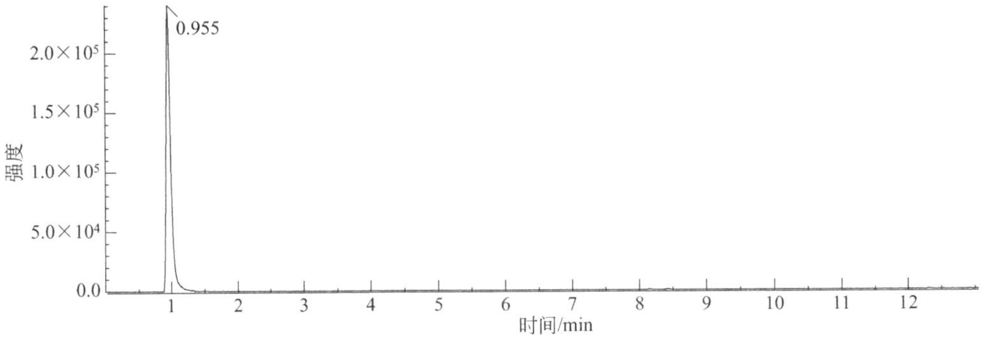

一级质谱图

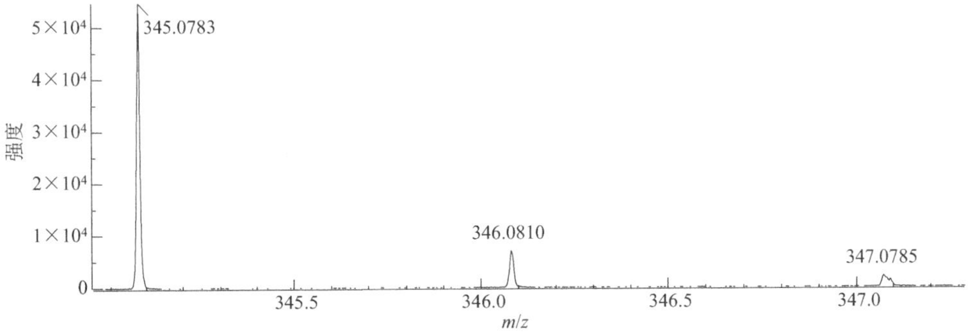

二级全扫质谱图 CE:（35±15）V

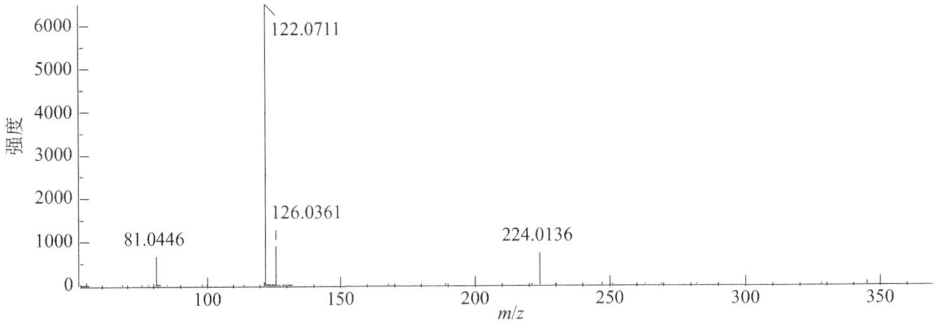

Thiamine Pyrophosphate Chloride
硫胺素焦磷酸盐酸盐

CAS 号	154-87-0	源极性	负离子模式
分子式	$C_{12}H_{19}ClN_4O_7P_2S$	加合方式	$[M-H-HCl]^-$
分子量	460.0133	保留时间	0.93min

提取离子流色谱图

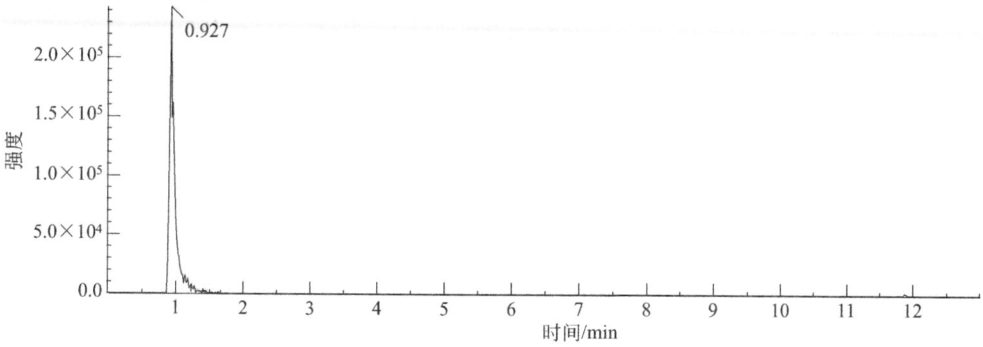

一级质谱图

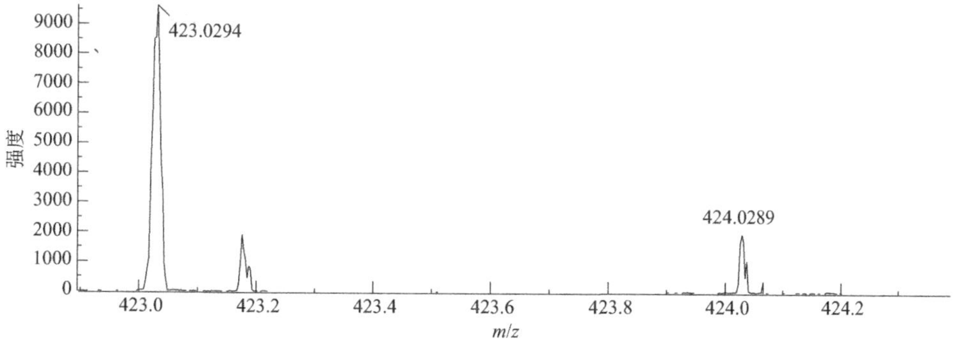

二级全扫质谱图 CE：（−35±15）V

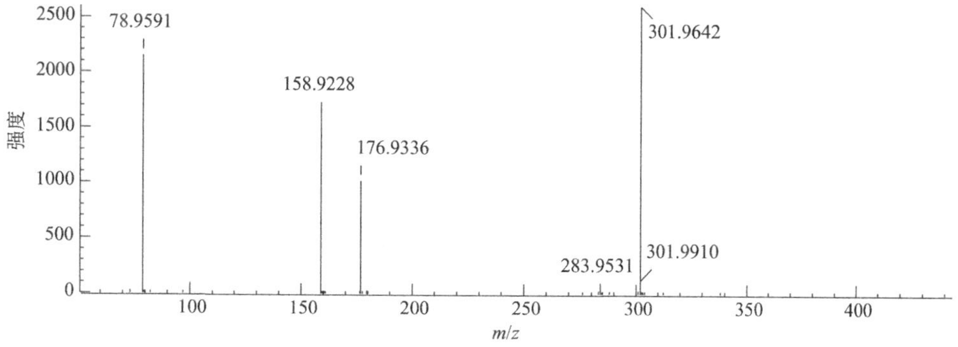

Thymidine
胸苷

CAS 号	50-89-5	源极性	正离子模式
分子式	$C_{10}H_{14}N_2O_5$	加合方式	$[M+H]^+$
分子量	242. 0897	保留时间	4. 54min

提取离子流色谱图

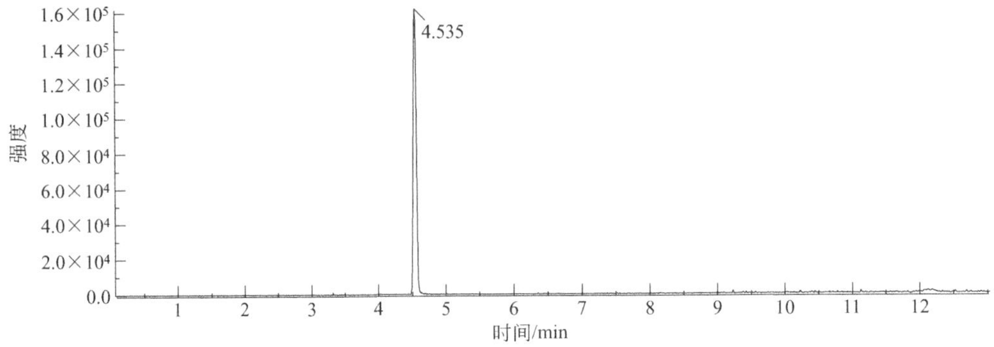

一级质谱图

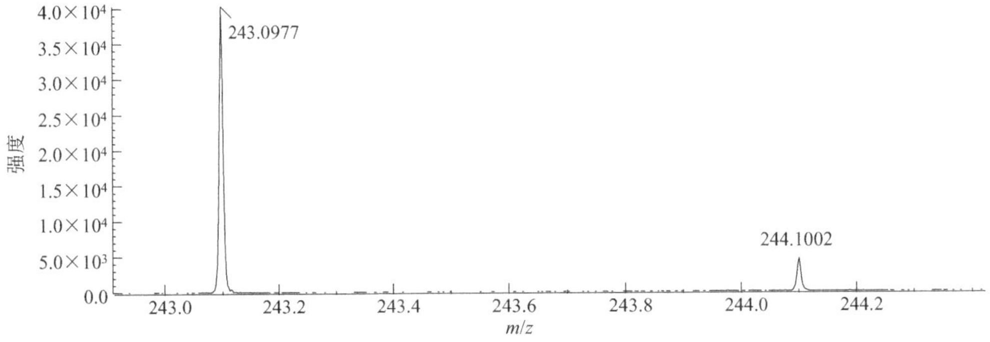

二级全扫质谱图 CE:（35±15）V

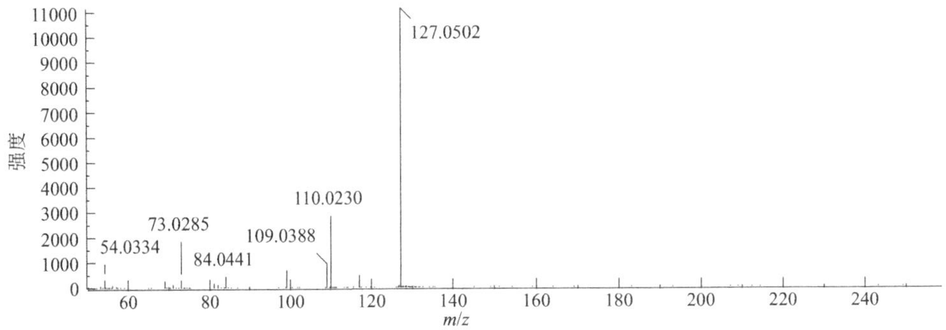

Thymidine-5′-Diphospho-α-D-Glucose
胸苷-5′-二磷酸-α-D-葡萄糖

CAS 号	148296-43-9	源极性	负离子模式
分子式	$C_{16}H_{26}N_2O_{16}P_2$	加合方式	$[M-H]^-$
分子量	564.0752	保留时间	1.24min

提取离子流色谱图

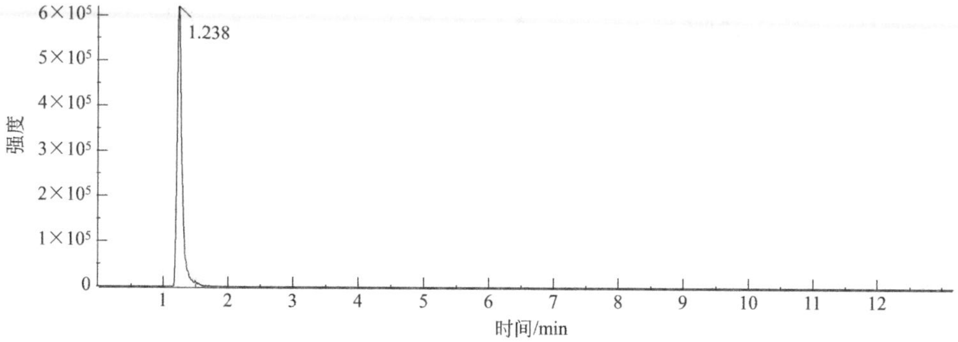

一级质谱图

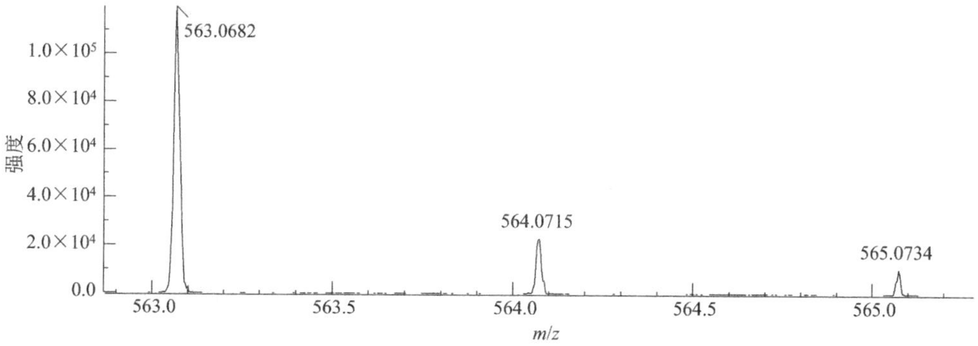

二级全扫质谱图 CE：(−35±15) V

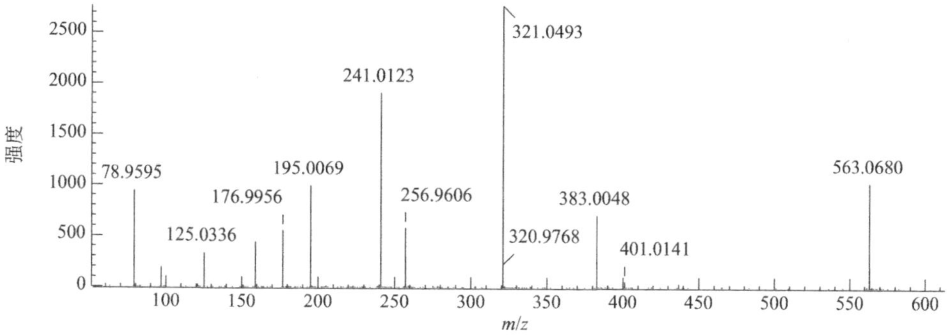

Thymidine-5′-Monophosphate
5′-磷酸胸苷

CAS 号	14057-65-9	源极性	负离子模式
分子式	$C_{10}H_{15}N_2O_8P$	加合方式	$[M-H]^-$
分子量	322.0561	保留时间	2.09min

提取离子流色谱图

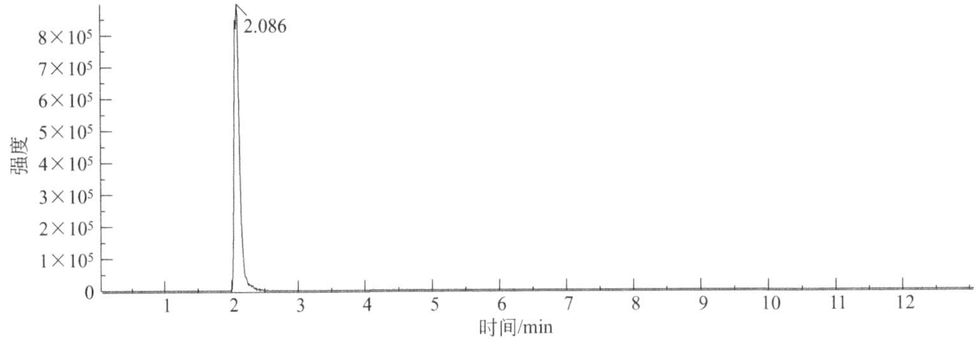

一级质谱图

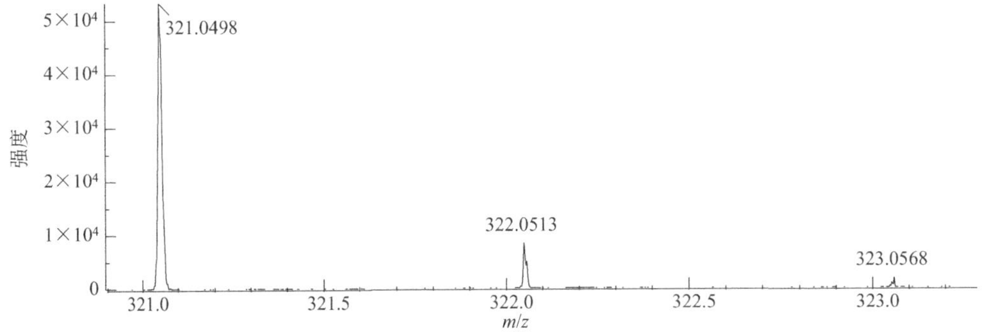

二级全扫质谱图 CE:（−35±15）V

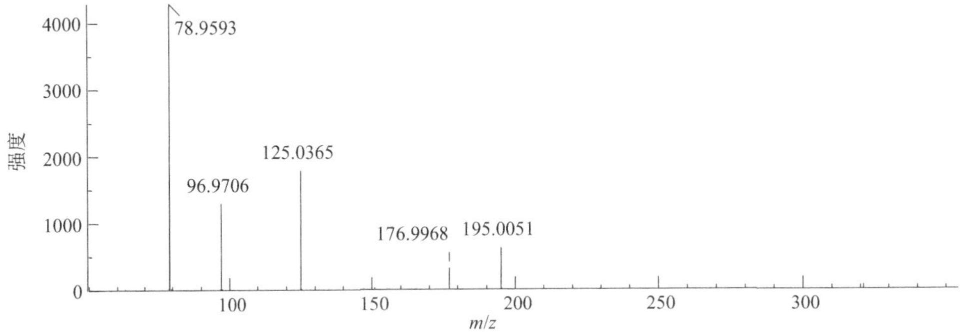

Thymine
胸腺嘧啶

CAS 号	65-71-4（钠盐） 2196-62-5（母体）	源极性	正离子模式
分子式	$C_5H_6N_2O_2$	加合方式	$[M+H]^+$
分子量	126. 0424	保留时间	2. 77min

提取离子流色谱图

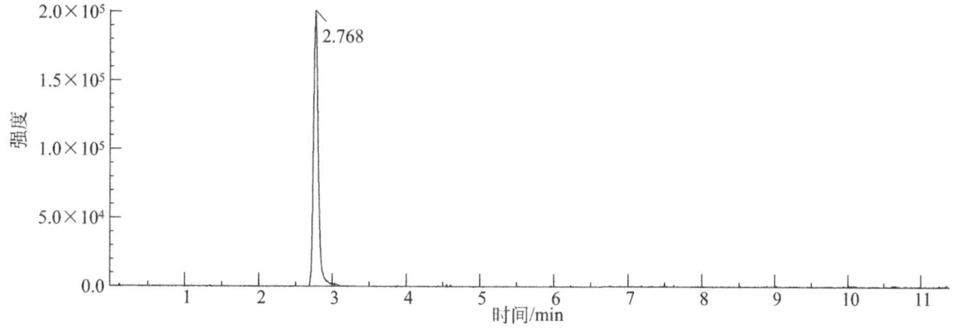

一级质谱图

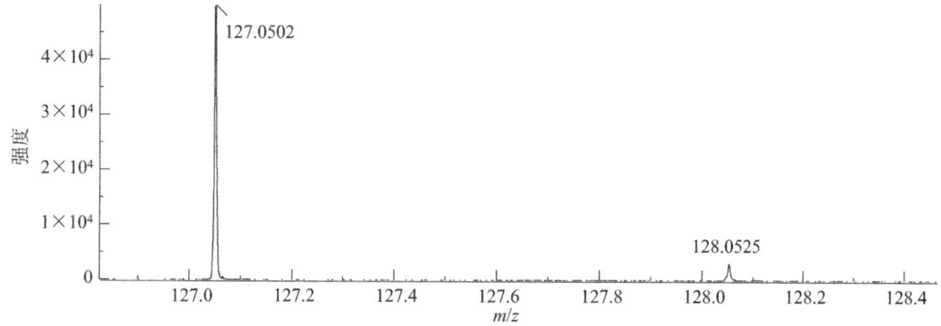

二级全扫质谱图 CE:（35±15）V

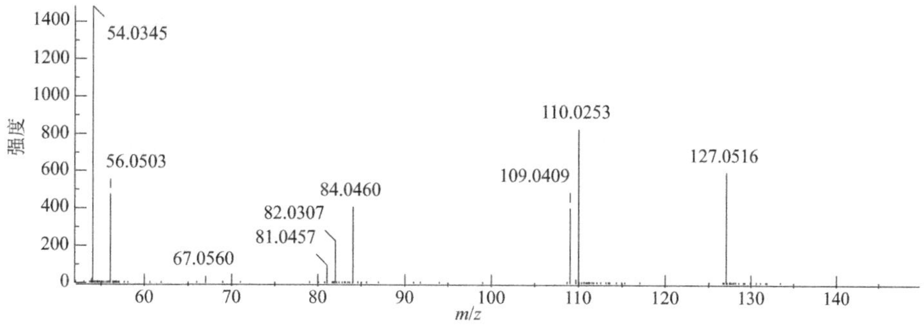

Thyrotropin Releasing Hormone
促甲状腺素释放激素

CAS 号	24305-27-9	源极性	负离子模式
分子式	$C_{16}H_{22}N_6O_4$	加合方式	$[M-H]^-$
分子量	362. 1697	保留时间	2. 96min

提取离子流色谱图

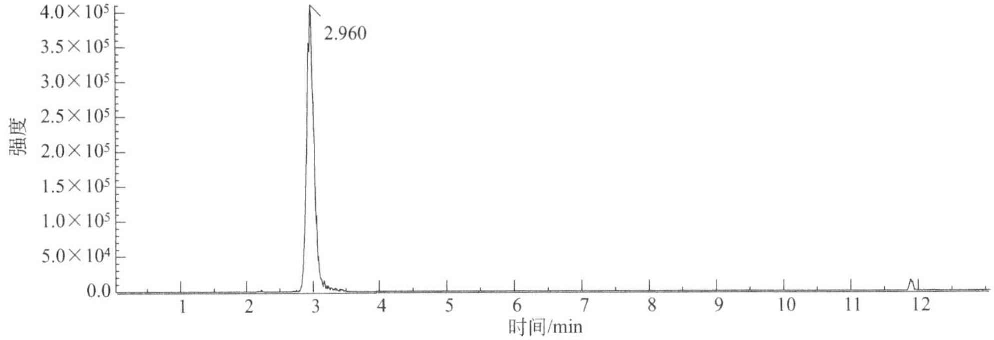

一级质谱图

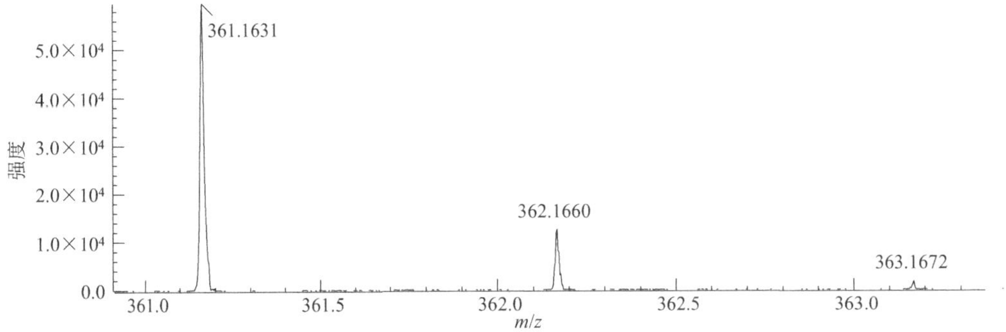

二级全扫质谱图 CE: (−35±15) V

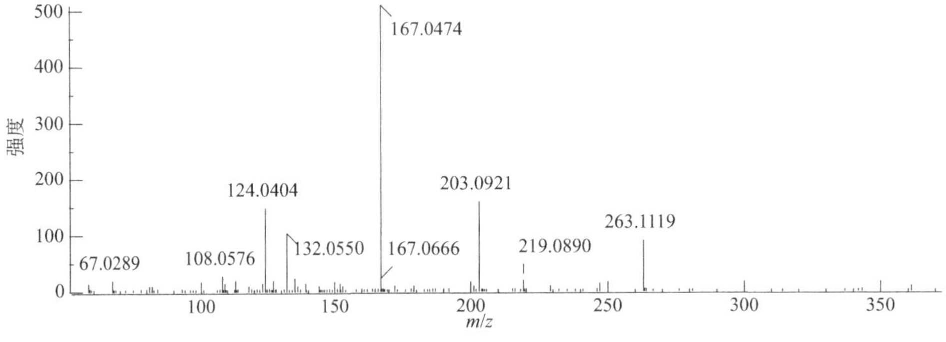

Thyroxine
甲状腺素

CAS 号	51-48-9	源极性	负离子模式
分子式	$C_{15}H_{11}I_4NO_4$	加合方式	$[M-H]^-$
分子量	776. 6862	保留时间	11. 30min

提取离子流色谱图

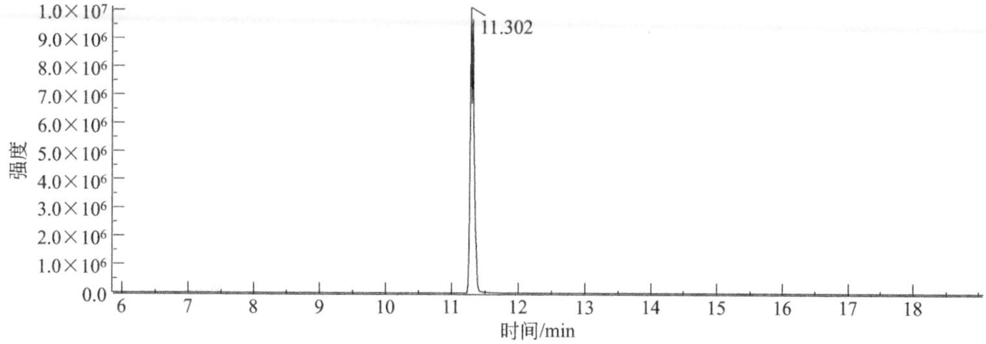

一级质谱图

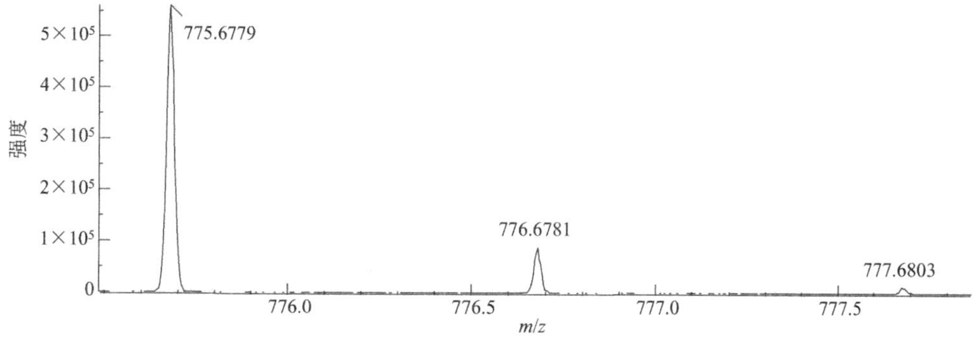

二级全扫质谱图 CE:（−35±15）V

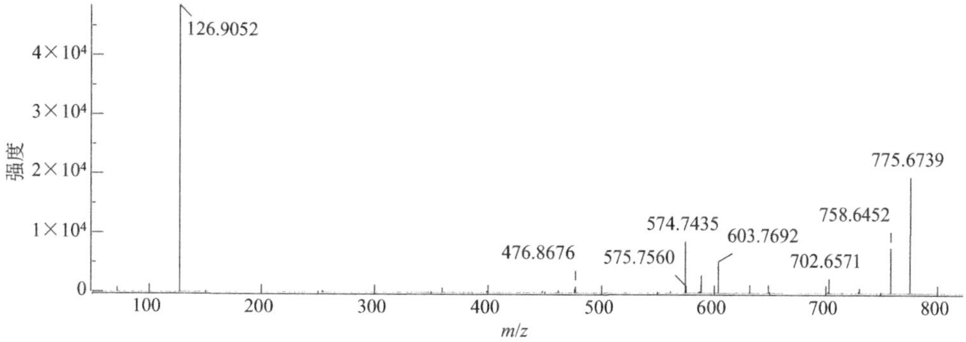

Trans-Cinnamic Acid
肉桂酸

CAS 号	140-10-3	源极性	负离子模式
分子式	$C_9H_8O_2$	加合方式	$[M-H]^-$
分子量	148.0519	保留时间	9.74min

提取离子流色谱图

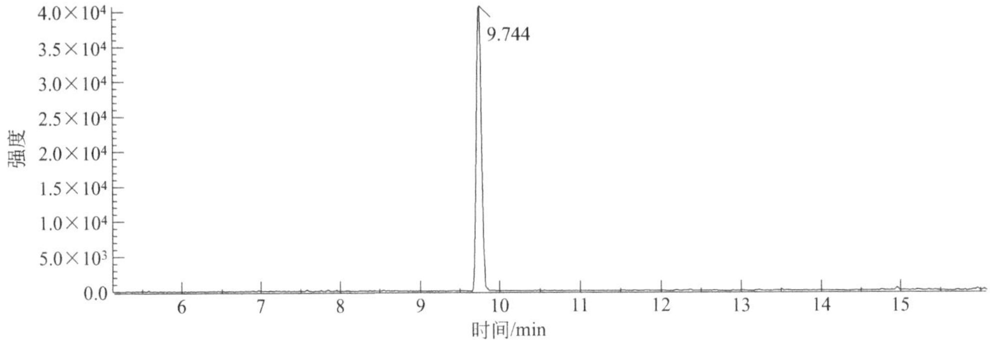

一级质谱图

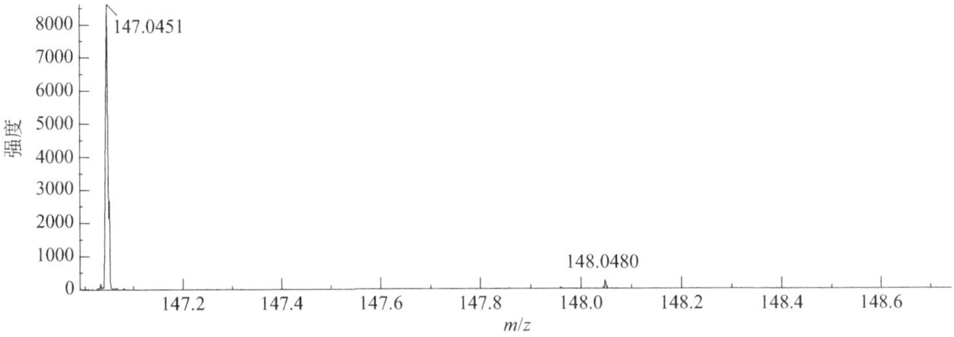

二级全扫质谱图 CE：（−35±15）V

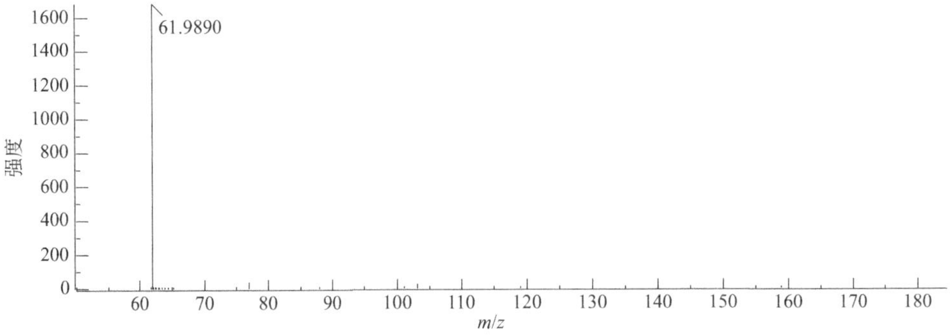

Tricosanoic Acid
二十三烷酸

CAS 号	2433-96-7	源极性	负离子模式
分子式	$C_{23}H_{46}O_2$	加合方式	$[M-H]^-$
分子量	354. 3498	保留时间	19. 38min

提取离子流色谱图

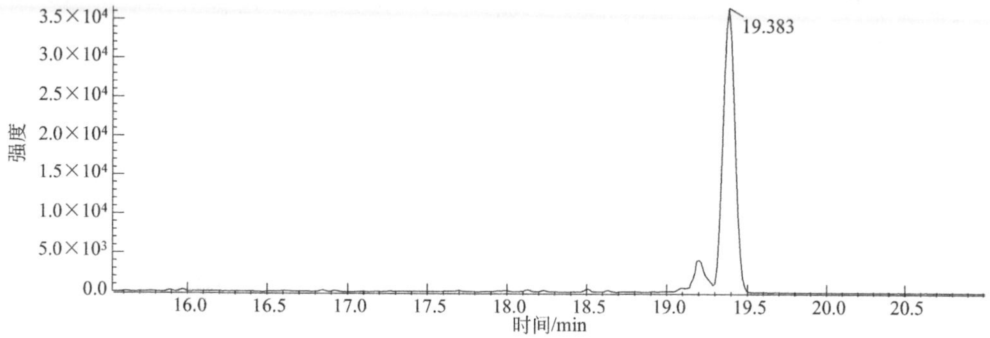

一级质谱图

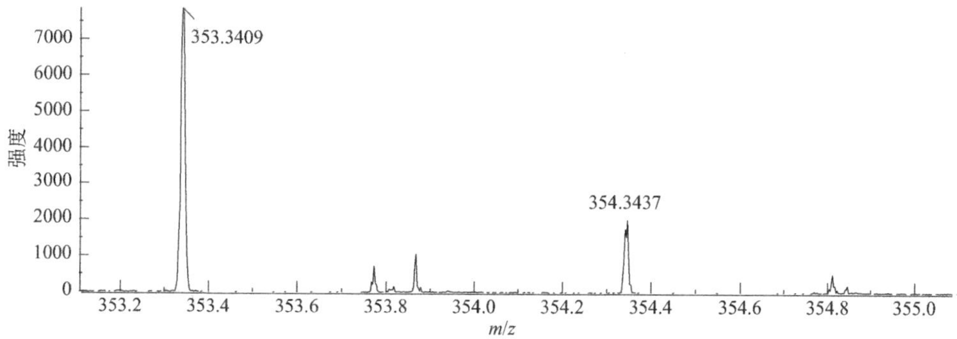

二级全扫质谱图 CE：（-35±15）V

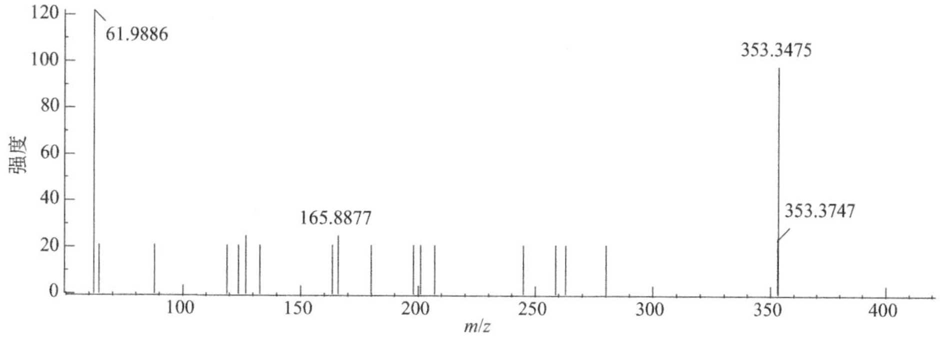

Trigonelline
葫芦巴碱

CAS 号	6138-41-6（盐酸盐） 535-83-1（母体）	源极性	正离子模式
分子式	$C_7H_7NO_2$	加合方式	$[M+H]^+$
分子量	137.0477	保留时间	0.97min

提取离子流色谱图

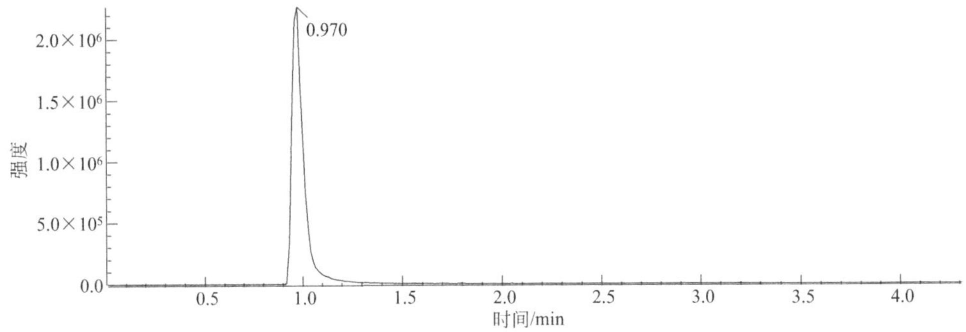

一级质谱图

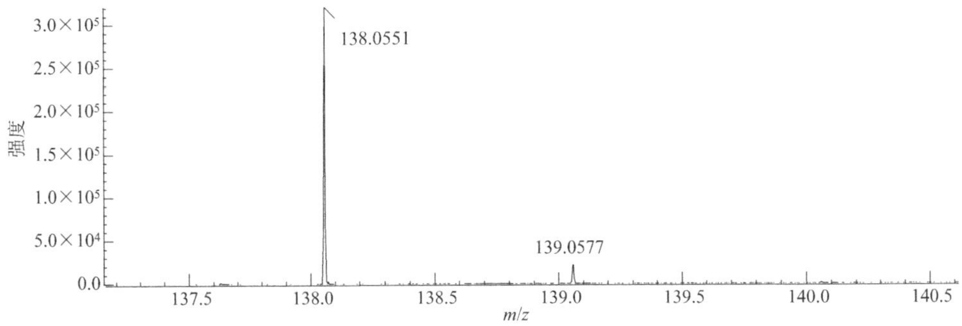

二级全扫质谱图 CE:（35±15）V

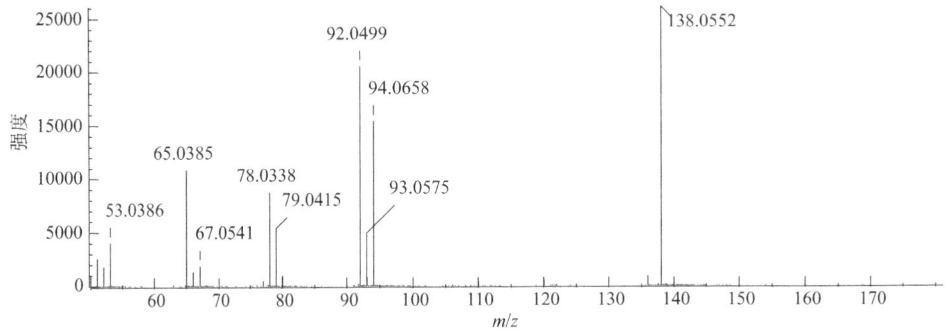

3,3′,5′-Triiodothyronine
3,3′,5′-三碘甲状腺原氨酸

CAS 号	5817-39-0	源极性	负离子模式
分子式	$C_{15}H_{12}I_3NO_4$	加合方式	$[M-H]^-$
分子量	650. 7895	保留时间	10. 57min

提取离子流色谱图

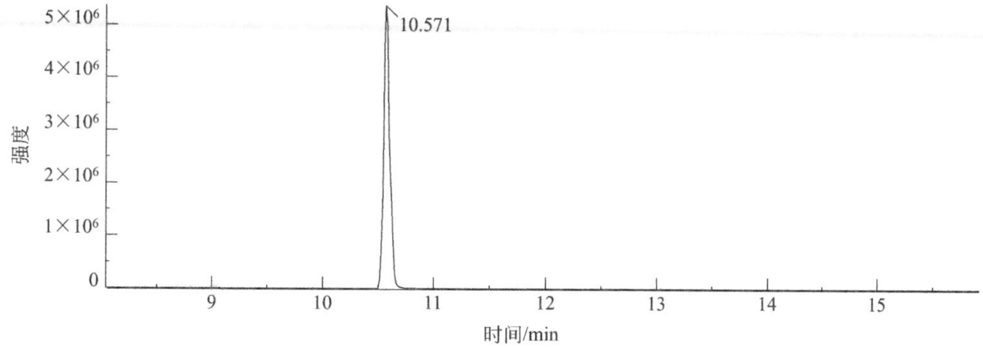

一级质谱图

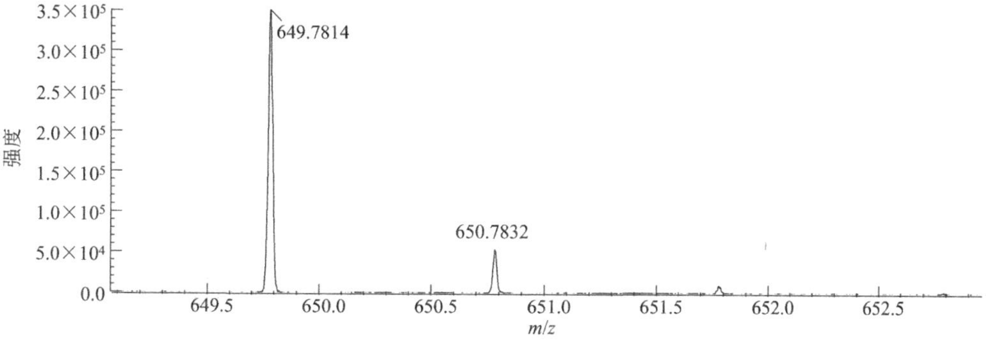

二级全扫质谱图 CE：(−35±15) V

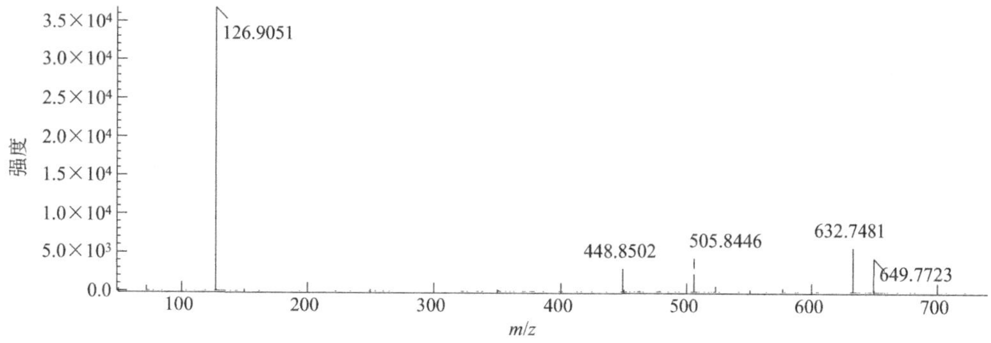

Tryptamine
色胺

CAS 号	61-54-1	源极性	正离子模式
分子式	$C_{10}H_{12}N_2$	加合方式	$[M+H]^+$
分子量	160. 1001	保留时间	5. 83min

提取离子流色谱图

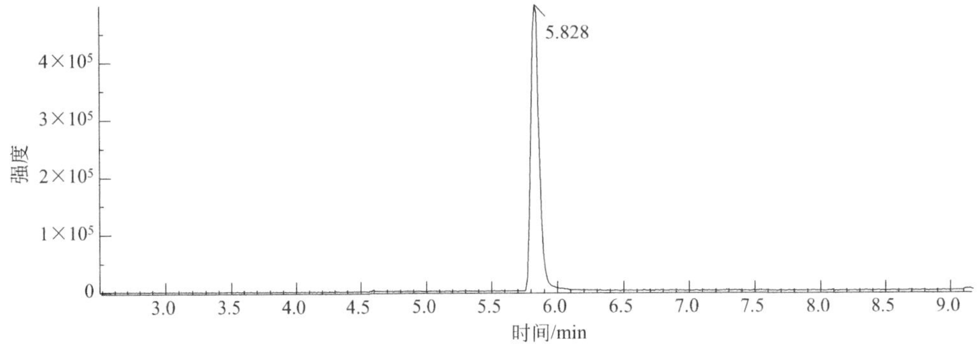

一级质谱图

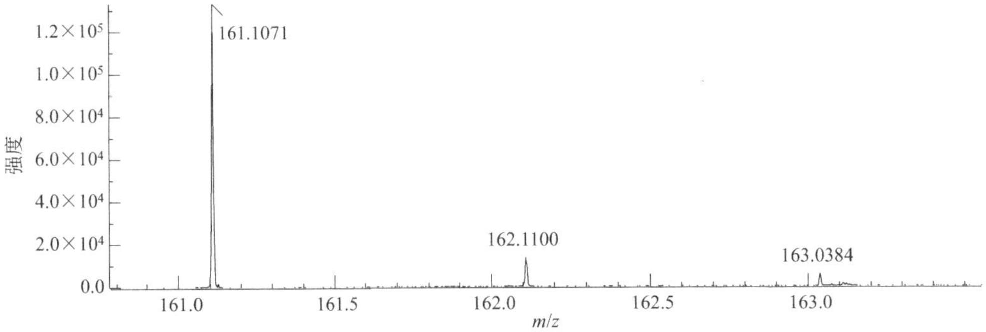

二级全扫质谱图 CE:（35±15）V

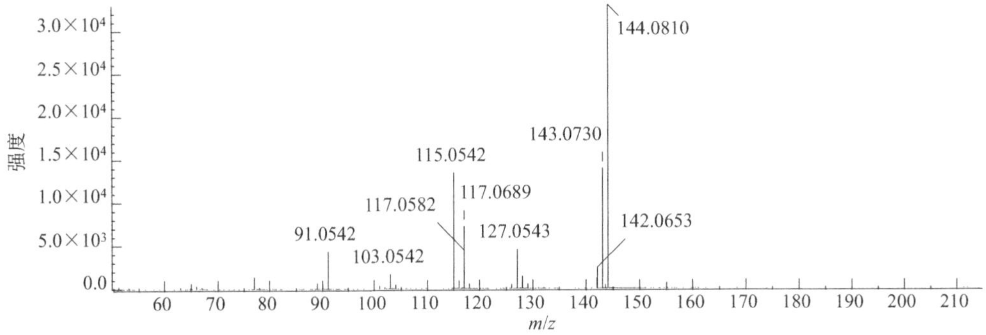

α-Tocopherol
维生素 E

CAS 号	2074-53-5	源极性	负离子模式
分子式	$C_{29}H_{50}O_2$	加合方式	$[M-H]^-$
分子量	430. 3811	保留时间	19. 24min

提取离子流色谱图

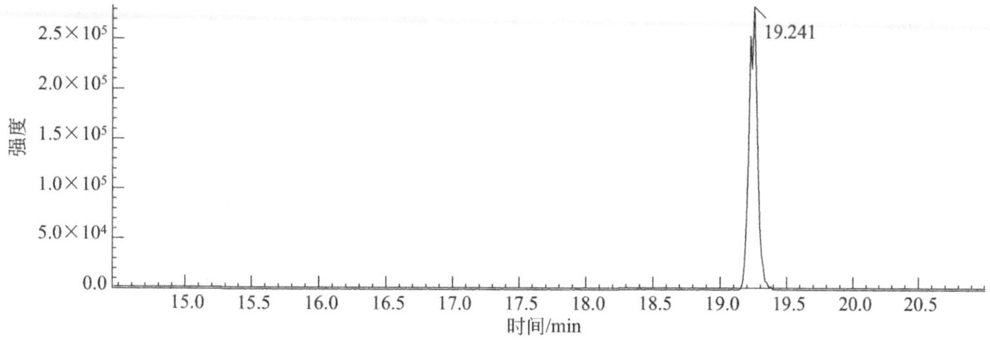

一级质谱图

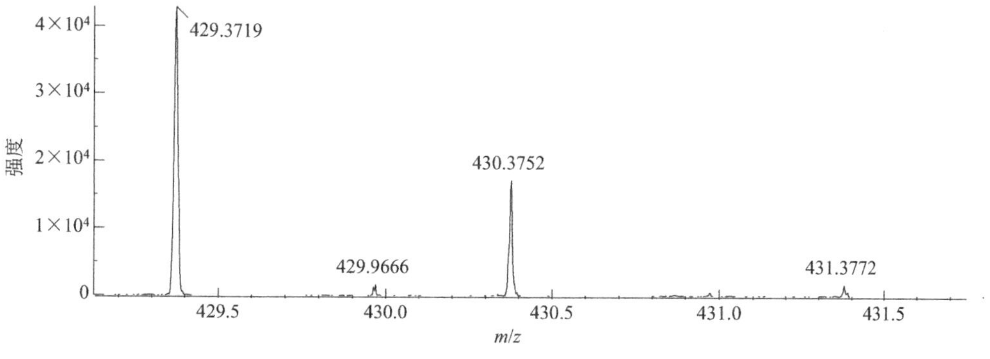

二级全扫质谱图 CE：（-35±15）V

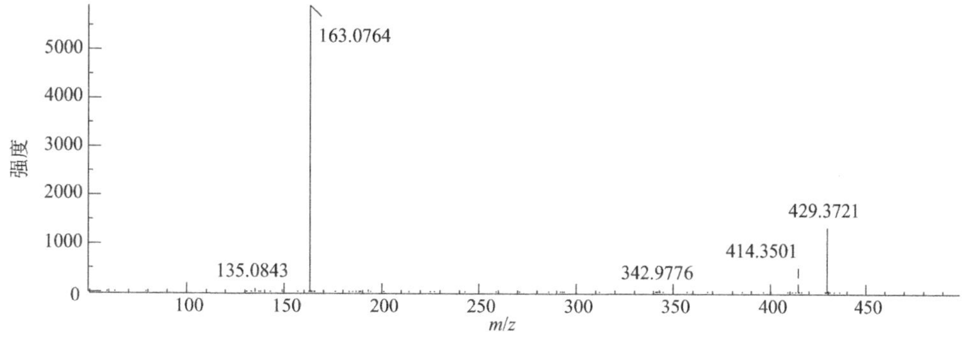

Tyramine
对羟基苯乙胺

CAS号	51-67-2	源极性	正离子模式
分子式	$C_8H_{11}NO$	加合方式	$[M+H]^+$
分子量	137.0841	保留时间	2.54min

提取离子流色谱图

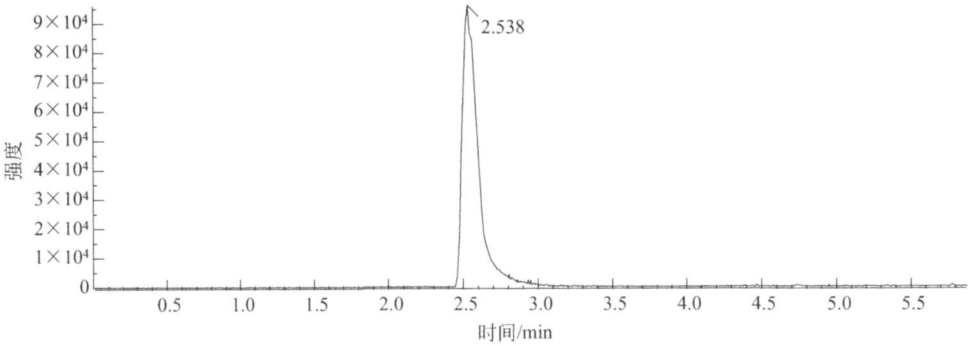

一级质谱图

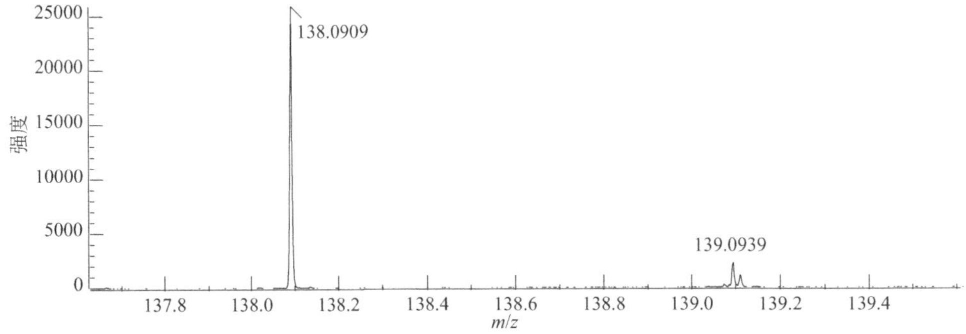

二级全扫质谱图 CE:（35±15）V

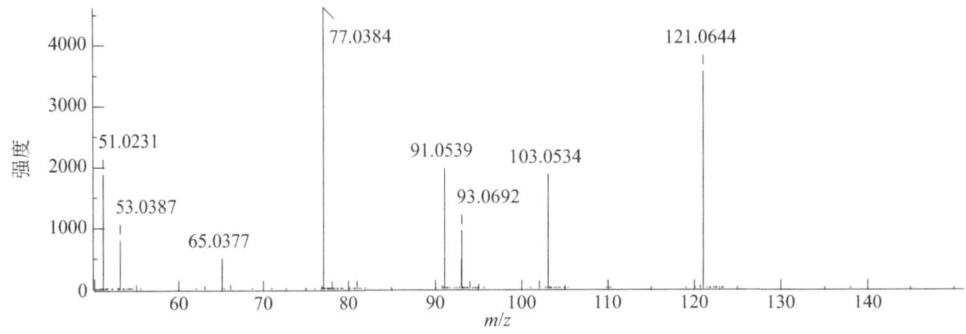

Uracil
尿嘧啶

CAS 号	66-22-8	源极性	正离子模式
分子式	$C_4H_4N_2O_2$	加合方式	$[M+H]^+$
分子量	112. 0273	保留时间	1. 39min

提取离子流色谱图

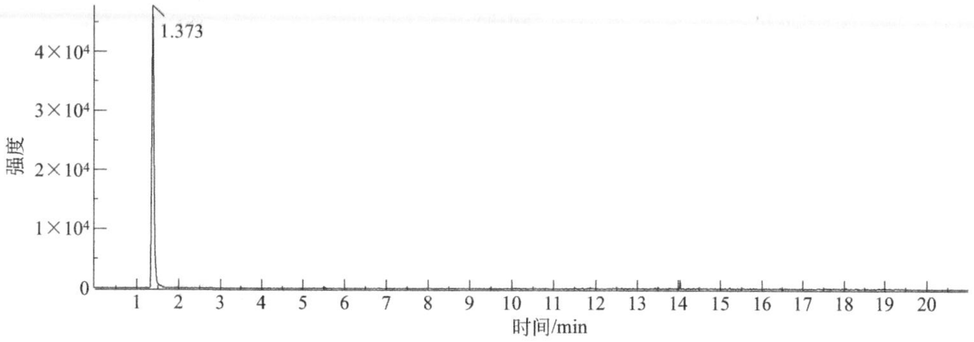

一级质谱图

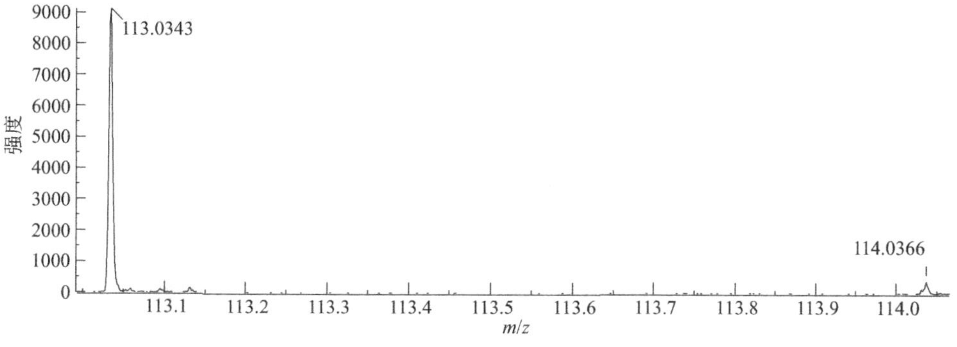

二级全扫质谱图 CE：(−35±15) V

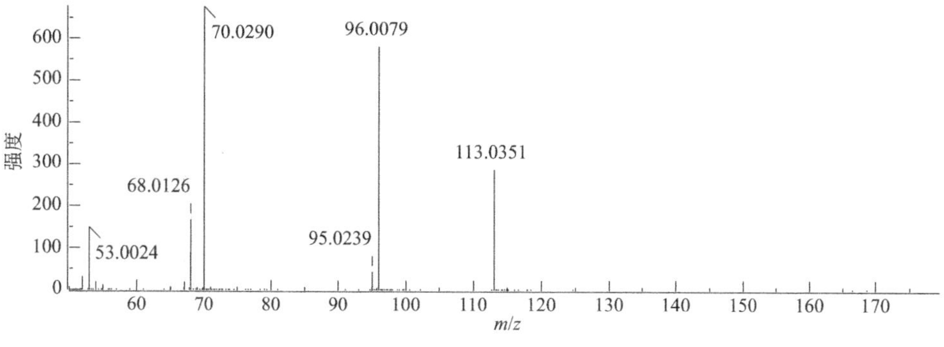

Uric Acid
尿酸

CAS 号	69-93-2	源极性	负离子模式
分子式	$C_5H_4N_4O_3$	加合方式	$[M-H]^-$
分子量	168. 0283	保留时间	1. 57min

提取离子流色谱图

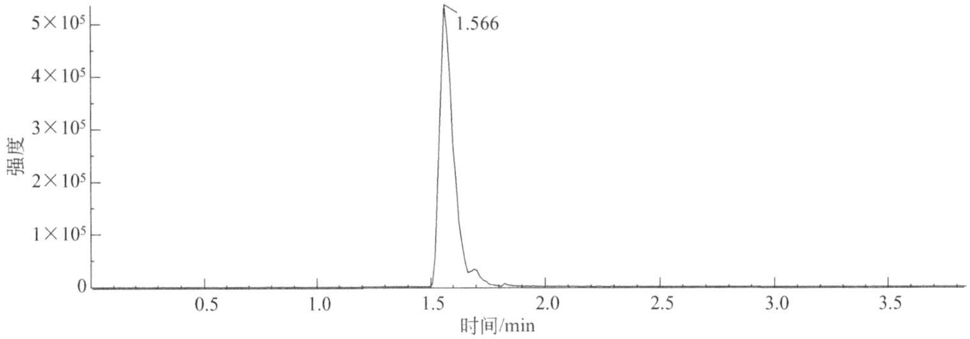

一级质谱图

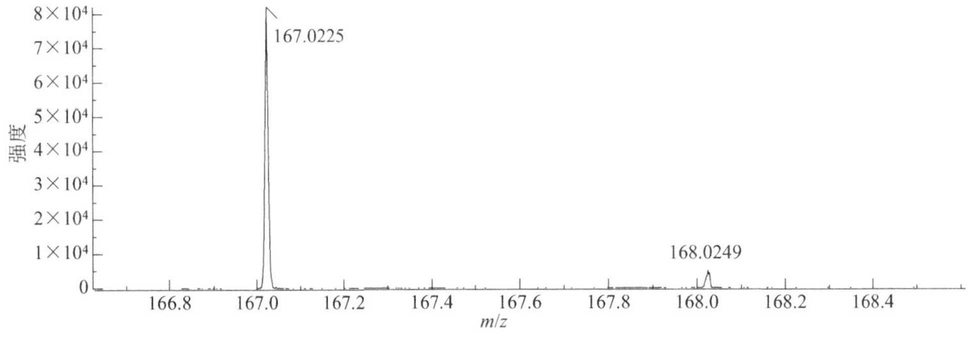

二级全扫质谱图 CE:（-35±15）V

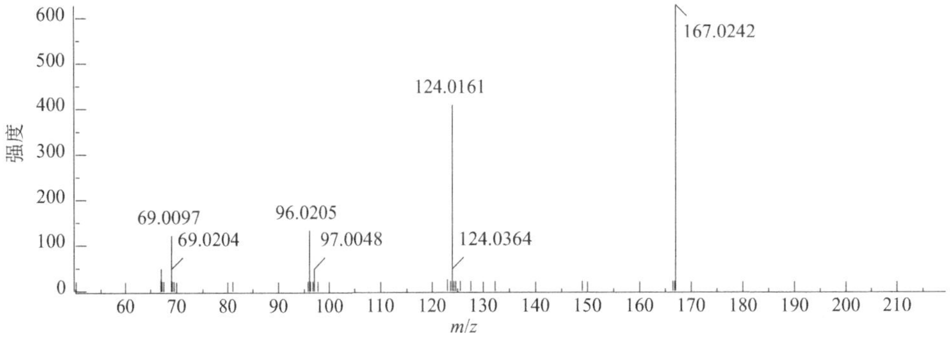

3-Ureidopropionic Acid
3-酰脲丙酸

CAS 号	462-88-4	源极性	正离子模式
分子式	$C_4H_8N_2O_3$	加合方式	$[M+H]^+$
分子量	132. 0535	保留时间	1. 29 min

提取离子流色谱图

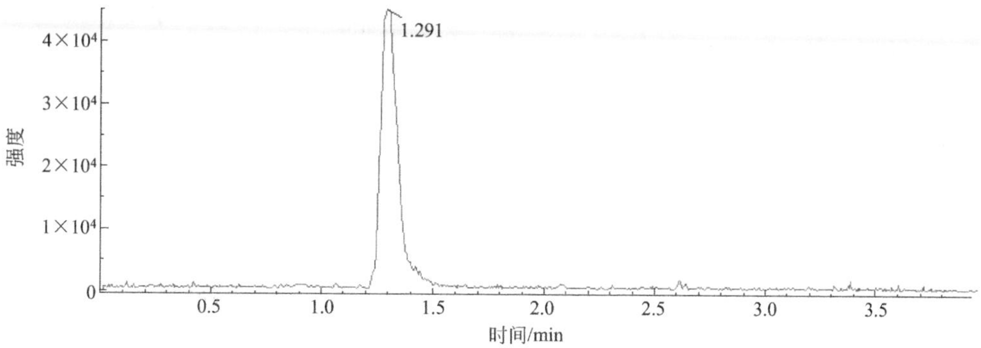

一级质谱图

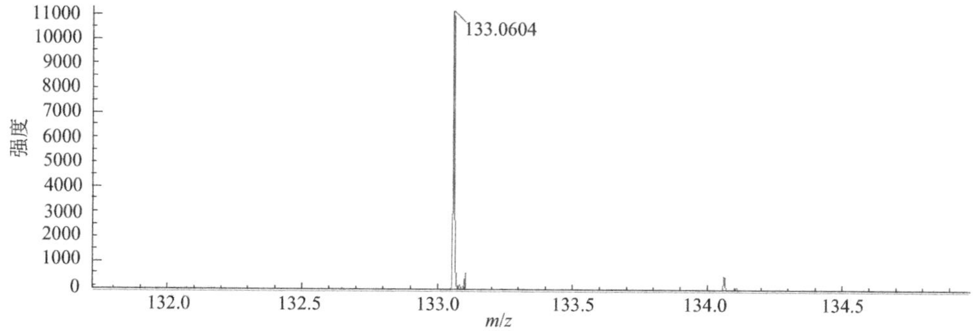

二级全扫质谱图 CE:（35±15）V

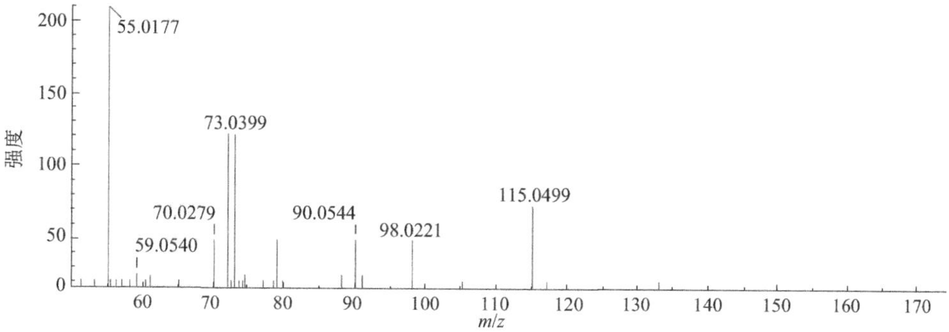

Uridine
尿苷

CAS 号	58-96-8	源极性	负离子模式
分子式	$C_9H_{12}N_2O_6$	加合方式	$[M-H]^-$
分子量	244.0695	保留时间	2.08min

提取离子流色谱图

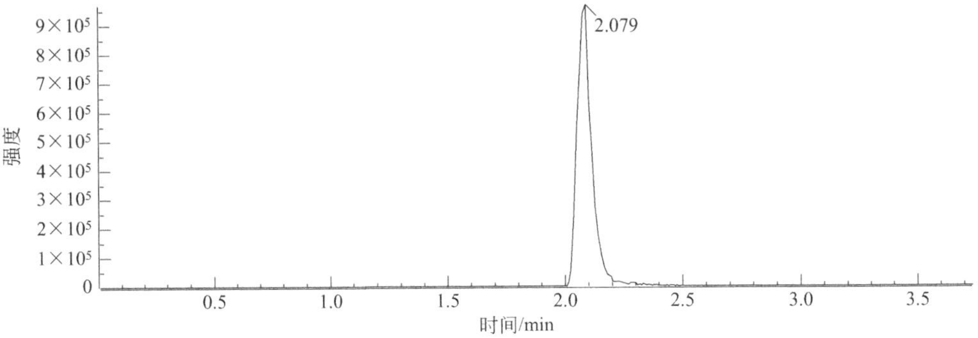

一级质谱图

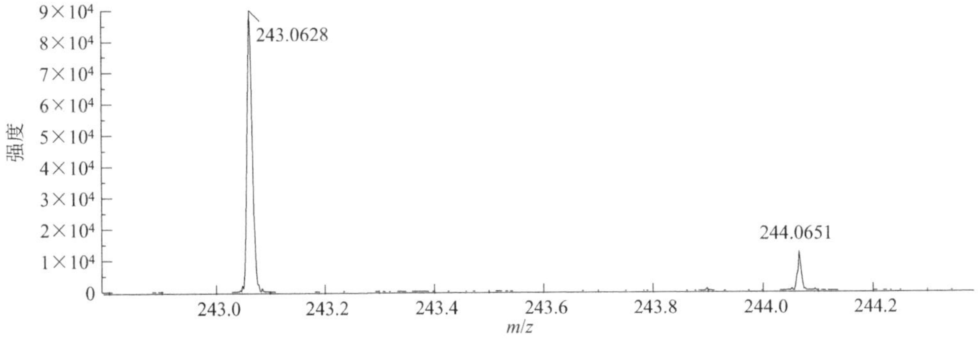

二级全扫质谱图 CE: (−35±15) V

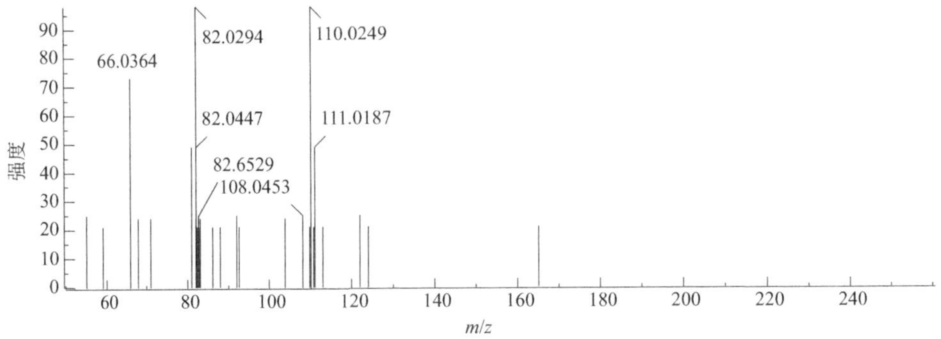

Uridine 5′-Diphosphate
尿苷 5′-二磷酸

CAS 号	58-98-0	源极性	负离子模式
分子式	$C_9H_{14}N_2O_{12}P_2$	加合方式	$[M-H]^-$
分子量	404. 0022	保留时间	0. 90min

提取离子流色谱图

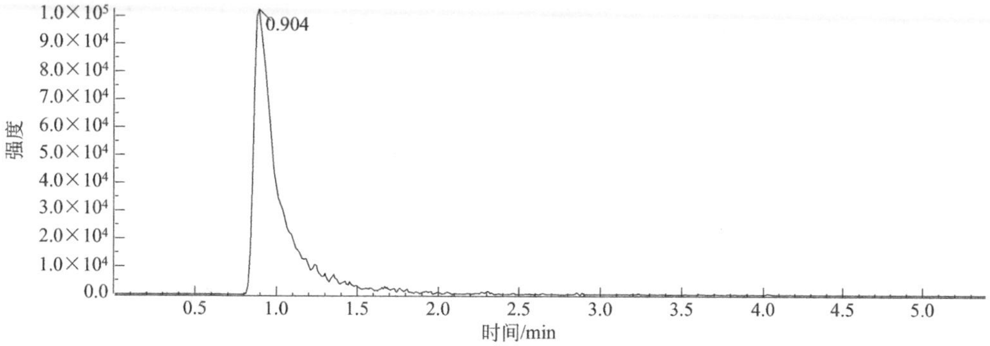

一级质谱图

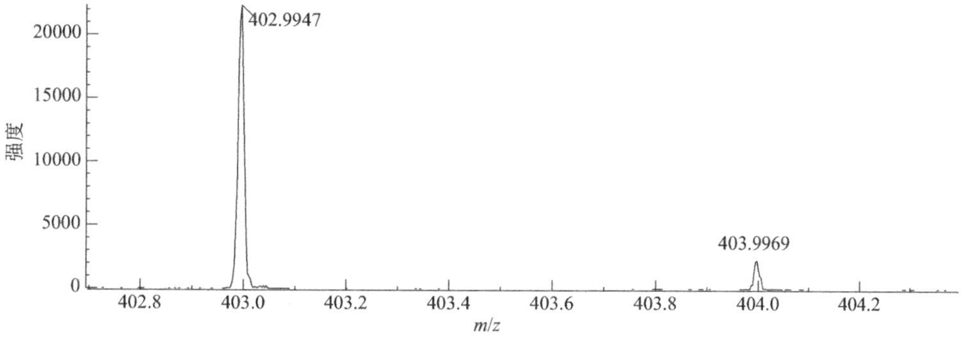

二级全扫质谱图 CE:（−35±15）V

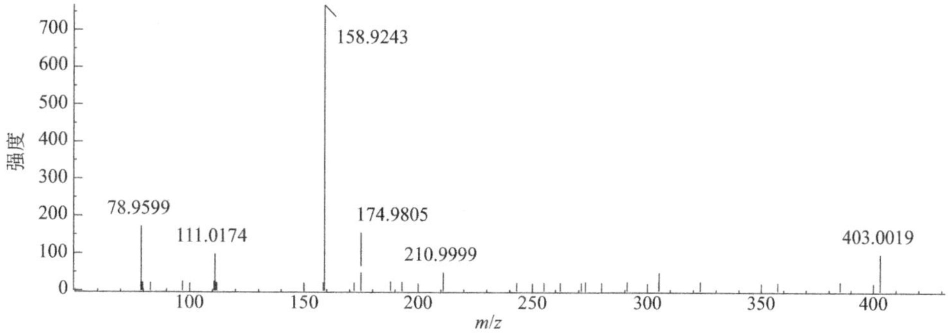

Uridine 5′-Diphosphogalactose
尿苷 5′-二磷酸半乳糖

CAS 号	137868-52-1（二钠盐） 2956-16-3（母体）	源极性	负离子模式
分子式	$C_{15}H_{24}N_2O_{17}P_2$	加合方式	$[M-H]^-$
分子量	566. 055	保留时间	0. 87min

提取离子流色谱图

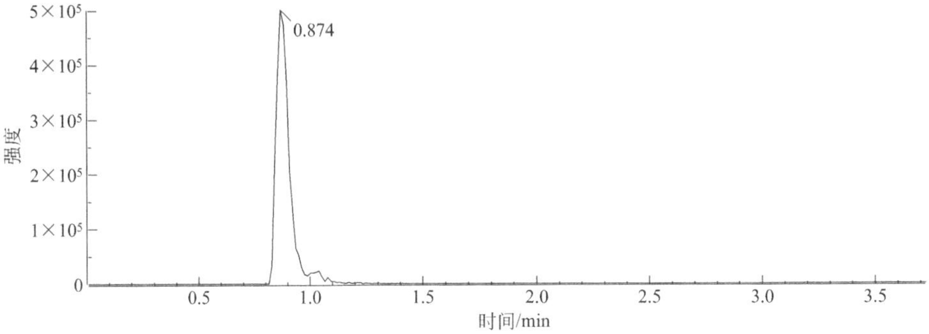

一级质谱图

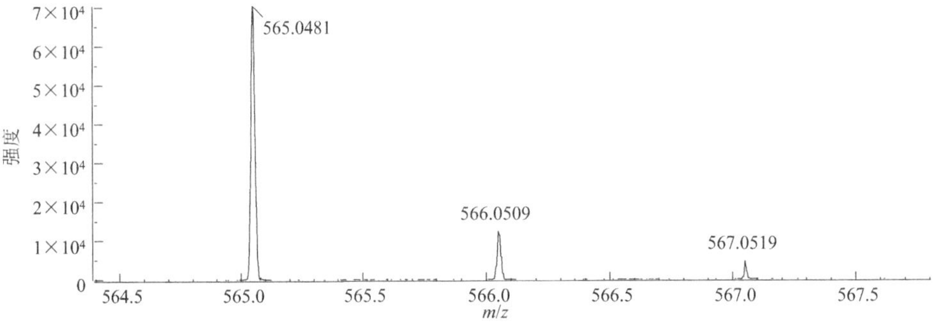

二级全扫质谱图 CE:（−35±15）V

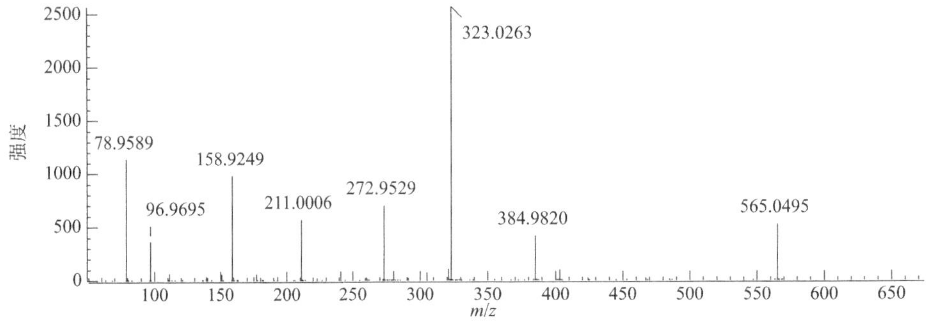

Uridine 5′-Diphosphoglucuronic Acid
尿苷 5′-二磷酸葡萄糖醛酸

CAS 号	63700-19-6（三钠盐） 2616-64-0（母体）	源极性	负离子模式
分子式	$C_{15}H_{22}N_2O_{18}P_2$	加合方式	$[M-H]^-$
分子量	580. 0343	保留时间	0. 88min

提取离子流色谱图

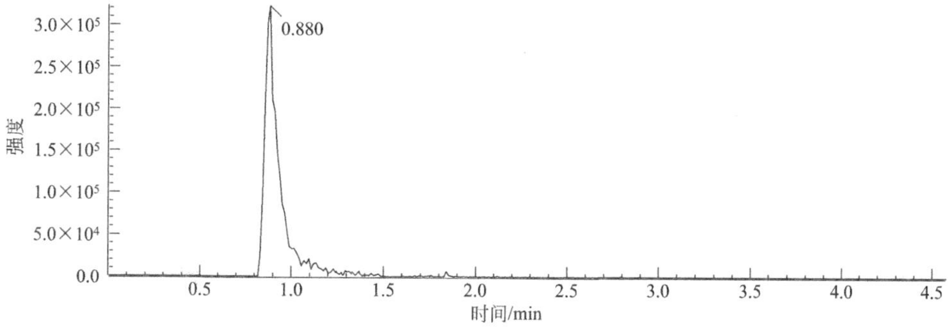

一级质谱图

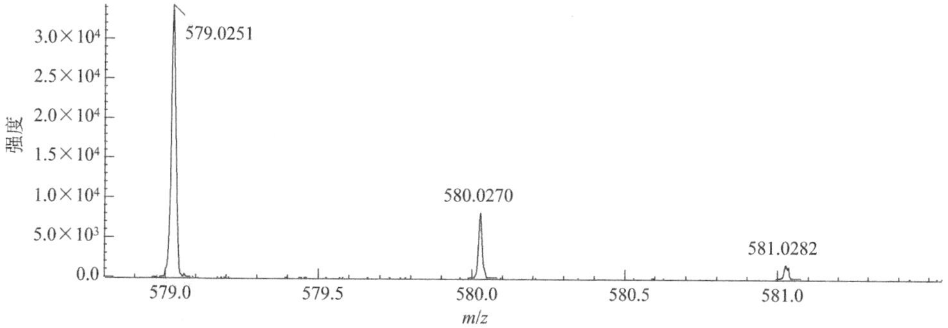

二级全扫质谱图 CE:（-35±15）V

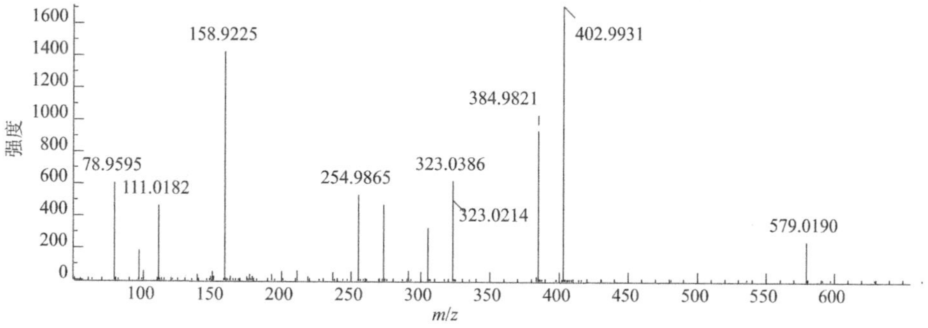

Uridine 5′-Diphospho-N-Acetylgalactosamine
尿苷 5′-二磷酸-N-乙酰氨基半乳糖

CAS 号	108320-87-2（二钠盐）	源极性	负离子模式
分子式	$C_{17}H_{27}N_3O_{17}P_2$	加合方式	$[M-H]^-$
分子量	607.0816	保留时间	0.90min

提取离子流色谱图

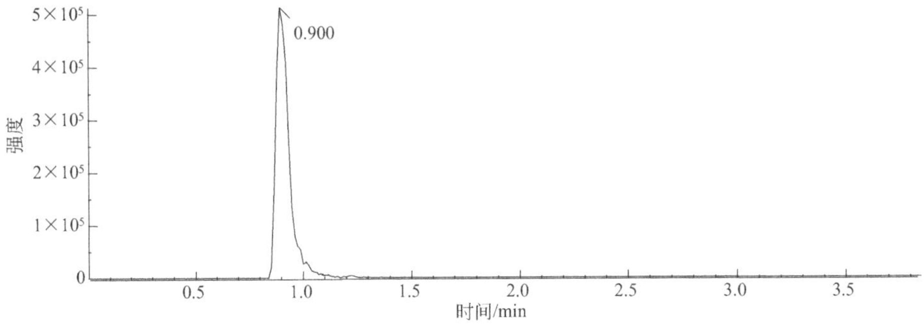

一级质谱图

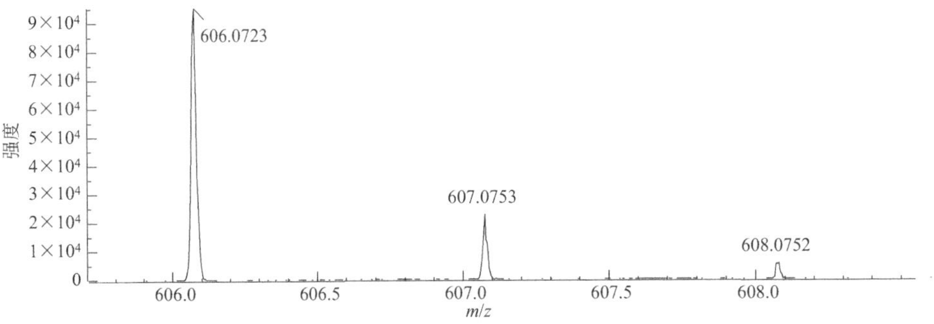

二级全扫质谱图 CE:（−35±15）V

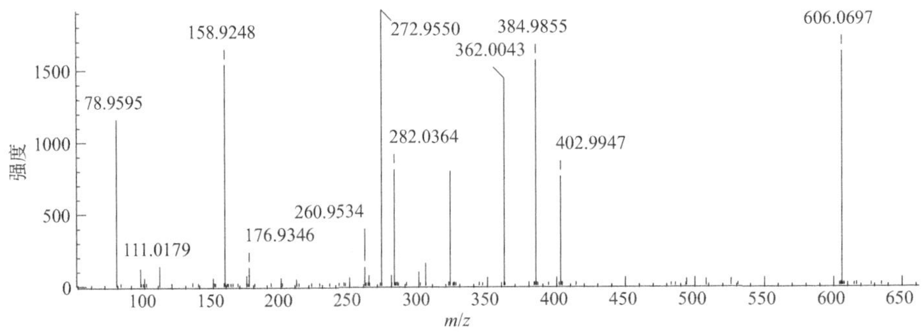

Uridine 5′-Diphospho-N-Acetylglucosamine
尿苷 5′-二磷酸-N-乙酰半乳糖胺

CAS 号	91183-98-1（二钠盐） 529-04-1（母体）	源极性	负离子模式
分子式	$C_{17}H_{27}N_3O_{17}P_2$	加合方式	$[M-H]^-$
分子量	607. 0816	保留时间	0. 90min

提取离子流色谱图

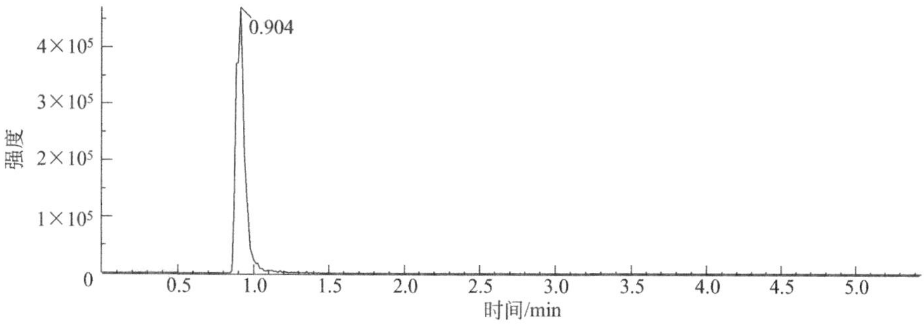

一级质谱图

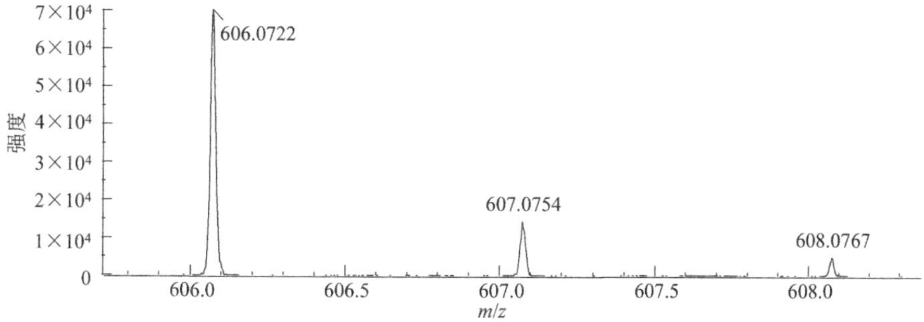

二级全扫质谱图 CE:（−35±15）V

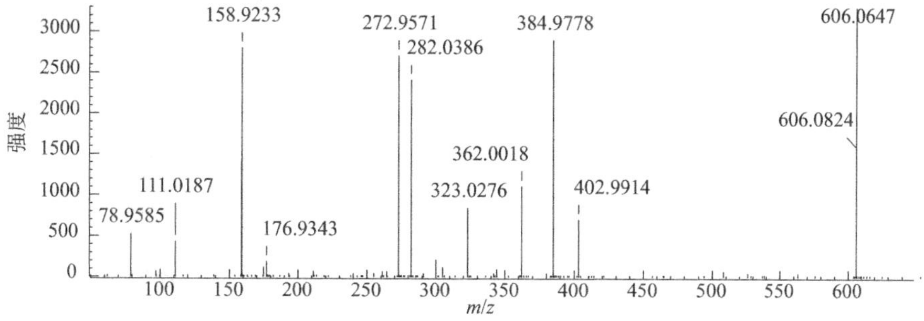

Uridine-5′-Monophosphate
尿苷 5′-单磷酸

CAS 号	58-97-9	源极性	负离子模式
分子式	$C_9H_{13}N_2O_9P$	加合方式	[M−H]⁻
分子量	324. 0359	保留时间	1. 08min

提取离子流色谱图

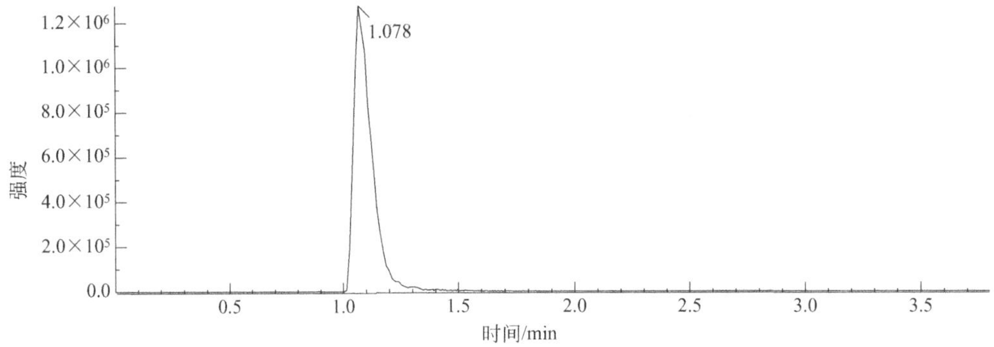

一级质谱图

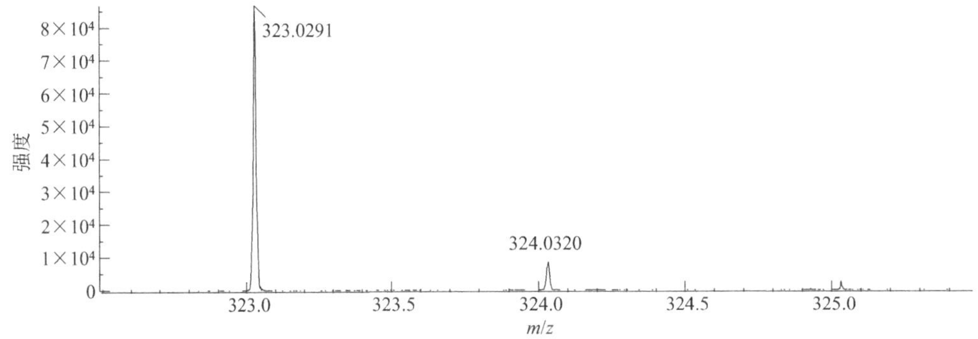

二级全扫质谱图 CE:（−35±15）V

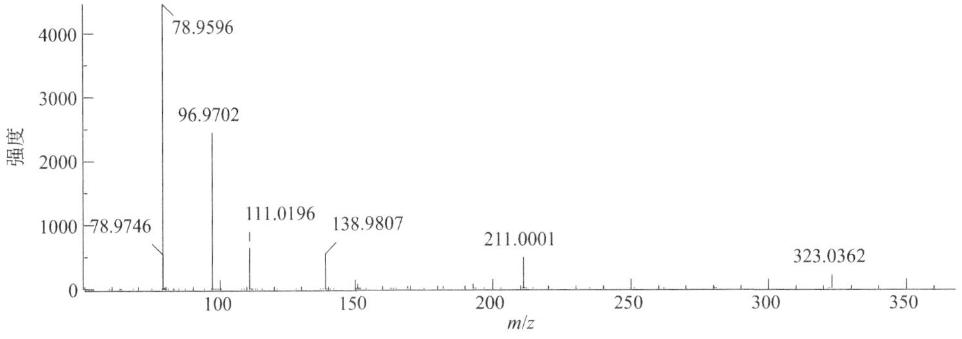

Urocanic Acid
尿刊酸

CAS 号	104-98-3	源极性	正离子模式
分子式	$C_6H_6N_2O_2$	加合方式	$[M+H]^+$
分子量	138. 0429	保留时间	1. 55min

提取离子流色谱图

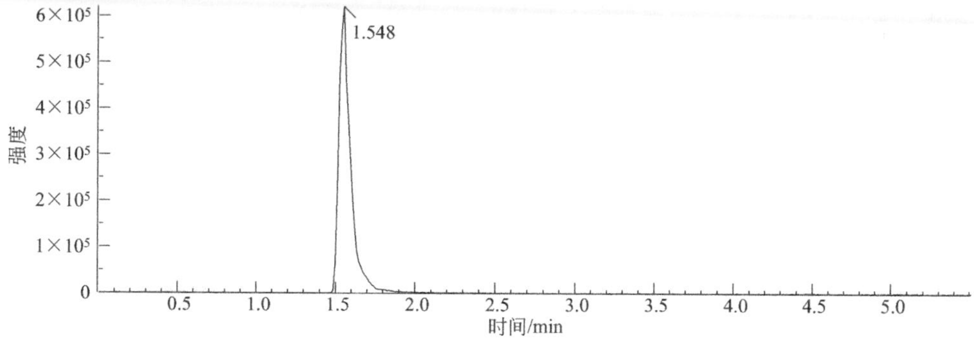

一级质谱图

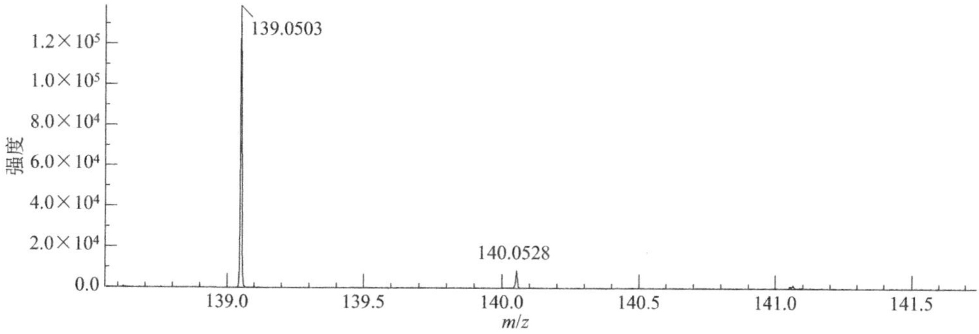

二级全扫质谱图 CE:（35±15）V

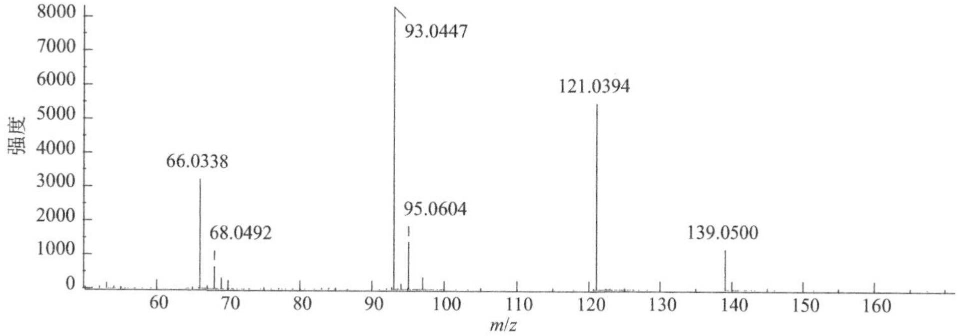

Vitamin D2
维生素 D2

CAS 号	50-14-6	源极性	正离子模式
分子式	$C_{28}H_{44}O$	加合方式	$[M+H]^+$
分子量	396. 3392	保留时间	18. 21min

提取离子流色谱图

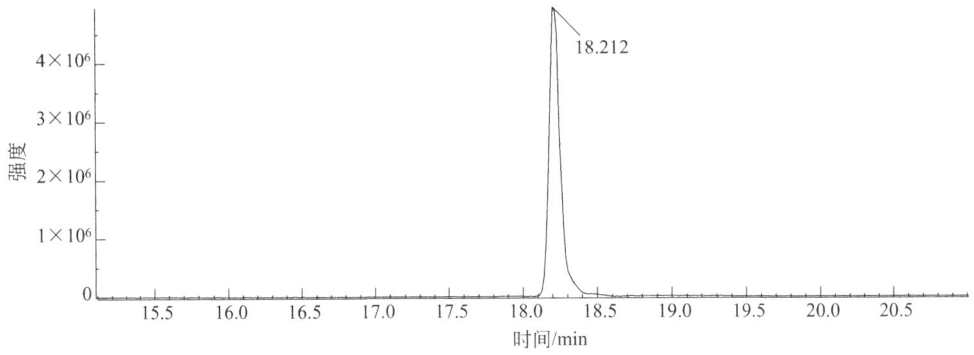

一级质谱图

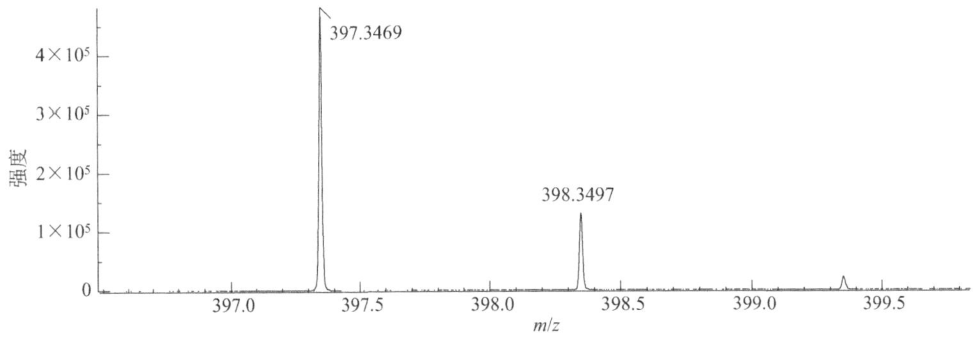

二级全扫质谱图 CE:（35±15）V

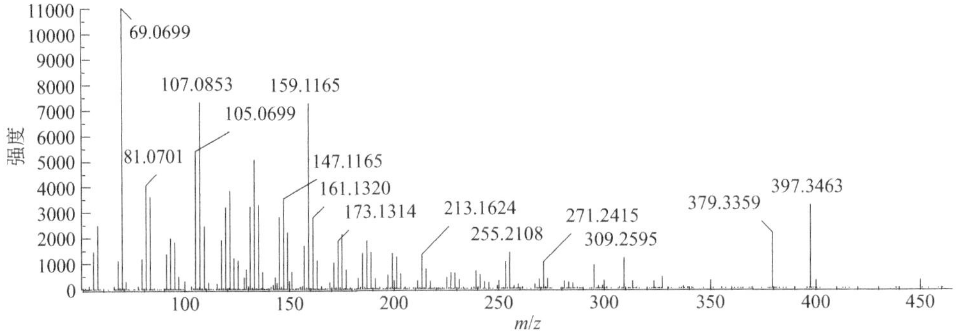

Xanthine
黄嘌呤

CAS 号	69-89-6	源极性	正离子模式
分子式	$C_5H_4N_4O_2$	加合方式	$[M+H]^+$
分子量	152. 0334	保留时间	1. 89min

提取离子流色谱图

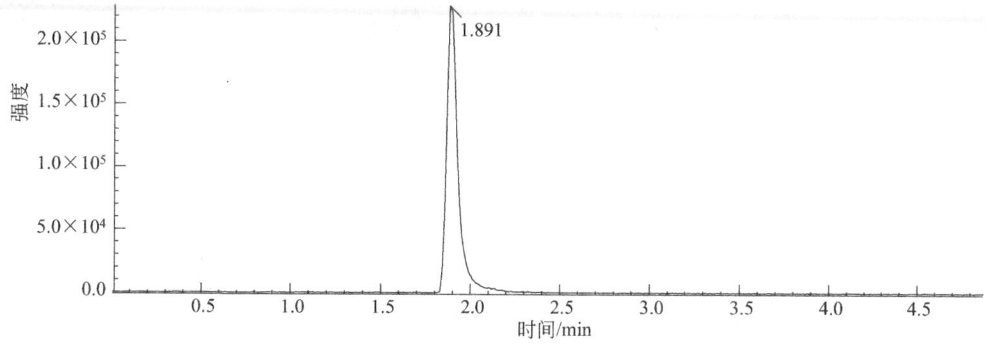

一级质谱图

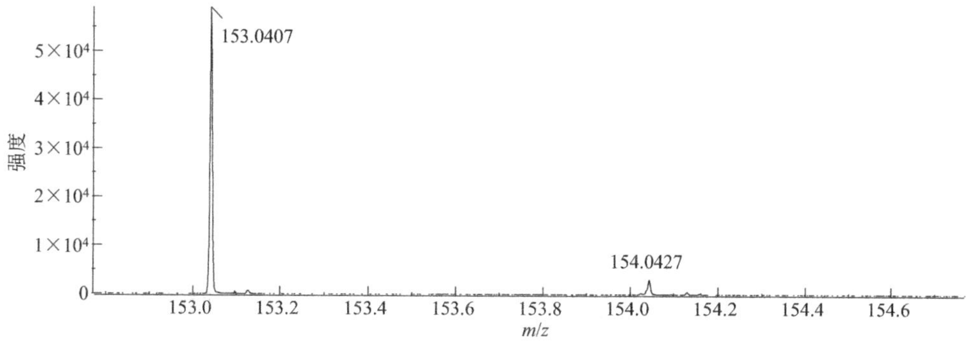

二级全扫质谱图 CE:（35±15）V

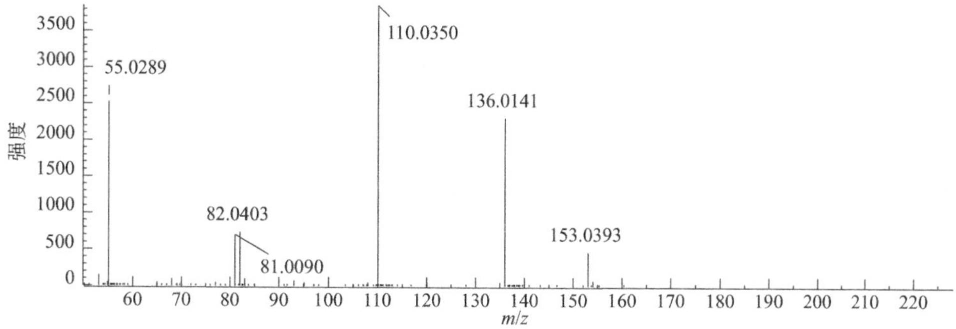

Xanthosine
黄嘌呤核苷

CAS 号	5968-90-1	源极性	负离子模式
分子式	$C_{10}H_{12}N_4O_6$	加合方式	$[M-H]^-$
分子量	284. 0757	保留时间	4. 15min

提取离子流色谱图

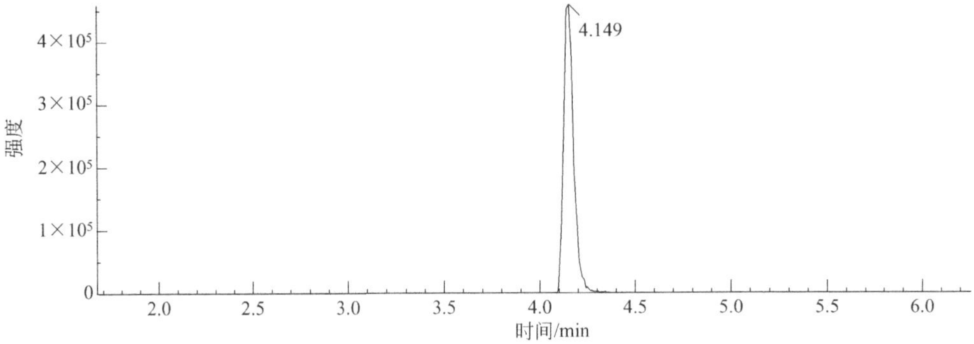

一级质谱图

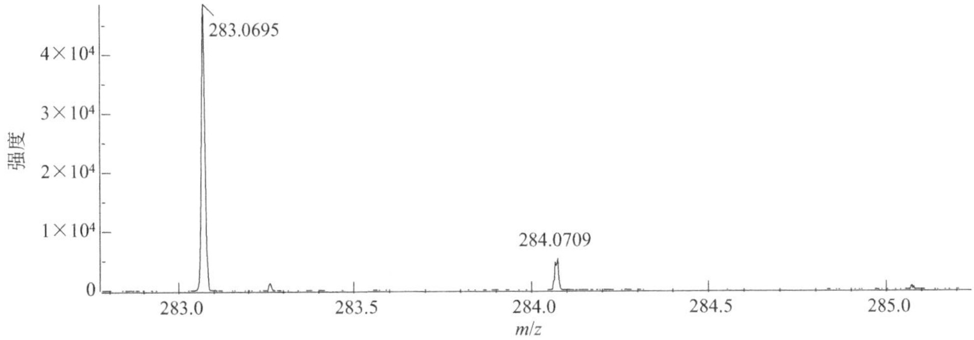

二级全扫质谱图 CE:（−35±15）V

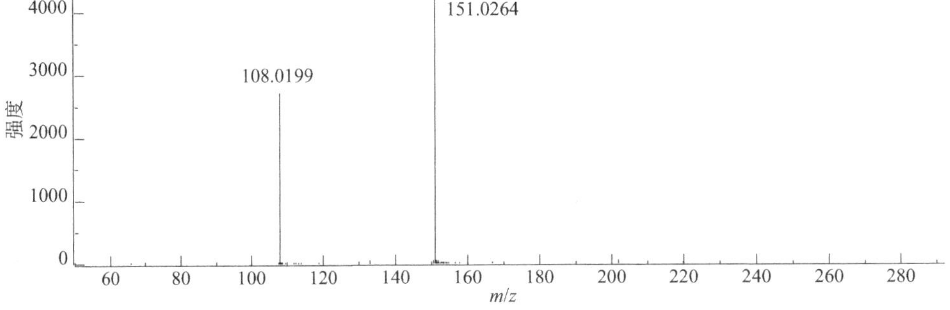

Xanthosine 5′-Monophosphate
黄嘌呤核苷 5′-单磷酸

CAS 号	25899-70-1	源极性	负离子模式
分子式	$C_{10}H_{13}N_4O_9P$	加合方式	$[M-H]^-$
分子量	364. 042	保留时间	1. 43min

提取离子流色谱图

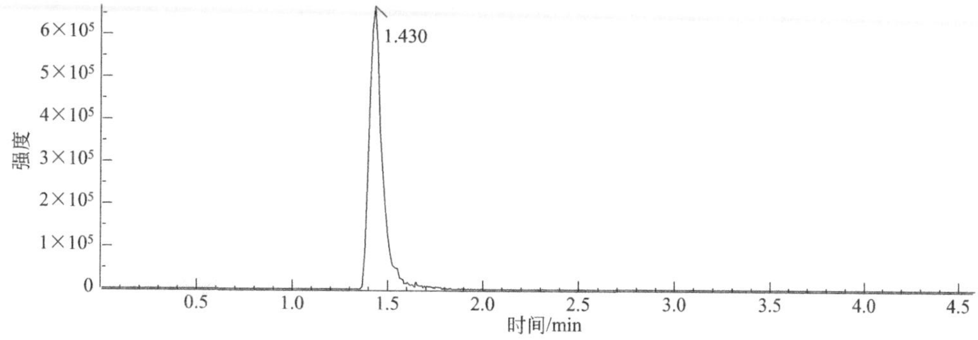

一级质谱图

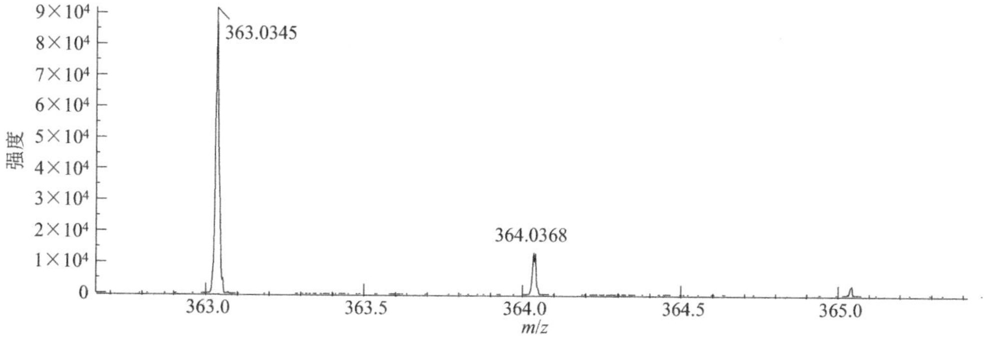

二级全扫质谱图 CE：（−35±15）V

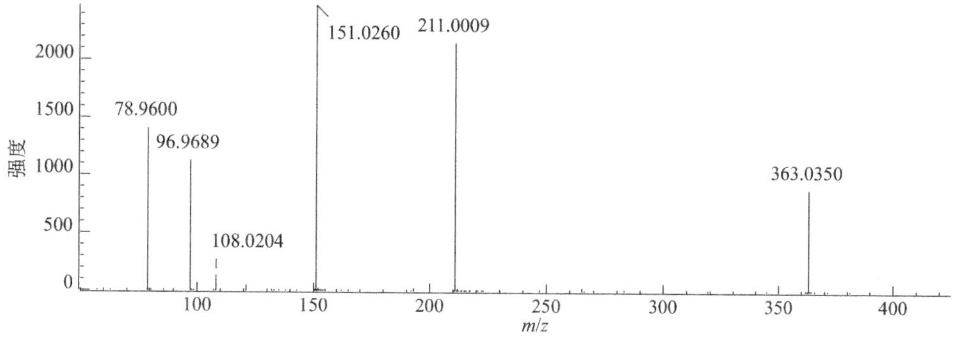

Xanthurenic Acid
黄尿酸

CAS 号	59-00-7	源极性	负离子模式
分子式	$C_{10}H_7NO_4$	加合方式	$[M-H]^-$
分子量	205.0375	保留时间	5.45min

提取离子流色谱图

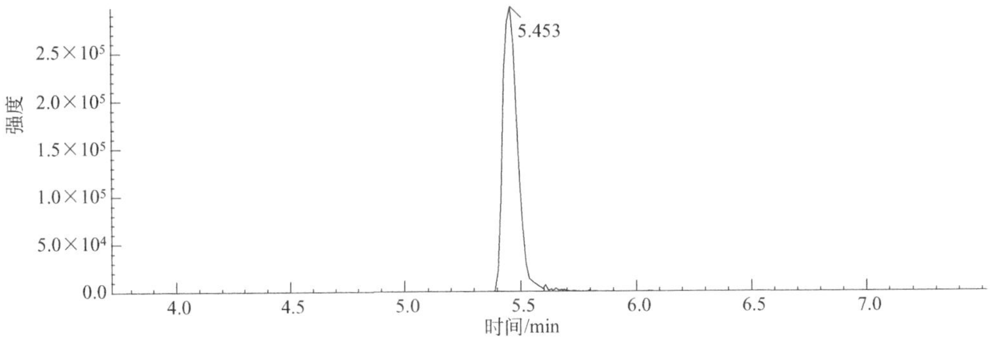

一级质谱图

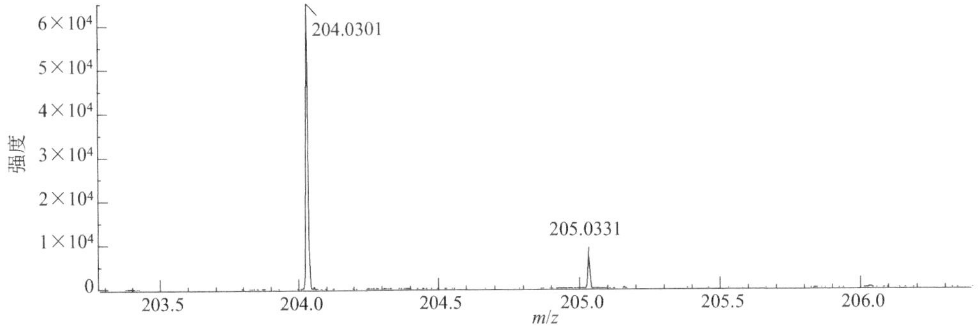

二级全扫质谱图 CE：（-35±15）V

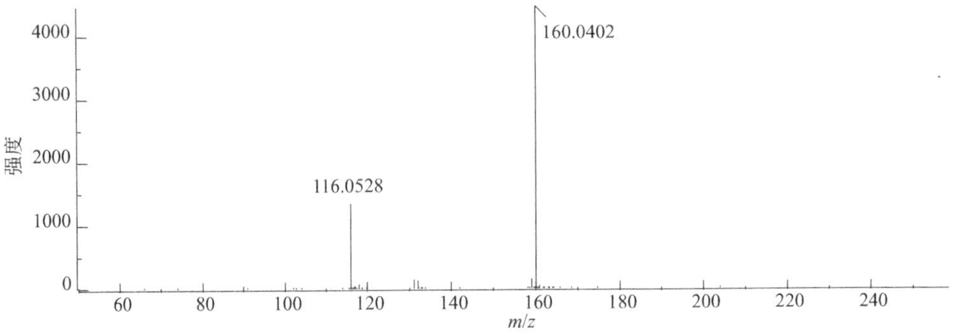

索引